高等代数与解析几何

钱国华　唐　锋　编

苏州大学出版社

图书在版编目(CIP)数据

高等代数与解析几何 / 钱国华,唐锋编. —苏州：苏州大学出版社，2020.9(2023.7 重印)
ISBN 978-7-5672-3295-2

Ⅰ. ①高… Ⅱ. ①钱… ②唐… Ⅲ. ①高等代数—高等学校—教材②解析几何—高等学校—教材 Ⅳ. ①O15 ②O182

中国版本图书馆 CIP 数据核字(2020)第 160561 号

高等代数与解析几何
钱国华　唐　锋　编
责任编辑　李　娟

苏州大学出版社出版发行
(地址：苏州市十梓街 1 号　邮编：215006)
镇江文苑制版印刷有限责任公司印装
(地址：镇江市黄山南路 18 号润州花园 6-1 号　邮编：212000)

开本 710 mm×1 000 mm　1/16　印张 18.25　字数 379 千
2020 年 9 月第 1 版　2023 年 7 月第 3 次印刷
ISBN 978-7-5672-3295-2　定价：52.00 元

若有印装错误,本社负责调换
苏州大学出版社营销部　电话：0512-67481020
苏州大学出版社网址　http://www.sudapress.com
苏州大学出版社邮箱　sdcbs@suda.edu.cn

高等代数与解析几何是本科院校数学类专业的必修基础课程，它不但是学生学习后续课程的重要基础，而且对提高学生的数学素养具有重要作用.根据教育部关于高等院校理科类教材编写要求，结合普通本科院校的实际情况，我们编写了本书.本书的主要特点有：

1. 将高等代数与解析几何两门课程合并.这样避免了代数与几何的脱节，充分体现了两者在思想和方法上的融合.

2. 内容编写上有一定分层，使之更适合普通本科院校的学生学习.一方面，突出重点，精简篇幅，适度降低抽象理论部分的难度；另一方面，增加了可选学的内容，使本教材具有较强的系统性和科学性.

3. 介绍多项式理论之前先介绍整数理论的基础知识，再对应到多项式的相关内容，使学生较易接受抽象的多项式理论.

4. 对于行列式，弱化了抽象的高级数行列式计算，将行列式知识仅仅作为矩阵理论的部分内容.

5. 将矩阵的初等行变换作为计算工具贯穿于本教材.矩阵的等秩标准形、方阵的逆、线性方程组、方阵的特征值和特征向量、二次曲线与曲面的标准方程的求解等，都依赖于矩阵的初等行变换.

6. 作为实数域上二次型理论的应用，我们给出了平面上二次曲线及空间中二次曲面标准方程的理论推导，较好地将代数理论应用到几何中.

7. 教材的可读性较强，难度适中，便于教学，也便于学生自主学习.

本书共八章，基本覆盖了本科阶段高等代数与解析几何的基本内容. 每一章后都配有较多的习题，这些习题能反映本章的基础知识，部分习题具有较高的难度. 小字部分的内容和标注了 * 的习题不作为基本要求.

本书曾作为讲义试用多次，其间得到了校内许多同事的帮助和支持，特别是吴月柱教授和姜伟博士提出了许多宝贵建议，在此一并表示感谢！

尽管我们力求完善，但书中还会存在疏漏之处，恳请读者批评和指正！

编　者

2020 年 8 月

第1章 多项式

第2章 矩 阵

第3章 线性方程组

第4章 空间、直线与平面

第5章 线性空间

第6章 线性变换

第7章 欧氏空间

第8章 二次型及二次曲面

第1章 多项式

§1.1 预备知识

一、数学符号

准确地理解并使用数学符号是学好数学的重要基础. 我们通常用大写英文字母表示一个集合，如集合 A,B. 用 $\varnothing$ 表示空集. 设 A 和 B 是两个集合，我们约定以下符号：

$a\in A$，表示 a 为集合 A 中的一个元素；$a\notin A$，表示 a 不在集合 A 中.

$B\subseteq A$ 或 $B\subset A$，表示 B 是 A 的一个子集；$B\subsetneq A$，表示 B 是 A 的一个真子集.

$\forall a\in A$，表示任取集合 A 中元素 a；$\exists a\in A$，表示存在 A 中一个元素 a.

两个集合 A,B 的交、并、差及笛卡尔积分别定义如下：

$$A\cap B=\{x\mid x\in A \text{ 且 } x\in B\},$$

$$A\cup B=\{x\mid x\in A \text{ 或 } x\in B\},$$

$$A-B=\{x\mid x\in A \text{ 且 } x\notin B\},$$

$$A\times B=\{\text{有序元素组}(a,b)\mid a\in A,b\in B\}.$$

我们用 $|A|$ 表示集合 A 中含有的元素个数. 显然，若 A,B 是两个有限集合，即它们是含有有限个元素的集合，则 $|A\times B|=|A||B|$.

通常地，我们用 $\mathbf{N},\mathbf{Z},\mathbf{Z}^{+},\mathbf{Z}^{-},\mathbf{Q},\mathbf{R}$ 和 $\mathbf{C}$ 分别表示自然数集合、整数集合、正整数集合、负整数集合、有理数集合、实数集合和复数集合.

数学中常使用连加符号 $\sum$ 和连乘符号 $\prod$. 我们用 $\sum\limits_{i=1}^{n}a_i$ 和 $\prod\limits_{i=1}^{n}a_i$ 分别表示通项为 a_i 的 n 项的和与积，即

$$\sum_{i=1}^{n}a_i=a_1+a_2+\cdots+a_n,$$

$$\prod_{i=1}^{n} a_i = a_1 \times a_2 \times \cdots \times a_n.$$

上面式子中的指标符号 i 可以改名，即

$$\sum_{i=1}^{n} a_i = \sum_{j=1}^{n} a_j, \prod_{i=1}^{n} a_i = \prod_{j=1}^{n} a_j.$$

我们还用 $\sum_{i=1}^{m}\sum_{j=1}^{n} a_{ij}$ 表示通项为 a_{ij} 的 $m \times n$ 项之和，具体写出来即

$$\sum_{i=1}^{m}\sum_{j=1}^{n} a_{ij} = a_{11} + a_{12} + \cdots + a_{1n} + a_{21} + a_{22} + \cdots + a_{2n} + \cdots + a_{m1} + a_{m2} + \cdots + a_{mn}.$$

类似地，$\prod_{i=1}^{m}\prod_{j=1}^{n} a_{ij}$ 表示通项为 a_{ij} 的 $m \times n$ 项之积.

一般地，设 Λ 是一个指标集合，$\sum_{\lambda \in \Lambda} a_\lambda$ 表示所有 a_λ 的和，$\prod_{\lambda \in \Lambda} a_\lambda$ 表示所有 a_λ 的积，其中 λ 取遍指标集合 Λ. 例如，

$$\sum_{1 \leqslant i < j \leqslant 4} (a_i + a_j) = (a_1 + a_2) + (a_1 + a_3) + (a_1 + a_4) + (a_2 + a_3) + (a_2 + a_4) + (a_3 + a_4),$$

$$\sum_{1 \leqslant i \leqslant n} a_i = \sum_{i=1}^{n} a_i, \prod_{1 \leqslant j \leqslant n} a_j = \prod_{j=1}^{n} a_j.$$

类似于连加和连乘，我们用 $\bigcap_{\lambda \in \Lambda} A_\lambda$ 和 $\bigcup_{\lambda \in \Lambda} A_\lambda$ 分别表示所有集合 A_λ 的交和并，这里 λ 取遍指标集合 Λ.

设 A 是一个非空集合，对于笛卡尔积 $A \times A$ 的任意给定的一个子集 Ω，我们定义 A 上的二元关系～如下：任取 A 中两个元素 a_1, a_2，当且仅当 $(a_1, a_2) \in \Omega$ 时，称元素 a_1 和 a_2 有关系～，并记为 $a_1 \sim a_2$，即 $a_1 \sim a_2 \Leftrightarrow (a_1, a_2) \in \Omega$.

定义 1.1.1 设～为非空集合 A 上的一个二元关系.

(1) 若对任意 $a \in A$，都有 $a \sim a$，则称～具有自反性；

(2) 若对任意 $a_1, a_2 \in A$，从 $a_1 \sim a_2$ 一定能推出 $a_2 \sim a_1$，则称～具有对称性；

(3) 若对任意 $a_1, a_2, a_3 \in A$，从 $a_1 \sim a_2$ 和 $a_2 \sim a_3$ 一定能推出 $a_1 \sim a_3$，则称～具有传递性；

(4) 若～同时具有自反性、对称性和传递性，则称～为 A 上的一个等价关系.

例如，设 A 为平面上所有三角形构成的集合，～为三角形的相似关系，显然三角形之间的相似关系～是 A 上的一个等价关系.

二、数学归纳法

数学归纳法是数学中非常基本的证明方法，它的理论依据是自然数的归纳公理.

公理 1.1.1(归纳公理) 设 $S\subseteq \mathbf{N}$，即 S 为由一些自然数构成的集合，若 S 满足以下性质：

(1) $0\in S$,

(2) 从 $n\in S$ 一定能推出 $n+1\in S$,

则 $S=\mathbf{N}$.

定理 1.1.1(第一数学归纳法) 设 $P(n)$ 是关于自然数 n 的一个命题. 如果 $P(n)$ 满足以下性质：

(1) $P(0)$ 成立,

(2) 任取 $k\in \mathbf{N}$，从 $P(k)$ 成立能推出 $P(k+1)$ 也成立,

那么命题 $P(n)$ 对一切自然数 n 都成立.

证 令 $\Omega=\{m\in \mathbf{N}\mid$ 命题 $P(m)$ 成立$\}$. 由条件(1),(2)有

$$0\in\Omega, k\in\Omega\Rightarrow k+1\in\Omega.$$

因此由自然数的归纳公理得 $\Omega=\mathbf{N}$，故命题 $P(n)$ 对一切自然数 n 都成立. □

定理 1.1.2(第二数学归纳法) 设 $P(n)$ 是关于自然数 n 的一个命题. 如果 $P(n)$ 满足以下性质：

(1) $P(0)$ 成立,

(2) 任取 $k\in \mathbf{N}$，从 $P(0),P(1),P(2),\cdots,P(k)$ 都成立能推出 $P(k+1)$ 也成立,

那么命题 $P(n)$ 对一切自然数 n 都成立.

证 令 $\Omega=\{d\in \mathbf{N}\mid$ 命题 $P(n)$ 对所有小于或等于 d 的自然数都成立$\}$. 由归纳公理和条件知道 $\Omega=\mathbf{N}$. 故命题 $P(n)$ 对一切自然数 n 都成立. □

关于数学归纳法，必须指出两点：第一，第二数学归纳法的功能强过第一数学归纳法，任何能用第一数学归纳法证明的命题都可以用第二数学归纳法来证明；第二，若要用数学归纳法证明"命题 P 对所有大于或等于 a 的自然数都成立"，则仅需将验证初始条件"$P(0)$ 成立"改为验证"$P(a)$ 成立"，其他都一样.

定理 1.1.3(多重数学归纳法) 设 $P(n_1,n_2,\cdots,n_s)$ 是关于 s 个自然数 $n_1,n_2,\cdots,n_s$ 的一个命题. 如果

(1) $P(0,0,\cdots,0)$ 成立,

(2) 任取 $k\in \mathbf{N}$，从 $P(n_1,n_2,\cdots,n_s)$ 对于满足 $n_1+n_2+\cdots+n_s\leqslant k$ 的 $n_1,n_2,\cdots,n_s$ 都成立，能推出 $P(n_1,n_2,\cdots,n_s)$ 对于满足 $n_1+n_2+\cdots+n_s=k+1$ 的 $n_1,n_2\cdots,n_s$ 也都成立,

那么命题 $P(n_1,n_2,\cdots,n_s)$ 对一切自然数 $n_1,n_2,\cdots,n_s$ 都成立.

证 略,留给读者. □

例 1.1.1 设 $k,n\in\mathbf{Z}^+$ 且 $k\leqslant n$,证明组合数 C_n^k 总是正整数.

证 对 $k+n$ 作归纳. 若 $k+n=2$,即 $k=n=1$,则 $C_n^k=1\in\mathbf{Z}^+$,结论成立.

假设 $k+n\leqslant t$ 时结论都成立,考察 $k+n=t+1$ 的情形.

若 $k=n$,则 $C_n^k=1$,结论成立.

若 $k=1$,则 $C_n^k=C_n^1=n$,结论成立.

若 $n>k\geqslant 2$,则

$$C_n^k=\frac{n!}{k!(n-k)!}=\frac{(n-1)!}{(k-1)!(n-k)!}\left(1+\frac{n-k}{k}\right)=C_{n-1}^{k-1}+C_{n-1}^k.$$

由归纳假设 C_{n-1}^{k-1} 和 C_{n-1}^k 都是正整数,所以 C_n^k 也是正整数. □

三、数域

数字是数学研究的最基本对象. 按照所研究的问题,我们常常需要确定所考察的数字的范围,且问题的解答与考察的数字范围有关. 例如,研究一元二次方程,方程有没有解与未知数所允许的取值范围有关.

显然,在有理数、实数或复数范围内可以作加、减、乘、除(除数不为零)四则运算. 把这一现象抽象化、一般化就得到数域的定义.

定义 1.1.2 设 $\mathbf{P}$ 是由一些复数构成的集合,即 $\mathbf{P}\subseteq\mathbf{C}$,若 $\mathbf{P}$ 至少含有两个不同的数字,且它关于加、减、乘、除(除数不为零)四则运算封闭,即 $\forall a,b\in\mathbf{P}$,总有

$$a+b,a-b,ab,\frac{a}{b}(b\neq 0)\in\mathbf{P},$$

则称 $\mathbf{P}$ 为一个数域.

据定义容易看到,$\mathbf{Q}$,$\mathbf{R}$ 和 $\mathbf{C}$ 都是数域,因此分别称它们为有理数域、实数域和复数域. 但 $\mathbf{Z}$ 不是数域,因为两个整数作除法得到的数一般不再是整数.

性质 1.1.1 设 $\mathbf{P}$ 是一数域,则 $\mathbf{Q}\subseteq\mathbf{P}$,这就是说有理数域是最小的数域.

证 因为数域 $\mathbf{P}$ 中至少有两个不同的数,所以可取到 $0\neq a\in\mathbf{P}$,于是

$$1=\frac{a}{a}\in\mathbf{P},0=a-a\in\mathbf{P}.$$

现任取 $0\neq x\in\mathbf{Q}$,熟知 x 可以表示为 $x=\pm\frac{m}{n}$,其中 $m,n\in\mathbf{Z}^+$,注意到

$$m=\underbrace{1+1+\cdots+1}_{m\text{个}1}\in\mathbf{P},n=\underbrace{1+1+\cdots+1}_{n\text{个}1}\in\mathbf{P},$$

因为 $\mathbf{P}$ 关于除法和减法封闭,所以

$$x=\frac{m}{n}\in \mathbf{P} \text{ 或 } x=0-\frac{m}{n}\in \mathbf{P}.$$

故 $\mathbf{Q}\subseteq\mathbf{P}$. □

性质 1.1.2 设 Λ 是一个指标集合,若 $\forall\lambda\in\Lambda$, $\mathbf{P}_\lambda$ 都是数域,则 $\bigcap\limits_{\lambda\in\Lambda}\mathbf{P}_\lambda$ 仍是数域.

证 略,留给读者. □

Q,**R**,**C** 是数域,那么是否数域就只有这三个？答案是否定的.事实上,数域有无穷多个.设 **P** 是数域,$a_1,a_2,\cdots,a_s\in\mathbf{C}$,我们用 $\mathbf{P}(a_1,a_2,\cdots,a_s)$ 表示包含了 **P** 以及 $a_1,a_2,\cdots,a_s$ 的最小数域,即 $\mathbf{P}(a_1,a_2,\cdots,a_s)$ 满足以下三条:

(1) $\mathbf{P}(a_1,a_2,\cdots,a_s)$ 为数域;

(2) $\mathbf{P}\subseteq\mathbf{P}(a_1,a_2,\cdots,a_s)$,且 $\{a_i\mid i=1,2,\cdots,s\}\subseteq\mathbf{P}(a_1,a_2,\cdots,a_s)$;

(3) 若数域 **D** 也满足以上第(2)条,则 $\mathbf{P}(a_1,a_2,\cdots,a_s)\subseteq\mathbf{D}$.

令 Λ 为所有包含了 **P** 以及 $a_1,a_2,\cdots,a_s$ 的数域之集合,显然 $\mathbf{C}\in\Lambda$,故 Λ 是非空集合,不难证明

$$\bigcap_{\mathbf{G}\in\Lambda}\mathbf{G}=\mathbf{P}(a_1,a_2,\cdots,a_s).$$

故 $\mathbf{P}(a_1,a_2,\cdots,a_s)$ 存在且唯一.

例 1.1.2 求 $\mathbf{Q}(\sqrt{2})$.

解 记 $\mathbf{P}=\{a+b\sqrt{2}\mid a,b\in\mathbf{Q}\}$.

(1) 先证明 **P** 是数域.

显然 **P** 是至少包含了 0,1 的数字集合,且关于加、减、乘封闭.任取 $a+b\sqrt{2},c+d\sqrt{2}\in\mathbf{P}$,其中 $a,b,c,d\in\mathbf{Q}$,且 $c+d\sqrt{2}\neq0$,则

$$\frac{a+b\sqrt{2}}{c+d\sqrt{2}}=\frac{(a+b\sqrt{2})(c-d\sqrt{2})}{(c+d\sqrt{2})(c-d\sqrt{2})}=u+v\sqrt{2},$$

其中 $u=\dfrac{ac-2bd}{c^2-2d^2}$,$v=\dfrac{bc-ad}{c^2-2d^2}$ 都是有理数,所以 **P** 关于除法也封闭,故 **P** 是数域.

(2) 再证明 $\mathbf{P}=\mathbf{Q}(\sqrt{2})$.①

一方面,由 **P** 的定义知道它包含了 **Q** 以及 $\sqrt{2}$,由(1)知道 **P** 还是数域,而 $\mathbf{Q}(\sqrt{2})$ 是包含 **Q** 以及 $\sqrt{2}$ 的最小数域,因此

$$\mathbf{Q}(\sqrt{2})\subseteq\mathbf{P};$$

---

① 通常证明两个集合相等的方法是证明这两个集合相互包含.

另一方面，因为数域 $\mathbf{Q}(\sqrt{2})$ 包含了 $\mathbf{Q}$ 和 $\sqrt{2}$，所以 $\mathbf{P}$ 中任意元素 $a+b\sqrt{2}$ 都在 $\mathbf{Q}(\sqrt{2})$ 中，得 $\mathbf{P}\subseteq\mathbf{Q}(\sqrt{2})$. 因此 $\mathbf{P}=\mathbf{Q}(\sqrt{2})$.

综上得 $\mathbf{Q}(\sqrt{2})=\{a+b\sqrt{2}\mid a,b\in\mathbf{Q}\}$. □

在本书中，若无特别指出，我们总在一般数域 $\mathbf{P}$ 上讨论.

§1.2 整数的分解

本节在 $\mathbf{Z}$ 中讨论，涉及的数字都是整数，我们将较系统地回顾和总结在中小学学习过的整数理论.

一、整除和带余除法

定义 1.2.1 设 $a,b\in\mathbf{Z}$，若有 $c\in\mathbf{Z}$ 使得 $a=bc$，则称 b 整除 a，记为 $b\mid a$，并称 b 为 a 的因子、因数或约数，也称 a 为 b 的倍数. 若 b 不整除 a，则记为 $b\nmid a$.

对于任意一个整数 a，显然 a 总有因子 $\pm a$ 和 ± 1，我们称它们为 a 的**平凡因子**. a 的不等于 $\pm a$，± 1 的因子称为 a 的**真因子**或**非平凡因子**. 由整除的定义容易看出以下基本事实：

(1) $a\mid 0$.

(2) $0\mid a$ 当且仅当 $a=0$.

(3) 若 $a\mid b$ 且 $b\mid a$，则 $a=\pm b$.

(4) 整除关系是 $\mathbf{Z}$ 上的二元关系，它具有自反性，即对任意整数 a 都有 $a\mid a$；也具有传递性，即对任意整数 a,b,c，若 $a\mid b$ 且 $b\mid c$，则有 $a\mid c$.

(5) 若 $m\mid a_1,m\mid a_2,\cdots,m\mid a_k$，则对任意整数 $c_1,c_2,\cdots,c_k$ 都有

$$m\mid c_1a_1+c_2a_2+\cdots+c_ka_k,$$

即 $m\left|\sum_{i=1}^{k}c_ia_i\right.$. 我们把 $\sum_{i=1}^{k}c_ia_i$ 称为 $a_1,a_2,\cdots,a_k$ 的一个 **Z-线性组合**，简称**组合**.

定理 1.2.1 任取 $a,b\in\mathbf{Z}$，$b\neq 0$，必存在唯一确定的整数 q,r 使得

$$a=qb+r,0\leqslant r\leqslant |b|-1. \tag{1.2.1}$$

证 因为 $\mathbf{R}=\bigcup_{n\in\mathbf{Z}}[n|b|,(n+1)|b|)$，所以存在唯一整数 n 使得

$$a\in[n|b|,(n+1)|b|),$$

从而存在唯一一对整数 n,r 使得

$$a=n|b|+r(0\leqslant r\leqslant |b|-1).$$

故存在唯一一对整数 q,r（例如，当 $b<0$ 时，取 $q=-n,r=r$）满足定理要求.

□

(1.2.1)式称为 b 除 a 的(或者 a 除以 b 的)**带余除法**,其中 q,r 分别称为 b 除 a 的**商数**和**余数**. 显然,$b|a$ 当且仅当(1.2.1)式中的余数 r 等于 0.

二、最大公因子

定义 1.2.2 设 $a,b,d\in\mathbf{Z}$.

(1) 若 $d|a$ 且 $d|b$,则称 d 是 a,b 的公因数或公因子;

(2) 若 d 是 a,b 的公因子,且对于 a,b 的任意公因子 h 都有 $h|d$,则称 d 是 a,b 的最大公因子.

在给出两个整数的最大公因子的存在性和算法之前,我们先作如下说明:

(1) 若 d 为 a,b 的一个最大公因子,则 $-d$ 也是 a,b 的最大公因子,并且 $\pm d$ 是仅有的 a,b 的最大公因子. 我们用 (a,b) 表示 a,b 的非负的最大公因子,为了避免将它与有序二元数组混淆,有时也将之记为 $\gcd(a,b)$.

(2) 由说明(1)容易看到,若 (a,b) 存在,则 (a,b) 唯一.

(3) $(a,b)=(|a|,|b|)=(b,a)$. [①]

(4) $(a,0)=|a|$;$(a,b)=0$ 当且仅当 $a=b=0$.

(5) 类似地,我们可以定义多个整数 $a_1,a_2,\cdots,a_m$ 的最大公因子. 若整数 d 为 $a_1,a_2,\cdots,a_m$ 的公因子,即 d 是所有 a_i 的因子,且 $a_1,a_2,\cdots,a_m$ 的任意公因子都是 d 的因子,则称 d 为 $a_1,a_2,\cdots,a_m$ 的最大公因子. 用 $(a_1,a_2,\cdots,a_m)$ 表示 $a_1,a_2,\cdots,a_m$ 的非负的最大公因子.

定理 1.2.2 设 $a=qb+r$,则 $(a,b)=(b,r)$.

证 (1) 先证明 a,b 和 b,r 有相同的公因子. 设 d 是 a,b 的公因子,则 $d|a$ 且 $d|b$,从而 d 整除 a,b 的组合 $r=a-qb$,于是 d 是 b,r 的公因子. 同理,b,r 的公因子也是 a,b 的公因子.

(2) 先假设 (a,b) 存在并记 $d=(a,b)$,我们来证明 (b,r) 也存在且 $(b,r)=d$. 事实上,由(1)知 d 也是 b,r 的公因子. 再者,若 e 是 b,r 的任一公因子,由(1)得 e 也是 a,b 的公因子,注意到 d 是 a,b 的最大公因子,所以由定义知 $e|d$. 现在由最大公因子的定义看到 e 为 b,r 的一个最大公因子. 因此,(b,r) 也存在且

$$(b,r)=e=(a,b).$$

反之,若 (b,r) 存在,同理可证 (a,b) 也存在且 $(a,b)=(b,r)$. 故总有 $(a,b)=(b,r)$. □

定理 1.2.3 对于任意整数 a,b,最大公因子 (a,b) 必唯一存在,且 (a,b) 能表示为 a,b 的一个组合,即存在 $u,v\in\mathbf{Z}$ 使得

---

① 因为我们还没有证明 (a,b) 和 (b,a) 的存在性,所以 $(a,b)=(b,a)$ 的准确意义是说,若 (a,b) 存在,则 (b,a) 也存在且 $(a,b)=(b,a)$;反之,若 (b,a) 存在,则 (a,b) 也存在且 $(a,b)=(b,a)$.

$$(a,b)=ua+vb.$$

证 由前面的说明，(a,b)的存在性蕴含了(a,b)的唯一性，所以(a,b)的唯一性不需要专门证明. 注意到$(a,b)=(|a|,|b|)=(b,a)$，不妨设 $a\geqslant b\geqslant 0$. 若 $b=0$，则$(a,0)=a$，且$(a,0)$能表示成 $a,0$ 的组合，定理成立. 以下设

$$a\geqslant b\geqslant 1.$$

对 $a+b$ 作归纳. 显然 $a+b\geqslant 2$.

当 $a+b=2$，即 $a=1,b=1$ 时，易见定理成立. 现假设 $a+b<n$ 时定理成立，考察 $a+b=n$ 的情形. 由带余除法有

$$a=qb+r,0\leqslant r\leqslant b-1.$$

若 $r=0$，则$(a,b)=b$，且 b 能表示为 $b=0\times a+1\times b$，定理成立. 若 $r\geqslant 1$，注意到 $b+r<a+b=n$，由归纳假设得(b,r)存在且有整数 s,t 使得$(b,r)=sb+tr$. 由定理 1.2.2，(a,b)存在且等于(b,r). 进一步，有整数 $u=t,v=s-tq$ 使得

$$(a,b)=(b,r)=sb+tr=sb+t(a-qb)=ua+vb,$$

定理成立. □

上面定理的证明实际上蕴含了(a,b)的算法. 下面通过具体例子来体会这一算法，我们将看到其基本思想是反复利用带余除法和定理 1.2.2，称之为**辗转相除法**.

例 1.2.1 求$(3961,952)$，并求 $u,v\in\mathbf{Z}$ 使得$(3961,952)=u\times 3961+v\times 952$.

解 因为

$$3961=4\times 952+153, \tag{1.2.2}$$

$$952=6\times 153+34, \tag{1.2.3}$$

$$153=4\times 34+\mathbf{17}, \tag{1.2.4}$$

$$34=2\times 17+0, \tag{1.2.5}$$

反复应用定理 1.2.2 得

$$(3961,952)=(952,153)=(153,34)=(34,17)=17.$$

读者应该体会到，这里的最大公因子 17 实际上就等于上面四个带余除法式子中**最后一个非零的余数**. 利用(1.2.4)、(1.2.3)和(1.2.2)式逐次回代得到

$$\begin{aligned}17&=153-4\times 34\\&=153-4\times(952-6\times 153)=25\times 153-4\times 952\\&=25\times(3961-4\times 952)-4\times 952=25\times 3961-104\times 952,\end{aligned}$$

即 $u=25,v=-104$ 满足$(3961,952)=u\times 3961+v\times 952$. □

由定理 1.2.3 看到，a,b 的最大公因子必能表示成 a,b 的组合，但要注意，a,b 的一个组合一般不是 a,b 的公因子，因而也不是 a,b 的最大公因子. 例如，

$2\times10+3\times7$ 不是 10 和 7 的公因子.

性质 1.2.1 设 $a,b\in\mathbf{Z}$,则 $(a,b)=1$ 当且仅当存在 $u,v\in\mathbf{Z}$ 使得 $ua+vb=1$.

证 由定理 1.2.3 得必要性,下证充分性.设有 $u,v\in\mathbf{Z}$ 使得 $ua+vb=1$,因为 (a,b) 整除 a 和 b,所以 (a,b) 整除 a,b 的组合 $ua+vb$,即 $(a,b)\mid 1$. 故 $(a,b)=1$. □

若 $(a,b)=1$,则称整数 a 和整数 b **互素**.

性质 1.2.2 设 a,b,c 都是整数,则以下结论成立:

(1) 若 $(a,b)=1$ 且 $a\mid bc$,则 $a\mid c$;

(2) 若 $(a,b)=1$ 且 $a\mid c,b\mid c$,则 $ab\mid c$;

(3) 若 $(a,b)=1$ 且 $(a,c)=1$,则 $(a,bc)=1$.

证 注意到每个命题中都有条件 $(a,b)=1$,故有整数 u,v 使得

$$ua+vb=1. \tag{1.2.6}$$

(1) 记 $bc=ka$,在(1.2.6)式两边乘 c 得 $uac+vka=c$,于是 $a\mid c$.

(2) 在(1.2.6)式两边乘 c 得 $uac+vbc=c$. 因为 $b\mid c$ 且 $a\mid c$,所以 $ab\mid uac$ 且 $ab\mid vbc$,得 $ab\mid(uac+vbc)$,即 $ab\mid c$.

(3) 因为 $(a,c)=1$,所以存在整数 x,y 使得 $xa+yc=1$. 将此式和(1.2.6)式相乘得

$$u'a+v'bc=1,$$

其中 $u'=uxa+uyc+xvb,v'=vy$ 都是整数,由性质 1.2.1 推出 $(a,bc)=1$. □

三、素数

定义 1.2.3 设 $p\in\mathbf{Z}$,且 $p\notin\{0,1,-1\}$. 若 p 没有真因子,即 p 只有形如 $\pm1,\pm p$ 的平凡因子,则称 p 为素数或质数;若 p 有真因子,则称 p 为合数.

显然,p 是素数当且仅当 $-p$ 是素数. 例如,3 和 -3 都是素数. 按照素数、合数的定义,我们可以将整数集合 $\mathbf{Z}$ 划分成以下四个两两不相交的子集的并:

$$\mathbf{Z}=\{0\}\cup\{\pm1\}\cup\{\text{素数}\}\cup\{\text{合数}\}. \tag{1.2.7}$$

下面给出素数的基本性质.

性质 1.2.3 设 p 为素数,以下两条性质成立:

(1) 对于任意整数 m,必有 $p\mid m$ 或 $(p,m)=1$.

(2) 若整数 m,n 满足 $p\mid mn$,则 p 必定整除 m,n 中至少一个.

证[①] (1) 假设$(p,m)\neq 1$,则$(p,m)=d>1$. 此时 d 为素数 p 的不等于 1 的正因子,故 $d=|p|$. 又 $d|m$,得 $p|m$.

(2) 假设 p 既不整除 m 也不整除 n. 由(1)有

$$(p,m)=(p,n)=1.$$

再由性质 1.2.2(3)得$(p,mn)=1$,这与 $p|mn$ 矛盾. 故(2)成立. □

四、算术基本定理

定理 1.2.4(算术基本定理) 任意一个不为 0,1,−1 的整数 a 一定可以唯一地分解为一些素数的乘积,这里的唯一性是指,若 a 有以下两种素数乘积分解

$$a=p_1p_2\cdots p_s, a=q_1q_2\cdots q_t, \tag{1.2.8}$$

其中 p_i,q_j 都是素数,则 $s=t$,且经过恰当重排后,对一切 $i=1,2,\cdots,s$ 都有$p_i=\pm q_i$.

证 (1) 先证明整数 a 的可分解性,对$|a|$作归纳. 若$|a|=2$,则 a 已经是素数,命题成立. 现假设绝对值小于 n 的整数都能写成素数的乘积,考察绝对值等于 n 的整数 a. 若 a 是素数,则命题已经成立;若 a 不是素数,则 a 有真因子分解 $a=a_1a_2$,其中 $1<|a_1|,|a_2|<n$,由归纳假设 a_1 和 a_2 都能写成一些素数的乘积,故 a 亦然. 这样由数学归纳法证明了 a 的可分解性.

(2) 再证明分解的唯一性. 设 a 有(1.2.8)式中的两种素数乘积分解,对 s 作归纳.

若 $s=1$,则 $a=p_1$是素数,故 $t=1$ 且 $p_1=q_1$,唯一性成立.

现假设当 $s<m$ 时唯一性已经成立,考察 $2\leqslant s=m$ 的情形. 因为 $p_1p_2\cdots p_m=q_1q_2\cdots q_t$,素数 $p_m\left|\prod\limits_{j=1}^{t}q_j\right.$,由性质 1.2.3 知 p_m 必定整除某个 q_j,不妨设 $p_m|q_t$. 因为 q_t 也是素数,故有 $q_t=\delta p_m$,其中 $\delta\in\{1,-1\}$. 记 $b=\dfrac{a}{p_m}$,则整数 b 有以下两种分解:

$$b=\prod_{i=1}^{m-1}p_i, b=\prod_{j=1}^{t-1}q_j',$$

其中 $q_1'=q_1,\cdots,q_{t-2}'=q_{t-2},q_{t-1}'=\delta q_{t-1}$. 由归纳假设 b 有唯一分解,即 $m-1=t-1$,且经过恰当重排后 p_i 和 $q_i'(1\leqslant i\leqslant m-1)$至多相差一个符号. 故 $m=t$,且

---

① 要证明命题 A 或命题 B 成立,通常有两种证明方法. 一是假设其中之一不成立,证明另一个必成立;二是假设这两个命题都不成立,然后导出矛盾.

经过恰当重排后 p_i 和 q_i 最多相差一个符号. 这样由数学归纳法证明了 a 的分解的唯一性. □

由算术基本定理容易得到,任一不为 $0,1,-1$ 的整数 a 一定能唯一地写成

$$a=\pm p_1^{\alpha_1}p_2^{\alpha_2}\cdots p_k^{\alpha_k}, \tag{1.2.9}$$

其中 $p_1,p_2,\cdots,p_k$ 为两两不同的正素数,$\alpha_1,\alpha_2,\cdots,\alpha_k$ 都是正整数. 上式称为 a 的**标准分解**[①].

定义 1.2.4 设整数 a 有形如(1.2.9)式的标准分解,p 为一个正素数. 若 p 等于某个 p_i,则称 $p_i^{\alpha_i}$ 为 a 的 p-部分;若 $p\notin\{p_1,p_2,\cdots,p_k\}$,则称 a 的 p-部分为 1. 我们用 a_p 表示 a 的 p-部分.

性质 1.2.4 对于两个同号的整数 a 和 b,$a=b$ 的充分必要条件是对任意正素数 p 都有 $a_p=b_p$.

证 由算术基本定理立得. □

类似于最大公因子的定义,我们定义整数 $a_1,a_2,\cdots,a_m$ 的最小公倍数. 若整数 d 为 $a_1,a_2,\cdots,a_m$ 的公倍数,即 d 是所有 a_i 的倍数,且 $a_1,a_2,\cdots,a_m$ 的任意公倍数都是 d 的倍数,则称 d 为 $a_1,a_2,\cdots,a_m$ 的**最小公倍数**. 我们用 $[a_1,a_2,\cdots,a_m]$ 表示 $a_1,a_2,\cdots,a_m$ 的非负的最小公倍数,不难证明它唯一存在.

定理 1.2.5 设非零整数 a 和 b 有标准分解 $a=\pm p_1^{\alpha_1}p_2^{\alpha_2}\cdots p_r^{\alpha_r}$, $b=\pm p_1^{\beta_1}p_2^{\beta_2}\cdots p_r^{\beta_r}$,这里所有 α_i,β_i 都是非负整数,则

(1) $(a,b)=\prod\limits_{j=1}^{r}p_j^{c_j}$,这里 $c_j=\min\{\alpha_j,\beta_j\}$;

(2) $[a,b]=\prod\limits_{j=1}^{r}p_j^{d_j}$,这里 $d_j=\max\{\alpha_j,\beta_j\}$;

(3) $(a,b)[a,b]=|ab|$.

证 (1) 显然 $\prod\limits_{j=1}^{r}p_j^{c_j}$ 为 a,b 的公因子. 若 d 是 a,b 的任意公因子,则 d 的可能的正素因子只能是 $p_1,p_2,\cdots,p_r$,记 d 的 p_j-部分为 $p_j^{k_j}$. 因为 $d\mid a$ 且 $d\mid b$,所以 d 的 p_j-部分既不超过 a 的 p_j-部分也不超过 b 的 p_j-部分,即 $k_j\leqslant\min\{\alpha_j,\beta_j\}=c_j$,故 $d\,\Big|\prod\limits_{j=1}^{r}p_j^{c_j}$. 由此即得 $\prod\limits_{j=1}^{r}p_j^{c_j}=(a,b)$.

(2) 仿照(1)的证明,细节略.

(3) 由(1)和(2)得 $(a,b)[a,b]=\prod\limits_{j=1}^{r}p_j^{\min\{\alpha_j,\beta_j\}+\max\{\alpha_j,\beta_j\}}=\prod\limits_{j=1}^{r}p_j^{\alpha_j+\beta_j}=|ab|$. □

① 在实际应用时,为了方便讨论,我们允许标准分解中的指数 α_i 等于 0.

下面用性质1.2.4来证明$(a,b)[a,b]=|ab|$.任取正素数p,设$a_p=p^u$,$b_p=p^v$,不妨设$u\geqslant v$.易见

$$((a,b)[a,b])_p=(a,b)_p[a,b]_p=p^v p^u=b_p\cdot a_p=|ab|_p,$$

故由性质1.2.4得$(a,b)[a,b]=|ab|$.

§1.3 一元多项式

在接下来的三节中,我们将把整数的因子分解理论推广到一元多项式环中.两者无论是定义、性质、定理,还是证明方法都是平行的,所以熟练掌握上一节的内容对学习多项式的因式分解理论会起到事半功倍的效果.

一、一元多项式的定义

定义1.3.1 设$\mathbf{P}$是一个数域,x是一个文字或字母,形式表达式

$$a_nx^n+a_{n-1}x^{n-1}+\cdots+a_1x+a_0\,(a_n,a_{n-1},\cdots,a_1,a_0\in\mathbf{P}) \qquad (1.3.1)$$

称为数域$\mathbf{P}$上关于x的一个多项式.数域$\mathbf{P}$上关于x的所有多项式构成的集合记为$\mathbf{P}[x]$,称为数域$\mathbf{P}$上关于x的一元多项式环.

设$f(x)$为形如(1.3.1)的表达式,我们使用以下术语和符号:

(1) a_ix^i称为$f(x)$的i**次项**,a_i称为$f(x)$的i次项的**系数**,a_0称为$f(x)$的**常数项**.若$a_n\neq0$,则a_nx^n和a_n分别称为$f(x)$的**首项**和**首项系数**,此时称$f(x)$为n**次多项式**,记为

$$\partial(f(x))=n.$$

显然0次多项式(注意不是多项式0)就是$\mathbf{P}$中的数字.多项式的次数是非常重要的算术量①,很多命题可以通过对多项式的次数作归纳来证明.

(2) 若两个多项式$f(x)$和$g(x)$的同次项系数都对应相等,则称它们**相等**,记为$f(x)=g(x)$.各项系数全为零的多项式称为**零多项式**,记为0.零多项式是唯一不定义次数的多项式.

(3) 规定$x^0=1$,这样(1.3.1)式可简洁地表示为$\sum\limits_{i=0}^{n}a_ix^i$.

(4) 我们约定(除非特别说明):多项式都是数域$\mathbf{P}$上的多项式;当我们使用符号$\partial(f(x))$时,总是已经假设$f(x)$是非零多项式.

---

① 多项式的次数在多项式理论中的地位,类似于整数的绝对值在整数理论中的地位.

二、多项式的运算

在一元多项式环 $\mathbf{P}[x]$ 中，我们总是可以作加法、减法和乘法三种运算.

定义 1.3.2 设 $f(x)=a_nx^n+\cdots+a_1x+a_0$，$g(x)=b_mx^m+\cdots+b_1x+b_0$.

(1) 不妨设 $n\geqslant m$，$f(x)\pm g(x)$ 定义为 $\sum_{i=0}^{n}(a_i\pm b_i)x^i$，其中 $b_n=b_{n-1}=\cdots=b_{m+1}=0$；

(2) $f(x)g(x)$ 定义为 $\sum_{k=0}^{m+n}c_kx^k$，其中 $c_k=\sum_{i+j=k}a_ib_j=a_0b_k+a_1b_{k-1}+\cdots+a_kb_0$.

容易看到，多项式的和、差以及积仍是多项式.考察多项式的次数，我们易见有下面的事实.

性质 1.3.1 设 $f(x)$，$g(x)$ 是两个非零多项式，则

(1) 或者 $f(x)\pm g(x)=0$，或者 $\partial(f(x)\pm g(x))\leqslant\max\{\partial(f(x)),\partial(g(x))\}$；

(2) $\partial(f(x)g(x))=\partial(f(x))+\partial(g(x))$.

如同数字运算一样，容易验证多项式的加法（减法）和乘法具有以下性质：

(1) 记 $-g(x)=0-g(x)$，则 $-g(x)=(-1)\times g(x)$，并且 $f(x)-g(x)=f(x)+(-g(x))$.

(2) 加法交换律　$f(x)+g(x)=g(x)+f(x)$.

(3) 加法结合律　$(f(x)+g(x))+h(x)=f(x)+(g(x)+h(x))$.

(4) $0+f(x)=f(x)$，$f(x)+(-1)\times f(x)=f(x)-f(x)=0$.

(5) 加法消去律　若 $f(x)+g(x)=f(x)+h(x)$，则 $g(x)=h(x)$.

(6) 乘法交换律　$f(x)g(x)=g(x)f(x)$.

(7) 乘法结合律　$(f(x)g(x))h(x)=f(x)(g(x)h(x))$.

(8) $0\times f(x)=0$.

(9) 加法、乘法之间的分配律　$f(x)(g(x)\pm h(x))=f(x)g(x)\pm f(x)h(x)$.

(10) $f(x)g(x)=0\Leftrightarrow f(x)=0$ 或 $g(x)=0$.

命题(10)的充分性显然，下证(10)的必要性.设 $f(x)g(x)=0$ 且 $f(x)\neq0$，$g(x)\neq0$，考察 $f(x)$，$g(x)$ 和 $f(x)g(x)$ 三者的首项系数，推出矛盾，必有 $f(x)=0$ 或 $g(x)=0$.

(11) 乘法消去律　若 $f(x)g(x)=f(x)h(x)$ 且 $f(x)\neq0$，则 $g(x)=h(x)$.

事实上，若 $f(x)g(x)=f(x)h(x)$，则 $f(x)(g(x)-h(x))=0$，应用(10)得 $g(x)=h(x)$.

例 1.3.1 已知$(x^3+bx+c)(x^2+2x+c)$的一次项系数为 3,问 b,c 应满足什么条件?

解 由定义或者将$(x^3+bx+c)(x^2+2x+c)$利用分配律展开,得它的一次项系数为 $bc+2c$,所以 b,c 应满足的条件是$(b+2)c=3$. □

对于非零多项式 $f(x)$,我们还可以定义它的非负整数次方幂,其中 $f(x)$的零次方定义为 1,$f(x)$的 $m(m\in\mathbf{Z}^+)$次方定义为 m 个 $f(x)$的乘积.

三、带余除法

类似于整数理论中的带余除法(参见定理 1.2.1),两个多项式也可以作带余除法.

定理 1.3.1 任取 $f(x),g(x)\in\mathbf{P}[x]$,其中 $g(x)\neq 0$,一定存在唯一的 $q(x),\ r(x)\in\mathbf{P}[x]$使得

$$f(x)=q(x)g(x)+r(x), \tag{1.3.2}$$

这里$\partial(r(x))<\partial(g(x))$或者 $r(x)=0$.

证 (1) 先证明 $q(x)$和 $r(x)$的存在性. 若 $f(x)=0$ 或$\partial(f(x))<\partial(g(x))$,则取 $q(x)=0,r(x)=f(x)$即满足要求. 以下设 $f(x)\neq 0$ 且$\partial(f(x))\geqslant\partial(g(x))$,对$\partial(f(x))$作归纳.

若$\partial(f(x))=0$,则 $f(x)=a\in\mathbf{P},g(x)=b\in\mathbf{P}$,取 $q(x)=\dfrac{a}{b},r(x)=0$ 即满足要求.

假设当$\partial(f(x))<n$ 时结论已经成立,考察$\partial(f(x))=n$ 的情形. 设 $f(x),g(x)$的首项分别为 a_nx^n 和 b_mx^m. 注意 $n\geqslant m,a_n\neq 0,b_m\neq 0$,取 $q_1(x)=\dfrac{a_n}{b_m}x^{n-m}$,我们有

$$f(x)=q_1(x)g(x)+r_1(x), \tag{1.3.3}$$

其中 $r_1(x)=0$ 或$\partial(r_1(x))<n$. 对于前者,易见 $q(x)=q_1(x),r(x)=0$ 满足要求. 对于后者,将 $r_1(x)$除以 $g(x)$,由归纳假设(注意我们是对被除式的次数作归纳)存在 $q_2(x),r(x)$使得

$$r_1(x)=q_2(x)g(x)+r(x), \tag{1.3.4}$$

其中 $r(x)=0$ 或$\partial(r(x))<\partial(g(x))$. 结合(1.3.3)和(1.3.4)两式,我们找到了 $q(x)=q_1(x)+q_2(x)$和 $r(x)$使得 $f(x)=q(x)g(x)+r(x)$. 这样就证明了 $q(x),r(x)$的存在性.

(2) 再证 $q(x)$和 $r(x)$的唯一性. 设多项式 $q_1(x),r_1(x)$也满足 $f(x)=q_1(x)g(x)+r_1(x)$,其中 $r_1(x)=0$ 或$\partial(r_1(x))<\partial(g(x))$,得

$$(q(x)-q_1(x))g(x)=r_1(x)-r(x). \tag{1.3.5}$$

反设 $r_1(x)\neq r(x)$，由(1.3.5)式推出$\partial(r_1(x)-r(x))\geqslant\partial(g(x))$，但是 $r_1(x)$ 和 $r(x)$ 都是或者为零，或者次数严格小于 $g(x)$ 的次数，显然矛盾. 故必有 $r_1(x)=r(x)$，此时由(1.3.5)式又有 $q(x)g(x)=q_1(x)g(x)$，应用乘法消去律得 $q(x)=q_1(x)$. 唯一性得证. □

在(1.3.2)式中，$q(x)$ 和 $r(x)$ 分别称为 $g(x)$ 除 $f(x)$ 得到的**商式**和**余式**.

四、整除

定义 1.3.3 设 $f(x),g(x)\in\mathbf{P}[x]$，若有 $q(x)\in\mathbf{P}[x]$ 使得 $f(x)=q(x)g(x)$，则称 $g(x)$ 整除 $f(x)$，记为 $g(x)\mid f(x)$，此时也称 $g(x)$ 为 $f(x)$ 的因式，$f(x)$ 为 $g(x)$ 的倍式. 我们用 $g(x)\nmid f(x)$ 表示 $g(x)$ 不整除 $f(x)$.

注意 (1) 在 $\mathbf{Z}$ 中，$3\mid 4$ 不成立. 但在 $\mathbf{P}[x]$ 中，因为 $3,4,\dfrac{4}{3}\in\mathbf{Q}\subseteq\mathbf{P}\subseteq\mathbf{P}[x]$ 且$4=3\times\dfrac{4}{3}$，所以 $3\mid 4$ 成立.

(2) 显然，能整除所有整数的整数有且只有±1；在 $\mathbf{P}[x]$ 中，能整除所有多项式的多项式有且仅有非零数字(即零次多项式). 因此，非零数字在 $\mathbf{P}[x]$ 中的地位相当于±1 在整数理论中的地位.

(3) 若存在非零常数 $c\in\mathbf{P}$ 使得 $f(x)=cg(x)$，则称多项式 $f(x)$ 和 $g(x)$ **相伴**.

(4) 任意多项式 $f(x)$ 必有形如 c 和 $cf(x)$(这里 c 为非零数字)的因式，这样的因式称为 $f(x)$ 的**平凡因式**，形如 $f(x)=c\times\dfrac{1}{c}f(x)$ 的分解称为 $f(x)$ 的**平凡分解**. 若$\partial(f(x))=0$，即 $f(x)$ 为非零数字，则 $f(x)$ 只有平凡因式，也只有平凡分解；若 $g(x)$ 为 $f(x)$ 的非平凡的因式，则显然 $1\leqslant\partial(g(x))\leqslant\partial(f(x))-1$.

完全类似于整数的整除性质，多项式的整除性也有下面的基本性质.

性质 1.3.2 设 $f(x),g(x),h(x),g_i(x)\in\mathbf{P}[x]$，$i=1,2,\cdots,m$，$0\neq a\in\mathbf{P}$，我们有：

(1) $f(x)$ 和它的相伴式 $af(x)$ 有完全相同的因式和倍式.

(2) $f(x)\mid 0$；$0\mid f(x)$ 当且仅当 $f(x)=0$；$f(x)\mid a$ 当且仅当 $0\neq f(x)\in\mathbf{P}$.

(3) 若 $g(x)\neq0$，则 $g(x)\mid f(x)$ 当且仅当 $g(x)$ 除 $f(x)$ 的余式为 0.

(4) $f(x)$ 和 $g(x)$ 能相互整除的充分必要条件是 $f(x)$ 和 $g(x)$ 相伴.

(5) 整除是 $\mathbf{P}[x]$ 上的二元关系，它具有自反性，即 $f(x)\mid f(x)$；也具有传递性，即若 $f(x)\mid g(x)$，$g(x)\mid h(x)$，则 $f(x)\mid h(x)$.

(6) 若 $f(x)\mid g_i(x)$，$i=1,2,\cdots,m$，则对任意 $u_i(x)\in\mathbf{P}[x]$ 都有

$$f(x)\,\Big|\,\sum_{i=1}^{m}u_i(x)g_i(x).$$

我们称 $\sum_{i=1}^{m}u_i(x)g_i(x)$ 为多项式 $g_1(x),g_2(x),\cdots,g_m(x)$的一个组合.

例 1.3.2 问 m,p,q 满足什么条件时,有 $x^2+mx-1\mid x^3+px+q$?

解 注意多项式的首项系数和常数项,有

$$\begin{aligned}x^2+mx-1\mid x^3+px+q &\Leftrightarrow x^3+px+q=(x^2+mx-1)(x-q)\\ &\Leftrightarrow x^3+px+q=x^3+(m-q)x^2-(mq+1)x+q\\ &\Leftrightarrow q=m,p=-mq-1.\end{aligned}$$

□

例 1.3.3 设 $m,n\in\mathbf{Z}^+$,证明 $x^m-1\mid x^n-1$ 当且仅当 $m\mid n$.

证 ($\Leftarrow$) 因为正整数 m 整除正整数 n,所以有正整数 k 使得 $n=km$,此时

$$x^n-1=x^{km}-1=(x^m-1)(x^{m(k-1)}+x^{m(k-2)}+\cdots+x^m+1),$$

得 $x^m-1\mid x^n-1$.

($\Rightarrow$) 因为 $x^m-1\mid x^n-1$,所以 $1\leqslant m\leqslant n$. 由 $\mathbf{Z}$ 中的带余除法,可设 $n=km+r$,其中 $k\in\mathbf{Z}^+$,$r=0,1,\cdots,m-1$. 下面仅需证明 $r=0$. 我们有

$$x^n-1=x^{km+r}-1=(x^{km+r}-x^r)+(x^r-1)=x^r(x^{km}-1)+(x^r-1),$$

注意到 $x^m-1\mid x^n-1$ 且 $x^m-1\mid x^{km}-1$,由性质 1.3.2 得

$$x^m-1\mid x^r-1.$$

因为 $r<m$,所以必有 $x^r-1=0$,即 $r=0$,故 $m\mid n$. □

§1.4 最大公因式

一、最大公因式的定义

定义 1.4.1 设 $f(x),g(x),d(x)\in\mathbf{P}[x]$.

(1) 若 $d(x)\mid f(x)$且 $d(x)\mid g(x)$,则称 $d(x)$是 $f(x),g(x)$的公因式;

(2) 若 $d(x)$是 $f(x)$和 $g(x)$的公因式,且 $f(x),g(x)$的任意公因式都是 $d(x)$的因式,则称 $d(x)$为 $f(x)$和 $g(x)$的一个最大公因式.

性质 1.4.1 设 $d(x)$是 $f(x),g(x)$的一个最大公因式,则多项式 $h(x)$也是 $f(x)$和 $g(x)$的最大公因式的充分必要条件是 $h(x)$和 $d(x)$相伴.

证 ($\Rightarrow$) 设 $h(x)$和 $d(x)$都是 $f(x),g(x)$的最大公因式. 由 $d(x)$的"最大性"得 $h(x)\mid d(x)$,同样由 $h(x)$的"最大性"得 $d(x)\mid h(x)$. 应用性质 1.3.2(4) 得 $h(x)$和 $d(x)$相伴.

($\Leftarrow$) 若 $h(x)$和 $d(x)$相伴,则 $h(x)=cd(x)$,其中 c 为非零数字.

(1) 因为 $d(x)\mid f(x)$ 且 $d(x)\mid g(x)$，所以 $cd(x)\mid f(x)$ 且 $cd(x)\mid g(x)$，即 $h(x)$ 为 $f(x)$ 和 $g(x)$ 的公因式.

(2) 又若 $t(x)$ 为 $f(x),g(x)$ 的任意公因式，则 $t(x)$ 是 $f(x)$ 和 $g(x)$ 的最大公因式 $d(x)$ 的因式，故 $t(x)$ 也是 $h(x)=cd(x)$ 的因式.

由(1)和(2)及最大公因式的定义，$h(x)$ 也是 $f(x),g(x)$ 的一个最大公因式.

□

读者可以看到，两个多项式的最大公因式的定义完全仿照两个整数的最大公因子的定义. 显然，两个零多项式的最大公因式必是零多项式，我们记之为 $(0,0)=0$. 对于两个不全为零的多项式 $f(x)$ 和 $g(x)$，若它们的最大公因式存在(我们将在下面证明这总是成立的)，则它们的最大公因式必是非零多项式. 由性质 1.4.1 知这些最大公因式都是相伴的，且其中必有一个是首项系数为 1 的最大公因式. 显然 $f(x),g(x)$ 的首项系数为 1 的最大公因式必唯一，我们记之为 $(f(x),g(x))$.

二、存在性和算法

定理 1.4.1 若 $f(x)=q(x)g(x)+r(x)$，则 $(f(x),g(x))=(g(x),r(x))$.

该定理的证明类似定理 1.2.2，留给读者.

定理 1.4.2 对任意两个多项式 $f(x)$ 和 $g(x)$，$(f(x),g(x))$ 必唯一存在，且它能表示为 $f(x),g(x)$ 的一个组合，即存在多项式 $u(x),v(x)$ 使得

$$u(x)f(x)+v(x)g(x)=(f(x),g(x)).$$

证 我们用与证明定理 1.2.3 类似的方法来证明. 因为 $(f(x),g(x))$ 的存在性蕴含了 $(f(x),g(x))$ 的唯一性，所以 $(f(x),g(x))$ 的唯一性不需要专门证明. 当 $f(x),g(x)$ 中有一个是零多项式时，易见定理成立. 下设 $f(x)$ 和 $g(x)$ 都是非零多项式，不妨设 $\partial(f(x))\geqslant\partial(g(x))$. 我们对 $\partial(f(x))+\partial(g(x))$ 作归纳.

(1) 若 $\partial(f(x))+\partial(g(x))=0$，即 $f(x)=a$ 和 $g(x)=b$ 都是非零常数，则 $(f(x),g(x))=1$，且 $1=\dfrac{1}{a}\times f(x)+0\times g(x)$，定理成立.

(2) 假设当 $\partial(f(x))+\partial(g(x))<n$ 时定理成立，考察 $\partial(f(x))+\partial(g(x))=n$ 的情形. 由带余除法有

$$f(x)=q(x)g(x)+r(x),$$

其中 $r(x)=0$ 或 $\partial(r(x))<\partial(g(x))$.

若 $r(x)=0$，则 $(f(x),g(x))=\dfrac{1}{b}g(x)$，这里 b 是 $g(x)$ 的首项系数，且 $(f(x),g(x))$ 能表示为 $0\times f(x)+\dfrac{1}{b}\times g(x)$，定理成立.

若 $r(x)\neq 0$,则$\partial(r(x))<\partial(g(x))$,故$\partial(g(x))+\partial(r(x))<n$,由归纳假设得$(g(x),r(x))$存在,且有多项式 $s(x),t(x)$使得$(g(x),r(x))=s(x)g(x)+t(x)r(x)$.应用定理 1.4.1 知道,$(f(x),g(x))$存在且等于$(g(x),r(x))$,此时取 $u(x)=t(x),v(x)=s(x)-t(x)q(x)$,就有

$$\begin{aligned}(f(x),g(x))&=(g(x),r(x))=s(x)g(x)+t(x)r(x)\\&=s(x)g(x)+t(x)(f(x)-q(x)g(x))\\&=t(x)f(x)+(s(x)-t(x)q(x))g(x)\\&=u(x)f(x)+v(x)g(x),\end{aligned}$$

定理成立. □

例 1.4.1 设 $f(x)=x^4+3x^3-x^2-4x-3,g(x)=3x^3+10x^2+2x-3$,求$(f(x),g(x))$,并将它表示成 $f(x),g(x)$的一个组合.

解 仿照例 1.2.1,我们用**辗转相除法**,即反复作带余除法,直至除尽.我们有

$$f(x)=\left(\frac{1}{3}x-\frac{1}{9}\right)g(x)+\left(-\frac{5}{9}x^2-\frac{25}{9}x-\frac{10}{3}\right). \tag{1.4.1}$$

$$g(x)=\left(-\frac{27}{5}x+9\right)\left(-\frac{5}{9}x^2-\frac{25}{9}x-\frac{10}{3}\right)+(9x+27). \tag{1.4.2}$$

$$-\frac{5}{9}x^2-\frac{25}{9}x-\frac{10}{3}=\left(-\frac{5}{81}x-\frac{10}{81}\right)(9x+27)+0. \tag{1.4.3}$$

由上面三式结合定理 1.4.1 得

$$\begin{aligned}(f(x),g(x))&=\left(g(x),-\frac{5}{9}x^2-\frac{25}{9}x-\frac{10}{3}\right)\\&=\left(-\frac{5}{9}x^2-\frac{25}{9}x-\frac{10}{3},9x+27\right)=x+3.\end{aligned}$$

注意 上面带余除法式子中最后一个非零余式为 $9x+27$,它就是 $f(x)$和$g(x)$的一个最大公因式,但$(f(x),g(x))$表示的是首项系数为 1 的最大公因式,所以这里的答案不是 $9x+27$,而是 $x+3$.

利用(1.4.2)式和(1.4.1)式逐次回代得到

$$\begin{aligned}9x+27&=g(x)-\left(-\frac{27}{5}x+9\right)\left(-\frac{5}{9}x^2-\frac{25}{9}x-\frac{10}{3}\right)\\&=g(x)-\left(-\frac{27}{5}x+9\right)\left(f(x)-\left(\frac{1}{3}x-\frac{1}{9}\right)g(x)\right)\\&=\left(\frac{27}{5}x-9\right)f(x)+\left(-\frac{9}{5}x^2+\frac{18}{5}x\right)g(x).\end{aligned}$$

因此,令 $u(x)=\frac{3}{5}x-1,v(x)=-\frac{1}{5}x^2+\frac{2}{5}x$,就有 $u(x)f(x)+v(x)g(x)=(f(x),g(x))$. □

例 1.4.2 设 $f(x),g(x)$是两个多项式,$f_1(x)=af(x)+bg(x)$,$g_1(x)=cf(x)+dg(x)$,其中数字 a,b,c,d 满足 $ad-bc\neq 0$,证明$(f(x),g(x))=(f_1(x),g_1(x))$.

证 设 $d(x)=(f(x),g(x))$,$d_1(x)=(f_1(x),g_1(x))$. 下证 $d(x)=d_1(x)$.①

一方面,因为 $d(x)$整除 $f(x),g(x)$,所以 $d(x)$整除 $f(x)$和 $g(x)$的任意组合. 特别地,$d(x)$整除 $f_1(x)$和 $g_1(x)$. 注意到 $d_1(x)$是 $f_1(x)$和 $g_1(x)$的最大公因式,得 $d(x)|d_1(x)$.

另一方面,将 $f_1(x)=af(x)+bg(x)$和 $g_1(x)=cf(x)+dg(x)$联立,得到关于 $f(x),g(x)$的方程组,可以求出

$$f(x)=\frac{d}{ad-bc}f_1(x)+\frac{-b}{ad-bc}g_1(x),$$

$$g(x)=\frac{c}{bc-ad}f_1(x)+\frac{-a}{bc-ad}g_1(x),$$

即 $f(x)$和 $g(x)$都是 $f_1(x)$和 $g_1(x)$的组合. 用上段中的方法同理证得 $d_1(x)|d(x)$.

综上得 $d(x)=d_1(x)$,结论成立. □

三、互素多项式

类似于整数互素的定义,称多项式 $f(x)$和多项式 $g(x)$**互素**,若$(f(x),g(x))=1$.

定理 1.4.3 设 $f(x),g(x)\in \mathbf{P}[x]$,则 $f(x),g(x)$互素的充分必要条件是存在 $u(x),v(x)\in \mathbf{P}[x]$使得

$$u(x)f(x)+v(x)g(x)=1.$$

证 必要性由定理 1.4.2 推出,下证充分性. 假设有多项式 $u(x),v(x)$使得 $u(x)f(x)+v(x)g(x)=1$. 设 $d(x)=(f(x),g(x))$,则 $d(x)$整除 $f(x)$,$g(x)$的任意组合,特别地 $d(x)|1$,故 $d(x)=1$,充分性成立. □

下面给出互素多项式的重要性质,这些性质无论是表现形式还是证明方法都与性质 1.2.2 一致.

性质 1.4.2 设 $f(x),g(x),h(x)$为三个多项式,则以下命题成立:

(1) 若$(f(x),g(x))=1$ 且 $f(x)|g(x)h(x)$,则 $f(x)|h(x)$.

(2) 若$(f(x),g(x))=1$ 且 $f(x)|h(x)$,$g(x)|h(x)$,则 $f(x)g(x)|h(x)$.

---

① 证明两个多项式相等的基本方法之一是证明它们能相互整除,且首项系数相等.

(3) 若$(f(x),g(x))=1$且$(f(x),h(x))=1$,则$(f(x),g(x)h(x))=1$.

证 各命题中都有$f(x)$,$g(x)$互素的条件,由定理1.4.3知存在多项式$u(x)$,$v(x)$使得

$$u(x)f(x)+v(x)g(x)=1. \tag{1.4.4}$$

(1) (1.4.4)式两边乘$h(x)$,即可看出$f(x)|h(x)$.

(2) (1.4.4)式两边乘$h(x)$得$u(x)f(x)h(x)+v(x)g(x)h(x)=h(x)$.因为$f(x)|h(x)$且$g(x)|h(x)$,所以$f(x)g(x)|u(x)f(x)h(x)$且$f(x)g(x)|v(x)g(x)h(x)$,故$f(x)g(x)|h(x)$.

(3) 因为$(f(x),h(x))=1$,所以存在多项式$s(x)$,$t(x)$使得$s(x)f(x)+t(x)h(x)=1$.将该式和(1.4.4)式相乘得

$$u_1(x)f(x)+v_1(x)g(x)h(x)=1,$$

其中$u_1(x)=u(x)s(x)f(x)+u(x)t(x)h(x)+s(x)v(x)g(x)$,$v_1(x)=v(x)t(x)$,由定理1.4.3推出$(f(x),g(x)h(x))=1$. □

四、多个多项式的最大公因式和最小公倍式

定义1.4.2 设多项式$f_1(x),f_2(x),\cdots,f_m(x)$,$m\geqslant 2$,若多项式$d(x)$满足:

(1) $d(x)$是所有$f_i(x)$的因式,即为$f_1(x),f_2(x),\cdots,f_m(x)$的公因式,

(2) $f_1(x),f_2(x),\cdots,f_m(x)$的任意公因式都是$d(x)$的因式,

则称$d(x)$为$f_1(x),f_2(x),\cdots,f_m(x)$的一个最大公因式.

显然,若干零多项式的最大公因式必为零,记为$(0,0,\cdots,0)=0$.若$f_1(x)$,$f_2(x),\cdots,f_m(x)$不全为零,则它们的最大公因式一定不为零,并记它们的首项系数为1的最大公因式为$(f_1(x),f_2(x),\cdots,f_m(x))$.不难证明$(f_1(x),f_2(x),\cdots,f_m(x))$唯一存在,参见习题1.4.4.

定义1.4.3 设$f_1(x),f_2(x),\cdots,f_m(x)$,$m\geqslant 2$为多项式,若多项式$d(x)$满足:

(1) $d(x)$是所有$f_i(x)$的倍式,即为$f_1(x),f_2(x),\cdots,f_m(x)$的公倍式,

(2) $f_1(x),f_2(x),\cdots,f_m(x)$的任意公倍式都是$d(x)$的倍式,

则称$d(x)$为$f_1(x),f_2(x),\cdots,f_m(x)$的一个最小公倍式.

若$f_1(x),f_2(x),\cdots,f_m(x)$中存在一个零多项式,则它们的最小公倍式必是零,记为$[f_1(x),f_2(x),\cdots,f_m(x)]=0$;若$f_1(x),f_2(x),\cdots,f_m(x)$都是非零多项式,则它们的最小公倍式一定不为零,我们用$[f_1(x),f_2(x),\cdots,f_m(x)]$表示$f_1(x),f_2(x),\cdots,f_m(x)$的首项系数为1的最小公倍式.可以证明,$[f_1(x),f_2(x),\cdots,f_m(x)]$存在且唯一,参见习题1.4.5.

§1.5 因式分解定理

一、不可约多项式

定义 1.5.1 设 $p(x)\in \mathbf{P}[x]$的次数大于或等于1.

(1) 若 $p(x)$在 $\mathbf{P}[x]$中不能分解为两个次数都比 $p(x)$次数小的多项式乘积,也即 $p(x)$只有平凡因式,则称 $p(x)$为 $\mathbf{P}[x]$中或 $\mathbf{P}$ 上的不可约多项式.

(2) 若 $p(x)$在 $\mathbf{P}[x]$中能分解为两个次数都比 $p(x)$次数小的多项式乘积,也即 $p(x)$有非平凡的因式,则称 $p(x)$为 $\mathbf{P}[x]$中或 $\mathbf{P}$ 上的可约多项式.

就上述定义,我们作如下说明:

(1) 一次多项式一定是不可约的,换言之,可约多项式的次数至少为2.

(2) x^2+1 在 $\mathbf{Q}[x]$中不可约,但它在 $\mathbf{C}[x]$中可约.这说明多项式的不可约性与数域的选择有关.

(3) 两个相伴的多项式有完全相同的不可约性.

(4) 设 $p(x),q(x)$都是 $\mathbf{P}$ 上的不可约多项式.若 $p(x)\mid q(x)$,则 $p(x)$ 和$q(x)$必相伴.

(5) 设 $p(x),q(x)$是 $\mathbf{P}$ 上两个首项系数为1的不可约多项式.若 $p(x)\neq q(x)$,则 $p(x)$和 $q(x)$必互素.

我们仅给出(5)的证明.反设 $p(x)$和 $q(x)$不互素,记 $h(x)=(p(x),q(x))$,注意到 $p(x),q(x),h(x)$的首项系数都是1.因为 $p(x),q(x)$都只有平凡因式且 $h(x)\neq 1$,所以 $p(x)=h(x)=q(x)$,矛盾.

显然,整数集合 $\mathbf{Z}$ 可以划分成{0},{1,-1},{素数}和{合数}这四个两两不相交的子集的并.对应地,一元多项式环 $\mathbf{P}[x]$可以划分成四个两两不相交的子集的并:

$$\mathbf{P}[x]=\{0\}\cup\{\text{非零数字}\}\cup\{\text{不可约多项式}\}\cup\{\text{可约多项式}\}.$$

比较整数理论和前两节介绍的多项式理论,我们看到:

(1) 整数零与零多项式相对应;

(2) 整数理论中的±1 与多项式理论中的0次多项式(即非零数字)的地位相同;

(3) 素数对应于不可约多项式;

(4) 合数对应于可约多项式.

如同整数理论主要考察不等于0,1,-1的整数一样,多项式理论主要考察次数大于或等于1的多项式.

性质 1.5.1 对于 $\mathbf{P}[x]$ 中的不可约多项式 $p(x)$，有：

(1) 任取 $f(x)\in\mathbf{P}[x]$，必有 $p(x)\mid f(x)$ 或 $(p(x),f(x))=1$.

(2) 若 $p(x)\mid f(x)g(x)$，其中 $f(x),g(x)\in\mathbf{P}[x]$，则必有 $p(x)\mid f(x)$ 或 $p(x)\mid g(x)$.

证 同性质 1.2.3 的证明，细节留给读者. □

二、因式分解定理

定理 1.5.1(因式分解定理) 数域 $\mathbf{P}$ 上任意一个次数大于或等于 1 的多项式 $f(x)$ 都可唯一地分解为 $\mathbf{P}$ 上一些不可约多项式的乘积. 这里的唯一性是指，若 $f(x)$ 有以下两种不可约多项式乘积分解：

$$f(x)=p_1(x)p_2(x)\cdots p_s(x),f(x)=q_1(x)q_2(x)\cdots q_t(x), \qquad (1.5.1)$$

其中 $p_i(x)$ 和 $q_j(x)$ 都不可约，则 $s=t$，且经恰当重排后 $p_i(x)$ 和 $q_i(x)$ 都相伴.

证 (1) 先证明 $f(x)$ 可以分解成一些不可约多项式的乘积. 对 $\partial(f(x))$ 作归纳. 若 $\partial(f(x))=1$，则 $f(x)$ 不可约，结论成立. 现假设次数小于 n(但大于或等于 1)的多项式都能写成不可约多项式的乘积，考察次数等于 n 的多项式 $f(x)$. 若 $f(x)$ 不可约，则结论已经成立. 若 $f(x)$ 可约，则 $f(x)$ 有非平凡分解 $f(x)=f_1(x)f_2(x)$. 因为 $f_1(x)$ 和 $f_2(x)$ 的次数都比 $f(x)$ 的次数小，由归纳假设 $f_1(x)$ 和 $f_2(x)$ 都能写成一些不可约多项式的乘积，故 $f(x)$ 亦然.

(2) 再证 $f(x)$ 的分解的唯一性. 设 $f(x)$ 有如同(1.5.1)式的两种分解，则

$$p_1(x)p_2(x)\cdots p_s(x)=q_1(x)q_2(x)\cdots q_t(x). \qquad (1.5.2)$$

我们对 s 作归纳. 若 $s=1$，则 $p_1(x)=q_1(x)q_2(x)\cdots q_t(x)$，必有 $t=1$ 且 $p_1(x)=q_1(x)$，命题成立. 现假设当 $s<m$ 时命题已经成立，考察 $2\leqslant s=m$ 的情形. 由(1.5.2)式易见 $p_m(x)\,\Big|\,\prod\limits_{j=1}^{t}q_j(x)$，由性质 1.5.1，$p_m(x)$ 必整除某个 $q_j(x)$，不妨设 $p_m(x)\mid q_t(x)$，则有 $0\neq c\in\mathbf{P}$ 使得 $q_t(x)=cp_m(x)$. 记 $g(x)=\prod\limits_{i=1}^{m-1}p_i(x)$，在(1.5.2)式两边消去 $p_m(x)$，得到 $g(x)$ 的以下两种分解：

$$g(x)=\prod_{i=1}^{m-1}p_i(x),g(x)=\prod_{j=1}^{t-1}q_j'(x),$$

其中 $q_1'(x)=q_1(x),\cdots,q_{t-2}'(x)=q_{t-2}(x),q_{t-1}'(x)=cq_{t-1}(x)$. 由归纳假设得 $m-1=t-1$，且经过恰当重排后，$p_i(x)$ 和 $q_i'(x)$(这里 $1\leqslant i\leqslant m-1$)都相伴，因此 $m=t$，且经恰当重排后，对所有的 i，$p_i(x)$ 和 $q_i(x)$ 都相伴.

综上，由数学归纳法证明了 $f(x)$ 的因式分解的唯一性. □

由多项式的因式分解定理我们容易推出，数域 $\mathbf{P}$ 上任意一个次数大于或等

于 1 的多项式 $f(x)$ 可以唯一地表示为

$$f(x)=cp_1^{r_1}(x)p_2^{r_2}(x)\cdots p_s^{r_s}(x), \tag{1.5.3}$$

其中 $0\neq c\in \mathbf{P}$，r_i 都是正整数，$p_1(x),p_2(x),\cdots,p_s(x)$ 是数域 $\mathbf{P}$ 上两两不同的首项系数为 1 的不可约多项式. 我们称(1.5.3)式为 $f(x)$ 的**标准分解**. 需要指出的是，标准分解(1.5.3)中出现的不可约多项式 $p_1(x),p_2(x),\cdots,p_s(x)$ 必是两两互素的.

为讨论方便，在实际应用中我们允许标准分解(1.5.3)中的指数 r_i 取零值. 例如，$x^2-1=(x+1)(x-1)(x-3)^0$.

例 1.5.1 证明 $[(f(x),g(x)),h(x)]=([f(x),h(x)],[g(x),h(x)])$.

证 记 $u(x)=[(f(x),g(x)),h(x)]$，$v(x)=([f(x),h(x)],[g(x),h(x)])$，下证 $u(x)=v(x)$. 若 $f(x),g(x),h(x)$ 中有一个是零多项式，则容易证明 $u(x)=v(x)$，细节留给读者. 下设 $f(x),g(x),h(x)$ 都是非零多项式，显然 $u(x)$ 和 $v(x)$ 都是首项系数为 1 的多项式. 为了证明 $u(x)=v(x)$，我们仅需证明，对任意的首项系数为 1 的不可约多项式 $p(x)$，$p(x)$ 在 $u(x)$ 和 $v(x)$ 的标准分解中出现的指数相等. 由多项式因式分解定理，我们可设

$$f(x)=p^a(x)f_1(x),g(x)=p^b(x)g_1(x),h(x)=p^c(x)h_1(x),$$

其中 a,b,c 都是非负整数，$f_1(x),g_1(x),h_1(x)$ 都与 $p(x)$ 互素. 因为 $f(x)$，$g(x)$ 在命题中地位对称，所以可设 $a\geqslant b$.

假设 $a\geqslant b\geqslant c$. 我们有

$$u(x)=[p^b(x)L_1(x),p^c(x)h_1(x)]=p^b(x)L_2(x),$$

$$v(x)=(p^a(x)N_1(x),p^b(x)N_2(x))=p^b(x)N_3(x),$$

其中 $L_1(x),L_2(x),N_1(x),N_2(x),N_3(x)$ 都与 $p(x)$ 互素. 因此 $p(x)$ 在 $u(x)$ 和 $v(x)$ 的标准分解中出现的指数相等.

对于另外两种情形：$c\geqslant a\geqslant b$ 和 $a\geqslant c\geqslant b$，同理可证 $p(x)$ 在 $u(x)$ 和 $v(x)$ 的标准分解中出现的指数相等.

综上得 $u(x)=v(x)$，命题得证. □

定理 1.5.2 设非零多项式 $f(x)$ 和 $g(x)$ 有标准分解

$$f(x)=ap_1^{\alpha_1}(x)p_2^{\alpha_2}(x)\cdots p_r^{\alpha_r}(x),$$

$$g(x)=bp_1^{\beta_1}(x)p_2^{\beta_2}(x)\cdots p_r^{\beta_r}(x),$$

这里 a,b 是非零数字，所有 α_i,β_i 都是非负整数，$p_1(x),p_2(x),\cdots,p_r(x)$ 是两两不同的首项系数为 1 的不可约多项式，则

(1) $(f(x),g(x))=\prod\limits_{j=1}^{r} p_j^{c_j}(x)$，这里 $c_j=\min\{\alpha_j,\beta_j\}$；

(2) $[f(x),g(x)]=\prod_{j=1}^{r} p_j^{d_j}(x)$，这里 $d_j=\max\{\alpha_j,\beta_j\}$；

(3) $(f(x),g(x))[f(x),g(x)]=\frac{1}{ab}f(x)g(x)$.

证 完全仿照定理 1.2.5 或例 1.5.1 的证明，细节留给读者. □

§1.6 重因式

对于一个整数 m 和一个素数 p，我们经常要考察 m 的 p-部分. 类似地，在多项式理论中，对于一个多项式 $f(x)$ 和一个不可约多项式 $p(x)$，如同例1.5.1，我们也需要考察 $f(x)$ 中的 $p(x)$ 部分，即要找到非负整数 k 使得

$$p^k(x)\mid f(x),\ p^{k+1}(x)\nmid f(x).$$

若 $f(x)$ 的标准分解已经给出，则这样的 k 实际上已经得到. 若 $f(x)$ 的标准分解没有给出，又如何来求出或讨论 k 呢？这就是本节要研究的重因式问题.

一、多项式的重因式和形式导数

定义 1.6.1 设 $f(x)$，$p(x)$ 是多项式，$p(x)$ 不可约，k 是非负整数. 若 $p^k(x)\mid f(x)$，但 $p^{k+1}(x)\nmid f(x)$，则称 $p(x)$ 为 $f(x)$ 的 k 重因式.

在定义 1.6.1 下，我们还有更专门的术语.

(1) 当 $k\geqslant 2$ 时，$p(x)$ 称为 $f(x)$ 的**重因式**.

(2) 当 $k=1$ 时，$p(x)$ 称为 $f(x)$ 的**单因式**.

(3) 当 $k=0$ 时，0 重因式 $p(x)$ 实际上不是 $f(x)$ 的因式.

(4) 若 $f(x)$ 存在一个不可约的重因式，则称 $f(x)$ **有重因式**.

为了研究多项式的重因式问题，我们需要引入多项式的导数.

定义 1.6.2 $f(x)=\sum_{i=0}^{n} a_i x^i$ 的导数 $f'(x)$ 定义为 $\sum_{i=1}^{n} i a_i x^{i-1}$，即

$$f'(x)=na_nx^{n-1}+(n-1)a_{n-1}x^{n-2}+\cdots+ia_ix^{i-1}+\cdots+2a_2x+a_1.$$

这里的导数定义来源于数学分析，但给出的是直接定义，这样就避免了在一般数域 $\mathbf{P}$ 上引入极限的困难. 一阶导数 $f'(x)$ 的导数称为 $f(x)$ 的**二阶导数**，记为 $f''(x)$. 一般地，$f(x)$ 的 $k-1$ 阶导数的导数称为 $f(x)$ 的 $k(k\geqslant 2)$ 阶导数，记为 $f^{(k)}(x)$. 用定义直接验证，可得关于多项式的导数的以下基本性质：

$$(f(x)\pm g(x))'=f'(x)\pm g'(x);\tag{1.6.1}$$

$$(cf(x))'=cf'(x)\,(c\in\mathbf{P});\tag{1.6.2}$$

$$(f(x)g(x))'=f'(x)g(x)+f(x)g'(x);\tag{1.6.3}$$

$$(f^m(x))'=mf^{m-1}(x)f'(x)(m\in\mathbf{Z}^+). \tag{1.6.4}$$

二、重因式的判别

定理 1.6.1 设不可约多项式 $p(x)$ 是 $f(x)$ 的 k 重因式，这里 $k\geqslant 1$，则 $p(x)$ 是 $f'(x)$ 的 $k-1$ 重因式.

证 因为 $p(x)$ 为 $f(x)$ 的 k 重因式，所以存在多项式 $g(x)$ 使得 $f(x)=p^k(x)g(x)$，$p(x)\nmid g(x)$. 于是

$$\begin{aligned}f'(x)&=(p^k(x))'g(x)+p^k(x)g'(x)\\&=p^{k-1}(x)(kp'(x)g(x)+p(x)g'(x)).\end{aligned} \tag{1.6.5}$$

因为 $\partial(p'(x))=\partial(p(x))-1$，所以 $p(x)\nmid p'(x)$. 又因为 $p(x)\nmid g(x)$，所以由性质 1.5.1(2)推出

$$p(x)\nmid kp'(x)g(x),$$

从而 $p(x)\nmid kp'(x)g(x)+p(x)g'(x)$. 考察(1.6.5)式即得 $p^{k-1}(x)\mid f'(x)$ 但 $p^k(x)\nmid f'(x)$，即 $p(x)$ 为 $f(x)$ 的 $k-1$ 重因式. □

推论 1.6.1 设不可约多项式 $p(x)$ 是 $f(x)$ 的 k 重因式，这里 $k\geqslant 1$，则 $p(x)$ 分别是 $f'(x),f''(x),\cdots,f^{(k-1)}(x)$ 的 $k-1$ 重因式，$k-2$ 重因式，…，1 重因式，但不是 $f^{(k)}(x)$ 的因式.

证 由定理 1.6.1 立得. □

推论 1.6.2 设 $p(x)$ 为不可约多项式，$f(x)$ 为非零多项式，$k\geqslant 2$，则 $p(x)$ 为 $f(x)$ 的 k 重因式当且仅当 $p(x)$ 是 $(f(x),f'(x))$ 的 $k-1$ 重因式.

证 ($\Rightarrow$) 由条件可设 $f(x)=p^k(x)g(x)$，其中 $p(x)$ 和 $g(x)$ 互素. 由定理 1.6.1 得 $f'(x)=p^{k-1}(x)h(x)$，其中 $p(x)$ 和 $h(x)$ 互素. 由定理 1.5.2 得 $(f(x),f'(x))=p^{k-1}(x)l(x)$，其中 $(p(x),l(x))=1$. 因此 $p(x)$ 是 $(f(x),f'(x))$ 的 $k-1$ 重因式.

($\Leftarrow$) 由条件知道 $p^{k-1}(x)\mid(f(x),f'(x))$ 且 $p^k(x)\nmid(f(x),f'(x))$. 为了证明 $p(x)$ 是 $f(x)$ 的 k 重因式，我们仅需证明：$p^k(x)\mid f(x)$，但 $p^{k+1}(x)\nmid f(x)$.

反设 $p^k(x)\nmid f(x)$. 因为 $p^{k-1}(x)\mid f(x)$，所以 $p(x)$ 为 $f(x)$ 的 $k-1$ 重因式，由定理 1.6.1 得到 $p(x)$ 是 $f'(x)$ 的 $k-2$ 重因式，这推出 $p^{k-1}(x)\nmid f'(x)$. 但 $p^{k-1}(x)\mid(f(x),f'(x))$，矛盾. 因此 $p^k(x)\mid f(x)$.

反设 $p^{k+1}(x)\mid f(x)$，则 $p(x)$ 作为 $f(x)$ 的因式的重数至少为 $k+1$. 由定理 1.6.1得到 $p(x)$ 至少是 $f'(x)$ 的 k 重因式，这样 $p^k(x)\mid f'(x)$，从而 $p^k(x)\mid(f(x),f'(x))$，矛盾. 故 $p^{k+1}(x)\nmid f(x)$.

综上得 $p(x)$ 为 $f(x)$ 的 k 重因式. □

推论 1.6.3 不可约多项式 $p(x)$ 为非零多项式 $f(x)$ 的重因式的充分必要条件是 $p(x)$ 整除 $(f(x),f'(x))$.

证 由推论 1.6.2 立得. □

下面给出多项式有无重因式的判别定理.

定理 1.6.2 非零多项式 $f(x)$ 有重因式的充分必要条件是 $(f(x),f'(x))\neq 1$. 换言之,非零多项式 $f(x)$ 没有重因式的充分必要条件是 $(f(x),f'(x))=1$.

证 若 $f(x)$ 有重因式,令 $p(x)$ 为 $f(x)$ 的不可约的重因式,由推论 1.6.3 得 $p(x)\mid(f(x),f'(x))$,故 $(f(x),f'(x))\neq 1$. 反之,若 $(f(x),f'(x))\neq 1$,令 $p(x)$ 为 $(f(x),f'(x))$ 的一个不可约因式,由推论 1.6.3 得 $p(x)$ 为 $f(x)$ 的重因式,故 $f(x)$ 有重因式. □

读者需特别注意,已知不可约多项式 $p(x)$ 是 $f'(x)$ 的 $k-1$ 重因式,**不能推出** $p(x)$ 是 $f(x)$ 的 k 重因式! 参见习题 1.6.3.

例 1.6.1 求 $f(x)=x^4+x^3-3x^2-5x-2$ 的重因式.

解 $f'(x)=4x^3+3x^2-6x-5$,用辗转相除法求得 $(f(x),f'(x))=(x+1)^2$. 注意 $x+1$ 不可约,由推论 1.6.2 推出 $f(x)$ 有唯一的重因式 $x+1$,且其重数为 3. □

设 $f(x)$ 具有标准分解式

$$f(x)=cp_1^{r_1}(x)p_2^{r_2}(x)\cdots p_k^{r_k}(x),$$

其中 c 是非零数字,r_i 全是正整数,$p_1(x),p_2(x),\cdots,p_k(x)$ 是两两不同的首项系数为 1 的不可约多项式,由定理 1.6.1 还能推出

$$f'(x)=p_1^{r_1-1}(x)p_2^{r_2-1}(x)\cdots p_k^{r_k-1}(x)g(x),$$

这里 $(g(x),f(x))=1$. 于是

$$(f(x),f'(x))=p_1^{r_1-1}(x)p_2^{r_2-1}(x)\cdots p_k^{r_k-1}(x),$$

$$\frac{f(x)}{(f(x),f'(x))}=cp_1(x)p_2(x)\cdots p_k(x),$$

因此 $\dfrac{f(x)}{(f(x),f'(x))}$ 是一个没有重因式的多项式,但是它与 $f(x)$ 有完全相同的不可约因式.

§ 1.7 多项式函数

在前面三节中,我们都把多项式看成形式表达式. 本节将从函数的角度来考察多项式.

定义 1.7.1 设 $f(x)=\sum_{i=0}^{n}a_ix^i\in \mathbf{P}[x]$.对任意 $c\in\mathbf{P}$,我们规定

$$f(c)=\sum_{i=0}^{n}a_ic^i,$$

此时形式表达式 $f(x)$就成为定义在 $\mathbf{P}$ 上的 $\mathbf{P}$-值函数. 若 $f(x)$在点 t 处取零值,即 $f(t)=0$,则称 t 为 $f(x)$的一个根或零点.

定理 1.7.1 用一次多项式 $x-a$ 去除多项式 $f(x)$,所得的余式是一个常数,且该常数为 $f(a)$. 特别地,$f(x)$以 a 为根当且仅当 $x-a\mid f(x)$.

证 由带余除法知,存在多项式 $q(x)$和常数 c 使得

$$f(x)=q(x)(x-a)+c.$$

将 a 代入上式得 $f(a)=c$. 特别地,$f(x)$以 a 为根当且仅当 $c=0$,也即 $x-a\mid f(x)$. □

例 1.7.1 设 $f(x)$为数域 $\mathbf{P}$ 上的次数等于 2 或 3 的多项式,证明 $f(x)$在 $\mathbf{P}$ 上可约当且仅当 $f(x)$在 $\mathbf{P}$ 上有根.

证 设 $f(x)$可约,则存在 $g(x),h(x)\in\mathbf{P}[x]$使得 $f(x)=g(x)h(x)$,其中 $1\leqslant\partial(g(x))\leqslant\partial(h(x))<\partial(f(x))$. 因为$\partial(f(x))=2$ 或 3,所以$\partial(g(x))=1$,故 $g(x)=c(x-a)$,从而 $f(x)$在 $\mathbf{P}$ 上有根 a.

反之,若 $f(x)$在 $\mathbf{P}$ 上有根 a,由定理 1.7.1 推出 $x-a$ 为 $f(x)$的非平凡因式,故 $f(x)$可约. □

注意 一般地,$f(x)$在 $\mathbf{P}$ 上可约不能推出 $f(x)$在 $\mathbf{P}$ 上有根. 例如,$f(x)=(x^2+2)(x^2+3)$在 $\mathbf{Q}$ 上可约,但它没有有理根.

由定理 1.7.1,我们可以定义重根的概念.

定义 1.7.2 设 $f(x)\in\mathbf{P}[x]$,$a\in\mathbf{P}$. 若 $x-a$ 为 $f(x)$的 k 重因式,则称 a 为 $f(x)$的 k 重根;$f(x)$的 1 重根也称为 $f(x)$的单根;当 $k\geqslant2$ 时,$f(x)$的 k 重根称为 $f(x)$的重根.

下面考察多项式有重根与有重因式的关系. 若 $f(x)$有重根 a,则 $f(x)$显然有重因式 $x-a$;反之,若 $f(x)$有重因式,则 $f(x)$不一定有重根. 例如,$f(x)=(x^2+1)^2$ 在 $\mathbf{Q}$ 上有重因式 x^2+1,但 $f(x)$在 $\mathbf{Q}$ 上无根,因而无重根.

定理 1.7.2 数域 $\mathbf{P}$ 上的一个 n 次多项式在 $\mathbf{P}$ 中至多有 n 个根,重根按重数计算.

证 若 $n=0$,则 $f(x)$没有根,定理成立. 若 $n\geqslant1$,考察 $f(x)$的标准分解,易见 $f(x)$在 $\mathbf{P}$ 中的根的个数(计重数)等于 $f(x)$的分解中一次因式(计重数)的个数,这个数字当然不超过 $f(x)$的次数 n. □

例 1.7.2 如果 $f'(x)\mid f(x)$,那么 $f(x)$有 n 重根,其中 $n=\partial(f(x))$.

证 本例应在一般的数域 $\mathbf{P}$ 上讨论. 因为 $f'(x)\mid f(x)$，所以 $(f(x),f'(x))=cf'(x)$，其中 c 为数域 $\mathbf{P}$ 中的非零数字，此时 $\dfrac{f(x)}{(f(x),f'(x))}$ 是数域 $\mathbf{P}$ 上的一次因式，即

$$\frac{f(x)}{(f(x),f'(x))}=b(x-d),$$

其中 $b,d\in\mathbf{P}$ 且 $b\neq 0$. 应用上一节最后的说明，$x-d$ 是 $f(x)$ 的唯一的首项系数为 1 的不可约因式，由因式分解定理得

$$f(x)=b(x-d)^n.$$

因此，$f(x)$ 在数域 $\mathbf{P}$ 上有 n 重根 d. □

定理 1.7.3 设 $f(x)$ 和 $g(x)$ 是数域 $\mathbf{P}$ 上两个次数都不超过 n 的多项式，若它们在 $n+1$ 个不同数 $a_1,a_2,\cdots,a_{n+1}\in\mathbf{P}$ 上都取相同值，即

$$f(a_i)=g(a_i),i=1,2,\cdots,n,$$

则 $f(x)$ 和 $g(x)$ 是两个相等的多项式.

证 作多项式 $h(x)=f(x)-g(x)$. 反设 $h(x)$ 不是零多项式，则 $h(x)$ 是数域 $\mathbf{P}$ 上一个次数不超过 n 的多项式. 由条件知 $a_1,a_2,\cdots,a_{n+1}$ 都是 $h(x)$ 的根，这与定理 1.7.2 相矛盾. 故 $h(x)$ 必为零多项式，也即 $f(x)=h(x)$. □

我们对定理 1.7.3 作三点说明：

(1) 设 $f(x)$ 是次数不超过 n 的多项式或是零多项式，若 $f(x)$ 有 $n+1$ 个两两不同的根，由定理 1.7.2 或定理 1.7.3 推出，$f(x)$ 必为零多项式.

(2) 设 $f(x)$ 和 $g(x)$ 是两个多项式，则下面的四个命题都是 $f(x)=g(x)$ 的充分必要条件，这样就给出了证明 $f(x)=g(x)$ 的四种基本方法.

① $f(x)$ 和 $g(x)$ 的对应系数都相等，参见多项式相等的定义；

② $f(x)$ 和 $g(x)$ 的首项系数相等，且它们能相互整除；

③ $f(x)$ 和 $g(x)$ 的首项系数相等，且对于任一首项系数为 1 的不可约多项式 $p(x)$，$p(x)$ 在 $f(x)$ 和 $g(x)$ 的标准分解中出现的指数都相等，参见例1.5.1 的证明；

④ 设 $f(x)$ 和 $g(x)$ 的次数都不超过 n，它们在 $n+1$ 个不同点上取值相等，参见定理 1.7.3.

(3) 设 $f(x)=\sum\limits_{i=0}^{n}a_ix^i$，$g(x)=\sum\limits_{i=0}^{m}b_ix^i$，其中 $a_i,b_i\in\mathbf{P}$. 若 $f(x)$ 和 $g(x)$ 作为多项式是相等的，则显然它们作为函数也是相等的；反之，假设 $f(x)$ 和 $g(x)$ 作为函数是相等的，即对任意$a\in\mathbf{P}$ 都有 $f(a)=g(a)$，由定理 1.7.3 推出 $f(x)$ 和 $g(x)$ 作为多项式也是相等的. 因此，对于一个多项式而言，我们既可以把它看作

形式表达式,也可以把它当作函数来对待.

§1.8 复系数、实系数多项式

前面我们在一般数域上考察了多项式的因式分解问题,本节将考察多项式在 **C**,**R** 上的因式分解问题.

一、复系数多项式

定理 1.8.1(代数基本定理) 每个次数大于或等于1的多项式在复数域上都有根.

代数基本定理在代数学乃至整个数学中都具有重要的作用.该定理由高斯首先证明,我们略去其比较复杂的证明.利用根与一次因式的关系(定理 1.7.1),代数基本定理还有以下两个等价叙述.

- **每个次数$\geqslant 1$的多项式在复数域上必有一次因式.**
- **复数域上的不可约多项式都是一次多项式.**

由此我们得到复数域上多项式的因式分解定理.

定理 1.8.2(复数域上的因式分解定理) 每个次数为 $n(n\geqslant 1)$的复系数多项式 $f(x)$在复数域上都可以唯一地写成 n 个一次因式的乘积.特别地,

(1) $f(x)$有标准分解

$$f(x)=a(x-a_1)^{l_1}(x-a_2)^{l_2}\cdots(x-a_s)^{l_s},$$

其中 $a_1,a_2,\cdots,a_s$ 是互不相同的复数,$l_1,l_2,\cdots,l_s\in\mathbf{Z}^+$,且 $l_1+l_2+\cdots+l_s=n$,a 为非零复数.

(2) $f(x)$在复数域上恰有 n 个根,其中重根按重数计算.

例 1.8.1 设 $f(x)\in\mathbf{P}[x]$,若 $f'(x)\mid f(x)$,则 $f(x)$有 n 重根,其中 $n=\partial(f(x))$.

证 本例即为例 1.7.2,应在一般的数域 **P** 上讨论.下面用代数基本定理给出新的证明,其证明思路是,先证明 $f(x)$在复数域上有 n 重根,然后再说明该 n 重根在 **P** 中.

由代数基本定理,$f(x)$在复数域上可以表示为

$$f(x)=a(x-d_1)^{e_1}(x-d_2)^{e_2}\cdots(x-d_k)^{e_k},$$

其中 a 为非零复数,e_i 都是正整数,$e_1+e_2+\cdots+e_k=n$,且 $d_1,d_2,\cdots,d_k$ 为两两不同的复数.由定理 1.6.1 得 d_i 为 $f'(x)$的 e_i-1 重根,故

$$f'(x)=(x-d_1)^{e_1-1}(x-d_2)^{e_2-1}\cdots(x-d_k)^{e_k-1}h(x),$$

其中 $h(x)$ 与 $f(x)$ 互素. 又 $f'(x)\mid f(x)$，故 $h(x)$ 为非零复数. 考察 $f'(x)$ 的次数得

$$n-1=\partial(f'(x))=(e_1-1)+(e_2-1)+\cdots+(e_k-1)=n-k,$$

故 $k=1$，从而 $f(x)=a(x-d_1)^n$. 因为 $f(x)\in\mathbf{P}[x]$，将 $a(x-d_1)^n$ 展开并考察其 n 次项和 $n-1$ 次项的系数得

$$a\in\mathbf{P},-ad_1n\in\mathbf{P},$$

故 $d_1\in\mathbf{P}$，$f(x)$ 在 $\mathbf{P}$ 上有 n 重根 d_1. □

二、实系数多项式

对于一个实部为 a，虚部为 b 的复数 $a+b\mathrm{i}$，其共轭复数定义为 $\overline{a+b\mathrm{i}}=a-b\mathrm{i}$.

引理 1.8.1 设 $f(x)$ 为实系数多项式. 如果 β 为 $f(x)$ 的一个复根，那么 β 的共轭复数 $\bar{\beta}$ 也是 $f(x)$ 的根.

证 设 $f(x)=a_nx^n+\cdots+a_1x+a_0$，其中系数 $a_i(i=0,1,\cdots,n)$ 都是实数. 因为 $f(\beta)=0$，所以

$$0=a_n\beta^n+\cdots+a_1\beta+a_0.$$

上式两边取复共轭得

$$0=\overline{a_n\beta^n+\cdots+a_1\beta+a_0}=a_n\bar{\beta}^n+\cdots+a_1\bar{\beta}+a_0=f(\bar{\beta}),$$

即 $\bar{\beta}$ 也为 $f(x)$ 的根. □

定理 1.8.3 设 $f(x)\in\mathbf{R}[x]$，若 $f(x)$ 在实数域上不可约，则 $\partial(f(x))=1$ 或 2.

证 不妨设 $f(x)$ 的首项系数为 1. 由代数基本定理，$f(x)$ 必有一复根 a.

若 a 为实数，则 $f(x)$ 在 $\mathbf{R}[x]$ 中有因式 $x-a$. 因 $f(x)$ 是首项系数为 1 的不可约多项式，必有 $f(x)=x-a$，此时 $f(x)$ 为一次多项式.

若 a 不是实数，由引理 1.8.1 得 $\bar{a}$ 也是 $f(x)$ 的复根，因此 $x-a$ 和 $x-\bar{a}$ 都整除 $f(x)$. 注意到 $x-a$ 和 $x-\bar{a}$ 互素，有 $(x-a)(x-\bar{a})\mid f(x)$. 易见 $(x-a)(x-\bar{a})$ 是实系数多项式，再由 $f(x)$ 的不可约性得 $f(x)=(x-a)(x-\bar{a})$，此时 $f(x)$ 为二次多项式. □

对于一个实二次多项式 $f(x)$，易见 $f(x)$ 在 $\mathbf{R}$ 上不可约当且仅当 $f(x)$ 无实根.

定理 1.8.4（实数域上的因式分解定理） 每个次数大于或等于 1 的实系数多项式都能唯一地写成一些一次因式和一些二次不可约因式的乘积.

证 由定理 1.5.1 和定理 1.8.3 立得. □

§1.9 有理系数多项式

相比较在实数域或复数域上讨论,在有理数域上考虑多项式的因式分解问题在理论上要困难得多.本节主要指出以下两个重要事实:

第一,有理系数多项式的因式分解问题可以转化为整系数多项式的因式分解问题,进而给出有理系数多项式求有理根的一个算法.

第二,有理数域上可以有任意次数的不可约多项式①.

一、本原多项式

我们用 $\mathbf{Z}[x]$表示关于文字 x 的所有整系数多项式构成的集合.

定义 1.9.1 设 $0\neq g(x)=b_nx^n+\cdots+b_1x+b_0\in\mathbf{Z}[x]$,若$(b_n,\cdots,b_1,b_0)=1$,则称 $g(x)$为本原多项式.

为什么要引入本原多项式?下面的性质给出了答案.

性质 1.9.1 任意一个非零的有理系数多项式 $f(x)$都可以唯一地表示为一个非零有理数和一个本原多项式的乘积,这里的唯一性是指,若 $f(x)$有两种这样的表示:

$$f(x)=r_1g_1(x),f(x)=r_2g_2(x), \tag{1.9.1}$$

其中 r_1,r_2 为非零有理数,$g_1(x),g_2(x)$为本原多项式,则 $r_1=\pm r_2,g_1(x)=\pm g_2(x)$.

证 将 $f(x)$的各项(有理)系数都写成分数形式,提取 $f(x)$的所有系数的公分母 c,则 $f(x)$可以表示为$\frac{1}{c}$和一个整系数多项式 $h(x)$的乘积,提取 $h(x)$的各项系数的最大公因子 d,则 $h(x)$可以表示为 d 和一个本原多项式 $g(x)$的乘积.故 $f(x)$能写成非零有理数$\frac{d}{c}$和一个本原多项式 $g(x)$的乘积.

又若 $f(x)$有形如(1.9.1)的两种表示,将 r_1,r_2 分别写成既约分数$\frac{b_1}{a_1}$和$\frac{b_2}{a_2}$,有

$$b_1a_2g_1(x)=b_2a_1g_2(x). \tag{1.9.2}$$

因为 $g_1(x)$本原,所以(1.9.2)式左边多项式的所有系数(都是整数)的正的最大

① 这导致了有理数域上因式分解问题的复杂性.

公因子为$|b_1a_2|$. 同理(1.9.2)式右边多项式的所有系数的正的最大公因子为$|b_2a_1|$. 故$|b_1a_2|=|b_2a_1|$,从而$\left|\frac{b_1}{a_1}\right|=\left|\frac{b_2}{a_2}\right|$,即$r_1=\pm r_2$. 此时易见又有$g_1(x)=\pm g_2(x)$. □

性质 1.9.2(高斯引理) 两个本原多项式的乘积仍是本原多项式.

证 设$f(x)=a_nx^n+\cdots+a_1x+a_0$, $a_n\neq 0$和$g(x)=b_mx^m+\cdots+b_1x+b_0$, $b_m\neq 0$为两个本原多项式. 反设$f(x)g(x)$不本原,则$f(x)g(x)$的所有系数有公共的素数因子p. 因为$f(x)$, $g(x)$本原,所以p不能整除$f(x)$的所有系数,也不能整除$g(x)$的所有系数. 设$a_0,a_1,\cdots,a_n$中第一个不被p整除的数为a_s,再设$b_0,b_1,\cdots,b_m$中第一个不被p整除的数为b_t. 考察$f(x)g(x)$的$s+t$次项的系数c_{s+t},有

$$c_{s+t}=(a_0b_{s+t}+\cdots+a_{s-1}b_{t+1})+a_sb_t+(a_{s+1}b_{t-1}+\cdots+a_{s+t}b_0). \quad (1.9.3)$$

我们看到

$$p\mid c_{s+t},\ p\mid(a_0b_{s+t}+\cdots+a_{s-1}b_{t+1}),\ p\mid(a_{s+1}b_{t-1}+\cdots+a_{s+t}b_0),$$

所以由(1.9.3)式推出$p\mid a_sb_t$. 但素数p既不整除a_s也不整除b_t,矛盾. 故$f(x)g(x)$必本原. □

例 1.9.1 设$0\neq f(x)\in\mathbf{Z}[x]$,我们有:

(1) 若$f(x)=af_1(x)$,其中$a\in\mathbf{Q}$, $f_1(x)$本原,则$a\in\mathbf{Z}$;

(2) 若$f(x)=g(x)h(x)$,其中$g(x)$本原,则$h(x)\in\mathbf{Z}[x]$;

(3) 若$f(x)$本原且$f(x)=g(x)h(x)$,其中$g(x),h(x)\in\mathbf{Z}[x]$,则$g(x)$, $h(x)$都本原.

证 (1) 提取$f(x)$的各项(整)系数的最大公因子d,有$f(x)=dg(x)$,其中$g(x)$本原. 由性质1.9.1中的唯一性知,$a=\pm d\in\mathbf{Z}$.

(2) 因为$f(x)$, $g(x)$都是整系数多项式,特别地,它们都是有理系数多项式,由带余除法的算法知道(参见习题1.3.1),$h(x)\in\mathbf{Q}[x]$. 将$h(x)$表示为非零有理数c和一个本原多项式$h_1(x)$的乘积,则

$$f(x)=c(g(x)h_1(x)).$$

由高斯引理知$g(x)h_1(x)$本原,故由(1)知c是整数,从而$h(x)=ch_1(x)\in\mathbf{Z}[x]$.

(3) 提取$g(x)$各项系数的最大公因子b,提取$h(x)$的各项系数的最大公因子c,得

$$g(x)=bg_1(x),\ h(x)=ch_1(x),$$

其中$b,c\in\mathbf{Z}$, $g_1(x)$和$h_1(x)$都是本原多项式. 故本原多项式$f(x)$可表示为

$$f(x)=(bc)(g_1(x)h_1(x)),$$

其中 $g_1(x)h_1(x)$本原(见高斯引理). 由性质 1.9.1 中的唯一性知 $bc=\pm1$,故 $b,c\in\{1,-1\}$,因此 $g(x)$和 $h(x)$都是本原多项式. □

二、Q 上因式分解与 Z 上因式分解之间的关系

定理 1.9.1 设 $f(x)=cf_1(x)$,其中 c 是非零有理数,$f_1(x)$本原,则 $f(x)$能分解成两个次数较低的有理系数多项式的乘积的充分必要条件是 $f_1(x)$能分解成两个次数较低的本原多项式的乘积.

证 充分性显然,下证必要性. 设 $f(x)=g(x)h(x)$,其中 $g(x)$和 $h(x)$是两个次数都比 $f(x)$次数小的有理系数多项式. 由性质 1.9.1,$g(x)$,$h(x)$可分别表示为

$$g(x)=sg_1(x),h(x)=th_1(x),$$

其中 s,t 为非零有理数,$g_1(x)$和 $h_1(x)$都是本原多项式. 由高斯引理知 $g_1(x)h_1(x)$也本原,故 $f(x)$有下面的两种分解:

$$f(x)=cf_1(x),f(x)=(st)(g_1(x)h_1(x)).$$

由性质 1.9.1 中的唯一性知

$$f_1(x)=\delta g_1(x)h_1(x)=(\delta g_1(x))h_1(x),\delta\in\{-1,1\},$$

即 $f_1(x)$能分解成两个次数较低的本原多项式 $\delta g_1(x)$和 $h_1(x)$的乘积. □

推论 1.9.1 设 $f(x)$为非零的整系数多项式,若它能分解成两个次数较低的有理系数多项式的乘积,则它一定能分解成两个次数较低的整系数多项式的乘积.

证 由定理 1.9.1 立得. □

由上面的结果看到,有理系数多项式在 **Q** 上的因式分解问题可以转化为整系数多项式在 **Z** 上的因式分解问题. 下面我们来给出有理系数多项式的有理根的算法. 因为有理系数多项式总是能表示为一个有理数和一个本原多项式的积,所以我们仅需讨论本原或整系数多项式的有理根的算法.

定理 1.9.2 设 $f(x)=a_nx^n+\cdots+a_1x+a_0\in\mathbf{Z}[x]$,其中 $a_n\neq0$,若既约分数$\frac{r}{s}$是它的一个有理根,则

$$s|a_n,r|a_0.$$

特别地,若 $a_n=1$,则 $f(x)$的有理根都是整数,而且是 a_0 的因子.

证 因为$\frac{r}{s}$是 $f(x)$的有理根,所以在 **Q** 上有$\left(x-\frac{r}{s}\right)\Big|f(x)$,从而 $(sx-r)|f(x)$,故存在 $n-1$ 次有理系数多项式 $b_{n-1}x^{n-1}+\cdots+b_1x+b_0$ 使得

$$a_nx^n+\cdots+a_1x+a_0=(sx-r)(b_{n-1}x^{n-1}+\cdots+b_1x+b_0).\quad(1.9.4)$$

注意到 $sx-r$ 本原，由例 1.9.1(2)知 b_i 都是整数. 比较(1.9.4)式两边首项系数和常数项得 $a_n=sb_{n-1}, a_0=-rb_0$，因此 $s|a_n, r|a_0$. □

例 1.9.2 设 $f(x)=\frac{1}{2}x^4-x^2+1$，求 $f(x)$ 的有理根，并将 $f(x)$ 在 $\mathbf{Q}$ 上作因式分解.

解 将 $f(x)$ 表示为 $\frac{1}{2}g(x)$，其中 $g(x)=x^4-2x^2+2$. 由定理 1.9.2 知道，$g(x)$ 的可能的有理根为 $\pm1, \pm2$，经检验这些都不是 $g(x)$ 的根，所以 $f(x)$ 无有理根.

假设 $f(x)$ 在 $\mathbf{Q}$ 上可以作因式分解. 由定理 1.9.1，$g(x)$ 在 $\mathbf{Z}$ 上可以作因式分解. 因为 $g(x)$ 无有理根，所以 $g(x)$ 无一次因式，从而 $g(x)$ 能写成两个二次整系数多项式的积. 进一步考察 $g(x)$ 的首项系数，$g(x)$ 能表示为

$$g(x)=(x^2+ax+b)(x^2+cx+d), a,b,c,d\in\mathbf{Z},$$

展开并比较系数得

$$a+c=0, d+ac+b=-2, bd=2,$$

易验证这样的整数 a,b,c,d 不存在. 故 $f(x)$ 在 $\mathbf{Q}$ 上不能作非平凡的因式分解，即 $f(x)$ 是 $\mathbf{Q}$ 上的不可约多项式. □

三、有理数域上的不可约多项式

因为非零的有理系数多项式 $f(x)$ 可以表示为一个非零有理数和一个整系数(甚至本原)多项式 $f_1(x)$ 的乘积，又 $f(x)$ 和 $f_1(x)$ 在 $\mathbf{Q}$ 上有相同的不可约性，所以要研究 $f(x)$ 的不可约性，我们仅需考察整系数多项式 $f_1(x)$ 的不可约性.

定理 1.9.3(埃森斯坦(Eisenstein)判别法) 设 $f(x)=a_nx^n+a_{n-1}x^{n-1}+\cdots+a_1x+a_0$ 为一个 $n\geqslant1$ 次的整系数多项式，若存在素数 p 满足

(1) $p\nmid a_n$，

(2) $p|a_{n-1}, a_{n-2}, \cdots, a_1, a_0$，

(3) $p^2\nmid a_0$，

则 $f(x)$ 在 $\mathbf{Q}$ 上不可约.

证 反设 $f(x)$ 在 $\mathbf{Q}$ 上可约，由推论 1.9.1，$f(x)$ 能表示为

$$f(x)=\sum_{i=0}^{l}b_ix^i\cdot\sum_{j=0}^{m}c_jx^j, \tag{1.9.5}$$

其中 $b_i, c_j\in\mathbf{Z}, 1\leqslant l, m\leqslant n-1, l+m=n$. 比较(1.9.5)式两边首项系数和常数项，有

$$a_n=b_lc_m, a_0=b_0c_0.$$

因为 $p|a_0$，但 $p^2\nmid a_0$，所以 p 能且只能整除 b_0,c_0 中的一个，不妨设

$$p|b_0, p\nmid c_0.$$

另外，因为 $p\nmid a_n$，所以 $p\nmid b_l$，这样我们可以找到 k，使得 $b_0,b_1,\cdots,b_l$ 中第一个不被 p 整除的是 b_k. 考察(1.9.5)式两边的 k 次项系数有

$$a_k=b_kc_0+(b_{k-1}c_1+\cdots+b_0c_k). \tag{1.9.6}$$

注意到 $k\leqslant l\leqslant n-1$，所以 $p|a_k$. 又 $p|b_{k-1}c_1+\cdots+b_0c_k$，所以由(1.9.6)式推出 $p|b_kc_0$，但素数 p 既不整除 b_k 又不整除 c_0，矛盾. □

在例 1.9.2 中，令 $p=2$，由埃森斯坦判别法知 $g(x)=x^4-2x^2+2$ 在 $\mathbf{Q}$ 上不可约，因此 $f(x)=\frac{1}{2}x^4-x^2+1$ 是有理数域上的不可约多项式.

令 $p=2$ 并应用埃森斯坦判别法，我们看到 x^n+2 在 $\mathbf{Q}$ 上不可约. 这说明在有理数域上有任意高次的不可约多项式.

§1.10* 多元多项式

本节总假设 $\mathbf{P}$ 为数域，$x_1,x_2,\cdots,x_n$ 为 n 个文字.

形如 $ax_1^{k_1}x_2^{k_2}\cdots x_n^{k_n}$ 的式子，其中 $a\in\mathbf{P},k_1,k_2,\cdots,k_n\in\mathbf{N}$，称为数域 $\mathbf{P}$ 上关于文字 $x_1,x_2,\cdots,x_n$ 的一个**单项式**. 当 $a\neq0$ 时，$k_1+k_2+\cdots+k_n$ 称为该**单项式的次数**.

对于两个单项式 $a_1x_1^{k_1}x_2^{k_2}\cdots x_n^{k_n}$ 和 $a_2x_1^{l_1}x_2^{l_2}\cdots x_n^{l_n}$，若 k_i 和 l_i 都对应相等，则称它们为**同类单项式**. 一些单项式的和

$$\sum_{k_1,k_2,\cdots,k_n} a_{k_1k_2\cdots k_n}x_1^{k_1}x_2^{k_2}\cdots x_n^{k_n} \tag{1.10.1}$$

称为数域 $\mathbf{P}$ 上关于 $x_1,x_2,\cdots,x_n$ 的一个 n **元多项式**. 数域 $\mathbf{P}$ 上关于文字 $x_1,x_2,\cdots,x_n$ 的所有 n 元多项式构成的集合记为 $\mathbf{P}[x_1,x_2,\cdots,x_n]$，称之为 n **元多项式环**.

我们约定，当写出形如(1.10.1)的多项式时，**其中出现的单项式都是两两不同类的**. 在多项式(1.10.1)中，各非零单项式次数的最大者就称为该**多项式的次数**.

类似于一元多项式，有如下两个多项式相等的定义：

若对所有的 $k_1,k_2,\cdots,k_n$ 都有 $a_{k_1k_2\cdots k_n}=b_{k_1k_2\cdots k_n}$，则称多项式

$$\sum_{k_1,k_2,\cdots,k_n} a_{k_1k_2\cdots k_n}x_1^{k_1}x_2^{k_2}\cdots x_n^{k_n} \text{ 与 } \sum_{k_1,k_2,\cdots,k_n} b_{k_1k_2\cdots k_n}x_1^{k_1}x_2^{k_2}\cdots x_n^{k_n}$$

相等. 类似于一元多项式，可以定义两个 n 元多项式的加法、减法和乘法.

一、n 元多项式的一些记号

为了介绍 n 元多项式的写法,先引入 n 元有序数组的一个序"$>$".设$(k_1,k_2,\cdots,k_n)$和$(l_1,l_2,\cdots,l_n)$为两个不同的 n 元有序数组,若存在某个 $i\in\{1,2,\cdots,n\}$ 使得

$$k_1=l_1,k_2=l_2,\cdots,k_{i-1}=l_{i-1},$$
$$k_i>l_i,$$

则称

$$(k_1,k_2,\cdots,k_n)>(l_1,l_2,\cdots,l_n).$$

若一个 n 元多项式中出现了两个不同类的单项式

$$a_{k_1k_2\cdots k_n}x_1^{k_1}x_2^{k_2}\cdots x_n^{k_n},a_{l_1l_2\cdots l_n}x_1^{l_1}x_2^{l_2}\cdots x_n^{l_n},$$

我们约定,若$(k_1,k_2,\cdots,k_n)>(l_1,l_2,\cdots,l_n)$,则将 $a_{k_1k_2\cdots k_n}x_1^{k_1}x_2^{k_2}\cdots x_n^{k_n}$ 写在前面,将 $a_{l_1l_2\cdots l_n}x_1^{l_1}x_2^{l_2}\cdots x_n^{l_n}$ 写在后面.按上述约定,一个多项式中写在最前面的项称为该多项式的**首项**.

例如,三元四次多项式 $x_1+3x_1^2x_2^2+2x_1x_2^2x_3+x_3^3+x_1^3$ 应写为

$$x_1^3+3x_1^2x_2^2+2x_1x_2^2x_3+x_1+x_3^3,$$

其中 x_1^3 为该多项式的首项,因此**首项次数不一定是该多项式的次数**.

性质 1.10.1 设 f,g 是关于文字 $x_1,x_2,\cdots,x_n$ 的两个非零的 n 元多项式,则 fg 的首项等于 f 的首项和 g 的首项的乘积.

性质 1.10.1 的验证是直接的,细节留给读者.由此得下面的推论:

推论 1.10.1 如果 $f,g,f_i,i=1,2,\cdots,m$ 都是关于文字 $x_1,x_2,\cdots,x_n$ 的 n 元多项式,那么

(1) $f_1f_2\cdots f_m$ 的首项系数等于所有 f_i 的首项系数的乘积;

(2) 若 f,g 都是非零多项式,则 fg 也是非零多项式.

二、齐次多项式

若一个多项式能写为次数相同(都为 n 次)的一些单项式的和,则称该多项式为**齐次(n 次齐次)多项式**.显然

(1) 齐次多项式的乘积仍是齐次多项式.

(2) 任意一个 m 次多项式 $f(x_1,x_2,\cdots,x_n)$都可以表示为

$$f(x_1,x_2,\cdots,x_n)=\sum_{0\leqslant i\leqslant m}f_i(x_1,x_2,\cdots,x_n),\qquad(1.10.2)$$

其中 $f_i(x_1,x_2,\cdots,x_n)$为 i 次齐次多项式,称为 $f(x_1,x_2,\cdots,x_n)$的 **i 次齐次分支**.注意 $f_i(x_1,x_2,\cdots,x_n)$可以是零,零多项式可以看成是任意次数的多项式.

例如，$x_1^3+3x_1^2x_2^2+2x_1x_2^2x_3+x_1+x_3^3$ 可以表示为四次齐次多项式 $3x_1^2x_2^2+2x_1x_2^2x_3$，三次齐次多项式 $x_1^3+x_3^3$ 和一次齐次多项式 x_1 三者的和.

(3) 设多项式 $f(x_1,x_2,\cdots,x_n)$，$g(x_1,x_2,\cdots,x_n)$分别有下面的齐次分支分解

$$f=\sum_{0\leqslant i\leqslant n}f_i,g=\sum_{0\leqslant j\leqslant n}g_j,$$

其中 f_i 和 g_i 分别为 f 和 g 的 i 次齐次分支，则 fg 的 k 次齐次分支为 $\sum\limits_{i+j=k}f_ig_j$.

三、对称多项式

定义 1.10.1 设 $f(x_1,x_2,\cdots,x_n)$为 n 元多项式，若对于任意 i,j，这里 $1\leqslant i,j\leqslant n$，都有

$$f(x_1,x_2,\cdots,x_i,\cdots,x_j,\cdots,x_n)=f(x_1,x_2,\cdots,x_j,\cdots,x_i,\cdots,x_n),$$

则称 f 为对称多项式.

由定义可知，对称多项式的和、差、积以及对称多项式的多项式仍是对称多项式. 所谓“对称多项式的多项式仍是对称多项式”是说，若 $f_1,f_2,\cdots,f_m$ 都是关于 $x_1,x_2,\cdots,x_n$ 的 n 元对称多项式，则对任意 m 元多项式 $g(y_1,y_2,\cdots,y_m)$，$g(f_1,f_2,\cdots,f_m)$仍是关于 $x_1,x_2,\cdots,x_n$ 的 n 元对称多项式.

我们用 $\sigma_i(x_1,x_2,\cdots,x_n)$或 σ_i 表示

$$\sum_{1\leqslant k_1<k_2<\cdots<k_i\leqslant n}x_{k_1}x_{k_2}\cdots x_{k_i}, \tag{1.10.3}$$

称 σ_i 为关于 $x_1,x_2,\cdots,x_n$ 的 i **次初等对称多项式**. 展开写，即为

$$\sigma_1=x_1+x_2+\cdots+x_n, \tag{1.10.4}$$

$$\sigma_2=x_1x_2+x_1x_3+\cdots+x_{n-1}x_n, \tag{1.10.5}$$

$$\cdots,$$

$$\sigma_n=x_1x_2\cdots x_n. \tag{1.10.6}$$

下面的例题给出一元二次多项式韦达定理的推广.

例 1.10.1 设 $f(x)=x^n+a_1x^{n-1}+\cdots+a_{n-1}x+a_n\in\mathbf{P}[x]$，在 $\mathbf{P}$ 中有 n 个根 $r_1,r_2,\cdots,r_n$，这里重根按重数计算，则 $(-1)^ia_i=\sigma_i(r_1,r_2,\cdots,r_n)$，$i=1,2,\cdots,n$.

证 显然

$$x^n+a_1x^{n-1}+\cdots+a_{n-1}x+a_n=(x-r_1)(x-r_2)\cdots(x-r_n).$$

将右端展开并比较两边系数得

$$(-1)^ia_i=\sum_{1\leqslant k_1<k_2<\cdots<k_i\leqslant n}r_{k_1}r_{k_2}\cdots r_{k_i}=\sigma_i(r_1,r_2,\cdots,r_n).$$ □

例如,三次多项式有如下的韦达定理:

若 r_1,r_2,r_3 为三次多项式 ax^3+bx^2+cx+d 的三个复根,则

$$r_1+r_2+r_3=-\frac{b}{a},r_1r_2+r_1r_3+r_2r_3=\frac{c}{a},r_1r_2r_3=-\frac{d}{a}.$$

定理 1.10.1(对称多项式基本定理) 对于任意一个 n 元对称多项式 $f(x_1,x_2,\cdots,x_n)$,一定存在唯一的 n 元多项式 $\varphi(y_1,y_2,\cdots,y_n)$ 使得 $f(x_1,x_2,\cdots,x_n)=\varphi(\sigma_1,\sigma_2,\cdots,\sigma_n)$.

证 我们略去较为复杂的唯一性证明,仅证存在性.设 f 的首项为

$$a\prod_{i=1}^{n}x_i^{k_i}\,(a\neq 0),$$

由 f 的对称性必有 $k_1\geqslant k_2\geqslant\cdots\geqslant k_n$.作对称多项式

$$\varphi_1=a\sigma_1^{k_1-k_2}\sigma_2^{k_2-k_3}\cdots\sigma_{n-1}^{k_{n-1}-k_n}\sigma_n^{k_n}.$$

考察 $\sigma_1,\sigma_2,\cdots,\sigma_n$ 的首项,得 φ_1 的首项为

$$ax_1^{k_1-k_2}(x_1x_2)^{k_2-k_3}\cdots(x_1x_2\cdots x_{n-1})^{k_{n-1}-k_n}(x_1x_2\cdots x_n)^{k_n}=a\prod_{i=1}^{n}x_i^{k_i}.$$

现令 $f_1=f-\varphi_1$,我们看到 f_1 仍是对称多项式,且在序$>$下 f_1 的首项比 f 的首项"小",故由归纳原理 f_1 可以表示为 $\sigma_1,\sigma_2,\cdots,\sigma_n$ 的多项式,从而 f 也能表示为 $\sigma_1,\sigma_2,\cdots,\sigma_n$ 的多项式. □

例 1.10.2 将二元对称多项式 $f=x_1^3+x_1^2x_2+x_1x_2^2+x_2^3$ 表示成 σ_1,σ_2 的多项式.

解 我们用上面定理中给出的算法程序.

(1) f 的首项为 x_1^3,作 $\varphi_1=\sigma_1^3$,得 $f_1=f-\varphi_1=-2x_1^2x_2-2x_1x_2^2$.

(2) f_1 的首项为 $-2x_1^2x_2$,作 $\varphi_2=-2\sigma_1\sigma_2$,得 $f_1-\varphi_2=0$.

因此 $f=\varphi_1+\varphi_2=\sigma_1^3-2\sigma_1\sigma_2$. □

习题 1

1.1.1 设 $A=\{1,2,3\}$,试写出集合 A 上所有的等价关系.

1.1.2 证明定理 1.1.3.

1.1.3 证明:由若干自然数构成的非空集合必有最小数.

1.1.4 设 $\mathbf{P}$ 是由一些复数构成的集合且至少含有两个元素,若它关于减法和除法(除数不为零时)封闭,则 $\mathbf{P}$ 为数域.

1.1.5 证明性质 1.1.2.

1.1.6* 设 $\mathbf{P}$ 为一个数域,$\{a_1,a_2,\cdots,a_s\}\subset\mathbf{C}$,令 Λ 为所有包含了 $\mathbf{P}$ 以及

$a_1,a_2,\cdots,a_s$ 的数域之集合,证明 $\bigcap\limits_{\mathbf{G}\in\Lambda}\mathbf{G}=\mathbf{P}(a_1,a_2,\cdots,a_s)$.

1.1.7 求数域 $\mathbf{Q}(\sqrt{5})$.

1.1.8 证明:$\mathbf{P}=\{a+b\sqrt{5}\mathrm{i}\mid a,b\in\mathbf{Q},\mathrm{i}$ 是虚数单位$\}$是数域.

1.1.9 证明:实数域和复数域之间不存在其他数域.

1.2.1 证明素数有无穷多.

1.2.2 求(228,306),并将它表示为228和306的组合.

1.2.3 设 a,b 是两个不全为零的整数,证明 $\left(\dfrac{a}{(a,b)},\dfrac{b}{(a,b)}\right)=1$.

1.2.4 设 $a,b\in\mathbf{Z}^+$ 且 $(a,b)=1$,求 $(a+b,a^2+b^2)$ 的所有可能的值.

1.2.5 已知正整数 $n\leqslant 50$ 且 $(4n+5,7n+6)>1$,求 n.

1.2.6* 设 a 为整数,m,n 为自然数,证明:

(1) $(a^m-1,a^n-1)=|a^{(m,n)}-1|$;

(2) 当 $a>1$ 时,$a^m-1\mid a^n-1$ 当且仅当 $m\mid n$.

1.2.7 设 $a_1,a_2,\cdots,a_n\in\mathbf{Z}$,$1<k<n$,证明:

(1) $(a_1,a_2,\cdots,a_n)=((a_1,a_2,\cdots,a_k),(a_{k+1},a_{k+2},\cdots,a_n))$;

(2) $[a_1,a_2,\cdots,a_n]=[[a_1,a_2,\cdots,a_k],[a_{k+1},a_{k+2},\cdots,a_n]]$.

1.2.8 设 $a,b,c\in\mathbf{Z}$,证明:

(1) $[(a,b),c]=([a,c],[b,c])$;

(2) $([a,b],c)=[(a,c),(b,c)]$.

1.3.1 证明多项式的带余除法与数域的选取无关,即若 $f(x),g(x)$ 既是数域 $\mathbf{P}_1$ 也是数域 $\mathbf{P}_2$ 上的两个多项式,则它们在 $\mathbf{P}_1[x]$ 中和在 $\mathbf{P}_2[x]$ 中作带余除法,结果一致.

1.3.2 证明多项式的整除性与数域的选取无关.

1.3.3 设 $f(x)=x^3-3x^2+x+1$,$g(x)=2x^2+1$,求 $f(x)$ 除以 $g(x)$ 的商式和余式.

1.3.4 将多项式 $f(x)=x^4-6x^3+12x^2-7x-4$ 展开成 $x-1$ 的方幂和.

1.3.5 已知 $(x-1)^2\mid ax^4+bx^2+1$,求 a,b.

1.3.6 设 $f(x)\mid g(x)$,$n\in\mathbf{Z}^+$,证明 $f(x^n)\mid g(x^n)$.

1.3.7 设 a,b 为两个整数,在 $\mathbf{Z}$ 和 $\mathbf{P}[x]$ 中都有 $a\mid b$ 的定义,分析两者的不同之处.

1.3.8 当 m,p,q 满足什么条件时,有 $x^2+mx+1\mid x^4+px^2+q$?

1.3.9 设 $f(x),g(x),h(x)\in\mathbf{P}[x]$,证明:若 $f^2(x)=xg^2(x)+xh^2(x)$,则 $f(x)=g(x)=h(x)=0$.

1.3.10 证明：$x^2+x+1 \mid x^{3m}+x^{3n+1}+x^{3k+2}$，其中 $m,n,k\in\mathbf{N}$.

1.4.1 证明定理 1.4.1.

1.4.2 设 $d(x)$ 为 $f(x)$ 和 $g(x)$ 的一个组合.

(1) 举例说明，$d(x)$ 不一定是 $f(x)$ 和 $g(x)$ 的公因式；

(2) 若 $d(x)$ 是 $f(x)$ 和 $g(x)$ 的公因式，则 $d(x)$ 必是 $f(x)$ 和 $g(x)$ 的最大公因式.

1.4.3 求 $(f(x),g(x))$ 和 $[f(x),g(x)]$，并将 $(f(x),g(x))$ 表示成 $f(x)$，$g(x)$ 的组合，其中

(1) $f(x)=x^3+3x^2+4x+2,g(x)=x^3+x^2-x-1$；

(2) $f(x)=x^3+x^2+x+1,g(x)=x^3-x^2-x+1$.

1.4.4 设多项式 $f_1(x),f_2(x),\cdots,f_m(x)$，$m\geqslant 2$，对 m 作归纳证明：

(1) $(f_1(x),f_2(x),\cdots,f_m(x))$ 唯一存在；

(2) $(f_1(x),f_2(x),\cdots,f_m(x))=((f_1(x),f_2(x),\cdots,f_{m-1}(x)),f_m(x))$；

(3) $(f_1(x),f_2(x),\cdots,f_m(x))$ 可以表示为 $f_1(x),f_2(x),\cdots,f_m(x)$ 的组合.

1.4.5* 设 $f_1(x),f_2(x),\cdots,f_m(x)$ 都是非零多项式，$m\geqslant 2$，Ω 为 $f_1(x)$，$f_2(x),\cdots,f_m(x)$ 的首项系数为 1 的公倍式集合，令 $d(x)$ 为 Ω 中次数最小的一个，证明：$d(x)$ 唯一存在，且 $d(x)=[f_1(x),f_2(x),\cdots,f_m(x)]$.

1.4.6 设 $f(x),g(x)$ 不全为零，证明：$\left(\dfrac{f(x)}{(f(x),g(x))},\dfrac{g(x)}{(f(x),g(x))}\right)=1$.

1.4.7 证明 $f(x)g(x)=a(f(x),g(x))[f(x),g(x)]$，这里 a 为某常数.

1.4.8 已知 $(f(x),g(x))=1$，证明：

(1) $(f(x)g(x),f(x)+g(x))=1$；

(2) $(f^2(x),f^2(x)+g^2(x))=1$；

(3) $(f(x^m),g(x^m))=1$，其中 $m\in\mathbf{Z}^+$.

1.4.9 设 $f(x)=x^3+(1+t)x^2+2x+2u,g(x)=x^3+tx^2+u$，若它们的最大公因式为一个二次多项式，求 t,u 的值.

1.4.10* 已知 $\dfrac{f(x)}{(f(x),g(x))},\dfrac{g(x)}{(f(x),g(x))}$ 的次数都大于零. 证明存在 $u(x)$ 与 $v(x)$，使得 $u(x)f(x)+v(x)g(x)=(f(x),g(x))$，且 $\partial(u(x))<\partial\left(\dfrac{g(x)}{(f(x),g(x))}\right),\partial(v(x))<\partial\left(\dfrac{f(x)}{(f(x),g(x))}\right)$.

1.4.11 设 $f(x),g(x)$ 为两个非零多项式，$d(x)$ 为 $f(x)$ 和 $g(x)$ 的首项系数为 1 的公因式，证明 $d(x)=(f(x),g(x))$ 当且仅当 $\partial(d(x))=\partial((f(x),$

$g(x))$.

1.5.1 证明性质1.5.1.

1.5.2 证明：$([f(x),g(x)],h(x))=[(f(x),h(x)),(g(x),h(x))]$.

1.5.3 证明：$f(x)$和$f(x+a)$有相同的可约性，其中a为常数.

1.5.4 证明定理1.5.2.

1.5.5 设$f(x),g(x)\in \mathbf{P}[x],k\in \mathbf{Z}^+$. 证明$f(x)|g(x)$的充分必要条件是$f^k(x)|g^k(x)$.

1.5.6 设$f(x)$是次数大于零且首项系数为1的多项式，证明$f(x)$是一个不可约多项式的方幂的充分必要条件是：对任意多项式$g(x)$必有$(f(x),g(x))=1$，或者对某一$m\in \mathbf{Z}^+$，有$f(x)|g^m(x)$.

1.6.1 判别下列多项式有无重因式：

(1) $x^4-4x^3+5x^2-4x+4$；

(2) $x^4+x^3+x^2-x$.

1.6.2 设$f(x)=x^5-10x^3-20x^2-15x+a$，问$a$取何值时$f(x)$有重因式？并在有重因式的情形求出其重因式.

1.6.3 设不可约多项式$p(x)$为$f''(x)$的k重因式，$k\in \mathbf{Z}^+$，举例说明：

(1) $p(x)$不一定是$f(x)$和$f'(x)$的因式；

(2) 即使$p(x)$是$f(x)$的因式，$p(x)$也不一定是$f(x)$的$k+2$重因式.

1.6.4 设$k\in \mathbf{N}$，不可约多项式$p(x)$为$f'(x)$的k重因式. 若$p(x)$为$f(x)$的因式，则$p(x)$为$f(x)$的$k+1$重因式.

1.6.5 判断多项式$f(x)=x^n+a(n\geqslant 1,a\neq 0)$是否有重因式.

1.6.6 设$f(x)$的次数大于零. 证明$f'(x)|f(x)$的充分必要条件是$f(x)=a(x-b)^n$，$a,b\in \mathbf{P}$.

1.6.7 设$f(x)$没有重因式，证明$(f(x)+f'(x),f(x))=1$.

1.6.8* 证明一个多项式有无重因式与数域的选择无关.

1.7.1 举例写出3次有理系数多项式$f_1(x),f_2(x),f_3(x)$，它们在有理数域上分别有0,1,3个根.

1.7.2 设a为$f(x)$的根，若$f'(x)$不可约，则a至多为$f(x)$的2重根.

1.7.3 已知a是$f'''(x)$的k重根，证明a是$g(x)=\frac{x-a}{2}[f'(x)+f'(a)]-f(x)+f(a)$的$k+3$重根.

1.7.4 求t值，使得$f(x)=x^3+tx+2$有重根.

1.7.5 已知$(x-1)|f(x^n)$，证明$(x^n-1)|f(x^n)$.

1.7.6 证明多项式x^n+ax^m+b不能有不为零的重数大于2的根，这里

$n>m\geqslant 1$.

1.8.1 设 $f(x)$ 为实数域上一个奇数次多项式，证明 $f(x)$ 必有实根.

1.8.2 在实数域上，将 x^3-2x^2-5x+6 因式分解.

1.8.3 若存在整数 $m\geqslant 2$ 使得 $f(x)\mid f(x^m)$，证明 $f(x)$ 的根只能是零或单位根.

1.8.4 已知首项系数为 1 的 n 次多项式有 n 个复根 $\alpha_1,\alpha_2,\cdots,\alpha_n$，求该多项式的各项系数.

1.8.5 将 $f(x)=x^4+3x^3+5x^2+4x+2$ 分别在实数域和复数域上作因式分解.

1.8.6* 将多项式 $f(x)=x^{10}-1$ 分别在有理数域、实数域和复数域上因式分解.

1.8.7 证明 $1+x+\dfrac{x^2}{2!}+\cdots+\dfrac{x^n}{n!}$ 无重因式.

1.8.8 设 $f(x)$ 是复数域上的 n 次多项式，且 $f(0)=0$，令 $g(x)=xf(x)$. 如果 $f'(x)\mid g'(x)$，那么 $g(x)$ 有 $n+1$ 重根.

1.9.1 求出下列多项式的有理根：

(1) $x^3-6x^2+15x-14$；

(2) x^n+1；

(3) $2x^3+x-3$.

1.9.2 判断下列多项式在有理数域上是否可约：

(1) x^2+1； (2) x^6+x^3+1；

(3) x^p+px+1，其中 p 为奇素数； (4) $x^4+4kx+1,k\in\mathbf{Z}$.

1.9.3 证明 x^3-5x+1 在有理数域上不可约.

1.9.4 设 $f(x)\in\mathbf{Z}[x]$，且 $f(0)$，$f(1)$ 都是奇数. 证明 $f(x)$ 没有整数根.

1.9.5* 证明 $f(x)=\prod\limits_{i=1}^{n}(x-a_i)-1$ 在 $\mathbf{Q}$ 上不可约，其中 $a_1,a_2,\cdots,a_n$ 是两两不同的整数.

1.9.6* 设 $f(x)=\prod\limits_{i=1}^{n}(x-a_i)+1$，其中 $a_1,a_2,\cdots,a_n$ 是两两不同的整数. 证明 $f(x)$ 在 $\mathbf{Q}$ 上可约的充分必要条件是 $f(x)$ 是一个整系数多项式的完全平方.

1.10.1* 验证性质 1.10.1.

1.10.2* 将三元对称多项式 $x_1^3+x_2^3+x_3^3$ 表示为 $\sigma_1,\sigma_2,\sigma_3$ 的多项式.

1.10.3* 求三次多项式，使其三个根恰是 x^3+x^2+x+1 的三个根的立方.

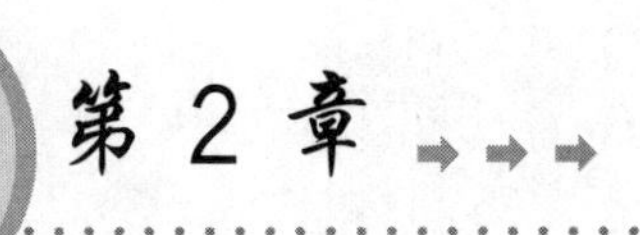

第2章 矩阵

矩阵是代数的基本概念，它在自然科学、社会科学、工程技术与生产实践中都有广泛的应用. 若无特别说明，本章中的矩阵都是数域 **P** 上的矩阵，出现的数字都在数域 **P** 中.

§2.1 矩阵定义

一、矩阵定义

定义 2.1.1 由 $m\times n$ 个数字 a_{ij}，$i=1,2,\cdots,m$，$j=1,2,\cdots,n$，排成的 m 行 n 列的数表

$$\begin{pmatrix} a_{11} & a_{12} & \cdots & a_{1n} \\ a_{21} & a_{22} & \cdots & a_{2n} \\ \vdots & \vdots & & \vdots \\ a_{m1} & a_{m2} & \cdots & a_{mn} \end{pmatrix}$$

称为一个 $m\times n$ 矩阵.

矩阵总是加括号(小括号或中括号)，表示它是一个整体. 一般用黑体的大写英文字母表示矩阵. 令 $\boldsymbol{A}$ 表示上述定义中的矩阵，它共有 m 行、n 列，其中出现的 $m\times n$ 个数字称为该矩阵的**元素**. 特别地，数字 a_{ij} 位于矩阵的第 i 行第 j 列，称为矩阵 $\boldsymbol{A}$ 的 (i,j)-**元素**，简称 (i,j)-元. 矩阵 $\boldsymbol{A}$ 还可表示为

$$(a_{ij})_{m\times n} \text{或} \boldsymbol{A}_{m\times n},$$

这里的 $m\times n$ 称为矩阵 $\boldsymbol{A}$ 的**型**. 若两个矩阵有相同的行数与列数，则称它们是**同型矩阵**. 若矩阵 $\boldsymbol{A}$，$\boldsymbol{B}$ 同型且相同位置上的元素也都相同，则称它们**相等**，记为 $\boldsymbol{A}=\boldsymbol{B}$.

设 $\boldsymbol{A}$ 为一个 $m\times n$ 矩阵，任取 $\boldsymbol{A}$ 中的 s 行 $(s\leqslant m)$ 和 t 列 $(t\leqslant n)$，将位于这些

行列交叉处的数字按照原来的位置关系排成一个 $s\times t$ 矩阵,这个矩阵称为 $\mathbf{A}$ 的 $s\times t$ 型**子矩阵**.

二、特殊矩阵

下面我们来认识一些比较特殊的矩阵.

根据矩阵中元素的属性,我们把元素都是实数的矩阵称为**实矩阵**. 同样可定义复矩阵、有理矩阵、数域 $\mathbf{P}$ 上矩阵等. 数域 $\mathbf{P}$ 上全体 $m\times n$ 矩阵记为 $\mathbf{P}^{m\times n}$.

行数与列数相同的矩阵称为**方阵**,$m\times m$ 矩阵称为 m **级方阵**. 1 级方阵就是数字.

只有一行的矩阵称为**行矩阵**或**行向量**,只有一列的矩阵称为**列矩阵**或**列向量**. 我们称$(a_1,a_2,\cdots,a_n)$为 n **维行向量**,称 a_i 为该向量的**第 i 个分量**. 同样可定义 n 维列向量及其分量.

元素都是零的矩阵称为**零矩阵**,符号 $\boldsymbol{O}_{m\times n}$表示 $m\times n$ 零矩阵,简记为 $\boldsymbol{O}$.

我们来看下面五个 n 级方阵:

$$\mathbf{A}_1=\begin{pmatrix} a_{11} & a_{12} & \cdots & a_{1n} \\ a_{21} & a_{22} & \cdots & a_{2n} \\ \vdots & \vdots & & \vdots \\ a_{n1} & a_{n2} & \cdots & a_{nn} \end{pmatrix},\qquad \mathbf{A}_2=\begin{pmatrix} a_1 & 0 & 0 & \cdots & 0 \\ 0 & a_2 & 0 & \cdots & 0 \\ 0 & 0 & a_3 & \cdots & 0 \\ \vdots & \vdots & \vdots & & \vdots \\ 0 & 0 & 0 & \cdots & a_n \end{pmatrix},$$

$$\mathbf{A}_3=\begin{pmatrix} 1 & 0 & \cdots & 0 \\ 0 & 1 & \cdots & 0 \\ \vdots & \vdots & & \vdots \\ 0 & 0 & \cdots & 1 \end{pmatrix},\qquad \mathbf{A}_4=\begin{pmatrix} a_{11} & a_{12} & a_{13} & \cdots & a_{1n} \\ 0 & a_{22} & a_{23} & \cdots & a_{2n} \\ 0 & 0 & a_{33} & \cdots & a_{3n} \\ \vdots & \vdots & \vdots & & \vdots \\ 0 & 0 & 0 & \cdots & a_{nn} \end{pmatrix},$$

$$\mathbf{A}_5=\begin{pmatrix} a_{11} & 0 & 0 & \cdots & 0 \\ a_{21} & a_{22} & 0 & \cdots & 0 \\ a_{31} & a_{32} & a_{33} & \cdots & 0 \\ \vdots & \vdots & \vdots & & \vdots \\ a_{n1} & a_{n2} & a_{n3} & \cdots & a_{nn} \end{pmatrix}.$$

$\mathbf{A}_1$ 中元素 $a_{11},a_{22},\cdots,a_{nn}$称为**主对角线元**,它们所在的直线称为主对角线或对角线;元素 a_{1n}与 a_{n1}的连线称为副对角线.

$\mathbf{A}_2$ 中主对角线外的元素都是零,称 $\mathbf{A}_2$ 为**对角矩阵**,简记为 $\mathrm{diag}(a_1,a_2,\cdots,a_n)$;

$\mathbf{A}_3$ 中主对角线元素全是 1,且其他元素全为 0,称为 n 级**单位矩阵**,记为 $\boldsymbol{E}_n$

或 $\boldsymbol{E}$；

$\boldsymbol{A}_4$ 中主对角线下方的元素全为0，称 $\boldsymbol{A}_4$ 为**上三角矩阵**. 类似地，称 $\boldsymbol{A}_5$ 为**下三角矩阵**.

根据矩阵相等的定义，两个不同型的零矩阵是不相等的(尽管它们都可以记为 $\boldsymbol{O}$). 类似地，两个级数不同的单位矩阵是不同的矩阵. 矩阵的行数与列数是非常重要的算术量，初学者在书写矩阵时应尽量标明.

再看下面一组矩阵，它们有如下共同特点：从第一行首个非零元开始可以画出这样一条阶梯线，阶梯竖线的左下方全为0；每个(垂直向下)台阶只占1行，台阶数即为非零行的行数；对于每行来说，阶梯线右面的第一个元素都是非零元，也就是该非零行的第一个非零元(用黑体标注). 这样的矩阵称为**(行)阶梯形矩阵**. 事实上，行阶梯形矩阵即为每一个非零行的非零首元都处于上一行非零首元右边的矩阵.

$$\begin{pmatrix} \mathbf{1} & 0 & 0 & 1 & 0 \\ 0 & \mathbf{2} & 0 & 0 & 1 \\ 0 & 0 & \mathbf{1} & 0 & 0 \end{pmatrix}, \begin{pmatrix} 0 & \mathbf{1} & 0 & 0 & 1 \\ 0 & 0 & \mathbf{2} & 0 & 0 \\ 0 & 0 & 0 & \mathbf{-1} & 0 \\ 0 & 0 & 0 & 0 & 0 \end{pmatrix}, \begin{pmatrix} 0 & \mathbf{1} & 0 & 1 & 1 & 0 \\ 0 & 0 & 0 & 0 & \mathbf{1} & 0 \\ 0 & 0 & 0 & 0 & 0 & 0 \end{pmatrix}.$$

下面的三个矩阵都不是阶梯形矩阵：

$$\begin{pmatrix} 1 & 0 & 0 & 1 \\ 0 & 0 & 1 & 0 \\ 0 & 0 & -1 & 0 \end{pmatrix}, \begin{pmatrix} 0 & 0 & 0 & 0 \\ 0 & 2 & 0 & 0 \\ 0 & 0 & -1 & 0 \end{pmatrix}, \begin{pmatrix} 1 & 1 & 1 & 1 \\ 0 & 0 & 0 & 0 \\ 0 & 0 & 1 & 0 \end{pmatrix}.$$

三、分块矩阵

对于较大型的矩阵，我们常用若干条横线与竖线将它划分成若干子矩阵，以这些子矩阵为元素(称为**块元素**)的形式矩阵称为**分块矩阵**. 例如，矩阵

$$\boldsymbol{A}=\left(\begin{array}{ccc:cc} 1 & 0 & 0 & 2 & 1 \\ 0 & 1 & 0 & 1 & 3 \\ 0 & 0 & 1 & 4 & 1 \\ \hdashline 1 & 2 & 3 & 0 & 0 \end{array}\right)=\begin{pmatrix} \boldsymbol{E}_3 & \boldsymbol{B} \\ \boldsymbol{C} & \boldsymbol{O} \end{pmatrix},$$

其中

$$\boldsymbol{E}_3=\begin{pmatrix} 1 & 0 & 0 \\ 0 & 1 & 0 \\ 0 & 0 & 1 \end{pmatrix}, \boldsymbol{B}=\begin{pmatrix} 2 & 1 \\ 1 & 3 \\ 4 & 1 \end{pmatrix}, \boldsymbol{C}=(1,2,3), \boldsymbol{O}=(0,0).$$

矩阵的分块是人为的,其目的是方便我们讨论.下面是常用的几种矩阵分块.

(1) 设 $\boldsymbol{A}$ 是 $m\times n$ 矩阵,按列、行分块,$\boldsymbol{A}$ 分别可以表示为

$$\boldsymbol{A}\xlongequal{\text{按列分块}}(\boldsymbol{\alpha}_1,\boldsymbol{\alpha}_2,\cdots,\boldsymbol{\alpha}_n),\boldsymbol{A}\xlongequal{\text{按行分块}}\begin{pmatrix}\boldsymbol{\beta}_1\\\boldsymbol{\beta}_2\\\vdots\\\boldsymbol{\beta}_m\end{pmatrix},$$

其中 $\boldsymbol{\alpha}_i,i=1,2,\cdots,n$ 为 $\boldsymbol{A}$ 的第 i 列构成的列向量,$\boldsymbol{\beta}_j,j=1,2,\cdots,m$ 为 $\boldsymbol{A}$ 的第 j 行构成的行向量.

(2) 设 $\boldsymbol{A}=(a_{ij})_{n\times n}$,则 $\boldsymbol{A}$ 可以表示为如下两种分块矩阵:

$$\boldsymbol{A}=\begin{pmatrix}a_{11}&\boldsymbol{\alpha}_{1\times(n-1)}\\\boldsymbol{\beta}_{(n-1)\times1}&\boldsymbol{B}_{(n-1)\times(n-1)}\end{pmatrix},\boldsymbol{A}=\begin{pmatrix}\boldsymbol{C}_{(n-1)\times(n-1)}&\boldsymbol{U}_{(n-1)\times1}\\\boldsymbol{V}_{1\times(n-1)}&a_{nn}\end{pmatrix},$$

其中 $\boldsymbol{B}$ 和 $\boldsymbol{C}$ 分别是 $\boldsymbol{A}$ 的右下方和左上方的 $n-1$ 级子矩阵.

§2.2 矩阵运算

本节我们将考察矩阵的运算,包括矩阵的加法、数字与矩阵的数乘、矩阵与矩阵的乘法以及矩阵的转置等,最后还将介绍分块矩阵的运算等.

一、线性运算

定义 2.2.1 设 $\boldsymbol{A}=(a_{ij})_{m\times n},\boldsymbol{B}=(b_{ij})_{m\times n}$ 是两个同型矩阵,称(i,j)-元素等于 $a_{ij}+b_{ij}$ 的 $m\times n$ 矩阵为 $\boldsymbol{A}$ 与 $\boldsymbol{B}$ 的和,记为 $\boldsymbol{A}+\boldsymbol{B}$,即$(a_{ij})_{m\times n}+(b_{ij})_{m\times n}=(a_{ij}+b_{ij})_{m\times n}$.

由定义看到,两个矩阵可加的前提是它们同型,而两个同型矩阵的加法就是对应位置的数字相加.关于矩阵加法,易见有下面的性质,其中 $\boldsymbol{A},\boldsymbol{B},\boldsymbol{C},\boldsymbol{O}$ 是同型矩阵.

(1) 加法交换律 $\boldsymbol{A}+\boldsymbol{B}=\boldsymbol{B}+\boldsymbol{A}$;

(2) 加法结合律 $(\boldsymbol{A}+\boldsymbol{B})+\boldsymbol{C}=\boldsymbol{A}+(\boldsymbol{B}+\boldsymbol{C})$;

(3) $\boldsymbol{A}+\boldsymbol{O}=\boldsymbol{A}$;

(4) 加法消去律 若 $\boldsymbol{A}+\boldsymbol{B}=\boldsymbol{A}+\boldsymbol{C}$,则 $\boldsymbol{B}=\boldsymbol{C}$.

定义 2.2.2 设矩阵 $\boldsymbol{A}=(a_{ij})_{m\times n}$,$k$ 是数字,称(i,j)-元素等于 ka_{ij} 的 $m\times n$ 矩阵为数字 k 与矩阵 $\boldsymbol{A}$ 的数量乘积,简称数乘,记为 $k\boldsymbol{A}$,即 $k(a_{ij})_{m\times n}=(ka_{ij})_{m\times n}$.

由定义看到,任何数字与任何矩阵都可以作数乘.特别地,数字与 1 级方阵

的数乘就是通常的数字乘法. 设 $\boldsymbol{A},\boldsymbol{B},\boldsymbol{O}$ 是同型矩阵,k,s 是任意数字,我们有以下性质:

(1) $(k+s)\boldsymbol{A}=k\boldsymbol{A}+s\boldsymbol{A}$;

(2) $k(\boldsymbol{A}+\boldsymbol{B})=k\boldsymbol{A}+k\boldsymbol{B}$;

(3) $k(s\boldsymbol{A})=(ks)\boldsymbol{A}$;

(4) $1\boldsymbol{A}=\boldsymbol{A}$;

(5) $0\boldsymbol{A}=\boldsymbol{O}$,这里前一个零是数字 0,后一个零是矩阵 $\boldsymbol{O}$;

(6) $k\boldsymbol{E}_n=\mathrm{diag}(\underbrace{k,k,\cdots,k}_{n个k})$,称之为**纯量矩阵**或**数量矩阵**.

矩阵的加法与数乘统称为矩阵的**线性运算**,其性质与数字加法、乘法类似.

数字 -1 和矩阵 $\boldsymbol{A}$ 作数乘得到的矩阵称为 $\boldsymbol{A}$ 的**负矩阵**,记为 $-\boldsymbol{A}$. 利用负矩阵我们可以定义两个同型矩阵的**减法**:

$$\boldsymbol{A}-\boldsymbol{B}=\boldsymbol{A}+(-\boldsymbol{B}).$$

显然 $\boldsymbol{A}+(-\boldsymbol{A})=\boldsymbol{O}=(-\boldsymbol{A})+\boldsymbol{A}$.

二、矩阵乘法

我们先定义一个行向量(即行矩阵)与一个列向量(即列矩阵)的乘法. 设

$$\boldsymbol{\alpha}=(x_1,x_2,\cdots,x_n),\boldsymbol{\beta}=\begin{pmatrix}y_1\\y_2\\\vdots\\y_n\end{pmatrix},$$

注意,这里要求 $\boldsymbol{\alpha}$ 与 $\boldsymbol{\beta}$ **有相同个数的分量**,$\boldsymbol{\alpha}$ 与 $\boldsymbol{\beta}$ 的乘法定义为

$$\boldsymbol{\alpha\beta}=x_1y_1+x_2y_2+\cdots+x_ny_n=\sum_{k=1}^{n}x_ky_k,$$

即 $\boldsymbol{\alpha\beta}$ 等于 $\boldsymbol{\alpha}$ 与 $\boldsymbol{\beta}$ 的对应分量乘积之和,这当然是一个数字.

定义 2.2.3 设 $\boldsymbol{A}=(a_{ij})_{m\times s},\boldsymbol{B}=(b_{ij})_{s\times n}$,则 $\boldsymbol{A}$ 与 $\boldsymbol{B}$ 的乘积定义为

$$\boldsymbol{AB}=(c_{ij})_{m\times n},$$

其中

$$\begin{aligned}c_{ij}&=\boldsymbol{A}\text{ 的第 }i\text{ 行与 }\boldsymbol{B}\text{ 的第 }j\text{ 列的乘积}\\&=a_{i1}b_{1j}+a_{i2}b_{2j}+\cdots+a_{is}b_{sj}=\sum_{k=1}^{s}a_{ik}b_{kj}.\end{aligned}$$

由定义看到,$\boldsymbol{A}$ **乘** $\boldsymbol{B}$ **有定义当且仅当** $\boldsymbol{A}$ **的列数等于** $\boldsymbol{B}$ **的行数**,此时 $\boldsymbol{A}_{m\times s}\boldsymbol{B}_{s\times n}$ 是一个 $m\times n$ 矩阵. 对于矩阵乘积 $\boldsymbol{AB}$,我们说 $\boldsymbol{A}$ 左乘在 $\boldsymbol{B}$ 上,也说 $\boldsymbol{B}$ 右乘在 $\boldsymbol{A}$ 上.

例 2.2.1 某公司向四家超市派送三种商品的数量(单位：件)可以用矩阵表示为

$$A=(a_{ij})_{4\times 3}=\begin{pmatrix}2&1&4\\1&4&4\\3&1&3\\3&0&1\end{pmatrix},$$

其中 a_{ij} 表示公司向第 i 家超市派送第 j 种商品的件数. 而这三种商品的单价(单位:元)及每件质量(单位:kg)构成的矩阵为

$$B=(b_{ij})_{3\times 2}=\begin{pmatrix}300&10\\200&20\\500&60\end{pmatrix},$$

其中 b_{i1},b_{i2} 分别表示第 i 种商品的单价和每件质量. 求该公司向各家超市派送商品的总价和总质量.

解 显然公司向第 i 家超市派送商品的总价和总质量依次为

$$c_{i1}=a_{i1}b_{11}+a_{i2}b_{21}+a_{i3}b_{31},c_{i2}=a_{i1}b_{12}+a_{i2}b_{22}+a_{i3}b_{32},$$

因为

$$AB=\begin{pmatrix}2&1&4\\1&4&4\\3&1&3\\3&0&1\end{pmatrix}\begin{pmatrix}300&10\\200&20\\500&60\end{pmatrix}=\begin{pmatrix}2800&280\\3100&330\\2600&230\\1400&90\end{pmatrix},$$

所以公司向第 1、第 2、第 3、第 4 家超市派送商品的总价和总质量依次为 2800 元、280 kg，3100 元、330 kg，2600 元、230 kg，1400 元、90 kg. □

例 2.2.2 设矩阵 A,B 给定如下，求 AB 与 BA.

(1) $A=\begin{pmatrix}1&0\\2&0\end{pmatrix},B=\begin{pmatrix}0\\-1\end{pmatrix}$;

(2) $A=(1,-1),B=\begin{pmatrix}0\\1\end{pmatrix}$;

(3) $A=\begin{pmatrix}1&0\\0&0\end{pmatrix},B=\begin{pmatrix}0&0\\1&1\end{pmatrix}$.

解 (1) 由定义算得 $AB=O_{2\times 1}$，而 BA 无意义.

(2) $AB=(-1)=-1$(注意，1 级方阵即是数字)，而 $BA=\begin{pmatrix}0&0\\1&-1\end{pmatrix}$.

(3) $AB=\begin{pmatrix}0&0\\0&0\end{pmatrix},BA=\begin{pmatrix}0&0\\1&0\end{pmatrix}$. □

由例 2.2.2 看到,AB 有意义和 BA 有意义是两回事;即使 AB 与 BA 都有意义,AB 与 BA 也不一定同型;即使 AB 与 BA 都是有意义的同型矩阵,它们也不一定相等. 这些都说明**矩阵乘法没有交换律**. 在例 2.2.2(3)中,我们有 $AB=O_{2\times 2}$,但 $A\neq O,B\neq O$,即两个非零矩阵的乘积可以是零矩阵,这也说明**矩阵乘法没有消去律**. 初学者要特别注意“矩阵乘法没有交换律和消去律”这两条特别的事实.

虽然矩阵乘法与数字乘法有很大不同,但还是有一些相似之处的. 容易证明以下事实(假设运算都有意义):

(1) 结合律 $(AB)C=A(BC)$;

(2) 分配律 $A(B+C)=AB+AC,(B+C)A=BA+CA$;

(3) $k(AB)=(kA)B=A(kB)$,即数字 k 在矩阵乘法过程中可以提到最左边;

(4) $E_m A_{m\times n}=A_{m\times n}E_n=A_{m\times n}$.

由上面的性质(4)可以看到,单位矩阵在矩阵乘法中的地位类似于数字 1 在数字乘法中的地位,因而单位矩阵有着基本的重要性.

性质 2.2.1

$$(x_1,x_2,\cdots,x_m)\begin{pmatrix} a_{11} & a_{12} & \cdots & a_{1n} \\ a_{21} & a_{22} & \cdots & a_{2n} \\ \vdots & \vdots & & \vdots \\ a_{m1} & a_{m2} & \cdots & a_{mn} \end{pmatrix}\begin{pmatrix} y_1 \\ y_2 \\ \vdots \\ y_n \end{pmatrix}=\sum_{i=1}^{m}\sum_{j=1}^{n}a_{ij}x_iy_j. \quad (2.2.1)$$

证

$$(x_1,x_2,\cdots,x_m)\begin{pmatrix} a_{11} & a_{12} & \cdots & a_{1n} \\ a_{21} & a_{22} & \cdots & a_{2n} \\ \vdots & \vdots & & \vdots \\ a_{m1} & a_{m2} & \cdots & a_{mn} \end{pmatrix}\begin{pmatrix} y_1 \\ y_2 \\ \vdots \\ y_n \end{pmatrix}=(x_1,x_2,\cdots,x_m)\begin{pmatrix} \sum_{j=1}^{n}a_{1j}y_j \\ \sum_{j=1}^{n}a_{2j}y_j \\ \vdots \\ \sum_{j=1}^{n}a_{mj}y_j \end{pmatrix}$$

$$=\sum_{i=1}^{m}\sum_{j=1}^{n}a_{ij}x_iy_j. \qquad \square$$

类似于数字的方幂和多项式,我们也可以定义 n 级方阵 A 的方幂和多项式. 对于正整数 k,A 的 k 次方 A^k 定义为 $A^k=\underbrace{AA\cdots A}_{k\text{个}A}$,$A^0$ 定义为与 A 同型的单位矩阵. 请读者思考,为什么只有方阵才能定义其幂? 显然有

$$\boldsymbol{A}^s\boldsymbol{A}^t=\boldsymbol{A}^{s+t},(\boldsymbol{A}^s)^t=\boldsymbol{A}^{st},s,t\in\mathbf{N}.$$

若 m 次多项式 $f(x)=a_m x^m+\cdots+a_1x+a_0$，则 $\boldsymbol{A}$ **的多项式** $f(\boldsymbol{A})$ 定义为

$$f(\boldsymbol{A})=\sum_{i=0}^{m}a_i\boldsymbol{A}^i=a_m\boldsymbol{A}^m+\cdots+a_1\boldsymbol{A}+a_0\boldsymbol{E}_n.$$

注意 $f(\boldsymbol{A})$ 的最后一项不是 a_0，而是 $a_0\boldsymbol{A}^0=a_0\boldsymbol{E}_n$.

例 2.2.3 设 $\boldsymbol{A}=(1,1,-1)$，$\boldsymbol{B}=\begin{pmatrix}1\\2\\1\end{pmatrix}$，$f(x)=x^4-x^2+x+1$，求 $f(\boldsymbol{BA})$.

解 易得 $\boldsymbol{AB}=(2)=2$，$\boldsymbol{BA}=\begin{pmatrix}1&1&-1\\2&2&-2\\1&1&-1\end{pmatrix}$，

$$(\boldsymbol{BA})^n=\underbrace{(\boldsymbol{BA})(\boldsymbol{BA})\cdots(\boldsymbol{BA})}_{n\text{个}\boldsymbol{BA}}=\boldsymbol{B}\underbrace{(\boldsymbol{AB})(\boldsymbol{AB})\cdots(\boldsymbol{AB})}_{n-1\text{个}\boldsymbol{AB}}\boldsymbol{A}=\boldsymbol{B}(\boldsymbol{AB})^{n-1}\boldsymbol{A}=2^{n-1}\boldsymbol{BA}.$$

因此，

$$\begin{aligned}f(\boldsymbol{BA})&=(\boldsymbol{BA})^4-(\boldsymbol{BA})^2+(\boldsymbol{BA})+\boldsymbol{E}=2^3\boldsymbol{BA}-2\boldsymbol{BA}+\boldsymbol{BA}+\boldsymbol{E}\\&=7\boldsymbol{BA}+\boldsymbol{E}=\begin{pmatrix}8&7&-7\\14&15&-14\\7&7&-6\end{pmatrix}.\end{aligned}$$

□

虽然两个矩阵的乘法一般没有交换性，但是同一个方阵的两个多项式的乘积是可交换的. 事实上，设 $\boldsymbol{A}$ 为方阵，$f(x)$，$g(x)$ 是两个多项式，令 $h(x)=f(x)g(x)$，则

$$f(\boldsymbol{A})g(\boldsymbol{A})=h(\boldsymbol{A})=g(\boldsymbol{A})f(\boldsymbol{A}).$$

三、矩阵转置

定义 2.2.4 将矩阵 $\boldsymbol{A}_{m\times n}$ 的第 1 行，第 2 行，…，第 m 行依次改成第 1 列，第 2 列，…，第 m 列后得到的 $n\times m$ 矩阵称为 $\boldsymbol{A}$ 的转置矩阵，记为 $\boldsymbol{A}^{\mathrm{T}}$.

例如，$(3)^{\mathrm{T}}=(3)$，$\begin{pmatrix}1&0&2\\0&1&1\end{pmatrix}^{\mathrm{T}}=\begin{pmatrix}1&0\\0&1\\2&1\end{pmatrix}$.

需要指出的是，矩阵 $\boldsymbol{A}$ 的转置在有些文献上记为 $\boldsymbol{A}'$. 不难证明矩阵转置有下述性质，其中 $\boldsymbol{A}+\boldsymbol{B}$ 和 $\boldsymbol{AC}$ 都有意义.

(1) 将矩阵 $\boldsymbol{A}_{m\times n}$ 的第 1 列，第 2 列，…，第 n 列依次改成第 1 行，第 2 行，…，第 n 行后得到的 $n\times m$ 矩阵，也是 $\boldsymbol{A}^{\mathrm{T}}$；

(2) 设 $\boldsymbol{A}=(a_{ij})_{m\times n}$，$\boldsymbol{A}^{\mathrm{T}}=(b_{ij})_{n\times m}$，则 $b_{ij}=a_{ji}$，这里 $i=1,2,\cdots,n$，$j=1,2,\cdots,m$；

(3) $(\boldsymbol{A}^{\mathrm{T}})^{\mathrm{T}}=\boldsymbol{A}$;

(4) $(\boldsymbol{A}+\boldsymbol{B})^{\mathrm{T}}=\boldsymbol{A}^{\mathrm{T}}+\boldsymbol{B}^{\mathrm{T}}$;

(5) $(k\boldsymbol{A})^{\mathrm{T}}=k\boldsymbol{A}^{\mathrm{T}}$;

(6) $(\boldsymbol{AC})^{\mathrm{T}}=\boldsymbol{C}^{\mathrm{T}}\boldsymbol{A}^{\mathrm{T}}$.

下面仅验证(6). 设 $\boldsymbol{A}=(a_{ij})_{m\times s}$, $\boldsymbol{C}=(c_{ij})_{s\times n}$, 于是 $(\boldsymbol{AC})^{\mathrm{T}}$ 与 $\boldsymbol{C}^{\mathrm{T}}\boldsymbol{A}^{\mathrm{T}}$ 都是 $n\times m$ 矩阵. 任取 u,v, $1\leqslant u\leqslant n$, $1\leqslant v\leqslant m$.

$$\begin{aligned}(\boldsymbol{AC})^{\mathrm{T}}\text{ 的}(u,v)\text{-元素}&=\boldsymbol{AC}\text{ 的}(v,u)\text{-元素}\\&=\boldsymbol{A}\text{ 的第 }v\text{ 行}\times\boldsymbol{C}\text{ 的第 }u\text{ 列}\\&=(a_{v1},a_{v2},\cdots,a_{vs})(c_{1u},c_{2u},\cdots,c_{su})^{\mathrm{T}}\\&=a_{v1}c_{1u}+a_{v2}c_{2u}+\cdots+a_{vs}c_{su};\end{aligned}$$

$$\begin{aligned}\boldsymbol{C}^{\mathrm{T}}\boldsymbol{A}^{\mathrm{T}}\text{ 的}(u,v)\text{-元素}&=\boldsymbol{C}^{\mathrm{T}}\text{的第 }u\text{ 行}\times\boldsymbol{A}^{\mathrm{T}}\text{ 的第 }v\text{ 列}\\&=\boldsymbol{C}\text{ 的第 }u\text{ 列的转置}\times\boldsymbol{A}\text{ 的第 }v\text{ 行的转置}\\&=(c_{1u},c_{2u},\cdots,c_{su})(a_{v1},a_{v2},\cdots,a_{vs})^{\mathrm{T}}\\&=c_{1u}a_{v1}+c_{2u}a_{v2}+\cdots+c_{su}a_{vs}.\end{aligned}$$

因此 $(\boldsymbol{AC})^{\mathrm{T}}$ 与 $\boldsymbol{C}^{\mathrm{T}}\boldsymbol{A}^{\mathrm{T}}$ 的 (u,v)-元素都相同,结论成立.

注意, $(\boldsymbol{AC})^{\mathrm{T}}$ 应该等于 $\boldsymbol{C}^{\mathrm{T}}\boldsymbol{A}^{\mathrm{T}}$ 而不是 $\boldsymbol{A}^{\mathrm{T}}\boldsymbol{C}^{\mathrm{T}}$. 另外,该条性质可推广为

$$(\boldsymbol{A}_1\boldsymbol{A}_2\cdots\boldsymbol{A}_s)^{\mathrm{T}}=\boldsymbol{A}_s^{\mathrm{T}}\boldsymbol{A}_{s-1}^{\mathrm{T}}\cdots\boldsymbol{A}_1^{\mathrm{T}}.\text{①}\tag{2.2.2}$$

例 2.2.4 设 $\boldsymbol{A}=\begin{pmatrix}1&2&-1\\0&1&3\end{pmatrix}$, $\boldsymbol{B}=\begin{pmatrix}2&0&1\\1&1&3\\2&-1&1\end{pmatrix}$, 求 $(\boldsymbol{AB})^{\mathrm{T}}$.

解 $\boldsymbol{AB}=\begin{pmatrix}1&2&-1\\0&1&3\end{pmatrix}\begin{pmatrix}2&0&1\\1&1&3\\2&-1&1\end{pmatrix}=\begin{pmatrix}2&3&6\\7&-2&6\end{pmatrix}$, 所以 $(\boldsymbol{AB})^{\mathrm{T}}=\begin{pmatrix}2&7\\3&-2\\6&6\end{pmatrix}$.

也可利用 $(\boldsymbol{AB})^{\mathrm{T}}=\boldsymbol{B}^{\mathrm{T}}\boldsymbol{A}^{\mathrm{T}}$ 求得结果. □

四、分块矩阵的运算

(1) 设分块矩阵 $\boldsymbol{A}=(\boldsymbol{A}_{ij})_{s\times t}$, $\boldsymbol{B}=(\boldsymbol{B}_{ij})_{s\times t}$, 若 $\boldsymbol{A}$ 与 $\boldsymbol{B}$ 对应块元素 $\boldsymbol{A}_{ij}$ 与 $\boldsymbol{B}_{ij}$ 都同型(从而它们可加),则

$$\boldsymbol{A}+\boldsymbol{B}=(\boldsymbol{A}_{ij}+\boldsymbol{B}_{ij})_{s\times t}.$$

(2) 设分块矩阵 $\boldsymbol{A}=(\boldsymbol{A}_{ij})_{s\times t}$, k 是数,则

---

① 我们可以用穿衣脱衣过程来理解该公式,俗称穿脱原理. $\boldsymbol{A}_1\boldsymbol{A}_2\cdots\boldsymbol{A}_s$ 理解为依次穿衣服 $\boldsymbol{A}_1$, $\boldsymbol{A}_2$, $\cdots$, $\boldsymbol{A}_s$, 把转置 $\boldsymbol{A}^{\mathrm{T}}$ 理解成脱衣服,所以要依次脱衣服 $\boldsymbol{A}_s$, $\boldsymbol{A}_{s-1}$, $\cdots$, $\boldsymbol{A}_s$, 故 $(\boldsymbol{A}_1\boldsymbol{A}_2\cdots\boldsymbol{A}_s)^{\mathrm{T}}=\boldsymbol{A}_s^{\mathrm{T}}\cdots\boldsymbol{A}_2^{\mathrm{T}}\boldsymbol{A}_1^{\mathrm{T}}$.

$$k\boldsymbol{A}=(k\boldsymbol{A}_{ij})_{s\times t}.$$

(3) 设分块矩阵 $\boldsymbol{A}=(\boldsymbol{A}_{ij})_{s\times t},\boldsymbol{B}=(\boldsymbol{B}_{jv})_{t\times k}$,即

$$\boldsymbol{A}=\begin{pmatrix}\boldsymbol{A}_{11}&\boldsymbol{A}_{12}&\cdots&\boldsymbol{A}_{1t}\\\boldsymbol{A}_{21}&\boldsymbol{A}_{22}&\cdots&\boldsymbol{A}_{2t}\\\vdots&\vdots&&\vdots\\\boldsymbol{A}_{s1}&\boldsymbol{A}_{s2}&\cdots&\boldsymbol{A}_{st}\end{pmatrix},\boldsymbol{B}=\begin{pmatrix}\boldsymbol{B}_{11}&\boldsymbol{B}_{12}&\cdots&\boldsymbol{B}_{1k}\\\boldsymbol{B}_{21}&\boldsymbol{B}_{22}&\cdots&\boldsymbol{B}_{2k}\\\vdots&\vdots&&\vdots\\\boldsymbol{B}_{t1}&\boldsymbol{B}_{t2}&\cdots&\boldsymbol{B}_{tk}\end{pmatrix},$$

若对于任意 $i\in\{1,2,\cdots,s\},j\in\{1,2,\cdots,t\},v\in\{1,2,\cdots,k\},\boldsymbol{A}_{ij}$ 的列数都等于 $\boldsymbol{B}_{jv}$ 的行数,即 $\boldsymbol{A}_{ij}\boldsymbol{B}_{jv}$ 乘法都有意义. 换言之,若矩阵 $\boldsymbol{A}$ 的列分法与 $\boldsymbol{B}$ 的行分法完全相同,则

$$\boldsymbol{AB}=(\boldsymbol{C}_{uv})_{s\times k},$$

即 $\boldsymbol{AB}$ 是以 $\boldsymbol{C}_{uv}$ 为(u,v)-块元素的分块矩阵,其中 $\boldsymbol{C}_{uv}=\boldsymbol{A}_{u1}\boldsymbol{B}_{1v}+\boldsymbol{A}_{u2}\boldsymbol{B}_{2v}+\cdots+\boldsymbol{A}_{ut}\boldsymbol{B}_{tv}$.

(4) 设分块矩阵 $\boldsymbol{A}=\begin{pmatrix}\boldsymbol{A}_{11}&\boldsymbol{A}_{12}&\cdots&\boldsymbol{A}_{1t}\\\boldsymbol{A}_{21}&\boldsymbol{A}_{22}&\cdots&\boldsymbol{A}_{2t}\\\vdots&\vdots&&\vdots\\\boldsymbol{A}_{s1}&\boldsymbol{A}_{s2}&\cdots&\boldsymbol{A}_{st}\end{pmatrix}$,则 $\boldsymbol{A}^{\mathrm{T}}=\begin{pmatrix}\boldsymbol{A}_{11}^{\mathrm{T}}&\boldsymbol{A}_{21}^{\mathrm{T}}&\cdots&\boldsymbol{A}_{s1}^{\mathrm{T}}\\\boldsymbol{A}_{12}^{\mathrm{T}}&\boldsymbol{A}_{22}^{\mathrm{T}}&\cdots&\boldsymbol{A}_{s2}^{\mathrm{T}}\\\vdots&\vdots&&\vdots\\\boldsymbol{A}_{1t}^{\mathrm{T}}&\boldsymbol{A}_{2t}^{\mathrm{T}}&\cdots&\boldsymbol{A}_{st}^{\mathrm{T}}\end{pmatrix}$.

例 2.2.5 证明上三角矩阵的乘积仍是上三角矩阵.

证 注意,上三角矩阵是对角线下方都是零的方阵,两个上三角矩阵可乘当且仅当它们同型. 设 $\boldsymbol{A}=(a_{ij})_{n\times n},\boldsymbol{B}=(b_{ij})_{n\times n}$是两个上三角矩阵.

方法 1 设 $\boldsymbol{AB}=(c_{ij})_{n\times n}$. 我们来计算 $\boldsymbol{AB}$ 的对角线下面的元素,即满足 $i>j$的元素 c_{ij}. 由乘法定义得

$$c_{ij}=(a_{i1}b_{1j}+a_{i2}b_{2j}+\cdots+a_{i,i-1}b_{i-1,j})+(a_{ii}b_{ij}+a_{i,i+1}b_{i+1,j}+\cdots+a_{in}b_{nj}).\tag{2.2.3}$$

因为 $\boldsymbol{A},\boldsymbol{B}$ 都是上三角阵,所以 $\boldsymbol{A},\boldsymbol{B}$ 对角线下面的元素都为零,所以

$$a_{i1}=a_{i2}=\cdots=a_{i,i-1}=0,b_{ij}=b_{i+1,j}=\cdots=b_{nj}=0.$$

代入(2.2.3)式得 $c_{ij}=0$,即 $\boldsymbol{AB}$ 为上三角矩阵.

方法 2 对 n 作归纳. 当 $n=1$ 时,结论显然成立. 设 $n\leqslant k-1$ 时命题成立,考察 $n=k$ 时的情形. 将 $\boldsymbol{A},\boldsymbol{B}$ 分别写成分块矩阵

$$\boldsymbol{A}=\begin{pmatrix}a_{11}&\boldsymbol{\alpha}\\\boldsymbol{0}&\boldsymbol{A}_0\end{pmatrix},\boldsymbol{B}=\begin{pmatrix}b_{11}&\boldsymbol{\beta}\\\boldsymbol{0}&\boldsymbol{B}_0\end{pmatrix},$$

显然 $\boldsymbol{A}_0,\boldsymbol{B}_0$ 是 $k-1$ 级上三角矩阵,由归纳假设得 $\boldsymbol{A}_0\boldsymbol{B}_0$ 为上三角矩阵. 于是

$$\boldsymbol{AB}=\begin{pmatrix}a_{11}b_{11}&a_{11}\boldsymbol{\beta}+\boldsymbol{\alpha B}_0\\\boldsymbol{0}&\boldsymbol{A}_0\boldsymbol{B}_0\end{pmatrix}$$

为上三角矩阵. □

性质 2.2.2 设矩阵 $\boldsymbol{B}_{n\times s}$ 的 s 个列向量依次为 $\boldsymbol{\beta}_1,\boldsymbol{\beta}_2,\cdots,\boldsymbol{\beta}_s$，设 $\boldsymbol{A}$ 为 $m\times n$ 矩阵，则矩阵 $\boldsymbol{AB}$ 的 s 个列向量依次为 $\boldsymbol{A\beta}_1,\boldsymbol{A\beta}_2,\cdots,\boldsymbol{A\beta}_s$.

证 按分块矩阵乘法有 $\boldsymbol{AB}=\boldsymbol{A}(\boldsymbol{\beta}_1,\boldsymbol{\beta}_2,\cdots,\boldsymbol{\beta}_s)=(\boldsymbol{A\beta}_1,\boldsymbol{A\beta}_2,\cdots,\boldsymbol{A\beta}_s)$，结论成立. □

设 $\boldsymbol{A}_1,\boldsymbol{A}_2,\cdots,\boldsymbol{A}_m$ 都是方阵，我们把形如

$$\begin{pmatrix} \boldsymbol{A}_1 & \boldsymbol{O} & \cdots & \boldsymbol{O} \\ \boldsymbol{O} & \boldsymbol{A}_2 & \cdots & \boldsymbol{O} \\ \vdots & \vdots & & \vdots \\ \boldsymbol{O} & \boldsymbol{O} & \cdots & \boldsymbol{A}_m \end{pmatrix}$$

的分块矩阵称为**准对角矩阵**，并记为 $\text{diag}(\boldsymbol{A}_1,\boldsymbol{A}_2,\cdots,\boldsymbol{A}_m)$. 显然准对角矩阵是对角矩阵的推广. 由分块矩阵的乘法，易得下面的性质.

性质 2.2.3 若 $\boldsymbol{A}_i$ 和 $\boldsymbol{B}_i$ 为同型方阵，$i=1,2,\cdots,m$，则

$$\text{diag}(\boldsymbol{A}_1,\boldsymbol{A}_2,\cdots,\boldsymbol{A}_m)\text{diag}(\boldsymbol{B}_1,\boldsymbol{B}_2,\cdots,\boldsymbol{B}_m)=\text{diag}(\boldsymbol{A}_1\boldsymbol{B}_1,\boldsymbol{A}_2\boldsymbol{B}_2,\cdots,\boldsymbol{A}_m\boldsymbol{B}_m).$$

§2.3 矩阵的初等变换

矩阵的初等变换是线性代数中最重要的计算手段，粗略地说，本书中出现的所有计算问题都可以利用矩阵初等变换，尤其是矩阵初等行变换来求解.

一、线性方程组与矩阵的初等变换

我们称

$$\begin{cases} a_{11}x_1+a_{12}x_2+\cdots+a_{1n}x_n=b_1, \\ a_{21}x_1+a_{22}x_2+\cdots+a_{2n}x_n=b_2, \\ \qquad\vdots \\ a_{m1}x_1+a_{m2}x_2+\cdots+a_{mn}x_n=b_m \end{cases} \tag{2.3.1}$$

为**关于未知数 $x_1,x_2,\cdots,x_n$ 的 n 元线性方程组**.

在线性方程组(2.3.1)中，未知数前的 $m\times n$ 个系数按照原对应位置构成的矩阵 $\boldsymbol{A}_{m\times n}=(a_{ij})_{m\times n}$ 称为该方程组的**系数矩阵**，把方程组(2.3.1)等号右边的 m 个常数构成的列向量 $\boldsymbol{\beta}$ 称为该方程组的**常数向量**，把 n 个未知数构成的列向量 $\boldsymbol{X}$ 称为**未知数向量**，即

$$\boldsymbol{A}_{m\times n}=\begin{pmatrix} a_{11} & a_{12} & \cdots & a_{1n} \\ a_{21} & a_{22} & \cdots & a_{2n} \\ \vdots & \vdots & & \vdots \\ a_{m1} & a_{m2} & \cdots & a_{mn} \end{pmatrix},\boldsymbol{\beta}=\begin{pmatrix} b_1 \\ b_2 \\ \vdots \\ b_m \end{pmatrix},\boldsymbol{X}=\begin{pmatrix} x_1 \\ x_2 \\ \vdots \\ x_n \end{pmatrix}.$$

此时线性方程组(2.3.1)可以表示为

$$\boldsymbol{AX}=\boldsymbol{\beta}. \tag{2.3.2}$$

矩阵$(\boldsymbol{A},\boldsymbol{\beta})$称为方程组(2.3.1)的**增广矩阵**.显然线性方程组与其增广矩阵是相互唯一确定的.

为引入矩阵的初等变换,先考察下面的用消元法求解线性方程组的例子.

例 2.3.1 求解线性方程组

$$\begin{cases} x_2+2x_3=3, ① \\ 2x_1+3x_2+4x_3=5, ② \\ 4x_1+7x_2+8x_3=9, ③ \\ 2x_1+4x_2+6x_3=8. ④ \end{cases} \tag{$\boldsymbol{B}$}$$

解 利用消元法求解.

$$\text{原方程组}\xrightarrow{①\leftrightarrow④}\begin{cases} 2x_1+4x_2+6x_3=8, ① \\ 2x_1+3x_2+4x_3=5, ② \\ 4x_1+7x_2+8x_3=9, ③ \\ x_2+2x_3=3, ④ \end{cases} \tag{$\boldsymbol{B}_1$}$$

$$\xrightarrow[③-2\times①]{②-①}\begin{cases} 2x_1+4x_2+6x_3=8, ① \\ -x_2-2x_3=-3, ② \\ -x_2-4x_3=-7, ③ \\ x_2+2x_3=3, ④ \end{cases} \tag{$\boldsymbol{B}_2$}$$

$$\xrightarrow[④+②]{③-②}\begin{cases} 2x_1+4x_2+6x_3=8, ① \\ -x_2-2x_3=-3, ② \\ -2x_3=-4, ③ \\ 0=0, ④ \end{cases} \tag{$\boldsymbol{B}_3$}$$

$$\xrightarrow[\left(-\frac{1}{2}\right)\times③]{\frac{1}{2}\times① \quad (-1)\times②}\begin{cases} x_1+2x_2+3x_3=4, ① \\ x_2+2x_3=3, ② \\ x_3=2, ③ \\ 0=0. ④ \end{cases} \tag{$\boldsymbol{B}_4$}$$

最后利用回代方法得该方程组的解为 $x_1=0, x_2=-1, x_3=2$. □

综观上述求解过程,使用了以下三种不改变解的变换:

(1) 调换两个方程的位置；

(2) 将一个非零数乘某个方程的两边；

(3) 将一个方程的某个倍数加到另一个方程上.

不难看到,对方程组作上述变换相当于对方程组的增广矩阵作上述三种变换,称它们为矩阵的三种**初等行变换**.

给定一个矩阵,我们一般用 r_i,c_j 分别表示该矩阵的第 i 行和第 j 列.

定义 2.3.1 矩阵的下面三种变换称为矩阵的初等行(列)变换：

(1) 互换矩阵的第 i 和第 j 两行(列),记作 $r_i \leftrightarrow r_j(c_i \leftrightarrow c_j)$,这里 $i \neq j$；

(2) 将一个非零数 k 乘在矩阵的第 i 行(列)上,记作 $kr_i(kc_i)$；

(3) 将矩阵的第 j 行(列)的 k 倍加到矩阵的第 i 行(列)上,记作 $r_i + kr_j(c_i + kc_j)$,这里 $i \neq j$.

矩阵的初等行变换和初等列变换统称为矩阵的**初等变换**.对矩阵的初等变换,我们作以下几点说明.

(1) 行变换与列变换是平行的,在理论上两者地位、作用相当.需要指出的是,在本书中我们以行变换为主.

(2) 设矩阵 $\boldsymbol{A}$ 经过初等变换化到 $\boldsymbol{B}$,此时虽然 $\boldsymbol{B}$ 继承了 $\boldsymbol{A}$ 的很多性质,但由矩阵相等的定义,不能认为 $\boldsymbol{A}$ 与 $\boldsymbol{B}$ 相等,所以不能写成 $\boldsymbol{A}=\boldsymbol{B}$,只能写成 $\boldsymbol{A} \to \boldsymbol{B}$.

(3) 注意 $r_i + r_j$ 和 $r_j + r_i$ 的区别,前者表示将第 j 行加到第 i 行上,后者表示将第 i 行加到第 j 行上.

(4) 注意 $r_i + kr_j$ 与 $kr_j + r_i$ 的区别,前者是一次初等行变换,后者是先将第 j 行乘 k,再将第 i 行加到第 j 行上.一般不作 $kr_j + r_i$ 这种变换.

(5) 由以下事实,可以看到这三种初等变换都可逆：

$$\boldsymbol{A} \xrightarrow{r_i \leftrightarrow r_j} \boldsymbol{B} \xrightarrow{r_i \leftrightarrow r_j} \boldsymbol{A}；\boldsymbol{A} \xrightarrow{kr_i} \boldsymbol{B} \xrightarrow{\frac{1}{k}r_i} \boldsymbol{A}；\boldsymbol{A} \xrightarrow{r_i + kr_j} \boldsymbol{B} \xrightarrow{r_i + (-k)r_j} \boldsymbol{A}.$$

定义 2.3.2 若矩阵 $\boldsymbol{A}$ 可经过若干次初等变换后化为矩阵 $\boldsymbol{B}$,则称矩阵 $\boldsymbol{A}$ 与 $\boldsymbol{B}$ 等价.

容易验证矩阵的等价关系具有自反性、对称性和传递性,因此矩阵的等价关系也是定义 1.1.1 意义下的等价关系.注意,这里说的矩阵的等价关系是狭义的、特指的等价关系.

二、初等变换下的矩阵标准形

设 $\boldsymbol{B}$ 为例 2.3.1 中线性方程组的增广矩阵,该方程组的求解过程实际上就是如下一系列初等行变换：

$$\boldsymbol{B}=\begin{pmatrix}0&1&2&3\\2&3&4&5\\4&7&8&9\\2&4&6&8\end{pmatrix}\xrightarrow{r_1\leftrightarrow r_4}\begin{pmatrix}2&4&6&8\\2&3&4&5\\4&7&8&9\\0&1&2&3\end{pmatrix}=\boldsymbol{B}_1 \tag{1}$$

$$\xrightarrow[r_3+(-2)r_1]{r_2-r_1}\begin{pmatrix}2&4&6&8\\\mathbf{0}&-1&-2&-3\\\mathbf{0}&-1&-4&-7\\\mathbf{0}&1&2&3\end{pmatrix}=\boldsymbol{B}_2 \tag{2}$$

$$\xrightarrow[r_4+r_2]{r_3-r_2}\begin{pmatrix}2&4&6&8\\\mathbf{0}&-1&-2&-3\\\mathbf{0}&\mathbf{0}&-2&-4\\\mathbf{0}&\mathbf{0}&0&0\end{pmatrix}=\boldsymbol{B}_3 \tag{3}$$

$$\xrightarrow[\left(-\frac{1}{2}\right)\times r_3]{\substack{\frac{1}{2}\times r_1\\(-1)\times r_2}}\begin{pmatrix}\mathbf{1}&2&3&4\\\mathbf{0}&\mathbf{1}&2&3\\\mathbf{0}&\mathbf{0}&\mathbf{1}&2\\\mathbf{0}&\mathbf{0}&\mathbf{0}&\mathbf{0}\end{pmatrix}=\boldsymbol{B}_4. \tag{4}$$

方程组最后求解的回代过程也可以通过矩阵的初等行变换实现,即

$$\boldsymbol{B}_4\xrightarrow[r_2+(-2)r_3]{r_1+(-3)r_3}\begin{pmatrix}1&2&\mathbf{0}&-2\\0&1&\mathbf{0}&-1\\0&0&1&2\\0&0&0&0\end{pmatrix}=\boldsymbol{B}_5 \tag{5}$$

$$\xrightarrow{r_1+(-2)r_2}\begin{pmatrix}1&\mathbf{0}&\mathbf{0}&0\\0&1&\mathbf{0}&-1\\0&0&1&2\\0&0&0&0\end{pmatrix}=\boldsymbol{B}_6. \tag{6}$$

以 $\boldsymbol{B}_6$ 为增广矩阵的线性方程组为 $x_1=0,x_2=-1,x_3=2$,此方程组与原方程组同解,所以原线性方程组的解为 $x_1=0,x_2=-1,x_3=2$.

在步骤(1)中,我们的目的是把矩阵 $\boldsymbol{B}$ 的(1,1)-元素通过两行互换化成非零数(最好是比较简单的数).若矩阵第 1 列全是 0,则将矩阵的(1,2)-元素化成非零数,依此类推.

在步骤(2)中,我们的目的是把第 1 列除(1,1)-元素外的所有元素利用第三类初等行变换全化成零.

在步骤(3)中,我们的工作是对矩阵 $\boldsymbol{B}_2$ 的右下方的 3 级子矩阵重复作步骤(1)和(2).容易看到 $\boldsymbol{B}_3$ 为阶梯形矩阵.注意,至此的初等变换都是初等行变换.

一般地，**任何非零矩阵都可以通过初等行变换化成阶梯形矩阵**.

以 3×4 矩阵 $\boldsymbol{J}$ 为例，将 $\boldsymbol{J}$ 用初等行变换化为阶梯形矩阵的大致步骤如下，其中 d_i 为非零数字，$*$ 为任意数字，不同位置出现的 $*$ 可以是不同数字.

$$\boldsymbol{J}\to\begin{pmatrix}d_1&*&*&*\\ *&*&*&*\\ *&*&*&*\end{pmatrix}\to\begin{pmatrix}d_1&*&*&*\\ 0&*&*&*\\ 0&*&*&*\end{pmatrix}\to\begin{pmatrix}d_1&*&*&*\\ 0&d_2&*&*\\ 0&*&*&*\end{pmatrix}\to\begin{pmatrix}d_1&*&*&*\\ 0&d_2&*&*\\ 0&0&*&*\end{pmatrix}.$$

在步骤(4)中，我们的目的是将每个非零行的第一个非零元化成1.

在步骤(5)和(6)中，我们的目的是将每个非零行的第一个非零数字1所在列的其余元素全化成零. 这样得到的特殊的阶梯形矩阵 $\boldsymbol{B}_6$ 称为**行最简形矩阵**.

注意 至此的初等变换都是初等行变换，读者也应该体会到解方程组只能用初等行变换，不能用初等列变换. 一般地，**任何非零矩阵都可以通过初等行变换化成行最简形矩阵**.

性质 2.3.1 任何非零矩阵都可以经过初等行变换化为行最简形.

证 设 $\boldsymbol{A}$ 为 $m\times n$ 非零矩阵，对 $m+n$ 作归纳. 当 $m+n=2$ 时，$\boldsymbol{A}$ 为1级方阵，令 $\boldsymbol{A}=(a)$，$a\neq0$，则 $\boldsymbol{A}$ 乘 $\frac{1}{a}$ 即为行最简形，命题成立. 假设 $m+n\leqslant k$ 时命题已经成立，考察 $m+n=k+1$ 的情形.

假设 $\boldsymbol{A}$ 的第一列全为零，则 $\boldsymbol{A}=(\boldsymbol{0},\boldsymbol{B})$，其中 $\boldsymbol{B}$ 是 $m\times(n-1)$ 矩阵，由归纳 $\boldsymbol{B}$ 可经过一系列初等行变换化为行最简形 $\boldsymbol{S}$，于是 $\boldsymbol{A}$ 经过同样的一系列初等行变换化为行最简形 $(\boldsymbol{0},\boldsymbol{S})$，命题成立.

假设 $\boldsymbol{A}$ 的第一列不全为零. 将 $\boldsymbol{A}$ 适当调换两行得矩阵 $\boldsymbol{A}_1$，使得其(1,1)-元非零；将 $\boldsymbol{A}_1$ 的第一行乘适当的倍数得矩阵 $\boldsymbol{A}_2$，使得其(1,1)-元等于1；将 $\boldsymbol{A}_2$ 的第二行直至第 m 行上分别加上第一行的恰当的倍数得矩阵 $\boldsymbol{A}_3$，使得 $\boldsymbol{A}_3$ 的第一列的第一个分量为1且其余分量全为零，此时 $\boldsymbol{A}_3=\begin{pmatrix}1&\boldsymbol{\alpha}\\ \boldsymbol{0}&\boldsymbol{B}\end{pmatrix}$. 由归纳 $\boldsymbol{B}$ 可以经过一系列初等行变换化为行最简形矩阵 $\boldsymbol{S}$，从而 $\boldsymbol{A}_3$ 经过对应的一系列初等行变换化为矩阵 $\boldsymbol{A}_4=\begin{pmatrix}1&\boldsymbol{\alpha}\\ \boldsymbol{0}&\boldsymbol{S}\end{pmatrix}$，最后将 $\boldsymbol{A}_4$ 的第一行减去下面行的恰当的倍数，可将 $\boldsymbol{A}_4$ 化为行最简形，命题成立. □

利用初等行变换化矩阵为阶梯形或行最简形，是本书（第1章除外）最基本也是最重要的算法，读者应熟练掌握.

对 $\boldsymbol{B}_6$ 再进行初等列变换，可将 $\boldsymbol{B}_6$ 化为更加简单的矩阵 $\boldsymbol{B}_7$：

$$\boldsymbol{B}_6\xrightarrow[c_4+(-2)c_3]{c_4+c_2}\begin{pmatrix}1&0&0&0\\0&1&0&0\\0&0&1&0\\0&0&0&0\end{pmatrix}=\boldsymbol{B}_7.\tag{7}$$

在步骤(7)中,我们用了初等列变换. 注意 $\boldsymbol{B}_7$ 的特点,其左上方的子矩阵是一个单位矩阵,且其余元素全是零,我们把这样的矩阵 $\boldsymbol{B}_7$ 称为矩阵 $\boldsymbol{B}$ 的**等价(或等秩)标准形**.

性质 2.3.2 任何 $m\times n$ 非零矩阵都可以通过初等变换化成形如

$$\begin{pmatrix} \boldsymbol{E}_r & \boldsymbol{O} \\ \boldsymbol{O} & \boldsymbol{O} \end{pmatrix}_{m\times n}$$

的等价标准形,其中 $1\leqslant r\leqslant \min\{m,n\}$.

证 类似于性质 2.3.1 的证明,用数学归纳法不难证得,细节留给读者. □

例 2.3.2 设 $\boldsymbol{A}=\begin{pmatrix} 1 & 2 & 0 & -1 \\ 2 & 0 & 1 & 3 \\ 5 & 2 & 2 & 5 \end{pmatrix}$,用初等行变换将 $\boldsymbol{A}$ 化为行最简形矩阵,并求 $\boldsymbol{A}$ 的等价标准形.

解

$$\boldsymbol{A}=\begin{pmatrix} 1 & 2 & 0 & -1 \\ 2 & 0 & 1 & 3 \\ 5 & 2 & 2 & 5 \end{pmatrix}\xrightarrow[r_3-5r_1]{r_2-2r_1}\begin{pmatrix} 1 & 2 & 0 & -1 \\ 0 & -4 & 1 & 5 \\ 0 & -8 & 2 & 10 \end{pmatrix}$$

$$\xrightarrow{r_3-2r_2}\begin{pmatrix} 1 & 2 & 0 & -1 \\ 0 & -4 & 1 & 5 \\ 0 & 0 & 0 & 0 \end{pmatrix}\xrightarrow{-\frac{1}{4}r_2}\begin{pmatrix} 1 & 2 & 0 & -1 \\ 0 & 1 & -\frac{1}{4} & -\frac{5}{4} \\ 0 & 0 & 0 & 0 \end{pmatrix}$$

$$\xrightarrow{r_1-2r_2}\begin{pmatrix} 1 & 0 & \frac{1}{2} & \frac{3}{2} \\ 0 & 1 & -\frac{1}{4} & -\frac{5}{4} \\ 0 & 0 & 0 & 0 \end{pmatrix}\xrightarrow[c_4-\frac{3}{2}c_1+\frac{5}{4}c_2]{c_3-\frac{1}{2}c_1+\frac{1}{4}c_2}\begin{pmatrix} 1 & 0 & 0 & 0 \\ 0 & 1 & 0 & 0 \\ 0 & 0 & 0 & 0 \end{pmatrix},$$

故所求行最简形矩阵为 $\begin{pmatrix} 1 & 0 & \frac{1}{2} & \frac{3}{2} \\ 0 & 1 & -\frac{1}{4} & -\frac{5}{4} \\ 0 & 0 & 0 & 0 \end{pmatrix}$,$\boldsymbol{A}$ 的等价标准形为 $\begin{pmatrix} 1 & 0 & 0 & 0 \\ 0 & 1 & 0 & 0 \\ 0 & 0 & 0 & 0 \end{pmatrix}$. □

三、初等矩阵

从单位矩阵出发作一次初等变换(行、列皆可)后得到的矩阵称为**初等矩阵**. 我们用符号 $\boldsymbol{E}_n(\mathfrak{T})$ 表示从 n 级单位矩阵出发经过一次初等变换 $\mathfrak{T}$ 后得到的初等矩阵. 直接验证可得以下基本事实.

性质 2.3.3 设 $\boldsymbol{A}$ 为 $m\times n$ 矩阵,则

(1) 对 $A_{m\times n}$ 作一次初等行变换 $\mathfrak{P}$,相当于在 A 的左边乘一个相应的 m 级初等矩阵 $E_m(\mathfrak{P})$;

(2) 对 $A_{m\times n}$ 作一次初等列变换 $\mathfrak{Q}$,相当于在 A 的右边乘一个相应的 n 级初等矩阵 $E_n(\mathfrak{Q})$.

例 2.3.3 设 A 是一个 2×3 矩阵.

(1) 已知 $A\xrightarrow{r_2\leftrightarrow r_1}B$,求初等矩阵 P 使得 $PA=B$;

(2) 已知 $A\xrightarrow{c_3+2c_1}C$,求初等矩阵 Q 使得 $AQ=C$.

解 (1) 对 $A_{2\times 3}$ 作一次初等行变换相当于在 A 的左边乘一个相应的 2 级初等矩阵 P,因为 A 经过初等行变换 $r_2\leftrightarrow r_1$ 后化成 B,所以从 E_2 出发经过初等行变换 $r_2\leftrightarrow r_1$,即得所求的初等矩阵 $P=\begin{pmatrix}0&1\\1&0\end{pmatrix}$.

(2) 对 $A_{2\times 3}$ 作一次初等列变换相当于在 A 的右边乘一个相应的 3 级初等矩阵 Q,因为 A 经过初等列变换 c_3+2c_1 后化成 C,所以 Q 就是从 E_3 出发经过初等列变换 c_3+2c_1 后得到的初等矩阵,故 $Q=\begin{pmatrix}1&0&2\\0&1&0\\0&0&1\end{pmatrix}$.

例 2.3.4 设 $A=(a_{ij})_{2\times 3}$,若 $PAQ_1Q_2=B$,其中

$$P=\begin{pmatrix}0&1\\1&0\end{pmatrix},Q_1=\begin{pmatrix}1&0&0\\0&1&0\\2&0&1\end{pmatrix},Q_2=\begin{pmatrix}1&0&0\\0&0&1\\0&1&0\end{pmatrix},$$

问 A 经过了怎样的初等变换化成 B? 并求出 B.

解 因为

$$E_2\xrightarrow{r_1\leftrightarrow r_2}P,E_3\xrightarrow{c_1+2c_3}Q_1,E_3\xrightarrow{c_2\leftrightarrow c_3}Q_2,$$

所以由性质 2.3.3 得

$$A=\begin{pmatrix}a_{11}&a_{12}&a_{13}\\a_{21}&a_{22}&a_{23}\end{pmatrix}\xrightarrow{r_1\leftrightarrow r_2}\begin{pmatrix}a_{21}&a_{22}&a_{23}\\a_{11}&a_{12}&a_{13}\end{pmatrix}=PA$$

$$\xrightarrow{c_1+2c_3}\begin{pmatrix}a_{21}+2a_{23}&a_{22}&a_{23}\\a_{11}+2a_{13}&a_{12}&a_{13}\end{pmatrix}=PAQ_1$$

$$\xrightarrow{c_2\leftrightarrow c_3}\begin{pmatrix}a_{21}+2a_{23}&a_{23}&a_{22}\\a_{11}+2a_{13}&a_{13}&a_{12}\end{pmatrix}=PAQ_1Q_2=B,$$

即 A 经过 3 次初等变换 $r_1\leftrightarrow r_2,c_1+2c_3,c_2\leftrightarrow c_3$ 化成 $B=\begin{pmatrix}a_{21}+2a_{23}&a_{23}&a_{22}\\a_{11}+2a_{13}&a_{13}&a_{12}\end{pmatrix}$. □

§2.4 可逆矩阵

对于任意非零数字 a，总存在唯一的数 b，使得 $ab=ba=1$. 因为单位矩阵在矩阵乘法中的作用相当于数字 1 在数字乘法中的作用，自然地，我们要问，给定一个非零矩阵 $\boldsymbol{A}$，是否也能找到（唯一）矩阵 $\boldsymbol{B}$ 使得 $\boldsymbol{AB}=\boldsymbol{BA}=\boldsymbol{E}$?

一、定义与基本性质

定义 2.4.1 设 $\boldsymbol{A}$ 是 n 级矩阵，若存在 n 级矩阵 $\boldsymbol{B}$ 使得 $\boldsymbol{AB}=\boldsymbol{BA}=\boldsymbol{E}$，则称 $\boldsymbol{A}$ 是可逆矩阵，并称 $\boldsymbol{B}$ 为 $\boldsymbol{A}$ 的逆矩阵. 若这样的 $\boldsymbol{B}$ 不存在，则称 $\boldsymbol{A}$ 不可逆.

显然，$\boldsymbol{AB}=\boldsymbol{BA}$ 意味着 $\boldsymbol{A},\boldsymbol{B}$ 是同级方阵，因此**可逆矩阵必是方阵**. 因为 $\boldsymbol{A}$ 和 $\boldsymbol{B}$ 在定义 2.4.1 中的地位是相当的，故若 $\boldsymbol{B}$ 是 $\boldsymbol{A}$ 的逆矩阵，则 $\boldsymbol{A}$ 也是 $\boldsymbol{B}$ 的逆矩阵，所以我们称 $\boldsymbol{A},\boldsymbol{B}$ 是两个**互逆的矩阵**. 可逆矩阵有以下基本性质.

性质 2.4.1 设 $\boldsymbol{A}$ 是可逆矩阵，则以下结论成立：

(1) $\boldsymbol{A}$ 的逆矩阵唯一，记作 $\boldsymbol{A}^{-1}$；

(2) 若 $\boldsymbol{AB}=\boldsymbol{AC}$ 或 $\boldsymbol{BA}=\boldsymbol{CA}$，则 $\boldsymbol{B}=\boldsymbol{C}$；

(3) 若 $\boldsymbol{AB}=\boldsymbol{O}$ 或 $\boldsymbol{BA}=\boldsymbol{O}$，则 $\boldsymbol{B}=\boldsymbol{O}$.

证 (1) 设 $\boldsymbol{B},\boldsymbol{C}$ 是 $\boldsymbol{A}$ 的两个逆矩阵，则 $\boldsymbol{AB}=\boldsymbol{AC}$，两边左乘 $\boldsymbol{B}$（注意，因为矩阵乘法无交换性，所以必须标明是左乘还是右乘）得

$$\boldsymbol{BAB}=\boldsymbol{BAC},$$

因为 $\boldsymbol{BA}=\boldsymbol{E}$，所以 $\boldsymbol{EB}=\boldsymbol{EC}$，即 $\boldsymbol{B}=\boldsymbol{C}$，故 $\boldsymbol{A}$ 的逆矩阵唯一.

(2) 若 $\boldsymbol{AB}=\boldsymbol{AC}$，两边左乘 $\boldsymbol{A}^{-1}$ 得 $\boldsymbol{A}^{-1}(\boldsymbol{AB})=\boldsymbol{A}^{-1}(\boldsymbol{AC})$，故 $\boldsymbol{B}=\boldsymbol{C}$.

(3) 由(2)立得. □

由性质 2.4.1(2)可以看出，可逆矩阵在矩阵乘法中的地位类似于非零数字在数字乘法中的地位. 对于一个 n 级可逆矩阵 $\boldsymbol{A}$，我们可以定义其任意整数次方幂.

$$\boldsymbol{A}^k=\begin{cases}\underbrace{\boldsymbol{AA}\cdots\boldsymbol{A}}_{k\text{个}\boldsymbol{A}}, & \text{若 } k\in\mathbf{Z}^+,\\ \boldsymbol{E}_n, & \text{若 } k=0,\\ \underbrace{\boldsymbol{A}^{-1}\boldsymbol{A}^{-1}\cdots\boldsymbol{A}^{-1}}_{-k\text{个}\boldsymbol{A}^{-1}}, & \text{若 } k\in\mathbf{Z}^-,\end{cases}$$

由定义易见，要证明“矩阵 $\boldsymbol{X}$ 可逆且 $\boldsymbol{X}^{-1}=\boldsymbol{Y}$”，即要证明 $\boldsymbol{XY}=\boldsymbol{YX}=\boldsymbol{E}$.

性质 2.4.2 设 $\boldsymbol{A}$ 是可逆矩阵，则以下结论成立：

(1) $\forall k\in\mathbf{Z}$，$\boldsymbol{A}^k$ 都可逆且 $(\boldsymbol{A}^k)^{-1}=\boldsymbol{A}^{-k}$. 特别地，$\boldsymbol{A}^{-1}$ 可逆，且 $(\boldsymbol{A}^{-1})^{-1}=\boldsymbol{A}$.

(2) $\boldsymbol{A}^{\mathrm{T}}$ 可逆，且$(\boldsymbol{A}^{\mathrm{T}})^{-1}=(\boldsymbol{A}^{-1})^{\mathrm{T}}$.

(3) 若 c 是非零数，则 $c\boldsymbol{A}$ 可逆，且$(c\boldsymbol{A})^{-1}=\frac{1}{c}\boldsymbol{A}^{-1}$.

证 我们仅证(1)的前部分，其余留作练习. 当 $k=0$ 时，显然 $\boldsymbol{A}^0=\boldsymbol{E}$ 可逆且其逆矩阵为 $\boldsymbol{E}$，结论成立. 当 k 为负整数时，令 $d=-k$，因为

$$\boldsymbol{A}^k\boldsymbol{A}^{-k}=\boldsymbol{A}^{-d}\boldsymbol{A}^d=\underbrace{\boldsymbol{A}^{-1}\cdots\boldsymbol{A}^{-1}}_{d\text{个}\boldsymbol{A}^{-1}}\underbrace{\boldsymbol{A}\cdots\boldsymbol{A}}_{d\text{个}\boldsymbol{A}}=\boldsymbol{E}=\underbrace{\boldsymbol{A}\cdots\boldsymbol{A}}_{d\text{个}\boldsymbol{A}}\underbrace{\boldsymbol{A}^{-1}\cdots\boldsymbol{A}^{-1}}_{d\text{个}\boldsymbol{A}^{-1}}=\boldsymbol{A}^d\boldsymbol{A}^{-d}=\boldsymbol{A}^{-k}\boldsymbol{A}^k,$$

即 $\boldsymbol{A}^k\boldsymbol{A}^{-k}=\boldsymbol{E}=\boldsymbol{A}^{-k}\boldsymbol{A}^k$，所以 $\boldsymbol{A}^k$ 可逆且其逆为 $\boldsymbol{A}^{-k}$. 当 $k\in\mathbf{Z}^+$ 时，同样可得结论. □

性质 2.4.3 设 $\boldsymbol{A}_1,\boldsymbol{A}_2,\cdots,\boldsymbol{A}_s$ 都可逆，则以下结论成立：

(1) 若 $\boldsymbol{A}_1,\boldsymbol{A}_2,\cdots,\boldsymbol{A}_s$ 是同型方阵，则 $\boldsymbol{A}_1\boldsymbol{A}_2\cdots\boldsymbol{A}_s$ 可逆，且

$$(\boldsymbol{A}_1\boldsymbol{A}_2\cdots\boldsymbol{A}_s)^{-1}=\boldsymbol{A}_s^{-1}\boldsymbol{A}_{s-1}^{-1}\cdots\boldsymbol{A}_1^{-1};①$$

(2) 准对角矩阵 $\mathrm{diag}(\boldsymbol{A}_1,\boldsymbol{A}_2,\cdots,\boldsymbol{A}_s)$ 也可逆，且其逆为 $\mathrm{diag}(\boldsymbol{A}_1^{-1},\boldsymbol{A}_2^{-1},\cdots,\boldsymbol{A}_s^{-1})$.

证 (1) 因为$(\boldsymbol{A}_1\boldsymbol{A}_2\cdots\boldsymbol{A}_s)(\boldsymbol{A}_s^{-1}\boldsymbol{A}_{s-1}^{-1}\cdots\boldsymbol{A}_1^{-1})=\boldsymbol{E}=(\boldsymbol{A}_s^{-1}\boldsymbol{A}_{s-1}^{-1}\cdots\boldsymbol{A}_1^{-1})(\boldsymbol{A}_1\boldsymbol{A}_2\cdots\boldsymbol{A}_s)$，所以结论成立.

(2) 这是因为，由性质 2.2.3 有

$$\mathrm{diag}(\boldsymbol{A}_1,\boldsymbol{A}_2,\cdots,\boldsymbol{A}_s)\,\mathrm{diag}(\boldsymbol{A}_1^{-1},\boldsymbol{A}_2^{-1},\cdots,\boldsymbol{A}_s^{-1})=\mathrm{diag}(\boldsymbol{A}_1\boldsymbol{A}_1^{-1},\boldsymbol{A}_2\boldsymbol{A}_2^{-1},\cdots,\boldsymbol{A}_s\boldsymbol{A}_s^{-1})=\boldsymbol{E},$$

$$\mathrm{diag}(\boldsymbol{A}_1^{-1},\boldsymbol{A}_2^{-1},\cdots,\boldsymbol{A}_s^{-1})\,\mathrm{diag}(\boldsymbol{A}_1,\boldsymbol{A}_2,\cdots,\boldsymbol{A}_s)=\mathrm{diag}(\boldsymbol{A}_1^{-1}\boldsymbol{A}_1,\boldsymbol{A}_2^{-1}\boldsymbol{A}_2,\cdots,\boldsymbol{A}_s^{-1}\boldsymbol{A}_s)=\boldsymbol{E}.$$ □

例 2.4.1 设方阵 $\boldsymbol{A}$ 满足 $\boldsymbol{A}^2+3\boldsymbol{A}+4\boldsymbol{E}=\boldsymbol{O}$. 证明 $\boldsymbol{A}+\boldsymbol{E}$ 可逆，并求$(\boldsymbol{A}+\boldsymbol{E})^{-1}$.

解 由条件有$(\boldsymbol{A}+\boldsymbol{E})(\boldsymbol{A}+2\boldsymbol{E})=-2\boldsymbol{E}$，于是

$$(\boldsymbol{A}+\boldsymbol{E})\left[-\frac{1}{2}(\boldsymbol{A}+2\boldsymbol{E})\right]=\left[-\frac{1}{2}(\boldsymbol{A}+2\boldsymbol{E})\right](\boldsymbol{A}+\boldsymbol{E})=\boldsymbol{E},$$

因此 $\boldsymbol{A}+\boldsymbol{E}$ 可逆，且其逆为$-\frac{1}{2}(\boldsymbol{A}+2\boldsymbol{E})$. □

二、初等矩阵与可逆矩阵

如同上节，我们用符号 $\boldsymbol{E}_n(\mathfrak{P})$表示从 n 级单位矩阵 $\boldsymbol{E}_n$ 出发经过一次初等变换$\mathfrak{P}$后得到的初等矩阵.

引理 2.4.1 (1) 从单位矩阵出发经过一次初等行变换得到的初等矩阵，也可以从单位矩阵出发经过一次初等列变换得到；反之，亦然.

① 参见关于矩阵乘积的转置公式(2.2.2)的注释.

(2) 初等矩阵都是可逆矩阵.

证 (1) 这是因为

$$\boldsymbol{E}_n(r_i\leftrightarrow r_j)=\boldsymbol{E}_n(c_i\leftrightarrow c_j),\boldsymbol{E}_n(kr_i)=\boldsymbol{E}_n(kc_i),$$
$$\boldsymbol{E}_n(r_i+kr_j)=\boldsymbol{E}_n(c_j+kc_i).①$$

(2) 以行变换为例,因为

$$\boldsymbol{E}_n(r_i\leftrightarrow r_j)\boldsymbol{E}_n(r_i\leftrightarrow r_j)=\boldsymbol{E}_n,$$
$$\boldsymbol{E}_n(kr_i)\boldsymbol{E}_n\left(\frac{1}{k}r_i\right)=\boldsymbol{E}_n\left(\frac{1}{k}r_i\right)\boldsymbol{E}_n(kr_i)=\boldsymbol{E}_n,$$
$$\boldsymbol{E}_n(r_i+kr_j)\boldsymbol{E}_n(r_i-kr_j)=\boldsymbol{E}_n(r_i-kr_j)\boldsymbol{E}_n(r_i+kr_j)=\boldsymbol{E}_n,$$

所以 $\boldsymbol{E}_n(r_i\leftrightarrow r_j)^{-1}=\boldsymbol{E}_n(r_i\leftrightarrow r_j),\boldsymbol{E}_n(kr_i)^{-1}=\boldsymbol{E}_n\left(\frac{1}{k}r_i\right),\boldsymbol{E}_n(r_i+kr_j)^{-1}=\boldsymbol{E}_n(r_i-kr_j)$. □

性质 2.4.4 一个方阵可逆的充分必要条件是它能写成一些初等矩阵的乘积.

证 (⇐) 设 $\boldsymbol{A}$ 是一些初等矩阵的乘积,因为初等矩阵都可逆,且可逆矩阵的乘积仍可逆,所以 $\boldsymbol{A}$ 是可逆矩阵.

(⇒) 设 $\boldsymbol{A}_{n\times n}$ 可逆,则它可以经过初等变换化到标准形,即有初等矩阵 $\boldsymbol{P}_1,\boldsymbol{P}_2,\cdots,\boldsymbol{P}_s,\boldsymbol{Q}_1,\boldsymbol{Q}_2,\cdots,\boldsymbol{Q}_t$ 使得

$$\boldsymbol{P}_s\cdots\boldsymbol{P}_2\boldsymbol{P}_1\boldsymbol{A}\boldsymbol{Q}_1\boldsymbol{Q}_2\cdots\boldsymbol{Q}_t=\begin{pmatrix}\boldsymbol{E}_r & \boldsymbol{O}\\ \boldsymbol{O} & \boldsymbol{O}\end{pmatrix}_{n\times n}:=\boldsymbol{D},0\leqslant r\leqslant n.$$

因为 $\boldsymbol{A},\boldsymbol{P}_i,\boldsymbol{Q}_j$ 都可逆,所以 $\boldsymbol{D}$ 也可逆,由可逆矩阵的定义易见 $r=n$,即 $\boldsymbol{D}=\boldsymbol{E}_n$. 于是

$$\boldsymbol{P}_s\cdots\boldsymbol{P}_2\boldsymbol{P}_1\boldsymbol{A}\boldsymbol{Q}_1\boldsymbol{Q}_2\cdots\boldsymbol{Q}_t=\boldsymbol{E}.$$

上式两边依次左乘(请读者注意顺序)$\boldsymbol{P}_s^{-1},\cdots,\boldsymbol{P}_2^{-1},\boldsymbol{P}_1^{-1}$,依次右乘 $\boldsymbol{Q}_t^{-1},\cdots,\boldsymbol{Q}_2^{-1},\boldsymbol{Q}_1^{-1}$,得到

$$\boldsymbol{A}=\boldsymbol{P}_1^{-1}\boldsymbol{P}_2^{-1}\cdots\boldsymbol{P}_s^{-1}\boldsymbol{Q}_t^{-1}\cdots\boldsymbol{Q}_2^{-1}\boldsymbol{Q}_1^{-1}.$$

由引理 2.4.1 知 $\boldsymbol{A}$ 是一些初等矩阵的乘积. □

结合上一节的性质 2.3.1、性质 2.3.2、性质 2.3.3 和上面的性质 2.4.4,我们得到下面的定理.

定理 2.4.1 设 $\boldsymbol{A},\boldsymbol{B}$ 是两个 $m\times n$ 非零矩阵.

(1) $\boldsymbol{A}$ 可用初等行变换化为 $\boldsymbol{B}$,当且仅当存在 m 级可逆矩阵 $\boldsymbol{P}$,使得 $\boldsymbol{PA}=\boldsymbol{B}$;

(2) $\boldsymbol{A}$ 可用初等列变换化为 $\boldsymbol{B}$,当且仅当存在 n 级可逆矩阵 $\boldsymbol{Q}$,使得 $\boldsymbol{AQ}=\boldsymbol{B}$;

(3) $\boldsymbol{A}$ 与 $\boldsymbol{B}$ 等价的充分必要条件是存在 m 级可逆矩阵 $\boldsymbol{P}$ 和 n 级可逆矩阵 $\boldsymbol{Q}$,使得 $\boldsymbol{PAQ}=\boldsymbol{B}$;

(4) 一定存在 m 级可逆矩阵 $\boldsymbol{P}$ 和 n 级可逆矩阵 $\boldsymbol{Q}$,使得 $\boldsymbol{PAQ}$ 为 $\boldsymbol{A}$ 的等价

---

① 读者可以以 3 级初等矩阵为例,检验之.

标准形$\begin{pmatrix} E_r & O \\ O & O \end{pmatrix}_{m\times n}$，这里$1\leqslant r\leqslant \min\{m,n\}$.

三、可逆矩阵的逆矩阵算法

性质 2.4.5 设A是n级方阵，B是$n\times m$矩阵，则A可逆当且仅当(A,B)可以经过初等行变换化为形如(E,X)的矩阵，且此时$X=A^{-1}B$.

证 假设A可逆，则A^{-1}也可逆，从而A^{-1}能表示为一些初等矩阵$P_m,\cdots,P_2,P_1$的乘积，于是

$$P_m\cdots P_2P_1A=A^{-1}A=E.$$

初等矩阵P_i可以通过将单位矩阵作一次初等行变换$\mathscr{P}_i$得到(见引理 2.4.1)，由初等矩阵与初等变换的关系(性质 2.3.3)得

$$A\xrightarrow{\mathscr{P}_1,\mathscr{P}_2,\cdots,\mathscr{P}_m}E,$$

故$(A,B)\xrightarrow{\mathscr{P}_1,\mathscr{P}_2,\cdots,\mathscr{P}_m}(E,X)$.

反之，假设(A,B)可用一系列初等行变换化为(E,X). 由定理 2.4.1，存在n级可逆矩阵P，使得

$$P(A,B)=(E,X),$$

于是

$$PA=E,PB=X.$$

因为P可逆，在$PA=E$两边左乘P^{-1}得$A=P^{-1}$，故A可逆，且$P=(P^{-1})^{-1}=A^{-1}$，从而$X=A^{-1}B$. □

推论 2.4.1 设A是n级方阵，则A可逆当且仅当$(A,E_n)\xrightarrow{\text{初等行变换}}(E_n,X)$，且此时$X=A^{-1}$.

证 在性质 2.4.5 中，取$B=E_n$，即得结论. □

例 2.4.2 设$A=\begin{pmatrix} 0 & 1 & 2 \\ 2 & 3 & 4 \\ 4 & 7 & 9 \end{pmatrix}$. 证明$A$可逆，并求出$A$的逆矩阵.

解 $(A,E)=\begin{pmatrix} 0 & 1 & 2 & 1 & 0 & 0 \\ 2 & 3 & 4 & 0 & 1 & 0 \\ 4 & 7 & 9 & 0 & 0 & 1 \end{pmatrix}\xrightarrow{r_1\leftrightarrow r_2}\begin{pmatrix} 2 & 3 & 4 & 0 & 1 & 0 \\ 0 & 1 & 2 & 1 & 0 & 0 \\ 4 & 7 & 9 & 0 & 0 & 1 \end{pmatrix}$

$$\xrightarrow{r_3+(-2)r_1}\begin{pmatrix} 2 & 3 & 4 & 0 & 1 & 0 \\ 0 & 1 & 2 & 1 & 0 & 0 \\ 0 & 1 & 1 & 0 & -2 & 1 \end{pmatrix}$$

$$\xrightarrow{r_3-r_2}\begin{pmatrix}2&3&4&0&1&0\\0&1&2&1&0&0\\0&0&-1&-1&-2&1\end{pmatrix}$$

$$\xrightarrow[r_2+2r_3]{r_1+4r_3}\begin{pmatrix}2&3&0&-4&-7&4\\0&1&0&-1&-4&2\\0&0&-1&-1&-2&1\end{pmatrix}$$

$$\xrightarrow{r_1-3r_2}\begin{pmatrix}2&0&0&-1&5&-2\\0&1&0&-1&-4&2\\0&0&-1&-1&-2&1\end{pmatrix}$$

$$\xrightarrow[(-1)\times r_3]{\frac{1}{2}\times r_1}\begin{pmatrix}1&0&0&-\frac{1}{2}&\frac{5}{2}&-1\\0&1&0&-1&-4&2\\0&0&1&1&2&-1\end{pmatrix}.$$

由性质 2.4.5 或推论 2.4.1 知,$\boldsymbol{A}$ 可逆且 $\boldsymbol{A}^{-1}=\begin{pmatrix}-\frac{1}{2}&\frac{5}{2}&-1\\-1&-4&2\\1&2&-1\end{pmatrix}$. □

对于上面的 3 级方阵 $\boldsymbol{A}$,求其逆矩阵的一般步骤如下,其中 d_i 为非零数字,$*$ 为任意数字,所作的变换都是初等行变换.

$$(\boldsymbol{A},\boldsymbol{E})\to\begin{pmatrix}d_1&*&*&*&*&*\\ *&*&*&*&*&*\\ *&*&*&*&*&*\end{pmatrix}\to\begin{pmatrix}d_1&*&*&*&*&*\\0&*&*&*&*&*\\0&*&*&*&*&*\end{pmatrix}$$

$$\to\begin{pmatrix}d_1&*&*&*&*&*\\0&d_2&*&*&*&*\\0&0&d_3&*&*&*\end{pmatrix}\to\begin{pmatrix}d_1&*&0&*&*&*\\0&d_2&0&*&*&*\\0&0&d_3&*&*&*\end{pmatrix}$$

$$\to\begin{pmatrix}d_1&0&0&*&*&*\\0&d_2&0&*&*&*\\0&0&d_3&*&*&*\end{pmatrix}\to\begin{pmatrix}1&0&0&*&*&*\\0&1&0&*&*&*\\0&0&1&*&*&*\end{pmatrix}$$

$$=(\boldsymbol{E},\boldsymbol{A}^{-1}).$$

例 2.4.3 已知 $\boldsymbol{AX}=\boldsymbol{B}$,求 $\boldsymbol{X}$,其中 $\boldsymbol{A}=\begin{pmatrix}2&1&-3\\1&2&-2\\-1&3&2\end{pmatrix}$,$\boldsymbol{B}=\begin{pmatrix}1&-1\\2&0\\8&5\end{pmatrix}$.

解 若 $\boldsymbol{A}$ 可逆,则在 $\boldsymbol{AX}=\boldsymbol{B}$ 两边左乘 $\boldsymbol{A}^{-1}$,即得 $\boldsymbol{X}=\boldsymbol{A}^{-1}\boldsymbol{B}$. 从下面的算法看出,可以一步直接求出 $\boldsymbol{A}^{-1}\boldsymbol{B}$,不需要先求出 $\boldsymbol{A}^{-1}$ 再求出 $\boldsymbol{A}^{-1}\boldsymbol{B}$. 因为

$$(\boldsymbol{A},\boldsymbol{B})=\begin{pmatrix}2&1&-3&1&-1\\1&2&-2&2&0\\-1&3&2&8&5\end{pmatrix}\xrightarrow[r_3+r_1]{\substack{r_1\leftrightarrow r_2\\ r_2-2r_1}}\begin{pmatrix}1&2&-2&2&0\\0&-3&1&-3&-1\\0&5&0&10&5\end{pmatrix}$$

$$\xrightarrow[r_3+3r_2]{\substack{r_2\leftrightarrow r_3\\ \frac{1}{5}r_2}}\begin{pmatrix}1&2&-2&2&0\\0&1&0&2&1\\0&0&1&3&2\end{pmatrix}\xrightarrow[r_1-2r_2]{r_1+2r_3}\begin{pmatrix}1&0&0&4&2\\0&1&0&2&1\\0&0&1&3&2\end{pmatrix},$$

由性质 2.4.5 知，$\boldsymbol{A}$ 可逆且 $\boldsymbol{X}=\boldsymbol{A}^{-1}\boldsymbol{B}=\begin{pmatrix}4&2\\2&1\\3&2\end{pmatrix}$. □

§2.5 行列式的定义和基本性质

一、排列及其逆序数

方阵的行列式是线性代数中的基本概念，其定义比较复杂. 我们先介绍排列及其逆序数.

由 $1,2,\cdots,n$ 组成的一个有序数组称为一个 n 级**排列**. 例如，$2,3,4,1$ 是一个 4 级排列；$3,5,4,2,1$ 是一个 5 级排列. 易见 n 级排列的总数是

$$n\cdot(n-1)\cdot\cdots\cdot 2\cdot 1=n!.$$

显然 $1,2,3,\cdots,n-1,n$ 也是一个 n 级排列，这个排列具有从小到大的自然顺序，其他排列都破坏自然顺序. 为了描写一个排列破坏自然顺序的程度，我们定义排列的逆序数.

定义 2.5.1 在一个排列中，如果一对数的前后位置与从小到大的自然顺序相反，即前面的数大于后面的数，那么称它们构成一个逆序. 一个排列中出现的逆序总数称为这个排列的逆序数，排列 $j_1,j_2,\cdots,j_n$ 的逆序数记为 $\tau(j_1,j_2,\cdots,j_n)$.

例如，对于 4 级排列 $3,4,2,1$，可以分别计算 $3,4,2,1$ 这四个数与后面的数字构成的逆序数，然后求和即得该排列的逆序数为

$$\tau(3,4,2,1)=2+2+1+0=5.$$

一般地，我们仅需考虑一个排列逆序数的奇偶性，而并不关心它的逆序数具体是多少. **一个排列称为奇(偶)排列，若它的逆序数是奇(偶)数.** 例如，排列 $3,4,2,1$ 的逆序数为 5，为奇排列；自然排列 $1,2,\cdots,n-1,n$ 的逆序数是 0，所以它是偶排列.

把一个排列中的两个不同位置的数字对调，其余数字不动，就得到一个新的排列. 这样一个变换称为排列的一个**对换**. 下面考察一个排列在对换下奇偶性的变化规律.

性质 2.5.1 对换改变排列的奇偶性.

证 设排列为 $j_1, j_2, \cdots, j_n$. 我们用$(s)\leftrightarrow(t)$表示将排列中的第 s 位数与第 t 位数对调.

先考察对排列作一次相邻两数 j_s, j_{s+1} 的对换(称为**相邻对换**). 不难看到，对排列作一次相邻两数 j_s, j_{s+1} 的对换，恰改变 j_s, j_{s+1} 这一对数字的大小顺序，而其他数字对的大小顺序保持不变. 因此作一次相邻对换改变排列的奇偶性.

再考察一般的对换$(s)\leftrightarrow(s+d)$，$1<d\leqslant n-s$. 不难看到作这样一次对换，相当于依次作下面奇数 $2d-1$ 次相邻对换：

$$(s)\leftrightarrow(s+1),(s+1)\leftrightarrow(s+2),\cdots,(s+d-1)\leftrightarrow(s+d);$$
$$(s+d-1)\leftrightarrow(s+d-2),\cdots,(s+1)\leftrightarrow(s),$$

故也改变原排列的奇偶性. □

推论 2.5.1 在全部 $n(n\geqslant 2)$ 级排列中，奇排列和偶排列的个数相等，各有 $\frac{n!}{2}$ 个.

证 将每个奇排列都作第一个数字和第二个数字的对换，显然得到的必是偶排列. 注意到不同的奇排列在上述对换下得到的偶排列也是不同的，因此奇排列数不超过偶排列数. 同理，偶排列数也不超过奇排列数，故奇排列数和偶排列数都等于 $\frac{n!}{2}$. □

二、行列式的定义

定义 2.5.2 设 $\boldsymbol{A}=(a_{ij})_{n\times n}$ 为 n 级方阵，其行列式记为 $|\boldsymbol{A}|$ 或 $\det(\boldsymbol{A})$，定义为

$$\sum_{j_1, j_2, \cdots, j_n}(-1)^{\tau(j_1, j_2, \cdots, j_n)} a_{1j_1} a_{2j_2} \cdots a_{nj_n}.$$

其中 $j_1, j_2, \cdots, j_n$ 取遍 $1, 2, \cdots, n$ 的 $n!$ 个 n 级排列.

(1) 显然 $|\boldsymbol{A}|$ 是 $n!$ 项的和，且 $|\boldsymbol{A}|$ 是一个数字.

(2) 每一项的符号 $(-1)^{\tau(j_1, j_2, \cdots, j_n)}$ 依赖于排列 $j_1, j_2, \cdots, j_n$ 的逆序数. 若该排列是奇排列，则符号为负；若该排列是偶排列，则符号为正.

(3) 对于去掉符号 $(-1)^{\tau(j_1, j_2, \cdots, j_n)}$ 后的每一项 $a_{1j_1} a_{2j_2} \cdots a_{nj_n}$，它恰是 n 个数字的乘积，而这 n 个数字分别取自 n 个不同行也取自 n 个不同列.

例 2.5.1 计算 $\boldsymbol{A}=(a_{ij})_{n\times n}$ 的行列式，其中 $n\leqslant 3$.

解 (1) 当 $n=1$ 时，根据定义有

$$|a_{11}|=(-1)^{\tau(1)} a_{11}=a_{11}.$$

注意 不能把一级方阵的行列式与实数的绝对值混淆.

(2) 当 $n=2$ 时,$|\boldsymbol{A}|$ 是 $2!$ 项之和,这 2 项分别为

$$(-1)^{\tau(1,2)}a_{11}a_{22}=a_{11}a_{22},(-1)^{\tau(2,1)}a_{12}a_{21}=-a_{12}a_{21},$$

所以

$$|\boldsymbol{A}|=a_{11}a_{22}-a_{12}a_{21},$$

即 $|\boldsymbol{A}|$ 恰是主对角线上两数字乘积减去副对角线上两数字乘积.

(3) 当 $n=3$ 时,$|\boldsymbol{A}|$ 为下面 $3!$ 项的和:

$$(-1)^{\tau(1,2,3)}a_{11}a_{22}a_{33}=+a_{11}a_{22}a_{33},\quad (-1)^{\tau(1,3,2)}a_{11}a_{23}a_{32}=-a_{11}a_{23}a_{32},$$

$$(-1)^{\tau(2,1,3)}a_{12}a_{21}a_{33}=-a_{12}a_{21}a_{33},\quad (-1)^{\tau(2,3,1)}a_{12}a_{23}a_{31}=+a_{12}a_{23}a_{31},$$

$$(-1)^{\tau(3,1,2)}a_{13}a_{21}a_{32}=+a_{13}a_{21}a_{32},\quad (-1)^{\tau(3,2,1)}a_{13}a_{22}a_{31}=-a_{13}a_{22}a_{31}.$$

所以

$$|\boldsymbol{A}|=a_{11}a_{22}a_{33}+a_{12}a_{23}a_{31}+a_{13}a_{21}a_{32}-(a_{11}a_{23}a_{32}+a_{12}a_{21}a_{33}+a_{13}a_{22}a_{31}).\ \square$$

为便于记忆,画图表示如下(图 2-1):

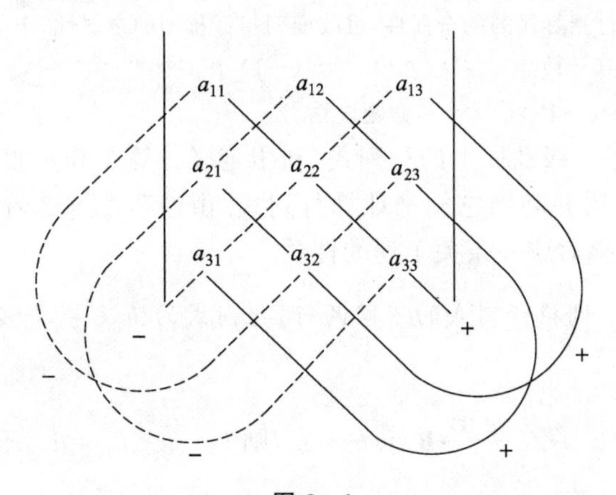

图 2-1

上例中二级和三级行列式的计算公式称为**行列式的对角线法则**,要熟记.需要指出的是**对角线法则只适用于二、三级行列式**.

由 n 级行列式的定义并考察 $n!$ 个加项中的非零项,容易看到,上(下)三角矩阵的行列式等于主对角线上元素的乘积,即

$$\begin{vmatrix} a_{11} & a_{12} & a_{13} & \cdots & a_{1n} \\ 0 & a_{22} & a_{23} & \cdots & a_{2n} \\ 0 & 0 & a_{33} & \cdots & a_{3n} \\ \vdots & \vdots & \vdots & & \vdots \\ 0 & 0 & 0 & \cdots & a_{nn} \end{vmatrix}=\prod_{i=1}^{n}a_{ii}=\begin{vmatrix} a_{11} & 0 & 0 & \cdots & 0 \\ a_{21} & a_{22} & 0 & \cdots & 0 \\ a_{31} & a_{32} & a_{33} & \cdots & 0 \\ \vdots & \vdots & \vdots & & \vdots \\ a_{n1} & a_{n2} & a_{n3} & \cdots & a_{nn} \end{vmatrix}.$$

特别地,对角矩阵的行列式等于对角线上元素的乘积.

三、行列式基本性质

性质 2.5.2 设 $\boldsymbol{A}$ 是 n 级方阵，则 $|\boldsymbol{A}|=|\boldsymbol{A}^{\mathrm{T}}|$.

证 令 $\boldsymbol{A}^{\mathrm{T}}=(b_{ij})_{n\times n}$，则 $b_{ij}=a_{ji}$，$i,j=1,2,\cdots,n$. 于是

$$\begin{aligned}|\boldsymbol{A}^{\mathrm{T}}|&=\sum_{j_1,j_2,\cdots,j_n}(-1)^{\tau(j_1,j_2,\cdots,j_n)}b_{1j_1}b_{2j_2}\cdots b_{nj_n}\\&=\sum_{j_1,j_2,\cdots,j_n}(-1)^{\tau(j_1,j_2,\cdots,j_n)}a_{j_1 1}a_{j_2 2}\cdots a_{j_n n}.\end{aligned}\tag{2.5.1}$$

对于上式中的去掉符号后的每个加项 $a_{j_1 1}a_{j_2 2}\cdots a_{j_n n}$，经过恰当重排后可以写成 $a_{1i_1}a_{2i_2}\cdots a_{ni_n}$，不难看出，(2.5.1)式中的 $n!$ 个加项（不计符号）与 $|\boldsymbol{A}|$ 按定义展开后的 $n!$ 个加项（不计符号）是一致的. 因此要证明 $|\boldsymbol{A}^{\mathrm{T}}|=|\boldsymbol{A}|$，我们仅需证明：**若 $a_{j_1 1}a_{j_2 2}\cdots a_{j_n n}$ 经过恰当重排后写成 $a_{1i_1}a_{2i_2}\cdots a_{ni_n}$，则**

$$(-1)^{\tau(j_1,j_2,\cdots,j_n)}=(-1)^{\tau(i_1,i_2,\cdots,i_n)}.$$

事实上，$a_{j_1 1}a_{j_2 2}\cdots a_{j_n n}$ 可以经过若干次两个数字对调后写成 $a_{1i_1}a_{2i_2}\cdots a_{ni_n}$，而每一次两个数字对调既改变行指标排列的奇偶性，也改变列指标排列的奇偶性，于是

$$(-1)^{\tau(j_1,j_2,\cdots,j_n)+\tau(1,2,\cdots,n)}=(-1)^{\tau(1,2,\cdots,n)+\tau(i_1,i_2,\cdots,i_n)},$$

即 $(-1)^{\tau(j_1,j_2,\cdots,j_n)}=(-1)^{\tau(i_1,i_2,\cdots,i_n)}$，命题成立. □

一般地，对于 4 级及以上的行列式，利用定义计算工作量很大，因此我们需要考察行列式性质并利用它们来计算行列式. 由性质 2.5.2 看到，行列式的每条关于行的性质都对应一条关于列的性质.

性质 2.5.3 调换行列式的不同两行，行列式的值反号，即若 $\boldsymbol{A}\xrightarrow[i\neq j]{r_i\leftrightarrow r_j}\boldsymbol{B}$，则 $|\boldsymbol{B}|=-|\boldsymbol{A}|$.

证 设 $\boldsymbol{A}=(a_{st})_{n\times n}\xrightarrow[i\neq j]{r_i\leftrightarrow r_j}\boldsymbol{B}=(b_{st})_{n\times n}$，则 $b_{it}=a_{jt}$，$b_{jt}=a_{it}$. 不妨设 $i<j$，有

$$\begin{aligned}|\boldsymbol{B}|&=\sum_{k_1,\cdots,k_i,\cdots,k_j,\cdots,k_n}(-1)^{\tau(k_1,\cdots,k_i,\cdots,k_j,\cdots,k_n)}b_{1k_1}\cdots b_{ik_i}\cdots b_{jk_j}\cdots b_{nk_n}\\&=\sum_{k_1,\cdots,k_i,\cdots,k_j,\cdots,k_n}(-1)^{\tau(k_1,\cdots,k_i,\cdots,k_j,\cdots,k_n)}a_{1k_1}\cdots a_{jk_i}\cdots a_{ik_j}\cdots a_{nk_n}\\&=-\sum_{k_1,\cdots,k_j,\cdots,k_i,\cdots,k_n}(-1)^{\tau(k_1,\cdots,k_j,\cdots,k_i,\cdots,k_n)}a_{1k_1}\cdots a_{ik_j}\cdots a_{jk_i}\cdots a_{nk_n}\\&=-|\boldsymbol{A}|.\end{aligned}$$

□

性质 2.5.4 行列式 $|\boldsymbol{A}|$ 中某一行乘 k 后的行列式值等于 $k|\boldsymbol{A}|$，即若 $\boldsymbol{A}\xrightarrow{kr_i}\boldsymbol{B}$，这里 k 为任意数字，则 $|\boldsymbol{B}|=k|\boldsymbol{A}|$.

证 用行列式的定义直接证明即得，细节留给读者. □

推论 2.5.2 若行列式中有两行成比例，则行列式等于零. 特别地，若行列式中有一行全是零元素，则该行列式等于零.

证 设方阵 $\boldsymbol{A}$ 中的第 i 行是第 j 行的 k 倍, $i\neq j$, 记 $\boldsymbol{B}$ 为 $\boldsymbol{A}$ 中第 i 行提出倍数 k 后得到的矩阵. 由性质 2.5.4 有 $|\boldsymbol{A}|=k|\boldsymbol{B}|$. 又将 $\boldsymbol{A}$ 中第 i 行和第 j 行对换, 再将第 j 行提出倍数 k 后, 也得到矩阵 $\boldsymbol{B}$, 由性质 2.5.3 和性质 2.5.4 得 $|\boldsymbol{A}|=-k|\boldsymbol{B}|$. 因此 $|\boldsymbol{A}|=-|\boldsymbol{A}|$, $|\boldsymbol{A}|=0$. □

性质 2.5.5 将行列式中某一行写成两行之和, 则该行列式等于分拆成的两个相应行列式之和, 即

$$\det\begin{pmatrix}\boldsymbol{\alpha}_1\\ \boldsymbol{\alpha}_2\\ \vdots\\ \boldsymbol{\alpha}_{j1}+\boldsymbol{\alpha}_{j2}\\ \vdots\\ \boldsymbol{\alpha}_n\end{pmatrix}=\det\begin{pmatrix}\boldsymbol{\alpha}_1\\ \boldsymbol{\alpha}_2\\ \vdots\\ \boldsymbol{\alpha}_{j1}\\ \vdots\\ \boldsymbol{\alpha}_n\end{pmatrix}+\det\begin{pmatrix}\boldsymbol{\alpha}_1\\ \boldsymbol{\alpha}_2\\ \vdots\\ \boldsymbol{\alpha}_{j2}\\ \vdots\\ \boldsymbol{\alpha}_n\end{pmatrix}.$$

证 用行列式的定义直接证明, 细节留给读者. □

性质 2.5.6 若将行列式中的一行的 k 倍加到另一行, 则行列式值不变, 即若 $\boldsymbol{A}\xrightarrow[i\neq j]{r_i+kr_j}\boldsymbol{B}$, 则 $|\boldsymbol{A}|=|\boldsymbol{B}|$.

证 设 $\boldsymbol{A}_{n\times n}$ 的第 i 行为 $\boldsymbol{\alpha}_i$, $i=1,2,\cdots,n$, 则

$$\det(\boldsymbol{B})=\det\begin{pmatrix}\boldsymbol{\alpha}_1\\ \boldsymbol{\alpha}_2\\ \vdots\\ \boldsymbol{\alpha}_i+k\boldsymbol{\alpha}_j\\ \vdots\\ \boldsymbol{\alpha}_n\end{pmatrix}=\det\begin{pmatrix}\boldsymbol{\alpha}_1\\ \boldsymbol{\alpha}_2\\ \vdots\\ \boldsymbol{\alpha}_i\\ \vdots\\ \boldsymbol{\alpha}_n\end{pmatrix}+\det\begin{pmatrix}\boldsymbol{\alpha}_1\\ \boldsymbol{\alpha}_2\\ \vdots\\ k\boldsymbol{\alpha}_j\\ \vdots\\ \boldsymbol{\alpha}_n\end{pmatrix}=\det\begin{pmatrix}\boldsymbol{\alpha}_1\\ \boldsymbol{\alpha}_2\\ \vdots\\ \boldsymbol{\alpha}_i\\ \vdots\\ \boldsymbol{\alpha}_n\end{pmatrix}+0=\det(\boldsymbol{A}).$$ □

性质 2.5.3, 2.5.4, 2.5.6 说的是初等行变换下行列式的性质. 因为任何矩阵都可以用初等行变换化为阶梯形矩阵, 所以任何方阵都可以通过初等行变换化成上三角阵. 而上三角阵的行列式等于主对角线上元素的乘积, 这样就得到了一般行列式的计算方法. 例如,

$$\begin{vmatrix}0&1&1&1\\1&2&3&0\\2&3&4&1\\1&2&4&-1\end{vmatrix}\xlongequal{r_1\leftrightarrow r_2}-\begin{vmatrix}1&2&3&0\\0&1&1&1\\2&3&4&1\\1&2&4&-1\end{vmatrix}\xlongequal[r_4-r_1]{r_3-2r_1}-\begin{vmatrix}1&2&3&0\\0&1&1&1\\0&-1&-2&1\\0&0&1&-1\end{vmatrix}$$

$$\xlongequal{r_3+r_2}-\begin{vmatrix}1&2&3&0\\0&1&1&1\\0&0&-1&2\\0&0&1&-1\end{vmatrix}\xlongequal{r_4+r_3}-\begin{vmatrix}1&2&3&0\\0&1&1&1\\0&0&-1&2\\0&0&0&1\end{vmatrix}=1.$$

由性质 2.5.2,我们得到行列式关于列的以下性质:

性质 2.5.3′ 若调换行列式的不同两列,则行列式值反号.

性质 2.5.4′ 行列式$|\boldsymbol{A}|$中某一列乘 k 后得到的行列式值等于$k|\boldsymbol{A}|$.

推论 2.5.2′ 若行列式中有两列成比例,则行列式值为零. 特别地,若行列式中有一列全是零元素,则该行列式等于零.

性质 2.5.5′ 将行列式中某一列写成两列之和,则该行列式等于分拆成的两个相应行列式之和.

性质 2.5.6′ 若将行列式中的一列的某一倍数加到另一列,则行列式值不变.

例 2.5.2 设矩阵 $\boldsymbol{A}_{4\times4}=(\boldsymbol{\alpha}_1,\boldsymbol{\alpha}_2,\boldsymbol{\alpha}_3,\boldsymbol{\beta}_1)$,$\boldsymbol{B}_{4\times4}=(\boldsymbol{\alpha}_1,\boldsymbol{\alpha}_2,\boldsymbol{\beta}_2,\boldsymbol{\alpha}_3)$,其中 $\boldsymbol{\alpha}_1$,$\boldsymbol{\alpha}_2$,$\boldsymbol{\alpha}_3$,$\boldsymbol{\beta}_1$,$\boldsymbol{\beta}_2$ 都是 4 维列向量,且$|\boldsymbol{A}|=2$,$|\boldsymbol{B}|=6$. 求$|\boldsymbol{\alpha}_3,\boldsymbol{\alpha}_2,\boldsymbol{\alpha}_1,\boldsymbol{\beta}_1+\boldsymbol{\beta}_2|$.

解 利用行列式性质得

$$\begin{aligned}|\boldsymbol{\alpha}_3,\boldsymbol{\alpha}_2,\boldsymbol{\alpha}_1,\boldsymbol{\beta}_1+\boldsymbol{\beta}_2|&=|\boldsymbol{\alpha}_3,\boldsymbol{\alpha}_2,\boldsymbol{\alpha}_1,\boldsymbol{\beta}_1|+|\boldsymbol{\alpha}_3,\boldsymbol{\alpha}_2,\boldsymbol{\alpha}_1,\boldsymbol{\beta}_2|\\&=-|\boldsymbol{\alpha}_1,\boldsymbol{\alpha}_2,\boldsymbol{\alpha}_3,\boldsymbol{\beta}_1|-|\boldsymbol{\alpha}_1,\boldsymbol{\alpha}_2,\boldsymbol{\alpha}_3,\boldsymbol{\beta}_2|\\&=-|\boldsymbol{A}|+|\boldsymbol{B}|=-2+6=4.\end{aligned}$$

□

例 2.5.3 计算行列式$\begin{vmatrix}-ab&ac&ae\\bd&-cd&de\\bf&cf&-ef\end{vmatrix}$.

解 仔细观察可以发现行列式每一行、每一列都有一个公因子,于是由性质 2.5.4 及性质 2.5.4′得

$$\text{原行列式}=abcdef\begin{vmatrix}-1&1&1\\1&-1&1\\1&1&-1\end{vmatrix}\xlongequal[r_3+r_1]{r_2+r_1}abcdef\begin{vmatrix}-1&1&1\\0&0&2\\0&2&0\end{vmatrix}$$

$$\xlongequal{r_2\leftrightarrow r_3}-abcdef\begin{vmatrix}-1&1&1\\0&2&0\\0&0&2\end{vmatrix}=4abcdef.$$

□

例 2.5.4 设 $\boldsymbol{A}$ 为 n 级方阵,k 为数字,则$|k\boldsymbol{A}|=k^n|\boldsymbol{A}|$.

证 将$|k\boldsymbol{A}|$的每一行上都提出 k,这样共提出了 n 个 k,得到$|k\boldsymbol{A}|=k^n|\boldsymbol{A}|$. □

四、两个重要的行列式性质

性质 2.5.7 设 $\boldsymbol{A}$ 是 m 级方阵,$\boldsymbol{B}$ 是 n 级方阵,则

$$\begin{vmatrix} A & C \\ O & B \end{vmatrix} = |A||B| = \begin{vmatrix} A & O \\ D & B \end{vmatrix}.$$

证 仅证前一个等式. 由习题 2.3.4，A 可以用第三类初等行变换 $\mathcal{P}_1, \mathcal{P}_2, \cdots, \mathcal{P}_s$，$B$ 可以用第三类初等行变换 $\mathfrak{Q}_1, \mathfrak{Q}_2, \cdots, \mathfrak{Q}_t$，分别化成阶梯形矩阵

$$U = \begin{pmatrix} u_{11} & u_{12} & \cdots & u_{1m} \\ 0 & u_{12} & \cdots & u_{2m} \\ \vdots & \vdots & & \vdots \\ 0 & 0 & \cdots & u_{mm} \end{pmatrix}, V = \begin{pmatrix} v_{11} & v_{12} & \cdots & v_{1n} \\ 0 & v_{22} & \cdots & v_{2n} \\ \vdots & \vdots & & \vdots \\ 0 & 0 & \cdots & v_{nn} \end{pmatrix}.$$

由行列式性质有

$$|A| = |U| = \prod_{i=1}^{m} u_{ii}, \; |B| = |V| = \prod_{j=1}^{n} v_{jj}.$$

对 $m+n$ 级行列式 $\begin{vmatrix} A & C \\ O & B \end{vmatrix}$，将其前 m 行作初等行变换 $\mathcal{P}_1, \mathcal{P}_2, \cdots, \mathcal{P}_s$，将其后 n 行作初等行变换 $\mathfrak{Q}_1, \mathfrak{Q}_2, \cdots, \mathfrak{Q}_t$，则该 $m+n$ 级行列式就化成与之等值的上三角行列式 $\begin{vmatrix} U & C_1 \\ O & V \end{vmatrix}$，于是

$$\begin{vmatrix} A & C \\ O & B \end{vmatrix} = \begin{vmatrix} U & C_1 \\ O & V \end{vmatrix} = \prod_{i=1}^{m} u_{ii} \prod_{j=1}^{n} v_{jj} = |U||V| = |A||B|.$$ □

性质 2.5.8 设 A 和 B 都是 n 级方阵，则 $|AB| = |A||B|$.

证 分以下三步证明.

(1) 若 P 是 n 级初等矩阵，则 $|AP| = |A||P|$.

对 P 的三种类型分别讨论. 若 $P = E(c_i \leftrightarrow c_j)$，$i \neq j$，则 $A \xrightarrow{c_i \leftrightarrow c_j} AP$，因此由行列式的性质得 $|AP| = -|A|$. 另一方面，易见 $|P| = -1$，从而 $|AP| = |A||P|$，结论成立. 对于 P 的其他两种类型，同样可证得结论.

(2) 若 B 可逆，则 $|AB| = |A||B|$.

因为 B 可逆，所以 B 可以写成若干初等矩阵 $P_1, P_2, \cdots, P_t$ 的乘积. 反复应用(1)得

$$|B| = |P_1P_2\cdots P_t| = |P_1P_2\cdots P_{t-1}||P_t| = \cdots = |P_1||P_2|\cdots|P_t|,$$

$$|AB| = |AP_1P_2\cdots P_t| = |AP_1P_2\cdots P_{t-1}||P_t| = \cdots = |A||P_1||P_2|\cdots|P_t| = |A||B|.$$

(3) 若 B 不可逆，则 $|AB| = 0 = |A||B|$.

由定理 2.4.1，存在 n 级可逆矩阵 P, Q 使得 $B = PDQ$，其中 D 为 B 的等价标准形. 假设 D 是单位矩阵，则 $B = PQ$ 可逆(性质 2.4.3)，矛盾. 故 $D = \begin{pmatrix} E_r & O \\ O & O \end{pmatrix}$，其中 $r < n$. 任取一个 n 级方阵 U，考察 UD，不难看到 UD 的最后一列元素全是零，因此 $|UD| = 0$. 特别地，分别取 $U = AP$ 和 $U = P$，有 $|APD| = 0$，$|PD| = 0$. 于是

$$|AB| = |APDQ| \xlongequal{\text{由(2)得}} |APD||Q| = 0 \cdot |Q| = 0,$$

$$|B| = |PDQ| \xlongequal{\text{由(2)得}} |PD||Q| = 0 \cdot |Q| = 0.$$

结论成立. □

例 2.5.5 设 $\boldsymbol{A}$ 为可逆矩阵,则 $|\boldsymbol{A}|,|\boldsymbol{A}^{-1}|$ 都不为零,且 $|\boldsymbol{A}^{-1}|=\dfrac{1}{|\boldsymbol{A}|}$.

证 因为 $\boldsymbol{A}\boldsymbol{A}^{-1}=\boldsymbol{E}$,两边计算行列式并应用行列式性质 2.5.8 得

$$|\boldsymbol{A}||\boldsymbol{A}^{-1}|=|\boldsymbol{A}\boldsymbol{A}^{-1}|=|\boldsymbol{E}|=1,$$

故 $|\boldsymbol{A}|,|\boldsymbol{A}^{-1}|$ 都不为零,且 $|\boldsymbol{A}^{-1}|=\dfrac{1}{|\boldsymbol{A}|}$. □

§2.6 行列式计算

一、行列式按一行或一列展开

设 $\boldsymbol{A}$ 是 n 级方阵,将元素 a_{ij} 所在的第 i 行和第 j 列划去以后得到的 $n-1$ 级子矩阵的行列式,称为元素 a_{ij} 的或 $\boldsymbol{A}$ 的 (i,j)-**余子式**,记为 M_{ij}. 令 $A_{ij}=(-1)^{i+j}M_{ij}$,称之为元素 a_{ij} 的或 $\boldsymbol{A}$ 的 (i,j)-**代数余子式**. 注意余子式和代数余子式本质上都是数字.

性质 2.6.1 设 $\boldsymbol{A}=(a_{ij})$ 是 n 级方阵,将 $\boldsymbol{A}$ 中的第 i 行换成 $x_1,x_2,\cdots,x_n$ 后得到的矩阵记为 $\boldsymbol{D}(x_1,x_2,\cdots,x_n)$,则

$$|\boldsymbol{D}(x_1,x_2,\cdots,x_n)|=x_1A_{i1}+x_2A_{i2}+\cdots+x_nA_{in},$$

其中 A_{ij} 为 $\boldsymbol{A}$ 的 (i,j)-代数余子式,这里 $j=1,2,\cdots,n$.

证 由行列式的性质 2.5.5 得对于任意 $x_1,x_2,\cdots,x_n$,我们有

$$|\boldsymbol{D}(x_1,x_2,\cdots,x_n)|=x_1|\boldsymbol{D}(1)|+x_2|\boldsymbol{D}(2)|+\cdots+x_n|\boldsymbol{D}(n)|,$$

其中 $\boldsymbol{D}(t)=\boldsymbol{D}(\underbrace{0,\cdots,0}_{t-1\text{个}0},1,\underbrace{0,\cdots,0}_{n-t\text{个}0})$. 下面我们仅需证明 $|\boldsymbol{D}(t)|=A_{it}$.

事实上将 $|\boldsymbol{D}(t)|$ 中的第 i 行依次和下面的 $n-i$ 行作 $n-i$ 次相邻对换,然后再将第 t 列和其右边的 $n-t$ 列依次作 $n-t$ 次相邻对换,得到

$$|\boldsymbol{D}(t)|=(-1)^{n-i+n-t}|\boldsymbol{Y}|=(-1)^{i+t}|\boldsymbol{Y}|,$$

其中

$$|\boldsymbol{Y}|=\begin{vmatrix} a_{11} & \cdots & a_{1,t-1} & a_{1,t+1} & \cdots & a_{1n} & a_{1t} \\ \vdots & & \vdots & \vdots & & \vdots & \vdots \\ a_{i-1,1} & \cdots & a_{i-1,t-1} & a_{i-1,t+1} & \cdots & a_{i-1,n} & a_{i-1,t} \\ a_{i+1,1} & \cdots & a_{i+1,t-1} & a_{i+1,t+1} & \cdots & a_{i+1,n} & a_{i+1,t} \\ \vdots & & \vdots & \vdots & & \vdots & \vdots \\ a_{n1} & \cdots & a_{n,t-1} & a_{n,t+1} & \cdots & a_{nn} & a_{nt} \\ 0 & \cdots & 0 & 0 & \cdots & 0 & 1 \end{vmatrix}$$

由行列式的性质 2.5.7 得到$|\boldsymbol{Y}|=M_{it}$，故$|\boldsymbol{D}(t)|=A_{it}$，命题成立. □

例 2.6.1 设$|\boldsymbol{A}|=\begin{vmatrix}1&2&1&3\\0&1&1&4\\2&3&4&-1\\-2&1&3&0\end{vmatrix}$，求 $A_{31}+A_{32}+2A_{33}+A_{34}$.

解 若直接计算四个代数余子式，计算量比较大，我们可以利用性质 2.6.1 来计算.

$$A_{31}+A_{32}+2A_{33}+A_{34}=\begin{vmatrix}1&2&1&3\\0&1&1&4\\\mathbf{1}&\mathbf{1}&\mathbf{2}&\mathbf{1}\\-2&1&3&0\end{vmatrix}\xlongequal[r_4+2r_1]{r_3-r_1}\begin{vmatrix}1&2&1&3\\0&1&1&4\\0&-1&1&-2\\0&5&5&6\end{vmatrix}$$

$$\xlongequal[r_4-5r_2]{r_3+r_2}\begin{vmatrix}1&2&1&3\\0&1&1&4\\0&0&2&2\\0&0&0&-14\end{vmatrix}=-28.$$ □

推论 2.6.1 设 $\boldsymbol{A}=(a_{ij})_{n\times n}$，任取 $i,j=1,2,\cdots,n$，都有

$$(a_{j1},a_{j2},\cdots,a_{jn})\begin{pmatrix}A_{i1}\\A_{i2}\\\vdots\\A_{in}\end{pmatrix}=\sum_{k=1}^{n}a_{jk}A_{ik}=\begin{cases}|\boldsymbol{A}|, & i=j,\\0, & i\neq j.\end{cases}\tag{2.6.1}$$

$$(a_{1j},a_{2j},\cdots,a_{nj})\begin{pmatrix}A_{1i}\\A_{2i}\\\vdots\\A_{ni}\end{pmatrix}=\sum_{k=1}^{n}a_{kj}A_{ki}=\begin{cases}|\boldsymbol{A}|, & i=j,\\0, & i\neq j.\end{cases}\tag{2.6.2}$$

证 先证明(2.6.1)式. 仍沿用性质 2.6.1 中记号. 当 $i=j$ 时，由性质 2.6.1得

$$|\boldsymbol{A}|=|\boldsymbol{D}(a_{i1},a_{i2},\cdots,a_{in})|=a_{i1}A_{i1}+a_{i2}A_{i2}+\cdots+a_{in}A_{in}=\sum_{k=1}^{n}a_{ik}A_{ik},$$

(2.6.1)式成立. 当 $i\neq j$ 时，将 $\boldsymbol{A}$ 的第 i 行用 $\boldsymbol{A}$ 的第 j 行替换以后得矩阵为 $\boldsymbol{D}(a_{j1},a_{j2},\cdots,a_{jn})$. 一方面，因为该矩阵中第 i 行与第 j 行相等，所以其值为 0；另一方面，应用性质 2.6.1 得

$$|\boldsymbol{D}(a_{j1},a_{j2},\cdots,a_{jn})|=a_{j1}A_{i1}+a_{j2}A_{i2}+\cdots+a_{jn}A_{in},$$

故 $\sum\limits_{k=1}^{n}a_{jk}A_{ik}=0$，(2.6.1)式也成立.

考察 $\boldsymbol{A}^{\mathrm{T}}$ 并应用(2.6.1)式,即得(2.6.2)式. □

仔细阅读(2.6.1)式,它说明以下两个事实:其一,行列式可以按照任意一行展开,**即行列式中一行乘这一行元素对应的代数余子式就是该行列式的值;**其二,**行列式中一行乘另一行元素所对应的代数余子式等于零.**

将(2.6.1)式转换成列的语言即是(2.6.2)式.

下面我们将用矩阵语言来陈述推论 2.6.1,为此先引入方阵的伴随矩阵.对于 n 级矩阵 $\boldsymbol{A}=(a_{ij})_{n\times n}$,称

$$\boldsymbol{A}^*=\begin{pmatrix} A_{11} & A_{21} & \cdots & A_{n1} \\ A_{12} & A_{22} & \cdots & A_{n2} \\ \vdots & \vdots & & \vdots \\ A_{1n} & A_{2n} & \cdots & A_{nn} \end{pmatrix}$$

为矩阵 $\boldsymbol{A}$ 的**伴随矩阵**,其中 $\boldsymbol{A}^*$ 中的元素 A_{ij} 为矩阵 $\boldsymbol{A}$ 的 (i,j)-代数余子式.

性质 2.6.2 设 $\boldsymbol{A}$ 为 n 级方阵,则 $\boldsymbol{AA}^*=\boldsymbol{A}^*\boldsymbol{A}=|\boldsymbol{A}|\boldsymbol{E}_n$.

证 由(2.6.1)式得 $\boldsymbol{AA}^*=|\boldsymbol{A}|\boldsymbol{E}_n$;由(2.6.2)式得 $\boldsymbol{A}^*\boldsymbol{A}=|\boldsymbol{A}|\boldsymbol{E}_n$. □

二、行列式计算的例子

例 2.6.2 计算行列式 $D_4=\begin{vmatrix} 2 & 1 & 1 & 1 \\ 1 & 0 & 1 & 1 \\ 1 & 0 & 2 & 1 \\ 1 & 4 & 1 & 2 \end{vmatrix}$.

解 行列式计算方法是灵活的,如本题有下面两种计算量较小的方法:

方法 1 $D_4 \xlongequal{r_1+(r_2+r_3+r_4)} \begin{vmatrix} 5 & 5 & 5 & 5 \\ 1 & 0 & 1 & 1 \\ 1 & 0 & 2 & 1 \\ 1 & 4 & 1 & 2 \end{vmatrix} \xlongequal{r_1\text{ 提取 }5} 5\begin{vmatrix} 1 & 1 & 1 & 1 \\ 1 & 0 & 1 & 1 \\ 1 & 0 & 2 & 1 \\ 1 & 4 & 1 & 2 \end{vmatrix}$

$$\xlongequal[r_4-r_1]{r_2-r_1,\ r_3-r_1} 5\begin{vmatrix} 1 & 1 & 1 & 1 \\ 0 & -1 & 0 & 0 \\ 0 & -1 & 1 & 0 \\ 0 & 3 & 0 & 1 \end{vmatrix} \xlongequal{\text{按 } c_1 \text{ 展开}} 5\begin{vmatrix} -1 & 0 & 0 \\ -1 & 1 & 0 \\ 3 & 0 & 1 \end{vmatrix}$$

$$=5\times(-1\times1\times1)=-5.$$

方法 2 $D_4 \xlongequal{r_4-4r_1} \begin{vmatrix} 2 & 1 & 1 & 1 \\ 1 & 0 & 1 & 1 \\ 1 & 0 & 2 & 1 \\ -7 & 0 & -3 & -2 \end{vmatrix} \xlongequal{\text{按 } c_2 \text{ 展开}} -\begin{vmatrix} 1 & 1 & 1 \\ 1 & 2 & 1 \\ -7 & -3 & -2 \end{vmatrix}$

$$\xlongequal[c_3-c_1]{c_2-c_1}-\begin{vmatrix}1&0&0\\1&1&0\\-7&4&5\end{vmatrix}=-(1\times1\times5)=-5.$$ □

计算行列式需要仔细观察行列式的行与行(或列与列)元素之间的关系,充分利用行列式的性质. 数学归纳法是计算一般 n 级行列式的常用方法.

例 2.6.3 证明范德蒙德行列式

$$D_n=\begin{vmatrix}1&1&1&\cdots&1\\x_1&x_2&x_3&\cdots&x_n\\x_1^2&x_2^2&x_3^2&\cdots&x_n^2\\\vdots&\vdots&\vdots&&\vdots\\x_1^{n-1}&x_2^{n-1}&x_3^{n-1}&\cdots&x_n^{n-1}\end{vmatrix}=\prod_{1\leqslant i<j\leqslant n}(x_j-x_i),n\geqslant 2.$$

证 对 n 作归纳. 当 $n=2$ 时, $D_2=x_2-x_1=\prod\limits_{1\leqslant i<j\leqslant 2}(x_j-x_i)$,结论成立. 假设命题对于 $n-1$ 级范德蒙德行列式结论成立,考察 n 级范德蒙德行列式 D_n. 对于 D_n,由下而上依次将每一行减去它上一行的 x_1 倍,有

$$D_n=\begin{vmatrix}1&1&1&\cdots&1\\0&x_2-x_1&x_3-x_1&\cdots&x_n-x_1\\0&x_2^2-x_1x_2&x_3^2-x_1x_3&\cdots&x_n^2-x_1x_n\\\vdots&\vdots&\vdots&&\vdots\\0&x_2^{n-1}-x_1x_2^{n-2}&x_3^{n-1}-x_1x_3^{n-2}&\cdots&x_n^{n-1}-x_1x_n^{n-2}\end{vmatrix}$$

$$=\begin{vmatrix}x_2-x_1&x_3-x_1&\cdots&x_n-x_1\\x_2^2-x_1x_2&x_3^2-x_1x_3&\cdots&x_n^2-x_1x_n\\\vdots&\vdots&&\vdots\\x_2^{n-1}-x_1x_2^{n-2}&x_3^{n-1}-x_1x_3^{n-2}&\cdots&x_n^{n-1}-x_1x_n^{n-2}\end{vmatrix}$$

$$=(x_2-x_1)(x_3-x_1)\cdots(x_n-x_1)\begin{vmatrix}1&1&\cdots&1\\x_2&x_3&\cdots&x_n\\x_2^2&x_3^2&\cdots&x_n^2\\\vdots&\vdots&&\vdots\\x_2^{n-2}&x_3^{n-2}&\cdots&x_n^{n-2}\end{vmatrix}$$

$$=(x_2-x_1)(x_3-x_1)\cdots(x_n-x_1)\prod_{2\leqslant i<j\leqslant n}(x_j-x_i)\text{(由归纳假设)}$$

$$=\prod_{1\leqslant i<j\leqslant n}(x_j-x_i).$$

由归纳原理得结论成立. □

例 2.6.4 计算 n 级行列式 $D_n=\begin{vmatrix} 2 & 1 & \cdots & 1 & 1 \\ 1 & 3 & \cdots & 1 & 1 \\ \vdots & \vdots & & \vdots & \vdots \\ 1 & 1 & \cdots & n & 1 \\ 1 & 1 & \cdots & 1 & n+1 \end{vmatrix}$.

解 **方法 1** 将 D_n 的第 n 列拆成两列之和,并将后一个行列式的每一列(第 n 列除外)都减去第 n 列得

$$D_n=\begin{vmatrix} 2 & 1 & \cdots & 1 & 0 \\ 1 & 3 & \cdots & 1 & 0 \\ \vdots & \vdots & & \vdots & \vdots \\ 1 & 1 & \cdots & n & 0 \\ 1 & 1 & \cdots & 1 & n \end{vmatrix}+\begin{vmatrix} 2 & 1 & \cdots & 1 & 1 \\ 1 & 3 & \cdots & 1 & 1 \\ \vdots & \vdots & & \vdots & \vdots \\ 1 & 1 & \cdots & n & 1 \\ 1 & 1 & \cdots & 1 & 1 \end{vmatrix}$$

$$=nD_{n-1}+\begin{vmatrix} 1 & 0 & \cdots & 0 & 1 \\ 0 & 2 & \cdots & 0 & 1 \\ \vdots & \vdots & & \vdots & \vdots \\ 0 & 0 & \cdots & n-1 & 1 \\ 0 & 0 & \cdots & 0 & 1 \end{vmatrix}=nD_{n-1}+\frac{n!}{n}.$$

由递推关系 $D_n=nD_{n-1}+\frac{n!}{n}$ 及 $D_1=2$ 得

$$D_n=n!+\sum_{1\leqslant i\leqslant n}\left(\frac{n!}{i}\right)=n!\left(2+\frac{1}{2}+\frac{1}{3}+\cdots+\frac{1}{n}\right).$$

方法 2

$$D_n \xlongequal[i=2,3,\cdots,n]{r_i-r_1} \begin{vmatrix} 2 & 1 & \cdots & 1 & 1 \\ -1 & 2 & \cdots & 0 & 0 \\ \vdots & \vdots & & \vdots & \vdots \\ -1 & 0 & \cdots & n-1 & 0 \\ -1 & 0 & \cdots & 0 & n \end{vmatrix}$$

$$\xlongequal[k=2,3,\cdots,n]{c_1+\frac{1}{k}c_k} \begin{vmatrix} 2+\sum\limits_{2\leqslant i\leqslant n}\frac{1}{i} & 1 & \cdots & 1 & 1 \\ 0 & 2 & \cdots & 0 & 0 \\ \vdots & \vdots & & \vdots & \vdots \\ 0 & 0 & \cdots & n-1 & 0 \\ 0 & 0 & \cdots & 0 & n \end{vmatrix}$$

$$=n!\left(2+\frac{1}{2}+\frac{1}{3}+\cdots+\frac{1}{n}\right).$$

□

三、行列式与方阵的可逆性

定理 2.6.1 方阵 $\boldsymbol{A}$ 可逆的充分必要条件是 $|\boldsymbol{A}|\neq 0$，且在 $\boldsymbol{A}$ 可逆时有 $\boldsymbol{A}^{-1}=\frac{1}{|\boldsymbol{A}|}\boldsymbol{A}^{*}$.

证 若 $\boldsymbol{A}$ 可逆，由例 2.5.5 得 $|\boldsymbol{A}|\neq 0$. 反之，若 $|\boldsymbol{A}|\neq 0$，因为 $\boldsymbol{A}\boldsymbol{A}^{*}=\boldsymbol{A}^{*}\boldsymbol{A}=|\boldsymbol{A}|\boldsymbol{E}$(性质 2.6.2)，所以

$$\boldsymbol{A}\left(\frac{1}{|\boldsymbol{A}|}\boldsymbol{A}^{*}\right)=\left(\frac{1}{|\boldsymbol{A}|}\boldsymbol{A}^{*}\right)\boldsymbol{A}=\boldsymbol{E}.$$

由矩阵可逆的定义知 $\boldsymbol{A}$ 可逆，且此时 $\boldsymbol{A}^{-1}=\frac{1}{|\boldsymbol{A}|}\boldsymbol{A}^{*}$. □

虽然可以先计算 $|\boldsymbol{A}|$ 和 $\boldsymbol{A}^{*}$，然后再利用定理 2.6.1 来求出 $\boldsymbol{A}^{-1}$，但这个计算量是很大的. 建议读者利用初等行变换，即推论 2.4.1，来计算 $\boldsymbol{A}^{-1}$.

设 $\boldsymbol{A},\boldsymbol{B}$ 是两个同级方阵. 据定义，只有当 $\boldsymbol{AB}$ 和 $\boldsymbol{BA}$ 都等于单位矩阵时，才能说 $\boldsymbol{A},\boldsymbol{B}$ 是两个互逆的矩阵. 事实上，只要 $\boldsymbol{AB}$ 和 $\boldsymbol{BA}$ 有一个为单位矩阵，那么 $\boldsymbol{A}$ 和 $\boldsymbol{B}$ 必是两个互逆的矩阵.

推论 2.6.2 设 $\boldsymbol{A}$ 和 $\boldsymbol{B}$ 是两个同级方阵，若 $\boldsymbol{AB}=\boldsymbol{E}$ 或 $\boldsymbol{BA}=\boldsymbol{E}$，则 $\boldsymbol{A},\boldsymbol{B}$ 都可逆且互为逆矩阵.

证 设 $\boldsymbol{AB}=\boldsymbol{E}$. 两边计算行列式，由性质 2.5.8 得 $|\boldsymbol{A}||\boldsymbol{B}|=1$，所以 $|\boldsymbol{A}|\neq 0$，$|\boldsymbol{B}|\neq 0$，由定理 2.6.1 知 $\boldsymbol{A}$ 和 $\boldsymbol{B}$ 都可逆. 在 $\boldsymbol{AB}=\boldsymbol{E}$ 两边左乘 $\boldsymbol{A}^{-1}$ 得 $\boldsymbol{B}=\boldsymbol{A}^{-1}$，即 $\boldsymbol{A},\boldsymbol{B}$ 互逆.

对于 $\boldsymbol{BA}=\boldsymbol{E}$ 的情形，同理可证 $\boldsymbol{A},\boldsymbol{B}$ 互逆. □

推论 2.6.3 设 $\boldsymbol{A}$ 为 n 级方阵，则 $|\boldsymbol{A}^{*}|=|\boldsymbol{A}|^{n-1}$.

证 **情形 1** 若 $\boldsymbol{A}$ 不可逆，由定理 2.6.1 得 $|\boldsymbol{A}|=0$，故 $\boldsymbol{A}\boldsymbol{A}^{*}=0\boldsymbol{E}_n=\boldsymbol{O}$. 我们断言 $\boldsymbol{A}^{*}$ 也不可逆. 否则，$\boldsymbol{A}^{*}$ 可逆，在 $\boldsymbol{A}\boldsymbol{A}^{*}=\boldsymbol{O}$ 两边右乘 $(\boldsymbol{A}^{*})^{-1}$ 得 $\boldsymbol{A}=\boldsymbol{O}$. 显然对于零矩阵 $\boldsymbol{A}$，它的所有代数余子式 A_{ij} 都等于 0，故 $\boldsymbol{A}^{*}=\boldsymbol{O}$ 不可逆，矛盾. 因此断言"$\boldsymbol{A}^{*}$ 不可逆"成立，从而 $|\boldsymbol{A}^{*}|=0$. 现在 $|\boldsymbol{A}^{*}|$ 和 $|\boldsymbol{A}|$ 都等于 0，命题成立.

情形 2 若 $\boldsymbol{A}$ 可逆，对等式 $\boldsymbol{A}\boldsymbol{A}^{*}=|\boldsymbol{A}|\boldsymbol{E}_n$ 两边计算行列式，并注意到 $||\boldsymbol{A}|\boldsymbol{E}_n|=|\boldsymbol{A}|^n|\boldsymbol{E}_n|=|\boldsymbol{A}|^n$(例 2.5.4)，我们有

$$|\boldsymbol{A}||\boldsymbol{A}^{*}|=||\boldsymbol{A}|\boldsymbol{E}|=|\boldsymbol{A}|^n.$$

因为 $|\boldsymbol{A}|\neq 0$，所以 $|\boldsymbol{A}^{*}|=|\boldsymbol{A}|^{n-1}$，命题也成立. □

§2.7 矩阵的秩

一、定义

矩阵的秩是一般矩阵最重要的算术量. 我们把矩阵 $\boldsymbol{A}$ 的一个 s 级子方阵的行列式称为 $\boldsymbol{A}$ 的一个 s 级**子式**. 显然每个非零矩阵必有一个一级子式不为零.

定义 2.7.1 设 $\boldsymbol{A}$ 为非零矩阵, 若它有一个 r 级子式不为零, 但所有 $r+1$ 级子式(若存在)全为零, 则称矩阵 $\boldsymbol{A}$ 的秩为 r, 记作 $R(\boldsymbol{A})=r$ 或 $\operatorname{rank}(\boldsymbol{A})=r$.

对于零矩阵, 我们规定其秩为零.

若矩阵 $\boldsymbol{A}$ 的所有 $r+1$ 级子式全为零, 考察 $\boldsymbol{A}$ 的 $r+2$ 级子矩阵 $\boldsymbol{B}$, 利用行列式按照一行展开的计算公式, 易见 $|\boldsymbol{B}|$ 是一些 $r+1$ 级子式的组合, 故也必为 0, 因此 $\boldsymbol{A}$ 的所有 $r+2$ 级子式也全为零. 更进一步, 当 $k\geqslant r+1$ 时, $\boldsymbol{A}$ 的所有 k 级子式全为零. 因此, **矩阵的秩恰是该矩阵非零子式的最高级数**. 不难看到, 矩阵秩有以下基本事实:

(1) 矩阵的秩是唯一确定的.

(2) 若矩阵 $\boldsymbol{A}$ 中有一个 k 级子式不为零, 则 $R(\boldsymbol{A})\geqslant k$.

(3) 若矩阵 $\boldsymbol{A}$ 中所有 k 级子式全为零, 则 $R(\boldsymbol{A})\leqslant k-1$.

(4) $R(\boldsymbol{A})$ 既不能超过它的非零行的行数, 也不能超过它的非零列的列数.

(5) $R(\boldsymbol{A})=0$ 当且仅当 $\boldsymbol{A}=\boldsymbol{O}$.

例 2.7.1 求矩阵 $\boldsymbol{A}=\begin{pmatrix}1&2&3\\0&1&1\\1&3&4\end{pmatrix}$, $\boldsymbol{B}=\begin{pmatrix}1&0&5&11&15\\0&0&-1&2&6\\0&0&0&0&3\\0&0&0&0&0\end{pmatrix}$ 的秩.

解 先考察矩阵 $\boldsymbol{A}$ 的最高级数子式, 它是 3 级子式 $|\boldsymbol{A}|$, 计算后得 $|\boldsymbol{A}|=0$. 再考虑 $\boldsymbol{A}$ 的次高级子式, 也即 2 级子式, 易见 $\boldsymbol{A}$ 有 2 级子式(例如左上角 2 级子式)不为零. 因此 $R(\boldsymbol{A})=2$.

对于矩阵 $\boldsymbol{B}$, 我们看到它是阶梯形矩阵, 且恰有三个非零行, 由行列式的性质知 $\boldsymbol{B}$ 的 4 级子式全为零. 再考察它的三个非零行(第一、第二和第三行), 这三行的第一个非零数字分别是

$$1, -1, 3,$$

由这三个非零数字所在的第一、第二和第三行及第一、第三和第五列所构成的

3 级子式是上三角行列式$\begin{vmatrix}1 & 5 & 15\\0 & -1 & 6\\0 & 0 & 3\end{vmatrix}\neq 0$,因此 $R(\boldsymbol{B})=3$. □

二、矩阵秩的性质与算法

由上面的例子可以看出,**阶梯形矩阵的秩即是其非零行的行数**.又任意矩阵都可以经过初等行变换化成阶梯形矩阵,问题是矩阵的秩在初等变换下是否不变呢?这一问题等价于矩阵在一次初等变换下秩是否不变.利用矩阵秩的定义,对三类初等变换逐一仔细分析,我们可以得到问题的肯定回答,即有下面的定理.

定理 2.7.1　设 $\boldsymbol{A}$ 是 $m\times n$ 矩阵,若 $\boldsymbol{A}$ 可以经过初等变换化成 $\boldsymbol{B}$,即 $\boldsymbol{A}$ 与 $\boldsymbol{B}$ 等价,也即存在可逆矩阵 $\boldsymbol{P}_{m\times m}$,$\boldsymbol{Q}_{n\times n}$ 使得 $\boldsymbol{PAQ}=\boldsymbol{B}$,则 $R(\boldsymbol{A})=R(\boldsymbol{B})$.

例 2.7.2　已知矩阵 $\boldsymbol{A}=\begin{pmatrix}1 & 2 & 0 & -1\\2 & 3 & \lambda & 1\\-1 & 1 & 2 & \mu\end{pmatrix}$ 的秩为 2,求 λ,μ 的值.

解　**方法 1**　$\boldsymbol{A}\xrightarrow[r_3+r_1]{r_2-2r_1}\begin{pmatrix}1 & 2 & 0 & -1\\0 & -1 & \lambda & 3\\0 & 3 & 2 & \mu-1\end{pmatrix}\xrightarrow{r_3+3r_2}\begin{pmatrix}1 & 2 & 0 & -1\\0 & -1 & \lambda & 3\\0 & 0 & 3\lambda+2 & \mu+8\end{pmatrix}$.

因为 $R(\boldsymbol{A})=2$,所以 $3\lambda+2=0$,$\mu+8=0$,得 $\lambda=-\dfrac{2}{3}$,$\mu=-8$.①

方法 2　因为 $R(\boldsymbol{A})=2$,所以 $\boldsymbol{A}$ 的 3 级子式全为零.特别地,有

$$\begin{vmatrix}1 & 2 & 0\\2 & 3 & \lambda\\-1 & 1 & 2\end{vmatrix}=0,\quad\begin{vmatrix}1 & 2 & -1\\2 & 3 & 1\\-1 & 1 & \mu\end{vmatrix}=0,$$

计算行列式也能推出 $\lambda=-\dfrac{2}{3}$,$\mu=-8$. □

结合定理 2.4.1(4)和定理 2.7.1,我们得到下面的等价标准形定理.由此看到,$\boldsymbol{A}$ 的标准形中左上角的单位矩阵的级数 r 实际上就是原矩阵 $\boldsymbol{A}$ 的秩,因此是被 $\boldsymbol{A}$ 唯一确定的,从而 $\boldsymbol{A}$ 的标准形唯一存在.

定理 2.7.2(主要定理)　设 $\boldsymbol{A}$ 是 $m\times n$ 非零矩阵,则一定存在可逆矩阵 $\boldsymbol{P}_{m\times m}$,$\boldsymbol{Q}_{n\times n}$,使得 $\boldsymbol{PAQ}$ 为下面的等价标准形:

---

①　若参数一旦出现在分母上,则分母为零的情形需另行讨论,故作初等变换时应尽量避免参数出现在分母上.

$$\begin{pmatrix} \boldsymbol{E}_r & \boldsymbol{O} \\ \boldsymbol{O} & \boldsymbol{O} \end{pmatrix}_{m\times n},$$

其中 $r=R(\boldsymbol{A}), 1\leqslant r\leqslant \min\{m,n\}$.

下面将给出矩阵秩的一些基本性质.

性质 2.7.1 设 $\boldsymbol{A}$ 为 $m\times n$ 矩阵,则

(1) $0\leqslant R(\boldsymbol{A}_{m\times n})\leqslant \min\{m,n\}$;

(2) $R(\boldsymbol{A})=0$ 当且仅当 $\boldsymbol{A}=\boldsymbol{O}$,也即 $\boldsymbol{A}$ 的等价标准形为 $\boldsymbol{O}_{m\times n}$;

(3) $R(\boldsymbol{A})=m$ 当且仅当 $\boldsymbol{A}$ 的等价标准形为 $(\boldsymbol{E}_m,\boldsymbol{O})_{m\times n}$;

(4) $R(\boldsymbol{A})=n$ 当且仅当 $\boldsymbol{A}$ 的等价标准形为 $\begin{pmatrix} \boldsymbol{E}_n \\ \boldsymbol{O} \end{pmatrix}_{m\times n}$;

(5) 当 $m=n$ 时,$\boldsymbol{A}$ 可逆当且仅当 $R(\boldsymbol{A})=n$,也即 $\boldsymbol{A}$ 的等价标准形为 $\boldsymbol{E}_n$.

证 (1)和(2)由定义得到. 注意到矩阵的秩等于它的标准形的秩,也即标准形中左上角单位矩阵的级数,由此即得(3)、(4)和(5). □

性质 2.7.2 关于矩阵的秩,有以下结论:

(1) $R(\boldsymbol{A})=R(\boldsymbol{A}^{\mathrm{T}})$.

(2) $\max\{R(\boldsymbol{A}),R(\boldsymbol{B})\}\leqslant R(\boldsymbol{A},\boldsymbol{B})$[①]$=R(\boldsymbol{B},\boldsymbol{A})\leqslant R(\boldsymbol{A})+R(\boldsymbol{B})$,这里 $\boldsymbol{A},\boldsymbol{B}$ 有相同行数.

(3) $R(\boldsymbol{A}+\boldsymbol{B})\leqslant R(\boldsymbol{A})+R(\boldsymbol{B})$,这里 $\boldsymbol{A}$ 与 $\boldsymbol{B}$ 同型.

(4) $R(k\boldsymbol{A})=R(\boldsymbol{A})$,这里 $k\neq 0$.

(5) $R(\boldsymbol{AB})\leqslant \min\{R(\boldsymbol{A}),R(\boldsymbol{B})\}$.

(6) 若 $\boldsymbol{A}$ 可逆,则 $R(\boldsymbol{AB})=R(\boldsymbol{B})$;若 $\boldsymbol{B}$ 可逆,则 $R(\boldsymbol{AB})=R(\boldsymbol{A})$.

证 (1) 设 $R(\boldsymbol{A})=r$,则 $\boldsymbol{A}$ 有一个 r 级子矩阵 $\boldsymbol{D}$ 的行列式不为零. 显然 $\boldsymbol{D}^{\mathrm{T}}$ 为 $\boldsymbol{A}^{\mathrm{T}}$ 的一个 r 级子矩阵,且 $|\boldsymbol{D}^{\mathrm{T}}|=|\boldsymbol{D}|\neq 0$,故 $R(\boldsymbol{A}^{\mathrm{T}})\geqslant r$,即 $R(\boldsymbol{A}^{\mathrm{T}})\geqslant R(\boldsymbol{A})$. 同理,$R(\boldsymbol{A})\geqslant R(\boldsymbol{A}^{\mathrm{T}})$,从而 $R(\boldsymbol{A})=R(\boldsymbol{A}^{\mathrm{T}})$.

(2) 先证明 $\max\{R(\boldsymbol{A}),R(\boldsymbol{B})\}\leqslant R(\boldsymbol{A},\boldsymbol{B})$. 设 $R(\boldsymbol{A})=r$,取 $\boldsymbol{D}$ 为 $\boldsymbol{A}$ 的一个行列式不为零的 r 级子矩阵,显然 $\boldsymbol{D}$ 也是$(\boldsymbol{A},\boldsymbol{B})$的一个行列式不为零的子矩阵,因此 $R(\boldsymbol{A},\boldsymbol{B})\geqslant r$,即 $R(\boldsymbol{A},\boldsymbol{B})\geqslant R(\boldsymbol{A})$. 同理有 $R(\boldsymbol{A},\boldsymbol{B})\geqslant R(\boldsymbol{B})$.

再证明 $R(\boldsymbol{A},\boldsymbol{B})=R(\boldsymbol{B},\boldsymbol{A})$. 显然$(\boldsymbol{A},\boldsymbol{B})$可以通过恰当地作一些两列对调化为$(\boldsymbol{B},\boldsymbol{A})$,故由定理 2.7.1 得 $R(\boldsymbol{A},\boldsymbol{B})=R(\boldsymbol{B},\boldsymbol{A})$.

下证 $R(\boldsymbol{A},\boldsymbol{B})\leqslant R(\boldsymbol{A})+R(\boldsymbol{B})$. 因为 $\boldsymbol{A}^{\mathrm{T}}$ 可以经过初等行变换化成阶梯形矩阵 $\boldsymbol{A}_1$,$\boldsymbol{B}^{\mathrm{T}}$ 可以经过初等行变换化成阶梯形矩阵 $\boldsymbol{B}_1$,于是

① 为避免过多使用括号,我们用 $R(\boldsymbol{A},\boldsymbol{B})$表示分块矩阵$(\boldsymbol{A},\boldsymbol{B})$的秩 $R((\boldsymbol{A},\boldsymbol{B}))$.

$$(\boldsymbol{A},\boldsymbol{B})^{\mathrm{T}}=\begin{pmatrix}\boldsymbol{A}^{\mathrm{T}}\\ \boldsymbol{B}^{\mathrm{T}}\end{pmatrix}\xrightarrow{\text{初等行变换}}\begin{pmatrix}\boldsymbol{A}_1\\ \boldsymbol{B}_1\end{pmatrix}.$$

$$\begin{aligned}R(\boldsymbol{A},\boldsymbol{B})&=R((\boldsymbol{A},\boldsymbol{B})^{\mathrm{T}})=R\begin{pmatrix}\boldsymbol{A}^{\mathrm{T}}\\ \boldsymbol{B}^{\mathrm{T}}\end{pmatrix}=R\begin{pmatrix}\boldsymbol{A}_1\\ \boldsymbol{B}_1\end{pmatrix}\leqslant\begin{pmatrix}\boldsymbol{A}_1\\ \boldsymbol{B}_1\end{pmatrix}\text{中非零行的行数}\\&=\boldsymbol{A}_1\text{中非零行的行数}+\boldsymbol{B}_1\text{中非零行的行数}\\&=R(\boldsymbol{A}^{\mathrm{T}})+R(\boldsymbol{B}^{\mathrm{T}})=R(\boldsymbol{A})+R(\boldsymbol{B}).\end{aligned}$$

(3) 将 $\boldsymbol{A},\boldsymbol{B}$ 按列分块，设 $\boldsymbol{A}=(\boldsymbol{\alpha}_1,\boldsymbol{\alpha}_2,\cdots,\boldsymbol{\alpha}_n)$，$\boldsymbol{B}=(\boldsymbol{\beta}_1,\boldsymbol{\beta}_2,\cdots,\boldsymbol{\beta}_n)$. 因为

$$(\boldsymbol{A}+\boldsymbol{B},\boldsymbol{B})=(\boldsymbol{\alpha}_1+\boldsymbol{\beta}_1,\boldsymbol{\alpha}_2+\boldsymbol{\beta}_2,\cdots,\boldsymbol{\alpha}_n+\boldsymbol{\beta}_n,\boldsymbol{\beta}_1,\boldsymbol{\beta}_2,\cdots,\boldsymbol{\beta}_n)\xrightarrow{c_i-c_{n+i},\,i=1,2,\cdots,n}(\boldsymbol{A},\boldsymbol{B}),$$

所以 $R(\boldsymbol{A}+\boldsymbol{B},\boldsymbol{B})=R(\boldsymbol{A},\boldsymbol{B})$. 再由(2)得

$$R(\boldsymbol{A}+\boldsymbol{B})\leqslant R(\boldsymbol{A}+\boldsymbol{B},\boldsymbol{B})=R(\boldsymbol{A},\boldsymbol{B})\leqslant R(\boldsymbol{A})+R(\boldsymbol{B}).$$

(4) 将 $k\boldsymbol{A}$ 的每一行乘 $\frac{1}{k}$ 化为 $\boldsymbol{A}$，即 $k\boldsymbol{A}$ 可以经过初等变换化为 $\boldsymbol{A}$，故 $R(k\boldsymbol{A})=R(\boldsymbol{A})$.

(5) 设 $\boldsymbol{A}$ 是 $m\times n$ 矩阵，$\boldsymbol{B}$ 是 $n\times t$ 矩阵. 由定理 2.7.2，存在可逆矩阵 $\boldsymbol{P},\boldsymbol{Q}$，使得

$$\boldsymbol{A}_{m\times n}=\boldsymbol{P}_{m\times m}\begin{pmatrix}\boldsymbol{E}_r&\boldsymbol{O}\\ \boldsymbol{O}&\boldsymbol{O}\end{pmatrix}_{m\times n}\boldsymbol{Q}_{n\times n},$$

其中 $r=R(\boldsymbol{A})$. 记 $(\boldsymbol{QB})_{n\times t}=\begin{pmatrix}\boldsymbol{U}_{r\times t}\\ \boldsymbol{V}_{(n-r)\times t}\end{pmatrix}$，有

$$\begin{aligned}R(\boldsymbol{AB})&=R\left(\boldsymbol{P}\begin{pmatrix}\boldsymbol{E}_r&\boldsymbol{O}\\ \boldsymbol{O}&\boldsymbol{O}\end{pmatrix}\boldsymbol{QB}\right)\xlongequal{\text{定理 2.7.1}}R\left(\begin{pmatrix}\boldsymbol{E}_r&\boldsymbol{O}\\ \boldsymbol{O}&\boldsymbol{O}\end{pmatrix}\begin{pmatrix}\boldsymbol{U}_{r\times t}\\ \boldsymbol{V}_{(n-r)\times t}\end{pmatrix}\right)\\&=R\begin{pmatrix}\boldsymbol{U}_{r\times t}\\ \boldsymbol{O}_{(m-r)\times t}\end{pmatrix}=R(\boldsymbol{U}_{r\times t})\leqslant r=R(\boldsymbol{A}).\end{aligned}$$

又有 $R(\boldsymbol{AB})=R(\boldsymbol{U}_{r\times t})\leqslant R(\boldsymbol{QB})=R(\boldsymbol{B})$.

(6) 由定理 2.7.1 即得. □

例 2.7.3 试分析线性方程组(2.3.1)中，系数矩阵 $\boldsymbol{A}$ 与增广矩阵 $(\boldsymbol{A},\boldsymbol{\beta})$ 的秩之间的关系.

解 由性质 2.7.2(2)，有 $R(\boldsymbol{A})\leqslant R(\boldsymbol{A},\boldsymbol{\beta})\leqslant R(\boldsymbol{A})+R(\boldsymbol{\beta})$，而 $\boldsymbol{\beta}$ 是列向量，故 $R(\boldsymbol{\beta})\leqslant 1$，所以 $R(\boldsymbol{A},\boldsymbol{\beta})=R(\boldsymbol{A})$ 或者 $R(\boldsymbol{A},\boldsymbol{\beta})=R(\boldsymbol{A})+1$.

进一步，若 $R(\boldsymbol{A}_{m\times n})=m$，注意此时增广矩阵 $(\boldsymbol{A},\boldsymbol{\beta})$ 的行数为 m，所以 $R(\boldsymbol{A},\boldsymbol{\beta})\leqslant m$，再由上面的结论知 $R(\boldsymbol{A},\boldsymbol{\beta})\geqslant R(\boldsymbol{A})=m$，故必有 $R(\boldsymbol{A},\boldsymbol{\beta})=R(\boldsymbol{A})=m$. □

例 2.7.4 设 $\boldsymbol{A}_{u\times n}$，$\boldsymbol{B}_{n\times v}$，则 $R(\boldsymbol{AB})\geqslant R(\boldsymbol{A})+R(\boldsymbol{B})-n$. 特别地，若 $\boldsymbol{AB}=\boldsymbol{O}$，则 $R(\boldsymbol{A})+R(\boldsymbol{B})\leqslant n$.

证 设 $R(\boldsymbol{A})=r$,则有可逆矩阵 $\boldsymbol{P}_{u\times u},\boldsymbol{Q}_{n\times n}$,使得 $\boldsymbol{A}=\boldsymbol{PDQ}$,其中 $\boldsymbol{D}$ 为 $\boldsymbol{A}$ 的等价标准形. 令 $\boldsymbol{S},\boldsymbol{T}$ 分别为 $(\boldsymbol{QB})_{n\times v}$ 的前 r 行和后 $n-r$ 构成的子矩阵,我们有

$$\boldsymbol{D}_{u\times n}=\begin{pmatrix}\boldsymbol{E}_r & \boldsymbol{O}\\ \boldsymbol{O} & \boldsymbol{O}\end{pmatrix},(\boldsymbol{QB})_{n\times v}=\begin{pmatrix}\boldsymbol{S}_{r\times v}\\ \boldsymbol{T}_{(n-r)\times v}\end{pmatrix},\boldsymbol{D}_{u\times n}(\boldsymbol{QB})_{n\times v}=\begin{pmatrix}\boldsymbol{S}_{r\times v}\\ \boldsymbol{O}_{(u-r)\times v}\end{pmatrix},$$

所以

$$R(\boldsymbol{AB})=R(\boldsymbol{PDQB})=R(\boldsymbol{DQB})=R(\boldsymbol{S}).$$

又 $R(\boldsymbol{T})\leqslant n-r=n-R(\boldsymbol{A})$,所以

$$R(\boldsymbol{B})=R(\boldsymbol{QB})=R\begin{pmatrix}\boldsymbol{S}\\ \boldsymbol{T}\end{pmatrix}\leqslant R(\boldsymbol{S})+R(\boldsymbol{T})=R(\boldsymbol{AB})+R(\boldsymbol{T})\leqslant R(\boldsymbol{AB})+n-R(\boldsymbol{A}).$$

命题成立. □

习题 2

2.1.1 若两个阶梯形矩阵的阶梯线相同,则称这两个阶梯形矩阵同型. 试写出所有不同类型的 3×3 阶梯形矩阵.

2.2.1 设 $\boldsymbol{A},\boldsymbol{B}$ 是两个矩阵,若 $\boldsymbol{AB}$ 与 $\boldsymbol{BA}$ 都有意义,问 $\boldsymbol{A},\boldsymbol{B}$ 的行数、列数有什么关系? 若 $\boldsymbol{AB}$ 与 $\boldsymbol{BA}$ 是都有意义的同级方阵,问 $\boldsymbol{A},\boldsymbol{B}$ 的型有什么关系?

2.2.2 判断下列结论是否成立. 对的说明理由,错的举出反例.

(1) 若 $k\boldsymbol{A}=\boldsymbol{O}$,则 $k=0$ 或 $\boldsymbol{A}=\boldsymbol{O}$;

(2) 若 $\boldsymbol{AB}=\boldsymbol{O}$,则 $\boldsymbol{A},\boldsymbol{B}$ 中必有一个是零矩阵;

(3) 设 $\boldsymbol{A},\boldsymbol{B}$ 都是 n 级方阵,则 $(\boldsymbol{A}+\boldsymbol{B})^2=\boldsymbol{A}^2+2\boldsymbol{AB}+\boldsymbol{B}^2$;

(4) 设 $\boldsymbol{A},\boldsymbol{B},\boldsymbol{C}$ 是同级非零方阵,若 $\boldsymbol{AB}=\boldsymbol{AC}$,则 $\boldsymbol{B}=\boldsymbol{C}$.

2.2.3 设 $\boldsymbol{\alpha}$ 是列向量,k 是数字,分析 $k\boldsymbol{\alpha}$ 与 $\boldsymbol{\alpha}k$ 的意义,并问两者是否相等?

2.2.4 证明矩阵乘法有结合律.

2.2.5 设 $\boldsymbol{B}=(b_{ij})_{s\times m},\boldsymbol{A}=(a_{ij})_{m\times n},\boldsymbol{C}=(c_{ij})_{n\times t}$,求 $\boldsymbol{BAC}$ 的 (i,j)-元素.

2.2.6 证明两个同级下三角矩阵的乘积仍是下三角矩阵.

2.2.7 设 $\boldsymbol{A},\boldsymbol{B}$ 均为 n 级方阵. 证明 $\boldsymbol{AB}$ 与 $\boldsymbol{BA}$ 主对角线上元素之和相等.

2.2.8 若矩阵 $\boldsymbol{A},\boldsymbol{B}$ 满足 $\boldsymbol{AB}=\boldsymbol{BA}$,则称 $\boldsymbol{A}$ 与 $\boldsymbol{B}$ **可交换**. 求所有与 $\boldsymbol{A}=\begin{pmatrix}1&1&0\\0&1&0\\0&0&1\end{pmatrix}$ 可交换的矩阵 $\boldsymbol{B}$.

2.2.9 证明:与所有 n 级方阵都可交换的矩阵只能是数量矩阵.

2.2.10 设 $\boldsymbol{A}=\frac{1}{2}(\boldsymbol{B}+\boldsymbol{E})$,证明 $\boldsymbol{A}^2=\boldsymbol{A}$ 的充分必要条件是 $\boldsymbol{B}^2=\boldsymbol{E}$.

2.2.11 已知矩阵 $\boldsymbol{A}=\begin{pmatrix}2&1&4\\1&-1&3\end{pmatrix}$,$\boldsymbol{B}=\begin{pmatrix}1&3&1\\0&-1&2\\1&-3&1\end{pmatrix}$. 计算 $\boldsymbol{AB}$,$\boldsymbol{AB}-\boldsymbol{AB}^{\mathrm{T}}$.

2.2.12 若 $\boldsymbol{A}=\boldsymbol{A}^{\mathrm{T}}$,则称 $\boldsymbol{A}$ 是**对称矩阵**. 若 $\boldsymbol{A}=-\boldsymbol{A}^{\mathrm{T}}$,则称矩阵 $\boldsymbol{A}$ 是**反对称矩阵**.

(1) 证明任意方阵总能写成一个对称矩阵与一个反对称矩阵之和;

(2) 设 $\boldsymbol{A}$,$\boldsymbol{B}$ 是同级方阵且 $\boldsymbol{A}$ 是对称矩阵,证明 $\boldsymbol{B}^{\mathrm{T}}\boldsymbol{AB}$ 是对称矩阵;

(3) 设 $\boldsymbol{A}$,$\boldsymbol{B}$ 是同级对称矩阵,证明 $\boldsymbol{AB}$ 为对称矩阵的充要条件是 $\boldsymbol{AB}=\boldsymbol{BA}$.

2.2.13 设 $\boldsymbol{X}=(x_1,x_2,x_3)^{\mathrm{T}}$,$\boldsymbol{A}=\begin{pmatrix}2&1&-2\\1&-1&4\\-2&4&3\end{pmatrix}$,求 $\boldsymbol{X}^{\mathrm{T}}\boldsymbol{AX}$.

2.2.14 设 $m\times n$ 矩阵 $\boldsymbol{A}$ 按列分块等于$(\boldsymbol{\alpha}_1,\boldsymbol{\alpha}_2,\cdots,\boldsymbol{\alpha}_n)$. 计算 $\boldsymbol{AA}^{\mathrm{T}}$ 和 $\boldsymbol{A}^{\mathrm{T}}\boldsymbol{A}$.

2.2.15 设 $\boldsymbol{A}_{m\times n}$ 是实矩阵,证明 $\boldsymbol{A}_{m\times n}=\boldsymbol{O}$ 的充要条件是 $\boldsymbol{A}^{\mathrm{T}}\boldsymbol{A}=\boldsymbol{O}$.

2.2.16 设 $\boldsymbol{A}_{n\times n}=\begin{pmatrix}0&0&0&\cdots&0&0\\1&0&0&\cdots&0&0\\0&1&0&\cdots&0&0\\\vdots&\vdots&\vdots&&\vdots&\vdots\\0&0&0&\cdots&1&0\end{pmatrix}$,求 $\boldsymbol{A}^k$.

2.3.1 用初等行变换化下列矩阵为阶梯形矩阵、行最简形矩阵,并求等价标准形.

(1) $\begin{pmatrix}0&0&1&1\\0&2&0&2\\0&3&-1&-1\end{pmatrix}$; (2) $\begin{pmatrix}2&3&4&5&6\\1&1&1&1&1\\1&2&0&0&0\end{pmatrix}$.

2.3.2 证明性质 2.3.2.

2.3.3 利用初等变换与初等矩阵的关系计算:

$$\begin{pmatrix}1&0&0\\0&0&1\\0&1&0\end{pmatrix}\begin{pmatrix}1&0&0\\0&2&0\\0&0&1\end{pmatrix}\begin{pmatrix}a_{11}&a_{12}&a_{13}\\a_{21}&a_{22}&a_{23}\\a_{31}&a_{32}&a_{33}\end{pmatrix}\begin{pmatrix}1&1&1\\0&1&0\\0&0&1\end{pmatrix}.$$

2.3.4* 任意矩阵都可以只用第三类初等行变换(即一行的某一倍数加到另一行上)将它化成阶梯形矩阵.

2.4.1 证明下列矩阵可逆,并求其逆矩阵.

$$\begin{pmatrix}2&1&1\\0&0&1\\1&0&0\end{pmatrix},\begin{pmatrix}1&0&-1\\0&1&1\\2&0&1\end{pmatrix},\begin{pmatrix}2&3&1\\1&0&-1\\-1&4&2\end{pmatrix}.$$

2.4.2 设 n 级方阵 $\boldsymbol{A}$ 满足 $\boldsymbol{A}^2-2\boldsymbol{A}-k\boldsymbol{E}_n=\boldsymbol{O}$,其中 k 为参数,问 k 在什么条件下 $\boldsymbol{A}$ 及 $\boldsymbol{A}+\boldsymbol{E}$ 都可逆?并求出它们的逆.

2.4.3 设矩阵 $\boldsymbol{A}=\begin{pmatrix}1&0\\2&3\end{pmatrix}$,$f(x)=x^2-2$,求矩阵 $\boldsymbol{B}$ 使得 $f(\boldsymbol{A})\boldsymbol{B}$ 是单位矩阵.

2.4.4 设 $\boldsymbol{A}$ 是 n 级幂零矩阵,即存在正整数 k 使得 $\boldsymbol{A}^k=\boldsymbol{O}$. 证明 $\boldsymbol{E}-\boldsymbol{A}$ 可逆,且 $(\boldsymbol{E}-\boldsymbol{A})^{-1}=\boldsymbol{E}+\boldsymbol{A}+\boldsymbol{A}^2+\cdots+\boldsymbol{A}^{k-1}$.

2.4.5 已知 $\begin{pmatrix}2&3\\3&4\end{pmatrix}\boldsymbol{X}\begin{pmatrix}2&1\\4&3\end{pmatrix}=\begin{pmatrix}2&2\\2&1\end{pmatrix}$,求 $\boldsymbol{X}$.

2.4.6 设矩阵 $\boldsymbol{A}$ 与 $\boldsymbol{P}=\begin{pmatrix}0&1&2\\2&3&4\\4&7&9\end{pmatrix}$ 满足 $\boldsymbol{P}^{-1}\boldsymbol{A}\boldsymbol{P}=\mathrm{diag}(1,-1,2)$,求 $\boldsymbol{A}^{100}$.

2.4.7 若 $\boldsymbol{A},\boldsymbol{B}$ 都可逆,证明 $\begin{pmatrix}\boldsymbol{O}&\boldsymbol{B}\\\boldsymbol{A}&\boldsymbol{C}\end{pmatrix}$,$\begin{pmatrix}\boldsymbol{A}&\boldsymbol{O}\\\boldsymbol{D}&\boldsymbol{B}\end{pmatrix}$ 也可逆,并求出其逆矩阵.

2.4.8 设 $\boldsymbol{A}=\boldsymbol{E}_n-\boldsymbol{\xi}\boldsymbol{\xi}^{\mathrm{T}}$,其中 $\boldsymbol{\xi}$ 是 n 维非零列向量,证明 $\boldsymbol{A}^2=\boldsymbol{A}$ 的充分必要条件是 $\boldsymbol{\xi}^{\mathrm{T}}\boldsymbol{\xi}=1$.

2.4.9 设 $\boldsymbol{A}=\begin{pmatrix}0&3&3\\1&1&0\\-1&0&2\end{pmatrix}$ 满足 $\boldsymbol{A}\boldsymbol{B}=\boldsymbol{A}+2\boldsymbol{B}$,求 $\boldsymbol{B}$.

2.4.10 设 $\boldsymbol{A}=\begin{pmatrix}\boldsymbol{U}_{m\times m}&\boldsymbol{V}_{m\times n}\\\boldsymbol{X}_{n\times m}&\boldsymbol{Y}_{n\times n}\end{pmatrix}$,用 R_1,R_2 分别表示 $\boldsymbol{A}$ 的第一和第二大行,设 $\boldsymbol{D}$ 为 $n\times m$ 矩阵. 证明 $\boldsymbol{A}\xrightarrow{R_2+\boldsymbol{D}R_1}\boldsymbol{B}$ 当且仅当 $\begin{pmatrix}\boldsymbol{E}_m&\boldsymbol{O}\\\boldsymbol{D}&\boldsymbol{E}_n\end{pmatrix}\boldsymbol{A}=\boldsymbol{B}$.

2.4.11 设分块矩阵 $(\boldsymbol{A},\boldsymbol{B})$ 经过初等行变换化到 $(\boldsymbol{X},\boldsymbol{E})$,其中 $\boldsymbol{A},\boldsymbol{B},\boldsymbol{E}$ 是同级方阵,$\boldsymbol{E}$ 是单位矩阵,问 $\boldsymbol{X}$ 是怎样的矩阵?

2.5.1 4 级方阵 $\boldsymbol{A}=(a_{ij})_{4\times4}$ 的行列式中含 $a_{14}a_{23}a_{31}a_{42}$ 的项的符号是什么?

2.5.2 判断下列结论是否成立. 对的说明理由,错的举出反例.

(1) $|k\boldsymbol{A}|=k|\boldsymbol{A}|$;

(2) 若 $|\boldsymbol{A}|=0$,则 $\boldsymbol{A}$ 中必有两行或两列成比例;

(3) 若2级行列式$|\boldsymbol{A}|=0$,则$\boldsymbol{A}$中两行成比例.

2.5.3 设$\boldsymbol{A}_{3\times 3}=(\boldsymbol{\alpha}_1,\boldsymbol{\alpha}_2,\boldsymbol{\alpha}_3)$,$|\boldsymbol{A}|=-4$,求$|\boldsymbol{\alpha}_3+3\boldsymbol{\alpha}_1,\boldsymbol{\alpha}_2,4\boldsymbol{\alpha}_1|$.

2.5.4 求方程$\begin{vmatrix} 2 & 3 & 1 & 2 \\ 2 & 7-x^2 & 1 & 2 \\ 5 & 4 & 8 & 6 \\ 5 & 4 & 8 & 15-x^2 \end{vmatrix}=0$的全部根.

2.6.1 计算下列行列式:

(1) $\begin{vmatrix} 1 & 2 & 1 & 3 \\ 0 & 1 & 1 & 4 \\ 2 & 3 & 4 & -1 \\ -2 & 1 & 3 & 0 \end{vmatrix}$; (2) $\begin{vmatrix} a & b & a+b \\ b & a+b & a \\ a+b & a & b \end{vmatrix}$;

(3) $\begin{vmatrix} \lambda-4 & -5 & 3 \\ 2 & \lambda+2 & -1 \\ 1 & 2 & \lambda-1 \end{vmatrix}$; (4) $\begin{vmatrix} 1 & 1 & 1 & 1 \\ 2 & -1 & 3 & x \\ 4 & 1 & 9 & x^2 \\ 8 & -1 & 27 & x^3 \end{vmatrix}$;

(5) $\begin{vmatrix} a_1-b_1 & a_1-b_2 & \cdots & a_1-b_n \\ a_2-b_1 & a_2-b_2 & \cdots & a_2-b_n \\ \vdots & \vdots & & \vdots \\ a_n-b_1 & a_n-b_2 & \cdots & a_n-b_n \end{vmatrix}$; (6) $\begin{vmatrix} 1+a_1 & 1 & \cdots & 1 \\ 1 & 1+a_2 & \cdots & 1 \\ \vdots & \vdots & & \vdots \\ 1 & 1 & \cdots & 1+a_n \end{vmatrix}$;

(7) $\begin{vmatrix} a & 0 & \cdots & 0 & 1 \\ 0 & a & \cdots & 0 & 0 \\ \vdots & \vdots & & \vdots & \vdots \\ 0 & 0 & \cdots & a & 0 \\ 1 & 0 & \cdots & 0 & a \end{vmatrix}$; (8) $\begin{vmatrix} 1 & 2 & 3 & \cdots & n-1 & n \\ 1 & -1 & 0 & \cdots & 0 & 0 \\ 0 & 2 & -2 & \cdots & 0 & 0 \\ \vdots & \vdots & \vdots & & \vdots & \vdots \\ 0 & 0 & 0 & \cdots & n-1 & 1-n \end{vmatrix}$;

(9) $\begin{vmatrix} a & b & b & \cdots & b \\ b & a & b & \cdots & b \\ b & b & a & \cdots & b \\ \vdots & \vdots & \vdots & & \vdots \\ b & b & b & \cdots & a \end{vmatrix}$; (10) $\begin{vmatrix} 1 & 2 & 2 & \cdots & 2 & 2 \\ 2 & 2 & 2 & \cdots & 2 & 2 \\ 2 & 2 & 3 & \cdots & 2 & 2 \\ \vdots & \vdots & \vdots & & \vdots & \vdots \\ 2 & 2 & 2 & \cdots & n-1 & 2 \\ 2 & 2 & 2 & \cdots & 2 & n \end{vmatrix}$;

(11) $\begin{vmatrix} x & -1 & 0 & \cdots & 0 & 0 \\ 0 & x & -1 & \cdots & 0 & 0 \\ \vdots & \vdots & \vdots & & \vdots & \vdots \\ 0 & 0 & 0 & \cdots & x & -1 \\ a_n & a_{n-1} & a_{n-2} & \cdots & a_2 & x+a_1 \end{vmatrix}$;

(12) $\begin{vmatrix} \cos\alpha & 1 & 0 & \cdots & 0 & 0 \\ 1 & 2\cos\alpha & 1 & \cdots & 0 & 0 \\ 0 & 1 & 2\cos\alpha & \cdots & 0 & 0 \\ \vdots & \vdots & \vdots & & \vdots & \vdots \\ 0 & 0 & 0 & \cdots & 1 & 2\cos\alpha \end{vmatrix}$.

2.6.2 对于习题 2.6.1(1)中的四级行列式$|\boldsymbol{A}|$,求 $2M_{31}+M_{32}-M_{33}+M_{34}$和$-A_{41}+2A_{42}-A_{43}-3A_{44}$.

2.6.3 证明方阵 $\boldsymbol{A}$ 及其伴随矩阵 $\boldsymbol{A}^*$ 有相同的可逆性.

2.6.4 设 $\boldsymbol{A}$ 是 n 级方阵,且$|\boldsymbol{A}|=-3$,求下列矩阵的行列式:(1) $\boldsymbol{A}^*$;(2) $-\frac{1}{2}\boldsymbol{A}$;(3) $-\boldsymbol{A}^{\mathrm{T}}\boldsymbol{A}$;(4) $-2\boldsymbol{A}^2$;(5) $|\boldsymbol{A}|\boldsymbol{A}^*$;(6) $\left(\frac{1}{2}\boldsymbol{A}\right)^{-1}-3\boldsymbol{A}^*$;(7) $(\boldsymbol{A}^*)^*$.

2.6.5 设 $\boldsymbol{A},\boldsymbol{B},\boldsymbol{C},\boldsymbol{D}$ 为 n 级方阵,$\boldsymbol{A}$ 可逆,$\boldsymbol{AC}=\boldsymbol{CA}$. 证明 $\begin{vmatrix} \boldsymbol{A} & \boldsymbol{B} \\ \boldsymbol{C} & \boldsymbol{D} \end{vmatrix}=|\boldsymbol{AD}-\boldsymbol{CB}|$.

2.6.6 设 $\boldsymbol{A},\boldsymbol{B}$ 分别是 $n\times m$ 和 $m\times n$ 矩阵,证明 $\begin{vmatrix} \boldsymbol{E}_m & \boldsymbol{B} \\ \boldsymbol{A} & \boldsymbol{E}_n \end{vmatrix}=|\boldsymbol{E}_n-\boldsymbol{AB}|=|\boldsymbol{E}_m-\boldsymbol{BA}|$.

2.6.7 判断下列结论是否成立. 对的说明理由,错的举出反例.

(1) 反对称矩阵的行列式必等于零;

(2) 设 $\boldsymbol{A},\boldsymbol{B},\boldsymbol{C}$ 是三个同级方阵,且 $\boldsymbol{ABC}=\boldsymbol{E}$,则 $\boldsymbol{CAB}=\boldsymbol{E}$.

2.6.8 设 n 级矩阵 $\boldsymbol{A},\boldsymbol{B}$ 满足 $\boldsymbol{A}+\boldsymbol{B}=\boldsymbol{AB}$,证明 $\boldsymbol{A}-\boldsymbol{E}$ 可逆且 $\boldsymbol{A},\boldsymbol{B}$ 可交换.

2.6.9 可逆的上(下)三角矩阵的逆矩阵仍是上(下)三角矩阵.

2.7.1 求下列矩阵的秩及等秩标准形:

(1) $\begin{pmatrix} k & 1 & 1 & 1 \\ 1 & k & 1 & 1 \\ 1 & 1 & k & 2 \end{pmatrix}$;　　(2) $\begin{pmatrix} -1 & 0 & 1 \\ 1 & 2 & 0 \\ -1 & 2 & 2 \end{pmatrix}$;

(3) $\begin{pmatrix} 1 & 2 & 3 \\ 4 & 5 & 6 \\ 7 & 8 & 9 \end{pmatrix}$;　　(4) $\begin{pmatrix} 2 & -1 & -1 & 1 \\ 1 & 1 & -2 & 1 \\ 4 & -6 & 2 & -2 \end{pmatrix}$.

2.7.2 设$R(\boldsymbol{A}_{m\times n})=n$,证明$\boldsymbol{A}$可经过初等行变换化成标准形$\begin{pmatrix}\boldsymbol{E}_n\\ \boldsymbol{O}_{(m-n)\times n}\end{pmatrix}$.

2.7.3 $R(\boldsymbol{A})=1$的充分必要条件是存在两个非零列向量$\boldsymbol{\alpha},\boldsymbol{\beta}$使得$\boldsymbol{A}=\boldsymbol{\beta\alpha}^{\mathrm{T}}$.

2.7.4 设$\boldsymbol{A},\boldsymbol{B}$是同型矩阵,证明$\boldsymbol{A}$与$\boldsymbol{B}$等价当且仅当$R(\boldsymbol{A})=R(\boldsymbol{B})$.

2.7.5 写出5级方阵的所有可能的等价标准形.

2.7.6 写出一个系数矩阵的秩为2、增广矩阵的秩为3的三元一次线性方程组,并试解之.

2.7.7 设矩阵$\boldsymbol{A},\boldsymbol{B}$的行数相同,且$R(\boldsymbol{A})=3$,$R(\boldsymbol{B})=2$,求$R\begin{pmatrix}\boldsymbol{A}&\boldsymbol{B}\\ \boldsymbol{O}&\boldsymbol{B}\end{pmatrix}$.

2.7.8 设n级方阵$\boldsymbol{A}$满足$\boldsymbol{A}^2=\boldsymbol{E}$,证明$R(\boldsymbol{A}-\boldsymbol{E})+R(\boldsymbol{A}+\boldsymbol{E})=n$.

2.7.9 设$\boldsymbol{A},\boldsymbol{B}$是同级方阵,且$\boldsymbol{ABA}=\boldsymbol{B}^{-1}$,证明$R(\boldsymbol{E}-\boldsymbol{AB})+R(\boldsymbol{E}+\boldsymbol{AB})=n$.

2.7.10 设$R(\boldsymbol{A}_{n\times n})=r$,证明存在可逆阵$\boldsymbol{P}$使得$\boldsymbol{P}^{-1}\boldsymbol{AP}$的后$n-r$行全为零.

2.7.11 设准对角矩阵$\boldsymbol{A}=\mathrm{diag}(\boldsymbol{A}_1,\boldsymbol{A}_2,\cdots,\boldsymbol{A}_s)$,其中$\boldsymbol{A}_i$都是方阵.

(1) 若$f(x)$是多项式,求$f(\boldsymbol{A})$;

(2) 求$|\boldsymbol{A}|$;

(3) 证明$R(\boldsymbol{A})=\sum\limits_{1\leqslant i\leqslant s}R(\boldsymbol{A}_i)$;

(4) 证明$\boldsymbol{A}$可逆的充分必要条件是$\boldsymbol{A}_i$都可逆,并在$\boldsymbol{A}$可逆时写出$\boldsymbol{A}^{-1}$;

(5) 已知$\boldsymbol{A}=\begin{pmatrix}1&0&0\\0&2&2\\0&0&2\end{pmatrix}$,求$\boldsymbol{A}^{100}$.

2.7.12 设$\boldsymbol{A}$是$n(\geqslant 2)$级方阵,证明$R(\boldsymbol{A}^*)=\begin{cases}n, & 若R(\boldsymbol{A})=n,\\ 1, & 若R(\boldsymbol{A})=n-1,\\ 0, & 若R(\boldsymbol{A})<n-1.\end{cases}$

2.7.13 判断下列结论是否成立.对的说明理由,错的举出反例.

(1) 若$R(\boldsymbol{A})=r$,$r\geqslant 2$,则$\boldsymbol{A}$中必有某一个$r-1$级子式不等于零.

(2) 若两个矩阵等秩,则这两个矩阵等价.

(3) 设$\boldsymbol{A}$是$m\times n$矩阵,$\boldsymbol{B}$是$n\times s$矩阵,若$R(\boldsymbol{B})=n$,则$R(\boldsymbol{AB})=R(\boldsymbol{A})$.

2.7.14* 设$\boldsymbol{A},\boldsymbol{B},\boldsymbol{C}$为同级方阵,证明$R(\boldsymbol{AB})+R(\boldsymbol{BC})\leqslant R(\boldsymbol{B})+R(\boldsymbol{ABC})$.

第3章 线性方程组

线性代数最基本的任务是求解线性方程组.本章在一般数域 **P** 上讨论,出现的数字及代表数字的参数都在 **P** 中.

§3.1 线性方程组的基本理论

对于以 $x_1,x_2,\cdots,x_n$ 为未知数的 n 元线性方程组

$$\begin{cases}a_{11}x_1+a_{12}x_2+\cdots+a_{1n}x_n=b_1,\\ a_{21}x_1+a_{22}x_2+\cdots+a_{2n}x_n=b_2,\\ \qquad\qquad\vdots\\ a_{m1}x_1+a_{m2}x_2+\cdots+a_{mn}x_n=b_m,\end{cases}\tag{3.1.1}$$

我们主要讨论以下四个问题:

(1) 判定方程组是否有解.

(2) 在方程组(3.1.1)有解的情况下,判定该方程组的解是否唯一.

(3) 在方程组(3.1.1)有解的情况下,对于有唯一解的情形求出该唯一解,对于有多个解的情形,要写出全部解的一个"好"的表达式.

(4) 描写方程组(3.1.1)解的结构.

一、线性方程组的矩阵表示

如同§2.3中定义,方程组(3.1.1)的系数矩阵 $\boldsymbol{A}$、未知数向量 $\boldsymbol{X}$、常数向量 $\boldsymbol{\beta}$ 和增广矩阵 $(\boldsymbol{A},\boldsymbol{\beta})$ 分别为

$$\begin{pmatrix}a_{11}&a_{12}&\cdots&a_{1n}\\a_{21}&a_{22}&\cdots&a_{2n}\\\vdots&\vdots&&\vdots\\a_{m1}&a_{m2}&\cdots&a_{mn}\end{pmatrix}_{m\times n},\begin{pmatrix}x_1\\x_2\\\vdots\\x_n\end{pmatrix}_{n\times 1},\begin{pmatrix}b_1\\b_2\\\vdots\\b_m\end{pmatrix}_{m\times 1},\begin{pmatrix}a_{11}&a_{12}&\cdots&a_{1n}&b_1\\a_{21}&a_{22}&\cdots&a_{2n}&b_2\\\vdots&\vdots&&\vdots&\vdots\\a_{m1}&a_{m2}&\cdots&a_{mn}&b_m\end{pmatrix}_{m\times(n+1)}.$$

方程组(3.1.1)可以表示为

$$AX=\boldsymbol{\beta}. \tag{3.1.2}$$

另外,记 $A \xlongequal{\text{按列分块}} (\boldsymbol{\alpha}_1,\boldsymbol{\alpha}_2,\cdots,\boldsymbol{\alpha}_n)$,则

$$AX=(\boldsymbol{\alpha}_1,\boldsymbol{\alpha}_2,\cdots,\boldsymbol{\alpha}_n)\begin{pmatrix}x_1\\x_2\\\vdots\\x_n\end{pmatrix}=\boldsymbol{\alpha}_1x_1+\boldsymbol{\alpha}_2x_2+\cdots+\boldsymbol{\alpha}_nx_n.$$

又 $x_i\boldsymbol{\alpha}_i=\boldsymbol{\alpha}_ix_i$(习题 2.2.3),所以方程组(3.1.1)或(3.1.2)还可以表示为

$$x_1\boldsymbol{\alpha}_1+x_2\boldsymbol{\alpha}_2+\cdots+x_n\boldsymbol{\alpha}_n=\boldsymbol{\beta}. \tag{3.1.3}$$

作为方程组(3.1.1)的两种矩阵表示形式,(3.1.2)和(3.1.3)都很重要,是我们以后进一步学习的基础.

若 $x_1=k_1,x_2=k_2,\cdots,x_n=k_n$ 使得方程组(3.1.1)的每个方程都成立,这等价于说,向量 $K=(k_1,k_2,\cdots,k_n)^{\mathrm{T}}$ 满足方程组(3.1.2),即

$$AK=\boldsymbol{\beta},$$

则称 K 是方程组(3.1.1)或(3.1.2)的一个**解(向量)**.为推演方便,**方程组的解都用列向量表达**.

若线性方程组 $A_1X=\boldsymbol{\beta}_1$ 与线性方程组 $A_2X=\boldsymbol{\beta}_2$ 有完全相同的解向量集合,换言之,$A_1X=\boldsymbol{\beta}_1$ 的解都是 $A_2X=\boldsymbol{\beta}_2$ 的解,$A_2X=\boldsymbol{\beta}_2$ 的解也都是 $A_1X=\boldsymbol{\beta}_1$ 的解,则称这两个方程组**同解或等价**.

我们知道,对线性方程组可以作三类同解变换,即调换两个方程的位置,将一个非零数乘在某个方程的两边,将一个方程的某个倍数加到另一个方程上.作这三类变换相当于对该方程组的增广矩阵作三类初等行变换.

通过初等行变换,可以将增广矩阵化为阶梯形矩阵(甚至行最简形),而且原方程组和以该阶梯形矩阵为增广矩阵的线性方程组等价,所以,只要求出后一个比较简单的方程组的解,就得到原方程组的解.这是求解线性方程组的基本思路.

称线性方程组 $AX=\mathbf{0}$ 为**齐次线性方程组**;当 $\boldsymbol{\beta}\neq\mathbf{0}$时,称方程组 $AX=\boldsymbol{\beta}$ 为**非齐次线性方程组**,并称 $AX=\mathbf{0}$为 $AX=\boldsymbol{\beta}$ **对应的或导出的齐次线性方程组**.

二、线性方程组的基本理论

考虑线性方程组(3.1.1).由上一章例 2.7.2,该方程组的系数矩阵 A 与增广矩阵$(A,\boldsymbol{\beta})$的秩之间有如下关系:

$$R(A,\boldsymbol{\beta})=R(A)\text{或}R(A)+1. \tag{3.1.4}$$

将增广矩阵$(\mathbf{A},\boldsymbol{\beta})$用初等行变换化成行最简形$(\mathbf{A}_1,\boldsymbol{\beta}_1)$，此时

$$R(\mathbf{A})=R(\mathbf{A}_1),\ R(\mathbf{A},\boldsymbol{\beta})=R(\mathbf{A}_1,\boldsymbol{\beta}_1),$$

并且原方程组$\mathbf{A}\mathbf{X}=\boldsymbol{\beta}$与新方程组$\mathbf{A}_1\mathbf{X}=\boldsymbol{\beta}_1$同解. 设$R(\mathbf{A})=r$. 显然$\mathbf{A}_1$是秩为$r$的行最简形矩阵，$(\mathbf{A}_1,\boldsymbol{\beta}_1)$是秩为$r$或$r+1$的行最简形矩阵. 不妨设

$$(\mathbf{A}_1,\boldsymbol{\beta}_1)=\begin{pmatrix} 1 & 0 & \cdots & 0 & c_{1,r+1} & \cdots & c_{1n} & d_1 \\ 0 & 1 & \cdots & 0 & c_{2,r+1} & \cdots & c_{2n} & d_2 \\ \vdots & \vdots & & \vdots & \vdots & & \vdots & \vdots \\ 0 & 0 & \cdots & 1 & c_{r,r+1} & \cdots & c_{rn} & d_r \\ 0 & 0 & \cdots & 0 & 0 & \cdots & 0 & d_{r+1} \\ 0 & 0 & \cdots & 0 & 0 & \cdots & 0 & 0 \\ \vdots & \vdots & & \vdots & \vdots & & \vdots & \vdots \\ 0 & 0 & \cdots & 0 & 0 & \cdots & 0 & 0 \end{pmatrix}, \tag{3.1.5}$$

其中

$$d_{r+1}\in\{0,1\}.$$

容易看到

$$d_{r+1}=0\Leftrightarrow R(\mathbf{A},\boldsymbol{\beta})=R(\mathbf{A}), \tag{3.1.6}$$

$$d_{r+1}=1\Leftrightarrow R(\mathbf{A})+1=R(\mathbf{A},\boldsymbol{\beta})\Leftrightarrow R(\mathbf{A})<R(\mathbf{A},\boldsymbol{\beta})\Leftrightarrow R(\mathbf{A})\neq R(\mathbf{A},\boldsymbol{\beta}). \tag{3.1.7}$$

下面分别考察$d_{r+1}=0$和$d_{r+1}=1$两种情形.

当$d_{r+1}=1$，也即$R(\mathbf{A})\neq R(\mathbf{A},\boldsymbol{\beta})$时，方程组$\mathbf{A}_1\mathbf{X}=\boldsymbol{\beta}_1$的第$r+1$个方程为

$$0x_1+0x_2+\cdots+0x_n=1,$$

故此时原方程组**无解**.

当$d_{r+1}=0$，也即$R(\mathbf{A},\boldsymbol{\beta})=R(\mathbf{A})$时，方程组化为$\mathbf{A}_1\mathbf{X}=\boldsymbol{\beta}_1$，也即

$$\begin{cases} x_1=-c_{1,r+1}x_{r+1}-c_{1,r+2}x_{r+2}-\cdots-c_{1n}x_n+d_1, \\ x_2=-c_{2,r+1}x_{r+1}-c_{2,r+2}x_{r+2}-\cdots-c_{2n}x_n+d_2, \\ \qquad\vdots \\ x_r=-c_{r,r+1}x_{r+1}-c_{r,r+2}x_{r+2}-\cdots-c_{rn}x_n+d_r. \end{cases} \tag{3.1.8}$$

任取$x_{r+1},x_{r+2},\cdots,x_n$的一组具体数值代入(3.1.8)得到$x_1,x_2,\cdots,x_r$的一组具体数值，这样就得到$x_1,x_2,\cdots,x_n$的一组具体数值，这一组数值满足方程组(3.1.8)的所有方程，从而原方程组**有解**.

至此，我们得到了线性方程组的有解判别定理.

定理 3.1.1(线性方程组的有解判别定理) 线性方程组有解当且仅当其系数矩阵与增广矩阵的秩相等. 换言之，线性方程组无解当且仅当其系数矩阵的秩小于增广矩阵的秩.

继续分析 $d_{r+1}=0$，即 $R(\mathbf{A})=R(\mathbf{A},\boldsymbol{\beta})=r$，也即方程组(3.1.1)有解时的情形. 注意到方程组(3.1.1)有 n 个未知数，即矩阵 $\mathbf{A}$ 有 n 列，有$R(\mathbf{A})\leqslant n$，所以

$$R(\mathbf{A},\boldsymbol{\beta})=R(\mathbf{A})=r\leqslant n.$$

因此又有 $r<n$ 和 $r=n$ 两种情形.

若 $r<n$，则方程组(3.1.8)中等号右边的 $x_{r+1},x_{r+2},\cdots,x_n$ 必定出现. 将 $x_{r+1},x_{r+2},\cdots,x_n$ 的任意一组数值代入(3.1.8)都能得到方程组的解，所以方程组(3.1.1)**必有无穷多解**.

若 $r=n$，则方程组(3.1.8)中等号右边的 $x_{r+1},x_{r+2},\cdots,x_n$ 必定不出现，于是方程组有唯一解

$$\boldsymbol{X}=\begin{pmatrix} d_1 \\ d_2 \\ \vdots \\ d_n \end{pmatrix}.$$

这样得到下面的定理.

定理 3.1.2 设线性方程组 $\mathbf{A}_{m\times n}\boldsymbol{X}=\boldsymbol{\beta}$，则

(1) 该方程组无解的充分必要条件是 $R(\mathbf{A})\neq R(\mathbf{A},\boldsymbol{\beta})$；

(2) 该方程组有解且有唯一解的充分必要条件是 $R(\mathbf{A})=R(\mathbf{A},\boldsymbol{\beta})=n$；

(3) 该方程组有解且有无穷多解的充分必要条件是 $R(\mathbf{A})=R(\mathbf{A},\boldsymbol{\beta})<n$.

上面的定理也可看出，一个线性方程组的解有且仅有以下三种情形：

无解、有唯一解、有无穷多解.

再者，注意到 $R(\mathbf{A}_{m\times n})=n$ 的必要条件是 $m\geqslant n$，因此只有当方程个数 m 大于或等于未知数个数 n 时，方程组 $\mathbf{A}_{m\times n}\boldsymbol{X}=\boldsymbol{\beta}$ 才可能有唯一解.

对于齐次线性方程组 $\mathbf{A}\boldsymbol{X}=\mathbf{0}$，因为总有 $R(\mathbf{A})=R(\mathbf{A},\mathbf{0})$，所以 $\mathbf{A}\boldsymbol{X}=\mathbf{0}$必有解(事实上，零向量必为解，称为齐次线性方程组的**零解**)，故"**齐次线性方程组 $\mathbf{A}\boldsymbol{X}=\mathbf{0}$ 有唯一解**"等价于"**$\mathbf{A}\boldsymbol{X}=\mathbf{0}$ 只有零解**". 由上面的定理立即得到下面的推论.

推论 3.1.1 任意一个齐次线性方程组 $\mathbf{A}_{m\times n}\boldsymbol{X}=\mathbf{0}$必有解，并且

(1) 该方程组有唯一解当且仅当该方程组仅有零解，这也等价于 $R(\mathbf{A})=n$；

(2) 该方程组有无穷多解当且仅当该方程组有非零解，这也等价于 $R(\mathbf{A})<n$.

例 3.1.1 设齐次线性方程组含有 s 个方程和 t 个未知数，若 $s<t$，则该方程组必有无穷多解.

证 设该线性齐次方程组为 $\mathbf{AX}=\mathbf{0}$. 注意,系数矩阵 $\mathbf{A}$ 的行数即为该方程组中含有的方程个数,$\mathbf{A}$ 的列数即为该方程组中含有的未知数个数,所以 $\mathbf{A}$ 是 $s\times t$ 矩阵. 因为 $R(\mathbf{A})\leqslant s$ 且 $s<t$,由推论 3.1.1 推出该线性齐次方程组有无穷多解. □

下面考察方程个数与未知数个数相等(即系数矩阵为方阵)的线性方程组.

推论 3.1.2 对于线性方程组

$$\begin{cases} a_{11}x_1+a_{12}x_2+\cdots+a_{1n}x_n=b_1, \\ a_{21}x_1+a_{22}x_2+\cdots+a_{2n}x_n=b_2, \\ \quad\quad\vdots \\ a_{n1}x_1+a_{n2}x_2+\cdots+a_{nn}x_n=b_n, \end{cases}$$

记其系数矩阵为 $\mathbf{A}$,常数向量为 $\boldsymbol{\beta}$,我们有以下结论:

(1) **(克兰姆法则)** 若 $\mathbf{A}$ 可逆,即 $R(\mathbf{A})=n$,也即 $|\mathbf{A}|\neq 0$,则方程组有唯一解,且唯一解为

$$\begin{pmatrix} x_1 \\ x_2 \\ \vdots \\ x_n \end{pmatrix}=\mathbf{A}^{-1}\boldsymbol{\beta}=\begin{pmatrix} \dfrac{|\mathbf{A}_1|}{|\mathbf{A}|} \\ \dfrac{|\mathbf{A}_2|}{|\mathbf{A}|} \\ \vdots \\ \dfrac{|\mathbf{A}_n|}{|\mathbf{A}|} \end{pmatrix},$$

其中 $|\mathbf{A}_j|$ 是将 $|\mathbf{A}|$ 的第 j 列换为常数列向量后所得行列式,$j=1,2,\cdots,n$.

(2) 若 $\mathbf{A}$ 不可逆,即 $R(\mathbf{A})<n$,也即 $|\mathbf{A}|=0$,则有以下两情形之一成立:

当 $R(\mathbf{A})=R(\mathbf{A},\boldsymbol{\beta})$ 时,方程组有无穷多解;

当 $R(\mathbf{A})\neq R(\mathbf{A},\boldsymbol{\beta})$ 时,方程组无解.

证 注意到 $\mathbf{A}$ 和 $(\mathbf{A},\boldsymbol{\beta})$ 都有 n 行,所以 $R(\mathbf{A})\leqslant R(\mathbf{A},\boldsymbol{\beta})\leqslant n$.

(1) 因为 $\mathbf{A}$ 可逆,所以 $R(\mathbf{A})=n$,从而 $R(\mathbf{A})=R(\mathbf{A},\boldsymbol{\beta})=n$. 由定理 3.1.2 知方程组有唯一解. 将 $\mathbf{X}=\mathbf{A}^{-1}\boldsymbol{\beta}$ 代入方程组 $\mathbf{AX}=\boldsymbol{\beta}$,显然有

$$\mathbf{A}(\mathbf{A}^{-1}\boldsymbol{\beta})=\boldsymbol{\beta},$$

所以 $\mathbf{A}^{-1}\boldsymbol{\beta}$ 为该方程组的解,故该方程组的唯一解恰为 $\mathbf{A}^{-1}\boldsymbol{\beta}$. 将 $|\mathbf{A}_j|$ 按第 j 列展开得

$$|\mathbf{A}_j|=b_1A_{1j}+b_2A_{2j}+\cdots+b_nA_{nj}.$$

于是

$$\boldsymbol{A}^{-1}\boldsymbol{\beta}\xlongequal{\text{定理 2.6.1}}\left(\frac{1}{|\boldsymbol{A}|}\boldsymbol{A}^{*}\right)\boldsymbol{\beta}=\frac{1}{|\boldsymbol{A}|}\begin{pmatrix}A_{11} & A_{21} & \cdots & A_{n1}\\ A_{12} & A_{22} & \cdots & A_{n2}\\ \vdots & \vdots & & \vdots\\ A_{1n} & A_{2n} & \cdots & A_{nn}\end{pmatrix}\begin{pmatrix}b_1\\ b_2\\ \vdots\\ b_n\end{pmatrix}$$

$$=\frac{1}{|\boldsymbol{A}|}\begin{pmatrix}b_1A_{11}+b_2A_{21}+\cdots+b_nA_{n1}\\ b_1A_{12}+b_2A_{22}+\cdots+b_nA_{n2}\\ \vdots\\ b_1A_{1n}+b_2A_{2n}+\cdots+b_nA_{nn}\end{pmatrix}=\frac{1}{|\boldsymbol{A}|}\begin{pmatrix}|\boldsymbol{A}_1|\\ |\boldsymbol{A}_2|\\ \vdots\\ |\boldsymbol{A}_n|\end{pmatrix}.$$

(2) 若 $\boldsymbol{A}$ 不可逆,由定理 3.1.2 即得结论. □

就上面的推论,我们作以下说明:

(1) 只有当系数矩阵是方阵(即未知数个数与方程个数相等)且是可逆方阵时,才能用克兰姆法则.

(2) 要计算 $\boldsymbol{A}^{-1}\boldsymbol{\beta}$,一般不是去计算 $\frac{|\boldsymbol{A}_1|}{|\boldsymbol{A}|},\frac{|\boldsymbol{A}_2|}{|\boldsymbol{A}|},\cdots,\frac{|\boldsymbol{A}_n|}{|\boldsymbol{A}|}$,因为这样计算工作量很大,应该按性质 2.4.5 给出的初等行变换的方法来计算.

(3) 在中学里求解的线性方程组都满足以下两个条件:一是方程个数与未知数个数相等;二是方程组事实上都有解且有唯一解.因此,中学中学习的线性方程组恰是系数矩阵是可逆方阵的线性方程组,它们都可由克兰姆法则求出唯一解.

(4) 在推论 3.1.2 中,当方程组右边的常数都是零,即当方程组为齐次线性方程组 $\boldsymbol{AX}=\boldsymbol{0}$ 时,我们看到,若 $|\boldsymbol{A}|\neq 0$,则方程组只有零解;若 $|\boldsymbol{A}|=0$,则方程组有无穷多解.

例 3.1.2 已知线性方程组 $\begin{cases}\lambda x_1+x_2+x_3=0,\\ x_1+\lambda x_2+x_3=0,\\ x_1+x_2+\lambda x_3=0\end{cases}$ 有非零解向量,求 λ.

解 这是一个系数矩阵 $\boldsymbol{A}$ 为 3 级方阵的齐次线性方程组,由推论 3.1.1 或推论 3.1.2 下的说明(4),该方程组有非零解的充分必要条件是 $R(\boldsymbol{A})<3$,也即 $|\boldsymbol{A}|=0$.由

$$\begin{vmatrix}\lambda & 1 & 1\\ 1 & \lambda & 1\\ 1 & 1 & \lambda\end{vmatrix}=(\lambda+2)(\lambda-1)^2=0,$$

得 $\lambda=1$ 或 -2. □

例 3.1.3 对参数 λ,μ 作讨论，研究线性方程组 $\begin{cases} x_1+x_2+x_3=1 \\ \lambda x_1+x_2+x_3=1, \\ x_1+\lambda x_2+x_3=1, \\ x_1+x_2+\lambda x_3=\mu \end{cases}$ 解的情形，且在有唯一解时求出其唯一解.

解 该方程组的增广矩阵

$$(\boldsymbol{A},\boldsymbol{\beta})=\begin{pmatrix} 1 & 1 & 1 & 1 \\ \lambda & 1 & 1 & 1 \\ 1 & \lambda & 1 & 1 \\ 1 & 1 & \lambda & \mu \end{pmatrix} \xrightarrow[r_4-r_1]{\substack{r_2-\lambda r_1 \\ r_3-r_1}} \begin{pmatrix} 1 & 1 & 1 & 1 \\ 0 & 1-\lambda & 1-\lambda & 1-\lambda \\ 0 & \lambda-1 & 0 & 0 \\ 0 & 0 & \lambda-1 & \mu-1 \end{pmatrix}$$

$$\xrightarrow[r_4+r_3]{r_3+r_2} \begin{pmatrix} 1 & 1 & 1 & 1 \\ 0 & 1-\lambda & 1-\lambda & 1-\lambda \\ 0 & 0 & 1-\lambda & 1-\lambda \\ 0 & 0 & 0 & \mu-\lambda \end{pmatrix}.$$

当 $\mu\neq\lambda$ 时，有 $R(\boldsymbol{A})<R(\boldsymbol{A},\boldsymbol{\beta})$，故方程组无解.

当 $\mu=\lambda=1$ 时，有 $R(\boldsymbol{A})=R(\boldsymbol{A},\boldsymbol{\beta})=1<3$，故方程组有无穷多解.

当 $\mu=\lambda\neq1$ 时，有 $R(\boldsymbol{A})=R(\boldsymbol{A},\boldsymbol{\beta})=3$，故方程组有唯一解，且解为 $(0,0,1)^{\mathrm{T}}$. □

§3.2 线性方程组的通解

我们仍使用§3.1中的符号. 假设线性方程组(3.1.1)有解，即(3.1.5)中 $d_{r+1}=0$. 为了更好地表达方程组的解，将(3.1.8)写成

$$\begin{cases} x_1=-c_{1,r+1}x_{r+1}-c_{1,r+2}x_{r+2}-\cdots-c_{1n}x_n+d_1, \\ x_2=-c_{2,r+1}x_{r+1}-c_{2,r+2}x_{r+2}-\cdots-c_{2n}x_n+d_2, \\ \vdots \\ x_r=-c_{r,r+1}x_{r+1}-c_{r,r+2}x_{r+2}-\cdots-c_{rn}x_n+d_r, \\ x_{r+1}=x_{r+1}, \\ x_{r+2}=x_{r+2}, \\ \vdots \\ x_n=x_n. \end{cases} \tag{3.2.1}$$

于是原方程组等价于下面的方程组：

$$\begin{pmatrix} x_1 \\ x_2 \\ \vdots \\ x_r \\ x_{r+1} \\ x_{r+2} \\ \vdots \\ x_n \end{pmatrix} = \begin{pmatrix} -c_{1,r+1}x_{r+1}-c_{1,r+2}x_{r+2}-\cdots-c_{1n}x_n+d_1 \\ -c_{2,r+1}x_{r+1}-c_{2,r+2}x_{r+2}-\cdots-c_{2n}x_n+d_2 \\ \vdots \\ -c_{r,r+1}x_{r+1}-c_{r,r+2}x_{r+2}-\cdots-c_{rn}x_n+d_r \\ x_{r+1} \\ x_{r+2} \\ \vdots \\ x_n \end{pmatrix}. \tag{3.2.2}$$

显然,对于 $x_{r+1},x_{r+2},\cdots,x_n$ 的任意一组取值,都得到方程组(3.2.2)也即原方程组的一个解向量,因此未知数 $x_{r+1},x_{r+2},\cdots,x_n$ 是没有约束的,我们称其为原方程组的一组**自由未知数**. 注意,虽然自由未知数的取法一般不唯一,但

自由未知数的个数=未知数个数−系数矩阵的秩.

也即,**方程组中未知数总数=系数矩阵的秩+自由未知数的个数**. 将方程组(3.2.2)中的自由未知数 $x_{r+1},x_{r+2},\cdots,x_n$ 依次改为任意常数 $u_1,u_2,\cdots,u_{n-r}$,这样方程组的解可以写成

$$\begin{pmatrix} x_1 \\ x_2 \\ \vdots \\ x_r \\ x_{r+1} \\ x_{r+2} \\ \vdots \\ x_n \end{pmatrix} = \begin{pmatrix} -c_{1,r+1}u_1-c_{1,r+2}u_2-\cdots-c_{1n}u_{n-r}+d_1 \\ -c_{2,r+1}u_1-c_{2,r+2}u_2-\cdots-c_{2n}u_{n-r}+d_2 \\ \vdots \\ -c_{r,r+1}u_1-c_{r,r+2}u_2-\cdots-c_{rn}u_{n-r}+d_r \\ u_1 \\ u_2 \\ \vdots \\ u_{n-r} \end{pmatrix},$$

即

$$\begin{pmatrix} x_1 \\ x_2 \\ \vdots \\ x_r \\ x_{r+1} \\ x_{r+2} \\ \vdots \\ x_n \end{pmatrix} = u_1\begin{pmatrix} -c_{1,r+1} \\ -c_{2,r+1} \\ \vdots \\ -c_{r,r+1} \\ 1 \\ 0 \\ \vdots \\ 0 \end{pmatrix} + u_2\begin{pmatrix} -c_{1,r+2} \\ -c_{2,r+2} \\ \vdots \\ -c_{r,r+2} \\ 0 \\ 1 \\ \vdots \\ 0 \end{pmatrix} + \cdots + u_{n-r}\begin{pmatrix} -c_{1n} \\ -c_{2n} \\ \vdots \\ -c_{rn} \\ 0 \\ 0 \\ \vdots \\ 1 \end{pmatrix} + \begin{pmatrix} d_1 \\ d_2 \\ \vdots \\ d_r \\ 0 \\ 0 \\ \vdots \\ 0 \end{pmatrix}.$$

记

$$\boldsymbol{\xi}_1=\begin{pmatrix}-c_{1,r+1}\\-c_{2,r+1}\\\vdots\\-c_{r,r+1}\\1\\0\\\vdots\\0\end{pmatrix},\boldsymbol{\xi}_2=\begin{pmatrix}-c_{1,r+2}\\-c_{2,r+2}\\\vdots\\-c_{r,r+2}\\0\\1\\\vdots\\0\end{pmatrix},\cdots,\boldsymbol{\xi}_{n-r}=\begin{pmatrix}-c_{1n}\\-c_{2n}\\\vdots\\-c_{rn}\\0\\0\\\vdots\\1\end{pmatrix},\boldsymbol{\eta}=\begin{pmatrix}d_1\\d_2\\\vdots\\d_r\\0\\0\\\vdots\\0\end{pmatrix},$$

则方程组的解为

$$\boldsymbol{X}=u_1\boldsymbol{\xi}_1+u_2\boldsymbol{\xi}_2+\cdots+u_{n-r}\boldsymbol{\xi}_{n-r}+\boldsymbol{\eta}, \tag{3.2.3}$$

其中 $u_1,u_2,\cdots,u_{n-r}$ 是任意常数.

从上面的演绎我们看到：一方面，方程组(3.1.1)的任何一个解向量都能写成(3.2.3)的形式；另一方面，将任意常数 $u_1,u_2,\cdots,u_{n-r}$ 的任意一组取值代入(3.2.3)，都得到方程组的一个具体解向量. 我们称(3.2.3)式为方程组(3.1.1)的**通解**.

关于方程组(3.1.1)的通解(3.2.3)式，我们作以下几点说明：

(1) 对于具体给定的线性方程组，通过求解得到其通解(3.2.3)式，其中 $\boldsymbol{\xi}_1,\boldsymbol{\xi}_2,\cdots,\boldsymbol{\xi}_{n-r}$ 以及 $\boldsymbol{\eta}$ 都是**确定的 n 维列向量**，而 $u_1,u_2,\cdots,u_{n-r}$ 是可以任意变化的常数. 需要指出的是，不同的求解过程会导致在表面上看来不完全一致的(本质上一致)通解形式.

(2) 若 $r=n$，则(3.2.3)式即为 $\boldsymbol{X}=\boldsymbol{\eta}$，即方程组有唯一解 $\boldsymbol{\eta}$.

(3) 考察方程组(3.1.1)对应的齐次线性方程组 $\boldsymbol{AX}=\boldsymbol{0}$. 只要将上面推演过程中的常数列都改成零向量，我们看到，当方程组(3.1.1)有通解(3.2.3)式时，其对应齐次线性方程组就有通解

$$\boldsymbol{X}=u_1\boldsymbol{\xi}_1+u_2\boldsymbol{\xi}_2+\cdots+u_{n-r}\boldsymbol{\xi}_{n-r}, \tag{3.2.4}$$

其中 $u_1,u_2,\cdots,u_{n-r}$ 是任意常数.

例 3.2.1 求线性方程组 $\begin{cases}x_1+x_2+\ \,x_3+x_4=0,\\2x_1+x_2-\ \,x_3+x_4=1,\\x_1\qquad\ -2x_3+x_4=1\end{cases}$ 及其对应齐次线性方程组的通解.

解 方程组的增广矩阵

$$(\boldsymbol{A},\boldsymbol{\beta})=\begin{pmatrix}1&1&1&1&0\\2&1&-1&1&1\\1&0&-2&1&1\end{pmatrix}\xrightarrow[r_3-r_1]{r_2-2r_1}\begin{pmatrix}1&1&1&1&0\\0&-1&-3&-1&1\\0&-1&-3&0&1\end{pmatrix}$$

$$\xrightarrow{r_3-r_2}\begin{pmatrix}1 & 1 & 1 & 1 & 0\\ 0 & -1 & -3 & -1 & 1\\ 0 & 0 & 0 & 1 & 0\end{pmatrix}$$

$$\xrightarrow[\substack{r_2+r_3\\(-1)\times r_2}]{r_1+r_2}\begin{pmatrix}\mathbf{1} & 0 & -2 & 0 & 1\\ 0 & \mathbf{1} & 3 & 0 & -1\\ 0 & 0 & 0 & \mathbf{1} & 0\end{pmatrix}:=\boldsymbol{B}.$$

因为 $R(\boldsymbol{A})=R(\boldsymbol{A},\boldsymbol{\beta})=3$，所以原方程组有解，且该方程组应该有 1(未知数总数－系数矩阵秩)个自由未知数.

究竟选哪一个未知数作为自由未知数呢?[①] 考察行最简形矩阵 $\boldsymbol{B}$，每个非零行的第一个非零数字 1 对应的未知数分别是 x_1, x_2, x_4，将它们作为**非自由的未知数**留在方程左边，余下的 x_3 作为**自由未知数**移到右边，[②]得到

$$\begin{cases}x_1=2x_3+1,\\ x_2=-3x_3-1,\\ x_4=0,\end{cases}$$

中间插入平凡方程 $x_3=x_3$，原方程组化为

$$\begin{cases}x_1=2x_3+1,\\ x_2=-3x_3-1,\\ x_3=x_3,\\ x_4=0,\end{cases}$$

也即

$$\begin{pmatrix}x_1\\ x_2\\ x_3\\ x_4\end{pmatrix}=x_3\begin{pmatrix}2\\ -3\\ 1\\ 0\end{pmatrix}+\begin{pmatrix}1\\ -1\\ 0\\ 0\end{pmatrix}.$$

将自由未知量 x_3 改写成任意常数 c，得原方程组的通解为

$$\boldsymbol{X}=c\begin{pmatrix}2\\ -3\\ 1\\ 0\end{pmatrix}+\begin{pmatrix}1\\ -1\\ 0\\ 0\end{pmatrix}.$$

---

① 自由未知数的选取方法不唯一. 要注意的是，我们在推演中假设了增广矩阵经过初等行变换化为(3.1.5)的形式，才得出最后 $n-r$ 个未知数是自由未知数. 一般情形下，最后 $n-r$ 个未知数不一定是自由未知数.

② 这是自由未知数最简便的选取方法.

其中 c 为任意常数. 再由(3.2.4)式得对应齐次线性方程组的通解为 $\boldsymbol{X}=c(2,-3,1,0)^{\mathrm{T}}$,其中 c 为任意常数. □

例 3.2.2 对参数 λ 作讨论,求解线性方程组 $\begin{cases} x_1+\ x_2+x_3=1, \\ \lambda x_1+\ x_2+x_3=1, \\ x_1+\lambda x_2+x_3=1. \end{cases}$

解 **方法 1** 注意到方程组的系数矩阵 $\boldsymbol{A}$ 是方阵,先计算 $\boldsymbol{A}$ 的行列式得

$$|\boldsymbol{A}|=\begin{vmatrix} 1 & 1 & 1 \\ \lambda & 1 & 1 \\ 1 & \lambda & 1 \end{vmatrix}=(\lambda-1)^2.$$

(1) 当 $\lambda\neq 1$ 时,$R(\boldsymbol{A})=R(\boldsymbol{A},\boldsymbol{\beta})=3$,方程组有唯一解. 此时方程组的增广矩阵

$$(\boldsymbol{A},\boldsymbol{\beta})=\begin{pmatrix} 1 & 1 & 1 & 1 \\ \lambda & 1 & 1 & 1 \\ 1 & \lambda & 1 & 1 \end{pmatrix}\xrightarrow[r_3-r_1]{r_2-\lambda r_1}\begin{pmatrix} 1 & 1 & 1 & 1 \\ 0 & 1-\lambda & 1-\lambda & 1-\lambda \\ 0 & \lambda-1 & 0 & 0 \end{pmatrix}$$

$$\xrightarrow{r_3+r_2}\begin{pmatrix} 1 & 1 & 1 & 1 \\ 0 & 1-\lambda & 1-\lambda & 1-\lambda \\ 0 & 0 & 1-\lambda & 1-\lambda \end{pmatrix}.$$

所以方程组的唯一解为 $(0,0,1)^{\mathrm{T}}$.

(2) 当 $\lambda=1$ 时,

$$(\boldsymbol{A},\boldsymbol{\beta})\to\begin{pmatrix} 1 & 1 & 1 & 1 \\ 0 & 0 & 0 & 0 \\ 0 & 0 & 0 & 0 \end{pmatrix},$$

所以 $R(\boldsymbol{A})=R(\boldsymbol{A},\boldsymbol{\beta})=1$,方程组有无穷多解. 按照例 3.2.1 中自由未知数的选取方法,我们可以取 x_2,x_3 为自由未知数,并将它们移到方程右边,原方程组化为

$$x_1=-x_2-x_3+1.$$

再添上平凡方程 $x_2=x_2,x_3=x_3$,原方程组化为

$$\begin{cases} x_1=-x_2-x_3+1, \\ x_2=x_2, \\ x_3=x_3, \end{cases}$$

即

$$\begin{pmatrix} x_1 \\ x_2 \\ x_3 \end{pmatrix}=\begin{pmatrix} -x_2-x_3+1 \\ x_2 \\ x_3 \end{pmatrix}=x_2\begin{pmatrix} -1 \\ 1 \\ 0 \end{pmatrix}+x_3\begin{pmatrix} -1 \\ 0 \\ 1 \end{pmatrix}+\begin{pmatrix} 1 \\ 0 \\ 0 \end{pmatrix}.$$

故原方程组的通解为 $\boldsymbol{X}=c_1\begin{pmatrix}-1\\1\\0\end{pmatrix}+c_2\begin{pmatrix}-1\\0\\1\end{pmatrix}+\begin{pmatrix}1\\0\\0\end{pmatrix}$,其中 c_1,c_2 为任意常数.

方法 2 方程组的增广矩阵

$$(\boldsymbol{A},\boldsymbol{\beta})=\begin{pmatrix}1&1&1&1\\\lambda&1&1&1\\1&\lambda&1&1\end{pmatrix}\xrightarrow[r_3-r_1]{r_2-\lambda r_1}\begin{pmatrix}1&1&1&1\\0&1-\lambda&1-\lambda&1-\lambda\\0&\lambda-1&0&0\end{pmatrix}$$

$$\xrightarrow{r_3+r_2}\begin{pmatrix}1&1&1&1\\0&1-\lambda&1-\lambda&1-\lambda\\0&0&1-\lambda&1-\lambda\end{pmatrix}.$$

(1) 当 $\lambda\neq 1$ 时,$R(\boldsymbol{A})=R(\boldsymbol{A},\boldsymbol{\beta})=3$,方程组有唯一解,且该唯一解为 $(0,0,1)^{\mathrm{T}}$.

(2) 当 $\lambda=1$ 时,按方法 1 中解法,同样得到方程组的通解. □

对于上例中的两种解法,我们作如下说明:若方程组的系数矩阵不是方阵,则只能用方法 2 求解;若方程组的系数矩阵是方阵,且需要对参数讨论,因为方法 2 需要对增广矩阵作初等行变换,有时讨论不太简明,所以此时一般用方法 1 求解.

把上一节和本节结论结合起来,我们得到下面的定理.

定理 3.2.1 对于线性方程组 $\boldsymbol{A}_{m\times n}\boldsymbol{X}=\boldsymbol{\beta}$,有以下结论成立:

(1) 若 $R(\boldsymbol{A})\neq R(\boldsymbol{A},\boldsymbol{\beta})$,则方程组无解;

(2) 若 $R(\boldsymbol{A})=R(\boldsymbol{A},\boldsymbol{\beta})=n$,则方程组有唯一解;

(3) 若 $R(\boldsymbol{A})=R(\boldsymbol{A},\boldsymbol{\beta}):=r<n$,则方程组有无穷多解,有 $n-r$ 个自由未知数,且其通解形式为

$$c_1\boldsymbol{\xi}_1+c_2\boldsymbol{\xi}_2+\cdots+c_{n-r}\boldsymbol{\xi}_{n-r}+\boldsymbol{\eta},$$

其中 $c_1,c_2,\cdots,c_{n-r}$ 是任意数字.

推论 3.2.1 对于齐次线性方程组 $\boldsymbol{A}_{m\times n}\boldsymbol{X}=\boldsymbol{0}$,以下结论成立.

(1) 若 $R(\boldsymbol{A})=n$,则方程组恰有唯一解,即零解;

(2) 若 $R(\boldsymbol{A}):=r<n$,则方程组有无穷多解,有 $n-r$ 个自由未知数,且其通解形式为

$$c_1\boldsymbol{\xi}_1+c_2\boldsymbol{\xi}_2+\cdots+c_{n-r}\boldsymbol{\xi}_{n-r},$$

其中 $c_1,c_2,\cdots,c_{n-r}$ 是任意数字.

§3.3 向量组的线性相关性

向量是现代数学的一个基本概念，也是线性代数的主要研究对象之一. 本节主要介绍向量组的线性表示和线性相关性.

如同§2.1中定义的，列矩阵也称为列向量，行矩阵也称为行向量，**含有 n 个分量的向量称为 n 维向量**. 若 $\boldsymbol{\alpha}$ 是一个列向量，则 $\boldsymbol{\alpha}^{\mathrm{T}}$ 就是一个行向量；反之，若 $\boldsymbol{\alpha}$ 是一个行向量，则 $\boldsymbol{\alpha}^{\mathrm{T}}$ 就是一个列向量. 因此，行向量与列向量的地位是完全一样的，如无特别说明，我们说的向量都是**列向量**.

将若干个同型向量 $\boldsymbol{\alpha}_1,\boldsymbol{\alpha}_2,\cdots,\boldsymbol{\alpha}_s(s\geqslant1)$ 看作一个整体，称为一个**向量组**. 又若这些 $\boldsymbol{\alpha}_i$ 都是 n 维向量，则这个向量组也称为 **n 维向量组**. 我们用 $\{\boldsymbol{\alpha}_1,\boldsymbol{\alpha}_2,\cdots,\boldsymbol{\alpha}_s\}$，或者直接用 $\boldsymbol{\alpha}_1,\boldsymbol{\alpha}_2,\cdots,\boldsymbol{\alpha}_s$ 表示这个向量组. 注意 $(\boldsymbol{\alpha}_1,\boldsymbol{\alpha}_2,\cdots,\boldsymbol{\alpha}_s)$ 表示由(列)向量 $\boldsymbol{\alpha}_1,\boldsymbol{\alpha}_2,\cdots,\boldsymbol{\alpha}_s$ 构成的分块矩阵. 一个向量组中可以有重复向量，因此这里说的向量组 $\{\boldsymbol{\alpha}_1,\boldsymbol{\alpha}_2,\cdots,\boldsymbol{\alpha}_s\}$ 与通常意义下的集合稍有不同. 另外，一个向量组中也可以含有无穷多个向量.

若 Δ 是一个向量组，在 Δ 中选取一部分向量也构成向量组，称之为 Δ 的**部分组**. 若向量组 Δ_1 和 Δ_2 中的向量都是同型的，则称这两个向量组**同型**.

一、向量组的线性表出

定义 3.3.1 设 $\Delta=\{\boldsymbol{\alpha}_1,\boldsymbol{\alpha}_2,\cdots,\boldsymbol{\alpha}_s\}$ 是一个向量组.

(1) 称 $k_1\boldsymbol{\alpha}_1+k_2\boldsymbol{\alpha}_2+\cdots+k_s\boldsymbol{\alpha}_s$ 为向量组 Δ 的一个线性组合，其中 $k_1,k_2,\cdots,k_s$ 都是数字.

(2) 若向量 $\boldsymbol{\beta}$ 能写成 Δ 的一个线性组合，即存在数字 $c_1,c_2,\cdots,c_s$ 使得

$$\boldsymbol{\beta}=c_1\boldsymbol{\alpha}_1+c_2\boldsymbol{\alpha}_2+\cdots+c_s\boldsymbol{\alpha}_s,$$

则称 $\boldsymbol{\beta}$ 可以由向量组 Δ 线性表出.

在推论 3.2.1(2)中，方程组 $\boldsymbol{AX}=\boldsymbol{0}$ 的任何一个解向量都是 $\{\boldsymbol{\xi}_1,\boldsymbol{\xi}_2,\cdots,\boldsymbol{\xi}_{n-r}\}$ 的线性组合，或者说方程组 $\boldsymbol{AX}=\boldsymbol{0}$ 的任一解向量都可由向量组 $\{\boldsymbol{\xi}_1,\boldsymbol{\xi}_2,\cdots,\boldsymbol{\xi}_{n-r}\}$ 线性表出.

显然，若向量 $\boldsymbol{\beta}$ 可由向量组 $\{\boldsymbol{\alpha}_1,\boldsymbol{\alpha}_2,\cdots,\boldsymbol{\alpha}_s\}$ 线性表出，则 $\boldsymbol{\beta}$ 和这些 $\boldsymbol{\alpha}_i$ 同型.

性质 3.3.1 向量 $\boldsymbol{\beta}$ 可由向量组 $\{\boldsymbol{\alpha}_1,\boldsymbol{\alpha}_2,\cdots,\boldsymbol{\alpha}_s\}$ 线性表出当且仅当矩阵 $(\boldsymbol{\alpha}_1,\boldsymbol{\alpha}_2,\cdots,\boldsymbol{\alpha}_s)$ 与矩阵 $(\boldsymbol{\alpha}_1,\boldsymbol{\alpha}_2,\cdots,\boldsymbol{\alpha}_s,\boldsymbol{\beta})$ 等秩，即 $R(\boldsymbol{\alpha}_1,\boldsymbol{\alpha}_2,\cdots,\boldsymbol{\alpha}_s)=R(\boldsymbol{\alpha}_1,\boldsymbol{\alpha}_2,\cdots,\boldsymbol{\alpha}_s,\boldsymbol{\beta})$.

证 由定义，向量 $\boldsymbol{\beta}$ 可由向量组 $\{\boldsymbol{\alpha}_1,\boldsymbol{\alpha}_2,\cdots,\boldsymbol{\alpha}_s\}$ 线性表出，等价于方程组

$$x_1\boldsymbol{\alpha}_1+x_2\boldsymbol{\alpha}_2+\cdots+x_s\boldsymbol{\alpha}_s=\boldsymbol{\beta} \tag{3.3.1}$$

有解(参见线性方程组的矩阵表达式(3.1.3)). 注意,线性方程组(3.3.1)的系数矩阵和增广矩阵分别为

$$(\boldsymbol{\alpha}_1,\boldsymbol{\alpha}_2,\cdots,\boldsymbol{\alpha}_s),(\boldsymbol{\alpha}_1,\boldsymbol{\alpha}_2,\cdots,\boldsymbol{\alpha}_s,\boldsymbol{\beta}),$$

由定理 3.1.2 知,方程组(3.3.1)有解当且仅当 $R(\boldsymbol{\alpha}_1,\boldsymbol{\alpha}_2,\cdots,\boldsymbol{\alpha}_s)=R(\boldsymbol{\alpha}_1,\boldsymbol{\alpha}_2,\cdots,\boldsymbol{\alpha}_s,\boldsymbol{\beta})$. □

定义 3.3.2 设Ⅰ和Ⅱ是两个同型向量组.

(1) 若Ⅱ中每个向量都可以由向量组Ⅰ线性表出,则称向量组Ⅱ可以由向量组Ⅰ线性表出.

(2) 若向量组Ⅰ和向量组Ⅱ能相互线性表出,则称这两个向量组等价.

性质 3.3.2 设 Ⅰ $=\{\boldsymbol{\alpha}_1,\boldsymbol{\alpha}_2,\cdots,\boldsymbol{\alpha}_s\}$ 和 Ⅱ $=\{\boldsymbol{\beta}_1,\boldsymbol{\beta}_2,\cdots,\boldsymbol{\beta}_t\}$ 是两个同型的向量组.

(1) 向量组Ⅱ可由向量组Ⅰ线性表出的充分必要条件是

$$R(\boldsymbol{\alpha}_1,\boldsymbol{\alpha}_2,\cdots,\boldsymbol{\alpha}_s)=R(\boldsymbol{\alpha}_1,\boldsymbol{\alpha}_2,\cdots,\boldsymbol{\alpha}_s,\boldsymbol{\beta}_1,\boldsymbol{\beta}_2,\cdots,\boldsymbol{\beta}_t),$$

特别地,此时必有 $R(\boldsymbol{\beta}_1,\boldsymbol{\beta}_2,\cdots,\boldsymbol{\beta}_t)\leqslant R(\boldsymbol{\alpha}_1,\boldsymbol{\alpha}_2,\cdots,\boldsymbol{\alpha}_s)$.

(2) 向量组Ⅰ和向量组Ⅱ等价的充分必要条件是

$$R(\boldsymbol{\alpha}_1,\boldsymbol{\alpha}_2,\cdots,\boldsymbol{\alpha}_s)=R(\boldsymbol{\alpha}_1,\boldsymbol{\alpha}_2,\cdots,\boldsymbol{\alpha}_s,\boldsymbol{\beta}_1,\boldsymbol{\beta}_2,\cdots,\boldsymbol{\beta}_t)=R(\boldsymbol{\beta}_1,\boldsymbol{\beta}_2,\cdots,\boldsymbol{\beta}_t).$$

证 (1) 先证充分性. 已知

$$R(\boldsymbol{\alpha}_1,\boldsymbol{\alpha}_2,\cdots,\boldsymbol{\alpha}_s)=R(\boldsymbol{\alpha}_1,\boldsymbol{\alpha}_2,\cdots,\boldsymbol{\alpha}_s,\boldsymbol{\beta}_1,\boldsymbol{\beta}_2,\cdots,\boldsymbol{\beta}_t),$$

注意到

$$R(\boldsymbol{\alpha}_1,\boldsymbol{\alpha}_2,\cdots,\boldsymbol{\alpha}_s)\leqslant R(\boldsymbol{\alpha}_1,\boldsymbol{\alpha}_2,\cdots,\boldsymbol{\alpha}_s,\boldsymbol{\beta}_i)\leqslant R(\boldsymbol{\alpha}_1,\boldsymbol{\alpha}_2,\cdots,\boldsymbol{\alpha}_s,\boldsymbol{\beta}_1,\boldsymbol{\beta}_2,\cdots,\boldsymbol{\beta}_t),$$

所以 $R(\boldsymbol{\alpha}_1,\boldsymbol{\alpha}_2,\cdots,\boldsymbol{\alpha}_s)=R(\boldsymbol{\alpha}_1,\boldsymbol{\alpha}_2,\cdots,\boldsymbol{\alpha}_s,\boldsymbol{\beta}_i)$. 由性质 3.3.1 知每个 $\boldsymbol{\beta}_i$ 都可由Ⅰ线性表出,充分性成立.

再证必要性. 由条件,存在数字 c_{jk} 使得

$$\boldsymbol{\beta}_j=c_{j1}\boldsymbol{\alpha}_1+c_{j2}\boldsymbol{\alpha}_2+\cdots+c_{js}\boldsymbol{\alpha}_s,\ j=1,2,\cdots,t.$$

对矩阵$(\boldsymbol{\alpha}_1,\boldsymbol{\alpha}_2,\cdots,\boldsymbol{\alpha}_s,\boldsymbol{\beta}_1,\boldsymbol{\beta}_2,\cdots,\boldsymbol{\beta}_t)$作下面的初等列变换,在该矩阵的第 $s+j$ 列上(即 $\boldsymbol{\beta}_j$ 这一列)减去第 1 列的 c_{j1} 倍,第 2 列的 c_{j2} 倍,…,直至减去第 s 列的 c_{js} 倍,这里 $j=1,2,\cdots,t$,我们有

$$(\boldsymbol{\alpha}_1,\boldsymbol{\alpha}_2,\cdots,\boldsymbol{\alpha}_s,\boldsymbol{\beta}_1,\boldsymbol{\beta}_2,\cdots,\boldsymbol{\beta}_t)\xrightarrow{\text{初等列变换}}(\boldsymbol{\alpha}_1,\boldsymbol{\alpha}_2,\cdots,\boldsymbol{\alpha}_s,\mathbf{0},\mathbf{0},\cdots,\mathbf{0}).$$

故

$$R(\boldsymbol{\alpha}_1,\boldsymbol{\alpha}_2,\cdots,\boldsymbol{\alpha}_s)=R(\boldsymbol{\alpha}_1,\boldsymbol{\alpha}_2,\cdots,\boldsymbol{\alpha}_s,\mathbf{0},\mathbf{0},\cdots,\mathbf{0})=R(\boldsymbol{\alpha}_1,\boldsymbol{\alpha}_2,\cdots,\boldsymbol{\alpha}_s,\boldsymbol{\beta}_1,\boldsymbol{\beta}_2,\cdots,\boldsymbol{\beta}_t),$$

必要性成立. 特别地,有

$$R(\boldsymbol{\beta}_1,\boldsymbol{\beta}_2,\cdots,\boldsymbol{\beta}_t)\leqslant R(\boldsymbol{\alpha}_1,\boldsymbol{\alpha}_2,\cdots,\boldsymbol{\alpha}_s,\boldsymbol{\beta}_1,\boldsymbol{\beta}_2,\cdots,\boldsymbol{\beta}_t)=R(\boldsymbol{\alpha}_1,\boldsymbol{\alpha}_2,\cdots,\boldsymbol{\alpha}_s).$$

(2) 由等价向量组的定义及(1)的结论即得. □

为了研究向量组$\{\boldsymbol{\alpha}_1,\boldsymbol{\alpha}_2,\cdots,\boldsymbol{\alpha}_s\}$,我们常常要将矩阵$(\boldsymbol{\alpha}_1,\boldsymbol{\alpha}_2,\cdots,\boldsymbol{\alpha}_s)$用初等行变换化为阶梯形矩阵或行最简形矩阵$(\boldsymbol{\beta}_1,\boldsymbol{\beta}_2,\cdots,\boldsymbol{\beta}_s)$,此时$R(\boldsymbol{\alpha}_1,\boldsymbol{\alpha}_2,\cdots,\boldsymbol{\alpha}_s)=R(\boldsymbol{\beta}_1,\boldsymbol{\beta}_2,\cdots,\boldsymbol{\beta}_s)$. 不仅如此,下面的性质指出,向量组$\{\boldsymbol{\alpha}_1,\boldsymbol{\alpha}_2,\cdots,\boldsymbol{\alpha}_s\}$和向量组$\{\boldsymbol{\beta}_1,\boldsymbol{\beta}_2,\cdots,\boldsymbol{\beta}_s\}$有完全对应的线性关系,读者还可参见下一节性质 3.4.2.

性质 3.3.3 设$k_1,k_2,\cdots,k_s$为任意数字,分块矩阵$(\boldsymbol{\alpha}_1,\boldsymbol{\alpha}_2,\cdots,\boldsymbol{\alpha}_s)$经过初等行变换化为分块矩阵$(\boldsymbol{\beta}_1,\boldsymbol{\beta}_2,\cdots,\boldsymbol{\beta}_s)$,其中$\boldsymbol{\alpha}_i,\boldsymbol{\beta}_j$都是同型的列向量,则

$$k_1\boldsymbol{\alpha}_1+k_2\boldsymbol{\alpha}_2+\cdots+k_s\boldsymbol{\alpha}_s=\mathbf{0}\Leftrightarrow k_1\boldsymbol{\beta}_1+k_2\boldsymbol{\beta}_2+\cdots+k_s\boldsymbol{\beta}_s=\mathbf{0}.$$

证 因为$(\boldsymbol{\alpha}_1,\boldsymbol{\alpha}_2,\cdots,\boldsymbol{\alpha}_s)$经过初等行变换化为$(\boldsymbol{\beta}_1,\boldsymbol{\beta}_2,\cdots,\boldsymbol{\beta}_s)$,所以存在可逆矩阵$\boldsymbol{P}$使得

$$\boldsymbol{P}(\boldsymbol{\alpha}_1,\boldsymbol{\alpha}_2,\cdots,\boldsymbol{\alpha}_s)=(\boldsymbol{\beta}_1,\boldsymbol{\beta}_2,\cdots,\boldsymbol{\beta}_s),$$

故对任意$i=1,2,\cdots,s$,都有$\boldsymbol{\beta}_i=\boldsymbol{P}\boldsymbol{\alpha}_i,\boldsymbol{\alpha}_i=\boldsymbol{P}^{-1}\boldsymbol{\beta}_i$.

($\Rightarrow$) 若$k_1\boldsymbol{\alpha}_1+k_2\boldsymbol{\alpha}_2+\cdots+k_s\boldsymbol{\alpha}_s=\mathbf{0}$,则$k_1\boldsymbol{\beta}_1+k_2\boldsymbol{\beta}_2+\cdots+k_s\boldsymbol{\beta}_s=k_1\boldsymbol{P}\boldsymbol{\alpha}_1+k_2\boldsymbol{P}\boldsymbol{\alpha}_2+\cdots+k_s\boldsymbol{P}\boldsymbol{\alpha}_s=\boldsymbol{P}(k_1\boldsymbol{\alpha}_1+k_2\boldsymbol{\alpha}_2+\cdots+k_s\boldsymbol{\alpha}_s)=\boldsymbol{P}\mathbf{0}=\mathbf{0}$.

($\Leftarrow$) 由条件有$\sum\limits_{1\leqslant i\leqslant s}k_i\boldsymbol{\alpha}_i=\sum\limits_{1\leqslant i\leqslant s}k_i\boldsymbol{P}^{-1}\boldsymbol{\beta}_i=\boldsymbol{P}^{-1}(\sum\limits_{1\leqslant i\leqslant s}k_i\boldsymbol{\beta}_i)=\boldsymbol{P}^{-1}\mathbf{0}=\mathbf{0}$. □

例 3.3.1 设向量组Ⅰ$=\{\boldsymbol{\alpha}_1,\boldsymbol{\alpha}_2\}$,Ⅱ$=\{\boldsymbol{\beta}_1,\boldsymbol{\beta}_2\}$,问向量$\boldsymbol{\beta}_1,\boldsymbol{\beta}_2$及向量组Ⅱ是否可以由向量组Ⅰ线性表出?若能线性表出,试给出一个具体的表出,其中

$$\boldsymbol{\alpha}_1=\begin{pmatrix}0\\1\\3\end{pmatrix},\boldsymbol{\alpha}_2=\begin{pmatrix}1\\2\\3\end{pmatrix},\boldsymbol{\beta}_1=\begin{pmatrix}1\\3\\6\end{pmatrix},\boldsymbol{\beta}_2=\begin{pmatrix}1\\1\\1\end{pmatrix}.$$

解 将$(\boldsymbol{\alpha}_1,\boldsymbol{\alpha}_2,\boldsymbol{\beta}_1,\boldsymbol{\beta}_2)$用初等行变换化为阶梯形矩阵:

$$(\boldsymbol{\alpha}_1,\boldsymbol{\alpha}_2,\boldsymbol{\beta}_1,\boldsymbol{\beta}_2)\xrightarrow[r_3-3r_1]{r_1\leftrightarrow r_2}\begin{pmatrix}1&2&3&1\\0&1&1&1\\0&-3&-3&-2\end{pmatrix}$$

$$\xrightarrow{r_3+3r_2}\begin{pmatrix}1&2&3&1\\0&1&1&1\\0&0&0&1\end{pmatrix}:=(\boldsymbol{\alpha}_1',\boldsymbol{\alpha}_2',\boldsymbol{\beta}_1',\boldsymbol{\beta}_2'). \tag{3.3.2}$$

所以

$$R(\boldsymbol{\alpha}_1,\boldsymbol{\alpha}_2)=R(\boldsymbol{\alpha}_1,\boldsymbol{\alpha}_2,\boldsymbol{\beta}_1)=2,R(\boldsymbol{\alpha}_1,\boldsymbol{\alpha}_2,\boldsymbol{\beta}_2)=3,$$

故$\boldsymbol{\beta}_1$可以由向量组Ⅰ线性表出,但$\boldsymbol{\beta}_2$以及向量组Ⅱ不能由向量组Ⅰ线性表出.

下面我们来写出$\boldsymbol{\beta}_1$用向量组Ⅰ线性表出的一个具体式子,可以通过求解线性方程组$x_1\boldsymbol{\alpha}_1+x_2\boldsymbol{\alpha}_1=\boldsymbol{\beta}_1$来给出这个具体表达式,但这里给出更直接的方法.

由(3.3.2)式易见

$$\boldsymbol{\beta}_1' = \boldsymbol{\alpha}_1' + \boldsymbol{\alpha}_2',$$

故由性质 3.3.3 推得 $\boldsymbol{\beta}_1 = \boldsymbol{\alpha}_1 + \boldsymbol{\alpha}_2$. □

例 3.3.2 设矩阵 $\boldsymbol{A}_{m\times n}$, $\boldsymbol{B}_{n\times s}$ 满足 $\boldsymbol{AB}=\boldsymbol{O}$,证明 $R(\boldsymbol{A})+R(\boldsymbol{B})\leqslant n$.

证 例 2.7.3 已经给出了证明,下面我们用线性方程组理论再次证明之. 设 $R(\boldsymbol{A})=r$, $\boldsymbol{B}=(\boldsymbol{\beta}_1,\boldsymbol{\beta}_2,\cdots,\boldsymbol{\beta}_s)$. 因为 $\boldsymbol{AB}=\boldsymbol{O}$,所以 $\boldsymbol{\beta}_1,\boldsymbol{\beta}_2,\cdots,\boldsymbol{\beta}_s$ 恰是线性方程组 $\boldsymbol{AX}=\boldsymbol{0}$ 的 s 个解向量.

若 $r=n$,则齐次线性方程组 $\boldsymbol{AX}=\boldsymbol{0}$ 只有零解,故 $\boldsymbol{\beta}_1,\boldsymbol{\beta}_2,\cdots,\boldsymbol{\beta}_s$ 都是零向量,即 $\boldsymbol{B}=\boldsymbol{O}$,于是 $R(\boldsymbol{B})=0$,结论成立.

若 $r<n$,则线性方程组 $\boldsymbol{AX}=\boldsymbol{0}$ 的通解形式为 $c_1\boldsymbol{\xi}_1+c_2\boldsymbol{\xi}_2+\cdots+c_{n-r}\boldsymbol{\xi}_{n-r}$. 因此 $\{\boldsymbol{\beta}_1,\boldsymbol{\beta}_2,\cdots,\boldsymbol{\beta}_s\}$ 可由 $\{\boldsymbol{\xi}_1,\boldsymbol{\xi}_2,\cdots,\boldsymbol{\xi}_{n-r}\}$ 线性表出,由性质 3.3.2 得

$$R(\boldsymbol{\beta}_1,\boldsymbol{\beta}_2,\cdots,\boldsymbol{\beta}_s)\leqslant R(\boldsymbol{\xi}_1,\boldsymbol{\xi}_2,\cdots,\boldsymbol{\xi}_{n-r}).$$

又因为

$$R(\boldsymbol{B})=R(\boldsymbol{\beta}_1,\boldsymbol{\beta}_2,\cdots,\boldsymbol{\beta}_s),\ R(\boldsymbol{\xi}_1,\boldsymbol{\xi}_2,\cdots,\boldsymbol{\xi}_{n-r})\leqslant n-r=n-R(\boldsymbol{A}),$$

所以 $R(\boldsymbol{B})\leqslant n-R(\boldsymbol{A})$,即 $R(\boldsymbol{A})+R(\boldsymbol{B})\leqslant n$. □

二、向量组的线性相关性

定义 3.3.3 设向量组Ⅰ$=\{\boldsymbol{\alpha}_1,\boldsymbol{\alpha}_2,\cdots,\boldsymbol{\alpha}_s\}$,若存在不全为零的数 $k_1,k_2,\cdots,k_s$ 使得 $k_1\boldsymbol{\alpha}_1+k_2\boldsymbol{\alpha}_2+\cdots+k_s\boldsymbol{\alpha}_s=\boldsymbol{0}$,则称向量组Ⅰ线性相关. 否则,称Ⅰ线性无关.

一个向量组要么线性相关,要么线性无关,两者必居其一,且只居其一.

稍稍分析一下,我们看到,向量组 $\boldsymbol{\alpha}_1,\boldsymbol{\alpha}_2,\cdots,\boldsymbol{\alpha}_s$ 线性相关的充分必要条件是线性齐次方程组 $x_1\boldsymbol{\alpha}_1+x_2\boldsymbol{\alpha}_2+\cdots+x_s\boldsymbol{\alpha}_s=\boldsymbol{0}$ 有非零解. 而在上一节中我们已经证明,齐次线性方程组 $x_1\boldsymbol{\alpha}_1+x_2\boldsymbol{\alpha}_2+\cdots+x_s\boldsymbol{\alpha}_s=\boldsymbol{0}$ 有非零解的充分必要条件是其系数矩阵的秩严格小于未知数的个数 s,即

$$R(\boldsymbol{\alpha}_1,\boldsymbol{\alpha}_2,\cdots,\boldsymbol{\alpha}_s)<s.$$

这样我们就得到向量组线性相关(无关)的判别准则.

性质 3.3.4 向量组 $\{\boldsymbol{\alpha}_1,\boldsymbol{\alpha}_2,\cdots,\boldsymbol{\alpha}_s\}$ 线性相关当且仅当 $R(\boldsymbol{\alpha}_1,\boldsymbol{\alpha}_2,\cdots,\boldsymbol{\alpha}_s)<s$. 换言之,向量组 $\{\boldsymbol{\alpha}_1,\boldsymbol{\alpha}_2,\cdots,\boldsymbol{\alpha}_s\}$ 线性无关当且仅当 $R(\boldsymbol{\alpha}_1,\boldsymbol{\alpha}_2,\cdots,\boldsymbol{\alpha}_s)=s$.

对于具体给定的向量组,考察矩阵的秩并利用性质 3.3.4 就能判定该向量组是否线性相关. 例如,在例 3.3.1 中,因为

$$R(\boldsymbol{\alpha}_1,\boldsymbol{\alpha}_2)=R(\boldsymbol{\alpha}_1,\boldsymbol{\alpha}_2,\boldsymbol{\beta}_1)=2,$$

所以向量组 $\{\boldsymbol{\alpha}_1,\boldsymbol{\alpha}_2\}$ 线性无关,而向量组 $\{\boldsymbol{\alpha}_1,\boldsymbol{\alpha}_2,\boldsymbol{\beta}_1\}$ 线性相关.

例 3.3.3 已知向量组 $\boldsymbol{\alpha}_1=(1,2,1)$，$\boldsymbol{\alpha}_2=(1,1,3)$，$\boldsymbol{\alpha}_3=(a,a,6)$ 线性相关，求 a.

解 注意，行向量组与相应的列向量组有完全相同的线性关系，我们可以将行向量都改写成列向量. ①

$$(\boldsymbol{\alpha}_1,\boldsymbol{\alpha}_2,\boldsymbol{\alpha}_3)=\begin{pmatrix}1&1&a\\2&1&a\\1&3&6\end{pmatrix}\xrightarrow{r_2-r_1}\begin{pmatrix}1&1&a\\1&0&0\\1&3&6\end{pmatrix}.$$

计算行列式得 $|\boldsymbol{\alpha}_1,\boldsymbol{\alpha}_2,\boldsymbol{\alpha}_3|=-(6-3a)$. 因为 $\{\boldsymbol{\alpha}_1,\boldsymbol{\alpha}_2,\boldsymbol{\alpha}_3\}$ 线性相关当且仅当 $R(\boldsymbol{\alpha}_1,\boldsymbol{\alpha}_2,\boldsymbol{\alpha}_3)<3$，这也等价于 $|\boldsymbol{\alpha}_1,\boldsymbol{\alpha}_2,\boldsymbol{\alpha}_3|=0$，所以 a 的值恰为 2. □

对于一个向量组 $\Delta=\{\boldsymbol{\alpha}_1,\boldsymbol{\alpha}_2,\cdots,\boldsymbol{\alpha}_s\}$，如何证明它线性无关？我们分两种情形.

方法 1 假设 $\boldsymbol{\alpha}_i$ 都已经具体给出. 通过计算矩阵的秩，若能得到 $R(\boldsymbol{\alpha}_1,\boldsymbol{\alpha}_2,\cdots,\boldsymbol{\alpha}_s)=s$，则就证明了 Δ 的线性无关性.

方法 2 假设 Δ 是一个抽象的向量组，即 $\boldsymbol{\alpha}_i$ 没有具体给出，很多时候我们无法直接计算矩阵 $(\boldsymbol{\alpha}_1,\boldsymbol{\alpha}_2,\cdots,\boldsymbol{\alpha}_s)$ 的秩. 由线性无关的定义，我们看到：

$$\begin{aligned}\Delta\text{ 线性无关}&\Leftrightarrow\text{线性齐次方程组 } x_1\boldsymbol{\alpha}_1+x_2\boldsymbol{\alpha}_2+\cdots+x_s\boldsymbol{\alpha}_s=\mathbf{0}\text{ 只有零解}\\&\Leftrightarrow\text{从 } c_1\boldsymbol{\alpha}_1+c_2\boldsymbol{\alpha}_2+\cdots+c_s\boldsymbol{\alpha}_s=\mathbf{0}\text{ 能推出 } c_1=c_2=\cdots=c_s=0.\end{aligned}$$

这给出了证明向量组 Δ 线性无关的基本方法：先假设 Δ 的一个线性组合等于零，即设 $c_1\boldsymbol{\alpha}_1+c_2\boldsymbol{\alpha}_2+\cdots+c_s\boldsymbol{\alpha}_s=\mathbf{0}$，然后推演出所有系数 c_i 都等于 0，这样就证得 Δ 的线性无关性.

下面的例题都是关于线性相关、线性无关的基本性质，它们可作为已知结论直接应用.

例 3.3.4 设 $\{\boldsymbol{\alpha}_1,\boldsymbol{\alpha}_2,\cdots,\boldsymbol{\alpha}_m\}$ 是 n 维向量组，若 $m>n$，则该向量组线性相关.

证 显然矩阵 $(\boldsymbol{\alpha}_1,\boldsymbol{\alpha}_2,\cdots,\boldsymbol{\alpha}_m)$ 是 $n\times m$ 矩阵，故其秩 $R(\boldsymbol{\alpha}_1,\boldsymbol{\alpha}_2,\cdots,\boldsymbol{\alpha}_m)\leqslant n<m$，由性质 3.3.4 得结论. □

例 3.3.5 设向量 $\boldsymbol{\beta}$ 可以由向量组 $\{\boldsymbol{\alpha}_1,\boldsymbol{\alpha}_2,\cdots,\boldsymbol{\alpha}_s\}$ 线性表出，则表出方法唯一的充分必要条件是 $\{\boldsymbol{\alpha}_1,\boldsymbol{\alpha}_2,\cdots,\boldsymbol{\alpha}_s\}$ 线性无关.

证 由条件 $\boldsymbol{\beta}$ 可以表示为

$$\boldsymbol{\beta}=k_1\boldsymbol{\alpha}_1+k_2\boldsymbol{\alpha}_2+\cdots+k_s\boldsymbol{\alpha}_s. \tag{3.3.3}$$

(⇒) 设 $\boldsymbol{\beta}$ 由向量组 $\{\boldsymbol{\alpha}_1,\boldsymbol{\alpha}_2,\cdots,\boldsymbol{\alpha}_s\}$ 线性表出的方法唯一，我们用方法 2 来

---

① 本教材中的推演都是在向量写成列向量前提下进行的，为了避免将向量写成行向量后推导出现混乱和错误，建议初学者把行向量都改写成列向量.

证明$\{\boldsymbol{\alpha}_1,\boldsymbol{\alpha}_2,\cdots,\boldsymbol{\alpha}_s\}$线性无关. 设

$$c_1\boldsymbol{\alpha}_1+c_2\boldsymbol{\alpha}_2+\cdots+c_s\boldsymbol{\alpha}_s=\mathbf{0}. \tag{3.3.4}$$

则$\boldsymbol{\beta}$除了(3.3.3)式的表达方法外,还可以表示为

$$\boldsymbol{\beta}=(k_1+c_1)\boldsymbol{\alpha}_1+(k_2+c_2)\boldsymbol{\alpha}_2+\cdots+(k_s+c_s)\boldsymbol{\alpha}_s.$$

因为$\boldsymbol{\beta}$的表出方法唯一,所以$k_i+c_i=k_i$. 这就证明了(3.3.4)式中的所有系数c_i都等于零,故$\{\boldsymbol{\alpha}_1,\boldsymbol{\alpha}_2,\cdots,\boldsymbol{\alpha}_s\}$线性无关.

(⇐) 假设$\{\boldsymbol{\alpha}_1,\boldsymbol{\alpha}_2,\cdots,\boldsymbol{\alpha}_s\}$线性无关. 若$\boldsymbol{\beta}$还能表示为$\boldsymbol{\beta}=l_1\boldsymbol{\alpha}_1+l_2\boldsymbol{\alpha}_2+\cdots+l_s\boldsymbol{\alpha}_s$,则

$$k_1\boldsymbol{\alpha}_1+k_2\boldsymbol{\alpha}_2+\cdots+k_s\boldsymbol{\alpha}_s=l_1\boldsymbol{\alpha}_1+l_2\boldsymbol{\alpha}_2+\cdots+l_s\boldsymbol{\alpha}_s,$$

即

$$(k_1-l_1)\boldsymbol{\alpha}_1+(k_2-l_2)\boldsymbol{\alpha}_2+\cdots+(k_s-l_s)\boldsymbol{\alpha}_s=\mathbf{0}.$$

因为$\boldsymbol{\alpha}_1,\boldsymbol{\alpha}_2,\cdots,\boldsymbol{\alpha}_s$线性无关,所以上式中的系数全为零,即$k_1-l_1=k_2-l_2=\cdots=k_s-l_s=0$,故$k_i$与$l_i$都对应相等,即向量$\boldsymbol{\beta}$用向量组$\{\boldsymbol{\alpha}_1,\boldsymbol{\alpha}_2,\cdots,\boldsymbol{\alpha}_s\}$线性表出的方式唯一. □

例 3.3.6　设向量组$\{\boldsymbol{\alpha}_1,\boldsymbol{\alpha}_2,\cdots,\boldsymbol{\alpha}_s\}$线性无关,则向量$\boldsymbol{\beta}$可以由向量组$\{\boldsymbol{\alpha}_1,\boldsymbol{\alpha}_2,\cdots,\boldsymbol{\alpha}_s\}$线性表出的充分必要条件是$\{\boldsymbol{\alpha}_1,\boldsymbol{\alpha}_2,\cdots,\boldsymbol{\alpha}_s,\boldsymbol{\beta}\}$线性相关.

证　(⇒) 由条件,存在数字$k_1,k_2,\cdots,k_s$使得$\boldsymbol{\beta}=k_1\boldsymbol{\alpha}_1+k_2\boldsymbol{\alpha}_2+\cdots+k_s\boldsymbol{\alpha}_s$,故有不全为零的数$k_1,k_2,\cdots,k_s,-1$使得

$$k_1\boldsymbol{\alpha}_1+k_2\boldsymbol{\alpha}_2+\cdots+k_s\boldsymbol{\alpha}_s+(-1)\boldsymbol{\beta}=\mathbf{0},$$

由线性相关的定义知向量组$\boldsymbol{\alpha}_1,\boldsymbol{\alpha}_2,\cdots,\boldsymbol{\alpha}_s,\boldsymbol{\beta}$线性相关.

(⇐) 由条件,存在一组不全为零的数$k_1,k_2,\cdots,k_s,k$使得

$$k_1\boldsymbol{\alpha}_1+k_2\boldsymbol{\alpha}_2+\cdots+k_s\boldsymbol{\alpha}_s+k\boldsymbol{\beta}=\mathbf{0}.$$

假设$k=0$,则$k_1,k_2,\cdots,k_s$不全为零且$k_1\boldsymbol{\alpha}_1+k_2\boldsymbol{\alpha}_2+\cdots+k_s\boldsymbol{\alpha}_s=\mathbf{0}$,由定义知$\boldsymbol{\alpha}_1,\boldsymbol{\alpha}_2,\cdots,\boldsymbol{\alpha}_s$线性相关,矛盾. 故$k\neq0$,从而

$$\boldsymbol{\beta}=\left(-\frac{k_1}{k}\right)\boldsymbol{\alpha}_1+\left(-\frac{k_2}{k}\right)\boldsymbol{\alpha}_2+\cdots+\left(-\frac{k_s}{k}\right)\boldsymbol{\alpha}_s,$$

即$\boldsymbol{\beta}$可以由向量组$\boldsymbol{\alpha}_1,\boldsymbol{\alpha}_2,\cdots,\boldsymbol{\alpha}_s$线性表出. □

例 3.3.7　设Δ为向量组,下列结论成立:

(1) 若$\Delta=\{\boldsymbol{\alpha}\}$,即$\Delta$中仅含有一个向量,则$\Delta$线性相关当且仅当$\boldsymbol{\alpha}$为零向量;

(2) 若$\Delta=\{\boldsymbol{\alpha}_1,\boldsymbol{\alpha}_2,\cdots,\boldsymbol{\alpha}_s\}$,$s\geqslant2$,则$\Delta$线性相关当且仅当$\Delta$中有一个向量可以由其他向量线性表出.

证　(1) 若$\boldsymbol{\alpha}=\mathbf{0}$,则有非零数字1使得$1\times\boldsymbol{\alpha}=\mathbf{0}$,故$\{\boldsymbol{\alpha}\}$线性相关;若$\boldsymbol{\alpha}\neq\mathbf{0}$,则从$c\boldsymbol{\alpha}=\mathbf{0}$必能推出$c=0$,故$\{\boldsymbol{\alpha}\}$线性无关.

(2) ($\Leftarrow$) 设 $\boldsymbol{\alpha}_i=c_1\boldsymbol{\alpha}_1+\cdots+c_{i-1}\boldsymbol{\alpha}_{i-1}+c_{i+1}\boldsymbol{\alpha}_{i+1}+\cdots+c_s\boldsymbol{\alpha}_s$，则

$$c_1\boldsymbol{\alpha}_1+\cdots+c_{i-1}\boldsymbol{\alpha}_{i-1}-\boldsymbol{\alpha}_i+c_{i+1}\boldsymbol{\alpha}_{i+1}+\cdots+c_s\boldsymbol{\alpha}_s=\mathbf{0},$$

因为上式中 $\boldsymbol{\alpha}_i$ 前面为非零系数 -1，所以 Δ 线性相关.

($\Rightarrow$) 假设 Δ 线性相关，则有不全为零的数字 $c_1,c_2,\cdots,c_s$ 使得 $\sum\limits_{1\leqslant t\leqslant s}c_t\boldsymbol{\alpha}_t=\mathbf{0}$.

不妨设 $c_i\neq 0$，则 $\boldsymbol{\alpha}_i$ 可以表为 $\boldsymbol{\alpha}_i=\sum\limits_{j\neq i}\dfrac{-c_j}{c_i}\boldsymbol{\alpha}_j$，必要性成立. □

利用例 3.3.7(1)的证明方法，容易证明：若向量组 Δ 中含有零向量，或含有两个相等的向量，或含有一个线性相关的部分组(见下例)，则 Δ 一定线性相关.

例 3.3.8 设Ⅰ，Ⅱ为两个向量组，且Ⅰ是Ⅱ的部分组，则以下结论成立：

(1) 若Ⅰ线性相关，则Ⅱ也线性相关；

(2) 若Ⅱ线性无关，则Ⅰ也线性无关.

证 (1) 设 $\mathrm{I}=\{\boldsymbol{\alpha}_d\mid d\in\Lambda_1\}$，$\mathrm{II}=\{\boldsymbol{\alpha}_d\mid d\in\Lambda_2\}$，其中指标集合 Λ_1 为 Λ_2 的子集. 因为Ⅰ线性相关，所以存在不全为零的数 $c_d,d\in\Lambda_1$ 使得 $\sum\limits_{d\in\Lambda_1}c_d\boldsymbol{\alpha}_d=\mathbf{0}$，于是

$$\sum_{d\in\Lambda_1}c_d\boldsymbol{\alpha}_d+\sum_{d\in\Lambda_2-\Lambda_1}0\times\boldsymbol{\alpha}_d=\mathbf{0},$$

上式左边系数不全为零，故Ⅱ也线性相关.

(2) 因为命题(2)是命题(1)的逆否命题，所以由(1)即推出(2). □

例 3.3.9 两个等价的线性无关向量组必含有相同个数的向量.

证 设 $\{\boldsymbol{\alpha}_1,\boldsymbol{\alpha}_2,\cdots,\boldsymbol{\alpha}_s\}$ 和 $\{\boldsymbol{\beta}_1,\boldsymbol{\beta}_2,\cdots,\boldsymbol{\beta}_t\}$ 是两个线性无关向量组，且它们等价. 因为这两个向量组都线性无关，所以

$$R(\boldsymbol{\alpha}_1,\boldsymbol{\alpha}_2,\cdots,\boldsymbol{\alpha}_s)=s,R(\boldsymbol{\beta}_1,\boldsymbol{\beta}_2,\cdots,\boldsymbol{\beta}_t)=t.$$

又因为这两个向量组等价，由性质 3.3.2(2)得 $R(\boldsymbol{\alpha}_1,\boldsymbol{\alpha}_2,\cdots,\boldsymbol{\alpha}_s)=R(\boldsymbol{\beta}_1,\boldsymbol{\beta}_2,\cdots,\boldsymbol{\beta}_t)$，故 $s=t$，结论成立. □

§3.4 向量组的极大无关组和秩

一、向量组的极大无关组与秩

定义 3.4.1 设 Δ 是向量组，$\{\boldsymbol{\alpha}_1,\boldsymbol{\alpha}_2,\cdots,\boldsymbol{\alpha}_s\}$ 是 Δ 的部分组. 若

(1) $\boldsymbol{\alpha}_1,\boldsymbol{\alpha}_2,\cdots,\boldsymbol{\alpha}_s$ 线性无关，

(2) $\forall\boldsymbol{\beta}\in\Delta$，向量组 $\boldsymbol{\alpha}_1,\boldsymbol{\alpha}_2,\cdots,\boldsymbol{\alpha}_s,\boldsymbol{\beta}$ 都线性相关，

则称 $\boldsymbol{\alpha}_1,\boldsymbol{\alpha}_2,\cdots,\boldsymbol{\alpha}_s$ 是 Δ 的一个极大线性无关组，简称极大无关组.

上面的极大无关组的定义是自然的，其中，条件(1)即是说$\{\boldsymbol{\alpha}_1,\boldsymbol{\alpha}_2,\cdots,\boldsymbol{\alpha}_s\}$“线性无关”，条件(2)说的是$\{\boldsymbol{\alpha}_1,\boldsymbol{\alpha}_2,\cdots,\boldsymbol{\alpha}_s\}$是“极大的”线性无关组. 很多时候我们需要利用下面的等价定义，两个定义的等价性可由例3.3.6得到.

定义3.4.1′ 设Δ是一个向量组，$\{\boldsymbol{\alpha}_1,\boldsymbol{\alpha}_2,\cdots,\boldsymbol{\alpha}_s\}$是$\Delta$的一个部分向量组. 若

(1) $\boldsymbol{\alpha}_1,\boldsymbol{\alpha}_2,\cdots,\boldsymbol{\alpha}_s$线性无关，

(2) $\forall \boldsymbol{\beta}\in\Delta$，$\boldsymbol{\beta}$都可由$\boldsymbol{\alpha}_1,\boldsymbol{\alpha}_2,\cdots,\boldsymbol{\alpha}_s$线性表出，

则称$\{\boldsymbol{\alpha}_1,\boldsymbol{\alpha}_2,\cdots,\boldsymbol{\alpha}_s\}$是$\Delta$的一个极大线性无关组.

假设$\{\boldsymbol{\alpha}_1,\boldsymbol{\alpha}_2,\cdots,\boldsymbol{\alpha}_s\}$是$\Delta$的一个极大线性无关组，由定义3.4.1′知道，$\Delta$中任一向量都可由这个极大无关组线性表出. 进一步，由例3.3.5知道，Δ中任一向量由这个极大无关组线性表出的方式是唯一的.

下面我们首先考察向量组的极大无关组的存在性与唯一性. 若向量组Δ中只含有零向量，因为含有零向量的向量组必线性相关，所以此时Δ没有极大无关组. 若向量组Δ中含有非零向量，下面的性质告诉我们，此时Δ的极大无关组必存在，而且在某种意义下是唯一的.

性质3.4.1 设Δ是一个n维向量组，且Δ中至少含有一个非零向量，则

(1) Δ的极大无关组一定存在，且极大无关组中最多含有n个向量；

(2) Δ和它的任一极大无关组都等价；

(3) Δ的任意两个极大无关组都等价；

(4) Δ的极大无关组中含有的向量个数是唯一确定的.

证 (1) 由例3.3.4，Δ的任一线性无关的部分组至多含有n个向量. 利用这一事实，我们可以构造出Δ的一个极大无关组.

首先，取$\boldsymbol{\alpha}_1$为Δ的一个非零向量，则向量组$\{\boldsymbol{\alpha}_1\}$线性无关(例3.3.7). 若$\{\boldsymbol{\alpha}_1\}$上添加$\Delta$中任意一个向量后都线性相关，则$\{\boldsymbol{\alpha}_1\}$就是极大无关组；否则，有$\boldsymbol{\alpha}_2\in\Delta$使得$\{\boldsymbol{\alpha}_1,\boldsymbol{\alpha}_2\}$仍线性无关. 这样一直做下去，在有限步后必定得到$\Delta$的极大无关组. 这说明$\Delta$的极大无关组一定存在，且极大无关组中最多含有$n$个向量.

(2) 设Ⅰ是Δ的一个极大无关组，由定义3.4.1′我们看到Δ可由Ⅰ线性表出；反之，显然Ⅰ可由Δ线性表出，事实上，任取$\boldsymbol{\beta}\in$Ⅰ，$\boldsymbol{\beta}$可以表示为

$$\boldsymbol{\beta}=\boldsymbol{\beta}+\sum_{\boldsymbol{\alpha}\in\Delta,\boldsymbol{\alpha}\neq\boldsymbol{\beta}}0\times\boldsymbol{\alpha}.$$

故Δ与Ⅰ等价.

(3) 设Ⅰ和Ⅱ是Δ的两个极大无关组，由定义3.4.1′我们看到这两个向量组能相互线性表出，即它们等价.

(4) 任取 Δ 的两个极大无关组 Ⅰ 和 Ⅱ，因为它们等价，由例 3.3.9 推出 Ⅰ 和 Ⅱ 含有相同个数的向量. □

设 Δ 是一个向量组，若 Δ 中含有非零向量，我们把向量组 Δ 的极大无关组中含有的向量个数称为 Δ 的**秩**，记为 $R\{\Delta\}$；若向量组 Δ 只含有零向量，则 Δ 没有极大无关组，此时其秩定义为 0.

例 3.4.1 设向量组 Ⅰ 是向量组 Ⅱ 的部分组，则 $R\{\text{Ⅰ}\}\leqslant R\{\text{Ⅱ}\}$.

证 若 Ⅰ 中只含有零向量，则结论显然成立. 以下设 Ⅰ 中含有非零向量. 设 $R\{\text{Ⅱ}\}=r$，并设 $\{\boldsymbol{\alpha}_1,\boldsymbol{\alpha}_2,\cdots,\boldsymbol{\alpha}_r\}$ 为 Ⅱ 的一个极大无关组，再设部分组 Ⅰ 的极大无关组为 $\{\boldsymbol{\beta}_1,\boldsymbol{\beta}_2,\cdots,\boldsymbol{\beta}_s\}$. 由定义，$\{\boldsymbol{\beta}_1,\boldsymbol{\beta}_2,\cdots,\boldsymbol{\beta}_s\}$ 可由 $\{\boldsymbol{\alpha}_1,\boldsymbol{\alpha}_2,\cdots,\boldsymbol{\alpha}_r\}$ 线性表出，应用性质 3.3.4 和性质 3.3.2(1) 得

$$s=R(\boldsymbol{\beta}_1,\boldsymbol{\beta}_2,\cdots,\boldsymbol{\beta}_s)\leqslant R(\boldsymbol{\alpha}_1,\boldsymbol{\alpha}_2,\cdots,\boldsymbol{\alpha}_r)=r,$$

即 $R\{\text{Ⅰ}\}\leqslant R\{\text{Ⅱ}\}$. □

对于一个秩为 r 的向量组 Δ，由向量组秩的定义看到：Δ 中存在 r 个线性无关的向量，但不存在更多数目的线性无关向量.

例 3.4.2 设 Δ 是秩为 r 的向量组，若 $\boldsymbol{\alpha}_1,\boldsymbol{\alpha}_2,\cdots,\boldsymbol{\alpha}_r$ 是 Δ 中的一个线性无关向量组，则 $\boldsymbol{\alpha}_1,\boldsymbol{\alpha}_2,\cdots,\boldsymbol{\alpha}_r$ 就是 Δ 的一个极大无关组.

证 反设 $\{\boldsymbol{\alpha}_1,\boldsymbol{\alpha}_2,\cdots,\boldsymbol{\alpha}_r\}$ 不是极大无关组，由定义 3.4.1，存在 $\boldsymbol{\alpha}_{r+1}\in\Delta$ 使得 $\boldsymbol{\alpha}_1,\boldsymbol{\alpha}_2,\cdots,\boldsymbol{\alpha}_r,\boldsymbol{\alpha}_{r+1}$ 仍线性无关. 这就推出部分组 $\{\boldsymbol{\alpha}_1,\boldsymbol{\alpha}_2,\cdots,\boldsymbol{\alpha}_r,\boldsymbol{\alpha}_{r+1}\}$ 的秩大于 Δ 的秩，与上例矛盾. □

二、向量组的秩与矩阵的秩

给定一个向量组(行、列均可)，这些向量可以拼成一个矩阵；反之，给定一个矩阵，该矩阵的全部列(或行)向量也构成一个向量组. 前面我们定义了矩阵的秩，现在又定义了向量组的秩，下面的结论说明这些定义是一致的.

定理 3.4.1 矩阵的秩等于它的列向量组的秩，也等于它的行向量组的秩.

证 设矩阵 $\boldsymbol{A}_{m\times n}=(\boldsymbol{\alpha}_1,\boldsymbol{\alpha}_2,\cdots,\boldsymbol{\alpha}_n)$ 的秩为 r. 矩阵 $\boldsymbol{A}$ 可以经过初等行变换化为行最简形 $(\boldsymbol{\beta}_1,\boldsymbol{\beta}_2,\cdots,\boldsymbol{\beta}_n)$. 不妨设

$$(\boldsymbol{\beta}_1,\boldsymbol{\beta}_2,\cdots,\boldsymbol{\beta}_n)=\begin{pmatrix}\boldsymbol{E}_r & \boldsymbol{U}\\ \boldsymbol{O} & \boldsymbol{O}\end{pmatrix}, \tag{3.4.1}$$

于是

$$(\boldsymbol{\beta}_1,\boldsymbol{\beta}_2,\cdots,\boldsymbol{\beta}_r)=\begin{pmatrix}\boldsymbol{E}_r\\ \boldsymbol{O}\end{pmatrix}. \tag{3.4.2}$$

下面我们用定义 3.4.1′验证 $\{\boldsymbol{\alpha}_1,\boldsymbol{\alpha}_2,\cdots,\boldsymbol{\alpha}_r\}$ 为 $\boldsymbol{A}$ 的列向量组的极大无关组. 首先，由(3.4.2)式得 $R(\boldsymbol{\beta}_1,\boldsymbol{\beta}_2,\cdots,\boldsymbol{\beta}_r)=r$，所以

$$R(\boldsymbol{\alpha}_1,\boldsymbol{\alpha}_2,\cdots,\boldsymbol{\alpha}_r)=R(\boldsymbol{\beta}_1,\boldsymbol{\beta}_2,\cdots,\boldsymbol{\beta}_r)=r,$$

得$\{\boldsymbol{\alpha}_1,\boldsymbol{\alpha}_2,\cdots,\boldsymbol{\alpha}_r\}$线性无关.又由(3.4.1)式易见$\boldsymbol{\beta}_{r+1},\boldsymbol{\beta}_{r+2},\cdots,\boldsymbol{\beta}_n$都可以由$\{\boldsymbol{\beta}_1,\boldsymbol{\beta}_2,\cdots,\boldsymbol{\beta}_r\}$线性表出,由性质3.3.3推出,$\boldsymbol{\alpha}_{r+1},\boldsymbol{\alpha}_{r+2},\cdots,\boldsymbol{\alpha}_n$都可以由$\{\boldsymbol{\alpha}_1,\boldsymbol{\alpha}_2,\cdots,\boldsymbol{\alpha}_r\}$线性表出,因此$\boldsymbol{A}$的列向量组$\{\boldsymbol{\alpha}_1,\boldsymbol{\alpha}_2,\cdots,\boldsymbol{\alpha}_n\}$可由$\{\boldsymbol{\alpha}_1,\boldsymbol{\alpha}_2,\cdots,\boldsymbol{\alpha}_r\}$线性表出,故$\{\boldsymbol{\alpha}_1,\boldsymbol{\alpha}_2,\cdots,\boldsymbol{\alpha}_r\}$为$\boldsymbol{A}$的列向量组的一个极大无关组.由向量组秩的定义得$\boldsymbol{A}$的列向量组的秩也为$r$,即矩阵$\boldsymbol{A}$的秩等于矩阵$\boldsymbol{A}$的列向量组的秩.

再者,设$\boldsymbol{A}$的行向量组为$\boldsymbol{\mu}_1,\boldsymbol{\mu}_2,\cdots,\boldsymbol{\mu}_m$.考察$\boldsymbol{A}^{\mathrm{T}}$,由上段结论知矩阵$\boldsymbol{A}^{\mathrm{T}}$的秩等于$\boldsymbol{A}^{\mathrm{T}}$的列向量组的秩,即

$$R(\boldsymbol{A}^{\mathrm{T}})=R\{\boldsymbol{\mu}_1^{\mathrm{T}},\boldsymbol{\mu}_2^{\mathrm{T}},\cdots,\boldsymbol{\mu}_m^{\mathrm{T}}\}.$$

注意到

$$R(\boldsymbol{A})=R(\boldsymbol{A}^{\mathrm{T}}),R\{\boldsymbol{\mu}_1^{\mathrm{T}},\boldsymbol{\mu}_2^{\mathrm{T}},\cdots,\boldsymbol{\mu}_m^{\mathrm{T}}\}=R\{\boldsymbol{\mu}_1,\boldsymbol{\mu}_2,\cdots,\boldsymbol{\mu}_m\},$$

得$R(\boldsymbol{A})=R\{\boldsymbol{\mu}_1,\boldsymbol{\mu}_2,\cdots,\boldsymbol{\mu}_m\}$,即矩阵$\boldsymbol{A}$的秩也等于矩阵$\boldsymbol{A}$的行向量组的秩. □

由定理3.4.1,我们可以将性质3.3.2改写为:向量组Ⅰ可由向量组Ⅱ线性表出的充分必要条件为$R\{\text{Ⅰ}\}=R\{\text{Ⅰ},\text{Ⅱ}\}$,且此时有$R\{\text{Ⅰ}\}\leqslant R\{\text{Ⅱ}\}$;向量组Ⅰ与向量组Ⅱ等价的充分必要条件是$R\{\text{Ⅰ}\}=R\{\text{Ⅱ}\}=R\{\text{Ⅰ},\text{Ⅱ}\}$.

三、算法

对于给定的一个向量组,下面将给出求它的秩及它的一个极大线性无关组的算法.在此之前,先给出性质3.4.2,它是上一节性质3.3.3的细化.

性质3.4.2　设$\text{Ⅰ}=\{\boldsymbol{\alpha}_1,\boldsymbol{\alpha}_2,\cdots,\boldsymbol{\alpha}_m\}$,$\text{Ⅱ}=\{\boldsymbol{\alpha}_1',\boldsymbol{\alpha}_2',\cdots,\boldsymbol{\alpha}_m'\}$是两个向量组,且$(\boldsymbol{\alpha}_1,\boldsymbol{\alpha}_2,\cdots,\boldsymbol{\alpha}_m)$经过初等行变换化为$(\boldsymbol{\alpha}_1',\boldsymbol{\alpha}_2',\cdots,\boldsymbol{\alpha}_m')$,任取$k,t_1,t_2,\cdots,t_d\in\{1,2,\cdots,m\}$,有以下结论成立:

(1) $\boldsymbol{\alpha}_k'=c_1\boldsymbol{\alpha}_{t_1}'+c_2\boldsymbol{\alpha}_{t_2}'+\cdots+c_d\boldsymbol{\alpha}_{t_d}'$当且仅当$\boldsymbol{\alpha}_k=c_1\boldsymbol{\alpha}_{t_1}+c_2\boldsymbol{\alpha}_{t_2}+\cdots+c_d\boldsymbol{\alpha}_{t_d}$;

(2) $\{\boldsymbol{\alpha}_{t_1},\boldsymbol{\alpha}_{t_2},\cdots,\boldsymbol{\alpha}_{t_d}\}$线性无关(相关)当且仅当$\{\boldsymbol{\alpha}_{t_1}',\boldsymbol{\alpha}_{t_2}',\cdots,\boldsymbol{\alpha}_{t_d}'\}$线性无关(相关);

(3) $\boldsymbol{\alpha}_{t_1},\boldsymbol{\alpha}_{t_2},\cdots,\boldsymbol{\alpha}_{t_d}$为Ⅰ的极大无关组当且仅当$\boldsymbol{\alpha}_{t_1}',\boldsymbol{\alpha}_{t_2}',\cdots,\boldsymbol{\alpha}_{t_d}'$为Ⅱ的极大无关组;

(4) $R\{\boldsymbol{\alpha}_{t_1},\boldsymbol{\alpha}_{t_2},\cdots,\boldsymbol{\alpha}_{t_d}\}=R\{\boldsymbol{\alpha}_{t_1}',\boldsymbol{\alpha}_{t_2}',\cdots,\boldsymbol{\alpha}_{t_d}'\}$.

证　(1) 由性质3.3.3立得.

(2) 因为矩阵$(\boldsymbol{\alpha}_1,\boldsymbol{\alpha}_2,\cdots,\boldsymbol{\alpha}_m)$经过初等行变换化为矩阵$(\boldsymbol{\alpha}_1',\boldsymbol{\alpha}_2',\cdots,\boldsymbol{\alpha}_m')$,所以在同样的初等行变换下$(\boldsymbol{\alpha}_{t_1},\boldsymbol{\alpha}_{t_2},\cdots,\boldsymbol{\alpha}_{t_d})$化为$(\boldsymbol{\alpha}_{t_1}',\boldsymbol{\alpha}_{t_2}',\cdots,\boldsymbol{\alpha}_{t_d}')$.由线性无关的定义及性质3.3.3即得结论(2).

(3) 由(1)和(2)及极大无关组的定义3.4.1′立得.

(4) 因为矩阵$(\boldsymbol{\alpha}_1,\boldsymbol{\alpha}_2,\cdots,\boldsymbol{\alpha}_m)$经过初等行变换化为矩阵$(\boldsymbol{\alpha}_1',\boldsymbol{\alpha}_2',\cdots,\boldsymbol{\alpha}_m')$,所

以在同样的初等行变换下$(\boldsymbol{\alpha}_{t_1},\boldsymbol{\alpha}_{t_2},\cdots,\boldsymbol{\alpha}_{t_d})$化为$(\boldsymbol{\alpha}'_{t_1},\boldsymbol{\alpha}'_{t_2},\cdots,\boldsymbol{\alpha}'_{t_d})$. 故 $R(\boldsymbol{\alpha}_{t_1},\boldsymbol{\alpha}_{t_2},\cdots,\boldsymbol{\alpha}_{t_d})=R(\boldsymbol{\alpha}'_{t_1},\boldsymbol{\alpha}'_{t_2},\cdots,\boldsymbol{\alpha}'_{t_d})$. 由定理 3.4.1 有 $R\{\boldsymbol{\alpha}_{t_1},\boldsymbol{\alpha}_{t_2},\cdots,\boldsymbol{\alpha}_{t_d}\}=R\{\boldsymbol{\alpha}'_{t_1},\boldsymbol{\alpha}'_{t_2},\cdots,\boldsymbol{\alpha}'_{t_d}\}$.

□

需要注意的是,在性质 3.4.2 的条件下,向量组Ⅰ和向量组Ⅱ一般不等价.

例 3.4.3 求向量组 $\Delta=\{\boldsymbol{\alpha}_1,\boldsymbol{\alpha}_2,\cdots,\boldsymbol{\alpha}_5\}$的秩及其一个极大无关组,并将其余向量用该极大无关组线性表出,其中 $\boldsymbol{\alpha}_1,\boldsymbol{\alpha}_2,\cdots,\boldsymbol{\alpha}_5$ 分别为

$$\begin{pmatrix}1\\-1\\0\\1\end{pmatrix},\begin{pmatrix}0\\1\\0\\1\end{pmatrix},\begin{pmatrix}-1\\0\\0\\-2\end{pmatrix},\begin{pmatrix}0\\0\\1\\1\end{pmatrix},\begin{pmatrix}4\\-1\\-3\\4\end{pmatrix}.$$

解 记 $\boldsymbol{A}=(\boldsymbol{\alpha}_1,\boldsymbol{\alpha}_2,\cdots,\boldsymbol{\alpha}_5)$,将它用初等行变换化为行最简形矩阵.

$$\boldsymbol{A}\xrightarrow[r_4-r_1]{r_2+r_1}\begin{pmatrix}1&0&-1&0&4\\0&1&-1&0&3\\0&0&0&1&-3\\0&1&-1&1&0\end{pmatrix}\xrightarrow[r_4-r_3]{r_4-r_2}\begin{pmatrix}1&0&-1&0&4\\0&1&-1&0&3\\0&0&0&1&-3\\0&0&0&0&0\end{pmatrix}:=(\boldsymbol{\beta}_1,\boldsymbol{\beta}_2,\cdots,\boldsymbol{\beta}_5),$$

由定理 3.4.1 得

$$R\{\Delta\}=R(\boldsymbol{A})=R(\boldsymbol{\beta}_1,\boldsymbol{\beta}_2,\cdots,\boldsymbol{\beta}_5)=3.$$

由上面的初等行变换及性质 3.4.2 还有

$$R\{\boldsymbol{\alpha}_1,\boldsymbol{\alpha}_2,\boldsymbol{\alpha}_4\}=R\{\boldsymbol{\beta}_1,\boldsymbol{\beta}_2,\boldsymbol{\beta}_4\}=3,$$

因此 $\boldsymbol{\alpha}_1,\boldsymbol{\alpha}_2,\boldsymbol{\alpha}_4$ 线性无关. 现在向量组 Δ 的秩为 3,且 $\boldsymbol{\alpha}_1,\boldsymbol{\alpha}_2,\boldsymbol{\alpha}_4$ 是该向量组的三个线性无关向量,由例 3.4.2 知道$\{\boldsymbol{\alpha}_1,\boldsymbol{\alpha}_2,\boldsymbol{\alpha}_4\}$是 Δ 的一个极大无关组.

易见 $\boldsymbol{\beta}_5=4\boldsymbol{\beta}_1+3\boldsymbol{\beta}_2-3\boldsymbol{\beta}_4$,因为向量组$\{\boldsymbol{\alpha}_1,\boldsymbol{\alpha}_2,\cdots,\boldsymbol{\alpha}_5\}$和向量组$\{\boldsymbol{\beta}_1,\boldsymbol{\beta}_2,\cdots,\boldsymbol{\beta}_5\}$有相同的线性关系(性质 3.4.2),所以有 $\boldsymbol{\alpha}_5=4\boldsymbol{\alpha}_1+3\boldsymbol{\alpha}_2-3\boldsymbol{\alpha}_4$,同理 $\boldsymbol{\alpha}_3=-\boldsymbol{\alpha}_1-\boldsymbol{\alpha}_2+0\boldsymbol{\alpha}_4$.

□

§3.5 线性方程组解的结构

一、齐次线性方程组的基础解系

假设 3.5.1 设齐次线性方程组

$$\boldsymbol{A}_{m\times n}\boldsymbol{X}=\boldsymbol{0},\tag{3.5.1}$$

其中 $R(\boldsymbol{A})=r$,令 V 是该方程组的所有解向量构成的集合.

在假设 3.5.1 下,易见方程组(3.5.1)含有 m 个方程,含有 n 个未知数,V

是一个 n 维向量组.

性质 3.5.1 在假设 3.5.1 下,若 $\boldsymbol{\alpha}_1,\boldsymbol{\alpha}_2,\cdots,\boldsymbol{\alpha}_s$ 都是方程组(3.5.1)的解,则 $\boldsymbol{\alpha}_1,\boldsymbol{\alpha}_2,\cdots,\boldsymbol{\alpha}_s$ 的任意线性组合仍是方程组(3.5.1)的解.

特别地,若 $\boldsymbol{\alpha},\boldsymbol{\beta}$ 都是方程组(3.5.1)的解,则 $\boldsymbol{\alpha}+\boldsymbol{\beta}$ 和 $k\boldsymbol{\alpha}$ 都是方程组(3.5.1)的解,其中 k 是任意数字. 换言之,集合 V 关于加法和数乘封闭.

证 设 $\sum\limits_{1\leqslant i\leqslant d} c_i\boldsymbol{\alpha}_i$ 为 $\boldsymbol{\alpha}_1,\boldsymbol{\alpha}_2,\cdots,\boldsymbol{\alpha}_s$的一个线性组合,因为

$$\boldsymbol{A}\Big(\sum_{1\leqslant i\leqslant d} c_i\boldsymbol{\alpha}_i\Big)=\sum_{1\leqslant i\leqslant d} c_i\boldsymbol{A}\boldsymbol{\alpha}_i=\sum_{1\leqslant i\leqslant d} c_i\boldsymbol{0}=\boldsymbol{0},$$

所以 $\sum\limits_{1\leqslant i\leqslant d} c_i\boldsymbol{\alpha}_i$ 仍是方程组(3.5.1)的解. □

若 $r=n$,则方程组(3.5.1)只有零解,即 $V=\{\boldsymbol{0}\}$. 下面考察 $r<n$ 的情形.

回忆§3.1中的推演,我们知道方程组(3.5.1)恰有 $n-r$ 个自由未知数. 不妨设 $x_{r+1},x_{r+2},\cdots,x_n$ 是自由未知数,则方程组(3.5.1)可以化为

$$\begin{cases} x_1=-c_{1,r+1}x_{r+1}-c_{1,r+2}x_{r+2}-\cdots-c_{1n}x_n, \\ x_2=-c_{2,r+1}x_{r+1}-c_{2,r+2}x_{r+2}-\cdots-c_{2n}x_n, \\ \vdots \\ x_r=-c_{r,r+1}x_{r+1}-c_{r,r+2}x_{r+2}-\cdots-c_{rn}x_n, \\ x_{r+1}=x_{r+1}, \\ x_{r+2}=x_{r+2}, \\ \vdots \\ x_n=x_n. \end{cases} \tag{3.5.2}$$

得方程组(3.5.1)的通解

$$\boldsymbol{X}=u_1\boldsymbol{\xi}_1+u_2\boldsymbol{\xi}_2+\cdots+u_{n-r}\boldsymbol{\xi}_{n-r}. \tag{3.5.3}$$

其中 $u_1,u_2,\cdots,u_{n-r}$是任意常数,且

$$\boldsymbol{\xi}_1=\begin{pmatrix} -c_{1,r+1} \\ -c_{2,r+1} \\ \vdots \\ -c_{r,r+1} \\ 1 \\ 0 \\ \vdots \\ 0 \end{pmatrix},\boldsymbol{\xi}_2=\begin{pmatrix} -c_{1,r+2} \\ -c_{2,r+2} \\ \vdots \\ -c_{r,r+2} \\ 0 \\ 1 \\ \vdots \\ 0 \end{pmatrix},\cdots,\boldsymbol{\xi}_{n-r}=\begin{pmatrix} -c_{1n} \\ -c_{2n} \\ \vdots \\ -c_{rn} \\ 0 \\ 0 \\ \vdots \\ 1 \end{pmatrix}. \tag{3.5.4}$$

考察方程组(3.5.2),只要依次将

$$\begin{pmatrix} x_{r+1} \\ x_{r+2} \\ \vdots \\ x_n \end{pmatrix} = \begin{pmatrix} 1 \\ 0 \\ \vdots \\ 0 \end{pmatrix}, \begin{pmatrix} 0 \\ 1 \\ \vdots \\ 0 \end{pmatrix}, \cdots, \begin{pmatrix} 0 \\ 0 \\ \vdots \\ 1 \end{pmatrix}$$

代入方程组，就分别得到 $\boldsymbol{\xi}_1, \boldsymbol{\xi}_2, \cdots, \boldsymbol{\xi}_{n-r}$，这说明 $\boldsymbol{\xi}_1, \boldsymbol{\xi}_2, \cdots, \boldsymbol{\xi}_{n-r}$ **是齐次线性方程组(3.5.1)的** $n-r$ **个解向量**. 考察矩阵

$$(\boldsymbol{\xi}_1, \boldsymbol{\xi}_2, \cdots, \boldsymbol{\xi}_{n-r})_{n\times(n-r)},$$

它下方的 $n-r$ 级子矩阵是单位矩阵，因此有一个 $n-r$ 级子式不为零，所以

$$R(\boldsymbol{\xi}_1, \boldsymbol{\xi}_2, \cdots, \boldsymbol{\xi}_{n-r}) = n-r.$$

这说明 $\boldsymbol{\xi}_1, \boldsymbol{\xi}_2, \cdots, \boldsymbol{\xi}_{n-r}$ **是方程组(3.5.1)的** $n-r$ **个线性无关的解向量**，即 $\boldsymbol{\xi}_1, \boldsymbol{\xi}_2, \cdots, \boldsymbol{\xi}_{n-r}$ 是向量组 V 的线性无关的部分组. 再者，任取 $\boldsymbol{\beta} \in V$，因为(3.5.3)式是方程组(3.5.1)的通解，所以 $\boldsymbol{\beta}$ 一定能写成 $\boldsymbol{\xi}_1, \boldsymbol{\xi}_2, \cdots, \boldsymbol{\xi}_{n-r}$ 的线性组合，由极大无关组的定义 3.4.1，推出 $\{\boldsymbol{\xi}_1, \boldsymbol{\xi}_2, \cdots, \boldsymbol{\xi}_{n-r}\}$ **恰为向量组** V **的一个极大无关组**.

一般地，V 的任意一个极大无关组都称为齐次线性方程组(3.5.1)的一个**基础解系**. 特别地，上面的 $\boldsymbol{\xi}_1, \boldsymbol{\xi}_2, \cdots, \boldsymbol{\xi}_{n-r}$ 就是方程组(3.5.1)的一个基础解系.

关于齐次线性方程组(3.5.1)的基础解系，作如下两点说明：

(1) 当 $r=n$ 时，齐次线性方程组只有零解，即 $V=\{\mathbf{0}\}$，因此 V 没有极大无关组，故基础解系不存在.

(2) 当 $r<n$ 时，方程组(3.5.1)的基础解系必存在. 因为向量组 V 的极大无关组不唯一，所以方程组(3.5.1)的基础解系也不唯一，但基础解系中含有的向量个数是确定的，而且这个数字恰是

$$R\{V\} = n-r = \text{未知数个数} - \text{系数矩阵的秩}.$$

下面我们来考察方程组(3.5.1)的通解与该方程组的基础解系之间的关系.

性质 3.5.2 在假设 3.5.1 下，设 $r<n$，$\boldsymbol{\gamma}_1, \boldsymbol{\gamma}_2, \cdots, \boldsymbol{\gamma}_{n-r}$ 是方程组(3.5.1)的 $n-r$ 个解向量，即 $\Delta=\{\boldsymbol{\gamma}_1, \boldsymbol{\gamma}_2, \cdots, \boldsymbol{\gamma}_{n-r}\}$ 是 V 的恰含有 $n-r$ 个向量的部分组，则以下命题等价：

(1) Δ 线性无关；

(2) Δ 为该方程组的基础解系；

(3) 该方程组的通解为 $d_1\boldsymbol{\gamma}_1 + d_2\boldsymbol{\gamma}_2 + \cdots + d_{n-r}\boldsymbol{\gamma}_{n-r}$，其中 $d_1, d_2, \cdots, d_{n-r}$ 为任意数字.

证 由前面的分析有 $R\{V\} = n-r$.

(1)⇒(2) 注意到 $R\{V\} = n-r$，由例 3.4.2 即得 Δ 为 V 的一个极大无关

组,因此 Δ 是线性齐次方程组(3.5.1)的一个基础解系.

(2)⇒(3) 假设 Δ 是该方程组的基础解系,则 Δ 是 V 的一个极大无关组,因此该方程组的任一解向量(即 V 中向量)都可以写成 Δ 的一个线性组合,即能表达为 $d_1\boldsymbol{\gamma}_1+d_2\boldsymbol{\gamma}_2+\cdots+d_{n-r}\boldsymbol{\gamma}_{n-r}$ 的形式. 又对于 $d_1,d_2,\cdots,d_{n-r}$ 的任意一组取值,由性质 3.5.1 知道,$d_1\boldsymbol{\gamma}_1+d_2\boldsymbol{\gamma}_2+\cdots+d_{n-r}\boldsymbol{\gamma}_{n-r}$ 必是方程组(3.5.1)的解. 由通解定义看到,该方程组的通解为 $d_1\boldsymbol{\gamma}_1+d_2\boldsymbol{\gamma}_2+\cdots+d_{n-r}\boldsymbol{\gamma}_{n-r}$.

(3)⇒(1) 假设该方程组的通解为 $d_1\boldsymbol{\gamma}_1+d_2\boldsymbol{\gamma}_2+\cdots+d_{n-r}\boldsymbol{\gamma}_{n-r}$. 由通解的定义知,该方程组的任意一个解都能写成 Δ 的线性组合,即向量组 V 可由向量组 Δ 线性表出,从而 $R\{V\}\leqslant R\{\Delta\}$. 此时必有 $R\{\Delta\}=R\{V\}=n-r$,故向量组Ⅰ线性无关. □

现在我们将齐次线性方程组的解的结构定理叙述如下.

定理 3.5.1 设齐次线性方程组 $\mathbf{A}_{m\times n}\boldsymbol{X}=\mathbf{0}$,$R(\mathbf{A})=r$.

(1) 若 $r=n$,则方程组只有零解;

(2) 若 $r<n$,则方程组的通解为 $c_1\boldsymbol{\xi}_1+c_2\boldsymbol{\xi}_2+\cdots+c_{n-r}\boldsymbol{\xi}_{n-r}$,其中 $\boldsymbol{\xi}_1,\boldsymbol{\xi}_2,\cdots,\boldsymbol{\xi}_{n-r}$ 为方程组的一个基础解系,$c_1,c_2,\cdots,c_{n-r}$ 为任意数字.

证 由推论 3.2.1 及性质 3.5.2 立得. □

例 3.5.1 写出下面的齐次线性方程组的一个基础解系和通解.

$$\begin{cases}2x_1+x_2-2x_3+3x_4=0,\\3x_1+2x_2-x_3+2x_4=0,\\x_1+x_2+x_3-x_4=0.\end{cases}$$

解 对该方程组的系数矩阵 $\mathbf{A}$ 作初等行变换将其化为行最简形:

$$\mathbf{A}=\begin{pmatrix}2&1&-2&3\\3&2&-1&2\\1&1&1&-1\end{pmatrix}\xrightarrow[r_3-2r_1]{\substack{r_1\leftrightarrow r_3\\ r_2-3r_1}}\begin{pmatrix}1&1&1&-1\\0&-1&-4&5\\0&-1&-4&5\end{pmatrix}$$

$$\xrightarrow[(-1)\times r_2]{\substack{r_1+r_2\\ r_3-r_2}}\begin{pmatrix}1&0&-3&4\\0&1&4&-5\\0&0&0&0\end{pmatrix}.$$

将 x_3,x_4 作为自由未知数,方程组化为

$$\begin{cases}x_1=3x_3-4x_4,\\x_2=-4x_3+5x_4.\end{cases}\tag{3.5.5}$$

下面我们用两种方法来求解.

方法 1 先求出通解,再求基础解系,即为§3.2 中的方法. 方程组(3.5.5)等价于

$$\begin{cases} x_1 = 3x_3 - 4x_4, \\ x_2 = -4x_3 + 5x_4, \\ x_3 = x_3, \\ x_4 = x_4. \end{cases}$$

所以方程组的通解为 $\boldsymbol{X} = c_1\boldsymbol{\xi}_1 + c_2\boldsymbol{\xi}_2$，其中

$$\boldsymbol{\xi}_1 = \begin{pmatrix} 3 \\ -4 \\ 1 \\ 0 \end{pmatrix}, \boldsymbol{\xi}_2 = \begin{pmatrix} -4 \\ 5 \\ 0 \\ 1 \end{pmatrix},$$

c_1, c_2 为任意常数. 由定理 3.5.1 得 $\{\boldsymbol{\xi}_1, \boldsymbol{\xi}_2\}$ 为该方程组的一个基础解系.

方法 2 先求基础解系，再求通解. 在方程组(3.5.5)中分别取自由未知数向量为

$$\begin{pmatrix} x_3 \\ x_4 \end{pmatrix} = \begin{pmatrix} 1 \\ 0 \end{pmatrix}, \begin{pmatrix} x_3 \\ x_4 \end{pmatrix} = \begin{pmatrix} 0 \\ 1 \end{pmatrix},$$

也得到原方程组的一个基础解系 $\{\boldsymbol{\xi}_1, \boldsymbol{\xi}_2\}$，其中

$$\boldsymbol{\xi}_1 = \begin{pmatrix} 3 \\ -4 \\ 1 \\ 0 \end{pmatrix}, \boldsymbol{\xi}_2 = \begin{pmatrix} -4 \\ 5 \\ 0 \\ 1 \end{pmatrix}.$$

故该方程组的通解为 $\boldsymbol{X} = c_1\boldsymbol{\xi}_1 + c_2\boldsymbol{\xi}_2$，其中 c_1, c_2 是任意常数. □

二、非齐次线性方程组的解的结构

接下来，我们考察非齐次线性方程组

$$\boldsymbol{A}_{m\times n}\boldsymbol{X} = \boldsymbol{\beta}, \tag{3.5.6}$$

它对应的齐次线性方程组为 $\boldsymbol{AX} = \boldsymbol{0}$，即方程组(3.5.1).

性质 3.5.3 (1) 若 $\boldsymbol{\alpha}_1, \boldsymbol{\alpha}_2$ 是方程组(3.5.6)的两个解向量，则 $\boldsymbol{\alpha}_1 - \boldsymbol{\alpha}_2$ 是方程组(3.5.1)的一个解向量；

(2) 若 $\boldsymbol{\alpha}$ 是方程组(3.5.6)的一个解向量，而 $\boldsymbol{\gamma}$ 是方程组(3.5.1)的一个解向量，则 $\boldsymbol{\alpha} + \boldsymbol{\gamma}$ 是方程组(3.5.6)的解向量.

证 简单验证即得，细节留给读者. □

由§3.2 中的讨论，参见§3.2 中的(3.2.3)式和(3.2.4)式，方程组(3.5.6)的通解为

$$\boldsymbol{X} = c_1\boldsymbol{\xi}_1 + c_2\boldsymbol{\xi}_2 + \cdots + c_{n-r}\boldsymbol{\xi}_{n-r} + \boldsymbol{\eta}, \tag{3.5.7}$$

其中 $c_1,c_2,\cdots,c_{n-r}$ 是任意常数，且 $c_1\boldsymbol{\xi}_1+c_2\boldsymbol{\xi}_2+\cdots+c_{n-r}\boldsymbol{\xi}_{n-r}$ 为对应齐次线性方程组的通解，也即 $\{\boldsymbol{\xi}_1,\boldsymbol{\xi}_2,\cdots,\boldsymbol{\xi}_{n-r}\}$ 为方程组(3.5.1)的一个基础解系. 在通解(3.5.7)中，令 $c_1=c_2=\cdots=c_{n-r}=0$，我们看到 $\boldsymbol{\eta}$ 是方程组(3.5.6)的解. 一般地，方程组(3.5.6)的一个具体的确定的解向量，称为该方程组的一个**特解**.

现在，通解(3.5.7)式可以简单地叙述为：**非齐次线性方程组的通解等于对应齐次线性方程组的通解加上它自身的一个特解.**

从下面的例子可以看出，**非齐次线性方程组的一个特解加上对应齐次方程组的通解也一定是原方程组的通解.**

例 3.5.2　设 $\boldsymbol{\sigma}$ 是方程组(3.5.6)的任一特解，$\{\boldsymbol{\xi}_1,\boldsymbol{\xi}_2,\cdots,\boldsymbol{\xi}_{n-r}\}$ 是对应齐次线性方程组(3.5.1)的一个基础解系，则

$$c_1\boldsymbol{\xi}_1+c_2\boldsymbol{\xi}_2+\cdots+c_{n-r}\boldsymbol{\xi}_{n-r}+\boldsymbol{\sigma} \tag{3.5.8}$$

就是方程组(3.5.6)的通解，其中 $c_1,c_2,\cdots,c_{n-r}$ 为任意常数.

证　设 $\boldsymbol{\gamma}$ 是方程组(3.5.6)的任一解. 由性质 3.5.3(1)，$\boldsymbol{\gamma}-\boldsymbol{\sigma}$ 是对应齐次线性方程组的解，故 $\boldsymbol{\gamma}-\boldsymbol{\sigma}$ 可写成 $\boldsymbol{\xi}_1,\boldsymbol{\xi}_2,\cdots,\boldsymbol{\xi}_{n-r}$ 的一个线性组合，于是 $\boldsymbol{\gamma}$ 能表示为(3.5.8)的形式.

再者，任取 $c_1,c_2,\cdots,c_{n-r}$ 的一组具体取值，因为 $\boldsymbol{A}(c_1\boldsymbol{\xi}_1+c_2\boldsymbol{\xi}_2+\cdots+c_{n-r}\boldsymbol{\xi}_{n-r}+\boldsymbol{\sigma})=c_1\boldsymbol{A}\boldsymbol{\xi}_1+c_2\boldsymbol{A}\boldsymbol{\xi}_2+\cdots+c_{n-r}\boldsymbol{A}\boldsymbol{\xi}_{n-r}+\boldsymbol{A}\boldsymbol{\sigma}=\boldsymbol{\beta}$，故 $c_1\boldsymbol{\xi}_1+c_2\boldsymbol{\xi}_2+\cdots+c_{n-r}\boldsymbol{\xi}_{n-r}+\boldsymbol{\sigma}$ 必是方程组(3.5.6)的解. 由通解的定义知，(3.5.8)式是方程组(3.5.6)的通解. □

例 3.5.3　已知 $\boldsymbol{\alpha}_1,\boldsymbol{\alpha}_2,\boldsymbol{\alpha}_3$ 是线性方程组 $\boldsymbol{A}_{3\times4}\boldsymbol{X}=\boldsymbol{\beta}$ 的 3 个线性无关的解向量，且 $R(\boldsymbol{A})=2$，求该方程组的通解.

解　由性质 3.5.3，$\boldsymbol{\alpha}_1-\boldsymbol{\alpha}_2,\boldsymbol{\alpha}_1-\boldsymbol{\alpha}_3$ 是齐次线性方程组 $\boldsymbol{AX}=\boldsymbol{0}$ 的两个解向量.

(1) 我们断言 $\boldsymbol{\alpha}_1-\boldsymbol{\alpha}_2,\boldsymbol{\alpha}_1-\boldsymbol{\alpha}_3$ 线性无关. 事实上，设有

$$k_1(\boldsymbol{\alpha}_1-\boldsymbol{\alpha}_2)+k_2(\boldsymbol{\alpha}_1-\boldsymbol{\alpha}_3)=\boldsymbol{0},$$

则

$$(k_1+k_2)\boldsymbol{\alpha}_1-k_1\boldsymbol{\alpha}_2-k_2\boldsymbol{\alpha}_3=\boldsymbol{0}.$$

因为 $\boldsymbol{\alpha}_1,\boldsymbol{\alpha}_2,\boldsymbol{\alpha}_3$ 线性无关，由上式推出 $k_1=k_2=0$，故断言成立.

(2) 因为方程组 $\boldsymbol{AX}=\boldsymbol{0}$ 含有 4 个未知数且 $R(\boldsymbol{A})=2$，故其基础解系中恰含有 2 个解向量. 由性质 3.5.2 得 $\{\boldsymbol{\alpha}_1-\boldsymbol{\alpha}_2,\boldsymbol{\alpha}_1-\boldsymbol{\alpha}_3\}$ 为导出组 $\boldsymbol{AX}=\boldsymbol{0}$ 的一个基础解系，再由例 3.5.2 推出方程组 $\boldsymbol{AX}=\boldsymbol{\beta}$ 的通解为

$$\boldsymbol{X}=c_1(\boldsymbol{\alpha}_1-\boldsymbol{\alpha}_2)+c_2(\boldsymbol{\alpha}_1-\boldsymbol{\alpha}_3)+\boldsymbol{\alpha}_1=(c_1+c_2+1)\boldsymbol{\alpha}_1-c_1\boldsymbol{\alpha}_2-c_2\boldsymbol{\alpha}_3,$$

其中 c_1,c_2 为任意常数. □

例 3.5.4　对参数 u,v 进行讨论，研究线性方程组

$$\begin{cases} x_1+x_2+\ x_3=u, \\ 2x_1+x_2-\ x_3=1, \\ x_1\qquad +vx_3=0 \end{cases}$$

的解,在有无穷多解时写出通解及对应齐次线性方程组的一个基础解系.

解 注意到系数矩阵是方阵,我们可以先求系数矩阵的行列式,得

$$|\boldsymbol{A}|=\begin{vmatrix} 1 & 1 & 1 \\ 2 & 1 & -1 \\ 1 & 0 & v \end{vmatrix} \xlongequal[r_3-r_1]{r_2-2r_1} \begin{vmatrix} 1 & 1 & 1 \\ 0 & -1 & -3 \\ 0 & -1 & v-1 \end{vmatrix} = -(v+2).$$

(1) 若 $v\neq -2$,则 $|\boldsymbol{A}|\neq 0$,由克兰姆法则知此时方程组有唯一解.

(2) 当 $v=-2$ 时,方程组的增广矩阵

$$(\boldsymbol{A},\boldsymbol{\beta})=\begin{pmatrix} 1 & 1 & 1 & u \\ 2 & 1 & -1 & 1 \\ 1 & 0 & -2 & 0 \end{pmatrix} \xrightarrow[r_3-r_1]{r_2-2r_1} \begin{pmatrix} 1 & 1 & 1 & u \\ 0 & -1 & -3 & 1-2u \\ 0 & -1 & -3 & -u \end{pmatrix}$$

$$\xrightarrow{r_3-r_2} \begin{pmatrix} 1 & 1 & 1 & u \\ 0 & -1 & -3 & 1-2u \\ 0 & 0 & 0 & u-1 \end{pmatrix}.$$

因此又有下面两种情形:

情形 1. 当 $v=-2$ 且 $u\neq 1$ 时,$R(\boldsymbol{A})=2$,$R(\boldsymbol{A},\boldsymbol{\beta})=3$,此时方程组无解.

情形 2. 当 $v=-2$ 且 $u=1$ 时,$R(\boldsymbol{A})=R(\boldsymbol{A},\boldsymbol{\beta})=2$,小于未知数的个数,所以方程组有无穷多解. 此时方程组为

$$\begin{cases} x_1+x_2+\ x_3=\ \ 1, \\ \quad\ -x_2-3x_3=-1, \end{cases}$$

将 x_3 作为自由未知数移到方程右边,方程组可以化为

$$\begin{cases} x_1=2x_3, \\ x_2=-3x_3+1, \\ x_3=x_3. \end{cases}$$

所以原方程组的通解为 $\boldsymbol{X}=c\begin{pmatrix} 2 \\ -3 \\ 1 \end{pmatrix}+\begin{pmatrix} 0 \\ 1 \\ 0 \end{pmatrix}$,其中 c 为任意常数. 此时,$\begin{pmatrix} 2 \\ -3 \\ 1 \end{pmatrix}$ 为对应齐次方程组的一个基础解系. □

上题也可用下例的方法来求解,参见例 3.2.2 及其下面的评述.

例 3.5.5 对参数 u,v 进行讨论,研究线性方程组

$$\begin{cases} x_1+x_2+\ x_3=u, \\ x_1+x_2+vx_3=1 \end{cases}$$

的解，在有无穷多解时写出通解及对应齐次线性方程组的一个基础解系.

解　方程组的增广矩阵

$$(\boldsymbol{A},\boldsymbol{\beta})=\begin{pmatrix}1&1&1&u\\1&1&v&1\end{pmatrix}\xrightarrow{r_2-r_1}\begin{pmatrix}1&1&1&u\\0&0&v-1&1-u\end{pmatrix}.\tag{3.5.9}$$

(1) 当 $v=1$ 且 $u\neq1$ 时，$R(\boldsymbol{A})=1$，$R(\boldsymbol{A},\boldsymbol{\beta})=2$，所以方程组无解.

(2) 当 $v=1$ 且 $u=1$ 时，$R(\boldsymbol{A})=R(\boldsymbol{A},\boldsymbol{\beta})=1$，方程组有无穷多解. 将 x_2,x_3 作为自由未知数，方程组化为

$$\begin{cases}x_1=-x_2-x_3+1,\\x_2=x_2,\\x_3=x_3.\end{cases}$$

所以原方程组的通解为 $\boldsymbol{X}=c_1\boldsymbol{\xi}_1+c_2\boldsymbol{\xi}_2+\boldsymbol{\eta}$，其中 c_1,c_2 为任意常数，

$$\boldsymbol{\xi}_1=\begin{pmatrix}-1\\1\\0\end{pmatrix},\boldsymbol{\xi}_2=\begin{pmatrix}-1\\0\\1\end{pmatrix},\boldsymbol{\eta}=\begin{pmatrix}1\\0\\0\end{pmatrix}.$$

此时，$\{\boldsymbol{\xi}_1,\boldsymbol{\xi}_2\}$ 为对应齐次线性方程组的一个基础解系.

(3) 当 $v\neq1$ 时，$R(\boldsymbol{A})=R(\boldsymbol{A},\boldsymbol{\beta})=2$，方程组有无穷多解. 由(3.5.9)式，取 x_2 为自由未知数，方程组化为

$$\begin{cases}x_1+x_3=-x_2+u,\\(v-1)x_3=1-u,\end{cases}$$

即

$$\begin{cases}x_1=-x_2+\dfrac{uv-1}{v-1},\\x_3=\dfrac{1-u}{v-1}.\end{cases}$$

也即

$$\begin{cases}x_1=-x_2+\dfrac{uv-1}{v-1},\\x_2=x_2,\\x_3=\dfrac{1-u}{v-1}.\end{cases}$$

所以方程组的通解为 $\boldsymbol{X}=c\begin{pmatrix}-1\\1\\0\end{pmatrix}+\begin{pmatrix}\dfrac{uv-1}{v-1}\\0\\\dfrac{1-u}{v-1}\end{pmatrix}$，其中 c 为任意常数，且 $\begin{pmatrix}-1\\1\\0\end{pmatrix}$ 为对

应齐次线性方程组的基础解系. □

下面我们用线性方程组的例子来理解本章的有关概念.

例 3.5.6 设线性方程组 $\boldsymbol{A}_{m\times n}\boldsymbol{X}=\boldsymbol{\beta}$,$\boldsymbol{\alpha}_1,\boldsymbol{\alpha}_2,\cdots,\boldsymbol{\alpha}_m$ 是其增广矩阵$(\boldsymbol{A},\boldsymbol{\beta})$的全部 m 个行向量,则向量组$\{\boldsymbol{\alpha}_1,\boldsymbol{\alpha}_2,\cdots,\boldsymbol{\alpha}_m\}$线性相关,也称方程组 $\boldsymbol{AX}=\boldsymbol{\beta}$ 的 m 个方程线性相关,当且仅当方程组 $\boldsymbol{AX}=\boldsymbol{\beta}$ 中至少有一个方程是"多余的".

证 设行向量组$\{\boldsymbol{\alpha}_1,\boldsymbol{\alpha}_2,\cdots,\boldsymbol{\alpha}_m\}$的秩为 s,由定理 3.4.1 知 $R(\boldsymbol{A},\boldsymbol{\beta})=s$. 因为$(\boldsymbol{A},\boldsymbol{\beta})$的行数是 m,所以 $s\leqslant m$.

若向量组$\{\boldsymbol{\alpha}_1,\boldsymbol{\alpha}_2,\cdots,\boldsymbol{\alpha}_m\}$线性相关,则该向量组的秩就小于该向量组中含有的向量个数,即 $s<m$. 因为向量组$\{\boldsymbol{\alpha}_1,\boldsymbol{\alpha}_2,\cdots,\boldsymbol{\alpha}_m\}$的极大无关组恰含有 s 个向量,不妨设前面 s 个向量 $\boldsymbol{\alpha}_1,\boldsymbol{\alpha}_2,\cdots,\boldsymbol{\alpha}_s$ 为一个极大无关组. 由定义 3.4.1′,$\boldsymbol{\alpha}_m$ 能表示为 $\boldsymbol{\alpha}_1,\boldsymbol{\alpha}_2,\cdots,\boldsymbol{\alpha}_s$ 的一个线性组合,即存在常数 $u_1,u_2,\cdots,u_s$ 使得 $\boldsymbol{\alpha}_m=u_1\boldsymbol{\alpha}_1+u_2\boldsymbol{\alpha}_2+\cdots+u_s\boldsymbol{\alpha}_s$. 于是

$$(\boldsymbol{A},\boldsymbol{\beta})=\begin{pmatrix}\boldsymbol{\alpha}_1\\ \boldsymbol{\alpha}_2\\ \vdots\\ \boldsymbol{\alpha}_s\\ \vdots\\ \boldsymbol{\alpha}_m\end{pmatrix}\xrightarrow{r_m-(u_1r_1+u_2r_2+\cdots+u_sr_s)}\begin{pmatrix}\boldsymbol{\alpha}_1\\ \boldsymbol{\alpha}_2\\ \vdots\\ \boldsymbol{\alpha}_s\\ \vdots\\ \boldsymbol{\alpha}_{m-1}\\ \boldsymbol{0}\end{pmatrix}=(\boldsymbol{A}_1,\boldsymbol{\beta}_1).$$

因为初等行变换不改变方程组的解,所以原方程组与方程组 $\boldsymbol{A}_1\boldsymbol{X}=\boldsymbol{\beta}_1$ 同解,而方程组 $\boldsymbol{A}_1\boldsymbol{X}=\boldsymbol{\beta}_1$ 的最后一个方程 $0=0$ 可以去掉,其余方程与原方程组一样,这就是说 $\boldsymbol{AX}=\boldsymbol{\beta}$ 中的最后一个方程是多余的.

反之,若方程组中有一个方程,不妨设最后一个方程是多余的. 设去掉最后一个方程后得到的方程组为 $\boldsymbol{A}_1\boldsymbol{X}=\boldsymbol{\beta}_1$,则原方程组 $\boldsymbol{AX}=\boldsymbol{\beta}$ 与方程组 $\boldsymbol{A}_1\boldsymbol{X}=\boldsymbol{\beta}_1$ 同解. 由上一节线性方程组解的结构,我们得

$$R(\boldsymbol{A})=R(\boldsymbol{A}_1),R(\boldsymbol{A},\boldsymbol{\beta})=R(\boldsymbol{A}_1,\boldsymbol{\beta}_1).$$

注意矩阵$(\boldsymbol{A},\boldsymbol{\beta})$的全部 m 个行向量为 $\boldsymbol{\alpha}_1,\boldsymbol{\alpha}_2,\cdots,\boldsymbol{\alpha}_m$,矩阵$(\boldsymbol{A}_1,\boldsymbol{\beta}_1)$的全部 $m-1$ 个行向量为 $\boldsymbol{\alpha}_1,\boldsymbol{\alpha}_2,\cdots,\boldsymbol{\alpha}_{m-1}$,因此由 $R(\boldsymbol{A},\boldsymbol{\beta})=R(\boldsymbol{A}_1,\boldsymbol{\beta}_1)$推出

$$R\{\boldsymbol{\alpha}_1,\boldsymbol{\alpha}_2,\cdots,\boldsymbol{\alpha}_m\}=R\{\boldsymbol{\alpha}_1,\boldsymbol{\alpha}_2,\cdots,\boldsymbol{\alpha}_{m-1}\},$$

故 $R\{\boldsymbol{\alpha}_1,\boldsymbol{\alpha}_2,\cdots,\boldsymbol{\alpha}_m\}\leqslant m-1$,$\{\boldsymbol{\alpha}_1,\boldsymbol{\alpha}_2,\cdots,\boldsymbol{\alpha}_m\}$线性相关. □

回忆一下,在中学联立方程解应用题时,我们要求线性方程组的各个方程是"相互独立"的,即方程组中没有一个方程是多余的. 换言之,去掉任意一个方程后的方程组与原方程组不等价. 由上例的逆否命题得到,一个线性方程组中

各个方程相互独立的充分必要条件是该方程组的增广矩阵的全部行向量构成线性无关向量组.

习题 3

3.1.1　设矩阵 $\boldsymbol{A}_{m\times s}$，$\boldsymbol{B}_{s\times n}$，$\boldsymbol{C}_{m\times n}$，试用线性方程组的语言来描述 $\boldsymbol{AB}=\boldsymbol{C}$.

3.1.2　设有两个线性方程组 $\boldsymbol{AX}=\boldsymbol{\beta}_1$，$\boldsymbol{BX}=\boldsymbol{\beta}_2$，它们的未知向量一致，写出将它们联立后得到的线性方程组的系数矩阵和增广矩阵.

3.1.3　利用克兰姆法则研究线性方程组 $\begin{cases}\lambda x_1+x_2+x_3=0,\\ x_1+\mu x_2+x_3=0,\\ x_1+2\mu x_2+x_3=0.\end{cases}$ 问 λ,μ 取何值时该方程组有非零解？

3.1.4　判断下列结论是否成立. 对的说明理由，错的举出反例.

(1) 若线性方程组 $\mathbf{A}_{m\times n}\boldsymbol{X}=\boldsymbol{\beta}$ 满足 $R(\mathbf{A})<n$，则该方程组有无穷多解；

(2) 若线性方程组 $\boldsymbol{AX}=\boldsymbol{\beta}$ 满足 $R(\mathbf{A})=R(\mathbf{A},\boldsymbol{\beta})$，则该方程组有唯一解；

(3) 若非齐次线性方程组 $\mathbf{A}_{m\times n}\boldsymbol{X}=\boldsymbol{\beta}$ 有解，则 $R(\mathbf{A})=n$；

(4) 若线性方程组中方程个数少于未知量个数，则该方程组有无穷多解；

(5) 若齐次线性方程组中方程个数少于未知量个数，则该方程组有无穷多解.

3.1.5　证明线性方程组 $\begin{cases}x_1-x_2=a,\\ x_2-x_3=b,\\ x_3-x_1=c\end{cases}$ 有解当且仅当 $a+b+c=0$.

3.1.6　在平面直角坐标系中，试分别给出两直线 $a_1x+b_1y+c_1=0$，$a_2x+b_2y+c_2=0$ 不相交、相交于一点但不重合、重合的充分必要条件.

3.2.1　求解方程组 $\boldsymbol{AX}=\boldsymbol{\beta}_i$，其中

$$\mathbf{A}=\begin{pmatrix}0&1\\1&2\\3&3\end{pmatrix},\boldsymbol{\beta}_1=\begin{pmatrix}1\\3\\6\end{pmatrix},\boldsymbol{\beta}_2=\begin{pmatrix}1\\1\\1\end{pmatrix},\boldsymbol{\beta}_3=\begin{pmatrix}0\\0\\0\end{pmatrix}.$$

3.2.2　对参数进行讨论，研究方程组 $\boldsymbol{AX}=\boldsymbol{\beta}$ 的解，在有无穷多解时写出其通解.

(1) $(\mathbf{A},\boldsymbol{\beta})=\begin{pmatrix}u&0&1&1\\1&u&1&1\\1&0&1&v\end{pmatrix}$；　　(2) $(\mathbf{A},\boldsymbol{\beta})=(1\quad 1\quad 1\quad 1\quad u)$；

(3) $(\boldsymbol{A},\boldsymbol{\beta})=\begin{pmatrix}0&u&-1&1\\0&u&1&1\\0&0&1&v\end{pmatrix}$；　　(4) $(\boldsymbol{A},\boldsymbol{\beta})=\begin{pmatrix}1+\lambda&1&1\\1&1+\lambda&1\\1&1&1+\lambda\end{pmatrix}$.

3.3.1 在向量 $\boldsymbol{\beta}_1=\begin{pmatrix}1\\-1\\1\end{pmatrix}$，$\boldsymbol{\beta}_2=\begin{pmatrix}1\\0\\0\end{pmatrix}$中，哪些可由向量组$\begin{pmatrix}1\\0\\1\end{pmatrix}$，$\begin{pmatrix}0\\1\\0\end{pmatrix}$，$\begin{pmatrix}1\\1\\1\end{pmatrix}$线性表出？对能表出的给出一个具体的线性表出式.

3.3.2 证明向量组$\begin{pmatrix}0\\-1\\-1\end{pmatrix}$，$\begin{pmatrix}1\\1\\0\end{pmatrix}$与向量组$\begin{pmatrix}-1\\0\\1\end{pmatrix}$，$\begin{pmatrix}1\\2\\1\end{pmatrix}$，$\begin{pmatrix}3\\2\\-1\end{pmatrix}$等价.

3.3.3 已知向量组 $\boldsymbol{\alpha}_1=(1,3,5)$，$\boldsymbol{\alpha}_2=(1,1,3)$，$\boldsymbol{\alpha}_3=(1,a,6)$线性相关，求 a.

3.3.4 已知向量组 $\boldsymbol{\alpha}_1=(1,a,a^2)$，$\boldsymbol{\alpha}_2=(1,b,b^2)$，$\boldsymbol{\alpha}_3=(1,c,c^2)$线性无关，求 a,b,c 应满足的条件.

3.3.5 设 $t_1,t_2,\cdots,t_n$ 是两两不同的数字，$\boldsymbol{\alpha}_i=(1,t_i,t_i^2,\cdots,t_i^{n-1})$，$i=1,2,\cdots,n$. 证明向量组$\{\boldsymbol{\alpha}_1,\boldsymbol{\alpha}_2,\cdots,\boldsymbol{\alpha}_n\}$线性无关.

3.3.6 判断下列结论是否成立. 对的说明理由，错的举出反例.

(1) 3 维向量组$\{\boldsymbol{\alpha}_1,\boldsymbol{\alpha}_2,\boldsymbol{\alpha}_3,\boldsymbol{\alpha}_4\}$必线性相关；

(2) 若两个向量构成的向量组线性相关，则其中一个必是另一个的倍数；

(3) 若一个向量组中任意两个向量都线性无关，则该向量组线性无关.

3.3.7 已知向量组 $\boldsymbol{\alpha}_1,\boldsymbol{\alpha}_2,\cdots,\boldsymbol{\alpha}_n$ 线性无关，问向量组 $\boldsymbol{\beta}_1=\boldsymbol{\alpha}_1+\boldsymbol{\alpha}_2$，$\boldsymbol{\beta}_2=\boldsymbol{\alpha}_2+\boldsymbol{\alpha}_3$，$\cdots$，$\boldsymbol{\beta}_{n-1}=\boldsymbol{\alpha}_{n-1}+\boldsymbol{\alpha}_n$，$\boldsymbol{\beta}_n=\boldsymbol{\alpha}_n+\boldsymbol{\alpha}_1$ 的线性相关性如何？

3.3.8 试给出矩阵方程 $\boldsymbol{A}_{m\times n}\boldsymbol{X}_{n\times s}=\boldsymbol{B}_{m\times s}$的有解判别定理，其中 $\boldsymbol{A},\boldsymbol{B}$ 是已知矩阵，$\boldsymbol{X}$ 是未知矩阵.

3.4.1 分别求下列两个向量组的秩和一个极大无关组，并将其余向量用该极大无关组线性表出.

(1) $\begin{pmatrix}0\\-1\\-1\end{pmatrix}$，$\begin{pmatrix}1\\1\\2\end{pmatrix}$，$\begin{pmatrix}1\\0\\1\end{pmatrix}$；　　(2) $\begin{pmatrix}1\\0\\1\end{pmatrix}$，$\begin{pmatrix}0\\1\\0\end{pmatrix}$，$\begin{pmatrix}1\\1\\1\end{pmatrix}$，$\begin{pmatrix}1\\0\\0\end{pmatrix}$.

3.4.2 设 Δ 是一个 n 维向量组，$\boldsymbol{\alpha}_1,\boldsymbol{\alpha}_2,\cdots,\boldsymbol{\alpha}_s$ 是 Δ 的一个线性无关部分组. 仿照性质 3.4.1(1)，试证明它必能扩充成 Δ 的一个极大无关组.

3.4.3 已知 Ⅰ $=\{\boldsymbol{\alpha}_1,\boldsymbol{\alpha}_2,\cdots,\boldsymbol{\alpha}_n\}$是向量组 Δ 的一个极大无关组，Ⅱ $=\{\boldsymbol{\beta}_1,\boldsymbol{\beta}_2,\cdots,\boldsymbol{\beta}_n\}$是 Δ 的部分组. 证明以下命题等价：

(1) 向量组Ⅱ与向量组Ⅰ等价；

(2) 向量组Ⅱ线性无关；

(3) $R\{\text{Ⅱ}\}=n$；

(4) 向量组Ⅰ可以由向量组Ⅱ线性表出；

(5) Δ中任一向量都可以由向量组Ⅱ线性表出；

(6) 存在可逆矩阵 $\boldsymbol{P}$ 使得 $(\boldsymbol{\beta}_1,\boldsymbol{\beta}_2,\cdots,\boldsymbol{\beta}_n)=(\boldsymbol{\alpha}_1,\boldsymbol{\alpha}_2,\cdots,\boldsymbol{\alpha}_n)\boldsymbol{P}$.

3.4.4* 证明：

(1) 若矩阵 $\boldsymbol{A}$ 经过初等行变换化为矩阵 $\boldsymbol{B}$，则 $\boldsymbol{A}$ 的行向量组与 $\boldsymbol{B}$ 的行向量组等价；

(2) 若矩阵 $\boldsymbol{A}$ 经过初等列变换化为矩阵 $\boldsymbol{C}$，则 $\boldsymbol{A}$ 的列向量组与 $\boldsymbol{C}$ 的列向量组等价.

3.5.1 对于习题 3.2.2 中的方程组，在有无穷多解时，求出其通解和对应齐次线性方程组的一个基础解系.

3.5.2 已知非齐次线性方程组 $\boldsymbol{AX}=\boldsymbol{\beta}$ 有两个解向量 $\boldsymbol{\mu},\boldsymbol{\nu}$，问什么形式的向量一定是该方程组的解？

3.5.3 设 $\boldsymbol{\alpha}_1,\boldsymbol{\alpha}_2,\cdots,\boldsymbol{\alpha}_m$ 是线性方程组 $\boldsymbol{AX}=\boldsymbol{\beta}$ 的 m 个解向量，证明：任取常数 $c_1,c_2,\cdots,c_m$，只要 $c_1+c_2+\cdots+c_m=1$，那么 $c_1\boldsymbol{\alpha}_1+c_2\boldsymbol{\alpha}_2+\cdots+c_m\boldsymbol{\alpha}_m$ 也是该方程组的解向量.

3.5.4 设 $\boldsymbol{A}\in\mathbf{R}^{m\times n}$，证明 $R(\boldsymbol{A}^{\mathrm{T}}\boldsymbol{A})=R(\boldsymbol{A})$. 特别地，$\boldsymbol{A}=\boldsymbol{O}\Leftrightarrow\boldsymbol{A}^{\mathrm{T}}\boldsymbol{A}=\boldsymbol{O}$.

3.5.5 设一个线性方程组含有 3 个未知数. 若该方程组中恰含有 4 个方程，问是否该方程组必有多余方程？又若该方程组中恰含有 5 个方程，问是否该方程组必有多余方程？

3.5.6* 设线性方程组 $\boldsymbol{AX}=\boldsymbol{\beta}$，$\boldsymbol{\alpha}_1,\boldsymbol{\alpha}_2,\cdots,\boldsymbol{\alpha}_m$ 是其增广矩阵 $(\boldsymbol{A},\boldsymbol{\beta})$ 的全部 m 个行向量，则向量组 $\{\boldsymbol{\alpha}_1,\boldsymbol{\alpha}_2,\cdots,\boldsymbol{\alpha}_m\}$ 的秩为 s 的充分必要条件是方程组 $\boldsymbol{AX}=\boldsymbol{\beta}$ 中恰有 $m-s$ 个方程是“多余的”.

第 4 章 空间、直线与平面

本章在通常的三维几何空间中讨论，涉及的数字都是实数.

§4.1 向量、坐标系

一、向量的几何表示

在自然科学与工程技术中，我们经常遇到一些量，如质量、密度、面积及体积等，这些量在规定的单位下，都可以用一个数来完全确定. 另外还有一些量比较复杂，如力、速度等，它们不但有大小还有方向，这些量就是向量. 一般地，我们把**既有大小又有方向的量称为向量**. 向量可以用**有向线段**来表示，有向线段的起点与终点分别叫作该向量的起点与终点，有向线段的方向和长度分别称为该向量的方向和长度. 例如，起点为 A、终点为 B 的向量记为$\overrightarrow{AB}$（图 4-1），向量$\overrightarrow{AB}$去掉方向后就是线段 AB 或 BA. 我们也可以用加粗的小写字母，如 $\boldsymbol{a}$，$\boldsymbol{b}$ 等表示向量. 向量 $\boldsymbol{a}$ 的长度也称为向量 $\boldsymbol{a}$ 的**模**或**长度**，记为 $|\boldsymbol{a}|$，有时也记为 $\|\boldsymbol{a}\|$. 显然向量的模是实数. 模为 1 的向量称为**单位向量**，长度为零的向量称为**零向量**，记作 $\mathbf{0}$. 零向量的方向是任意的.

图 4-1

如果两个向量 $\boldsymbol{a}$，$\boldsymbol{b}$ 的模相等且方向相同，那么就称这两个向量**相等**，记作 $\boldsymbol{a}=\boldsymbol{b}$. 由定义看到，两个向量是否相等与它们的起点与终点无关，而是由它们的模长与方向所决定的. 我们以后说的都是只考虑模长和方向的向量，这样的向量称为**自由向量**. 因此，向量可以任意平行移动，平移后的向量与原向量相等.

如果两个向量的模相等但方向相反，那么就称这两个向量互为**反向量**，向量 $\boldsymbol{a}$ 的反向量记为 $-\boldsymbol{a}$.

如果把彼此平行的一组向量平行移动到同一起点，那么这些向量在同一直线上，所以称这组**向量共线**. 故两个向量平行与共线是一回事. 同样，如果把平行于同一平面的一组向量归结到同一起点，那么这些向量在同一平面上，所以称这组**向量共面**.

二、向量的线性运算

向量的线性运算有加法与数乘两种.

定义 4.1.1　设 $\boldsymbol{a},\boldsymbol{b}$ 为两向量，以空间中任意取定的一点 O 为起点，作向量 $\overrightarrow{OA}=\boldsymbol{a}$，再作向量 $\overrightarrow{AB}=\boldsymbol{b}$，记 $\overrightarrow{OB}=\boldsymbol{c}$，称向量 $\boldsymbol{c}$ 为向量 $\boldsymbol{a},\boldsymbol{b}$ 的和，记为 $\boldsymbol{a}+\boldsymbol{b}=\boldsymbol{c}$. 向量 $\boldsymbol{a},\boldsymbol{b}$ 的和的运算称为向量 $\boldsymbol{a},\boldsymbol{b}$ 的加法.

定义 4.1.1 称为向量加法的三角形法则，如图 4-2，我们有

$$\overrightarrow{OA}+\overrightarrow{AB}=\overrightarrow{OB}.$$

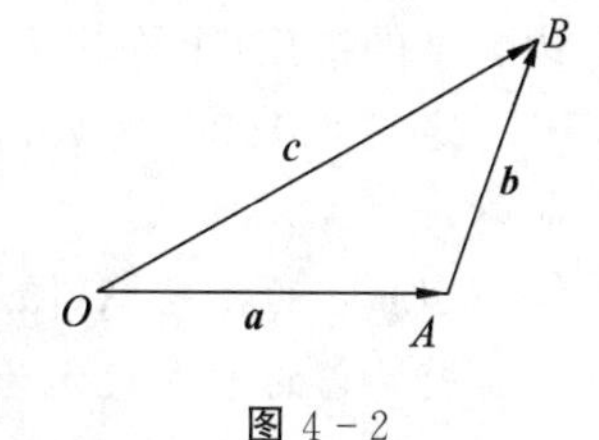

图 4-2

若两个向量 $\overrightarrow{OA},\overrightarrow{OB}$ 不共线，则以 OA,OB 为两邻边作成一个平行四边形 $OACB$，容易推出

$$\overrightarrow{OA}+\overrightarrow{OB}=\overrightarrow{OC}.$$

在中学，我们就是用这样的平行四边形法则来求两个(不共线)力的合力的. 若两个向量共线，则根据这两个向量方向相同、相反易求出它们的和.

由向量加法可以诱导出两个向量的**减法** $\boldsymbol{a}-\boldsymbol{b}$，我们规定 $\boldsymbol{a}-\boldsymbol{b}=\boldsymbol{a}+(-\boldsymbol{b})$.

性质 4.1.1　向量的加法具有以下性质：

(1) 交换律　$\boldsymbol{a}+\boldsymbol{b}=\boldsymbol{b}+\boldsymbol{a}$；

(2) 结合律　$(\boldsymbol{a}+\boldsymbol{b})+\boldsymbol{c}=\boldsymbol{a}+(\boldsymbol{b}+\boldsymbol{c})$；

(3) $\boldsymbol{a}+\boldsymbol{0}=\boldsymbol{a}$；

(4) $\boldsymbol{a}+(-\boldsymbol{a})=\boldsymbol{0}$；

(5) $|\boldsymbol{a}_1+\boldsymbol{a}_2+\cdots+\boldsymbol{a}_n|\leqslant|\boldsymbol{a}_1|+|\boldsymbol{a}_2|+\cdots+|\boldsymbol{a}_n|$，并且等号成立当且仅当 $\boldsymbol{a}_1,\boldsymbol{a}_2,\cdots,\boldsymbol{a}_n$ 方向相同.

证　我们仅证(5)，对 n 作归纳. 当 $n=1$ 时，结论显然成立. 设命题结论对 $n-1$ 个向量成立，考虑 n 个向量时的情形.

令 $\boldsymbol{b}=\boldsymbol{a}_1+\boldsymbol{a}_2+\cdots+\boldsymbol{a}_{n-1}$，作向量 $\overrightarrow{OA},\overrightarrow{AB}$ 使得 $\overrightarrow{OA}=\boldsymbol{a}_n,\overrightarrow{AB}=\boldsymbol{b}$. 由平面几何知识有

$$|\overrightarrow{OB}|\leqslant|\overrightarrow{OA}|+|\overrightarrow{AB}|,$$

由归纳假设有

$$|\boldsymbol{a}_1+\boldsymbol{a}_2+\cdots+\boldsymbol{a}_{n-1}|\leqslant|\boldsymbol{a}_1|+|\boldsymbol{a}_2|+\cdots+|\boldsymbol{a}_{n-1}|,$$

从而

$$\begin{aligned}|\boldsymbol{a}_1+\boldsymbol{a}_2+\cdots+\boldsymbol{a}_n|&=|\overrightarrow{OA}+\overrightarrow{AB}|=|\overrightarrow{OB}|\leqslant|\overrightarrow{OA}|+|\overrightarrow{AB}|\\&=|\boldsymbol{a}_n|+|\boldsymbol{a}_1+\boldsymbol{a}_2+\cdots+\boldsymbol{a}_{n-1}|\end{aligned}$$

$$\leqslant |\boldsymbol{a}_1|+|\boldsymbol{a}_2|+\cdots+|\boldsymbol{a}_n|,$$

不等式成立. 上式取到等号的充分必要条件是其中的"$\leqslant$"都是"$=$",即

$$|\overrightarrow{OA}|+|\overrightarrow{AB}|=|\overrightarrow{OB}|, \tag{4.1.1}$$

$$|\boldsymbol{a}_1+\boldsymbol{a}_2+\cdots+\boldsymbol{a}_{n-1}|=|\boldsymbol{a}_1|+|\boldsymbol{a}_2|+\cdots+|\boldsymbol{a}_{n-1}|. \tag{4.1.2}$$

由平面几何知识,(4.1.1)式成立当且仅当 $\boldsymbol{a}_n$ 与 $\boldsymbol{a}_1+\boldsymbol{a}_2+\cdots+\boldsymbol{a}_{n-1}$ 的方向相同,由归纳假设,(4.1.2)式成立当且仅当 $\boldsymbol{a}_1,\boldsymbol{a}_2,\cdots,\boldsymbol{a}_{n-1}$ 的方向都相同,因此等号成立的充分必要条件是 $\boldsymbol{a}_1,\boldsymbol{a}_2,\cdots,\boldsymbol{a}_n$ 方向均相同. □

读者可以看出,性质 4.1.1(5)实际上就是三角形中两边长度之和大于第三边长度的推广. 下面再来介绍(实)数与向量的数乘运算.

定义 4.1.2 实数 λ 与向量 $\boldsymbol{a}$ 的乘积,记作 $\lambda\times\boldsymbol{a}$,简记为 $\lambda\boldsymbol{a}$,是如下定义的向量:

(1) 它的模是 $|\lambda||\boldsymbol{a}|$,这里 $|\lambda|$ 表示 λ 的绝对值.

(2) 它的方向规定为:当 $\lambda>0$ 时,与 $\boldsymbol{a}$ 的方向相同;当 $\lambda<0$ 时,与 $\boldsymbol{a}$ 的方向相反.

向量加法及数乘统称为向量的**线性运算**. 关于线性运算,容易验证以下性质:

性质 4.1.2 设 λ,μ,k 为实数.

(1) $\lambda\boldsymbol{a}=\boldsymbol{0}$ 当且仅当 $\lambda=0$ 或 $\boldsymbol{a}=\boldsymbol{0}$;

(2) $1\boldsymbol{a}=\boldsymbol{a}$;

(3) $(-1)\boldsymbol{a}=-\boldsymbol{a}$,$(-k)\boldsymbol{a}=-(k\boldsymbol{a}):=-k\boldsymbol{a}$;

(4) $\lambda(\mu\boldsymbol{a})=(\lambda\mu)\boldsymbol{a}$;

(5) $(\lambda+\mu)\boldsymbol{a}=\lambda\boldsymbol{a}+\mu\boldsymbol{a}$;

(6) $\lambda(\boldsymbol{a}+\boldsymbol{b})=\lambda\boldsymbol{a}+\lambda\boldsymbol{b}$.

设 $\boldsymbol{a}$ 是一个非零向量,由定义 4.1.2 得 $\dfrac{1}{|\boldsymbol{a}|}\boldsymbol{a}$ 的长度为 1,即为一单位向量. 又易见它与 $\boldsymbol{a}$ 方向相同,我们称之为向量 $\boldsymbol{a}$ 的**单位化(向量)**.

下例告诉我们,一些几何命题可以用向量的方法来证明.

例 4.1.1 证明三角形中位线定理.

证 如图 4-3,设三角形 ABC,边 AB,AC 的中点分别为 E,F,则

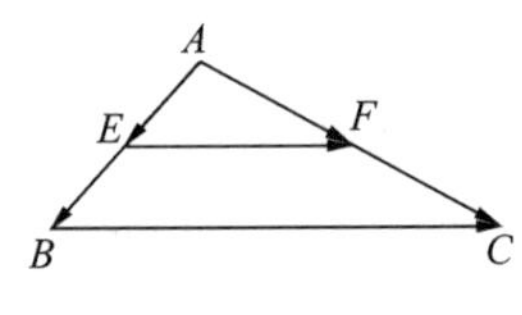

图 4-3

$$\overrightarrow{EF}=\overrightarrow{AF}-\overrightarrow{AE}=\frac{1}{2}(\overrightarrow{AC}-\overrightarrow{AB})=\frac{1}{2}\overrightarrow{BC},$$

故 $\overrightarrow{EF}$ 与 $\overrightarrow{BC}$ 方向相同,即它们平行,从而 $EF\,/\!/\,BC$,且

$$|EF|=|\overrightarrow{EF}|=\left|\frac{1}{2}\overrightarrow{BC}\right|=\frac{1}{2}|BC|.$$
□

三、坐标系

对于实数 c_i 及向量 $\boldsymbol{a}_i$，$i=1,2,\cdots,s$，由向量的线性运算易见，$c_1\boldsymbol{a}_1+c_2\boldsymbol{a}_2+\cdots+c_s\boldsymbol{a}_s$ 仍是向量，我们称之为向量组 $\{\boldsymbol{a}_1,\boldsymbol{a}_2,\cdots,\boldsymbol{a}_s\}$ 的一个**线性组合**. 如同第3章中的定义，若存在不全为零的实数 $k_1,k_2,\cdots,k_s$ 使得

$$k_1\boldsymbol{a}_1+k_2\boldsymbol{a}_2+\cdots+k_s\boldsymbol{a}_s=\boldsymbol{0},$$

则称向量组 $\{\boldsymbol{a}_1,\boldsymbol{a}_2,\cdots,\boldsymbol{a}_s\}$ **线性相关**；否则，称向量组 $\{\boldsymbol{a}_1,\boldsymbol{a}_2,\cdots,\boldsymbol{a}_s\}$ **线性无关**.

在空间中任取一点 O，从 O 出发引出三个不共面的向量 $\boldsymbol{e}_1=\overrightarrow{OE_1}$，$\boldsymbol{e}_2=\overrightarrow{OE_2}$，$\boldsymbol{e}_3=\overrightarrow{OE_3}$. 我们称标架 $\Gamma=\{O,\boldsymbol{e}_1,\boldsymbol{e}_2,\boldsymbol{e}_3\}$ 为一个**仿射坐标系**，简称为**坐标系**.

引理 4.1.1　设 $\Gamma=\{O,\boldsymbol{e}_1,\boldsymbol{e}_2,\boldsymbol{e}_3\}$ 为坐标系，则

(1) 向量组 $\{\boldsymbol{e}_1,\boldsymbol{e}_2,\boldsymbol{e}_3\}$ 线性无关；

(2) 若 $\boldsymbol{b}$ 可以表示为 $\boldsymbol{e}_1,\boldsymbol{e}_2,\boldsymbol{e}_3$ 的一个线性组合，则其表示方法唯一，即若

$$\boldsymbol{b}=c_1\boldsymbol{e}_1+c_2\boldsymbol{e}_2+c_3\boldsymbol{e}_3,\ \boldsymbol{b}=d_1\boldsymbol{e}_1+d_2\boldsymbol{e}_2+d_3\boldsymbol{e}_3,$$

则 c_i 和 d_i $(i=1,2,3)$ 都对应相等.

证　(1) 设有实数 k_1,k_2,k_3 使得

$$k_1\boldsymbol{e}_1+k_2\boldsymbol{e}_2+k_3\boldsymbol{e}_3=\boldsymbol{0},\tag{4.1.3}$$

下面仅需证明这些系数 k_i 全等于零. 反设 k_1,k_2,k_3 不全为零，不妨设 $k_1\neq0$. 设 $\boldsymbol{e}_1=\overrightarrow{OE_1}$，$\boldsymbol{e}_2=\overrightarrow{OE_2}$，$\boldsymbol{e}_3=\overrightarrow{OE_3}$，令 π 为由 OE_2，OE_3 所确定的平面. 显然，一方面，OE_1 不在平面 π 上，故 $k_1\boldsymbol{e}_1$ 与 π 不平行；另一方面，易见 $k_2\boldsymbol{e}_2+k_3\boldsymbol{e}_3$ 是平面 π 上的向量，且由(4.1.3)式知它是 $k_1\boldsymbol{e}_1$ 的反向量. 显然矛盾，故 $k_1=k_2=k_3=0$，(1)成立.

(2) 设 $\boldsymbol{b}$ 有如同引理叙述中的两种表出方式，则 $(c_1-d_1)\boldsymbol{e}_1+(c_2-d_2)\boldsymbol{e}_2+(c_3-d_3)\boldsymbol{e}_3=\boldsymbol{0}$，由 $\{\boldsymbol{e}_1,\boldsymbol{e}_2,\boldsymbol{e}_3\}$ 的线性无关性推出 c_i-d_i $(i=1,2,3)$ 都等于0，故(2)成立. □

下面给出坐标系的基本事实.

性质 4.1.3　在取定坐标系 $\Gamma=\{O,\boldsymbol{e}_1,\boldsymbol{e}_2,\boldsymbol{e}_3\}$ 下，任何向量 $\boldsymbol{r}$ 都可以唯一地写成 $\boldsymbol{e}_1,\boldsymbol{e}_2,\boldsymbol{e}_3$ 的线性组合，即

$$\boldsymbol{r}=x\boldsymbol{e}_1+y\boldsymbol{e}_2+z\boldsymbol{e}_3,$$

这里 x,y,z 是唯一确定的一组实数.

证　由引理 4.1.1，我们仅需证明 $\boldsymbol{r}$ 可以写成 $\{\boldsymbol{e}_1,\boldsymbol{e}_2,\boldsymbol{e}_3\}$ 的线性组合. 下面分三种情况讨论.

(1) 向量 $\boldsymbol{r}$ 与某个 $\boldsymbol{e}_i$ 共线. 不妨设向量 $\boldsymbol{r}$ 与 $\boldsymbol{e}_1$ 共线,此时易见 $\boldsymbol{r}$ 可表示为 $x\boldsymbol{e}_1$,结论成立.

(2) 向量 $\boldsymbol{r}$ 与坐标系 Γ 中两个向量共面,但不与任何一个向量共线. 如图 4-4,不妨设向量 $\boldsymbol{r}$ 与 $\boldsymbol{e}_1$,$\boldsymbol{e}_2$ 共面,即向量 $\boldsymbol{r}$ 在 $\boldsymbol{e}_1$,$\boldsymbol{e}_2$ 确定的平面上. 设$\overrightarrow{OP}=\boldsymbol{r}$. 又设 $\boldsymbol{e}_1$,$\boldsymbol{e}_2$ 所在的直线分别为 l_1,l_2. 过点 P 分别作平行于 l_1,l_2 的两条直线,与 l_2,l_1 的交点分别为 B,A. 显然$\overrightarrow{OA}\parallel\boldsymbol{e}_1$,$\overrightarrow{OB}\parallel\boldsymbol{e}_2$,由(1)得分别存在实数 x 与 y,使得$\overrightarrow{OA}=x\boldsymbol{e}_1$,$\overrightarrow{OB}=y\boldsymbol{e}_2$. 由向量加法法则有

$$\boldsymbol{r}=\overrightarrow{OP}=\overrightarrow{OA}+\overrightarrow{OB}=x\boldsymbol{e}_1+y\boldsymbol{e}_2.$$

结论成立.

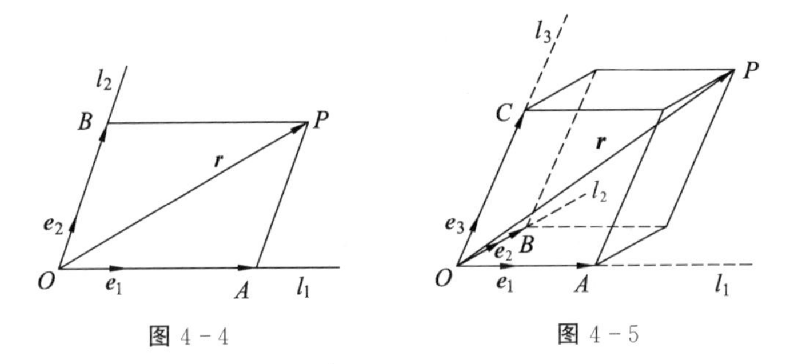

图 4-4　　　　图 4-5

(3) 向量 $\boldsymbol{r}$ 与坐标系 Γ 中任意两个向量都不共面. 如图 4-5,设$\overrightarrow{OP}=\boldsymbol{r}$. 又设 $\boldsymbol{e}_1$,$\boldsymbol{e}_2$,$\boldsymbol{e}_3$ 所在的直线分别为 l_1,l_2,l_3. 过点 P 作三个平面,使得这三个平面分别平行于由直线 l_1,l_2,l_3 两两确定的三个平面,所作的三个平面与直线 l_1,l_2,l_3 的交点分别为 A,B,C. 由(1)得分别存在 x,y 和 z,使得$\overrightarrow{OA}=x\boldsymbol{e}_1$,$\overrightarrow{OB}=y\boldsymbol{e}_2$,$\overrightarrow{OC}=z\boldsymbol{e}_3$. 由向量加法法则得

$$\boldsymbol{r}=\overrightarrow{OA}+\overrightarrow{OB}+\overrightarrow{OC}=x\boldsymbol{e}_1+y\boldsymbol{e}_2+z\boldsymbol{e}_3.$$

结论成立. □

定义 4.1.3 在取定坐标系 $\Gamma=\{O,\boldsymbol{e}_1,\boldsymbol{e}_2,\boldsymbol{e}_3\}$ 下.

(1) 若向量 $\boldsymbol{r}$ 表示为 $x\boldsymbol{e}_1+y\boldsymbol{e}_2+z\boldsymbol{e}_3$,则 $(x,y,z)^{\mathrm{T}}$ 称为 $\boldsymbol{r}$ 的坐标向量,简称坐标;

(2) 若向量 $\boldsymbol{r}$ 的坐标向量为 $(x,y,z)^{\mathrm{T}}$,则向量 $\boldsymbol{r}$ 可以更清楚地表示为 $\boldsymbol{r}(x,y,z)$;

(3) 设 P 为空间中一点,称$\overrightarrow{OP}$为点 P 对应的向量,若$\overrightarrow{OP}$的坐标向量为 $(x,y,z)^{\mathrm{T}}$,则点 P 可以更明确地表示为 $P(x,y,z)$.

为了稍加区分,可以把几何空间中的向量称为**几何向量**,形如 $(a_1,a_2,\cdots,a_n)^{\mathrm{T}}$ 或 $(a_1,a_2,\cdots,a_n)$ 的向量称为**代数向量**. 显然,每个几何向量的坐标向量都

是实数域上的 3 维列向量.

下面的性质描述了几何向量与它的坐标向量之间的对应关系，这些性质可以由性质 4.1.3 及定义 4.1.3 直接得到，细节留给读者.

性质 4.1.4　在取定坐标系 $\Gamma=\{O,\boldsymbol{e}_1,\boldsymbol{e}_2,\boldsymbol{e}_3\}$ 下，设向量 $\boldsymbol{\alpha},\boldsymbol{\beta}$ 对应的坐标向量分别是 $\boldsymbol{\alpha}'$ 和 $\boldsymbol{\beta}'$，则以下结论成立：

(1) $\boldsymbol{\alpha}=\boldsymbol{\beta}$ 当且仅当 $\boldsymbol{\alpha}'=\boldsymbol{\beta}'$.

(2) $\boldsymbol{\alpha}+\boldsymbol{\beta}$ 的坐标向量为 $\boldsymbol{\alpha}'+\boldsymbol{\beta}'$；任取实数 k，$k\boldsymbol{\alpha}$ 的坐标向量为 $k\boldsymbol{\alpha}'$.

(3) 设 $A(a,b,c)$，$B(a_1,b_1,c_1)$ 为空间中的两点，则

$$\overrightarrow{AB}=(a_1-a)\boldsymbol{e}_1+(b_1-b)\boldsymbol{e}_2+(c_1-c)\boldsymbol{e}_3.$$

特别地，向量 $\overrightarrow{AB}$ 的坐标为 $(a_1-a,b_1-b,c_1-c)^{\mathrm{T}}$.

四、向量之间的夹角，向量在另一向量上的射影

设 $\boldsymbol{a},\boldsymbol{b}$ 是两个非零向量，在空间中取定一点 O，作 $\overrightarrow{OA}=\boldsymbol{a}$，$\overrightarrow{OB}=\boldsymbol{b}$，由射线 OA 和 OB 构成的介于 0 到 π 之间的夹角称为**向量 $\boldsymbol{a}$，$\boldsymbol{b}$ 的夹角**，记作 $\angle(\boldsymbol{a},\boldsymbol{b})$. 易见

$$\angle(\boldsymbol{b},\boldsymbol{a})=\angle(\boldsymbol{a},\boldsymbol{b})\begin{cases}\in(0,\pi), & \text{若 } \boldsymbol{a},\boldsymbol{b} \text{ 不平行},\\ =0, & \text{若 } \boldsymbol{a},\boldsymbol{b} \text{ 平行且同向},\\ =\pi, & \text{若 } \boldsymbol{a},\boldsymbol{b} \text{ 平行且反向}.\end{cases}$$

当 $\boldsymbol{a},\boldsymbol{b}$ 中有一个是零向量时，它们之间不定义夹角.

定义 4.1.4　设 $\boldsymbol{l}$ 是一有向轴，设点 A,B 在轴 $\boldsymbol{l}$ 上的垂足分别为 A',B'，如图 4-6.

(1) 称向量 $\overrightarrow{A'B'}$ 为向量 $\overrightarrow{AB}$ 在轴 $\boldsymbol{l}$ 上的射影向量；

(2) 又若 $\overrightarrow{A'B'}=x\boldsymbol{v}$，其中 $\boldsymbol{v}$ 为与 $\boldsymbol{l}$ 同方向的单位向量，则称 x 为向量 $\overrightarrow{AB}$ 在有向轴 $\boldsymbol{l}$ 上的射影值或投影值，记为 $\mathrm{Prj}_l\overrightarrow{AB}$.

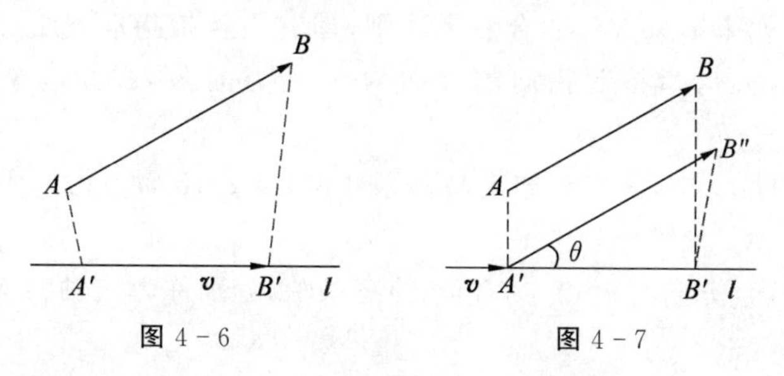

图 4-6　　　　图 4-7

显然，$|\mathrm{Prj}_l\overrightarrow{AB}|=|\overrightarrow{A'B'}|$. 零向量在轴上的射影值为 0.

性质 4.1.5　若向量 $\overrightarrow{AB}$ 与有向轴 $\boldsymbol{l}$ 的夹角为 θ，则 $\mathrm{Prj}_l\overrightarrow{AB}=|\overrightarrow{AB}|\cos\theta$.

证 不妨设 θ 为锐角. 如图 4-7,设 AA',BB' 垂直相交于轴 $\boldsymbol{l}$,交点分别为 A',B'. 令 $\overrightarrow{A'B'}=x\boldsymbol{v}$,其中 $\boldsymbol{v}$ 是与轴 $\boldsymbol{l}$ 同方向的单位向量,则 $\mathrm{Prj}_l\overrightarrow{AB}=x$.

作向量 $\overrightarrow{A'B''}=\overrightarrow{AB}$,连接 $B'B''$,则三角形 $A'B'B''$ 为直角三角形,$\angle B''A'B'=\theta$,$\angle A'B'B''$ 为直角. 于是 $x=|A'B'|=|\overrightarrow{A'B'}|=|\overrightarrow{A'B''}|\cos\theta=|\overrightarrow{AB}|\cos\theta$,结论成立. □

由性质 4.1.5,我们看到,若 $\overrightarrow{AB}=\overrightarrow{CD}$,则 $\mathrm{Prj}_l\overrightarrow{AB}=\mathrm{Prj}_l\overrightarrow{CD}$,这样就可以定义向量 $\boldsymbol{\beta}$ 在轴 $\boldsymbol{l}$ 上的射影值. 若 $\boldsymbol{\beta}=\overrightarrow{AB}$,则规定

$$\mathrm{Prj}_l\boldsymbol{\beta}=\mathrm{Prj}_l\overrightarrow{AB}.$$

这个定义与起点 A 及终点 B 的取法无关.

对于非零向量 $\boldsymbol{\alpha}$,取 $\boldsymbol{l}$ 是与 $\boldsymbol{\alpha}$ 同向的有向轴,则 $\mathrm{Prj}_l\boldsymbol{\beta}$ 也称为向量 $\boldsymbol{\beta}$ 在向量 $\boldsymbol{\alpha}$ 上的射影值,记为 $\mathrm{Prj}_{\boldsymbol{\alpha}}\boldsymbol{\beta}$. 一个向量在另一个向量(或有向轴)上的射影值还有以下线性性质.

性质 4.1.6 $\mathrm{Prj}_l(\boldsymbol{a}+\boldsymbol{b})=\mathrm{Prj}_l\boldsymbol{a}+\mathrm{Prj}_l\boldsymbol{b}$,$\mathrm{Prj}_l(k\boldsymbol{a})=k\mathrm{Prj}_l\boldsymbol{a}$,这里 $k\in\mathbf{R}$.

证 仅证前一个等式. 设 $\overrightarrow{AB}=\boldsymbol{a}$,$\overrightarrow{BC}=\boldsymbol{b}$,设与 $\boldsymbol{l}$ 同方向的单位向量为 $\boldsymbol{e}$. 设 A,B,C 在 $\boldsymbol{l}$ 上的垂足分别为 A',B',C',再设 $\overrightarrow{A'B'}=u\boldsymbol{e}$,$\overrightarrow{B'C'}=v\boldsymbol{e}$,有

$$\overrightarrow{A'C'}=\overrightarrow{A'B'}+\overrightarrow{B'C'}=(u+v)\boldsymbol{e},$$

$$\mathrm{Prj}_l\boldsymbol{a}=\mathrm{Prj}_l\overrightarrow{AB}=u,\mathrm{Prj}_l\boldsymbol{b}=\mathrm{Prj}_l\overrightarrow{B'C'}=v,$$

因此

$$\mathrm{Prj}_l(\boldsymbol{a}+\boldsymbol{b})=\mathrm{Prj}_l\overrightarrow{AC}=u+v=\mathrm{Prj}_l\boldsymbol{a}+\mathrm{Prj}_l\boldsymbol{b}.$$ □

五、标准直角坐标系

如果 $\boldsymbol{e}_1,\boldsymbol{e}_2,\boldsymbol{e}_3$ 为两两正交(也称垂直,即夹角为 90°)的单位向量,那么称坐标系 $\Gamma=\{O,\boldsymbol{e}_1,\boldsymbol{e}_2,\boldsymbol{e}_3\}$ 为一个**标准直角坐标系**,并称 $\boldsymbol{e}_1,\boldsymbol{e}_2,\boldsymbol{e}_3$ 为空间的一组**标准正交基**. 如果 $\boldsymbol{e}_1,\boldsymbol{e}_2,\boldsymbol{e}_3$ 适合右手法则,即右手食指指向 $\boldsymbol{e}_1$ 的方向,中指指向 $\boldsymbol{e}_2$ 的方向,大拇指抬起指向的方向为 $\boldsymbol{e}_3$ 的方向,那么称这个标架构成**右手系**.

在下面的行文中,我们**总约定**坐标系 $\Gamma=\{O,\boldsymbol{e}_1,\boldsymbol{e}_2,\boldsymbol{e}_3\}$ 为右手的标准直角坐标系.

过原点 O 且方向与 $\boldsymbol{e}_1,\boldsymbol{e}_2,\boldsymbol{e}_3$ 相同的三条轴,分别称为 x 轴、y 轴和 z 轴.

§4.2 向量积

本节将介绍三种向量之间的乘积，其基本目的是给出一些几何量的计算方法.

一、两向量的点积

定义 4.2.1 设 $\boldsymbol{a},\boldsymbol{b}$ 是两个非零向量，它们的点积，记为 $\boldsymbol{a}\cdot\boldsymbol{b}$ 或 $\boldsymbol{ab}$，是如下定义的一个实数：

$$|\boldsymbol{a}||\boldsymbol{b}|\cos\angle(\boldsymbol{a},\boldsymbol{b}).$$

若 $\boldsymbol{a},\boldsymbol{b}$ 中至少有一个是零向量，则规定它们的点积为 0.

因为两个向量的点积是一个实数，所以点积也称为**数量积**. 点积 $\boldsymbol{aa}$ 可记为 $\boldsymbol{a}^2$.

若两个向量 $\boldsymbol{a}$ 和 $\boldsymbol{b}$ 的点积为零，则称这两个向量**正交**或**垂直**，记为 $\boldsymbol{a}\perp\boldsymbol{b}$. 显然，零向量与任何向量正交，两个非零向量正交当且仅当它们的夹角是$\frac{\pi}{2}$. 在讲述点积的应用之前，我们先给出点积的基本性质.

性质 4.2.1 向量点积具有以下性质，其中 k 是任意实数，$\boldsymbol{a},\boldsymbol{b},\boldsymbol{c}$ 为任意向量：

(1) $\boldsymbol{a}\boldsymbol{0}=0$.

(2) 交换性 $\boldsymbol{ab}=\boldsymbol{ba}$.

(3) 线性性 $(k\boldsymbol{a})\boldsymbol{b}=k(\boldsymbol{ab}),(\boldsymbol{a}+\boldsymbol{c})\boldsymbol{b}=\boldsymbol{ab}+\boldsymbol{cb}$.

(4) 正定性 $\boldsymbol{a}^2\geqslant 0$ 且等号成立当且仅当 $\boldsymbol{a}=\boldsymbol{0}$. 事实上，$\boldsymbol{a}^2=\boldsymbol{aa}=|\boldsymbol{a}|^2$.

(5) $\boldsymbol{e}_1\boldsymbol{e}_2=\boldsymbol{e}_1\boldsymbol{e}_3=\boldsymbol{e}_2\boldsymbol{e}_3=0,\boldsymbol{e}_1^2=\boldsymbol{e}_2^2=\boldsymbol{e}_3^2=1$.

证 (1)(2)(4)(5)由点积定义立得，下证(3). 若 $\boldsymbol{b}=\boldsymbol{0}$，则结论显然成立. 以下设 $\boldsymbol{b}\neq\boldsymbol{0}$. 注意到对任意向量 $\boldsymbol{u}$，都有 $\mathrm{Prj}_{\boldsymbol{b}}\boldsymbol{u}=|\boldsymbol{u}|\cos\angle(\boldsymbol{u},\boldsymbol{b})$（参见性质 4.1.5），故

$$\boldsymbol{ub}=|\boldsymbol{u}||\boldsymbol{b}|\cos\angle(\boldsymbol{u},\boldsymbol{b})=|\boldsymbol{b}|\mathrm{Prj}_{\boldsymbol{b}}\boldsymbol{u}.$$

结合射影值的线性性质（性质 4.1.6）得

$$(k\boldsymbol{a})\boldsymbol{b}=|\boldsymbol{b}|\cdot\mathrm{Prj}_{\boldsymbol{b}}(k\boldsymbol{a})=|\boldsymbol{b}|\cdot k\cdot\mathrm{Prj}_{\boldsymbol{b}}\boldsymbol{a}=k(\boldsymbol{ab}).$$

$$(\boldsymbol{a}+\boldsymbol{c})\boldsymbol{b}=|\boldsymbol{b}|\mathrm{Prj}_{\boldsymbol{b}}(\boldsymbol{a}+\boldsymbol{c})=|\boldsymbol{b}|(\mathrm{Prj}_{\boldsymbol{b}}\boldsymbol{a}+\mathrm{Prj}_{\boldsymbol{b}}\boldsymbol{c})=\boldsymbol{ab}+\boldsymbol{cb}.$$ □

点积的线性性质可以推广如下：

设 $\boldsymbol{a}_i,\boldsymbol{b}_j$ 都是向量，m_i,n_j 都是实数，则

$$\left(\sum_{i=1}^{s} m_i \boldsymbol{a}_i\right)\left(\sum_{j=1}^{t} n_j \boldsymbol{b}_j\right)=\sum_{i=1}^{s}\sum_{j=1}^{t} m_i n_j (\boldsymbol{a}_i \boldsymbol{b}_j). \tag{4.2.1}$$

利用点积的定义及性质 4.2.1，我们可以轻松得到一些几何量，特别是向量之间夹角的计算公式.

性质 4.2.2 设 $\boldsymbol{a}(x_1,y_1,z_1)$，$\boldsymbol{b}(x_2,y_2,z_2)$，则

(1) $\boldsymbol{ab}=x_1x_2+y_1y_2+z_1z_2$，特别地，$|\boldsymbol{a}|=\sqrt{x_1^2+y_1^2+z_1^2}$；

(2) 若 $\boldsymbol{a},\boldsymbol{b}$ 是两个非零向量，则

$$\cos\angle(\boldsymbol{a},\boldsymbol{b})=\frac{x_1x_2+y_1y_2+z_1z_2}{\sqrt{x_1^2+y_1^2+z_1^2}\cdot\sqrt{x_2^2+y_2^2+z_2^2}};$$

(3) 当 $\boldsymbol{a}\neq\boldsymbol{0}$ 时，向量 $\boldsymbol{a}$ 与 $\boldsymbol{e}_1,\boldsymbol{e}_2,\boldsymbol{e}_3$ 的三个夹角（称为方向角）α,β,γ 的余弦值（称为方向余弦）分别为

$$\cos\alpha=\frac{x_1}{\sqrt{x_1^2+y_1^2+z_1^2}},\ \cos\beta=\frac{y_1}{\sqrt{x_1^2+y_1^2+z_1^2}},\ \cos\gamma=\frac{z_1}{\sqrt{x_1^2+y_1^2+z_1^2}};$$

(4) 点 $P(x_1,y_1,z_1)$ 到点 $Q(x_2,y_2,z_2)$ 的距离为

$$\sqrt{(x_2-x_1)^2+(y_2-y_1)^2+(z_2-z_1)^2}.$$

证 我们仅证(1)，其余留给读者. 因为 $\boldsymbol{a}=x_1\boldsymbol{e}_1+y_1\boldsymbol{e}_2+z_1\boldsymbol{e}_3$，$\boldsymbol{b}=x_2\boldsymbol{e}_1+y_2\boldsymbol{e}_2+z_2\boldsymbol{e}_3$，由点积的性质 4.2.1(5)及(4.2.1)式得

$$\boldsymbol{ab}=(x_1\boldsymbol{e}_1+y_1\boldsymbol{e}_2+z_1\boldsymbol{e}_3)(x_2\boldsymbol{e}_1+y_2\boldsymbol{e}_2+z_2\boldsymbol{e}_3)=x_1x_2+y_1y_2+z_1z_2.$$

因为 $\boldsymbol{a}^2=|\boldsymbol{a}|^2$，所以 $|\boldsymbol{a}|=\sqrt{x_1^2+y_1^2+z_1^2}$. □

例 4.2.1 已知空间中三点 $P(1,1,1)$，$M(1,2,1)$，$N(2,2,2)$，求直线 PM 与 PN 的夹角.

解 设所求夹角为 θ. 注意两直线的夹角定义在 0 到 $\frac{\pi}{2}$ 之间，因此

$$\cos\theta=|\cos\angle(\overrightarrow{PM},\overrightarrow{PN})|.$$

因为 $\overrightarrow{PM},\overrightarrow{PN}$ 的坐标向量分别为 $(0,1,0)^{\mathrm{T}}$，$(1,1,1)^{\mathrm{T}}$，所以

$$\cos\theta=\frac{|\overrightarrow{PM}\cdot\overrightarrow{PN}|}{|\overrightarrow{PM}||\overrightarrow{PN}|}=\frac{|0\times1+1\times1+0\times1|}{\sqrt{0^2+1^2+0^2}\cdot\sqrt{1^2+1^2+1^2}}=\frac{\sqrt{3}}{3},$$

因此 $\theta=\arccos\frac{\sqrt{3}}{3}$. □

二、两向量的向量积

为了计算平行四边形、三角形或多边形的面积，我们定义两向量的向量积.

定义 4.2.2 设 $\boldsymbol{a},\boldsymbol{b}$ 是两个不共线的向量，它们的向量积，也称为叉积，记

为 $\boldsymbol{a}\times\boldsymbol{b}$,是如下定义的一个向量:

(1) 它的模等于 $|\boldsymbol{a}||\boldsymbol{b}|\sin\angle(\boldsymbol{a},\boldsymbol{b})$.

(2) 它的方向与 $\boldsymbol{a},\boldsymbol{b}$ 垂直且 $\boldsymbol{a},\boldsymbol{b},\boldsymbol{a}\times\boldsymbol{b}$ 构成右手标架.

若 $\boldsymbol{a},\boldsymbol{b}$ 共线,则规定 $\boldsymbol{a}\times\boldsymbol{b}$ 是零向量.

向量积 $\boldsymbol{a}\times\boldsymbol{b}$ 中间的符号×不能省略. 设 $\boldsymbol{a}=\overrightarrow{OA}$, $\boldsymbol{b}=\overrightarrow{OB}$,记 S 为由两邻边 OA, OB 确定的平行四边形的面积,则

$$S=|\boldsymbol{a}||\boldsymbol{b}|\sin\angle(\boldsymbol{a},\boldsymbol{b}),$$

即面积 S 等于向量积 $\boldsymbol{a}\times\boldsymbol{b}$ 的长度,也即

$$S=|\boldsymbol{a}\times\boldsymbol{b}|.$$

另外,由定义 4.2.2 可见,两向量平行(即共线)等价于这两个向量的向量积为 $\mathbf{0}$.

性质 4.2.3　向量积具有以下性质:

(1) 反交换性　$\boldsymbol{a}\times\boldsymbol{b}=-(\boldsymbol{b}\times\boldsymbol{a})$.

(2) 线性性　$k(\boldsymbol{a}\times\boldsymbol{b})=(k\boldsymbol{a})\times\boldsymbol{b}=\boldsymbol{a}\times(k\boldsymbol{b})$, $(\boldsymbol{a}+\boldsymbol{b})\times\boldsymbol{c}=\boldsymbol{a}\times\boldsymbol{c}+\boldsymbol{b}\times\boldsymbol{c}$. 进而又可推广为

$$\left(\sum_{i=1}^{s}m_i\boldsymbol{a}_i\right)\times\left(\sum_{j=1}^{t}n_j\boldsymbol{b}_j\right)=\sum_{i=1}^{s}\sum_{j=1}^{t}m_in_j(\boldsymbol{a}_i\times\boldsymbol{b}_j).$$

(3) $\boldsymbol{e}_1\times\boldsymbol{e}_1=\boldsymbol{e}_2\times\boldsymbol{e}_2=\boldsymbol{e}_3\times\boldsymbol{e}_3=\mathbf{0}$.

(4) $\boldsymbol{e}_1\times\boldsymbol{e}_2=\boldsymbol{e}_3=-(\boldsymbol{e}_2\times\boldsymbol{e}_1)$, $\boldsymbol{e}_2\times\boldsymbol{e}_3=\boldsymbol{e}_1=-(\boldsymbol{e}_3\times\boldsymbol{e}_2)$, $\boldsymbol{e}_3\times\boldsymbol{e}_1=\boldsymbol{e}_2=-(\boldsymbol{e}_1\times\boldsymbol{e}_3)$.

证　由向量积的定义易证这些性质,细节略. □

性质 4.2.4　设 $\boldsymbol{a}(x_1,y_1,z_1)$, $\boldsymbol{b}(x_2,y_2,z_2)$ 是两个向量,则

$$\boldsymbol{a}\times\boldsymbol{b}=\begin{vmatrix}y_1 & z_1\\ y_2 & z_2\end{vmatrix}\boldsymbol{e}_1-\begin{vmatrix}x_1 & z_1\\ x_2 & z_2\end{vmatrix}\boldsymbol{e}_2+\begin{vmatrix}x_1 & y_1\\ x_2 & y_2\end{vmatrix}\boldsymbol{e}_3.$$

为方便记忆,上式可记为形式行列式

$$\begin{vmatrix}\boldsymbol{e}_1 & x_1 & x_2\\ \boldsymbol{e}_2 & y_1 & y_2\\ \boldsymbol{e}_3 & z_1 & z_2\end{vmatrix}\text{或}\begin{vmatrix}\boldsymbol{e}_1 & \boldsymbol{e}_2 & \boldsymbol{e}_3\\ x_1 & y_1 & z_1\\ x_2 & y_2 & z_2\end{vmatrix}.$$

证　由性质 4.2.3 得

$$\begin{aligned}\boldsymbol{a}\times\boldsymbol{b}&=(x_1\boldsymbol{e}_1+y_1\boldsymbol{e}_2+z_1\boldsymbol{e}_3)\times(x_2\boldsymbol{e}_1+y_2\boldsymbol{e}_2+z_2\boldsymbol{e}_3)\\&=x_1x_2(\boldsymbol{e}_1\times\boldsymbol{e}_1)+x_1y_2(\boldsymbol{e}_1\times\boldsymbol{e}_2)+x_1z_2(\boldsymbol{e}_1\times\boldsymbol{e}_3)+\\&\quad y_1x_2(\boldsymbol{e}_2\times\boldsymbol{e}_1)+y_1y_2(\boldsymbol{e}_2\times\boldsymbol{e}_2)+y_1z_2(\boldsymbol{e}_2\times\boldsymbol{e}_3)+\\&\quad z_1x_2(\boldsymbol{e}_3\times\boldsymbol{e}_1)+z_1y_2(\boldsymbol{e}_3\times\boldsymbol{e}_2)+z_1z_2(\boldsymbol{e}_3\times\boldsymbol{e}_3)\\&=(y_1z_2-y_2z_1)\boldsymbol{e}_1+(z_1x_2-z_2x_1)\boldsymbol{e}_2+(x_1y_2-x_2y_1)\boldsymbol{e}_3.\end{aligned}$$

□

例 4.2.2　已知三点 $A(1,2,3)$, $B(2,-1,5)$, $C(3,2,-5)$,求三角形 ABC

的面积和 AB 边上的高.

解 向量$\overrightarrow{AB}$,$\overrightarrow{AC}$的坐标向量分别为$(1,-3,2)^{\mathrm{T}}$ 和$(2,0,-8)^{\mathrm{T}}$. 所以

$$\overrightarrow{AB}\times\overrightarrow{AC}=\begin{vmatrix} \boldsymbol{e}_1 & 1 & 2 \\ \boldsymbol{e}_2 & -3 & 0 \\ \boldsymbol{e}_3 & 2 & -8 \end{vmatrix}=24\boldsymbol{e}_1+12\boldsymbol{e}_2+6\boldsymbol{e}_3.$$

从而三角形 ABC 的面积

$$S=\frac{1}{2}|\overrightarrow{AB}\times\overrightarrow{AC}|=\frac{1}{2}\sqrt{24^2+12^2+6^2}=3\sqrt{21}.$$

又

$$|\overrightarrow{AB}|=\sqrt{1^2+(-3)^2+2^2}=\sqrt{14},$$

所以三角形 ABC 中 AB 边上的高等于$\dfrac{2S}{|\overrightarrow{AB}|}=\dfrac{6\sqrt{21}}{\sqrt{14}}=3\sqrt{6}$. □

三、三个向量的混合积

接下来我们讨论三个向量 $\boldsymbol{a},\boldsymbol{b},\boldsymbol{c}$ 的**混合积**,它定义为

$$(\boldsymbol{a}\times\boldsymbol{b})\boldsymbol{c},$$

显然它是向量 $\boldsymbol{a}\times\boldsymbol{b}$ 和向量 $\boldsymbol{c}$ 的点积,因此是一个实数. 混合积的主要用处是计算平行六面体或其他多面体的体积.

性质 4.2.5 设以三向量 $\boldsymbol{a},\boldsymbol{b},\boldsymbol{c}$ 为相邻三条棱所确定的平行六面体的体积为 V,则

$$(\boldsymbol{a}\times\boldsymbol{b})\boldsymbol{c}=\delta V,$$

其中,当 $\boldsymbol{a},\boldsymbol{b},\boldsymbol{c}$ 构成右手系时 $\delta=1$,否则 $\delta=-1$.

证 我们仅给出 $\boldsymbol{a},\boldsymbol{b},\boldsymbol{c}$ 构成右手系时的证明. 如图 4-8 所示,设$\overrightarrow{OA}=\boldsymbol{a}$,$\overrightarrow{OB}=\boldsymbol{b}$,$\overrightarrow{OC}=\boldsymbol{c}$,以 OA,OB,OC 为三邻边作平行六面体,其中底面是以 OA,OB 为邻边的平行四边形,它的面积 $S=|\boldsymbol{a}\times\boldsymbol{b}|$. 从点 C 引该六面体的高 CP. 显然$\overrightarrow{PC}$与 $\boldsymbol{a}\times\boldsymbol{b}$ 的方向相同,所以$\angle(\overrightarrow{CO},\overrightarrow{CP})=\angle(\boldsymbol{c},\boldsymbol{a}\times\boldsymbol{b})$. 又 $|PC|=|\boldsymbol{c}|\cos\angle(\overrightarrow{CO},\overrightarrow{CP})$,所以 $V=|PC|S=|\boldsymbol{c}|\cos\angle(\boldsymbol{c},\boldsymbol{a}\times\boldsymbol{b})|\boldsymbol{a}\times\boldsymbol{b}|=(\boldsymbol{a}\times\boldsymbol{b})\boldsymbol{c}$. □

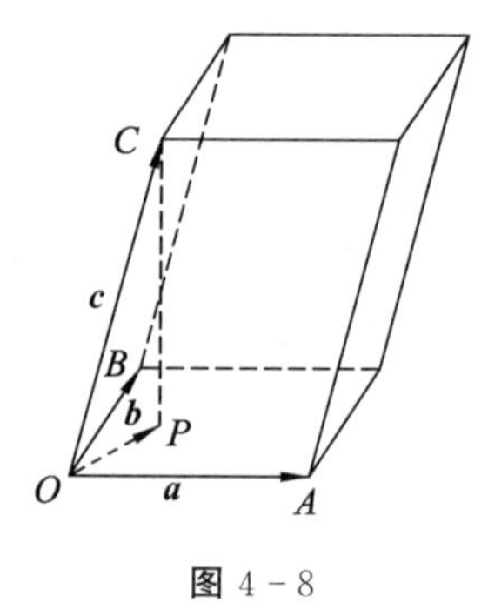

图 4-8

性质 4.2.6 设 $\boldsymbol{a}(x_1,y_1,z_1)$,$\boldsymbol{b}(x_2,y_2,z_2)$,$\boldsymbol{c}(x_3,y_3,z_3)$,则

$$(\boldsymbol{a}\times\boldsymbol{b})\boldsymbol{c}=\begin{vmatrix} x_1 & x_2 & x_3 \\ y_1 & y_2 & y_3 \\ z_1 & z_2 & z_3 \end{vmatrix}. \tag{4.2.2}$$

特别地,我们有:

(1) $\boldsymbol{a},\boldsymbol{b},\boldsymbol{c}$ 共面当且仅当 $(\boldsymbol{a}\times\boldsymbol{b})\boldsymbol{c}=0$,也即三级行列式 $\begin{vmatrix} x_1 & x_2 & x_3 \\ y_1 & y_2 & y_3 \\ z_1 & z_2 & z_3 \end{vmatrix}=0$,这也等价于三个坐标向量 $\begin{pmatrix} x_1 \\ y_1 \\ z_1 \end{pmatrix},\begin{pmatrix} x_2 \\ y_2 \\ z_2 \end{pmatrix},\begin{pmatrix} x_3 \\ y_3 \\ z_3 \end{pmatrix}$ 线性相关.

(2) $(\boldsymbol{a}\times\boldsymbol{b})\boldsymbol{c}=(\boldsymbol{b}\times\boldsymbol{c})\boldsymbol{a}=(\boldsymbol{c}\times\boldsymbol{a})\boldsymbol{b}=-(\boldsymbol{b}\times\boldsymbol{a})\boldsymbol{c}=-(\boldsymbol{c}\times\boldsymbol{b})\boldsymbol{a}=-(\boldsymbol{a}\times\boldsymbol{c})\boldsymbol{b}$.

证　由向量积的性质 4.2.4 有

$$\boldsymbol{a}\times\boldsymbol{b}=(y_1z_2-z_1y_2)\boldsymbol{e}_1-(x_1z_2-z_1x_2)\boldsymbol{e}_2+(x_1y_2-y_1x_2)\boldsymbol{e}_3,$$

所以

$$\begin{aligned}(\boldsymbol{a}\times\boldsymbol{b})\boldsymbol{c}&=(y_1z_2-z_1y_2)x_3-(x_1z_2-z_1x_2)y_3+(x_1y_2-y_1x_2)z_3\\&=\begin{vmatrix} x_1 & x_2 & x_3 \\ y_1 & y_2 & y_3 \\ z_1 & z_2 & z_3 \end{vmatrix}.\end{aligned}$$

(1) 令 V 为以 $\boldsymbol{a},\boldsymbol{b},\boldsymbol{c}$ 为相邻三条棱所确定的平行六面体的体积,由性质 4.2.5 得到 $\boldsymbol{a},\boldsymbol{b},\boldsymbol{c}$ 共面当且仅当 $V=0$,也即 $(\boldsymbol{a}\times\boldsymbol{b})\boldsymbol{c}=0$.

(2) 由(4.2.2)式及行列式的性质立得. □

例 4.2.3　设 $\boldsymbol{a}(1,0,0),\boldsymbol{b}(1,1,0),\boldsymbol{c}(1,1,1),\boldsymbol{d}(2,1,0)$.

(1) 证明 $\{\boldsymbol{a},\boldsymbol{b},\boldsymbol{c}\}$ 构成一个坐标系;

(2) 求 $\boldsymbol{d}$ 在坐标系 $\{\boldsymbol{a},\boldsymbol{b},\boldsymbol{c}\}$ 下的坐标向量.

解　(1) 由混合积计算公式(4.2.2)算得 $(\boldsymbol{a}\times\boldsymbol{b})\boldsymbol{c}=1\neq 0$,故 $\boldsymbol{a},\boldsymbol{b},\boldsymbol{c}$ 不共面,从而构成一个坐标系.

(2) 设 $\boldsymbol{d}=x\boldsymbol{a}+y\boldsymbol{b}+z\boldsymbol{c}$,考察等式两边向量的坐标,得线性方程组

$$x\begin{pmatrix}1\\0\\0\end{pmatrix}+y\begin{pmatrix}1\\1\\0\end{pmatrix}+z\begin{pmatrix}1\\1\\1\end{pmatrix}=\begin{pmatrix}2\\1\\0\end{pmatrix},$$

解方程组得所求坐标向量为 $(1,1,0)^{\mathrm{T}}$. □

例 4.2.4　设 $A(1,0,0),B(4,4,2),C(4,5,-1),D(3,3,5)$,求四面体 $ABCD$ 的体积.

解 由立体几何性质知,四面体 $ABCD$ 的体积 V 等于以 AB,AC,AD 为三条棱的平行六面体体积的 $\frac{1}{6}$,即有

$$V=\frac{1}{6}|(\overrightarrow{AB}\times\overrightarrow{AC})\overrightarrow{AD}|.$$

由于 $\overrightarrow{AB},\overrightarrow{AC},\overrightarrow{AD}$ 的坐标向量依次为 $(3,4,2)^{\mathrm{T}},(3,5,-1)^{\mathrm{T}},(2,3,5)^{\mathrm{T}}$,所以

$$(\overrightarrow{AB}\times\overrightarrow{AC})\overrightarrow{AD}=\begin{vmatrix}3 & 3 & 2\\ 4 & 5 & 3\\ 2 & -1 & 5\end{vmatrix}=14.$$

从而 $V=\frac{7}{3}$. □

§4.3 空间中的平面

我们在中学已经学习了平面解析几何,其基本思想是用代数的方法来处理平面上的几何问题. 首先,在平面上建立直角坐标系,于是曲线 l(含直线)上的每个点就有了坐标 (x,y),从而曲线上点的特征性质完全由 x,y 满足的制约条件来反映,这个制约条件可用方程 $F(x,y)=0$(不一定恰是一个方程)来反映. 如果,一方面满足方程 $F(x,y)=0$ 的点 $P(x_0,y_0)$ 一定在该曲线 l 上,另一方面曲线 l 上的每个点 $P(x_0,y_0)$ 的坐标 (x_0,y_0) 也都满足该方程,那么 $F(x,y)=0$ 称为曲线 l 的**轨迹方程**,简称**方程**,曲线 l 叫作方程 $F(x,y)=0$ 的**轨迹图形**.

同样,在建立了直角坐标系的三维空间中,如果一个曲面 Σ 与一个方程 $F(x,y,z)=0$ 满足如下关系:首先,满足方程 $F(x,y,z)=0$ 的点 $P(x_0,y_0,z_0)$ 一定在该曲面 Σ 上;其次,曲面 Σ 上任何点 P 的坐标 (x_0,y_0,z_0) 也一定满足方程 $F(x,y,z)=0$. 那么称 $F(x,y,z)=0$ 为曲面 Σ 的(轨迹)方程,曲面 Σ 称为方程 $F(x,y,z)=0$ 对应的图形. 空间中一般的曲面和曲面方程将在第 8 章中讨论.

本节将在给定右手标准直角坐标系 $\{O,\boldsymbol{e}_1,\boldsymbol{e}_2,\boldsymbol{e}_3\}$ 下,给出空间中平面方程的表达形式,讨论平面与点、平面与平面之间的位置关系.

一、平面方程

如何确定空间中的一个平面? 由立体几何知识,一个平面被不共线的三点确定,另外也能被该平面上的一点及垂直于该平面的一条直线(或线段)所确定. 下面我们来讨论这两种情形下的平面方程.

性质4.3.1 (1) 已知平面π过不共线的三点$A(x_1,y_1,z_1)$,$B(x_2,y_2,z_2)$,$C(x_3,y_3,z_3)$,则该平面的方程为

$$\begin{vmatrix} x & x_1 & x_2 & x_3 \\ y & y_1 & y_2 & y_3 \\ z & z_1 & z_2 & z_3 \\ 1 & 1 & 1 & 1 \end{vmatrix}=0,$$

称为平面π的**三点式方程**.

(2) 已知平面π过点$M_0(x_0,y_0,z_0)$,且该平面与非零向量$\boldsymbol{n}(a,b,c)$垂直,则该平面的方程为

$$a(x-x_0)+b(y-y_0)+c(z-z_0)=0,$$

称为平面π的**点法式方程**,向量$\boldsymbol{n}$称为该平面的**法向量**.

证 (1) 任取空间一点$D(x,y,z)$,点D在平面π上当且仅当三条线段DA,DB,DC共面,这也等价于三个向量$\overrightarrow{DA},\overrightarrow{DB},\overrightarrow{DC}$共面.易见这三个向量的坐标向量依次为

$$(x_1-x,y_1-y,z_1-z)^{\mathrm{T}},(x_2-x,y_2-y,z_2-z)^{\mathrm{T}},(x_3-x,y_3-y,z_3-z)^{\mathrm{T}},$$

由三向量共面的性质得平面π的方程为

$$\begin{vmatrix} x_1-x & x_2-x & x_3-x \\ y_1-y & y_2-y & y_3-y \\ z_1-z & z_2-z & z_3-z \end{vmatrix}=0,\text{也即}\begin{vmatrix} x & x_1 & x_2 & x_3 \\ y & y_1 & y_2 & y_3 \\ z & z_1 & z_2 & z_3 \\ 1 & 1 & 1 & 1 \end{vmatrix}=0.$$

(2) 任取空间一点$D(x,y,z)$,点D在平面π上当且仅当向量$\overrightarrow{M_0D}$与向量$\boldsymbol{n}$垂直,即$\overrightarrow{M_0D}\cdot\boldsymbol{n}=0$,因此平面$\pi$的方程为

$$a(x-x_0)+b(y-y_0)+c(z-z_0)=0.$$

□

设$\boldsymbol{n}$为平面π的法向量.易见$\boldsymbol{n}$的任意非零倍仍是π的法向量,且平面π的法向量也只能是$\boldsymbol{n}$的非零倍.

考虑平面的点法式方程$a(x-x_0)+b(y-y_0)+c(z-z_0)=0$,显然它可以化为

$$ax+by+cz+d=0$$

的形式,其中$(a,b,c)^{\mathrm{T}}$为其法向量的坐标,所以a,b,c不全为0.反之,对于a,b,c不全为零的方程$ax+by+cz+d=0$,不妨设$a\neq0$,该方程可以化为

$$a\left(x+\frac{d}{a}\right)+b(y-0)+c(z-0)=0.$$

这是一个点法式平面方程,故方程$ax+by+cz+d=0$的图形确实是一个平面.

综上,我们得到空间平面的**一般方程**

$$ax+by+cz+d=0, \tag{4.3.1}$$

其中 a,b,c 不全为零.在这个平面的一般方程中,法向量可取为 $\boldsymbol{n}(a,b,c)$.

若 a,b,c,d 全不为零,则平面的一般方程 $ax+by+cz+d=0$ 可以化为

$$\frac{x}{x_0}+\frac{y}{y_0}+\frac{z}{z_0}=1, \tag{4.3.2}$$

称为平面的**截距式方程**,此时平面与三坐标轴的交点分别为 $A(x_0,0,0)$,$B(0,y_0,0)$和 $C(0,0,z_0)$.

例 4.3.1 求过点 $M(1,1,1)$,$N(0,1,2)$,且平行于 y 轴的平面 π 的方程.

解 求平面方程的方法比较灵活,本例我们用两种方法求解.

方法 1 设 π 的方程为 $ax+by+cz+d=0$.因为该平面平行于 y 轴,所以它的法向量与 y 轴垂直,即得

$$a\times 0+b\times 1+c\times 0=0.$$

又点 M,N 都在 π 上,得

$$a+b+c+d=0,b+2c+d=0.$$

将上面三个关于 a,b,c,d 的方程联立得一个方程组,解方程组得

$$\begin{pmatrix}a\\b\\c\\d\end{pmatrix}=k\begin{pmatrix}-1\\0\\-1\\2\end{pmatrix},$$

其中 k 为任意常(实)数.注意,这里解方程组不会得到唯一解(即零解).另外,将 a,b,c,d 的任何一组解代入后得到的平面方程是一样的.取 $a=1,b=0,c=1,d=-2$ 代入,得 π 的平面方程为 $x+z-2=0$.

方法 2 因为向量可以平行移动,所以由条件知向量 $\boldsymbol{e}_2(0,1,0)$在 π 上.任取空间中一点 $P(x,y,z)$,点 P 在 π 上当且仅当$\overrightarrow{MP}$在 π 上,这也等价于三个向量$\overrightarrow{MP}(x-1,y-1,z-1)$,$\overrightarrow{MN}(-1,0,1)$,$\boldsymbol{e}_2(0,1,0)$共面,故 π 的方程为

$$\begin{vmatrix}x-1&-1&0\\y-1&0&1\\z-1&1&0\end{vmatrix}=0,$$

即 $x+z-2=0$. □

二、点到平面的距离

点与平面的位置关系由点到平面的距离所决定.

性质 4.3.2 已知点 $M(x_0,y_0,z_0)$及平面 π 的方程 $ax+by+cz+d=0$,则

(1) 点 M 到平面 π 的垂足 W 的坐标向量为

$$\begin{pmatrix} x \\ y \\ z \end{pmatrix}=\begin{pmatrix} x_0+ka \\ y_0+kb \\ z_0+kc \end{pmatrix},$$

其中 $k=-\dfrac{ax_0+by_0+cz_0+d}{a^2+b^2+c^2}$.

(2) 点 M 到平面 π 的距离为

$$\frac{|ax_0+by_0+cz_0+d|}{\sqrt{a^2+b^2+c^2}}.$$

证　(1) 设点 M 到平面 π 的垂足为 $W(x,y,z)$,则点 W 在平面 π 上,并且 MW 与平面的法向量平行,因此有

$$\begin{cases} ax+by+cz+d=0, \\ (x-x_0,y-y_0,z-z_0)=k(a,b,c), \end{cases}$$

于是

$$x=x_0+ka,y=y_0+kb,z=z_0+kc.$$

因为

$$\begin{aligned} 0&=a(x-x_0)+b(y-y_0)+c(z-z_0)+ax_0+by_0+cz_0+d \\ &=k(a^2+b^2+c^2)+ax_0+by_0+cz_0+d, \end{aligned}$$

求得 $k=-\dfrac{ax_0+by_0+cz_0+d}{a^2+b^2+c^2}$.

(2) 点 M 到平面 π 的距离等于向量 $\overrightarrow{MW}$ 的模长,因此等于

$$\begin{aligned} \sqrt{(x-x_0)^2+(y-y_0)^2+(z-z_0)^2}&=\sqrt{k^2(a^2+b^2+c^2)} \\ &=\frac{|ax_0+by_0+cz_0+d|}{\sqrt{a^2+b^2+c^2}}. \end{aligned}$$

□

三、两平面的位置关系

两平面之间有三种位置关系：(1) 不平行,即它们相交于一直线；(2) 平行,即它们不相交；(3) 重合.

显然,两平面平行当且仅当它们的法向量平行,两平面重合当且仅当它们的平面方程本质上是一致的.由此得下面的性质：

性质 4.3.3　设平面 π_1：$a_1x+b_1y+c_1z+d_1=0$,平面 π_2：$a_2x+b_2y+c_2z+d_2=0$,则

(1) π_1 与 π_2 不平行,即它们相交于一直线,当且仅当 $a_1:b_1:c_1\neq a_2:b_2:c_2$.

(2) π_1 与 π_2 平行,即它们不相交,当且仅当 $a_1:a_2=b_1:b_2=c_1:c_2\neq d_1:d_2$.

(3) π_1 与 π_2 重合当且仅当 $a_1:b_1:c_1:d_1=a_2:b_2:c_2:d_2$.

两个平面 π_1 与 π_2 之间的二面角用符号 $\angle(\pi_1,\pi_2)$ 表示,为了保证二面角定义的唯一性,规定二面角在 0 到 $\frac{\pi}{2}$ 之间. 令 $\boldsymbol{n}_1,\boldsymbol{n}_2$ 分别是这两个平面的法向量,如图 4-9 所示. 我们有

$$\angle(\boldsymbol{n}_1,\boldsymbol{n}_2)=\angle(\pi_1,\pi_2)\text{或}\pi-\angle(\pi_1,\pi_2).$$

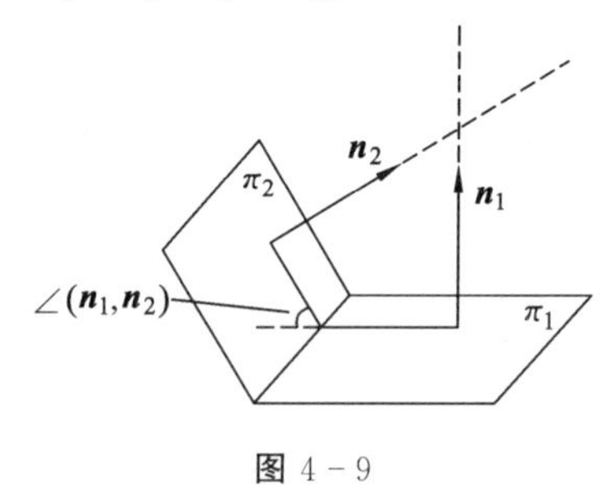

图 4-9

注意到

$$\cos\angle(\boldsymbol{n}_1,\boldsymbol{n}_2)=\frac{\boldsymbol{n}_1\boldsymbol{n}_2}{|\boldsymbol{n}_1||\boldsymbol{n}_2|},$$

我们有下面的结论:

性质 4.3.4 设 $\pi_1: a_1x+b_1y+c_1z+d_1=0$,$\pi_2: a_2x+b_2y+c_2z+d_2=0$ 为两平面方程,则

$$\begin{aligned}\cos\angle(\pi_1,\pi_2)&=\frac{|a_1a_2+b_1b_2+c_1c_2|}{\sqrt{a_1^2+b_1^2+c_1^2}\sqrt{a_2^2+b_2^2+c_2^2}}\\&=\cos\angle(\pi_2,\pi_1).\end{aligned}$$

特别地,π_1 与 π_2 垂直当且仅当 $a_1a_2+b_1b_2+c_1c_2=0$,也即两平面的法向量垂直.

§4.4 空间中的直线

本节将给出空间直线的一般方程,并给出点与直线、直线与直线、直线与平面的位置关系.

一、直线方程

因为直线可以看成是两个相交但不重合平面的交线,所以空间直线的**一般方程**为

$$\begin{cases}a_1x+b_1y+c_1z+d_1=0,\\a_2x+b_2y+c_2z+d_2=0,\end{cases}$$

其中向量 (a_1,b_1,c_1) 与向量 (a_2,b_2,c_2) 不成比例.

若非零向量 $\boldsymbol{\alpha}$ 与直线 l 平行,则称 $\boldsymbol{\alpha}$ 为直线 l 的**方向向量**. 显然,直线 l 被 l 上一点及 l 的方向向量唯一确定,直线 l 也能被直线 l 上的不同两点唯一确定. 由此得到以下两种直线方程:

性质 4.4.1　设 l 是一直线.

(1) 若点 $M(x_0,y_0,z_0)$ 在 l 上，$\boldsymbol{\alpha}(u,v,w)$ 为 l 的方向向量，则 l 的方程为

$$\frac{x-x_0}{u}=\frac{y-y_0}{v}=\frac{z-z_0}{w},\tag{4.4.1}$$

称为直线 l 的**对称式方程**或**标准方程**.

(2) 若 $M(x_0,y_0,z_0)$，$N(x_1,y_1,z_1)$ 为直线 l 上不同的两点，则该直线方程为

$$\frac{x-x_0}{x_1-x_0}=\frac{y-y_0}{y_1-y_0}=\frac{z-z_0}{z_1-z_0}.$$

证　(1) 显然点 $P(x,y,z)$ 在 l 上当且仅当 $\overrightarrow{PM}/\!/\boldsymbol{\alpha}$，这等价于 $(x-x_0,y-y_0,z-z_0)$ 与 (u,v,w) 成比例，于是 l 的方程为 $\frac{x-x_0}{u}=\frac{y-y_0}{v}=\frac{z-z_0}{w}$.

(2)是(1)的直接推论. □

一般方程和对称式方程是最常用的两种直线方程. 下面对直线 l 的对称式方程(4.4.1)作如下说明：

(1) 该对称式方程可以写成一般方程，如当 $u\neq 0$ 时，可以写为

$$\begin{cases}\dfrac{x-x_0}{u}=\dfrac{y-y_0}{v},\\[2ex]\dfrac{x-x_0}{u}=\dfrac{z-z_0}{w}.\end{cases}$$

(2) 虽然 u,v,w 不全为零，但可以有一个或两个为零，这样 0 出现在分母上，此时应怎样理解呢？若 u,v,w 中恰有一个为零，如 $u=0,v\neq 0,w\neq 0$，此时直线方程为

$$\begin{cases}x-x_0=0,\\[1ex]\dfrac{y-y_0}{v}=\dfrac{z-z_0}{w}.\end{cases}$$

当 $u=v=0,w\neq 0$ 时，直线方程写为

$$\begin{cases}x-x_0=0,\\ y-y_0=0.\end{cases}$$

直线的对称式方程可以化成一般方程. 下面的例子可以看出，直线的一般方程也能化成对称式方程.

例 4.4.1　设直线 l 的一般方程为 $\begin{cases}x-2y+z+5=0,\\ x-y-3z+3=0,\end{cases}$ 求该直线的对称式方程.

解　通过解方程组易得直线 l 上两点 $M(-1,2,0)$ 和 $N(6,6,1)$. 故 l 的方向向量为 $\boldsymbol{\alpha}(7,4,1)$，其对称式方程为 $\frac{x+1}{7}=\frac{y-2}{4}=\frac{z}{1}$. □

例 4.4.2 求过点 $P(0,2,4)$ 且与平面 π_1：$x-2y+z+5=0$ 及平面 π_2：$x-y-3z+3=0$ 都平行的直线 l 的方程.

解 直线方程的求法比较灵活，下面我们用三种方法来求解本例.

方法 1 由上例得 π_1 与 π_2 的交线方程为 $\dfrac{x+1}{7}=\dfrac{y-2}{4}=\dfrac{z}{1}$. 由题设知 l 的方向向量的坐标为 $(7,4,1)^{\mathrm{T}}$，故 l 的对称式方程为

$$\frac{x}{7}=\frac{y-2}{4}=\frac{z-4}{1}.$$

方法 2 设点 $M(x,y,z)$ 在直线 l 上，由题设得 $\overrightarrow{PM}(x,y-2,z-4)$ 与 π_1 和 π_2 的法向量都垂直，得 $x-2(y-2)+(z-4)=0$，$x-(y-2)-3(z-4)=0$. 因此 l 的一般方程为

$$\begin{cases}x-2y+z=0,\\ x-y-3z+14=0.\end{cases}$$

方法 3 设 l 的对称式方程为 $\dfrac{x}{u}=\dfrac{y-2}{v}=\dfrac{z-4}{w}$，其中 u,v,w 为待定数字，因为 l 的方向向量与 π_1 和 π_2 的法向量都垂直，得方程组

$$\begin{cases}u-2v+w=0,\\ u-v-3w=0.\end{cases}$$

求得其一组解为 $u=7$，$v=4$，$w=1$，故 l 的方程为 $\dfrac{x}{7}=\dfrac{y-2}{4}=\dfrac{z-4}{1}$. □

点、线、面三者两两之间共有六大类位置关系. 其中，点与点的关系由这两点之间的距离决定，参见性质 4.2.2(4)；点与面的关系由点到面的距离决定，参见性质 4.3.2；面与面的关系主要由它们之间的夹角决定，参见性质 4.3.4. 接下来，我们将讨论点与线、线与面及线与线之间的位置关系.

二、点到直线的距离

显然点与线之间的位置关系由点到线之间的距离决定.

例 4.4.3 给出点 $P(x_0,y_0,z_0)$ 到直线 l：$\dfrac{x-x_1}{u}=\dfrac{y-y_1}{v}=\dfrac{z-z_1}{w}$ 的距离公式.

解 先给出 l 上不同两点，显然 $M(x_1,y_1,z_1)$，$N(x_1+u,y_1+v,z_1+w)$ 在 l 上. 令 S 为以 MP，MN 为两相邻边作成的平行四边形的面积，则点 P 到直线 l 的距离为

$$d=\frac{S}{|MN|}=\frac{|\overrightarrow{MN}\times\overrightarrow{PM}|}{|\overrightarrow{MN}|}=\frac{1}{\sqrt{u^2+v^2+w^2}}\left\|\begin{matrix}\boldsymbol{e}_1 & u & x_1-x_0\\ \boldsymbol{e}_2 & v & y_1-y_0\\ \boldsymbol{e}_3 & w & z_1-z_0\end{matrix}\right\|,$$

这里 $\|A\|$ 表示行列式 $|A|$（为实数）的绝对值. □

三、直线与平面的关系

设空间一直线 l 及一平面 π 的方程分别为

$$l: \frac{x-x_0}{a}=\frac{y-y_0}{b}=\frac{z-z_0}{c}, \pi: Ax+By+Cz+D=0.$$

为了判断直线 l 与平面 π 的位置关系，我们需要研究直线与平面的交点情况. 显然直线 l 的方程可改为**参数式方程**

$$\begin{cases} x-x_0=at, \\ y-y_0=bt, \\ z-z_0=ct. \end{cases}$$

将之代入平面方程得

$$(Aa+Bb+Cc)t+(Ax_0+By_0+Cz_0+D)=0.$$

当 $Aa+Bb+Cc\neq 0$ 时，t 有唯一解，从而直线与平面有唯一交点；

当 $Aa+Bb+Cc=0$ 且 $Ax_0+By_0+Cz_0+D\neq 0$ 时，t 无解，从而直线与平面无交点，也即它们平行；

当 $Aa+Bb+Cc=0$ 且 $Ax_0+By_0+Cz_0+D=0$ 时，t 有无穷多解，从而直线与平面有无穷多解，也即直线在平面上.

于是我们得到下面的性质.

性质 4.4.2　设空间直线 l 及平面 π 的方程分别为

$$l: \frac{x-x_0}{a}=\frac{y-y_0}{b}=\frac{z-z_0}{c}, \pi: Ax+By+Cz+D=0,$$

则

(1) l 与 π 相交于一点当且仅当 $Aa+Bb+Cc\neq 0$；

(2) l 与 π 平行但不相交当且仅当 $Aa+Bb+Cc=0, Ax_0+By_0+Cz_0+D\neq 0$；

(3) l 在 π 上当且仅当 $Aa+Bb+Cc=0$ 且 $Ax_0+By_0+Cz_0+D=0$.

四、直线与直线的关系

在本段中，我们总是在以下假设下讨论.

假设 4.4.1　设两直线 l_1, l_2 的方程分别为

$$l_1: \frac{x-x_1}{a_1}=\frac{y-y_1}{b_1}=\frac{z-z_1}{c_1}, l_2: \frac{x-x_2}{a_2}=\frac{y-y_2}{b_2}=\frac{z-z_2}{c_2}.$$

记 $M_1(x_1, y_1, z_1)$，$M_2(x_2, y_2, z_2)$，l_1, l_2 的方向向量分别为 $\boldsymbol{v}_1(a_1, b_1, c_1)$，$\boldsymbol{v}_2(a_2, b_2, c_2)$.

先讨论两直线的位置关系.

性质 4.4.3 在假设 4.4.1 下,我们有如下结论:

(1) l_1,l_2 异面当且仅当

$$\lambda=\begin{vmatrix} x_2-x_1 & y_2-y_1 & z_2-z_1 \\ a_1 & b_1 & c_1 \\ a_2 & b_2 & c_2 \end{vmatrix}\neq 0;$$

(2) l_1,l_2 相交于一点当且仅当 $\lambda=0$ 且 $a_1:b_1:c_1\neq a_2:b_2:c_2$;

(3) l_1,l_2 平行当且仅当 $a_1:b_1:c_1=a_2:b_2:c_2\neq(x_2-x_1):(y_2-y_1):(z_2-z_1)$;

(4) l_1,l_2 重合当且仅当 $a_1:b_1:c_1=a_2:b_2:c_2=(x_2-x_1):(y_2-y_1):(z_2-z_1)$.

证 l_1,l_2 的位置关系被 l_1 上点 $M_1(x_1,y_1,z_1)$、l_2 上点 $M_2(x_2,y_2,z_2)$以及 l_1,l_2 的方向向量 $\boldsymbol{v}_1,\boldsymbol{v}_2$ 确定,也即被三个向量 $\overrightarrow{M_2M_1},\boldsymbol{v}_1,\boldsymbol{v}_2$ 确定.

显然 l_1,l_2 异面当且仅当$\overrightarrow{M_2M_1},\boldsymbol{v}_1,\boldsymbol{v}_2$ 异面,得(1).

以下讨论 l_1,l_2 共面,即 $\lambda=0$ 的情形. 同一平面上的两条直线相交于一点的充分必要条件是它们的方向向量不平行,故得(2). (3)和(4)同理可证. □

再讨论 l_1,l_2 之间的夹角. l_1,l_2 经过平行移动后可以使得这两条直线相交,此时形成的不超过$\frac{\pi}{2}$的夹角称为 l_1,l_2 的夹角. 考察方向向量 $\boldsymbol{v}_1,\boldsymbol{v}_2$ 的夹角与$\angle(l_1,l_2)$之间的关系,有

$$\angle(l_1,l_2)=\begin{cases}\angle(\boldsymbol{v}_1,\boldsymbol{v}_2), & 若\ 0\leqslant\angle(\boldsymbol{v}_1,\boldsymbol{v}_2)\leqslant\frac{\pi}{2},\\ \pi-\angle(\boldsymbol{v}_1,\boldsymbol{v}_2), & 若\ \frac{\pi}{2}<\angle(\boldsymbol{v}_1,\boldsymbol{v}_2)\leqslant\pi.\end{cases}$$

因此

$$\cos\angle(l_1,l_2)=|\cos\angle(\boldsymbol{v}_1,\boldsymbol{v}_2)|=\frac{|a_1a_2+b_1b_2+c_1c_2|}{\sqrt{a_1^2+b_1^2+c_1^2}\cdot\sqrt{a_2^2+b_2^2+c_2^2}}.$$

最后讨论直线 l_1 和 l_2 之间的距离,即 l_1 上点与 l_2 上点之间的最小距离.

若直线 l_1,l_2 有交点,则它们之间的距离为零;若直线 l_1,l_2 平行,则它们之间的距离等于 l_1 上的点 $M_1(x_1,y_1,z_1)$到直线 l_2 的距离.

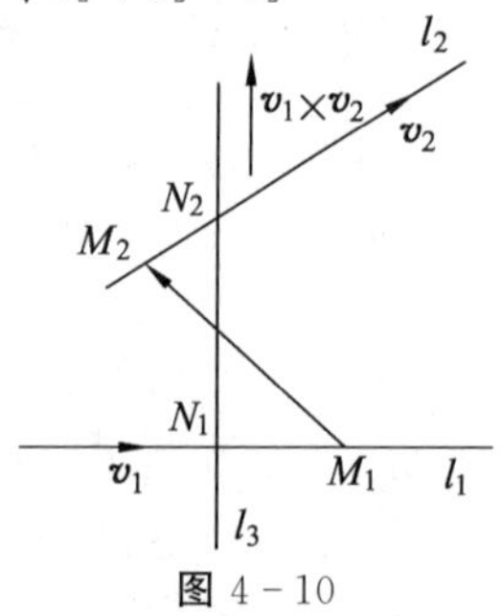

图 4-10

下面考察 l_1,l_2 异面的情形. 如图 4-10 所示,我们可以作一条直线 l_3,使得 l_3 与 l_1,l_2 都垂直相交,l_3

称为 l_1, l_2 的**公垂线**. 若 l_3 分别交 l_1, l_2 于点 N_1, N_2，则 $|N_1N_2|$ 就是 l_1, l_2 之间的距离.

性质 4.4.4　在假设 4.4.1 下，两条异面直线 l_1, l_2 之间的距离为

$$d=\frac{|(\boldsymbol{v}_1\times\boldsymbol{v}_2)\cdot\overrightarrow{M_1M_2}|}{|\boldsymbol{v}_1\times\boldsymbol{v}_2|}.$$

证　如图 4-10，设 l_3 为 l_1, l_2 的公垂线，且交 l_1, l_2 分别于点 N_1 与 N_2. 显然 $|N_1N_2|$ 就是向量 $\overrightarrow{M_1M_2}$ 在轴 $\boldsymbol{l}_3$（取定一个方向后，$\boldsymbol{l}_3$ 即为有向轴）上的射影值的绝对值，即

$$d=|\mathrm{Prj}_{l_3}\overrightarrow{M_1M_2}|.$$

由向量积定义可以看出，$\boldsymbol{v}_1\times\boldsymbol{v}_2$ 与 $\boldsymbol{l}_3$ 平行，因此

$$d=|\mathrm{Prj}_{\boldsymbol{v}_1\times\boldsymbol{v}_2}\overrightarrow{M_1M_2}|=|\overrightarrow{M_1M_2}||\cos\theta|,$$

其中 θ 是两向量 $\overrightarrow{M_1M_2}, \boldsymbol{v}_1\times\boldsymbol{v}_2$ 之间的夹角. 因为 $(\boldsymbol{v}_1\times\boldsymbol{v}_2)\cdot\overrightarrow{M_1M_2}=|\boldsymbol{v}_1\times\boldsymbol{v}_2|\cdot|\overrightarrow{M_1M_2}|\cos\theta$，所以 $d=|\overrightarrow{M_1M_2}||\cos\theta|=\dfrac{|(\boldsymbol{v}_1\times\boldsymbol{v}_2)\cdot\overrightarrow{M_1M_2}|}{|\boldsymbol{v}_1\times\boldsymbol{v}_2|}$.　□

若令 V 为由三条相邻棱 $\overrightarrow{M_1M_2}, \boldsymbol{v}_1, \boldsymbol{v}_2$ 确定的平行六面体的体积，令 S 为由相邻边 $\boldsymbol{v}_1, \boldsymbol{v}_2$ 确定的平行四边形的面积，上面的结果即是说，两异面直线 l_1, l_2 之间的距离为 $\dfrac{V}{S}$.

令 π_1 为过点 M_1 且平行于向量 $\boldsymbol{v}_1, \boldsymbol{v}_1\times\boldsymbol{v}_2$ 的平面，令 π_2 为过点 M_2 且平行于向量 $\boldsymbol{v}_2$ 和 $\boldsymbol{v}_1\times\boldsymbol{v}_2$ 的平面，不难看到，公垂线 l_3 实际上就是 π_1 和 π_2 的交线.

例 4.4.4　设两直线

$$l_1: \frac{x}{1}=\frac{y-1}{2}=\frac{z}{3}, l_2: \frac{x-1}{2}=\frac{y}{2}=\frac{z-3}{3}.$$

(1) 判定 l_1, l_2 的位置关系；

(2) 求 l_1, l_2 的夹角；

(3) 求过点 $P(1,1,1)$ 且与 l_1, l_2 都有交点的直线方程；

(4) 若 l_1, l_2 异面，求 l_1, l_2 的距离及其公垂线方程.

解　由已知条件得直线 l_1, l_2 的方向向量分别为 $\boldsymbol{v}_1(1,2,3), \boldsymbol{v}_2(2,2,3)$，$l_1$ 过点 $M_1(0,1,0)$，l_2 过点 $M_2(1,0,3)$，所以 $\overrightarrow{M_1M_2}(1,-1,3)$. 因为

$$(\boldsymbol{v}_1\times\boldsymbol{v}_2)\cdot\overrightarrow{M_1M_2}=\begin{vmatrix}1 & 2 & 3\\ 2 & 2 & 3\\ 1 & -1 & 3\end{vmatrix}=-9,$$

所以以 $\boldsymbol{v}_1, \boldsymbol{v}_2, \overrightarrow{M_1M_2}$ 为三相邻棱构成的平行六面体的体积为 $V=|-9|=9$. 计算得

$$\boldsymbol{v}_1\times\boldsymbol{v}_2=\begin{vmatrix}\boldsymbol{e}_1 & \boldsymbol{e}_2 & \boldsymbol{e}_3\\ 1 & 2 & 3\\ 2 & 2 & 3\end{vmatrix}=3\boldsymbol{e}_2-2\boldsymbol{e}_3,$$

从而以 $\boldsymbol{v}_1,\boldsymbol{v}_2$ 为相邻边的平行四边形的面积为

$$S=|3\boldsymbol{e}_2-2\boldsymbol{e}_3|=\sqrt{3^2+(-2)^2}=\sqrt{13}.$$

(1) 因为 $V\neq 0$,所以向量 $\boldsymbol{v}_1,\boldsymbol{v}_2,\overrightarrow{M_1M_2}$ 不共面,故 l_1,l_2 为两异面直线.

(2) 因为

$$\cos\angle(\boldsymbol{v}_1,\boldsymbol{v}_2)=\frac{\boldsymbol{v}_1\boldsymbol{v}_2}{|\boldsymbol{v}_1|\cdot|\boldsymbol{v}_2|}=\frac{1\times 2+2\times 2+3\times 3}{\sqrt{1^2+2^2+3^2}\cdot\sqrt{2^2+2^2+3^2}}=\frac{15}{\sqrt{238}}>0,$$

所以 $\angle(l_1,l_2)=\angle(\boldsymbol{v}_1,\boldsymbol{v}_2)=\arccos\dfrac{15}{\sqrt{238}}$.

(3) 因为所求直线过点 $P(1,1,1)$,所以可设该直线方程为

$$l_0:\ \frac{x-1}{a}=\frac{y-1}{b}=\frac{z-1}{c}.$$

于是 l_0 的方向向量为 $\boldsymbol{v}(a,b,c)$. 由条件我们有 $\overrightarrow{PM_1},\boldsymbol{v}_1,\boldsymbol{v}(a,b,c)$ 共面,且 $\overrightarrow{PM_2},\boldsymbol{v}_2,\boldsymbol{v}(a,b,c)$ 也共面,于是

$$\begin{vmatrix}-1 & 0 & -1\\ 1 & 2 & 3\\ a & b & c\end{vmatrix}=0,\quad\begin{vmatrix}0 & -1 & 2\\ 2 & 2 & 3\\ a & b & c\end{vmatrix}=0.$$

解得 $a:b:c=6:5:11$,故所求直线方程为 $\dfrac{x-1}{6}=\dfrac{y-1}{5}=\dfrac{z-1}{11}$.

(4) l_1,l_2 之间的距离为

$$d=\frac{\text{体积}\,V}{\text{面积}\,S}=\frac{|(\boldsymbol{v}_1\times\boldsymbol{v}_2)\cdot\overrightarrow{M_1M_2}|}{|\boldsymbol{v}_1\times\boldsymbol{v}_2|}=\frac{9}{13}\sqrt{13}.$$

不难看出 $\boldsymbol{v}_1\times\boldsymbol{v}_2$ 为 l_1,l_2 公垂线的方向向量. 令 π_1 为过点 M_1 且与 $\boldsymbol{v}_1$, $\boldsymbol{v}_1\times\boldsymbol{v}_2$ 平行的平面,令 π_2 为过点 M_2 且与 $\boldsymbol{v}_2,\boldsymbol{v}_1\times\boldsymbol{v}_2$ 平行的平面. 任取平面 π_1 上点 $P(x,y,z)$,则 $\overrightarrow{M_1P},\boldsymbol{v}_1,\boldsymbol{v}_1\times\boldsymbol{v}_2$ 共面,于是得 π_1 的方程为

$$\begin{vmatrix}x & y-1 & z\\ 1 & 2 & 3\\ 0 & 3 & -2\end{vmatrix}=0,$$

即

$$-13x+2y+3z-2=0.$$

同理得 π_2 的方程为

$$-13x+4y+6z-5=0.$$

因此直线 l_1,l_2 的公垂线方程为$\begin{cases}-13x+2y+3z-2=0,\\-13x+4y+6z-5=0.\end{cases}$ □

习题 4

4.1.1　已知线段 AB 被点 $C(2,0,2)$，$D(4,3,0)$ 三等分，求端点 A，B 的坐标.

4.1.2　用向量方法证明：(1) 三角形余弦定理；(2) 平行四边形为菱形的充要条件是对角线垂直.

4.1.3　几何空间中任意四个向量必线性相关.

4.1.4　设三向量 $\boldsymbol{a},\boldsymbol{b},\boldsymbol{c}$，证明以下命题等价：

(1) 这三个向量共面；

(2) 这三个向量线性相关；

(3) 这三个向量的坐标向量线性相关.

4.2.1　已知 $|\boldsymbol{a}|=2$，$|\boldsymbol{b}|=4$，$\angle(\boldsymbol{a},\boldsymbol{b})=\dfrac{\pi}{3}$，$\boldsymbol{p}=3\boldsymbol{a}-\boldsymbol{b}$，$\boldsymbol{q}=\lambda\boldsymbol{a}+12\boldsymbol{b}$，问 λ 取何值时 $\boldsymbol{p}$ 与 $\boldsymbol{q}$ 正交？

4.2.2　证明性质 4.2.2.

4.2.3　已知平行四边形以 $\boldsymbol{a}(2,1,0)$，$\boldsymbol{b}(1,1,3)$ 为两相邻边，求其面积，并求其两条对角线的长度与夹角.

4.2.4　已知点 $A(5,1,1)$，$B(0,2,1)$，$C(1,0,-1)$，求 $|AB|$，$\angle(\overrightarrow{AB},\overrightarrow{AC})$ 及 $\triangle ABC$ 的面积.

4.2.5　证明性质 4.2.3(2).

4.2.6　证明 $(\boldsymbol{a}\cdot\boldsymbol{b})^2+(\boldsymbol{a}\times\boldsymbol{b})^2=\boldsymbol{a}^2\boldsymbol{b}^2$.

4.2.7　判定以下向量是否共面.若不共面，求出以它们为邻边的平行六面体的体积及表面积.

(1) $\boldsymbol{a}(3,4,5)$，$\boldsymbol{b}(1,2,2)$，$\boldsymbol{c}(0,2,0)$；

(2) $\boldsymbol{a}(1,1,3)$，$\boldsymbol{b}(-3,-1,2)$，$\boldsymbol{c}(-7,-1,12)$.

4.2.8　已知 $A(1,0,1)$，$B(4,4,6)$，$C(2,2,3)$，$D(10,14,16)$，求四面体 $ABCD$ 的体积.

4.2.9　已知四点 $A(-2,1,2)$，$B(1,3,1)$，$C(-1,4,3)$，$D(2,6,2)$.

(1) 证明 A,B,C,D 共面，且 A,B,C 构成一个三角形；

(2) 用计算面积的方法，给出 D 与三角形 ABC 的位置关系.

4.2.10　设 $\boldsymbol{a}(0,0,1)$，$\boldsymbol{b}(0,1,1)$，$\boldsymbol{c}(1,1,1)$，$\boldsymbol{d}(2,1,1)$.证明 $\{\boldsymbol{a},\boldsymbol{b},\boldsymbol{c}\}$ 构成一

个坐标系，并求 $\boldsymbol{d}$ 在坐标系 $\{\boldsymbol{a},\boldsymbol{b},\boldsymbol{c}\}$ 下的坐标向量.

4.2.11　证明：$(\boldsymbol{a}\times\boldsymbol{b})\times\boldsymbol{c}=(\boldsymbol{a}\cdot\boldsymbol{c})\boldsymbol{b}-(\boldsymbol{b}\cdot\boldsymbol{c})\boldsymbol{a}$.

4.2.12*　设 $\boldsymbol{a},\boldsymbol{b},\boldsymbol{c}$ 为三个不共面的向量，$\boldsymbol{d}$ 为任意向量，求 x,y,z 使得 $\boldsymbol{d}=x\boldsymbol{a}+y\boldsymbol{b}+z\boldsymbol{c}$.

4.3.1　试分别给出三个平面 $a_ix+b_iy+c_iz+d_i=0, i=1,2,3$ 恰相交于一个点、一条直线、一个平面的充分必要条件.

4.3.2　求下列平面的平面方程、法向量及与三个坐标轴的交点坐标.

(1) 过点 $M(2,1,1)$，$N(0,1,2)$，$P(0,0,3)$；

(2) 过点 $M(2,1,1)$，$N(0,1,2)$，且平行于 x 轴；

(3) 与平面 $2x+y+z+1=0$ 垂直，且 x 轴在该平面上；

(4) 点 $P(1,1,1)$ 在该平面上的垂足为 $Q(3,-1,2)$；

(5) 过点 $M(1,1,0)$，$N(3,0,4)$ 且垂直于平面 $x-2y+3z=0$；

(6) 过点 $M(1,1,0)$ 及直线 $\dfrac{x-1}{2}=\dfrac{y-1}{-1}=\dfrac{z+2}{3}$.

4.3.3　研究习题 4.3.2 中平面(1)与平面(2)的位置关系，给出两者的夹角.

4.3.4　设 π 为习题 4.3.2(1)中的平面，求与 π 的距离为 1 的两个平面方程.

4.3.5　设平面 $\dfrac{x}{a}+\dfrac{y}{b}+\dfrac{z}{c}=1$ 与三个坐标轴的交点分别为 A,B,C，求三角形 ABC 的面积.

4.3.6　求由平面 π_1：$x-3y+2z-5=0$ 与 π_2：$3x-2y-z+3=0$ 所成二面角的平分面的方程.

4.4.1　求下列直线方程.

(1) 过点 $P(0,2,4)$ 且与两平面 $x+2z-1=0$ 及 $y-3z-2=0$ 都平行.

(2) 过点 $P(1,2,1)$ 且与直线 $\begin{cases}x+2y-z+1=0,\\x-y+z-1=0\end{cases}$ 及 $\begin{cases}2x-y+z=0,\\x-2y+z=0\end{cases}$ 都相交.

(3) 过点 $P(3,-1,2)$ 且与直线 $\begin{cases}2x-y+z=0,\\x-y+z=0\end{cases}$ 平行.

(4) 直线 $\begin{cases}x+4y-24=0,\\3y+z-17=0\end{cases}$ 在平面 $2x+2y+z-11=0$ 上的投影直线.

(5) 过点 $M(1,-1,2)$ 且与直线 $\begin{cases}x+2y-z+1=0,\\x-y+z-1=0\end{cases}$ 垂直相交.

4.4.2　研究习题 4.4.1 中，直线(1)与直线(2)的位置关系，给出两者的夹角.

4.4.3　求点 $P(1,2,3)$到直线$\begin{cases}x+4y-24=0,\\3y+z-17=0\end{cases}$的距离.

4.4.4　求到直线$\dfrac{x}{1}=\dfrac{y-1}{2}=\dfrac{z}{1}$的距离为3的点的轨迹方程.

4.4.5　设两直线 l_1：$\dfrac{x+1}{1}=\dfrac{y-1}{2}=\dfrac{z}{3}$，$l_2$：$\dfrac{x-1}{2}=\dfrac{y}{2}=\dfrac{z-3}{3}$.

(1) 判定 l_1,l_2 的位置关系；

(2) 求 l_1,l_2 的夹角；

(3) 求过点 $P(1,1,1)$且与 l_1,l_2 都有交点的直线方程；

(4) 求 l_1,l_2 的距离；

(5) 求 l_1,l_2 的公垂线方程.

4.4.6　设 π：$x+y+z+1=0$，分别写出满足下面条件的一条直线 l 的方程：

(1) l 在 π 上；

(2) l 与 π 恰有一个交点；

(3) l 与 π 无交点.

4.4.7　设 l_1：$\dfrac{x}{1}=\dfrac{y-1}{2}=\dfrac{z}{1}$，分别写出满足下面条件的一条直线 l_2 的方程：

(1) l_2 与 l_1 平行；

(2) l_2 与 l_1 共面但不平行；

(3) l_2 与 l_1 异面；

(4) l_2 与 l_1 的夹角为$\dfrac{\pi}{6}$.

第 5 章 线性空间

§5.1 线性空间的定义

在几何空间中,有向量与向量的加法、数与向量的数乘这两种基本的运算,并且这两个线性运算满足性质 4.1.1 和性质 4.1.2. 把这些抽象出来,我们引入线性空间的定义.

一、线性空间的定义

定义 5.1.1 设 V 是非空集合,$\mathbf{P}$ 是数域. 在集合 V 上定义了一种代数运算,叫作加法,即给出了一个法则,对于 V 中任意两个元素 $\boldsymbol{\alpha},\boldsymbol{\beta}$,在 V 中一定有唯一一个元素 $\boldsymbol{\gamma}$ 与之对应,称为 $\boldsymbol{\alpha}$ 与 $\boldsymbol{\beta}$ 的和,记为 $\boldsymbol{\gamma}=\boldsymbol{\alpha}+\boldsymbol{\beta}$. 在数域 $\mathbf{P}$ 与集合 V 之间还定义了一个运算,称为数量乘法,简称数乘. 这就是说,对于任意 $k\in\mathbf{P}$ 及任意 $\boldsymbol{\alpha}\in V$,在 V 中一定存在唯一一个元素 $\boldsymbol{\delta}$ 与它们对应,称为 k 与 $\boldsymbol{\alpha}$ 的数量乘积,记为 $\boldsymbol{\delta}=k\boldsymbol{\alpha}$. 若加法与数乘满足以下八条规则,其中 $k,l\in\mathbf{P},\boldsymbol{\alpha},\boldsymbol{\beta},\boldsymbol{\gamma}\in V$:

(1) $\boldsymbol{\alpha}+\boldsymbol{\beta}=\boldsymbol{\beta}+\boldsymbol{\alpha}$;

(2) $(\boldsymbol{\alpha}+\boldsymbol{\beta})+\boldsymbol{\gamma}=\boldsymbol{\alpha}+(\boldsymbol{\beta}+\boldsymbol{\gamma})$;

(3) 在 V 中存在一个元素,通常记为 $\mathbf{0}$,称为零元素,该元素 $\mathbf{0}$ 具有以下性质:任取 $\boldsymbol{\alpha}\in V$,都有 $\boldsymbol{\alpha}+\mathbf{0}=\boldsymbol{\alpha}$;

(4) 对于 V 中任意元素 $\boldsymbol{\alpha}$,都有 V 中一个元素 $\boldsymbol{\beta}$ 使得 $\boldsymbol{\alpha}+\boldsymbol{\beta}=\mathbf{0}$,这里的 $\boldsymbol{\beta}$ 称为元素 $\boldsymbol{\alpha}$ 的负元素;

(5) $1\boldsymbol{\alpha}=\boldsymbol{\alpha}$;

(6) $k(l\boldsymbol{\alpha})=(kl)\boldsymbol{\alpha}$;

(7) $(k+l)\boldsymbol{\alpha}=k\boldsymbol{\alpha}+l\boldsymbol{\alpha}$;

(8) $k(\boldsymbol{\alpha}+\boldsymbol{\beta})=k\boldsymbol{\alpha}+k\boldsymbol{\beta}$.

则称 V 为数域 $\mathbf{P}$ 上的一个线性空间.

一般地,我们用小写英文字母表示数域 $\mathbf{P}$ 中的数字,用小写黑体字母 $\boldsymbol{\alpha},\boldsymbol{\beta},\boldsymbol{\gamma},\cdots$ 或 $\boldsymbol{u},\boldsymbol{v},\boldsymbol{w},\cdots$ 表示线性空间中的元素. 线性空间也称为**向量空间**,线性空间中的元素也称为**向量**. 当然,线性空间中的向量比几何空间中的向量含义更广泛,因而也更抽象、更一般.

对于数域 $\mathbf{P}$ 上的线性空间 V,除了定义中所列的八条规则外,还有以下性质:

(1) 零元素唯一. 事实上,若 $\mathbf{0}_1,\mathbf{0}_2$ 是两个零元素,则有

$$\mathbf{0}_1 \xlongequal{\mathbf{0}_2\text{ 为零元素}} \mathbf{0}_1+\mathbf{0}_2 \xlongequal{\mathbf{0}_1\text{ 为零元素}} \mathbf{0}_2.$$

(2) 每个元素的负元素唯一. 事实上,若 $\boldsymbol{\beta}_1,\boldsymbol{\beta}_2$ 都是 $\boldsymbol{\alpha}$ 的负元素,则

$$\boldsymbol{\beta}_1=\boldsymbol{\beta}_1+\mathbf{0}=\boldsymbol{\beta}_1+\boldsymbol{\alpha}+\boldsymbol{\beta}_2=\mathbf{0}+\boldsymbol{\beta}_2=\boldsymbol{\beta}_2.$$

我们用 $-\boldsymbol{\alpha}$ 表示元素 $\boldsymbol{\alpha}$ 的唯一负元素.

下面四条性质请读者验证:

(3) $(-1)\boldsymbol{\alpha}=-\boldsymbol{\alpha}$,即 -1 和 $\boldsymbol{\alpha}$ 作数乘等于 $\boldsymbol{\alpha}$ 的负元素.

利用负元素,我们可以定义两个元素的**减法**,$\boldsymbol{\alpha}-\boldsymbol{\beta}$ 定义为 $\boldsymbol{\alpha}+(-\boldsymbol{\beta})$,即为 $\boldsymbol{\alpha}$ 和 $\boldsymbol{\beta}$ 的负元素之和.

(4) $0\boldsymbol{\alpha}=\mathbf{0}$,这里 $\boldsymbol{\alpha}\in V$,前一个 0 是数字 0,后一个 $\mathbf{0}$ 是零元素.

注意数字 0 和零元素 $\mathbf{0}$ 是两个不同的数学对象,读者可以根据上下文判断出确切意义. 例如,因为线性空间中两个元素没有定义乘法,所以 $0\boldsymbol{\alpha}$ 应理解为数字 0 与元素 $\boldsymbol{\alpha}$ 的数乘;又因为数字与元素的数乘结果是线性空间中的元素,所以"$0\boldsymbol{\alpha}=\mathbf{0}$"中的后一个 $\mathbf{0}$ 只能是零元素.

(5) $k\mathbf{0}=\mathbf{0}$,这里 $k\in\mathbf{P}$,两处 $\mathbf{0}$ 都是零元素.

(6) 若 $k\boldsymbol{\alpha}=\mathbf{0}$,这里 $k\in\mathbf{P},\boldsymbol{\alpha}\in V$,则必有 $k=0$ 或 $\boldsymbol{\alpha}=\mathbf{0}$.

二、线性空间的例子

例 5.1.1 令 $V=\{\boldsymbol{\alpha}\}$,我们规定加法及数乘运算如下:

$$\boldsymbol{\alpha}+\boldsymbol{\alpha}=\boldsymbol{\alpha},k\boldsymbol{\alpha}=\boldsymbol{\alpha}(k\in\mathbf{P}).$$

容易验证 V 成为 $\mathbf{P}$ 上的线性空间,称之为**零空间**,它只有唯一一个元素,即零元素 $\boldsymbol{\alpha}$.

例 5.1.2 令 V_1,V_2,V_3 分别为平行于一条直线、平行于一个平面以及整个几何空间中的自由几何向量构成的集合,加法和数乘如同上一章定义,按定义容易验证它们都构成实数域 $\mathbf{R}$ 上的线性空间.

上例表明线性空间确实是通常的几何空间概念的推广.

例 5.1.3 令 $\mathbf{P}^{m\times n}$ 为数域 $\mathbf{P}$ 上全体 $m\times n$ 矩阵构成的集合,容易验证在通

常的矩阵加法及数乘下，$\mathbf{P}^{m\times n}$成为数域$\mathbf{P}$上的线性空间.

对于上例，作如下说明：

(1) 线性空间$\mathbf{P}^{m\times n}$的零元素为零矩阵，每个元素$\boldsymbol{\alpha}$是一个$m\times n$矩阵，其负元素为$\boldsymbol{\alpha}$的负矩阵$-\boldsymbol{\alpha}$.

(2) 对于$n=1$的特殊情形，$\mathbf{P}^{m\times 1}$常简记为$\mathbf{P}^m$，它由数域$\mathbf{P}$上全体m维列向量构成. 例如，$\mathbf{R}^2$是实数域上全体2维列向量在通常加法、数乘下构成的实数域上的线性空间.

(3) 更特别地，当$m=n=1$时，数域$\mathbf{P}$本身也是数域$\mathbf{P}$上的线性空间.

例 5.1.4 设x为一文字，令$\mathbf{P}[x]_n$为关于文字x的**次数不超过**$n-1$的数域$\mathbf{P}$上的一元多项式及零多项式构成的集合，即

$$\mathbf{P}[x]_n=\left\{\sum_{i=0}^{n-1} a_i x^i \,\middle|\, a_i\in\mathbf{P}, i=0,1,\cdots,n-1\right\}.$$

按定义容易验证，$\mathbf{P}[x]_n$关于通常的多项式加法及数乘构成数域$\mathbf{P}$上的线性空间.

例 5.1.5 一元多项式环$\mathbf{P}[x]$关于通常的多项式加法及数乘构成数域$\mathbf{P}$上的线性空间；全体实函数关于通常的函数加法及数乘构成实数域上的线性空间.

三、向量组的线性组合及形式矩阵

在本节余下的部分，我们总假设V是数域$\mathbf{P}$上的线性空间.

将V中一部分向量看作一个整体，称为**向量组**. 注意，向量组中可以含有无穷多个向量，也可以有重复向量.

回忆一下，在第3章中，我们把同型的若干列向量(看作整体)称为一个向量组，假设这些向量都是数域$\mathbf{P}$上的n维向量，则这个向量组实际上就是线性空间$\mathbf{P}^n$中的一个向量组. 因此，现在的线性空间中的向量组是第3章中向量组概念的推广，但较之更一般、更抽象. 第3章中关于向量组的相关概念和命题都可以推广到一般的线性空间中.

定义 5.1.2 设$\{\boldsymbol{\alpha}_1,\boldsymbol{\alpha}_2,\cdots,\boldsymbol{\alpha}_m\}$为$V$中的向量组.

(1) 称$k_1\boldsymbol{\alpha}_1+k_2\boldsymbol{\alpha}_2+\cdots+k_m\boldsymbol{\alpha}_m$，其中$k_i\in\mathbf{P}$，为向量组$\{\boldsymbol{\alpha}_1,\boldsymbol{\alpha}_2,\cdots,\boldsymbol{\alpha}_m\}$的一个线性组合；

(2) 若V中向量$\boldsymbol{\beta}$能写成向量组$\boldsymbol{\alpha}_1,\boldsymbol{\alpha}_2,\cdots,\boldsymbol{\alpha}_m$的一个线性组合，则称$\boldsymbol{\beta}$可由向量组$\{\boldsymbol{\alpha}_1,\boldsymbol{\alpha}_2,\cdots,\boldsymbol{\alpha}_m\}$线性表出.

显然，向量组$\{\boldsymbol{\alpha}_1,\boldsymbol{\alpha}_2,\cdots,\boldsymbol{\alpha}_m\}$的任意线性组合都是$V$中的向量. 为了便于推理和演算，我们经常将线性组合

$$k_1\boldsymbol{\alpha}_1+k_2\boldsymbol{\alpha}_2+\cdots+k_m\boldsymbol{\alpha}_m \xlongequal{\text{形式地记为}} (\boldsymbol{\alpha}_1,\boldsymbol{\alpha}_2,\cdots,\boldsymbol{\alpha}_m)\begin{pmatrix}k_1\\k_2\\\vdots\\k_m\end{pmatrix}. \qquad (5.1.1)$$

即将 $k_1\boldsymbol{\alpha}_1+k_2\boldsymbol{\alpha}_2+\cdots+k_m\boldsymbol{\alpha}_m$ 看作形式行向量$(\boldsymbol{\alpha}_1,\boldsymbol{\alpha}_2,\cdots,\boldsymbol{\alpha}_m)$与列向量$(k_1,k_2,\cdots,k_n)^{\mathrm{T}}$ 的乘积.

定义 5.1.3 设Ⅰ$=\{\boldsymbol{\alpha}_1,\boldsymbol{\alpha}_2,\cdots,\boldsymbol{\alpha}_s\}$,Ⅱ$=\{\boldsymbol{\beta}_1,\boldsymbol{\beta}_2,\cdots,\boldsymbol{\beta}_t\}$是 V 的两个向量组.

(1) 若每个 $\boldsymbol{\beta}_i$ 都可由向量组Ⅰ线性表出,则称向量组Ⅱ可由向量组Ⅰ线性表出;

(2) 若向量组Ⅰ与向量组Ⅱ可以相互线性表出,则称这两个向量组等价.

假设定义 5.1.3 中的向量组Ⅱ可由向量组Ⅰ线性表出,则存在数字 $a_{ij}\in\mathbf{P}$ 使得

$$\boldsymbol{\beta}_i=a_{1i}\boldsymbol{\alpha}_1+a_{2i}\boldsymbol{\alpha}_2+\cdots+a_{si}\boldsymbol{\alpha}_s,i=1,2,\cdots,t.$$

由(5.1.1)式,上面 t 个线性表达式分别可以形式地写为

$$\boldsymbol{\beta}_1=(\boldsymbol{\alpha}_1,\boldsymbol{\alpha}_2,\cdots,\boldsymbol{\alpha}_s)\begin{pmatrix}a_{11}\\a_{21}\\\vdots\\a_{s1}\end{pmatrix},\boldsymbol{\beta}_2=(\boldsymbol{\alpha}_1,\boldsymbol{\alpha}_2,\cdots,\boldsymbol{\alpha}_s)\begin{pmatrix}a_{12}\\a_{22}\\\vdots\\a_{s2}\end{pmatrix},\cdots,\boldsymbol{\beta}_t=(\boldsymbol{\alpha}_1,\boldsymbol{\alpha}_2,\cdots,\boldsymbol{\alpha}_s)\begin{pmatrix}a_{1t}\\a_{2t}\\\vdots\\a_{st}\end{pmatrix},$$

于是又可以形式地写为

$$(\boldsymbol{\beta}_1,\boldsymbol{\beta}_2,\cdots,\boldsymbol{\beta}_t)=(\boldsymbol{\alpha}_1,\boldsymbol{\alpha}_2,\cdots,\boldsymbol{\alpha}_s)\begin{pmatrix}a_{11}&a_{12}&\cdots&a_{1t}\\a_{21}&a_{22}&\cdots&a_{2t}\\\vdots&\vdots&&\vdots\\a_{s1}&a_{s2}&\cdots&a_{st}\end{pmatrix}. \qquad (5.1.2)$$

需要指出的是,因为 $\boldsymbol{\alpha}_i,\boldsymbol{\beta}_j$ 不是第 3 章中说的列向量,所以$(\boldsymbol{\alpha}_1,\boldsymbol{\alpha}_2,\cdots,\boldsymbol{\alpha}_s)$,$(\boldsymbol{\beta}_1,\boldsymbol{\beta}_2,\cdots,\boldsymbol{\beta}_t)$不是通常说的矩阵,而是视为形式的行矩阵或形式的行向量.尽管形式矩阵与通常矩阵有区别,但是形式矩阵和通常矩阵有一样的运算性质.例如,形式矩阵乘法也有下面性质描写的结合律.

性质 5.1.1 设$\{\boldsymbol{\beta}_1,\boldsymbol{\beta}_2,\cdots,\boldsymbol{\beta}_s\}$是 V 中的向量组,$\boldsymbol{A}\in\mathbf{P}^{s\times t}$,$\boldsymbol{B}\in\mathbf{P}^{t\times m}$,则

$$((\boldsymbol{\beta}_1,\boldsymbol{\beta}_2,\cdots,\boldsymbol{\beta}_s)\boldsymbol{A})\boldsymbol{B}=(\boldsymbol{\beta}_1,\boldsymbol{\beta}_2,\cdots,\boldsymbol{\beta}_s)(\boldsymbol{AB}). \qquad (5.1.3)$$

证 设 $\boldsymbol{A}$ 的(i,j)-元素为 a_{ij},$\boldsymbol{B}$ 的(i,j)-元素为 b_{ij}.因为

$$(\boldsymbol{\beta}_1,\boldsymbol{\beta}_2,\cdots,\boldsymbol{\beta}_s)\boldsymbol{A}=\left(\sum_{i=1}^{s}a_{i1}\boldsymbol{\beta}_i,\sum_{i=1}^{s}a_{i2}\boldsymbol{\beta}_i,\cdots,\sum_{i=1}^{s}a_{it}\boldsymbol{\beta}_i\right),$$

所以(5.1.3)式左边第 k 个分量等于

$$\left(\sum_{i=1}^{s}a_{i1}\boldsymbol{\beta}_i,\sum_{i=1}^{s}a_{i2}\boldsymbol{\beta}_i,\cdots,\sum_{i=1}^{s}a_{it}\boldsymbol{\beta}_i\right)\begin{pmatrix}b_{1k}\\b_{2k}\\\vdots\\b_{tk}\end{pmatrix}=\sum_{j=1}^{t}\left(b_{jk}\left(\sum_{i=1}^{s}a_{ij}\boldsymbol{\beta}_i\right)\right)$$

$$=\sum_{i=1}^{s}\left(\left(\sum_{j=1}^{t}a_{ij}b_{jk}\right)\boldsymbol{\beta}_i\right).$$

而(5.1.3)式右边第 k 个分量等于

$$(\boldsymbol{\beta}_1,\boldsymbol{\beta}_2,\cdots,\boldsymbol{\beta}_s)\times\boldsymbol{AB}\text{ 的第 }k\text{ 列}=(\boldsymbol{\beta}_1,\boldsymbol{\beta}_2,\cdots,\boldsymbol{\beta}_s)\begin{pmatrix}\sum_{j=1}^{t}a_{1j}b_{jk}\\\sum_{j=1}^{t}a_{2j}b_{jk}\\\vdots\\\sum_{j=1}^{t}a_{sj}b_{jk}\end{pmatrix}=\sum_{i=1}^{s}\left(\left(\sum_{j=1}^{t}a_{ij}b_{jk}\right)\boldsymbol{\beta}_i\right).$$

由 k 的任意性即得等式(5.1.3). □

§5.2 维数、基底、坐标

从本节开始,如无特别说明,本章中总假设 V 是数域 $\mathbf{P}$ 上的线性空间.

一、向量组的线性相关性

在这一段中,我们将把第 3 章中向量组的线性相关、线性无关等诸多概念和命题推广到线性空间中. 所有这些命题都可用与第 3 章中类似的方法给予证明.

定义 5.2.1 设 Ⅰ$=\{\boldsymbol{\alpha}_1,\boldsymbol{\alpha}_2,\cdots,\boldsymbol{\alpha}_s\}$是 V 中的向量组. 若有不全为零的数 $k_1,k_2,\cdots,k_s\in\mathbf{P}$,使得

$$k_1\boldsymbol{\alpha}_1+k_2\boldsymbol{\alpha}_2+\cdots+k_s\boldsymbol{\alpha}_s=\mathbf{0},$$

则称向量组 Ⅰ 线性相关. 否则,称向量组 Ⅰ 线性无关.

性质 5.2.1 设 Ⅰ $=\{\boldsymbol{\alpha}_1,\boldsymbol{\alpha}_2,\cdots,\boldsymbol{\alpha}_s\}$是 V 中向量组,则以下结论成立:

(1) 由单个向量构成的向量组$\{\boldsymbol{\alpha}\}$线性相关的充分必要条件是 $\boldsymbol{\alpha}=\mathbf{0}$;当 $s\geqslant 2$ 时,向量组 Ⅰ 线性相关的充要条件是其中有一个向量是其余向量的线性组合.

(2) 若向量 $\boldsymbol{\beta}$ 可由 Ⅰ 线性表出,则表出方法唯一的充分必要条件是 Ⅰ 线性无关.

(3) 若 Ⅰ 线性无关,但$\{\boldsymbol{\beta},\boldsymbol{\alpha}_1,\boldsymbol{\alpha}_2,\cdots,\boldsymbol{\alpha}_s\}$线性相关,则 $\boldsymbol{\beta}$ 可由 Ⅰ 唯一地线性表出.

(4) 若向量组 Ⅰ 线性无关,且它可由向量组$\{\boldsymbol{\beta}_1,\boldsymbol{\beta}_2,\cdots,\boldsymbol{\beta}_t\}$线性表出,则 $s\leqslant t$. 特别地,两个等价的线性无关向量组含有相同个数的向量.

证 命题(1),(2),(3)可分别仿照例 3.3.7、例 3.3.5 和例 3.3.6 给予证明.

下证(4). 反设 $s>t$. 因为向量组$\{\boldsymbol{\alpha}_1,\boldsymbol{\alpha}_2,\cdots,\boldsymbol{\alpha}_s\}$可由向量组$\{\boldsymbol{\beta}_1,\boldsymbol{\beta}_2,\cdots,\boldsymbol{\beta}_t\}$线性表出,由(5.1.2)式,存在 $\boldsymbol{K}=(k_{ij})_{t\times s}\in\mathbf{P}^{t\times s}$使得

$$(\boldsymbol{\alpha}_1,\boldsymbol{\alpha}_2,\cdots,\boldsymbol{\alpha}_s)=(\boldsymbol{\beta}_1,\boldsymbol{\beta}_2,\cdots,\boldsymbol{\beta}_t)\boldsymbol{K}.$$

因为 $R(\boldsymbol{K}_{t\times s})\leqslant t<s$,所以含有 s 个未知数的齐次线性方程组 $\boldsymbol{KX}=\mathbf{0}$ 有非零解 $\boldsymbol{X}_0=(d_1,d_2,\cdots,d_s)^{\mathrm{T}}$. 由形式矩阵乘法得

$$\begin{aligned}(\boldsymbol{\alpha}_1,\boldsymbol{\alpha}_2,\cdots,\boldsymbol{\alpha}_s)\boldsymbol{X}_0&=((\boldsymbol{\beta}_1,\boldsymbol{\beta}_2,\cdots,\boldsymbol{\beta}_t)\boldsymbol{K})\boldsymbol{X}_0=(\boldsymbol{\beta}_1,\boldsymbol{\beta}_2,\cdots,\boldsymbol{\beta}_t)(\boldsymbol{KX}_0)\\&=(\boldsymbol{\beta}_1,\boldsymbol{\beta}_2,\cdots,\boldsymbol{\beta}_t)\mathbf{0}_{t\times 1}=\mathbf{0},\end{aligned}$$

即存在不全为零的数字 $d_1,d_2,\cdots,d_s$ 使得 $d_1\boldsymbol{\alpha}_1+d_2\boldsymbol{\alpha}_2+\cdots+d_s\boldsymbol{\alpha}_s=\mathbf{0}$,故 Ⅰ 线性相关,矛盾. □

设 Δ 是线性空间中的一个向量组,$\{\boldsymbol{\alpha}_1,\boldsymbol{\alpha}_2,\cdots,\boldsymbol{\alpha}_m\}$是 Δ 的部分组,若$\{\boldsymbol{\alpha}_1,\boldsymbol{\alpha}_2,\cdots,\boldsymbol{\alpha}_m\}$线性无关,但任意添加一个 $\boldsymbol{\beta}\in\Delta$ 后,$\{\boldsymbol{\beta},\boldsymbol{\alpha}_1,\boldsymbol{\alpha}_2,\cdots,\boldsymbol{\alpha}_m\}$线性相关,则称$\{\boldsymbol{\alpha}_1,\boldsymbol{\alpha}_2,\cdots,\boldsymbol{\alpha}_m\}$为 Δ 的一个**极大无关组**.

性质 5.2.2 设 Δ 是 V 中一个向量组.

(1) 若 Δ 存在一个极大无关组 Ⅰ,且 Ⅰ 含有 m 个向量,则 Δ 的任意一个极大无关组 Ⅱ 都与 Ⅰ 等价. 特别地,Ⅱ 中也含有 m 个向量.

(2) 若 Δ 中有非零向量,且 Δ 只含有有限多个向量,则 Δ 的极大无关组必存在.

证 仿照性质 3.4.1 的证明,细节留给读者. □

设 Δ 是一个向量组,我们把 Δ 的极大无关组中含有的向量个数称为向量组 Δ 的**秩**,记为 $R\{\Delta\}$或 $R(\Delta)$. 由性质 5.2.2 知,$R\{\Delta\}$与 Δ 的极大无关组的选取无关. 若 Δ 中仅含有零向量,则 Δ 没有极大无关组,此时 Δ 的秩规定为 0.

性质 5.2.3 设 Ⅰ $=\{\boldsymbol{\alpha}_1,\boldsymbol{\alpha}_2,\cdots,\boldsymbol{\alpha}_s\}$,Ⅱ $=\{\boldsymbol{\beta}_1,\boldsymbol{\beta}_2,\cdots,\boldsymbol{\beta}_t\}$是 V 中两个向量组,则

(1) 若 Ⅰ 可由 Ⅱ 线性表出,则 $R\{\text{Ⅰ}\}\leqslant R\{\text{Ⅱ}\}$;若 Ⅰ 和 Ⅱ 等价,则 $R\{\text{Ⅰ}\}=R\{\text{Ⅱ}\}$;

(2) 向量组 Ⅰ 线性无关当且仅当 $R\{\text{Ⅰ}\}=s$.

证 (1) 仅需证明前半部分. 不妨设这两个向量组都是非零向量组,由性质

5.2.2(2),向量组Ⅰ和Ⅱ都有极大无关组,不妨设$\{\boldsymbol{\alpha}_1,\boldsymbol{\alpha}_2,\cdots,\boldsymbol{\alpha}_{r_1}\}$和$\{\boldsymbol{\beta}_1,\boldsymbol{\beta}_2,\cdots,\boldsymbol{\beta}_{r_2}\}$分别为Ⅰ和Ⅱ的极大无关组.因为Ⅰ可以由Ⅱ线性表出,所以$\{\boldsymbol{\alpha}_1,\boldsymbol{\alpha}_2,\cdots,\boldsymbol{\alpha}_{r_1}\}$可由$\{\boldsymbol{\beta}_1,\boldsymbol{\beta}_2,\cdots,\boldsymbol{\beta}_{r_2}\}$线性表出.因为$\{\boldsymbol{\alpha}_1,\boldsymbol{\alpha}_2,\cdots,\boldsymbol{\alpha}_{r_1}\}$线性无关,应用性质5.2.1(4)得$r_1\leqslant r_2$,即$R\{\text{Ⅰ}\}\leqslant R\{\text{Ⅱ}\}$.

(2) 由极大无关组的定义立得. □

二、维数、基底和坐标

在一个线性空间中,究竟最多能有多少个线性无关的向量显然是线性空间的一个重要属性. 例如,在例5.1.5给出的线性空间$\mathbf{P}[x]$中,对任意正整数n,都能找到n个线性无关的向量$1,x,x^2,\cdots,x^{n-1}$,像这样的能找到任意多个线性无关向量的线性空间,称为**无限维线性空间**. **本书只讨论有限维线性空间**.

定义 5.2.2 若V中向量组$\{\boldsymbol{\alpha}_1,\boldsymbol{\alpha}_2,\cdots,\boldsymbol{\alpha}_n\}$满足:

(1) $\{\boldsymbol{\alpha}_1,\boldsymbol{\alpha}_2,\cdots,\boldsymbol{\alpha}_n\}$线性无关,

(2) 任取$\boldsymbol{\beta}\in V$,向量组$\{\boldsymbol{\beta},\boldsymbol{\alpha}_1,\boldsymbol{\alpha}_2,\cdots,\boldsymbol{\alpha}_n\}$线性相关,

则称$\{\boldsymbol{\alpha}_1,\boldsymbol{\alpha}_2,\cdots,\boldsymbol{\alpha}_n\}$为$V$的一个(组)基底.

若线性空间V的一组基底中含有n个向量,则称V为n **维线性空间**,记为$\dim_{\mathbf{P}}V=n$. 当数域$\mathbf{P}$不会混淆时,也可简记为$\dim V=n$.

关于线性空间的基底和维数,作如下说明:

(1) 显然V可以看作V自身的一个向量组. 由定义容易看到$\{\boldsymbol{\alpha}_1,\boldsymbol{\alpha}_2,\cdots,\boldsymbol{\alpha}_n\}$为$V$的一个基底当且仅当$\{\boldsymbol{\alpha}_1,\boldsymbol{\alpha}_2,\cdots,\boldsymbol{\alpha}_n\}$为$V$的一个极大无关组.

(2) 因为V的两个极大无关组必是等价的,它们含有相同数目的向量,所以V的任意两个基底也是等价的,它们也含有相同数目的向量,故$\dim V$与基底的选取无关.

(3) 本书仅考虑有限维空间,故本书中线性空间的维数总是一个有限数字.

(4) 若$\dim V=n$,由定义可看到V中含有n个线性无关的向量,但没有更多数目的线性无关向量.

如何求线性空间的一组基底? 下面的性质给出了回答.

性质 5.2.4 设$\Delta=\{\boldsymbol{\alpha}_1,\boldsymbol{\alpha}_2,\cdots,\boldsymbol{\alpha}_n\}$是$V$中向量组,则以下命题等价:

(1) Δ是V的一个基底;

(2) ($\dim V$未知) Δ线性无关,且V中任意向量都能写成Δ的线性组合;

(3) ($\dim V$已知) Δ线性无关,且$\dim V=n$.

证 (1)⇒(2) 由基底的定义知Δ线性无关. 任取$\boldsymbol{\beta}\in V$,由基底的定义知$\{\boldsymbol{\beta},\boldsymbol{\alpha}_1,\boldsymbol{\alpha}_2,\cdots,\boldsymbol{\alpha}_n\}$线性相关,故由性质5.2.1(3)知$\boldsymbol{\beta}$可表为$\{\boldsymbol{\alpha}_1,\boldsymbol{\alpha}_2,\cdots,\boldsymbol{\alpha}_n\}$的线性组合.

(2)⇒(3) 任取 $\boldsymbol{\beta}\in V$，由条件知 $\boldsymbol{\beta}$ 可由 Δ 线性表出，因此 $\{\boldsymbol{\beta},\boldsymbol{\alpha}_1,\boldsymbol{\alpha}_2,\cdots,\boldsymbol{\alpha}_n\}$ 线性相关，由基底的定义推出 Δ 为 V 的一个基底，故 $\dim V$ 等于 Δ 中含有的向量个数 n.

(3)⇒(1) 因为 $\dim V=n$，所以 V 中没有 $n+1$ 个线性无关向量. 任取 $\boldsymbol{\beta}\in V$，$\{\boldsymbol{\beta},\boldsymbol{\alpha}_1,\boldsymbol{\alpha}_2,\cdots,\boldsymbol{\alpha}_n\}$ 必线性相关. 因此，由基底的定义得 Δ 为 V 的一个基底. □

下面我们来讨论向量在基底下的坐标. 设 $\boldsymbol{\varepsilon}_1,\boldsymbol{\varepsilon}_2,\cdots,\boldsymbol{\varepsilon}_n$ 是 V 的一组基底，任取 $\boldsymbol{\beta}\in V$，由基底的定义及性质 5.2.1(2) 得 $\boldsymbol{\beta}$ 能**唯一地表示**为这个基底的一个线性组合，即有唯一确定的一组数字 $k_1,k_2,\cdots,k_n\in\mathbf{P}$ 使得

$$\boldsymbol{\beta}=k_1\boldsymbol{\varepsilon}_1+k_2\boldsymbol{\varepsilon}_2+\cdots+k_n\boldsymbol{\varepsilon}_n, \tag{5.2.1}$$

即

$$\boldsymbol{\beta}=(\boldsymbol{\varepsilon}_1,\boldsymbol{\varepsilon}_2,\cdots,\boldsymbol{\varepsilon}_n)\boldsymbol{\xi},\text{其中 }\boldsymbol{\xi}=\begin{pmatrix}k_1\\k_2\\\vdots\\k_n\end{pmatrix}.$$

我们称这组数 $k_1,k_2,\cdots,k_n$ 为 $\boldsymbol{\beta}$ 在基底 $\boldsymbol{\varepsilon}_1,\boldsymbol{\varepsilon}_2,\cdots,\boldsymbol{\varepsilon}_n$ 下的 n 个**坐标分量**，也称列向量 $\boldsymbol{\xi}$ 为 $\boldsymbol{\beta}$ 在该基底下的**坐标(向量)**.

例 5.2.1 给出例 5.1.1—5.1.4 中各线性空间 V 的维数、一个基底，并给出向量在该基底下的坐标.

解 (1) 对于零空间 $V=\{\mathbf{0}\}$，V 没有基底，或者说基底中含有 0 个向量，所以 $\dim V=0$. 读者容易看到，一个线性空间 V 的维数是 0 当且仅当 V 为零空间.

(2) 设 V_1,V_2,V_3 分别为平行于一条直线、平行于一个平面及整个空间中几何向量全体构成的线性空间.

由性质 4.1.3 知道，空间中三个不共面的向量构成 V_3 的一个基底，因此 $\dim_{\mathbf{R}}V_3=3$. 特别地，若 $\Gamma=\{O,\boldsymbol{e}_1,\boldsymbol{e}_2,\boldsymbol{e}_3\}$ 构成右手的标准直角坐标系，则任意向量 $\boldsymbol{\beta}(x,y,z)$ 在基底 $\{\boldsymbol{e}_1,\boldsymbol{e}_2,\boldsymbol{e}_3\}$ 下的坐标为 $(x,y,z)^{\mathrm{T}}$.

同样，V_2 中两个不共线的向量构成一组基底，故 $\dim_{\mathbf{R}}V_2=2$；V_1 中一个非零向量构成一组基底，所以 $\dim_{\mathbf{R}}V_1=1$.

(3) 设 $V=\mathbf{P}^{m\times n}$. 令

$$\Delta=\{\boldsymbol{e}_{ij}\mid i=1,2,\cdots,m,j=1,2,\cdots,n\},$$

其中 $\boldsymbol{e}_{ij}$ 为 (i,j)-元为 1、其他元素都是 0 的 $m\times n$ 矩阵. 下证 Δ 为 V 的一个基底. 注意，由性质 5.2.4，我们仅需证明以下两条：

(3.1) 设 $\mathbf{A}=(a_{ij})_{m\times n}\in V$,显然

$$\mathbf{A}=\sum_{i=1}^{m}\sum_{j=1}^{n}a_{ij}\boldsymbol{e}_{ij}, \tag{5.2.2}$$

因此 $\mathbf{A}$ 可以表示为 Δ 的线性组合.

(3.2) 设有 $a_{ij}\in\mathbf{P}$ 使得

$$\sum_{i=1}^{m}\sum_{j=1}^{n}a_{ij}\boldsymbol{e}_{ij}=\boldsymbol{O},$$

注意上式左端即为 Δ 的一个线性组合,上式右端为线性空间 $\mathbf{P}^{m\times n}$ 的零元素,也即 $m\times n$ 级零矩阵. 故 $(a_{ij})_{m\times n}=\boldsymbol{O}$,由此推出所有 a_{ij} 全为 0. 因此 Δ 线性无关.

由(3.1)和(3.2)知道 Δ 为线性空间 $\mathbf{P}^{m\times n}$ 的一个基底,特别地

$$\dim_{\mathbf{P}}\mathbf{P}^{m\times n}=mn. \tag{5.2.3}$$

容易看到,(5.2.2)式给出了元素 $\mathbf{A}$ 在该基底下的坐标.

(4) 设 $V=\mathbf{P}^n$,即为由数域 $\mathbf{P}$ 上全体 n 维列向量构成的线性空间,显然这是(3)的特殊情形. 令

$$\boldsymbol{e}_1=\begin{pmatrix}1\\0\\\vdots\\0\end{pmatrix},\boldsymbol{e}_2=\begin{pmatrix}0\\1\\\vdots\\0\end{pmatrix},\cdots,\boldsymbol{e}_n=\begin{pmatrix}0\\0\\\vdots\\1\end{pmatrix}, \tag{5.2.4}$$

则 $\{\boldsymbol{e}_1,\boldsymbol{e}_2,\cdots,\boldsymbol{e}_n\}$ 为 $\mathbf{P}^n$ 的一个基底,

$$\dim_{\mathbf{P}}\mathbf{P}^n=n,$$

且 $\mathbf{P}^n$ 中任意向量 $\boldsymbol{\beta}=(a_1,a_2,\cdots,a_n)^{\mathrm{T}}$ 可以表示为

$$\boldsymbol{\beta}=a_1\boldsymbol{e}_1+a_2\boldsymbol{e}_2+\cdots+a_n\boldsymbol{e}_n=(\boldsymbol{e}_1,\boldsymbol{e}_2,\cdots,\boldsymbol{e}_n)\boldsymbol{\beta}. \tag{5.2.5}$$

因此,$\boldsymbol{\beta}$ 在基底 $\boldsymbol{e}_1,\boldsymbol{e}_2,\cdots,\boldsymbol{e}_n$ 下的坐标向量就是 $\boldsymbol{\beta}$. ①

(5) 设 $V=\mathbf{P}[x]_n$. 与(3)和(4)中方法类似,容易验证 $\dim_{\mathbf{P}}\mathbf{P}[x]_n=n$,且

$$1,x,\cdots,x^{n-1}$$

为 $\mathbf{P}[x]_n$ 的一组常用基底,任意多项式 $a_0+a_1x+\cdots+a_{n-1}x^{n-1}$ 在上述基底下的坐标显然为 $(a_0,a_1,\cdots,a_{n-1})^{\mathrm{T}}$. □

三、向量与坐标的关系

设 V 为数域 $\mathbf{P}$ 上 n 维线性空间,$\boldsymbol{\varepsilon}_1,\boldsymbol{\varepsilon}_2,\cdots,\boldsymbol{\varepsilon}_n$ 为其一组基底. 对于 $\boldsymbol{\beta}\in V$,$\boldsymbol{\xi}=(c_1,c_2,\cdots,c_n)^{\mathrm{T}}\in\mathbf{P}^n$,由定义看到以下三个说法是一致的:

---

① 因为 $\boldsymbol{\beta}$ 在基底 $\boldsymbol{e}_1,\boldsymbol{e}_2,\cdots,\boldsymbol{e}_n$ 下的坐标是显然的,所以 $\boldsymbol{e}_1,\boldsymbol{e}_2,\cdots,\boldsymbol{e}_n$ 是 $\mathbf{P}^n$ 中最方便计算,也是最常用的一组基底. 今后言及 $\mathbf{P}^n$ 的常用基底,都是指(5.2.4)式给出的这组基底.

(1) $\boldsymbol{\beta}=c_1\boldsymbol{\varepsilon}_1+c_2\boldsymbol{\varepsilon}_2+\cdots+c_n\boldsymbol{\varepsilon}_n$；

(2) $\boldsymbol{\beta}=(\boldsymbol{\varepsilon}_1,\boldsymbol{\varepsilon}_2,\cdots,\boldsymbol{\varepsilon}_n)\boldsymbol{\xi}$；

(3) $\boldsymbol{\xi}$ 为向量 $\boldsymbol{\beta}$ 在基底 $\boldsymbol{\varepsilon}_1,\boldsymbol{\varepsilon}_2,\cdots,\boldsymbol{\varepsilon}_n$ 下的坐标向量.

由基底的线性无关性,我们有

$$(\boldsymbol{\varepsilon}_1,\boldsymbol{\varepsilon}_2,\cdots,\boldsymbol{\varepsilon}_n)\boldsymbol{\xi}=\mathbf{0}\Leftrightarrow\boldsymbol{\xi}=\mathbf{0},\tag{5.2.6}$$

即 V 中一个向量是零元素当且仅当其坐标向量为零向量.

设 $\boldsymbol{\beta}_1,\boldsymbol{\beta}_2,\cdots,\boldsymbol{\beta}_s$ 都是 V 中向量. 由形式矩阵乘法定义,从

$$(\boldsymbol{\beta}_1,\boldsymbol{\beta}_2,\cdots,\boldsymbol{\beta}_s)=(\boldsymbol{\varepsilon}_1,\boldsymbol{\varepsilon}_2,\cdots,\boldsymbol{\varepsilon}_n)\mathbf{A}(\mathbf{A}\in\mathbf{P}^{n\times s})\tag{5.2.7}$$

可以看出,矩阵 $\mathbf{A}$ 的第 i 个列向量恰是 $\boldsymbol{\beta}_i\in V$ 在基底 $\{\boldsymbol{\varepsilon}_1,\boldsymbol{\varepsilon}_2,\cdots,\boldsymbol{\varepsilon}_n\}$ 下的坐标.

引理 5.2.1 设 $\boldsymbol{\varepsilon}_1,\boldsymbol{\varepsilon}_2,\cdots,\boldsymbol{\varepsilon}_n$ 为 V 的一组基底,$\boldsymbol{A},\boldsymbol{B}$ 为数域 $\mathbf{P}$ 上两个 $n\times t$ 矩阵,则 $(\boldsymbol{\varepsilon}_1,\boldsymbol{\varepsilon}_2,\cdots,\boldsymbol{\varepsilon}_n)\boldsymbol{A}=(\boldsymbol{\varepsilon}_1,\boldsymbol{\varepsilon}_2,\cdots,\boldsymbol{\varepsilon}_n)\boldsymbol{B}$ 的充分必要条件是 $\boldsymbol{A}=\boldsymbol{B}$.

证 记 $\boldsymbol{A},\boldsymbol{B}$ 的第 i 个列向量分别为 $\boldsymbol{A}_i$ 和 $\boldsymbol{B}_i$,由形式矩阵乘法及(5.2.6)式得

$$\begin{aligned}
&(\boldsymbol{\varepsilon}_1,\boldsymbol{\varepsilon}_2,\cdots,\boldsymbol{\varepsilon}_n)\boldsymbol{A}=(\boldsymbol{\varepsilon}_1,\boldsymbol{\varepsilon}_2,\cdots,\boldsymbol{\varepsilon}_n)\boldsymbol{B}\\
&\Leftrightarrow((\boldsymbol{\varepsilon}_1,\boldsymbol{\varepsilon}_2,\cdots,\boldsymbol{\varepsilon}_n)\boldsymbol{A}_1,(\boldsymbol{\varepsilon}_1,\boldsymbol{\varepsilon}_2,\cdots,\boldsymbol{\varepsilon}_n)\boldsymbol{A}_2,\cdots,(\boldsymbol{\varepsilon}_1,\boldsymbol{\varepsilon}_2,\cdots,\boldsymbol{\varepsilon}_n)\boldsymbol{A}_n)\\
&\quad=((\boldsymbol{\varepsilon}_1,\boldsymbol{\varepsilon}_2,\cdots,\boldsymbol{\varepsilon}_n)\boldsymbol{B}_1,(\boldsymbol{\varepsilon}_1,\boldsymbol{\varepsilon}_2,\cdots,\boldsymbol{\varepsilon}_n)\boldsymbol{B}_2,\cdots,(\boldsymbol{\varepsilon}_1,\boldsymbol{\varepsilon}_2,\cdots,\boldsymbol{\varepsilon}_n)\boldsymbol{B}_n)\\
&\Leftrightarrow(\boldsymbol{\varepsilon}_1,\boldsymbol{\varepsilon}_2,\cdots,\boldsymbol{\varepsilon}_n)\boldsymbol{A}_i=(\boldsymbol{\varepsilon}_1,\boldsymbol{\varepsilon}_2,\cdots,\boldsymbol{\varepsilon}_n)\boldsymbol{B}_i,i=1,2,\cdots,t\\
&\Leftrightarrow(\boldsymbol{\varepsilon}_1,\boldsymbol{\varepsilon}_2,\cdots,\boldsymbol{\varepsilon}_n)(\boldsymbol{A}_i-\boldsymbol{B}_i)=\mathbf{0},i=1,2,\cdots,t\\
&\Leftrightarrow\boldsymbol{A}_i-\boldsymbol{B}_i=\mathbf{0},i=1,2,\cdots,t\\
&\Leftrightarrow\boldsymbol{A}=\boldsymbol{B}.
\end{aligned}$$

□

下面的性质可看出,在取定基底下,线性空间中的向量和它的坐标之间有非常好的对应关系,读者可以与性质 3.4.2 或性质 4.1.4 作类比.

性质 5.2.5 设 $\boldsymbol{\varepsilon}_1,\boldsymbol{\varepsilon}_2,\cdots,\boldsymbol{\varepsilon}_n$ 为 V 的一组基底,V 中元素 $\boldsymbol{\beta}_1,\boldsymbol{\beta}_2,\cdots,\boldsymbol{\beta}_m$ 在该基底下的坐标向量分别为 $\boldsymbol{\xi}_1,\boldsymbol{\xi}_2,\cdots,\boldsymbol{\xi}_m$,则

(1) $\boldsymbol{\beta}_i=\boldsymbol{\beta}_j\Leftrightarrow\boldsymbol{\xi}_i=\boldsymbol{\xi}_j$；

(2) 任取数字 $k_1,k_2,\cdots,k_m$,向量 $k_1\boldsymbol{\beta}_1+k_2\boldsymbol{\beta}_2+\cdots+k_m\boldsymbol{\beta}_m$ 在基底 $\boldsymbol{\varepsilon}_1,\boldsymbol{\varepsilon}_2,\cdots,\boldsymbol{\varepsilon}_n$ 下的坐标向量为 $k_1\boldsymbol{\xi}_1+k_2\boldsymbol{\xi}_2+\cdots+k_m\boldsymbol{\xi}_m$；

(3) $\{\boldsymbol{\beta}_1,\boldsymbol{\beta}_2,\cdots,\boldsymbol{\beta}_m\}$ 线性无关当且仅当 $\{\boldsymbol{\xi}_1,\boldsymbol{\xi}_2,\cdots,\boldsymbol{\xi}_m\}$ 线性无关；

(4) $\{\boldsymbol{\beta}_{j_1},\boldsymbol{\beta}_{j_2},\cdots,\boldsymbol{\beta}_{j_r}\}$ 为 $\{\boldsymbol{\beta}_1,\boldsymbol{\beta}_2,\cdots,\boldsymbol{\beta}_m\}$ 的极大无关组的充分必要条件是 $\{\boldsymbol{\xi}_{j_1},\boldsymbol{\xi}_{j_2},\cdots,\boldsymbol{\xi}_{j_r}\}$ 为 $\{\boldsymbol{\xi}_1,\boldsymbol{\xi}_2,\cdots,\boldsymbol{\xi}_m\}$ 的极大无关组；

(5) $R\{\boldsymbol{\beta}_1,\boldsymbol{\beta}_2,\cdots,\boldsymbol{\beta}_m\}=R\{\boldsymbol{\xi}_1,\boldsymbol{\xi}_2,\cdots,\boldsymbol{\xi}_m\}=R(\boldsymbol{B})$,其中 $\boldsymbol{B}=(\boldsymbol{\xi}_1,\boldsymbol{\xi}_2,\cdots,\boldsymbol{\xi}_m)$.

证 (1) 由引理 5.2.1 立得.

(2) 这是因为

$$k_1\boldsymbol{\beta}_1+k_2\boldsymbol{\beta}_2+\cdots+k_m\boldsymbol{\beta}_m=(\boldsymbol{\beta}_1,\boldsymbol{\beta}_2,\cdots,\boldsymbol{\beta}_m)\begin{pmatrix}k_1\\k_2\\\vdots\\k_m\end{pmatrix}$$

$$=((\boldsymbol{\varepsilon}_1,\boldsymbol{\varepsilon}_2,\cdots,\boldsymbol{\varepsilon}_n)(\boldsymbol{\xi}_1,\boldsymbol{\xi}_2,\cdots,\boldsymbol{\xi}_m))\begin{pmatrix}k_1\\k_2\\\vdots\\k_m\end{pmatrix}$$

$$=(\boldsymbol{\varepsilon}_1,\boldsymbol{\varepsilon}_2,\cdots,\boldsymbol{\varepsilon}_n)\left((\boldsymbol{\xi}_1,\boldsymbol{\xi}_2,\cdots,\boldsymbol{\xi}_m)\begin{pmatrix}k_1\\k_2\\\vdots\\k_m\end{pmatrix}\right)$$

$$=(\boldsymbol{\varepsilon}_1,\boldsymbol{\varepsilon}_2,\cdots,\boldsymbol{\varepsilon}_n)(k_1\boldsymbol{\xi}_1+\boldsymbol{\xi}_2+\cdots+k_m\boldsymbol{\xi}_m).$$

(3) 设 $c_1,c_2,\cdots,c_m$ 为任意 m 个数字. 由(2)知 $c_1\boldsymbol{\beta}_1+c_2\boldsymbol{\beta}_2+\cdots+c_m\boldsymbol{\beta}_m$ 在基底 $\boldsymbol{\varepsilon}_1,\boldsymbol{\varepsilon}_2,\cdots,\boldsymbol{\varepsilon}_n$ 下的坐标向量为 $c_1\boldsymbol{\xi}_1+c_2\boldsymbol{\xi}_2+\cdots+c_m\boldsymbol{\xi}_m$. 由(1)有

$$c_1\boldsymbol{\beta}_1+c_2\boldsymbol{\beta}_2+\cdots+c_m\boldsymbol{\beta}_m=\mathbf{0}\Leftrightarrow c_1\boldsymbol{\xi}_1+c_2\boldsymbol{\xi}_2+\cdots+c_m\boldsymbol{\xi}_m=\mathbf{0},$$

再由线性无关的定义即得$\{\boldsymbol{\beta}_1,\boldsymbol{\beta}_2,\cdots,\boldsymbol{\beta}_m\}$线性无关当且仅当$\{\boldsymbol{\xi}_1,\boldsymbol{\xi}_2,\cdots,\boldsymbol{\xi}_m\}$线性无关.

(4) 因为向量组可以作恰当重排,所以我们仅需证明:$\{\boldsymbol{\beta}_1,\boldsymbol{\beta}_2,\cdots,\boldsymbol{\beta}_r\}$为$\{\boldsymbol{\beta}_1,\boldsymbol{\beta}_2,\cdots,\boldsymbol{\beta}_m\}$的极大无关组当且仅当$\{\boldsymbol{\xi}_1,\boldsymbol{\xi}_2,\cdots,\boldsymbol{\xi}_r\}$为$\{\boldsymbol{\xi}_1,\boldsymbol{\xi}_2,\cdots,\boldsymbol{\xi}_m\}$的极大无关组.

容易证明,$\boldsymbol{\beta}_k$ 能表示为 $c_1\boldsymbol{\beta}_1+c_2\boldsymbol{\beta}_2+\cdots+c_r\boldsymbol{\beta}_r$ 当且仅当 $\boldsymbol{\xi}_k$ 能表示为 $c_1\boldsymbol{\xi}_1+c_2\boldsymbol{\xi}_2+\cdots+c_r\boldsymbol{\xi}_r$. 再由(3)知道$\{\boldsymbol{\beta}_1,\boldsymbol{\beta}_2,\cdots,\boldsymbol{\beta}_r\}$线性无关当且仅当$\{\boldsymbol{\xi}_1,\boldsymbol{\xi}_2,\cdots,\boldsymbol{\xi}_r\}$线性无关. 因此,由极大无关组的定义推出,$\{\boldsymbol{\beta}_1,\boldsymbol{\beta}_2,\cdots,\boldsymbol{\beta}_r\}$为$\{\boldsymbol{\beta}_1,\boldsymbol{\beta}_2,\cdots,\boldsymbol{\beta}_m\}$的极大无关组当且仅当$\{\boldsymbol{\xi}_1,\boldsymbol{\xi}_2,\cdots,\boldsymbol{\xi}_r\}$为$\{\boldsymbol{\xi}_1,\boldsymbol{\xi}_2,\cdots,\boldsymbol{\xi}_m\}$的极大无关组.

(5) 由(4)立得. □

例 5.2.2 令 $\boldsymbol{\alpha}_1=1,\boldsymbol{\alpha}_2=1+x,\boldsymbol{\alpha}_3=1+x+x^2$. 证明 $\boldsymbol{\alpha}_1,\boldsymbol{\alpha}_2,\boldsymbol{\alpha}_3$ 是 $\mathbf{P}[x]_3$ 的一组基底.

证 由例 5.2.1 知 $\dim\mathbf{P}[x]_3=3$. 为证明结论,由性质 5.2.4 我们仅需证明$\{\boldsymbol{\alpha}_1,\boldsymbol{\alpha}_2,\boldsymbol{\alpha}_3\}$线性无关. 注意 $1,x,x^2$ 为 $\mathbf{P}[x]_3$的常用基底. 因为 $(\boldsymbol{\alpha}_1,\boldsymbol{\alpha}_2,\boldsymbol{\alpha}_3)=(1,x,x^2)\mathbf{A}$,其中

$$\mathbf{A}=\begin{pmatrix}1&1&1\\0&1&1\\0&0&1\end{pmatrix},$$

易见 $\boldsymbol{A}$ 是可逆矩阵,由性质 5.2.5(5)知 $R\{\boldsymbol{\alpha}_1,\boldsymbol{\alpha}_2,\boldsymbol{\alpha}_3\}=R(\boldsymbol{A})=3$. 故 $\{\boldsymbol{\alpha}_1,\boldsymbol{\alpha}_2,\boldsymbol{\alpha}_3\}$ 线性无关,从而是 3 维空间 $\mathbf{P}[x]_3$ 的一个基底. □

四、基变换下的坐标变换

我们已经看到,线性空间中基底相当于解析几何中的坐标系. 在解析几何中经常需要作坐标变换,类似地,需要考察线性空间中的基底变换.

设 V 是数域 $\mathbf{P}$ 上一个 n 维线性空间. 因为 V 中任意 n 个线性无关向量都可作为 V 的基底,故 V 的基底不唯一. 自然地,一个向量在两个不同基底下的坐标是不同的,下面我们来推演基变换下的坐标变换公式.

令 $\boldsymbol{\varepsilon}_1,\boldsymbol{\varepsilon}_2,\cdots,\boldsymbol{\varepsilon}_n$; $\boldsymbol{\varepsilon}_1',\boldsymbol{\varepsilon}_2',\cdots,\boldsymbol{\varepsilon}_n'$ 是 V 的两组基底. 因为 $\boldsymbol{\varepsilon}_1',\boldsymbol{\varepsilon}_2',\cdots,\boldsymbol{\varepsilon}_n'$ 是基底,所以每个 $\boldsymbol{\varepsilon}_i$ 都可以写成 $\boldsymbol{\varepsilon}_1',\boldsymbol{\varepsilon}_2',\cdots,\boldsymbol{\varepsilon}_n'$ 的线性组合,即

$$\boldsymbol{\varepsilon}_i=k_{1i}\boldsymbol{\varepsilon}_1'+k_{2i}\boldsymbol{\varepsilon}_2'+\cdots+k_{ni}\boldsymbol{\varepsilon}_n',i=1,2,\cdots,n.$$

根据(5.1.2)式,上式可以形式地写为

$$(\boldsymbol{\varepsilon}_1,\boldsymbol{\varepsilon}_2,\cdots,\boldsymbol{\varepsilon}_n)=(\boldsymbol{\varepsilon}_1',\boldsymbol{\varepsilon}_2',\cdots,\boldsymbol{\varepsilon}_n')\boldsymbol{K},$$

其中

$$\boldsymbol{K}=\begin{pmatrix} k_{11} & k_{12} & \cdots & k_{1n} \\ k_{21} & k_{22} & \cdots & k_{2n} \\ \vdots & \vdots & & \vdots \\ k_{n1} & k_{n2} & \cdots & k_{nn} \end{pmatrix}\in\mathbf{P}^{n\times n}.$$

我们把 $\boldsymbol{K}$ 称为从基底 $\boldsymbol{\varepsilon}_1',\boldsymbol{\varepsilon}_2',\cdots,\boldsymbol{\varepsilon}_n'$ 到基底 $\boldsymbol{\varepsilon}_1,\boldsymbol{\varepsilon}_2,\cdots,\boldsymbol{\varepsilon}_n$ 的**过渡矩阵**.①

性质 5.2.6 设 $\boldsymbol{K}$ 为从基底 $\boldsymbol{\varepsilon}_1',\boldsymbol{\varepsilon}_2',\cdots,\boldsymbol{\varepsilon}_n'$ 到基底 $\boldsymbol{\varepsilon}_1,\boldsymbol{\varepsilon}_2,\cdots,\boldsymbol{\varepsilon}_n$ 的过渡矩阵,则 $\boldsymbol{K}$ 是数域 $\mathbf{P}$ 上的 n 级可逆矩阵,并且 $\boldsymbol{K}^{-1}$ 为从基底 $\boldsymbol{\varepsilon}_1,\boldsymbol{\varepsilon}_2,\cdots,\boldsymbol{\varepsilon}_n$ 到基底 $\boldsymbol{\varepsilon}_1',\boldsymbol{\varepsilon}_2',\cdots,\boldsymbol{\varepsilon}_n'$ 的过渡矩阵.

证 令 $\boldsymbol{D}$ 为从基底 $\boldsymbol{\varepsilon}_1,\boldsymbol{\varepsilon}_2,\cdots,\boldsymbol{\varepsilon}_n$ 到基底 $\boldsymbol{\varepsilon}_1',\boldsymbol{\varepsilon}_2',\cdots,\boldsymbol{\varepsilon}_n'$ 的过渡矩阵,则

$$(\boldsymbol{\varepsilon}_1,\boldsymbol{\varepsilon}_2,\cdots,\boldsymbol{\varepsilon}_n)=(\boldsymbol{\varepsilon}_1',\boldsymbol{\varepsilon}_2',\cdots,\boldsymbol{\varepsilon}_n')\boldsymbol{K},(\boldsymbol{\varepsilon}_1',\boldsymbol{\varepsilon}_2',\cdots,\boldsymbol{\varepsilon}_n')=(\boldsymbol{\varepsilon}_1,\boldsymbol{\varepsilon}_2,\cdots,\boldsymbol{\varepsilon}_n)\boldsymbol{D}.$$

于是

$$\begin{aligned}(\boldsymbol{\varepsilon}_1,\boldsymbol{\varepsilon}_2,\cdots,\boldsymbol{\varepsilon}_n)\boldsymbol{E}_n&=(\boldsymbol{\varepsilon}_1,\boldsymbol{\varepsilon}_2,\cdots,\boldsymbol{\varepsilon}_n)=(\boldsymbol{\varepsilon}_1',\boldsymbol{\varepsilon}_2',\cdots,\boldsymbol{\varepsilon}_n')\boldsymbol{K}\\&=((\boldsymbol{\varepsilon}_1,\boldsymbol{\varepsilon}_2,\cdots,\boldsymbol{\varepsilon}_n)\boldsymbol{D})\boldsymbol{K}=(\boldsymbol{\varepsilon}_1,\boldsymbol{\varepsilon}_2,\cdots,\boldsymbol{\varepsilon}_n)(\boldsymbol{D}\boldsymbol{K}).\end{aligned}$$

由引理 5.2.1 得 $\boldsymbol{DK}=\boldsymbol{E}_n$. 再由推论 2.6.2 得 $\boldsymbol{D},\boldsymbol{K}$ 互逆,结论成立. □

性质 5.2.7 设 $\boldsymbol{K}$ 为从基底 $\boldsymbol{\varepsilon}_1',\boldsymbol{\varepsilon}_2',\cdots,\boldsymbol{\varepsilon}_n'$ 到基底 $\boldsymbol{\varepsilon}_1,\boldsymbol{\varepsilon}_2,\cdots,\boldsymbol{\varepsilon}_n$ 的过渡矩阵,以下结论成立:

---

① 读者要记清楚从哪个基底到哪个基底的过渡矩阵.

(1) 若向量 $\boldsymbol{\gamma}$ 在 $\boldsymbol{\varepsilon}_1',\boldsymbol{\varepsilon}_2',\cdots,\boldsymbol{\varepsilon}_n'$ 下的坐标为 $\boldsymbol{\xi}$，则 $\boldsymbol{\gamma}$ 在 $\boldsymbol{\varepsilon}_1,\boldsymbol{\varepsilon}_2,\cdots,\boldsymbol{\varepsilon}_n$ 下的坐标为 $\boldsymbol{K}^{-1}\boldsymbol{\xi}$；

(2) 若向量 $\boldsymbol{\gamma}$ 在 $\boldsymbol{\varepsilon}_1,\boldsymbol{\varepsilon}_2,\cdots,\boldsymbol{\varepsilon}_n$ 下的坐标为 $\boldsymbol{\xi}$，则 $\boldsymbol{\gamma}$ 在 $\boldsymbol{\varepsilon}_1',\boldsymbol{\varepsilon}_2',\cdots,\boldsymbol{\varepsilon}_n'$ 下的坐标为 $\boldsymbol{K}\boldsymbol{\xi}$. ①

证 因为 $(\boldsymbol{\varepsilon}_1,\boldsymbol{\varepsilon}_2,\cdots,\boldsymbol{\varepsilon}_n)=(\boldsymbol{\varepsilon}_1',\boldsymbol{\varepsilon}_2',\cdots,\boldsymbol{\varepsilon}_n')\boldsymbol{K}$，所以也有 $(\boldsymbol{\varepsilon}_1',\boldsymbol{\varepsilon}_2',\cdots,\boldsymbol{\varepsilon}_n')=(\boldsymbol{\varepsilon}_1,\boldsymbol{\varepsilon}_2,\cdots,\boldsymbol{\varepsilon}_n)\boldsymbol{K}^{-1}$，从而

(1) $\boldsymbol{\gamma}=(\boldsymbol{\varepsilon}_1',\boldsymbol{\varepsilon}_2',\cdots,\boldsymbol{\varepsilon}_n')\boldsymbol{\xi}=(\boldsymbol{\varepsilon}_1,\boldsymbol{\varepsilon}_2,\cdots,\boldsymbol{\varepsilon}_n)\boldsymbol{K}^{-1}\boldsymbol{\xi}$；

(2) $\boldsymbol{\gamma}=(\boldsymbol{\varepsilon}_1,\boldsymbol{\varepsilon}_2,\cdots,\boldsymbol{\varepsilon}_n)\boldsymbol{\xi}=(\boldsymbol{\varepsilon}_1',\boldsymbol{\varepsilon}_2',\cdots,\boldsymbol{\varepsilon}_n')\boldsymbol{K}\boldsymbol{\xi}$.

命题成立. □

例 5.2.3 在 $\mathbf{P}[x]_3$ 中取两组基底 $\boldsymbol{\alpha}_1=1,\boldsymbol{\alpha}_2=1+x,\boldsymbol{\alpha}_3=1+x+x^2$；$\boldsymbol{\beta}_1=1+x,\boldsymbol{\beta}_2=1+2x,\boldsymbol{\beta}_3=1+x^2$.

(1) 求从基底 $\boldsymbol{\alpha}_1,\boldsymbol{\alpha}_2,\boldsymbol{\alpha}_3$ 到基底 $\boldsymbol{\beta}_1,\boldsymbol{\beta}_2,\boldsymbol{\beta}_3$ 的过渡矩阵；

(2) 求 $\boldsymbol{\beta}_1+\boldsymbol{\beta}_2+2\boldsymbol{\beta}_3$ 在基底 $\boldsymbol{\alpha}_1,\boldsymbol{\alpha}_2,\boldsymbol{\alpha}_3$ 下的坐标.

解 这类问题需要通过常用基底 $1,x,x^2$ 来过渡. 显然有
$(\boldsymbol{\alpha}_1,\boldsymbol{\alpha}_2,\boldsymbol{\alpha}_3)=(1,x,x^2)\boldsymbol{A}$，$(1,x,x^2)=(\boldsymbol{\alpha}_1,\boldsymbol{\alpha}_2,\boldsymbol{\alpha}_3)\boldsymbol{A}^{-1}$，$(\boldsymbol{\beta}_1,\boldsymbol{\beta}_2,\boldsymbol{\beta}_3)=(1,x,x^2)\boldsymbol{B}$，其中

$$\boldsymbol{A}=\begin{pmatrix}1&1&1\\0&1&1\\0&0&1\end{pmatrix},\boldsymbol{B}=\begin{pmatrix}1&1&1\\1&2&0\\0&0&1\end{pmatrix}.$$

(1) $(\boldsymbol{\beta}_1,\boldsymbol{\beta}_2,\boldsymbol{\beta}_3)=(1,x,x^2)\boldsymbol{B}=(\boldsymbol{\alpha}_1,\boldsymbol{\alpha}_2,\boldsymbol{\alpha}_3)\boldsymbol{A}^{-1}\boldsymbol{B}$.

(2) $\boldsymbol{\beta}_1+\boldsymbol{\beta}_2+2\boldsymbol{\beta}_3=(\boldsymbol{\beta}_1,\boldsymbol{\beta}_2,\boldsymbol{\beta}_3)\begin{pmatrix}1\\1\\2\end{pmatrix}=(\boldsymbol{\alpha}_1,\boldsymbol{\alpha}_2,\boldsymbol{\alpha}_3)\boldsymbol{A}^{-1}\boldsymbol{B}\begin{pmatrix}1\\1\\2\end{pmatrix}$.

经计算，所求过渡矩阵和坐标向量分别为

$$\boldsymbol{A}^{-1}\boldsymbol{B}=\begin{pmatrix}0&-1&1\\1&2&-1\\0&0&1\end{pmatrix},\boldsymbol{A}^{-1}\boldsymbol{B}\begin{pmatrix}1\\1\\2\end{pmatrix}=\begin{pmatrix}1\\1\\2\end{pmatrix}.$$ □

① 因为 $\boldsymbol{K}\boldsymbol{\xi}$ 和 $\boldsymbol{K}^{-1}\boldsymbol{\xi}$ 很容易混淆，所以读者不宜死记公式，而应掌握其推演.

§5.3 线性子空间

一、定义

在通常的三维几何空间 V 中,平行于某个平面的全体(自由)向量 W 也构成一个二维空间.这就是说,W 是 V 的一部分,且 W 关于 V 中的线性运算也构成线性空间.把这一现象一般化,就得到线性子空间的概念.

定义 5.3.1 设 W 为线性空间 V 的一个非空子集,若它关于 V 中加法和数量乘法依然构成一个线性空间,则称 W 为 V 的一个线性子空间,简称子空间.

由定义,易见 $\{\mathbf{0}\}$ 与 V 都是 V 的子空间,称它们为 V 的**平凡子空间**,$\{\mathbf{0}\}$ 也称为 V 的**零子空间**.

如何验证一个对象是线性子空间?我们有如下性质:

性质 5.3.1 W 是 V 的子空间当且仅当以下三条成立:

(1) W 是 V 的非空子集;

(2) W 关于加法封闭,即 $\forall \boldsymbol{\alpha},\boldsymbol{\beta}\in W$,都有 $\boldsymbol{\alpha}+\boldsymbol{\beta}\in W$;

(3) W 关于数乘封闭,即 $\forall k\in \mathbf{P},\boldsymbol{\alpha}\in W$,都有 $k\boldsymbol{\alpha}\in W$.

证 必要性显然,下证充分性.由三款条件知,线性空间 V 的加法与数乘限制到集合 W 上,也是非空集合 W 上的两个代数运算.因为在 V 中有关于加法、数乘的(线性空间定义中要求的)八条性质成立,所以在小范围 W 上这八条性质依然成立,故 W 关于 V 中定义的加法、数乘依然构成 $\mathbf{P}$ 上的线性空间,即 W 是 V 的子空间. □

从子空间的定义或性质 5.3.1 容易得到以下事实:

(1) 若 W 是 V 的子空间,则 V 中零元素 $\mathbf{0}$ 必在 W 中,且这个 $\mathbf{0}$ 也必是 W 的零元素.

(2) 若 W 是 V 的子空间,U 又是 W 的子空间,则 U 是 V 的子空间;若 U,W 都是 V 的子空间,且 U 包含在 W 中,则 U 也是 W 的子空间.

对于子空间的上述判别定理,作两点说明:

(1) 性质 5.3.1 中的条件(2)和(3)实际上等价于下面的一款条件:任取 $\boldsymbol{\alpha}$,$\boldsymbol{\beta}\in W$,任取 $a,b\in \mathbf{P}$,都有

$$a\boldsymbol{\alpha}+b\boldsymbol{\beta}\in W.$$

(2) 线性空间的定义比较复杂,直接用定义来验证一个数学对象 W 是线性空间往往比较烦琐.事实上,如果能验证 W 是某个已知线性空间的子空间,那

么就证明了 W 是一个线性空间.

例 5.3.1 设 V 是第 n 个分量为零的数域 $\mathbf{P}$ 上 n 维向量构成的集合,证明 V 关于通常的加法与数乘构成数域 $\mathbf{P}$ 上的线性空间.

证 我们仅需证明 V 是线性空间 $\mathbf{P}^n$ 的子空间. 显然 V 是 $\mathbf{P}^n$ 的非空子集. $\forall \boldsymbol{\alpha},\boldsymbol{\beta}\in V$, $\forall a,b\in\mathbf{P}$, $a\boldsymbol{\alpha}+b\boldsymbol{\beta}$ 的最后一个分量必为零,即 $a\boldsymbol{\alpha}+b\boldsymbol{\beta}\in V$. 因此 V 是 $\mathbf{P}^n$ 的子空间. □

例 5.3.2 设 V 为数域 $\mathbf{P}$ 上的齐次线性方程组 $\mathbf{A}_{m\times n}\mathbf{X}=\mathbf{0}$ 的全体解向量构成的集合,则它按通常的向量加法、数与向量的数乘构成数域 $\mathbf{P}$ 上的线性空间,这个空间称为齐次线性方程组 $\mathbf{AX}=\mathbf{0}$ 的**解空间**. 进一步,若 $R(\mathbf{A})=r$,则该解空间的维数为 $n-r$.

证 易见 $\mathbf{AX}=\mathbf{0}$ 的每个解向量都是 n 维向量,即 V 是 $\mathbf{P}^n$ 的一个子集合. 又 $\mathbf{AX}=\mathbf{0}$ 有零解,即 $\mathbf{0}\in V$,所以 V 非空. 因此,V 是 $\mathbf{P}^n$ 的非空子集. 任取 $\boldsymbol{\alpha},\boldsymbol{\beta}\in V$,任取 $a,b\in\mathbf{P}$,显然 $a\boldsymbol{\alpha}+b\boldsymbol{\beta}$ 仍是 $\mathbf{AX}=\mathbf{0}$ 的解(参见性质 3.5.1),故 V 关于加法和数乘封闭. 综上得 V 是 $\mathbf{P}^n$ 的子空间,故为 $\mathbf{P}$ 上的线性空间.

进一步,由定义容易验证齐次线性方程组的一组基础解系即为其解空间的一组基底. 故当 $R(\mathbf{A})=r$ 时,有 $\dim V=n-r$. □

二、生成子空间

设 $\{\boldsymbol{\alpha}_1,\boldsymbol{\alpha}_2,\cdots,\boldsymbol{\alpha}_s\}$ 为 V 中一组向量,该向量组的所有线性组合构成的集合记为 $L(\boldsymbol{\alpha}_1,\boldsymbol{\alpha}_2,\cdots,\boldsymbol{\alpha}_s)$,即

$$L(\boldsymbol{\alpha}_1,\boldsymbol{\alpha}_2,\cdots,\boldsymbol{\alpha}_s)=\{c_1\boldsymbol{\alpha}_1+c_2\boldsymbol{\alpha}_2+\cdots+c_s\boldsymbol{\alpha}_s \mid c_1,c_2,\cdots,c_s\in\mathbf{P}\}.$$

我们将证明 $L(\boldsymbol{\alpha}_1,\boldsymbol{\alpha}_2,\cdots,\boldsymbol{\alpha}_s)$ 是 V 的子空间,称之为由 $\{\boldsymbol{\alpha}_1,\boldsymbol{\alpha}_2,\cdots,\boldsymbol{\alpha}_s\}$ **生成的子空间**.

生成子空间是非常重要的一类子空间. 下面的性质也给出了求生成子空间的一组基底及其维数的算法.

性质 5.3.2 设 $\{\boldsymbol{\alpha}_1,\boldsymbol{\alpha}_2,\cdots,\boldsymbol{\alpha}_s\}$ 为 V 的一个向量组,则

(1) $L(\boldsymbol{\alpha}_1,\boldsymbol{\alpha}_2,\cdots,\boldsymbol{\alpha}_s)$ 是 V 的子空间,且 $\boldsymbol{\alpha}_1,\boldsymbol{\alpha}_2,\cdots,\boldsymbol{\alpha}_s$ 都在 $L(\boldsymbol{\alpha}_1,\boldsymbol{\alpha}_2,\cdots,\boldsymbol{\alpha}_s)$ 中.

(2) $\{\boldsymbol{\alpha}_1,\boldsymbol{\alpha}_2,\cdots,\boldsymbol{\alpha}_s\}$ 的极大无关组就是 $L(\boldsymbol{\alpha}_1,\boldsymbol{\alpha}_2,\cdots,\boldsymbol{\alpha}_s)$ 的一组基底. 特别地,生成子空间 $L(\boldsymbol{\alpha}_1,\boldsymbol{\alpha}_2,\cdots,\boldsymbol{\alpha}_s)$ 的维数等于向量组 $\{\boldsymbol{\alpha}_1,\boldsymbol{\alpha}_2,\cdots,\boldsymbol{\alpha}_s\}$ 的秩.

证 (1) 显然 $L(\boldsymbol{\alpha}_1,\boldsymbol{\alpha}_2,\cdots,\boldsymbol{\alpha}_s)$ 为 V 的非空子集,并且 $\boldsymbol{\alpha}_1,\boldsymbol{\alpha}_2,\cdots,\boldsymbol{\alpha}_s$ 都在 $L(\boldsymbol{\alpha}_1,\boldsymbol{\alpha}_2,\cdots,\boldsymbol{\alpha}_s)$ 中. 又任取 $a,b\in\mathbf{P}$,任取 $\boldsymbol{u},\boldsymbol{v}\in L(\boldsymbol{\alpha}_1,\boldsymbol{\alpha}_2,\cdots,\boldsymbol{\alpha}_s)$,$\boldsymbol{u},\boldsymbol{v}$ 可分别表示为 $\boldsymbol{u}=\sum\limits_{i=1}^{s}c_i\boldsymbol{\alpha}_i$, $\boldsymbol{v}=\sum\limits_{j=1}^{s}d_j\boldsymbol{\alpha}_j$, 其中 c_i,d_j 都在 $\mathbf{P}$ 中,于是

$$a\boldsymbol{u}+b\boldsymbol{v}=\sum_{i=1}^{s}(ac_i+bd_i)\boldsymbol{\alpha}_i\in L(\boldsymbol{\alpha}_1,\boldsymbol{\alpha}_2,\cdots,\boldsymbol{\alpha}_s).$$

因此 $L(\boldsymbol{\alpha}_1,\boldsymbol{\alpha}_2,\cdots,\boldsymbol{\alpha}_s)$是 V 的子空间.

(2) 不妨设向量组 Ⅰ$=\{\boldsymbol{\alpha}_1,\boldsymbol{\alpha}_2,\cdots,\boldsymbol{\alpha}_r\}$为$\{\boldsymbol{\alpha}_1,\boldsymbol{\alpha}_2,\cdots,\boldsymbol{\alpha}_s\}$的一个极大无关组. 为了证明 Ⅰ 是 $L(\boldsymbol{\alpha}_1,\boldsymbol{\alpha}_2,\cdots,\boldsymbol{\alpha}_s)$的一个基底,由性质 5.2.4,仅需证明 $L(\boldsymbol{\alpha}_1,\boldsymbol{\alpha}_2,\cdots,\boldsymbol{\alpha}_s)$中向量都可由向量组Ⅰ线性表出. 事实上,任取 $\boldsymbol{\gamma}\in L(\boldsymbol{\alpha}_1,\boldsymbol{\alpha}_2,\cdots,\boldsymbol{\alpha}_s)$,由生成子空间的定义,$\boldsymbol{\gamma}$ 可表示为$\{\boldsymbol{\alpha}_1,\boldsymbol{\alpha}_2,\cdots,\boldsymbol{\alpha}_s\}$的一个线性组合. 又因为每个 $\boldsymbol{\alpha}_i$ 都可以由极大无关组Ⅰ线性表出,所以 $\boldsymbol{\gamma}$ 可表示为 Ⅰ 的线性组合. 命题成立. □

性质 5.3.3 设$\{\boldsymbol{\alpha}_1,\boldsymbol{\alpha}_2,\cdots,\boldsymbol{\alpha}_s\}$和$\{\boldsymbol{\beta}_1,\boldsymbol{\beta}_2,\cdots,\boldsymbol{\beta}_t\}$为 V 的两个向量组,则 $L(\boldsymbol{\alpha}_1,\boldsymbol{\alpha}_2,\cdots,\boldsymbol{\alpha}_s)=L(\boldsymbol{\beta}_1,\boldsymbol{\beta}_2,\cdots,\boldsymbol{\beta}_t)$当且仅当$\{\boldsymbol{\alpha}_1,\boldsymbol{\alpha}_2,\cdots,\boldsymbol{\alpha}_s\}$与$\{\boldsymbol{\beta}_1,\boldsymbol{\beta}_2,\cdots,\boldsymbol{\beta}_t\}$等价.

证 必要性. 假设 $L(\boldsymbol{\alpha}_1,\boldsymbol{\alpha}_2,\cdots,\boldsymbol{\alpha}_s)=L(\boldsymbol{\beta}_1,\boldsymbol{\beta}_2,\cdots,\boldsymbol{\beta}_t)$,则每个 $\boldsymbol{\alpha}_i$ 都在 $L(\boldsymbol{\beta}_1,\boldsymbol{\beta}_2,\cdots,\boldsymbol{\beta}_t)$中,因此 $\boldsymbol{\alpha}_i$ 可以由向量组$\{\boldsymbol{\beta}_1,\boldsymbol{\beta}_2,\cdots,\boldsymbol{\beta}_t\}$线性表出. 同样地,每个 $\boldsymbol{\beta}_j$ 也可由向量组$\{\boldsymbol{\alpha}_1,\boldsymbol{\alpha}_2,\cdots,\boldsymbol{\alpha}_s\}$线性表出. 因此,向量组$\{\boldsymbol{\alpha}_1,\boldsymbol{\alpha}_2,\cdots,\boldsymbol{\alpha}_s\}$与向量组$\{\boldsymbol{\beta}_1,\boldsymbol{\beta}_2,\cdots,\boldsymbol{\beta}_t\}$等价.

充分性. 假设向量组$\{\boldsymbol{\alpha}_1,\boldsymbol{\alpha}_2,\cdots,\boldsymbol{\alpha}_s\}$与向量组$\{\boldsymbol{\beta}_1,\boldsymbol{\beta}_2,\cdots,\boldsymbol{\beta}_t\}$等价. 任取 $\boldsymbol{\alpha}\in L(\boldsymbol{\alpha}_1,\boldsymbol{\alpha}_2,\cdots,\boldsymbol{\alpha}_s)$,则 $\boldsymbol{\alpha}$ 可以表示为 $\boldsymbol{\alpha}=\sum\limits_{i=1}^{s}a_i\boldsymbol{\alpha}_i$,其中 $a_i\in\mathbf{P}$. 注意到每个 $\boldsymbol{\alpha}_i$ 又可以表示为 $\boldsymbol{\beta}_1,\boldsymbol{\beta}_2,\cdots,\boldsymbol{\beta}_t$ 的线性组合,所以 $\boldsymbol{\alpha}$ 可以表示为 $\boldsymbol{\beta}_1,\boldsymbol{\beta}_2,\cdots,\boldsymbol{\beta}_t$ 的线性组合,故 $\boldsymbol{\alpha}\in L(\boldsymbol{\beta}_1,\boldsymbol{\beta}_2,\cdots,\boldsymbol{\beta}_t)$,这说明

$$L(\boldsymbol{\alpha}_1,\boldsymbol{\alpha}_2,\cdots,\boldsymbol{\alpha}_s)\subseteq L(\boldsymbol{\beta}_1,\boldsymbol{\beta}_2,\cdots,\boldsymbol{\beta}_t).$$

同理,$L(\boldsymbol{\beta}_1,\boldsymbol{\beta}_2,\cdots,\boldsymbol{\beta}_t)\subseteq L(\boldsymbol{\alpha}_1,\boldsymbol{\alpha}_2,\cdots,\boldsymbol{\alpha}_s)$,故 $L(\boldsymbol{\alpha}_1,\boldsymbol{\alpha}_2,\cdots,\boldsymbol{\alpha}_s)=L(\boldsymbol{\beta}_1,\boldsymbol{\beta}_2,\cdots,\boldsymbol{\beta}_t)$. □

例 5.3.3 设 $\boldsymbol{\varepsilon}_1,\boldsymbol{\varepsilon}_2,\boldsymbol{\varepsilon}_3$ 是 3 维线性空间 V 的一组基底,设 $\boldsymbol{\beta}_1,\boldsymbol{\beta}_2,\boldsymbol{\beta}_3\in V$ 且满足$(\boldsymbol{\beta}_1,\boldsymbol{\beta}_2,\boldsymbol{\beta}_3)=(\boldsymbol{\varepsilon}_1,\boldsymbol{\varepsilon}_2,\boldsymbol{\varepsilon}_3)\mathbf{A}$,其中 $\mathbf{A}=\begin{pmatrix}0&1&1\\1&1&0\\-1&0&1\end{pmatrix}$,求 $L(\boldsymbol{\beta}_1,\boldsymbol{\beta}_2,\boldsymbol{\beta}_3)$的维数及一组基底.

解 将矩阵 $\mathbf{A}$ 用初等行变换化为阶梯形矩阵,易见 $R(\mathbf{A})=2$ 且 $\mathbf{A}$ 的第 1 列、第 2 列线性无关,由性质 5.2.5 得 $R\{\boldsymbol{\beta}_1,\boldsymbol{\beta}_2,\boldsymbol{\beta}_3\}=2$ 且 $\boldsymbol{\beta}_1,\boldsymbol{\beta}_2$ 为$\{\boldsymbol{\beta}_1,\boldsymbol{\beta}_2,\boldsymbol{\beta}_3\}$的一个极大无关组. 应用性质 5.3.2 即得 $L(\boldsymbol{\beta}_1,\boldsymbol{\beta}_2,\boldsymbol{\beta}_3)$的维数为 2,且 $\boldsymbol{\beta}_1,\boldsymbol{\beta}_2$ 为其一组基底. □

例 5.3.4 设 $\mathbf{A}\in\mathbf{P}^{m\times n}$ 的列向量依次为 $\boldsymbol{\alpha}_1,\boldsymbol{\alpha}_2,\cdots,\boldsymbol{\alpha}_n$,证明$\{\mathbf{A}\boldsymbol{\xi}\mid\boldsymbol{\xi}\in\mathbf{P}^n\}=L(\boldsymbol{\alpha}_1,\boldsymbol{\alpha}_2,\cdots,\boldsymbol{\alpha}_n)$.

证 一方面,任取 $\mathbf{A}\boldsymbol{\xi}$,其中 $\boldsymbol{\xi}=(c_1,c_2,\cdots,c_n)^{\mathrm{T}}\in\mathbf{P}^n$,有

$$\mathbf{A}\boldsymbol{\xi}=(\boldsymbol{\alpha}_1,\boldsymbol{\alpha}_2,\cdots,\boldsymbol{\alpha}_n)\begin{pmatrix}c_1\\c_2\\\vdots\\c_n\end{pmatrix}=c_1\boldsymbol{\alpha}_1+c_2\boldsymbol{\alpha}_2+\cdots+c_n\boldsymbol{\alpha}_n\in L(\boldsymbol{\alpha}_1,\boldsymbol{\alpha}_2,\cdots,\boldsymbol{\alpha}_n).$$

另一方面,任取 $\boldsymbol{\alpha}=c_1\boldsymbol{\alpha}_1+c_2\boldsymbol{\alpha}_2+\cdots+c_n\boldsymbol{\alpha}_n\in L(\boldsymbol{\alpha}_1,\boldsymbol{\alpha}_2,\cdots,\boldsymbol{\alpha}_n)$,有

$$\boldsymbol{\alpha}=(\boldsymbol{\alpha}_1,\boldsymbol{\alpha}_2,\cdots,\boldsymbol{\alpha}_n)(c_1,c_2,\cdots,c_n)^{\mathrm{T}}=\mathbf{A}\boldsymbol{\xi},$$

其中 $\boldsymbol{\xi}=(c_1,c_2,\cdots,c_n)^{\mathrm{T}}\in\mathbf{P}^n$. 因此 $\{\mathbf{A}\boldsymbol{\xi}\mid\boldsymbol{\xi}\in\mathbf{P}^n\}=L(\boldsymbol{\alpha}_1,\boldsymbol{\alpha}_2,\cdots,\boldsymbol{\alpha}_n)$. □

例 5.3.5 设 W 为 V 的子空间,又设 $\boldsymbol{\varepsilon}_1,\boldsymbol{\varepsilon}_2,\cdots,\boldsymbol{\varepsilon}_m$ 为 W 的一组基底,则 $W=L(\boldsymbol{\varepsilon}_1,\boldsymbol{\varepsilon}_2,\cdots,\boldsymbol{\varepsilon}_m)$.

证 任取 $\boldsymbol{\beta}\in W$,$\boldsymbol{\beta}$ 可表示为 W 的基底 $\boldsymbol{\varepsilon}_1,\boldsymbol{\varepsilon}_2,\cdots,\boldsymbol{\varepsilon}_m$ 的线性组合,因此 $\boldsymbol{\beta}\in L(\boldsymbol{\varepsilon}_1,\boldsymbol{\varepsilon}_2,\cdots,\boldsymbol{\varepsilon}_m)$. 反之,任取 $\boldsymbol{\alpha}\in L(\boldsymbol{\varepsilon}_1,\boldsymbol{\varepsilon}_2,\cdots,\boldsymbol{\varepsilon}_m)$,则 $\boldsymbol{\alpha}$ 是 $\boldsymbol{\varepsilon}_1,\boldsymbol{\varepsilon}_2,\cdots,\boldsymbol{\varepsilon}_m$ 的一个线性组合. 因为 $\boldsymbol{\varepsilon}_i$ 都在 W 中,且子空间 W 关于线性运算封闭,所以 $\boldsymbol{\alpha}\in W$. 综上即得 $W=L(\boldsymbol{\varepsilon}_1,\boldsymbol{\varepsilon}_2,\cdots,\boldsymbol{\varepsilon}_m)$. □

例 5.3.5 说明,线性空间的任一子空间实际上都是由其基底生成的子空间,故生成子空间具有普遍的重要性. 再看一个例子,设 $\boldsymbol{\alpha}_1,\boldsymbol{\alpha}_2,\cdots,\boldsymbol{\alpha}_{n-r}$ 为齐次线性方程组 $\mathbf{AX}=\mathbf{0}$ 的一个基础解系,其中 $\mathbf{A}$ 是秩为 r 的 $m\times n$ 矩阵,由例 5.3.2 知,该方程组的解空间 V 为线性空间 $\mathbf{P}^n$ 的子空间. 进一步,还可看到

$$V=L(\boldsymbol{\alpha}_1,\boldsymbol{\alpha}_2,\cdots,\boldsymbol{\alpha}_{n-r}),$$

$\dim V=n-r$,且 $\boldsymbol{\alpha}_1,\boldsymbol{\alpha}_2,\cdots,\boldsymbol{\alpha}_{n-r}$ 为 V 的一组基底.

由习题 3.4.2,数域 $\mathbf{P}$ 上 n 维线性空间 $\mathbf{P}^n$ 的任意一个线性无关向量组都能扩充成 $\mathbf{P}^n$ 的一组基底. 这一事实对于一般的线性空间都成立,注意我们总假设线性空间是有限维的.

定理 5.3.1(基底扩充定理) 在线性空间 V 中,以下两个命题成立:

(1) V 中任一线性无关向量组都能扩充成 V 的一组基底,即若 $\{\boldsymbol{\varepsilon}_1,\boldsymbol{\varepsilon}_2,\cdots,\boldsymbol{\varepsilon}_k\}$ 为 V 的线性无关向量组,则一定存在 $\boldsymbol{\varepsilon}'_1,\boldsymbol{\varepsilon}'_2,\cdots,\boldsymbol{\varepsilon}'_d$ 使得 $\boldsymbol{\varepsilon}_1,\boldsymbol{\varepsilon}_2,\cdots,\boldsymbol{\varepsilon}_k,\boldsymbol{\varepsilon}'_1,\boldsymbol{\varepsilon}'_2,\cdots,\boldsymbol{\varepsilon}'_d$ 为 V 的一组基底.

(2) 设 W 是 V 的子空间,则 W 的任意一组基底都能扩充成 V 的一组基底.

证 (2)是(1)的直接推论,我们仅证(1). 设 Ⅰ $=\{\boldsymbol{\varepsilon}_1,\boldsymbol{\varepsilon}_2,\cdots,\boldsymbol{\varepsilon}_k\}$ 线性无关,若Ⅰ添加 V 的任意元素后都线性相关,则Ⅰ已经是 V 的基底,结论成立;否则,能找到 $\boldsymbol{\varepsilon}'_1\in V$ 使得 $\{\boldsymbol{\varepsilon}_1,\boldsymbol{\varepsilon}_2,\cdots,\boldsymbol{\varepsilon}_k,\boldsymbol{\varepsilon}'_1\}$ 线性无关. 一直这样做下去,因为 V 是有限维空间,所以必能找到 $\boldsymbol{\varepsilon}'_1,\boldsymbol{\varepsilon}'_2,\cdots,\boldsymbol{\varepsilon}'_d\in V$ 使得 $\boldsymbol{\varepsilon}_1,\boldsymbol{\varepsilon}_2,\cdots,\boldsymbol{\varepsilon}_k,\boldsymbol{\varepsilon}'_1,\boldsymbol{\varepsilon}'_2,\cdots,\boldsymbol{\varepsilon}'_d$ 为 V 的一组基底. □

§5.4 子空间的交、和及直和

一、子空间的交与和

设 V_1,V_2 是数域 $\mathbf{P}$ 上线性空间 V 的两个子空间.自然地,我们要问:如何从这两个子空间出发构造出其他的子空间?为研究这一问题,本节介绍子空间的交与和.

定义 5.4.1 设 V_1,V_2 是数域 $\mathbf{P}$ 上线性空间 V 的两个子空间,定义这两个子空间的交与和分别为

$$V_1\cap V_2=\{\boldsymbol{v}\mid \boldsymbol{v}\in V_1 \text{ 且 } \boldsymbol{v}\in V_2\},$$
$$V_1+V_2=\{\boldsymbol{v}_1+\boldsymbol{v}_2\mid \boldsymbol{v}_1\in V_1,\boldsymbol{v}_2\in V_2\}.$$

性质 5.4.1 设 V_1,V_2 是数域 $\mathbf{P}$ 上线性空间 V 的两个子空间,则 $V_1\cap V_2$ 与 V_1+V_2 都是 V 的子空间.

证 先证明 $V_1\cap V_2$ 是 V 的子空间.易见 $V_1\cap V_2$ 是 V 的子集,又零元素 $\mathbf{0}\in V_1\cap V_2$,故 $V_1\cap V_2$ 是 V 的非空子集.再者,任取 $\boldsymbol{\alpha},\boldsymbol{\beta}\in V_1\cap V_2$,任取 $a,b\in\mathbf{P}$,因为 V_1 是子空间且 $\boldsymbol{\alpha},\boldsymbol{\beta}\in V_1$,所以 $a\boldsymbol{\alpha}+b\boldsymbol{\beta}\in V_1$.同理 $a\boldsymbol{\alpha}+b\boldsymbol{\beta}\in V_2$,故 $a\boldsymbol{\alpha}+b\boldsymbol{\beta}\in V_1\cap V_2$.综上证得 $V_1\cap V_2$ 是 V 的子空间.

再证明 V_1+V_2 是 V 的子空间.首先,任取 $\boldsymbol{\alpha}\in V_1+V_2$,由定义 $\boldsymbol{\alpha}$ 可表示为 $\boldsymbol{\alpha}_1+\boldsymbol{\alpha}_2$,其中 $\boldsymbol{\alpha}_i\in V_i,i=1,2$,特别地 $\boldsymbol{\alpha}_1,\boldsymbol{\alpha}_2$ 都在 V 中,因此 $\boldsymbol{\alpha}=\boldsymbol{\alpha}_1+\boldsymbol{\alpha}_2\in V$,即 V_1+V_2 是 V 的子集.又 $\mathbf{0}=\mathbf{0}+\mathbf{0}\in V_1+V_2$,这说明 V_1+V_2 不是空集.再者,任取 $\boldsymbol{\alpha},\boldsymbol{\beta}\in V_1+V_2$,任取 $a,b\in\mathbf{P}$,$\boldsymbol{\alpha}$ 和 $\boldsymbol{\beta}$ 分别表示为

$$\boldsymbol{\alpha}=\boldsymbol{\alpha}_1+\boldsymbol{\alpha}_2,\boldsymbol{\beta}=\boldsymbol{\beta}_1+\boldsymbol{\beta}_2(\boldsymbol{\alpha}_1,\boldsymbol{\beta}_1\in V_1,\boldsymbol{\alpha}_2,\boldsymbol{\beta}_2\in V_2).$$

因为 V_1 和 V_2 都是子空间,得

$$a\boldsymbol{\alpha}_1+b\boldsymbol{\beta}_1\in V_1,a\boldsymbol{\alpha}_2+b\boldsymbol{\beta}_2\in V_2,$$

于是 $a\boldsymbol{\alpha}+b\boldsymbol{\beta}=(a\boldsymbol{\alpha}_1+b\boldsymbol{\beta}_1)+(a\boldsymbol{\alpha}_2+b\boldsymbol{\beta}_2)\in V_1+V_2$.综上证得 V_1+V_2 是 V 的子空间. □

关于子空间 V_1,V_2 的交与和,作如下说明:

(1) 两个子空间的交是子空间,那么两个子空间的并是否是子空间呢?答案是否定的,参见习题 5.4.2.也正因为如此,我们不专门研究子空间的并.

(2) 显然 V_1+V_2 既包含了 V_1 也包含了 V_2,即 $V_1\cup V_2\subseteq V_1+V_2$.但要注意 $V_1+V_2\neq V_1\cup V_2$.

(3) 比较 V 的六个子空间 $V_1,V_2,V_1\cap V_2,V_1+V_2,\{\mathbf{0}\},V$ 的大小关系,可

以看出

$$\{\mathbf{0}\}\subseteq V_1\cap V_2\subseteq V_i\subseteq V_1+V_2\subseteq V, i=1,2.$$

(4) 容易验证以下四款等价：$V_1\subseteq V_2$；V_1 是 V_2 的子空间；$V_1\cap V_2=V_1$；$V_1+V_2=V_2$.

(5) 两个子空间作交运算与和运算具有交换律，即 $V_1\cap V_2=V_2\cap V_1$，$V_1+V_2=V_2+V_1$.

(6) 两个子空间的交与和可以推广到多个子空间的交与和. 设 $V_1,V_2,\cdots,V_m$ 都是线性空间 V 的子空间，定义这些子空间的交与和分别为

$$\bigcap_{i=1}^{m}V_i=\{\boldsymbol{v}\mid \boldsymbol{v}\in V_i, i=1,2,\cdots,m\},$$

$$\sum_{i=1}^{m}V_i=\left\{\sum_{i=1}^{m}\boldsymbol{v}_i\mid \boldsymbol{v}_i\in V_i, i=1,2,\cdots,m\right\}.$$

性质 5.4.2 设 $V_1,V_2,\cdots,V_m$ 都 V 的子空间，则它们的交与和仍是 V 的子空间.

证 仿照性质 5.4.1 的证明，留给读者. □

由例 5.3.5 知，任意子空间都可以表示成生成子空间，下面我们来考察两个生成子空间的和.

引理 5.4.1 设 V 是数域 $\mathbf{P}$ 上的线性空间，$\boldsymbol{\alpha}_1,\boldsymbol{\alpha}_2,\cdots,\boldsymbol{\alpha}_s$；$\boldsymbol{\beta}_1,\boldsymbol{\beta}_2,\cdots,\boldsymbol{\beta}_t$ 都是 V 中的向量，则

$$L(\boldsymbol{\alpha}_1,\boldsymbol{\alpha}_2,\cdots,\boldsymbol{\alpha}_s,\boldsymbol{\beta}_1,\boldsymbol{\beta}_2,\cdots,\boldsymbol{\beta}_t)=L(\boldsymbol{\alpha}_1,\boldsymbol{\alpha}_2,\cdots,\boldsymbol{\alpha}_s)+L(\boldsymbol{\beta}_1,\boldsymbol{\beta}_2,\cdots,\boldsymbol{\beta}_t).$$

证 任取 $\boldsymbol{\gamma}\in L(\boldsymbol{\alpha}_1,\boldsymbol{\alpha}_2,\cdots,\boldsymbol{\alpha}_s,\boldsymbol{\beta}_1,\boldsymbol{\beta}_2,\cdots,\boldsymbol{\beta}_t)$，它可表示为$(c_1\boldsymbol{\alpha}_1+c_2\boldsymbol{\alpha}_2+\cdots+c_s\boldsymbol{\alpha}_s)+(d_1\boldsymbol{\beta}_1+d_2\boldsymbol{\beta}_2+\cdots+d_t\boldsymbol{\beta}_t)$. 因为 $c_1\boldsymbol{\alpha}_1+c_2\boldsymbol{\alpha}_2+\cdots+c_s\boldsymbol{\alpha}_s\in L(\boldsymbol{\alpha}_1,\boldsymbol{\alpha}_2,\cdots,\boldsymbol{\alpha}_s)$，$d_1\boldsymbol{\beta}_1+d_2\boldsymbol{\beta}_2+\cdots+d_t\boldsymbol{\beta}_t\in L(\boldsymbol{\beta}_1,\boldsymbol{\beta}_2,\cdots,\boldsymbol{\beta}_t)$，所以 $\boldsymbol{\gamma}\in L(\boldsymbol{\alpha}_1,\boldsymbol{\alpha}_2,\cdots,\boldsymbol{\alpha}_s)+L(\boldsymbol{\beta}_1,\boldsymbol{\beta}_2,\cdots,\boldsymbol{\beta}_t)$.

反之，任取 $\boldsymbol{\gamma}\in L(\boldsymbol{\alpha}_1,\boldsymbol{\alpha}_2,\cdots,\boldsymbol{\alpha}_s)+L(\boldsymbol{\beta}_1,\boldsymbol{\beta}_2,\cdots,\boldsymbol{\beta}_t)$，则 $\boldsymbol{\gamma}$ 可表示为 $\boldsymbol{\alpha}+\boldsymbol{\beta}$，其中 $\boldsymbol{\alpha}\in L(\boldsymbol{\alpha}_1,\boldsymbol{\alpha}_2,\cdots,\boldsymbol{\alpha}_s)$，$\boldsymbol{\beta}\in L(\boldsymbol{\beta}_1,\boldsymbol{\beta}_2,\cdots,\boldsymbol{\beta}_t)$. 注意到 $\boldsymbol{\alpha}$ 可表示为 $\boldsymbol{\alpha}_1,\boldsymbol{\alpha}_2,\cdots,\boldsymbol{\alpha}_s$ 的线性组合，$\boldsymbol{\beta}$ 可表示为 $\boldsymbol{\beta}_1,\boldsymbol{\beta}_2,\cdots,\boldsymbol{\beta}_t$ 的线性组合，故 $\boldsymbol{\gamma}=\boldsymbol{\alpha}+\boldsymbol{\beta}$ 可表示为$\{\boldsymbol{\alpha}_1,\boldsymbol{\alpha}_2,\cdots,\boldsymbol{\alpha}_s,\boldsymbol{\beta}_1,\boldsymbol{\beta}_2,\cdots,\boldsymbol{\beta}_t\}$的线性组合，所以 $\boldsymbol{\gamma}\in L(\boldsymbol{\alpha}_1,\boldsymbol{\alpha}_2,\cdots,\boldsymbol{\alpha}_s,\boldsymbol{\beta}_1,\boldsymbol{\beta}_2,\cdots,\boldsymbol{\beta}_t)$. 综上证得命题. □

定理 5.4.1(维数公式) 设 V_1,V_2 是 V 的两个子空间，则 $\dim V_1+\dim V_2=\dim(V_1\cap V_2)+\dim(V_1+V_2)$.

证 取定 $V_1\cap V_2$ 的一组基底 $\boldsymbol{\varepsilon}_1,\boldsymbol{\varepsilon}_2,\cdots,\boldsymbol{\varepsilon}_d$，由基底扩充定理(定理 5.3.1)，我们可以将它分别扩充成 V_1,V_2 的基底$\{\boldsymbol{\varepsilon}_1,\boldsymbol{\varepsilon}_2,\cdots,\boldsymbol{\varepsilon}_d,\boldsymbol{\alpha}_1,\boldsymbol{\alpha}_2,\cdots,\boldsymbol{\alpha}_s\}$，$\{\boldsymbol{\varepsilon}_1,\boldsymbol{\varepsilon}_2,\cdots,\boldsymbol{\varepsilon}_d,\boldsymbol{\beta}_1,\boldsymbol{\beta}_2,\cdots,\boldsymbol{\beta}_t\}$. 显然，$\dim(V_1\cap V_2)=d$，$\dim V_1=d+s$，$\dim V_2=d+t$.

先证明$\{\boldsymbol{\varepsilon}_1,\boldsymbol{\varepsilon}_2,\cdots,\boldsymbol{\varepsilon}_d,\boldsymbol{\alpha}_1,\boldsymbol{\alpha}_2,\cdots,\boldsymbol{\alpha}_s,\boldsymbol{\beta}_1,\boldsymbol{\beta}_2,\cdots,\boldsymbol{\beta}_t\}$线性无关.假设有

$$a_1\boldsymbol{\varepsilon}_1+a_2\boldsymbol{\varepsilon}_2+\cdots+a_d\boldsymbol{\varepsilon}_d+b_1\boldsymbol{\alpha}_1+b_2\boldsymbol{\alpha}_2+\cdots+b_s\boldsymbol{\alpha}_s+c_1\boldsymbol{\beta}_1+c_2\boldsymbol{\beta}_2+\cdots+c_t\boldsymbol{\beta}_t=\mathbf{0},\tag{5.4.1}$$

即

$$-a_1\boldsymbol{\varepsilon}_1-a_2\boldsymbol{\varepsilon}_2-\cdots-a_d\boldsymbol{\varepsilon}_d-b_1\boldsymbol{\alpha}_1-b_2\boldsymbol{\alpha}_2-\cdots-b_s\boldsymbol{\alpha}_s=c_1\boldsymbol{\beta}_1+c_2\boldsymbol{\beta}_2+\cdots+c_t\boldsymbol{\beta}_t.\tag{5.4.2}$$

显然上式左边在V_1中,右边在V_2中,故$\sum\limits_{j=1}^{t}c_j\boldsymbol{\beta}_j\in V_1\cap V_2$,从而它可以表示为$V_1\cap V_2$的基底$\{\boldsymbol{\varepsilon}_i,i=1,2,\cdots,d\}$的线性组合

$$\sum_{j=1}^{t}c_i\boldsymbol{\beta}_j=\sum_{i=1}^{d}k_i\boldsymbol{\varepsilon}_i,$$

即

$$k_1\boldsymbol{\varepsilon}_1+k_2\boldsymbol{\varepsilon}_2+\cdots+k_d\boldsymbol{\varepsilon}_d-c_1\boldsymbol{\beta}_1-c_2\boldsymbol{\beta}_2-\cdots-c_t\boldsymbol{\beta}_t=\mathbf{0}.$$

因为$\{\boldsymbol{\varepsilon}_1,\boldsymbol{\varepsilon}_2,\cdots,\boldsymbol{\varepsilon}_d,\boldsymbol{\beta}_1,\boldsymbol{\beta}_2,\cdots,\boldsymbol{\beta}_t\}$线性无关(它是$V_2$的基底),所以由上式推出

$$c_1=c_2=\cdots=c_t=0.$$

代入(5.4.2)式得$a_1\boldsymbol{\varepsilon}_1+a_2\boldsymbol{\varepsilon}_2+\cdots+a_d\boldsymbol{\varepsilon}_d+b_1\boldsymbol{\alpha}_1+b_2\boldsymbol{\alpha}_2+\cdots+b_s\boldsymbol{\alpha}_s=\mathbf{0}$,此时再由$\boldsymbol{\varepsilon}_1,\boldsymbol{\varepsilon}_2,\cdots,\boldsymbol{\varepsilon}_d,\boldsymbol{\alpha}_1,\boldsymbol{\alpha}_2,\cdots,\boldsymbol{\alpha}_s$的线性无关性推出

$$a_1=a_2=\cdots=a_d=b_1=b_2=\cdots=b_s=0.$$

因此(5.4.1)式中所有系数全为零,故$\{\boldsymbol{\varepsilon}_1,\boldsymbol{\varepsilon}_2,\cdots,\boldsymbol{\varepsilon}_d,\boldsymbol{\alpha}_1,\boldsymbol{\alpha}_2,\cdots,\boldsymbol{\alpha}_s,\boldsymbol{\beta}_1,\boldsymbol{\beta}_2,\cdots,\boldsymbol{\beta}_t\}$线性无关.

再由例5.3.5及引理5.4.1有

$$\begin{aligned}V_1+V_2&=L(\boldsymbol{\varepsilon}_1,\boldsymbol{\varepsilon}_2,\cdots,\boldsymbol{\varepsilon}_d,\boldsymbol{\alpha}_1,\boldsymbol{\alpha}_2,\cdots,\boldsymbol{\alpha}_s)+L(\boldsymbol{\varepsilon}_1,\boldsymbol{\varepsilon}_2,\cdots,\boldsymbol{\varepsilon}_d,\boldsymbol{\beta}_1,\boldsymbol{\beta}_2,\cdots,\boldsymbol{\beta}_t)\\&=L(\boldsymbol{\varepsilon}_1,\boldsymbol{\varepsilon}_2,\cdots,\boldsymbol{\varepsilon}_d,\boldsymbol{\alpha}_1,\boldsymbol{\alpha}_2,\cdots,\boldsymbol{\alpha}_s,\boldsymbol{\beta}_1,\boldsymbol{\beta}_2,\cdots,\boldsymbol{\beta}_t).\end{aligned}$$

因为

$$\begin{aligned}&\dim L(\boldsymbol{\varepsilon}_1,\boldsymbol{\varepsilon}_2,\cdots,\boldsymbol{\varepsilon}_d,\boldsymbol{\alpha}_1,\boldsymbol{\alpha}_2,\cdots,\boldsymbol{\alpha}_s,\boldsymbol{\beta}_1,\boldsymbol{\beta}_2,\cdots,\boldsymbol{\beta}_t)\\&=R\{\boldsymbol{\varepsilon}_1,\boldsymbol{\varepsilon}_2,\cdots,\boldsymbol{\varepsilon}_d,\boldsymbol{\alpha}_1,\boldsymbol{\alpha}_2,\cdots,\boldsymbol{\alpha}_s,\boldsymbol{\beta}_1,\boldsymbol{\beta}_2,\cdots,\boldsymbol{\beta}_t\}\\&=d+s+t,\end{aligned}$$

所以$\dim(V_1+V_2)=d+s+t=\dim V_1+\dim V_2-\dim(V_1\cap V_2)$,定理成立. □

例5.4.1　求由$\{\boldsymbol{\alpha}_1,\boldsymbol{\alpha}_2\}$,$\{\boldsymbol{\beta}_1,\boldsymbol{\beta}_2\}$分别生成的子空间及其交、和这四个子空间的一组基底和维数,其中$\boldsymbol{\alpha}_1,\boldsymbol{\alpha}_2,\boldsymbol{\beta}_1,\boldsymbol{\beta}_2$分别为

$$\begin{pmatrix}1\\2\\1\\0\end{pmatrix},\begin{pmatrix}-1\\1\\1\\1\end{pmatrix},\begin{pmatrix}2\\-1\\0\\1\end{pmatrix},\begin{pmatrix}1\\-1\\3\\7\end{pmatrix}.$$

解 对 $\boldsymbol{A}=(\boldsymbol{\alpha}_1,\boldsymbol{\alpha}_2,\boldsymbol{\beta}_1,\boldsymbol{\beta}_2)$作初等行变换得

$$\begin{pmatrix}1&-1&2&1\\2&1&-1&-1\\1&1&0&3\\0&1&1&7\end{pmatrix}\xrightarrow[\frac{1}{2}r_3]{\substack{r_2-2r_1\\r_3-r_1}}\begin{pmatrix}1&-1&2&1\\0&3&-5&-3\\0&1&-1&1\\0&1&1&7\end{pmatrix}\xrightarrow{\substack{r_2-3r_3\\r_4-r_3}}$$

$$\begin{pmatrix}1&-1&2&1\\0&0&-2&-6\\0&1&-1&1\\0&0&2&6\end{pmatrix}\xrightarrow[-\frac{1}{2}r_3]{\substack{r_2\leftrightarrow r_3\\r_4+r_3}}\begin{pmatrix}1&-1&2&1\\0&1&-1&1\\0&0&1&3\\0&0&0&0\end{pmatrix}. \tag{5.4.3}$$

(1) 由(5.4.3)式得 $R\{\boldsymbol{\alpha}_1,\boldsymbol{\alpha}_2\}=2$,故 $\boldsymbol{\alpha}_1,\boldsymbol{\alpha}_2$ 是 $L(\boldsymbol{\alpha}_1,\boldsymbol{\alpha}_2)$的基底,$\dim L(\boldsymbol{\alpha}_1,\boldsymbol{\alpha}_2)=2$. 同样,$\boldsymbol{\beta}_1,\boldsymbol{\beta}_2$ 是 $L(\boldsymbol{\beta}_1,\boldsymbol{\beta}_2)$的基底,$\dim L(\boldsymbol{\beta}_1,\boldsymbol{\beta}_2)=2$.

(2) 由(5.4.3)式易见 $R\{\boldsymbol{\alpha}_1,\boldsymbol{\alpha}_2,\boldsymbol{\beta}_1,\boldsymbol{\beta}_2\}=3$,$\{\boldsymbol{\alpha}_1,\boldsymbol{\alpha}_2,\boldsymbol{\beta}_1\}$为$\{\boldsymbol{\alpha}_1,\boldsymbol{\alpha}_2,\boldsymbol{\beta}_1,\boldsymbol{\beta}_2\}$的极大无关组. 注意到 $L(\boldsymbol{\alpha}_1,\boldsymbol{\alpha}_2)+L(\boldsymbol{\beta}_1,\boldsymbol{\beta}_2)=L(\boldsymbol{\alpha}_1,\boldsymbol{\alpha}_2,\boldsymbol{\beta}_1,\boldsymbol{\beta}_2)$,所以和空间$L(\boldsymbol{\alpha}_1,\boldsymbol{\alpha}_2)+L(\boldsymbol{\beta}_1,\boldsymbol{\beta}_2)$的维数为 3,且$\{\boldsymbol{\alpha}_1,\boldsymbol{\alpha}_2,\boldsymbol{\beta}_1\}$为其一基底.

(3) 设 $\boldsymbol{\gamma}\in L(\boldsymbol{\alpha}_1,\boldsymbol{\alpha}_2)\cap L(\boldsymbol{\beta}_1,\boldsymbol{\beta}_2)$,则 $\boldsymbol{\gamma}$ 能表示为 $x_1\boldsymbol{\alpha}_1+x_2\boldsymbol{\alpha}_2$,也能表示为 $-x_3\boldsymbol{\beta}_1-x_4\boldsymbol{\beta}_2$,即 x_1,x_2,x_3,x_4 满足齐次线性方程组

$$x_1\boldsymbol{\alpha}_1+x_2\boldsymbol{\alpha}_2+x_3\boldsymbol{\beta}_1+x_4\boldsymbol{\beta}_2=\boldsymbol{0},$$

也即 $\boldsymbol{AX}=\boldsymbol{0}$. 由(5.4.3)式有 $R(\boldsymbol{A})=3$,将 x_4 作为自由未知数,求得方程组的通解为

$$\begin{pmatrix}x_1\\x_2\\x_3\\x_4\end{pmatrix}=c\begin{pmatrix}1\\-4\\-3\\1\end{pmatrix},$$

其中 c 为 $\mathbf{P}$ 中任意数字. 代入得

$$\boldsymbol{\gamma}=x_1\boldsymbol{\alpha}_1+x_2\boldsymbol{\alpha}_2=c(\boldsymbol{\alpha}_1-4\boldsymbol{\alpha}_2)=c(5,-2,-3,-4)^{\mathrm{T}}.$$

因此 $L(\boldsymbol{\alpha}_1,\boldsymbol{\alpha}_2)\cap L(\boldsymbol{\beta}_1,\boldsymbol{\beta}_2)$的维数为 1,且$(5,-2,-3,-4)^{\mathrm{T}}$ 为其一基底. □

对上例,我们作三点说明:首先,初等行变换(5.4.3)式给出以后,实际上计算就基本完成了,下面仅仅是推演结论;其次,在(3)中,将通解代入求 $\boldsymbol{\gamma}$ 时,也可以代入 $\boldsymbol{\gamma}=-x_3\boldsymbol{\beta}_1-x_4\boldsymbol{\beta}_4$;最后,当解答完成后,应利用维数公式检验.

二、子空间的直和

子空间的直和是子空间的和的一个重要的特殊情形. 设 $V_1,V_2,\cdots,V_m$ 都是线性空间 V 的子空间,任取 $\boldsymbol{\beta}\in\sum\limits_{i=1}^{m}V_i$,由定义 $\boldsymbol{\beta}$ 能表示为 $\boldsymbol{v}_1+\boldsymbol{v}_2+\cdots+\boldsymbol{v}_m$,

其中$v_i\in V_i$,我们称之为$\boldsymbol{\beta}$关于$\sum\limits_{i=1}^{m}V_i$的一个分解.若从

$$\boldsymbol{\beta}=\boldsymbol{v}_1+\boldsymbol{v}_2+\cdots+\boldsymbol{v}_m,\boldsymbol{\beta}=\boldsymbol{w}_1+\boldsymbol{w}_2+\cdots+\boldsymbol{w}_m,\boldsymbol{v}_i,\boldsymbol{w}_i\in V_i$$

一定能推出$\boldsymbol{v}_i$和$\boldsymbol{w}_i(i=1,2,\cdots,m)$都对应相等,则称$\boldsymbol{\beta}$有唯一分解.

定义 5.4.2 设$V_1,V_2,\cdots,V_m$都是线性空间V的子空间,如果$\sum\limits_{i=1}^{m}V_i$中的每个元素都有唯一分解,那么称和$\sum\limits_{i=1}^{m}V_i$为直和,记为$\bigoplus\limits_{i=1}^{m}V_i$.

下面,我们先给出两个子空间的和是直和的一些等价命题.

定理 5.4.2 设V_1,V_2是线性空间V的两个子空间,则以下命题等价:

(1) $V_1+V_2=V_1\oplus V_2$,即V_1+V_2是直和;

(2) 零元素在V_1+V_2中有唯一分解;

(3) $V_1\cap V_2=\{\mathbf{0}\}$;

(4) $\dim(V_1+V_2)=\dim V_1+\dim V_2$.

证 (1)⇒(2) 显然成立.

(2)⇒(3) 任取$\boldsymbol{\gamma}\in V_1\cap V_2$,显然零元素$\mathbf{0}$可表示为

$$\mathbf{0}=\boldsymbol{\gamma}+(-\boldsymbol{\gamma}),\mathbf{0}=\mathbf{0}+\mathbf{0},$$

其中$\boldsymbol{\gamma}\in V_1,-\boldsymbol{\gamma}\in V_2$.由零元素分解的唯一性得$\boldsymbol{\gamma}=\mathbf{0}$.故$V_1\cap V_2\subseteq\{\mathbf{0}\}$,从而$V_1\cap V_2=\{\mathbf{0}\}$.

(3)⇒(4) 由(3)及维数公式立得.

(4)⇒(3) 由(4)及维数公式得$\dim(V_1\cap V_2)=0$,从而$V_1\cap V_2=\{\mathbf{0}\}$.

(3)⇒(1) 任取$\boldsymbol{\gamma}\in V_1+V_2$,若$\boldsymbol{\gamma}$有两种分解$\boldsymbol{\gamma}=\boldsymbol{v}_1+\boldsymbol{v}_2,\boldsymbol{\gamma}=\boldsymbol{w}_1+\boldsymbol{w}_2$,其中$\boldsymbol{v}_1,\boldsymbol{w}_1\in V_1,\boldsymbol{v}_2,\boldsymbol{w}_2\in V_2$,则有

$$\boldsymbol{v}_1-\boldsymbol{w}_1=\boldsymbol{w}_2-\boldsymbol{v}_2.$$

上式左端在V_1中,右端在V_2中,故$\boldsymbol{v}_1-\boldsymbol{w}_1=\boldsymbol{w}_2-\boldsymbol{v}_2\in V_1\cap V_2=\{\mathbf{0}\}$,得$\boldsymbol{v}_1=\boldsymbol{w}_1,\boldsymbol{v}_2=\boldsymbol{w}_2$,即$\boldsymbol{\gamma}$有唯一分解.因此$V_1+V_2$是直和. □

定理 5.4.3 设$V_1,V_2,\cdots,V_m$都是线性空间V的子空间,则以下命题等价:

(1) $\sum\limits_{i=1}^{m}V_i=\bigoplus\limits_{i=1}^{m}V_i$;

(2) 零元素在$\sum\limits_{i=1}^{m}V_i$中有唯一分解;

(3) 任取$i=1,2,\cdots,m$,都有$V_i\cap\sum\limits_{\substack{1\leqslant j\leqslant m\\ j\neq i}}V_j=\{\mathbf{0}\}$;

(4) $\dim(\sum_{i=1}^{m}V_i)=\sum_{i=1}^{m}\dim V_i$.

证 仿照定理5.4.2的证明,细节留给读者. □

例 5.4.2 设 W 是线性空间 V 的子空间,则存在 V 的子空间 U 使得 $V=W\oplus U$.

证 注意,要证明 $V=W\oplus U$ 实际上就是要证明:$V=W+U$ 且 $W+U$ 是直和.

设 $\boldsymbol{e}_1,\boldsymbol{e}_2,\cdots,\boldsymbol{e}_s$ 为 W 的一组基底,由基底扩充定理(定理5.3.1),$\boldsymbol{e}_1,\boldsymbol{e}_2,\cdots,\boldsymbol{e}_s$ 可以扩充成 V 的一组基底

$$\boldsymbol{e}_1,\boldsymbol{e}_2,\cdots,\boldsymbol{e}_s,\boldsymbol{e}_{s+1},\boldsymbol{e}_{s+2},\cdots,\boldsymbol{e}_n.$$

令 $U=L(\boldsymbol{e}_{s+1},\boldsymbol{e}_{s+2},\cdots,\boldsymbol{e}_n)$,易见

$$\begin{aligned}V&=L(\boldsymbol{e}_1,\boldsymbol{e}_2,\cdots,\boldsymbol{e}_s,\boldsymbol{e}_{s+1},\boldsymbol{e}_{s+2},\cdots,\boldsymbol{e}_n)\\&=L(\boldsymbol{e}_1,\boldsymbol{e}_2,\cdots,\boldsymbol{e}_s)+L(\boldsymbol{e}_{s+1},\boldsymbol{e}_{s+2},\cdots,\boldsymbol{e}_n)=W+U.\end{aligned}$$

又显然 $\dim(U+W)=\dim V=\dim U+\dim W$,故 $U+W$ 是直和.

综上得 $V=W\oplus U$. □

例 5.4.3 设 V_1,V_2 分别是数域 $\mathbf{P}$ 上齐次线性方程组Ⅰ:$x_1+x_2+\cdots+x_n=0$ 和Ⅱ:$x_1=x_2=x_3=\cdots=x_n$ 的解空间. 证明 $\mathbf{P}^n=V_1\oplus V_2$.

证 显然方程组Ⅰ的系数矩阵的秩为1,由例5.3.2知 $\dim V_1=n-1$. 同样,不难看到方程组Ⅱ的系数矩阵的秩为 $n-1$,所以 $\dim V_2=1$. 再者,将方程组Ⅰ和Ⅱ联立得到方程组Ⅲ,该方程组系数矩阵的秩为 n,故方程组Ⅲ的解空间的维数为0,即 $\dim(V_1\cap V_2)=0$. 由此得

$$V_1+V_2=V_1\oplus V_2,\tag{5.4.4}$$

即 V_1+V_2 是直和,于是 $\dim(V_1+V_2)=\dim V_1+\dim V_2=n$. 注意到 V_1+V_2 是 $\mathbf{P}^n$ 的子空间,且 $\dim(V_1+V_2)=\dim\mathbf{P}^n$,由习题5.3.6得

$$V_1+V_2=\mathbf{P}^n.\tag{5.4.5}$$

由(5.4.4)和(5.4.5)两式即得结论. □

§5.5 线性映射与同构映射

在中学里,我们已经学习过从一个集合到另一个集合的映射. 为了建立两个线性空间之间的联系并研究它们之间的关系,我们将介绍从一个线性空间到另一个线性空间的"保持线性运算"的映射,即线性映射.

一、映射

我们从集合到集合的一般映射说起.

定义 5.5.1　设 A,B 是两个非空集合，f 为 A 到 B 的一个对应法则，若它满足以下要求：任取 $a\in A$，都有唯一一个 $b\in B$ 与 a 对应．则称 f 为 A 到 B 的一个映射．

集合 A 到集合 A 的映射通常称为 A 上的变换．A 上的恒等变换记为 id_A．

设 $f:A\to B$ 为映射．若 $a\in A$ 在映射 f 下对应到 b，则称 b 为 a 在 f 下的**象**，记为 $f(a)=b$，也称 a 为 b 的一个**原象**．对于 A 的子集 A_1，令

$$f(A_1)=\{f(a)\mid a\in A_1\},$$

称为 A_1 在 f 下的象集合，显然 $f(A_1)\subseteq B$．在映射 f 下，每个 A 中元素的象存在且唯一．但要注意的是，对于 B 中元素，其原象不一定存在，且即使存在也不一定唯一．

设 f 是非空集合 A 到非空集合 B 的一个对应法则，要证 f 是映射，实际上就是要证明对于任意 $a\in A$，有以下三条成立：

$$f(a)\text{存在}；f(a)\text{唯一}；f(a)\in B.$$

以上三条称为 $f(a)$ 的存在性、唯一性和封闭性．

定义 5.5.2　设 $f:A\to B$ 为映射．

(1) 若每个象都有唯一原象，则称 f 是 A 到 B 的单射．

(2) 若每个 $b\in B$ 都有原象，则称 f 是 A 到 B 的满射．

(3) 若 f 既是单射又是满射，则称 f 是双射．

设 $f:A\to B$ 为映射，下面将给出具体验证 f 是单射、满射的方法．

要证明 f 是单射，就是要证明"$\forall a_1,a_2\in A$，若 $f(a_1)=f(a_2)$，则必有 $a_1=a_2$"；也即"$\forall a_1,a_2\in A$，若 $a_1\neq a_2$，则必有 $f(a_1)\neq f(a_2)$"．

要证明 f 是满射，就是要证明"$f(A)=B$"，即"$\forall b\in B$，存在 $a\in A$ 使得 $f(a)=b$"．

定义 5.5.3　设 $f:A\to B$，$g:B\to C$ 是两个映射，定义它们的乘法或复合 gf[①] 如下：

$$(gf)(a)=g(f(a))\ (a\in A).$$

容易验证 $gf:A\to C$ 为映射．

若 $f:A\to B$ 是双射，则可自然地定义它的**逆映射**，记为 f^{-1}，即任取 $b\in B$，定义 $f^{-1}(b)$ 为 b 在 A 中的唯一原象．不难证明 $f^{-1}:B\to A$ 也是双射．关于双射，我们还有如下性质：

性质 5.5.1　设 $f:A\to B$ 为映射，则 f 为双射当且仅当存在映射 $g:B\to A$

---

① 请读者体会为什么这里不宜写成 fg．

使得

$$gf=\mathrm{id}_A,fg=\mathrm{id}_B. \tag{5.5.1}$$

进一步,这样取到的 f,g 恰是两个"互逆"的映射.

证 先证必要性.设 f 为双射,令 g 为 f 的逆映射,则显然有 $gf=\mathrm{id}_A$,$fg=\mathrm{id}_B$.下证充分性.假设有 B 到 A 的映射 g 满足 $gf=\mathrm{id}_A,fg=\mathrm{id}_B$.

(1) 若 $a_1,a_2\in A$ 满足 $f(a_1)=f(a_2)$,则 $(gf)(a_1)=g(f(a_1))=g(f(a_2))=(gf)(a_2)$,得

$$a_1=\mathrm{id}_A(a_1)=(gf)(a_1)=(gf)(a_2)=\mathrm{id}_A(a_2)=a_2,$$

因此 f 是单射.

(2) 任取 $b\in B$,取 $a=g(b)$,则有 $f(a)=f(g(b))=(fg)(b)=\mathrm{id}_B(b)=b$,故 f 为满射.

由(1)和(2)即得 f 为双射.

下面证明(5.5.1)式中的 f,g 互为逆映射,为此仅需证明 $f(a)=b\Leftrightarrow g(b)=a$.注意,(5.5.1)式也推出 g 是双射.因为 f,g 都是双射,所以

$$f(a)=b\Leftrightarrow g(f(a))=g(b)\Leftrightarrow \mathrm{id}_A(a)=g(b)\Leftrightarrow g(b)=a.$$ □

设映射 $f:A\to B$,对于 B 的子集 B_1,我们定义 $f^{-1}(B_1)$ 为 B_1 的原象集合,即

$$f^{-1}(B_1)=\{a\in A\mid f(a)\in B_1\}.$$

特别地,单个元素 $b\in B$ 的原象集合为 $f^{-1}(b)=\{a\in A\mid f(a)=b\}$.注意这里的 f^{-1} 不是 B 到 A 的映射,它与 f 的逆映射不同.读者可根据上下文判定 f^{-1} 的准确意义.

二、线性映射

因为线性空间有两个代数运算,所以一般的集合映射不能反映两个线性空间运算之间的联系.故我们有必要引入线性映射的概念.

定义 5.5.4 设 V,W 是数域 $\mathbf{P}$ 上的线性空间,若 f 是集合 V 到集合 W 的映射,且满足以下线性性质:

(1) f 保持加法,即 $\forall \boldsymbol{\alpha},\boldsymbol{\beta}\in V$,都有 $f(\boldsymbol{\alpha}+\boldsymbol{\beta})=f(\boldsymbol{\alpha})+f(\boldsymbol{\beta})$;

(2) f 保持数乘,即 $\forall k\in \mathbf{P},\forall \boldsymbol{\alpha}\in V$,都有 $f(k\boldsymbol{\alpha})=kf(\boldsymbol{\alpha})$.

则称 f 为线性空间 V 到线性空间 W 的一个线性映射.

对上述定义作以下说明:

(1) 在线性映射定义中,$\boldsymbol{\alpha}+\boldsymbol{\beta}$ 和 $k\boldsymbol{\alpha}$ 分别是 V 中的加法和数乘,而 $f(\boldsymbol{\alpha})+f(\boldsymbol{\beta})$ 和 $kf(\boldsymbol{\alpha})$ 是 W 中的加法和数乘.

(2) 因为定义中要求 f 保持加法与数乘这两个线性运算，所以把 f 称为线性映射. 也正因为 f 保持线性运算，所以 f 建立了两个线性空间的代数联系.

(3) 在线性映射定义中，要求 V,W 是同一个数域上的线性空间.

(4) 定义中 f 保持加法、数乘两款可以用以下一款来替代：

$$f(a\boldsymbol{\alpha}+b\boldsymbol{\beta})=af(\boldsymbol{\alpha})+bf(\boldsymbol{\beta})(\forall a,b\in \mathbf{P},\forall \boldsymbol{\alpha},\boldsymbol{\beta}\in V).$$

(5) f 保持线性运算能推广为

$$f(c_1\boldsymbol{\alpha}_1+c_2\boldsymbol{\alpha}_2+\cdots+c_m\boldsymbol{\alpha}_m)=c_1f(\boldsymbol{\alpha}_1)+c_2f(\boldsymbol{\alpha}_2)+\cdots+c_mf(\boldsymbol{\alpha}_m)(c_i\in \mathbf{P},\boldsymbol{\alpha}_i\in V).$$

性质 5.5.2　设 V,W 是数域 $\mathbf{P}$ 上的线性空间，f 是 V 到 W 的线性映射，则以下结论成立：

(1) 零元素的象是零元素，即若 $\mathbf{0}_V,\mathbf{0}_W$ 分别表示 V 和 W 中的零元素，则 $f(\mathbf{0}_V)=\mathbf{0}_W$；

(2) 负元素的象是象的负元素，即对于每个 $\boldsymbol{v}\in V$ 都有 $f(-\boldsymbol{v})=-f(\boldsymbol{v})$；

(3) $f(V):=\{f(\boldsymbol{v})\mid \boldsymbol{v}\in V\}$，称为 f 的**值域**，它是 W 的子空间；

(4) $f^{-1}(\mathbf{0}_W):=\{\boldsymbol{v}\in V\mid f(\boldsymbol{v})=\mathbf{0}_W\}$，称为 f 的**核**，它是 V 的子空间；

(5) 设 Ⅰ $=\{\boldsymbol{v}_1,\boldsymbol{v}_2,\cdots,\boldsymbol{v}_m\}$ 是 V 的向量组，Ⅱ $=\{f(\boldsymbol{v}_1),f(\boldsymbol{v}_2),\cdots,f(\boldsymbol{v}_m)\}$，若Ⅰ线性相关，则Ⅱ也线性相关.

证　(1) 因为

$$f(\mathbf{0}_V)=f(\mathbf{0}_V+\mathbf{0}_V)=f(\mathbf{0}_V)+f(\mathbf{0}_V),$$

两边减去 $f(\mathbf{0}_V)$ 得(注意是在 W 中作运算)

$$\begin{aligned}\mathbf{0}_W&=f(\mathbf{0}_V)-f(\mathbf{0}_V)=(f(\mathbf{0}_V)+f(\mathbf{0}_V))-f(\mathbf{0}_V)\\&=f(\mathbf{0}_V)+(f(\mathbf{0}_V)-f(\mathbf{0}_V))=f(\mathbf{0}_V)+\mathbf{0}_W=f(\mathbf{0}_V).\end{aligned}$$

(2) 因为 $\mathbf{0}_W=f(\mathbf{0}_V)=f(-\boldsymbol{v}+\boldsymbol{v})=f(-\boldsymbol{v})+f(\boldsymbol{v})$，所以 $f(-\boldsymbol{v})=-f(\boldsymbol{v})$.

(3) 显然 $f(V)$ 是 W 的子集，且 $\mathbf{0}_W=f(\mathbf{0}_V)\in f(V)$，故 $f(V)$ 是 W 的非空子集. 再者，任取 $\boldsymbol{\alpha}_1,\boldsymbol{\alpha}_2\in f(V)$，$a,b\in \mathbf{P}$，由 $f(V)$ 的定义，存在 $\boldsymbol{v}_1,\boldsymbol{v}_2\in V$ 使得 $\boldsymbol{\alpha}_1=f(\boldsymbol{v}_1)$，$\boldsymbol{\alpha}_2=f(\boldsymbol{v}_2)$，于是

$$a\boldsymbol{\alpha}_1+b\boldsymbol{\alpha}_2=af(\boldsymbol{v}_1)+bf(\boldsymbol{v}_2)=f(a\boldsymbol{v}_1+b\boldsymbol{v}_2)\in f(V).$$

综上证得 $f(V)$ 是 W 的子空间.

(4) 显然 $f^{-1}(\mathbf{0}_W)$ 是 V 的子集，且 $\mathbf{0}_V\in f^{-1}(\mathbf{0}_W)$，故 $f^{-1}(\mathbf{0}_W)$ 是 V 的非空子集. 再者，任取 $\boldsymbol{v}_1,\boldsymbol{v}_2\in f^{-1}(\mathbf{0}_W)$，$a,b\in \mathbf{P}$，有

$$f(a\boldsymbol{v}_1+b\boldsymbol{v}_2)=af(\boldsymbol{v}_1)+bf(\boldsymbol{v}_2)=a\mathbf{0}_W+b\mathbf{0}_W=\mathbf{0}_W,$$

故 $a\boldsymbol{v}_1+b\boldsymbol{v}_2\in f^{-1}(\mathbf{0}_W)$. 综上证得 $f^{-1}(\mathbf{0}_W)$ 是 V 的子空间.

(5) 因为Ⅰ线性相关，所以有不全为零的数 $c_1,c_2,\cdots,c_m$ 使得 $c_1\boldsymbol{v}_1+c_2\boldsymbol{v}_2+\cdots+c_m\boldsymbol{v}_m=\mathbf{0}_V$. 于是

$$c_1f(\boldsymbol{v}_1)+c_2f(\boldsymbol{v}_2)+\cdots+c_mf(\boldsymbol{v}_m)=f(c_1\boldsymbol{v}_1+c_2\boldsymbol{v}_2+\cdots+c_m\boldsymbol{v}_m)=f(\mathbf{0}_V)=\mathbf{0}_W,$$

即向量组Ⅱ有一个系数不全为零的线性组合等于零向量，因此Ⅱ线性相关. □

例 5.5.1　作数域 $\mathbf{P}$ 上线性空间 $\mathbf{P}^n$ 到线性空间 $\mathbf{P}^{n-1}$ 的对应法则 f 如下：

$$f:\begin{pmatrix}a_1\\a_2\\\vdots\\a_n\end{pmatrix}\to\begin{pmatrix}a_1\\a_2\\\vdots\\a_{n-1}\end{pmatrix}.$$

容易验证 f 是线性空间 $\mathbf{P}^n$ 到 $\mathbf{P}^{n-1}$ 的线性映射，且这个线性映射是满射但不是单射.

设 V,W 是数域 $\mathbf{P}$ 上的线性空间，V 到 W 的全部线性映射构成的集合记为 $\mathrm{Hom}(V,W)$. 在 $\mathrm{Hom}(V,W)$ 上可以定义加法和数乘. 设 $f,g\in\mathrm{Hom}(V,W)$，$k\in\mathbf{P}$，定义

$$(f+g)(\boldsymbol{v})=f(\boldsymbol{v})+g(\boldsymbol{v}),(kf)(\boldsymbol{v})=k(f(\boldsymbol{v})),\ \forall\ \boldsymbol{v}\in V.$$

容易验证 $f+g$ 和 kf 仍是 V 到 W 的线性映射，并且 $\mathrm{Hom}(V,W)$ 在上述定义的加法和数乘下构成数域 $\mathbf{P}$ 上的线性空间.

三、同构映射

定义 5.5.5 设 V,W 都是数域 $\mathbf{P}$ 上的线性空间. 若 f 是 V 到 W 的线性映射且是双射，则称 f 是线性空间 V 到 W 的同构映射. 若存在 V 到 W 的同构映射，则称线性空间 V 与线性空间 W 同构，记为 $V\cong W$.

容易证明线性空间之间的同构关系是一个等价关系，即具有以下性质：

(1) 自反性，即 $V\cong V$. 事实上，V 上的恒等变换 id_V 是 V 到 V 的同构映射.

(2) 对称性，即若 $V\cong W$，则 $W\cong V$. 事实上，若 f 是 V 到 W 的同构映射，则 f^{-1} 是 W 到 V 的同构映射.

(3) 传递性，即若 $V\cong W$ 且 $W\cong K$，则 $V\cong K$. 事实上，若 f 是 V 到 W 的同构映射，g 是 W 到 K 的同构映射，则 gf 是 V 到 K 的同构映射.

性质 5.5.3 设 f 是数域 $\mathbf{P}$ 上的线性空间 V 到线性空间 W 的同构映射，$\Omega=\{\boldsymbol{\alpha}_1,\boldsymbol{\alpha}_2,\cdots,\boldsymbol{\alpha}_m\}$ 为 V 的一个向量组，则以下命题成立：

(1) $\boldsymbol{\alpha}_1,\boldsymbol{\alpha}_2,\cdots,\boldsymbol{\alpha}_m$ 线性无关当且仅当 $f(\boldsymbol{\alpha}_1),f(\boldsymbol{\alpha}_2),\cdots,f(\boldsymbol{\alpha}_m)$ 线性无关；

(2) $\boldsymbol{\alpha}_{j_1},\boldsymbol{\alpha}_{j_2},\cdots,\boldsymbol{\alpha}_{j_r}$ 为 Ω 的极大无关组当且仅当 $f(\boldsymbol{\alpha}_{j_1}),f(\boldsymbol{\alpha}_{j_2}),\cdots,f(\boldsymbol{\alpha}_{j_r})$ 为 $f(\Omega)$ 的极大无关组；

(3) Ω 是 V 的基底当且仅当 $f(\Omega)$ 是 W 的基底；

(4) $\dim V=\dim W$.

证 仿照性质 5.5.2 及性质 5.2.5 的证明，细节留给读者. □

由上面的性质可以看出，若两个线性空间同构，则这两个线性空间有完全对应的线性关系. 下面给出最重要的一种同构映射.

性质 5.5.4 设 V 是数域 $\mathbf{P}$ 上的 n 维线性空间，$\boldsymbol{\varepsilon}_1,\boldsymbol{\varepsilon}_2,\cdots,\boldsymbol{\varepsilon}_n$ 是 V 的基底，作线性空间 V 到线性空间 $\mathbf{P}^n$ 的对应法则 f 如下：

$$f(x_1\boldsymbol{\varepsilon}_1+x_2\boldsymbol{\varepsilon}_2+\cdots+x_n\boldsymbol{\varepsilon}_n)=\begin{pmatrix}x_1\\x_2\\\vdots\\x_n\end{pmatrix},$$

即 V 中元素 $\boldsymbol{\alpha}$ 在 f 下的象定义为 $\boldsymbol{\alpha}$ 在基底 $\boldsymbol{\varepsilon}_1,\boldsymbol{\varepsilon}_2,\cdots,\boldsymbol{\varepsilon}_n$ 下的坐标向量，则 f 是线性空间 V 到线性空间 $\mathbf{P}^n$ 的一个同构映射.

证　(1) 任取 $\boldsymbol{\alpha}=\sum_{i=1}^{n}x_i\boldsymbol{\varepsilon}_i\in V$，$f(\boldsymbol{\alpha})$ 存在且 $f(\boldsymbol{\alpha})=(x_1,x_2,\cdots,x_n)^{\mathrm{T}}\in\mathbf{P}^n$. 再者因为 $\boldsymbol{\alpha}$ 在基底下的坐标向量是唯一确定的，故 $f(\boldsymbol{\alpha})$ 唯一. 因此 $f:V\to\mathbf{P}^n$ 为映射.

(2) 任取 $\boldsymbol{\alpha}=\sum_i x_i\boldsymbol{\varepsilon}_i,\boldsymbol{\beta}=\sum_i y_i\boldsymbol{\varepsilon}_i\in V$，若 $f(\boldsymbol{\alpha})=f(\boldsymbol{\beta})$，即 $\boldsymbol{\alpha}$ 和 $\boldsymbol{\beta}$ 在基底 $\{\boldsymbol{\varepsilon}_1,\boldsymbol{\varepsilon}_2,\cdots,\boldsymbol{\varepsilon}_n\}$ 下的坐标相等，也即 x_i 和 y_i 都对应相等，此时易见 $\boldsymbol{\alpha}=\boldsymbol{\beta}$. 因此 f 是单射.

(3) 任取 $\boldsymbol{\xi}=(x_1,x_2,\cdots,x_n)^{\mathrm{T}}\in\mathbf{P}^n$，有 $\boldsymbol{\alpha}=\sum_i x_i\boldsymbol{\varepsilon}_i\in V$ 使得 $f(\boldsymbol{\alpha})=\boldsymbol{\xi}$，故 f 是满射.

(4) 任取 $a,b\in\mathbf{P}$，任取 $\boldsymbol{\alpha}=\sum_i x_i\boldsymbol{\varepsilon}_i,\boldsymbol{\beta}=\sum_i y_i\boldsymbol{\varepsilon}_i\in V$，有

$$\begin{aligned}f(a\boldsymbol{\alpha}+b\boldsymbol{\beta})&=f\Big(\sum_i(ax_i+by_i)\boldsymbol{\varepsilon}_i\Big)=(ax_1+by_1,ax_2+by_2,\cdots,ax_n+by_n)^{\mathrm{T}}\\&=a(x_1,x_2,\cdots,x_n)^{\mathrm{T}}+b(y_1,y_2,\cdots,y_n)^{\mathrm{T}}=af(\boldsymbol{\alpha})+bf(\boldsymbol{\beta}).\end{aligned}$$

故 f 保持加法和数乘.

综上即证得命题. □

容易看到，性质 5.2.5 是上面两个性质的直接推论.

由性质 5.5.4 也可以看到，三维几何空间与 $\mathbf{R}^3$ 同构，二维平面空间与 $\mathbf{R}^2$ 同构，一维直线空间与 $\mathbf{R}$ 同构.

一方面，两个同构的线性空间必定有相同的维数(性质 5.5.3(4))；另一方面，因为数域 $\mathbf{P}$ 上任意 n 维线性空间都与 $\mathbf{P}^n$ 同构(性质 5.5.4)，而同构关系又有对称性和传递性，所以数域 $\mathbf{P}$ 上任意两个 n 维线性空间都是同构的. 这样就有下面的定理.

定理 5.5.1　数域 $\mathbf{P}$ 上任意两个有限维线性空间同构的充分必要条件是它们有相同的维数.

在线性空间的理论研究中，我们没有考虑其构成元素是什么，也没有考虑其运算是什么，而是仅仅涉及在所定义运算下的代数性质. 从这个观点看，同构的线性空间是无区别的. 因此，**维数是有限维线性空间的唯一本质特征**.

习题 5

5.1.1 设 V 是数域 $\mathbf{P}$ 上的线性空间,证明:

(1) 任取 $\boldsymbol{\alpha}\in V$,有 $(-1)\boldsymbol{\alpha}=-\boldsymbol{\alpha}$;

(2) $0\boldsymbol{\alpha}=\mathbf{0}$;

(3) $k\mathbf{0}=\mathbf{0}$, $\forall k\in\mathbf{P}$;

(4) 任取 $k\in\mathbf{P},\boldsymbol{\alpha}\in V$,$k\boldsymbol{\alpha}=\mathbf{0}$ 当且仅当 $k=0$ 或 $\boldsymbol{\alpha}=\mathbf{0}$;

(5) 任取 $k\in\mathbf{P},\boldsymbol{\alpha},\boldsymbol{\beta}\in V$,有 $k(\boldsymbol{\alpha}-\boldsymbol{\beta})=k\boldsymbol{\alpha}-k\boldsymbol{\beta}$.

5.1.2 检验以下集合关于所指的线性运算是否构成实数域上的线性空间,若是,写出它的零元素及每个元素的负元素:

(1) 全体实数关于通常的数字加法和乘法;

(2) 全体复数关于通常的数字加法和乘法;

(3) 实数域上全体 2 维行向量,其加法$\oplus$和数乘$\odot$分别定义为

$$(a_1,b_1)\oplus(a_2,b_2)=(a_1+a_2,b_1+b_2+a_1a_2),$$

$$k\odot(a_1,b_1)=\left(ka_1,kb_1+\frac{k(k-1)}{2}a_1^2\right);$$

(4) 全体正实数 $\mathbf{R}^+$,其加法$\oplus$和数乘$\odot$分别定义为

$$a\oplus b=ab,k\odot a=a^k.$$

5.1.3 设$\{\boldsymbol{\beta}_1,\boldsymbol{\beta}_2,\cdots,\boldsymbol{\beta}_s\}$是线性空间 V 中向量组,$\boldsymbol{A},\boldsymbol{B}\in\mathbf{P}^{s\times t}$,证明:

$$(\boldsymbol{\beta}_1,\boldsymbol{\beta}_2,\cdots,\boldsymbol{\beta}_s)\boldsymbol{A}+(\boldsymbol{\beta}_1,\boldsymbol{\beta}_2,\cdots,\boldsymbol{\beta}_s)\boldsymbol{B}=(\boldsymbol{\beta}_1,\boldsymbol{\beta}_2,\cdots,\boldsymbol{\beta}_s)(\boldsymbol{A}+\boldsymbol{B}).$$

5.2.1 证明性质 5.2.2.

5.2.2 在 $\mathbf{P}[x]_{n+1}$ 中,令 $f_i(x)=\sum\limits_{j=0}^{i}a_{ij}x^j$,其中 $a_{ii}\neq0,i=0,1,\cdots,n$. 证明 $f_0(x),f_1(x),\cdots,f_n(x)$ 是 $\mathbf{P}[x]_{n+1}$ 的一组基底.

5.2.3 在 $\mathbf{P}^3$ 中,设 $\boldsymbol{\beta}_1,\boldsymbol{\beta}_2,\boldsymbol{\beta}_3$;$\boldsymbol{\xi}_1,\boldsymbol{\xi}_3,\boldsymbol{\xi}_3$;$\boldsymbol{\alpha}$ 分别为如下向量:

$$\begin{pmatrix}1\\1\\0\end{pmatrix},\begin{pmatrix}0\\1\\1\end{pmatrix},\begin{pmatrix}1\\1\\1\end{pmatrix};\begin{pmatrix}-1\\0\\1\end{pmatrix},\begin{pmatrix}0\\0\\1\end{pmatrix},\begin{pmatrix}-1\\1\\2\end{pmatrix};\begin{pmatrix}1\\1\\1\end{pmatrix}.$$

(1) 证明$\{\boldsymbol{\beta}_1,\boldsymbol{\beta}_2,\boldsymbol{\beta}_3\}$和$\{\boldsymbol{\xi}_1,\boldsymbol{\xi}_2,\boldsymbol{\xi}_3\}$都是 $\mathbf{P}^3$ 的基底;

(2) 求 $\boldsymbol{\alpha}$ 在基底$\{\boldsymbol{\beta}_1,\boldsymbol{\beta}_2,\boldsymbol{\beta}_3\}$下的坐标;

(3) 求从基底$\{\boldsymbol{\beta}_1,\boldsymbol{\beta}_2,\boldsymbol{\beta}_3\}$到基底$\{\boldsymbol{\xi}_1,\boldsymbol{\xi}_2,\boldsymbol{\xi}_3\}$的过渡矩阵;

(4) 分别求向量 $\boldsymbol{\beta}_1+\boldsymbol{\beta}_2+2\boldsymbol{\beta}_3$ 在这两组基底下的坐标;

(5) 若题中的向量都改为相应的行向量,上述这些问题如何求解?

5.2.4 在 $\mathbf{P}[x]_3$ 中，设多项式 $f_1(x),f_2(x),f_3(x)$；$g_1(x),g_2(x),g_3(x)$；$h(x)$在基底 $1,x,x^2$ 下的坐标向量分别为习题 5.2.3 中的 $\boldsymbol{\beta}_1,\boldsymbol{\beta}_2,\boldsymbol{\beta}_3$；$\boldsymbol{\xi}_1,\boldsymbol{\xi}_2,\boldsymbol{\xi}_3$；$\boldsymbol{\alpha}$. 试给出习题 5.2.3 中前四个相应问题的解答.

5.2.5 设$\{\boldsymbol{\varepsilon}_1,\boldsymbol{\varepsilon}_2,\cdots,\boldsymbol{\varepsilon}_n\}$为线性空间 V 的基底，V 中向量 $\boldsymbol{\alpha}_1,\boldsymbol{\alpha}_2,\cdots,\boldsymbol{\alpha}_n$ 满足 $(\boldsymbol{\alpha}_1,\boldsymbol{\alpha}_2,\cdots,\boldsymbol{\alpha}_n)=(\boldsymbol{\varepsilon}_1,\boldsymbol{\varepsilon}_2,\cdots,\boldsymbol{\varepsilon}_n)\boldsymbol{X}$，则$\{\boldsymbol{\alpha}_1,\boldsymbol{\alpha}_2,\cdots,\boldsymbol{\alpha}_n\}$也是 V 的基底的充分必要条件是 $\boldsymbol{X}$ 为可逆矩阵.

5.3.1 证明 $\mathbf{P}^{n\times n}$中全体对角矩阵(对称矩阵、反对称矩阵、上三角矩阵)组成的集合构成 $\mathbf{P}$ 上的线性空间，并求其维数和一组基底.

5.3.2 证明由矩阵 $\mathbf{A}=\mathrm{diag}(1,w,w^2)$的全体实系数多项式组成的集合构成实数域上的线性空间，并求其维数和一组基底，其中 $w=\dfrac{-1+\sqrt{-3}}{2}$.

5.3.3 证明非齐次线性方程组的全部解向量构成的集合在通常运算下不能构成线性空间.

5.3.4 求例 3.5.1 中的齐次线性方程组的解空间的维数和一组基底.

5.3.5 设 V 为所有与$\mathbf{A}=\begin{pmatrix}1&0&0\\0&1&0\\1&0&0\end{pmatrix}$乘法可交换的数域 $\mathbf{P}$ 上的矩阵，证明 V 为 $\mathbf{P}$ 上的线性空间，并求 V 的维数及一组基底.

5.3.6 设 W_1,W_2 为线性空间 V 的两个子空间，若 $\dim W_1=\dim W_2$ 且 $W_1\subseteq W_2$，则 $W_1=W_2$.

5.3.7 在 $\mathbf{P}^4$ 中，设 $\boldsymbol{\alpha}_1(2,1,3,1),\boldsymbol{\alpha}_2(1,2,0,1),\boldsymbol{\alpha}_3(-1,1,-3,0),\boldsymbol{\alpha}_4(2,4,0,2)$. 求 $L(\boldsymbol{\alpha}_1,\boldsymbol{\alpha}_2,\boldsymbol{\alpha}_3,\boldsymbol{\alpha}_4)$的一组基底和维数，并将该组基底扩充成 $\mathbf{P}^4$ 的一组基底.

5.3.8 设 V_1 和 V_2 均为线性空间 V 的非平凡子空间，则存在 $\boldsymbol{\alpha}\in V$，使得 $\boldsymbol{\alpha}$ 既不在 V_1 中，也不在 V_2 中.

5.4.1 证明性质 5.4.2.

5.4.2 设 V_1,V_2 是线性空间 V 的两个互不包含的子空间，证明 $V_1\cup V_2$ 一定不是 V 的子空间.

5.4.3 设 V_1,V_2 是线性空间 V 的两个子空间，证明以下三款等价：V_1+V_2 不是直和；$\dim V_1+\dim V_2>\dim(V_1+V_2)$；$V_1$ 和 V_2 有公共的非零元素.

5.4.4 证明定理 5.4.3.

5.4.5 设U 和 V 分别是数域 $\mathbf{P}$ 上全体 n 级对称矩阵和全体 n 级反对称矩阵组成的 $\mathbf{P}^{n\times n}$的子空间，证明 $\mathbf{P}^{n\times n}=U\oplus V$.

5.4.6 设 V_1,V_2 是线性空间 V 的两个子空间，$\{\boldsymbol{e}_1,\boldsymbol{e}_2,\cdots,\boldsymbol{e}_s\}$ 和$\{\boldsymbol{\varepsilon}_1,$

$\boldsymbol{\varepsilon}_2,\cdots,\boldsymbol{\varepsilon}_t\}$分别是 V_1 和 V_2 的基底，证明 V_1+V_2 是直和的充分必要条件是$\{\boldsymbol{e}_1,\boldsymbol{e}_2,\cdots,\boldsymbol{e}_s,\boldsymbol{\varepsilon}_1,\boldsymbol{\varepsilon}_2,\cdots,\boldsymbol{\varepsilon}_t\}$线性无关.

5.4.7 设 V_1,V_2 分别是数域 $\mathbf{P}$ 上齐次线性方程组 $x_1+x_2+\cdots+x_n=0$ 和 $x_1=2x_2=3x_3=\cdots=nx_n$ 的解空间，证明 $\mathbf{P}^n=V_1\oplus V_2$.

5.4.8 证明 n 维线性空间能表示为 n 个 1 维子空间的直和.

5.4.9 设线性空间 V 能写成子空间 U 和 W 的直和，W 又能写成两个子空间 W_1 和 W_2 的直和，证明 $V=U\oplus W_1\oplus W_2$.

5.4.10 设 l_1,l_2,l_3 为三维几何空间 V 中的三条直线，设 $V_i,i=1,2,3$ 为由平行于直线 l_i 的所有(自由)向量构成的 V 的 1 维子空间.

(1) 分别在什么条件下，$\dim(V_1+V_2+V_3)=1,2,3$?

(2) 分别在什么条件下，V_1+V_2 和 $V_1+V_2+V_3$ 是直和?

(3) 给出 $V_1+V_2+V_3$ 的几何解释，即描写它是由什么样的自由向量构成的.

5.4.11 在 $\mathbf{P}^4$ 中，设 $\boldsymbol{\alpha}_1(2,1,3,1),\boldsymbol{\alpha}_2(1,2,0,1),\boldsymbol{\alpha}_3(-1,1,-3,0),\boldsymbol{\alpha}_4(2,4,0,2)$. 分别求 $L(\boldsymbol{\alpha}_1,\boldsymbol{\alpha}_2)+L(\boldsymbol{\alpha}_3,\boldsymbol{\alpha}_4)$及 $L(\boldsymbol{\alpha}_1,\boldsymbol{\alpha}_2)\cap L(\boldsymbol{\alpha}_3,\boldsymbol{\alpha}_4)$的一组基底和维数，并求 $\mathbf{P}^4$ 的一个子空间 W 使得 $\mathbf{P}^4=L(\boldsymbol{\alpha}_1,\boldsymbol{\alpha}_2)\oplus W$.

5.5.1 设 $f:A\to B$ 是双射，证明 f^{-1}是 B 到 A 的双射.

5.5.2 在定义 5.5.3 下，证明两个映射(单射、满射、双射)的乘积是映射(单射、满射、双射).

5.5.3 举例说明，命题“线性映射把线性相关向量组映成线性相关向量组”的逆命题不成立.

5.5.4 证明线性空间之间的同构关系具有自反性、对称性和传递性.

5.5.5 证明性质 5.5.3.

5.5.6 设 W 是数域 $\mathbf{P}$ 上齐次线性方程组 $\mathbf{A}_{m\times n}\mathbf{X}=\mathbf{0}$ 的解空间，若 $R(\mathbf{A})=1$，证明 $W\cong\mathbf{P}^{n-1}$.

第 6 章 线性变换

§6.1 线性变换的定义和运算

在上一章中,我们介绍了数域 $\mathbf{P}$ 上线性空间 V 到线性空间 W 的线性映射.本章将讨论线性空间 V 到其自身上的线性映射,即 V 上的线性变换.

回忆一下,实函数实际上就是实数的某子集到实数域的映射,实函数不仅是实数理论的重要组成部分,也为实数理论研究提供了重要的研究方法.同样,线性变换既是线性空间理论的重要组成部分,也是极为重要的研究工具.

一、线性变换的定义

定义 6.1.1 设 V 是数域 $\mathbf{P}$ 上的线性空间,若 $\mathscr{A}$ 是 V 到 V 的线性映射,即对任意 $\boldsymbol{v}_1,\boldsymbol{v}_2\in V,k_1,k_2\in\mathbf{P}$,都有

$$\mathscr{A}(k_1\boldsymbol{v}_1+k_2\boldsymbol{v}_2)=k_1\mathscr{A}(\boldsymbol{v}_1)+k_2\mathscr{A}(\boldsymbol{v}_2),$$

则称 $\mathscr{A}$ 为 V 上的线性变换.记 $\mathrm{End}(V)$ 为线性空间 V 上所有线性变换构成的集合.

我们一般用花体大写字母表示线性变换.设 $\mathscr{A}\in\mathrm{End}(V)$,因为 $\mathscr{A}$ 是 V 到 V 的线性映射,所以 $\mathscr{A}$ 具有上一章中关于线性映射的所有性质.特别地,我们有

$$\mathscr{A}(\mathbf{0})=\mathbf{0},$$

$$\mathscr{A}(-\boldsymbol{\alpha})=-\mathscr{A}(\boldsymbol{\alpha}),$$

$$\mathscr{A}\Big(\sum_{i=1}^{m}c_i\boldsymbol{\alpha}_i\Big)=\sum_{i=1}^{m}c_i\mathscr{A}(\boldsymbol{\alpha}_i)\,(c_i\in\mathbf{P},\boldsymbol{\alpha}_i\in V).$$

例 6.1.1 设 V 是数域 $\mathbf{P}$ 上的线性空间.

(1) 用 id_V 表示 V 上的恒等变换,即对任意 $\boldsymbol{v}\in V$ 都有 $\mathrm{id}_V(\boldsymbol{v})=\boldsymbol{v}$,则 $\mathrm{id}_V\in\mathrm{End}(V)$.

(2) 用 0_V 表示 V 上的零变换,即对任意 $\boldsymbol{v}\in V$ 都有 $0_V(\boldsymbol{v})=\mathbf{0}$,则 $0_V\in$

$\mathrm{End}(V)$.

(3) 取定 V 的一组基底 $\boldsymbol{\varepsilon}_1,\boldsymbol{\varepsilon}_2\cdots,\boldsymbol{\varepsilon}_n$，取定 V 中 m 个元素 $\boldsymbol{\alpha}_1,\boldsymbol{\alpha}_2,\cdots,\boldsymbol{\alpha}_m$，这里 $m\leqslant n$，作 V 到 V 的对应法则 $\mathscr{A}$，使得对任意 $\boldsymbol{\alpha}=\sum\limits_{i=1}^{n}x_i\boldsymbol{\varepsilon}_i$ 都有

$$\mathscr{A}(\boldsymbol{\alpha})=\sum_{i=1}^{m}x_i\boldsymbol{\alpha}_i,$$

则 $\mathscr{A}\in\mathrm{End}(V)$.

证 容易看到 V 上恒等变换和零变换都是 V 上的线性变换. 下证(3).

任取 $\boldsymbol{\alpha}=\sum\limits_{i=1}^{n}x_i\boldsymbol{\varepsilon}_i\in V$，显然 $\mathscr{A}(\boldsymbol{\alpha})$ 存在且属于 V. 再者 $\boldsymbol{\alpha}$ 在基底 $\boldsymbol{\varepsilon}_1,\boldsymbol{\varepsilon}_2,\cdots,\boldsymbol{\varepsilon}_n$ 下的坐标是唯一确定的，特别地 $\boldsymbol{\alpha}$ 的前 m 个坐标分量 $x_1,x_2,\cdots,x_m$ 是唯一确定的，故 $\mathscr{A}(\boldsymbol{\alpha})=\sum\limits_{i=1}^{m}x_i\boldsymbol{\alpha}_i$ 唯一. 因此，$\mathscr{A}$ 是 V 到 V 的映射，即 V 上的变换.

任取 $a,b\in\mathbf{P}$，任取 $\boldsymbol{u}=\sum\limits_{i=1}^{n}x_i\boldsymbol{\varepsilon}_i$，$\boldsymbol{v}=\sum\limits_{i=1}^{n}y_i\boldsymbol{\varepsilon}_i$，我们有

$$\begin{aligned}\mathscr{A}(a\boldsymbol{u}+b\boldsymbol{v})&=\mathscr{A}\Big(\sum_{i=1}^{n}(ax_i+by_i)\boldsymbol{\varepsilon}_i\Big)=\sum_{i=1}^{m}(ax_i+by_i)\boldsymbol{\alpha}_i\\&=a\sum_{i=1}^{m}x_i\boldsymbol{\alpha}_i+b\sum_{i=1}^{m}y_i\boldsymbol{\alpha}_i=a\mathscr{A}(\boldsymbol{u})+b\mathscr{A}(\boldsymbol{v}),\end{aligned}$$

因此 $\mathscr{A}$ 保持线性运算. 综上得 $\mathscr{A}\in\mathrm{End}(V)$. □

例 6.1.2 设 V 是数域 $\mathbf{P}$ 上的线性空间，$\mathscr{A}\in\mathrm{End}(V)$. 若 $\boldsymbol{\alpha}_1,\boldsymbol{\alpha}_2,\cdots,\boldsymbol{\alpha}_m$ 线性相关，则 $\mathscr{A}(\boldsymbol{\alpha}_1),\mathscr{A}(\boldsymbol{\alpha}_2),\cdots,\mathscr{A}(\boldsymbol{\alpha}_m)$ 也线性相关，但其逆不成立.

证 前半部分是性质 5.5.2(5)的直接推论，下面说明后半部分. 例如，设 $\mathscr{A}$ 为 V 上的零变换，$\boldsymbol{\varepsilon}_1,\boldsymbol{\varepsilon}_2,\cdots,\boldsymbol{\varepsilon}_n$ 为 V 的基底，因为 $\mathscr{A}(\boldsymbol{\varepsilon}_i)$ 都等于 $\mathbf{0}$，所以 $\mathscr{A}(\boldsymbol{\alpha}_1),\mathscr{A}(\boldsymbol{\alpha}_2),\cdots,\mathscr{A}(\boldsymbol{\alpha}_n)$ 线性相关，但 $\boldsymbol{\alpha}_1,\boldsymbol{\alpha}_2,\cdots,\boldsymbol{\alpha}_n$ 本身线性无关. □

二、线性变换的运算

在本段中，我们总假设 V 是数域 $\mathbf{P}$ 上的线性空间. 下面来介绍线性变换的加法、数乘和乘法这三个运算.

性质 6.1.1 设 $\mathscr{A},\mathscr{B}\in\mathrm{End}(V)$，$k\in\mathbf{P}$，定义线性变换的加法、数乘和乘法如下：

$$(\mathscr{A}+\mathscr{B})(\boldsymbol{v})=\mathscr{A}(\boldsymbol{v})+\mathscr{B}(\boldsymbol{v})\ (\boldsymbol{v}\in V),$$
$$(k\mathscr{A})(\boldsymbol{v})=k(\mathscr{A}(\boldsymbol{v}))\ (\boldsymbol{v}\in V),$$
$$(\mathscr{A}\mathscr{B})(\boldsymbol{v})=\mathscr{A}(\mathscr{B}(\boldsymbol{v}))\ (\boldsymbol{v}\in V).$$

则 $\mathscr{A}+\mathscr{B}$，$k\mathscr{A}$ 和 $\mathscr{A}\mathscr{B}$ 也都是 V 上的线性变换.

证　仅证 $\mathscr{A}+\mathscr{B}\in \mathrm{End}(V)$. 首先,任取 $\boldsymbol{v}\in V$,易见 $(\mathscr{A}+\mathscr{B})(\boldsymbol{v})$ 存在且属于 V. 又因为 $\mathscr{A}(\boldsymbol{v})$ 和 $\mathscr{B}(\boldsymbol{v})$ 都是确定的,所以 $(\mathscr{A}+\mathscr{B})(\boldsymbol{v})=\mathscr{A}(\boldsymbol{v})+\mathscr{B}(\boldsymbol{v})$ 也唯一确定,因此 $\mathscr{A}+\mathscr{B}$ 是 V 上的变换.

再者,任取 $a,b\in \mathbf{P}$,任取 $\boldsymbol{\alpha},\boldsymbol{\beta}\in V$,因为 $\mathscr{A}$ 和 $\mathscr{B}$ 都是线性变换,所以

$$\begin{aligned}(\mathscr{A}+\mathscr{B})(a\boldsymbol{\alpha}+b\boldsymbol{\beta})&=\mathscr{A}(a\boldsymbol{\alpha}+b\boldsymbol{\beta})+\mathscr{B}(a\boldsymbol{\alpha}+b\boldsymbol{\beta})\\&=a\mathscr{A}(\boldsymbol{\alpha})+b\mathscr{A}(\boldsymbol{\beta})+a\mathscr{B}(\boldsymbol{\alpha})+b\mathscr{B}(\boldsymbol{\beta})\\&=a(\mathscr{A}+\mathscr{B})(\boldsymbol{\alpha})+b(\mathscr{A}+\mathscr{B})(\boldsymbol{\beta}).\end{aligned}$$

因此,$\mathscr{A}+\mathscr{B}$ 保持线性运算. 综上得 $\mathscr{A}+\mathscr{B}\in \mathrm{End}(V)$. □

不难看到,当线性变换 $\mathscr{A},\mathscr{B}$ 给定后,$\mathscr{A}+\mathscr{B}$ 也就唯一确定了,这说明线性变换的加法是 $\mathrm{End}(V)$ 上的代数运算. 同样,数乘和乘法也都是 $\mathrm{End}(V)$ 上的代数运算.

性质 6.1.2　$\mathrm{End}(V)$ 上的加法和数乘具有以下八条性质:

(1) 加法具有交换律,即 $\mathscr{A}+\mathscr{B}=\mathscr{B}+\mathscr{A}$;

(2) 加法具有结合律,即 $(\mathscr{A}+\mathscr{B})+\mathscr{C}=\mathscr{A}+(\mathscr{B}+\mathscr{C})$;

(3) 零变换 0_V 是 $\mathrm{End}(V)$ 中的零元素,即 $\mathscr{A}+0_V=\mathscr{A}$;

(4) $(-1)\mathscr{A}$ 也记为 $-\mathscr{A}$,是 $\mathscr{A}$ 的负元素,即 $\mathscr{A}+(-\mathscr{A})=0_V$;

(5) $1\mathscr{A}=\mathscr{A}$;

(6) $(ab)\mathscr{A}=a(b\mathscr{A})$;

(7) $(a+b)\mathscr{A}=a\mathscr{A}+b\mathscr{A}$;

(8) $a(\mathscr{A}+\mathscr{B})=a\mathscr{A}+a\mathscr{B}$.

上面出现的 $\mathscr{A},\mathscr{B},\mathscr{C}$ 是 $\mathrm{End}(V)$ 中元素,a,b 是数域 $\mathbf{P}$ 中数字.

特别地,$\mathrm{End}(V)$ 关于加法和数乘也构成数域 $\mathbf{P}$ 上的线性空间.

证　注意,要证明 V 上两个线性变换 $\mathscr{A},\mathscr{B}$ 相等,就是要证明对任意 $\boldsymbol{v}\in V$ 都有 $\mathscr{A}(\boldsymbol{v})=\mathscr{B}(\boldsymbol{v})$. 下面仅证(4)和(8). 任取 $\boldsymbol{v}\in V$,有

$$(\mathscr{A}+(-\mathscr{A}))(\boldsymbol{v})=\mathscr{A}(\boldsymbol{v})+(-\mathscr{A})(\boldsymbol{v})=\mathscr{A}(\boldsymbol{v})+(-1)\mathscr{A}(\boldsymbol{v})=\mathbf{0}=0_V(\boldsymbol{v}),$$

$$\begin{aligned}(a(\mathscr{A}+\mathscr{B}))(\boldsymbol{v})&=a(\mathscr{A}(\boldsymbol{v})+\mathscr{B}(\boldsymbol{v}))=a(\mathscr{A}(\boldsymbol{v}))+a(\mathscr{B}(\boldsymbol{v}))\\&=(a\mathscr{A})(\boldsymbol{v})+(a\mathscr{B})(\boldsymbol{v})=(a\mathscr{A}+a\mathscr{B})(\boldsymbol{v}).\end{aligned}$$

上面第一个等式说明 $\mathscr{A}+(-\mathscr{A})=0_V$,即(4)成立;第二个等式说明 $a(\mathscr{A}+\mathscr{B})=a\mathscr{A}+a\mathscr{B}$,即(8)成立.

因为 $\mathrm{End}(V)$ 上的加法和数乘满足线性空间定义中的八条性质,所以 $\mathrm{End}(V)$ 为数域 $\mathbf{P}$ 上的线性空间. □

下面专门来讨论线性变换的乘法.

设 $\mathscr{A}\in \mathrm{End}(V)$,若存在 V 上的变换 $\mathscr{B}$(即 V 到 V 的映射,这里没有要求 $\mathscr{B}$ 是线性的)使得

$$\mathscr{A}\mathscr{B}=\mathscr{B}\mathscr{A}=\mathrm{id}_V, \tag{6.1.1}$$

则称 $\mathscr{A}$ 为**可逆线性变换**，同时也称 $\mathscr{B}$ 为 $\mathscr{A}$ 的一个逆变换，记为 $\mathscr{B}=\mathscr{A}^{-1}$. 注意，由性质 5.5.1，(6.1.1)式中出现的 $\mathscr{A},\mathscr{B}$ 都是 V 上的双射且互为逆变换，所以称 $\mathscr{A}$ 为可逆线性变换是合理的. 下面将证明上式中的 $\mathscr{B}$ 必定是线性的，从而也是 V 上的可逆线性变换.

性质 6.1.3 设 $\mathscr{A}\in \mathrm{End}(V)$，则

(1) $\mathscr{A}$ 可逆当且仅当 $\mathscr{A}$ 为线性空间 V 到自身的同构映射；

(2) 若 $\mathscr{A}\in \mathrm{End}(V)$ 可逆，则 $\mathscr{A}^{-1}$ 也是 V 上的可逆线性变换.

证 (1) 由可逆线性变换和同构映射的定义即得.

(2) 由(6.1.1)式及性质 5.5.1 知，$\mathscr{A}^{-1}$ 是 V 上的可逆变换. 下面证明 $\mathscr{A}^{-1}$ 的线性性. 事实上，任取 $k_1,k_2\in\mathbf{P}$，$\boldsymbol{v}_1,\boldsymbol{v}_2\in V$. 因为

$$\begin{aligned}\mathscr{A}(\mathscr{A}^{-1}(k_1\boldsymbol{v}_1+k_2\boldsymbol{v}_2))&=(\mathscr{A}\mathscr{A}^{-1})(k_1\boldsymbol{v}_1+k_2\boldsymbol{v}_2)=\mathrm{id}_V(k_1\boldsymbol{v}_1+k_2\boldsymbol{v}_2)\\&=k_1\boldsymbol{v}_1+k_2\boldsymbol{v}_2=k_1\mathrm{id}_V(\boldsymbol{v}_1)+k_2\mathrm{id}_V(\boldsymbol{v}_2)\\&=k_1\mathscr{A}(\mathscr{A}^{-1}(\boldsymbol{v}_1))+k_2\mathscr{A}(\mathscr{A}^{-1}(\boldsymbol{v}_2))\\&=\mathscr{A}(k_1\mathscr{A}^{-1}(\boldsymbol{v}_1)+k_2\mathscr{A}^{-1}(\boldsymbol{v}_2)),\end{aligned}$$

注意到 $\mathscr{A}$ 为双射，所以上式推出

$$\mathscr{A}^{-1}(k_1\boldsymbol{v}_1+k_2\boldsymbol{v}_2)=k_1\mathscr{A}^{-1}(\boldsymbol{v}_1)+k_2\mathscr{A}^{-1}(\boldsymbol{v}_2),$$

即 $\mathscr{A}^{-1}$ 保持线性运算，故 $\mathscr{A}^{-1}$ 是 V 上的可逆线性变换. □

类似于方阵的多项式定义，也可定义线性变换的多项式. 设 $\mathscr{A}\in\mathrm{End}(V)$，$\mathscr{A}$ 的方幂定义为

$$\mathscr{A}^0=\mathrm{id}_V,\mathscr{A}^1=\mathscr{A},\cdots,\mathscr{A}^k=\mathscr{A}^{k-1}\mathscr{A}，这里\ k\in\mathbf{Z},k\geqslant 2.$$

当 $\mathscr{A}$ 可逆时，还可以定义 $\mathscr{A}$ 的负整数次方幂

$$\mathscr{A}^{-k}=(\mathscr{A}^{-1})^k,k\in\mathbf{Z}^+.$$

如果 $g(x)=\sum\limits_{i=0}^{m}a_ix^i\in\mathbf{P}[x]$，那么 $g(\mathscr{A})$ 定义为

$$g(\mathscr{A})=\sum_{i=0}^{m}a_i\mathscr{A}^i=a_m\mathscr{A}^m+a_{m-1}\mathscr{A}^{m-1}+\cdots+a_0\mathrm{id}_V,$$

称之为线性变换 $\mathscr{A}$ 的多项式. 因为线性变换的和、数乘、乘积都仍是线性变换，所以线性变换的方幂和多项式仍是线性变换. 容易看到线性变换的方幂具有如下性质：

$$\mathscr{A}^{mn}=(\mathscr{A}^m)^n,\mathscr{A}^{m+n}=\mathscr{A}^m\mathscr{A}^n(m,n\in\mathbf{N}).$$

最后我们指出，虽然 V 上两个线性变换的乘积一般不具有交换律，但是同一个线性变换的两个多项式的乘积是可交换的. 事实上，设 $\mathscr{A}\in\mathrm{End}(V)$，$g(x)h(x)=r(x)$，则 $g(\mathscr{A})h(\mathscr{A})=r(\mathscr{A})=h(\mathscr{A})g(\mathscr{A})$.

三、记号

为了对线性变换作快速的推演和计算，我们需要熟练掌握下面(6.1.2)、(6.1.3)及(6.1.4)式的写法. 设 V 为数域 $\mathbf{P}$ 上的向量空间，$\mathscr{A}\in \mathrm{End}(V)$，$\{\boldsymbol{\alpha}_1,\boldsymbol{\alpha}_2,\cdots,\boldsymbol{\alpha}_m\}$为 V 中的向量组. 记

$$\mathscr{A}(\boldsymbol{\alpha}_1,\boldsymbol{\alpha}_2,\cdots,\boldsymbol{\alpha}_m)=(\mathscr{A}(\boldsymbol{\alpha}_1),\mathscr{A}(\boldsymbol{\alpha}_2),\cdots,\mathscr{A}(\boldsymbol{\alpha}_m)),\tag{6.1.2}$$

即将 $\mathscr{A}(\boldsymbol{\alpha}_1,\boldsymbol{\alpha}_2,\cdots,\boldsymbol{\alpha}_m)$定义为第 k 个分量为 $\mathscr{A}(\boldsymbol{\alpha}_k)$的形式行矩阵. 又若

$$(\boldsymbol{\alpha}_1,\boldsymbol{\alpha}_2,\cdots,\boldsymbol{\alpha}_m)=(\boldsymbol{\beta}_1,\boldsymbol{\beta}_2,\cdots,\boldsymbol{\beta}_t)\boldsymbol{B},\text{其中 }\boldsymbol{B}\in \mathbf{P}^{t\times m},$$

则

$$\mathscr{A}(\boldsymbol{\alpha}_1,\boldsymbol{\alpha}_2,\cdots,\boldsymbol{\alpha}_m)=(\mathscr{A}(\boldsymbol{\beta}_1,\boldsymbol{\beta}_2,\cdots,\boldsymbol{\beta}_t))\boldsymbol{B},\tag{6.1.3}$$

即

$$\mathscr{A}((\boldsymbol{\beta}_1,\boldsymbol{\beta}_2,\cdots,\boldsymbol{\beta}_t)\boldsymbol{B})=(\mathscr{A}(\boldsymbol{\beta}_1,\boldsymbol{\beta}_2,\cdots,\boldsymbol{\beta}_t))\boldsymbol{B}.\tag{6.1.4}$$

证 设 $\boldsymbol{B}$ 的第 k 个列向量为$(c_1,c_2,\cdots,c_t)^{\mathrm{T}}$，则

$$\boldsymbol{\alpha}_k=(\boldsymbol{\beta}_1,\boldsymbol{\beta}_2,\cdots,\boldsymbol{\beta}_t)(c_1,c_2,\cdots,c_t)^{\mathrm{T}}=c_1\boldsymbol{\beta}_1+c_2\boldsymbol{\beta}_2+\cdots+c_t\boldsymbol{\beta}_t.$$

(6.1.3)式左边及右边第 k 个分量分别为

$$\mathscr{A}(\boldsymbol{\alpha}_k)=\mathscr{A}(c_1\boldsymbol{\beta}_1+c_2\boldsymbol{\beta}_2+\cdots+c_t\boldsymbol{\beta}_t)=c_1\mathscr{A}(\boldsymbol{\beta}_1)+c_2\mathscr{A}(\boldsymbol{\beta}_2)+\cdots+c_t\mathscr{A}(\boldsymbol{\beta}_t),$$

$$(\mathscr{A}(\boldsymbol{\beta}_1),\mathscr{A}(\boldsymbol{\beta}_2),\cdots,\mathscr{A}(\boldsymbol{\beta}_t))(c_1,c_2,\cdots,c_t)^{\mathrm{T}}=c_1\mathscr{A}(\boldsymbol{\beta}_1)+c_2\mathscr{A}(\boldsymbol{\beta}_2)+\cdots+c_t\mathscr{A}(\boldsymbol{\beta}_t),$$

故(6.1.3)式成立. □

§6.2 线性变换的矩阵

线性变换的矩阵是极为重要的概念，本节我们将看到线性变换与矩阵之间有非常完美的对应关系. 引入了线性变换的矩阵后，我们可以应用矩阵的理论来研究线性变换.

一、定义

定义 6.2.1 设 V 为数域 $\mathbf{P}$ 上的向量空间，$\mathscr{A}\in \mathrm{End}(V)$，$\boldsymbol{\varepsilon}_1,\boldsymbol{\varepsilon}_2,\cdots,\boldsymbol{\varepsilon}_n$ 为 V 的一组基底. 于是 $\mathscr{A}(\boldsymbol{\varepsilon}_i)$可表示为 $\boldsymbol{\varepsilon}_1,\boldsymbol{\varepsilon}_2,\cdots,\boldsymbol{\varepsilon}_n$ 的线性组合，即

$$\mathscr{A}(\boldsymbol{\varepsilon}_i)=(\boldsymbol{\varepsilon}_1,\boldsymbol{\varepsilon}_2,\cdots,\boldsymbol{\varepsilon}_n)\begin{pmatrix}a_{1i}\\a_{2i}\\\vdots\\a_{ni}\end{pmatrix},i=1,2,\cdots,n,$$

用(6.1.2)式这样的形式向量的记号来表示，也即

$$\mathscr{A}(\boldsymbol{\varepsilon}_1,\boldsymbol{\varepsilon}_2,\cdots,\boldsymbol{\varepsilon}_n)=(\mathscr{A}(\boldsymbol{\varepsilon}_1),\mathscr{A}(\boldsymbol{\varepsilon}_2),\cdots,\mathscr{A}(\boldsymbol{\varepsilon}_n))=(\boldsymbol{\varepsilon}_1,\boldsymbol{\varepsilon}_2,\cdots,\boldsymbol{\varepsilon}_n)\mathbf{A},$$

其中 $\mathbf{A}$ 是 $\mathscr{A}(\boldsymbol{\varepsilon}_1),\mathscr{A}(\boldsymbol{\varepsilon}_2),\cdots,\mathscr{A}(\boldsymbol{\varepsilon}_n)$ 在基底 $\boldsymbol{\varepsilon}_1,\boldsymbol{\varepsilon}_2,\cdots,\boldsymbol{\varepsilon}_n$ 下的坐标向量构成的矩阵，即

$$\mathbf{A}=\begin{pmatrix} a_{11} & a_{12} & \cdots & a_{1n} \\ a_{21} & a_{22} & \cdots & a_{2n} \\ \vdots & \vdots & & \vdots \\ a_{n1} & a_{n2} & \cdots & a_{nn} \end{pmatrix}\in \mathbf{P}^{n\times n},$$

称 $\mathbf{A}$ 为线性变换 $\mathscr{A}$ 在基底 $\boldsymbol{\varepsilon}_1,\boldsymbol{\varepsilon}_2,\cdots,\boldsymbol{\varepsilon}_n$ 下的矩阵.

容易看到零变换在任意基底下的矩阵都是零矩阵；恒等变换在任意基底下的矩阵都是单位矩阵.

例 6.2.1 设 $\mathscr{D}$ 为 $\mathbf{P}[x]_n$ 上的求导变换，证明 $\mathscr{D}$ 是线性变换，并求 $\mathscr{D}$ 在常用基底 $1,x,x^2,\cdots,x^{n-1}$ 下的矩阵.

解 (1) 先证明 $\mathscr{D}$ 是线性变换. 首先，任取 $f(x)\in\mathbf{P}[x]_n$，易见

$$\mathscr{D}(f(x))=f'(x)$$

存在、唯一且属于 $\mathbf{P}[x]_n$，故 $\mathscr{D}$ 为 $\mathbf{P}[x]_n$ 上的变换. 再者，由 §1.6 中的求导性质，$\mathscr{D}$ 保持线性运算. 综上证得 $\mathscr{D}$ 是 $\mathbf{P}[x]_n$ 上的线性变换.

(2) 因为 $\mathscr{D}(1)=0,\mathscr{D}(x)=1,\mathscr{D}(x^2)=2x,\cdots,\mathscr{D}(x^{n-1})=(n-1)x^{n-2}$，所以它们在基底 $1,x,x^2,\cdots,x^{n-1}$ 下的坐标向量分别为

$$\begin{pmatrix}0\\0\\\vdots\\0\\0\end{pmatrix},\begin{pmatrix}1\\0\\\vdots\\0\\0\end{pmatrix},\begin{pmatrix}0\\2\\\vdots\\0\\0\end{pmatrix},\cdots,\begin{pmatrix}0\\0\\\vdots\\n-1\\0\end{pmatrix},$$

故 $\mathscr{D}$ 在基底 $1,x,x^2,\cdots,x^{n-1}$ 下的矩阵为

$$\begin{pmatrix} 0 & 1 & 0 & \cdots & 0 \\ 0 & 0 & 2 & \cdots & 0 \\ \vdots & \vdots & \vdots & & \vdots \\ 0 & 0 & 0 & \cdots & n-1 \\ 0 & 0 & 0 & \cdots & 0 \end{pmatrix}.$$ □

例 6.2.2 设 $\mathbf{A}$ 为数域 $\mathbf{P}$ 上任意取定的一个 n 级方阵，作对应法则 $\mathscr{A}$ 如下：

$$\boldsymbol{\alpha}\to\mathbf{A}\boldsymbol{\alpha}\ (\boldsymbol{\alpha}\in\mathbf{P}^n),$$

证明 $\mathscr{A}$ 为 $\mathbf{P}^n$ 上的线性变换，并求 $\mathscr{A}$ 在 $\mathbf{P}^n$ 的常用基底下的矩阵.

解 (1) 先证明 $\mathscr{A}$ 是线性变换. 首先,任取 $\boldsymbol{\alpha}\in\mathbf{P}^n$,显然 $\mathscr{A}(\boldsymbol{\alpha})=\mathbf{A}\boldsymbol{\alpha}$ 存在、唯一且属于 $\mathbf{P}^n$,故 $\mathscr{A}$ 是 $\mathbf{P}^n$ 上的变换. 其次,任取 $\boldsymbol{\alpha},\boldsymbol{\beta}\in\mathbf{P}^n$, $a,b\in\mathbf{P}$,由矩阵乘法运算的线性性得

$$\mathscr{A}(a\boldsymbol{\alpha}+b\boldsymbol{\beta})=\mathbf{A}(a\boldsymbol{\alpha}+b\boldsymbol{\beta})=a\mathbf{A}\boldsymbol{\alpha}+b\mathbf{A}\boldsymbol{\beta}=a\mathscr{A}(\boldsymbol{\alpha})+b\mathscr{A}(\boldsymbol{\beta}),$$

因此 $\mathscr{A}$ 保持线性运算. 综上证得 $\mathscr{A}$ 是 $\mathbf{P}^n$ 上的线性变换.

(2) 在常用基底

$$\boldsymbol{e}_1=\begin{pmatrix}1\\0\\\vdots\\0\end{pmatrix},\boldsymbol{e}_2=\begin{pmatrix}0\\1\\\vdots\\0\end{pmatrix},\cdots,\boldsymbol{e}_n=\begin{pmatrix}0\\0\\\vdots\\1\end{pmatrix}$$

下, $\mathscr{A}(\boldsymbol{e}_i)=\mathbf{A}\boldsymbol{e}_i$,而 $\mathbf{A}\boldsymbol{e}_i$ 恰是 $\mathbf{A}$ 的第 i 个列向量,因此 $\mathscr{A}(\boldsymbol{e}_i)$ 在常用基底 $\boldsymbol{e}_1,\boldsymbol{e}_2,\cdots,\boldsymbol{e}_n$ 下的坐标向量就是 $\mathbf{A}$ 的第 i 个列向量,故线性变换 $\mathscr{A}$ 在该基底下的矩阵为 $\mathbf{A}$. □

二、线性变换与矩阵之间的关系

本段都是在以下假设下讨论.

假设 6.2.1 设 V 是数域 $\mathbf{P}$ 上的 n 维线性空间,取定 V 的一组基底 $\boldsymbol{\varepsilon}_1,\boldsymbol{\varepsilon}_2,\cdots,\boldsymbol{\varepsilon}_n$. 对于任意 $\mathscr{A}\in\mathrm{End}(V)$,一定存在矩阵 $\mathbf{A}$ 使得 $\mathscr{A}$ 在上述取定基底下的矩阵为 $\mathbf{A}$(定义 6.2.1). 现在我们定义对应法则 $\sigma:\mathrm{End}(V)\to\mathbf{P}^{n\times n}$ 如下,任意线性变换 $\mathscr{A}$ 在 σ 下对应为 $\mathscr{A}$ 在基底 $\boldsymbol{\varepsilon}_1,\boldsymbol{\varepsilon}_2,\cdots,\boldsymbol{\varepsilon}_n$ 下的矩阵 $\mathbf{A}$.

下面,我们将考察线性变换与对应矩阵之间的关系,也即考察上述对应法则 σ.

性质 6.2.1 在假设 6.2.1 下, σ 是双射.

证 (1) 先证明 σ 是映射. 对任意 $\mathscr{A}\in\mathrm{End}(V)$,显然 $\sigma(\mathscr{A})$(即 $\mathscr{A}$ 在基底 $\boldsymbol{\varepsilon}_1,\boldsymbol{\varepsilon}_2,\cdots,\boldsymbol{\varepsilon}_n$ 下的矩阵)存在,且 $\sigma(\mathscr{A})\in\mathbf{P}^{n\times n}$. 又对于取定的 $\mathscr{A}$, $\mathscr{A}(\boldsymbol{\varepsilon}_1),\mathscr{A}(\boldsymbol{\varepsilon}_2),\cdots,\mathscr{A}(\boldsymbol{\varepsilon}_n)$ 都已确定,故它们在基底 $\boldsymbol{\varepsilon}_1,\boldsymbol{\varepsilon}_2,\cdots,\boldsymbol{\varepsilon}_n$ 下的坐标向量都已确定,所以这些坐标向量拼成的 n 级方阵,即 $\sigma(\mathscr{A})$ 唯一确定. 因此 $\sigma:\mathrm{End}(V)\to\mathbf{P}^{n\times n}$ 为映射.

(2) 再证明 σ 是单射. 即要证明,若 $\sigma(\mathscr{A}_1)=\sigma(\mathscr{A}_2)$,则必有 $\mathscr{A}_1=\mathscr{A}_2$.

事实上,若 $\sigma(\mathscr{A}_1)=\sigma(\mathscr{A}_2)$,则

$$\mathscr{A}_1(\boldsymbol{\varepsilon}_1,\boldsymbol{\varepsilon}_2,\cdots,\boldsymbol{\varepsilon}_n)=(\boldsymbol{\varepsilon}_1,\boldsymbol{\varepsilon}_2,\cdots,\boldsymbol{\varepsilon}_n)\sigma(\mathscr{A}_1)=(\boldsymbol{\varepsilon}_1,\boldsymbol{\varepsilon}_2,\cdots,\boldsymbol{\varepsilon}_n)\sigma(\mathscr{A}_2)=\mathscr{A}_2(\boldsymbol{\varepsilon}_1,\boldsymbol{\varepsilon}_2,\cdots,\boldsymbol{\varepsilon}_n),$$

故 $\mathscr{A}_1(\boldsymbol{\varepsilon}_i)$ 和 $\mathscr{A}_2(\boldsymbol{\varepsilon}_i)$ $(i=1,2,\cdots,n)$ 都对应相等. 现对于任取的 $\boldsymbol{v}=\sum\limits_{i=1}^{n}k_i\boldsymbol{\varepsilon}_i\in V$,我们有

$$\mathscr{A}_1(\boldsymbol{v})=\sum_{i=1}^{n}k_i\mathscr{A}_1(\boldsymbol{\varepsilon}_i)=\sum_{i=1}^{n}k_i\mathscr{A}_2(\boldsymbol{\varepsilon}_i)=\mathscr{A}_2(\boldsymbol{v}),$$

因此 $\mathscr{A}_1=\mathscr{A}_2$，即 σ 是单射.

(3) 最后证明 σ 是满射. 即要证明，任取 $\boldsymbol{A}=(a_{ij})_{n\times n}\in\mathbf{P}^{n\times n}$，必存在 $\mathscr{A}\in\mathrm{End}(V)$ 使得 $\mathscr{A}$ 在基底 $\boldsymbol{\varepsilon}_1,\boldsymbol{\varepsilon}_2,\cdots,\boldsymbol{\varepsilon}_n$ 下的矩阵为 $\boldsymbol{A}$.

先构造 $V\to V$ 的对应法则 $\mathscr{A}$ 如下：任取 $\boldsymbol{\beta}=k_1\boldsymbol{\varepsilon}_1+k_2\boldsymbol{\varepsilon}_2+\cdots+k_n\boldsymbol{\varepsilon}_n\in V$，使得

$$\mathscr{A}(\boldsymbol{\beta})=(\boldsymbol{\varepsilon}_1,\boldsymbol{\varepsilon}_2,\cdots,\boldsymbol{\varepsilon}_n)\boldsymbol{A}\begin{pmatrix}k_1\\k_2\\\vdots\\k_n\end{pmatrix},$$

即 $\mathscr{A}(\boldsymbol{\beta})$ 在基底 $\boldsymbol{\varepsilon}_1,\boldsymbol{\varepsilon}_2,\cdots,\boldsymbol{\varepsilon}_n$ 下的坐标向量为 $\boldsymbol{A}(k_1,k_2,\cdots,k_n)^{\mathrm{T}}$. 容易验证(仿照例 6.2.2 的证明，细节留给读者) $\mathscr{A}\in\mathrm{End}(V)$ 且 $\mathscr{A}$ 在基底 $\boldsymbol{\varepsilon}_1,\boldsymbol{\varepsilon}_2,\cdots,\boldsymbol{\varepsilon}_n$ 下的矩阵为 $\boldsymbol{A}$. 故 σ 是满射.

综上证得 σ 是双射. □

在假设 6.2.1 下，设线性变换 $\mathscr{A},\mathscr{B}$ 在基底 $\boldsymbol{\varepsilon}_1,\boldsymbol{\varepsilon}_2,\cdots,\boldsymbol{\varepsilon}_n$ 下的矩阵分别为 $\boldsymbol{A}$ 和 $\boldsymbol{B}$. 因为 σ 是双射，所以

$$\mathscr{A}=\mathscr{B}\Leftrightarrow\boldsymbol{A}=\boldsymbol{B}.$$

不但如此，下面的命题指出 σ 还保持加法、数乘和乘法.

性质 6.2.2 在假设 6.2.1 下，设 $\mathscr{A},\mathscr{B}\in\mathrm{End}(V)$ 在基底 $\boldsymbol{\varepsilon}_1,\boldsymbol{\varepsilon}_2,\cdots,\boldsymbol{\varepsilon}_n$ 下的矩阵分别为 $\boldsymbol{A}$ 和 $\boldsymbol{B}$，则以下结论成立：

(1) $\mathscr{A}+\mathscr{B}$ 在基底 $\boldsymbol{\varepsilon}_1,\boldsymbol{\varepsilon}_2,\cdots,\boldsymbol{\varepsilon}_n$ 下的矩阵为 $\boldsymbol{A}+\boldsymbol{B}$.

(2) $k\mathscr{A}$ 在基底 $\boldsymbol{\varepsilon}_1,\boldsymbol{\varepsilon}_2,\cdots,\boldsymbol{\varepsilon}_n$ 下的矩阵为 $k\boldsymbol{A}$，其中 $k\in\mathbf{P}$.

(3) $\mathscr{A}\mathscr{B}$ 在基底 $\boldsymbol{\varepsilon}_1,\boldsymbol{\varepsilon}_2,\cdots,\boldsymbol{\varepsilon}_n$ 下的矩阵为 $\boldsymbol{A}\boldsymbol{B}$.

(4) $\mathscr{A}$ 可逆当且仅当 $\boldsymbol{A}$ 可逆，且若 $\boldsymbol{A}$ 可逆，则 $\mathscr{A}^{-1}$ 对应的矩阵为 $\boldsymbol{A}^{-1}$.

证 仅证(3). 因为

$$\begin{aligned}(\mathscr{A}\mathscr{B})(\boldsymbol{\varepsilon}_1,\boldsymbol{\varepsilon}_2,\cdots,\boldsymbol{\varepsilon}_n)&=((\mathscr{A}\mathscr{B})(\boldsymbol{\varepsilon}_1),(\mathscr{A}\mathscr{B})(\boldsymbol{\varepsilon}_2),\cdots,(\mathscr{A}\mathscr{B})(\boldsymbol{\varepsilon}_n))\\&=(\mathscr{A}(\mathscr{B}(\boldsymbol{\varepsilon}_1)),\mathscr{A}(\mathscr{B}(\boldsymbol{\varepsilon}_2)),\cdots,\mathscr{A}(\mathscr{B}(\boldsymbol{\varepsilon}_n)))\\&=\mathscr{A}(\mathscr{B}(\boldsymbol{\varepsilon}_1),\mathscr{B}(\boldsymbol{\varepsilon}_2),\cdots,\mathscr{B}(\boldsymbol{\varepsilon}_n))\\&=\mathscr{A}((\boldsymbol{\varepsilon}_1,\boldsymbol{\varepsilon}_2,\cdots,\boldsymbol{\varepsilon}_n)\boldsymbol{B})\\&=(\mathscr{A}(\boldsymbol{\varepsilon}_1,\boldsymbol{\varepsilon}_2,\cdots,\boldsymbol{\varepsilon}_n))\boldsymbol{B}\text{(应用(6.1.3)式)}\\&=((\boldsymbol{\varepsilon}_1,\boldsymbol{\varepsilon}_2,\cdots,\boldsymbol{\varepsilon}_n)\boldsymbol{A})\boldsymbol{B}\\&=(\boldsymbol{\varepsilon}_1,\boldsymbol{\varepsilon}_2,\cdots,\boldsymbol{\varepsilon}_n)(\boldsymbol{A}\boldsymbol{B})\text{(应用性质 5.1.1)},\end{aligned}$$

所以(3)成立. □

三、线性变换在不同基底下的矩阵

先给出矩阵相似的定义.

定义 6.2.2 设 $\boldsymbol{A},\boldsymbol{B}\in \mathbf{P}^{n\times n}$,若有可逆矩阵 $\boldsymbol{X}\in \mathbf{P}^{n\times n}$ 使得 $\boldsymbol{X}^{-1}\boldsymbol{A}\boldsymbol{X}=\boldsymbol{B}$,则称 $\boldsymbol{A}$ 与 $\boldsymbol{B}$ 相似,记为 $\boldsymbol{A}\sim\boldsymbol{B}$.

由定义容易看到,矩阵的相似关系具有自反性、对称性和传递性.

定理 6.2.1 设 V 是数域 $\mathbf{P}$ 上的 n 维线性空间,$\sigma\in \mathrm{End}(V)$ 在不同基底 $\boldsymbol{\varepsilon}_1,\boldsymbol{\varepsilon}_2,\cdots,\boldsymbol{\varepsilon}_n$ 和 $\boldsymbol{\eta}_1,\boldsymbol{\eta}_2,\cdots,\boldsymbol{\eta}_n$ 下的矩阵分别为 $\boldsymbol{A}$ 和 $\boldsymbol{B}$,又设 $(\boldsymbol{\eta}_1,\boldsymbol{\eta}_2,\cdots,\boldsymbol{\eta}_n)=(\boldsymbol{\varepsilon}_1,\boldsymbol{\varepsilon}_2,\cdots,\boldsymbol{\varepsilon}_n)\boldsymbol{D}$,则 $\boldsymbol{D}^{-1}\boldsymbol{A}\boldsymbol{D}=\boldsymbol{B}$. 即线性变换在不同基底下的矩阵必相似.

证 注意 $\boldsymbol{D}$ 为两组基底之间的过渡矩阵,故它可逆. 由条件有

$$\sigma(\boldsymbol{\eta}_1,\boldsymbol{\eta}_2,\cdots,\boldsymbol{\eta}_n)=(\sigma(\boldsymbol{\eta}_1),\sigma(\boldsymbol{\eta}_2),\cdots,\sigma(\boldsymbol{\eta}_n))=(\boldsymbol{\eta}_1,\boldsymbol{\eta}_2,\cdots,\boldsymbol{\eta}_n)\boldsymbol{B},$$

$$\begin{aligned}\sigma(\boldsymbol{\eta}_1,\boldsymbol{\eta}_2,\cdots,\boldsymbol{\eta}_n)&=\sigma((\boldsymbol{\varepsilon}_1,\boldsymbol{\varepsilon}_2,\cdots,\boldsymbol{\varepsilon}_n)\boldsymbol{D})=(\sigma(\boldsymbol{\varepsilon}_1,\boldsymbol{\varepsilon}_2,\cdots,\boldsymbol{\varepsilon}_n))\boldsymbol{D}=((\boldsymbol{\varepsilon}_1,\boldsymbol{\varepsilon}_2,\cdots,\boldsymbol{\varepsilon}_n)\boldsymbol{A})\boldsymbol{D}\\&=((\boldsymbol{\eta}_1,\boldsymbol{\eta}_2,\cdots,\boldsymbol{\eta}_n)\boldsymbol{D}^{-1}\boldsymbol{A})\boldsymbol{D}=(\boldsymbol{\eta}_1,\boldsymbol{\eta}_2,\cdots,\boldsymbol{\eta}_n)(\boldsymbol{D}^{-1}\boldsymbol{A}\boldsymbol{D}),\end{aligned}$$

由以上两式得 $\boldsymbol{D}^{-1}\boldsymbol{A}\boldsymbol{D}=\boldsymbol{B}$. □

例 6.2.3 在 $\mathbf{P}^3$ 中,线性变换 $\mathscr{A}$ 定义为

$$\begin{cases}\mathscr{A}(\boldsymbol{\eta}_1)=(-5,0,3),\\ \mathscr{A}(\boldsymbol{\eta}_2)=(0,-1,1),\\ \mathscr{A}(\boldsymbol{\eta}_3)=(-2,0,2),\end{cases}\quad 其中\begin{cases}\boldsymbol{\eta}_1=(-1,0,2),\\ \boldsymbol{\eta}_2=(0,1,1),\\ \boldsymbol{\eta}_3=(3,1,0).\end{cases}$$

求 $\mathscr{A}$ 在基底 $\boldsymbol{\xi}_1=(1,0,0),\boldsymbol{\xi}_2=(0,1,1),\boldsymbol{\xi}_3=(0,0,1)$ 下的矩阵.

解 读者不宜机械地应用上面的定理,而应掌握其基本推演. 首先将题中的行向量全部改写成列向量,于是 $(\boldsymbol{\eta}_1,\boldsymbol{\eta}_2,\boldsymbol{\eta}_3)$,$(\mathscr{A}(\boldsymbol{\eta}_1),\mathscr{A}(\boldsymbol{\eta}_2),\mathscr{A}(\boldsymbol{\eta}_3))$ 及 $(\boldsymbol{\xi}_1,\boldsymbol{\xi}_2,\boldsymbol{\xi}_3)$ 都是已知的 3 级方阵. 容易验证 $\boldsymbol{\eta}_1,\boldsymbol{\eta}_2,\boldsymbol{\eta}_3$ 是 $\mathbf{P}^3$ 的一个基底,设

$$(\boldsymbol{\xi}_1,\boldsymbol{\xi}_2,\boldsymbol{\xi}_3)=(\boldsymbol{\eta}_1,\boldsymbol{\eta}_2,\boldsymbol{\eta}_3)\boldsymbol{B},(\mathscr{A}(\boldsymbol{\eta}_1),\mathscr{A}(\boldsymbol{\eta}_2),\mathscr{A}(\boldsymbol{\eta}_3))=(\boldsymbol{\xi}_1,\boldsymbol{\xi}_2,\boldsymbol{\xi}_3)\boldsymbol{C},$$

则

$$\mathscr{A}(\boldsymbol{\xi}_1,\boldsymbol{\xi}_2,\boldsymbol{\xi}_3)=(\mathscr{A}(\boldsymbol{\eta}_1,\boldsymbol{\eta}_2,\boldsymbol{\eta}_3))\boldsymbol{B}=(\boldsymbol{\xi}_1,\boldsymbol{\xi}_2,\boldsymbol{\xi}_3)(\boldsymbol{C}\boldsymbol{B}),$$

所以 $\mathscr{A}$ 在基底 $\boldsymbol{\xi}_1,\boldsymbol{\xi}_2,\boldsymbol{\xi}_3$ 下的矩阵为 $\boldsymbol{C}\boldsymbol{B}$. 具体计算,得

$$\boldsymbol{C}=(\boldsymbol{\xi}_1,\boldsymbol{\xi}_2,\boldsymbol{\xi}_3)^{-1}(\mathscr{A}(\boldsymbol{\eta}_1),\mathscr{A}(\boldsymbol{\eta}_2),\mathscr{A}(\boldsymbol{\eta}_3)),$$

$$\boldsymbol{B}=(\boldsymbol{\eta}_1,\boldsymbol{\eta}_2,\boldsymbol{\eta}_3)^{-1}(\boldsymbol{\xi}_1,\boldsymbol{\xi}_2,\boldsymbol{\xi}_3),$$

所以 $\boldsymbol{C}\boldsymbol{B}=\begin{pmatrix}1&0&0\\0&1&0\\0&1&1\end{pmatrix}^{-1}\begin{pmatrix}-5&0&-2\\0&-1&0\\3&1&2\end{pmatrix}\begin{pmatrix}-1&0&3\\0&1&1\\2&1&0\end{pmatrix}^{-1}\begin{pmatrix}1&0&0\\0&1&0\\0&1&1\end{pmatrix}$

$$=\begin{pmatrix}-\frac{9}{5}&0&-\frac{17}{5}\\ \frac{2}{5}&-1&\frac{1}{5}\\ \frac{3}{5}&2&\frac{9}{5}\end{pmatrix}.$$

□

§6.3 特征值与特征向量

为了研究方阵或线性变换的可对角化问题，本节介绍特征值、特征向量的基本理论，它们在实际问题中有广泛的应用.

一、定义及算法

在本段中，我们介绍方阵以及线性变换的特征值和特征向量的定义和算法.

定义 6.3.1 设 $\boldsymbol{A}\in\mathbf{P}^{n\times n}$，若数字 $\lambda_0\in\mathbf{P}$ 及 n 维非零列向量 $\boldsymbol{\xi}\in\mathbf{P}^n$ 满足 $\boldsymbol{A\xi}=\lambda_0\boldsymbol{\xi}$，即

$$(\lambda_0\boldsymbol{E}-\boldsymbol{A})_{n\times n}\boldsymbol{\xi}=\mathbf{0},$$

则称 λ_0 是 $\boldsymbol{A}$ 的数域 $\mathbf{P}$ 上的一个特征值，称 $\boldsymbol{\xi}$ 是 $\boldsymbol{A}$ 的属于特征值 λ_0 的一个特征向量.

称 $\lambda\boldsymbol{E}-\boldsymbol{A}$ 为 $\boldsymbol{A}$ 的**特征矩阵**. 要计算 $\boldsymbol{A}$ 的特征值和特征向量，需要先计算它的特征矩阵的行列式 $|\lambda\boldsymbol{E}-\boldsymbol{A}|$，我们称之为 $\boldsymbol{A}$ 的**特征多项式**. 将 $|\lambda\boldsymbol{E}-\boldsymbol{A}_{n\times n}|$ 展开后，容易看到它是数域 $\mathbf{P}$ 上关于 λ 的首项系数为 1 的 n 次多项式.

下面给出方阵的特征值和特征向量的算法定理.

定理 6.3.1 设 $\boldsymbol{A}\in\mathbf{P}^{n\times n},\lambda_0\in\mathbf{P},\boldsymbol{\xi}\in\mathbf{P}^n$.

(1) λ_0 为 $\boldsymbol{A}$ 的特征值当且仅当 λ_0 是 $\boldsymbol{A}$ 的特征多项式 $f(\lambda):=|\lambda\boldsymbol{E}-\boldsymbol{A}|$ 的根.

(2) 若 λ_0 为 $\boldsymbol{A}$ 的一个特征值，则 $\boldsymbol{\xi}$ 为 $\boldsymbol{A}$ 的属于特征值 λ_0 的特征向量当且仅当 $\boldsymbol{\xi}$ 是齐次线性方程组 $(\lambda_0\boldsymbol{E}-\boldsymbol{A})\boldsymbol{X}=\mathbf{0}$ 的非零解.

证 (1) 由定义，λ_0 是 $\boldsymbol{A}$ 的特征值当且仅当存在非零向量 $\boldsymbol{\xi}$ 使得 $\boldsymbol{A\xi}=\lambda_0\boldsymbol{\xi}$，即 $(\lambda_0\boldsymbol{E}-\boldsymbol{A})\boldsymbol{\xi}=\mathbf{0}$，这等价于说

$$\text{齐次线性方程组}(\lambda_0\boldsymbol{E}-\boldsymbol{A})\boldsymbol{X}=\mathbf{0}\text{有非零解}.$$

而该方程组有非零解的充分必要条件是 $R(\lambda_0\boldsymbol{E}-\boldsymbol{A})<n$，即 n 级方阵 $\lambda_0\boldsymbol{E}-\boldsymbol{A}$ 的行列式等于零，也即 λ_0 是 $\boldsymbol{A}$ 的特征多项式的根.

(2) 设 λ_0 为 $\boldsymbol{A}$ 的一个特征值. 由定义，$\boldsymbol{\xi}$ 是 $\boldsymbol{A}$ 的属于特征值 λ_0 的特征向量当且仅当 $\boldsymbol{\xi}\neq\mathbf{0}$ 且 $\boldsymbol{A\xi}=\lambda_0\boldsymbol{\xi}$，也即 $\boldsymbol{\xi}$ 是齐次线性方程组 $(\lambda_0\boldsymbol{E}-\boldsymbol{A})\boldsymbol{X}=\mathbf{0}$ 的非零解. □

例 6.3.1 求矩阵 $\boldsymbol{A}=\begin{pmatrix}0&0&1\\1&1&-1\\1&0&0\end{pmatrix}$ 的特征值与特征向量.

解 矩阵 $\boldsymbol{A}$ 的特征多项式为

$$|\lambda \boldsymbol{E}-\boldsymbol{A}|=\begin{vmatrix}\lambda & 0 & -1\\ -1 & \lambda-1 & 1\\ -1 & 0 & \lambda\end{vmatrix}\xlongequal{\text{按 } c_2 \text{ 展开}}(\lambda-1)\begin{vmatrix}\lambda & -1\\ -1 & \lambda\end{vmatrix}=(\lambda-1)^2(\lambda+1),$$

故 $\boldsymbol{A}$ 的特征值为 $\lambda_1=1$(二重),$\lambda_2=-1$.

(1) 对于特征值 $\lambda_1=1$,解齐次线性方程组 $(\lambda_1\boldsymbol{E}-\boldsymbol{A})\boldsymbol{X}=\boldsymbol{0}$. 因为

$$\lambda_1\boldsymbol{E}-\boldsymbol{A}=\begin{pmatrix}1 & 0 & -1\\ -1 & 0 & 1\\ -1 & 0 & 1\end{pmatrix}\xrightarrow[r_3+r_1]{r_2+r_1}\begin{pmatrix}1 & 0 & -1\\ 0 & 0 & 0\\ 0 & 0 & 0\end{pmatrix},$$

将 x_2,x_3 作为自由未知数,得 $\begin{pmatrix}x_1\\ x_2\\ x_3\end{pmatrix}=\begin{pmatrix}x_3\\ x_2\\ x_3\end{pmatrix}$,因此 $\boldsymbol{A}$ 的属于特征值 1 的全部特征向量为 $c_1\begin{pmatrix}0\\ 1\\ 0\end{pmatrix}+c_2\begin{pmatrix}1\\ 0\\ 1\end{pmatrix}$,其中 c_1,c_2 是不全为零的任意数字. ①

(2) 对于特征值 $\lambda_2=-1$,解齐次线性方程组 $(\lambda_2\boldsymbol{E}-\boldsymbol{A})\boldsymbol{X}=\boldsymbol{0}$. 因为

$$\lambda_2\boldsymbol{E}-\boldsymbol{A}=\begin{pmatrix}-1 & 0 & -1\\ -1 & -2 & 1\\ -1 & 0 & -1\end{pmatrix}\xrightarrow{\text{初等行变换}}\begin{pmatrix}1 & 0 & 1\\ 0 & 1 & -1\\ 0 & 0 & 0\end{pmatrix},$$

将 x_3 作为自由未知数得 $\begin{pmatrix}x_1\\ x_2\\ x_3\end{pmatrix}=\begin{pmatrix}-x_3\\ x_3\\ x_3\end{pmatrix}$,因此 $\boldsymbol{A}$ 的属于特征值 -1 的全部特征向量为 $c_3(-1,1,1)^{\mathrm{T}}$,其中 c_3 为任意非零数字. □

下面介绍线性变换的特征值和特征向量.

定义 6.3.2 设 V 是数域 $\mathbf{P}$ 上的 n 维线性空间,$\mathscr{A}\in \mathrm{End}(V)$. 若数字 $\lambda_0\in\mathbf{P}$ 及非零向量 $\boldsymbol{\alpha}\in V$ 满足 $\mathscr{A}\boldsymbol{\alpha}=\lambda_0\boldsymbol{\alpha}$,也即

$$(\lambda_0\mathrm{id}_V-\mathscr{A})\boldsymbol{\alpha}=\boldsymbol{0},$$

则称 λ_0 是 $\mathscr{A}$ 的一个特征值,$\boldsymbol{\alpha}$ 是 $\mathscr{A}$ 的属于特征值 λ_0 的一个特征向量.

求线性变换的特征值和特征向量是通过计算矩阵的特征值和特征向量来实现的.

性质 6.3.1 设 V 是数域 $\mathbf{P}$ 上的 n 维线性空间,$\mathscr{A}\in\mathrm{End}(V)$ 在 V 的一组基

---

① 注意 $\boldsymbol{\xi}_1=(0,1,0)^{\mathrm{T}},\boldsymbol{\xi}_2=(1,0,1)^{\mathrm{T}}$ 是方程组的基础解系,故线性无关,所以只有当 $c_1=c_2=0$ 时 $c_1\boldsymbol{\xi}_1+c_2\boldsymbol{\xi}_2$ 才等于零. 因此,$\boldsymbol{A}$ 的属于 1 的全部特征向量为 $c_1\boldsymbol{\xi}_1+c_2\boldsymbol{\xi}_2$,其中 c_1,c_2 为不全为零的任意数字.

底 $\boldsymbol{\varepsilon}_1,\boldsymbol{\varepsilon}_2,\cdots,\boldsymbol{\varepsilon}_n$ 下的矩阵为 $\mathbf{A}$，则

(1) λ_0 为 $\mathscr{A}$ 的特征值当且仅当 λ_0 是 $\mathbf{A}$ 的特征值.

(2) 设 λ_0 是 $\mathscr{A}$ 的一个特征值，则 $\boldsymbol{\alpha}\in V$ 是 $\mathscr{A}$ 的属于 λ_0 的特征向量的充分必要条件是 $\boldsymbol{\alpha}$ 在基底 $\boldsymbol{\varepsilon}_1,\boldsymbol{\varepsilon}_2,\cdots,\boldsymbol{\varepsilon}_n$ 下的坐标向量是矩阵 $\mathbf{A}$ 的属于 λ_0 的特征向量.

证 任取 $\boldsymbol{\alpha}\in V$，记 $\boldsymbol{\alpha}$ 在基底 $\boldsymbol{\varepsilon}_1,\boldsymbol{\varepsilon}_2,\cdots,\boldsymbol{\varepsilon}_n$ 下的坐标向量为 $\boldsymbol{\xi}$，即 $\boldsymbol{\alpha}=(\boldsymbol{\varepsilon}_1,\boldsymbol{\varepsilon}_2,\cdots,\boldsymbol{\varepsilon}_n)\boldsymbol{\xi}$. 因为

$$\mathscr{A}(\boldsymbol{\alpha})=\mathscr{A}(\boldsymbol{\varepsilon}_1,\boldsymbol{\varepsilon}_2,\cdots,\boldsymbol{\varepsilon}_n)\boldsymbol{\xi}=(\boldsymbol{\varepsilon}_1,\boldsymbol{\varepsilon}_2,\cdots,\boldsymbol{\varepsilon}_n)\mathbf{A}\boldsymbol{\xi},$$

$$\lambda_0\boldsymbol{\alpha}=(\boldsymbol{\varepsilon}_1,\boldsymbol{\varepsilon}_2,\cdots,\boldsymbol{\varepsilon}_n)\lambda_0\boldsymbol{\xi},$$

所以由引理 5.2.1 得

$$\mathscr{A}(\boldsymbol{\alpha})=\lambda_0\boldsymbol{\alpha}\Leftrightarrow \mathbf{A}\boldsymbol{\xi}=\lambda_0\boldsymbol{\xi},$$

由此即得结论. □

$\mathbf{A}$ 的特征多项式 $|\lambda\boldsymbol{E}-\mathbf{A}|$ 也称为线性变换 $\mathscr{A}$ 的**特征多项式**.

例 6.3.2 设 V 是 $\mathbf{P}$ 上的 3 维线性空间，$\mathscr{A}\in\mathrm{End}(V)$ 在基底 $\boldsymbol{\varepsilon}_1,\boldsymbol{\varepsilon}_2,\boldsymbol{\varepsilon}_3$ 下的矩阵为

$$\mathbf{A}=\begin{pmatrix}0&0&1\\1&1&-1\\1&0&0\end{pmatrix},$$

求 $\mathscr{A}$ 的特征值与特征向量.

解 由例 6.3.1 知，$\mathbf{A}$ 的特征值为 $1,-1$，故 $\mathscr{A}$ 的特征值也为 $1,-1$.

因为 $\mathbf{A}$ 的属于特征值 1 的全部特征向量为 $c_1(0,1,0)^{\mathrm{T}}+c_2(1,0,1)^{\mathrm{T}}$，所以 $\mathscr{A}$ 的属于特征值 1 的全部特征向量为 $c_1\boldsymbol{\beta}_1+c_2\boldsymbol{\beta}_2$，其中 $c_1,c_2\in\mathbf{P}$ 不全为零，$\boldsymbol{\beta}_1=0\boldsymbol{\varepsilon}_1+1\boldsymbol{\varepsilon}_2+0\boldsymbol{\varepsilon}_3=\boldsymbol{\varepsilon}_2$，$\boldsymbol{\beta}_2=\boldsymbol{\varepsilon}_1+\boldsymbol{\varepsilon}_3$.

同样，$\mathscr{A}$ 的属于特征值 -1 的全部特征向量为 $c_3\boldsymbol{\beta}_3$，其中 $c_3\in\mathbf{P}$ 不为零，$\boldsymbol{\beta}_3=-\boldsymbol{\varepsilon}_1+\boldsymbol{\varepsilon}_2+\boldsymbol{\varepsilon}_3$. □

由性质 6.3.1，线性变换的特征值、特征向量与它对应矩阵的特征值、特征向量有完全平行的性质，所以下面我们仅讨论方阵的特征值、特征向量的性质.

二、特征值的性质

设 $\mathbf{A}=(a_{ij})\in\mathbf{P}^{n\times n}$，其特征多项式 $f(\lambda)=|\lambda\boldsymbol{E}-\mathbf{A}|$ 是数域 $\mathbf{P}$ 上的 n 次多项式，由代数基本定理，$f(\lambda)$ 在复数域上有 n 个根(计算重数)，从而在复数域上 $\mathbf{A}$ 有 n 个特征值，当然它们不一定都在 $\mathbf{P}$ 中.

性质 6.3.2 设 $\lambda_1,\lambda_2,\cdots,\lambda_n$ 是 $\mathbf{A}=(a_{ij})_{n\times n}$ 的复数域上的全部 n 个特征值，则

$$\lambda_1+\lambda_2+\cdots+\lambda_n=a_{11}+a_{22}+\cdots+a_{nn},\lambda_1\lambda_2\cdots\lambda_n=|\mathbf{A}|.$$

证　考察 $\mathbf{A}$ 的特征多项式 $f(\lambda)$ 的以下两种表达形式. 首先将 $f(\lambda)=|\lambda\mathbf{E}-\mathbf{A}|$ 按行列式定义展开,不难看到其 $n-1$ 次项的系数为 $-(a_{11}+a_{22}+\cdots+a_{nn})$,其常数项等于 $f(0)=|-\mathbf{A}|=(-1)^n|\mathbf{A}|$,故

$$f(\lambda)=\lambda^n-(a_{11}+a_{22}+\cdots+a_{nn})\lambda^{n-1}+\cdots+(-1)^n|\mathbf{A}|.$$

再者,因为 $f(\lambda)$ 有 n 个根 $\lambda_1,\lambda_2,\cdots,\lambda_n$,所以

$$f(\lambda)=(\lambda-\lambda_1)(\lambda-\lambda_2)\cdots(\lambda-\lambda_n)=\lambda^n-(\lambda_1+\lambda_2+\cdots+\lambda_n)\lambda^{n-1}+\cdots+(-1)^n\lambda_1\lambda_2\cdots\lambda_n,$$

比较两式中的 $n-1$ 次项与常数项即得结论. □

在上面的性质中,$a_{11}+a_{12}+\cdots+a_{nn}$ 恰是 $\mathbf{A}$ 的主对角线上 n 个元素之和,我们称为方阵 $\mathbf{A}$ 的**迹**,并记为 $\mathrm{Tr}(\mathbf{A})$. 在第1章中我们已经知道,一个方阵可逆的充分必要条件是其行列式不等于零,由性质6.3.2立得下面的推论.

推论 6.3.1　一个方阵可逆当且仅当它的全部复特征值都不为零.

性质 6.3.3　对角矩阵的特征值恰是该矩阵主对角线上的数字. 特别地,零矩阵的特征值只能是0.

证　计算对角矩阵的特征多项式即得. □

例 6.3.3　设 $\mathbf{A}\in\mathbf{P}^{n\times n}$,$\lambda\in\mathbf{P}$ 为 $\mathbf{A}$ 的一个特征值,则以下结论成立:

(1) 设 $k\in\mathbf{N}$,则 λ^k 为 $\mathbf{A}^k$ 的特征值;

(2) 若 $\mathbf{A}$ 可逆,则 λ^{-1} 是 $\mathbf{A}^{-1}$ 的特征值.

证　设 $\boldsymbol{\xi}$ 为 $\mathbf{A}$ 的属于特征值 λ 的特征向量,于是 $\mathbf{A}\boldsymbol{\xi}=\lambda\boldsymbol{\xi}$.

(1) 若 $k=0$,则 $\mathbf{A}^0=\boldsymbol{E},\lambda^0=1$,显然1是单位矩阵 $\boldsymbol{E}$ 的特征值,结论成立. 下设 $k\in\mathbf{Z}^+$. 反复应用 $\mathbf{A}\boldsymbol{\xi}=\lambda\boldsymbol{\xi}$ 得

$$\mathbf{A}^k\boldsymbol{\xi}=\mathbf{A}^{k-1}(\mathbf{A}\boldsymbol{\xi})=\mathbf{A}^{k-1}(\lambda\boldsymbol{\xi})=\lambda(\mathbf{A}^{k-1}\boldsymbol{\xi})=\cdots=\lambda^k\boldsymbol{\xi},$$

故由特征值的定义知 λ^k 是 $\mathbf{A}^k$ 的特征值.

(2) 因为 $\mathbf{A}$ 可逆,所以由推论6.3.1知 $\lambda\neq0$. 在 $\mathbf{A}\boldsymbol{\xi}=\lambda\boldsymbol{\xi}$ 两边左乘 $\mathbf{A}^{-1}$ 得 $\boldsymbol{\xi}=\lambda\mathbf{A}^{-1}\boldsymbol{\xi}$,即 $\mathbf{A}^{-1}\boldsymbol{\xi}=\lambda^{-1}\boldsymbol{\xi}$. 由特征值的定义,$\lambda^{-1}$ 为 $\mathbf{A}^{-1}$ 的特征值. □

性质 6.3.4　设 $\mathbf{A}\in\mathbf{P}^{n\times n}$,$\lambda\in\mathbf{P}$ 为 $\mathbf{A}$ 的一个特征值,则以下结论成立:

(1) 设 $g(x)\in\mathbf{P}[x]$,则 $g(\lambda)$ 为 $g(\mathbf{A})$ 的特征值;

(2) 设 $\mathbf{A}$ 可逆,$g(x)=b_sx^{-s}+\cdots+b_1x^{-1}+a_0+a_1x+\cdots+a_tx^t$,则 $g(\lambda)$ 是 $g(\mathbf{A})$ 的特征值.

证　仅证(2),事实上(2)的证明已经蕴含了(1)的证明. 注意,将 $\mathbf{A}$ 代入 $g(x)$ 时,$g(x)$ 的常数项 a_0 应看作 a_0x^0,所以 $\mathbf{A}$ 代入该项后得到的是 $a_0\boldsymbol{E}$. 设 $\boldsymbol{\xi}$ 为 $\mathbf{A}$ 的属于特征值 λ 的特征向量,由例6.3.3有

$$\mathbf{A}^k\boldsymbol{\xi}=\lambda^k\boldsymbol{\xi}(k\in\mathbf{Z}),$$

于是

$$\begin{aligned} g(\boldsymbol{A})\boldsymbol{\xi} &= (b_s\boldsymbol{A}^{-s}+\cdots+b_1\boldsymbol{A}^{-1}+a_0\boldsymbol{E}+a_1\boldsymbol{A}+\cdots+a_t\boldsymbol{A}^t)\boldsymbol{\xi} \\ &= b_s\lambda^{-s}\boldsymbol{\xi}+\cdots+b_1\lambda^{-1}\boldsymbol{\xi}+a_0\boldsymbol{\xi}+a_1\lambda\boldsymbol{\xi}+\cdots+a_t\lambda^t\boldsymbol{\xi} \\ &= g(\lambda)\boldsymbol{\xi}, \end{aligned}$$

由特征值的定义即得结论. □

例 6.3.4 已知 3 级方阵 $\boldsymbol{A}$ 有特征值 $1,-1,-2$,求 $|-3\boldsymbol{A}^2+\boldsymbol{A}^{-1}+\boldsymbol{E}|$.

解 由性质 6.3.2 得 $|\boldsymbol{A}|=1\times(-1)\times(-2)=2$,所以 $\boldsymbol{A}$ 可逆. 令

$$g(x)=-3x^2+x^{-1}+1,$$

因为 $\boldsymbol{A}$ 有特征值 $1,-1,-2$,所以由性质 6.3.4 得 $g(\boldsymbol{A})$ 有特征值

$$g(1)=-1,g(-1)=-3,g(-2)=-\frac{23}{2},$$

再由性质 6.3.2 得 $|-3\boldsymbol{A}^2+\boldsymbol{A}^{-1}+\boldsymbol{E}|=|g(\boldsymbol{A})|=(-1)\times(-3)\times\left(-\frac{23}{2}\right)=-\frac{69}{2}$. □

性质 6.3.5 若方阵 $\boldsymbol{A},\boldsymbol{B}$ 相似,则 $\boldsymbol{A},\boldsymbol{B}$ 有相同的特征多项式,从而有相同的特征值.

证 因为 $\boldsymbol{A},\boldsymbol{B}$ 相似,所以存在可逆矩阵 $\boldsymbol{P}$ 使得 $\boldsymbol{P}^{-1}\boldsymbol{A}\boldsymbol{P}=\boldsymbol{B}$,于是

$$|\lambda\boldsymbol{E}-\boldsymbol{B}|=|\lambda\boldsymbol{E}-\boldsymbol{P}^{-1}\boldsymbol{A}\boldsymbol{P}|=|\boldsymbol{P}^{-1}(\lambda\boldsymbol{E}-\boldsymbol{A})\boldsymbol{P}|=|\boldsymbol{P}^{-1}||\lambda\boldsymbol{E}-\boldsymbol{A}||\boldsymbol{P}|=|\lambda\boldsymbol{E}-\boldsymbol{A}|.$$

□

设 σ 是数域 $\mathbf{P}$ 上 n 维线性空间 V 的一个线性变换,σ 在 V 的两个基底下的矩阵分别为 $\boldsymbol{A},\boldsymbol{B}$. 根据定义,$\sigma$ 的特征多项式既可以定义为矩阵 $\boldsymbol{A}$ 的特征多项式,也可以定义为矩阵 $\boldsymbol{B}$ 的特征多项式,这样得到的 σ 的特征多项式会不会不同呢? 事实上,$\boldsymbol{A},\boldsymbol{B}$ 作为同一线性变换在不同基底下的矩阵是相似的,而相似矩阵又有相同的特征多项式,所以 σ 的特征多项式不依赖于基底的选取.

下面,我们给出特征多项式的一个重要性质,称之为**哈密顿-凯莱定理**.

定理 6.3.2 若 $f(\lambda)$ 是方阵 $\boldsymbol{A}$ 或线性变换 $\mathscr{A}$ 的特征多项式,则 $f(\boldsymbol{A})=\boldsymbol{O}$ 或 $f(\mathscr{A})=0$.

证 设 $\boldsymbol{A}\in\mathbf{P}^{n\times n}$,$\boldsymbol{A}$ 的特征多项式为 $f(\lambda)=\lambda^n+a_{n-1}\lambda^{n-1}+\cdots+a_1\lambda+a_0$,又设 $\boldsymbol{B}(\lambda)$ 为 $\lambda\boldsymbol{E}-\boldsymbol{A}$ 的伴随矩阵,注意到 $\boldsymbol{B}(\lambda)$ 中的元素都是 $\lambda\boldsymbol{E}-\boldsymbol{A}$ 的代数余子式,所以都是次数不超过 $n-1$ 的关于 λ 的多项式,这样 $\boldsymbol{B}(\lambda)$ 可表示为

$$\boldsymbol{B}(\lambda)=\lambda^{n-1}\boldsymbol{B}_{n-1}+\lambda^{n-2}\boldsymbol{B}_{n-2}+\cdots+\boldsymbol{B}_0,$$

其中 $\boldsymbol{B}_i$ 都是通常的 n 级数字方阵. 因为

$$\boldsymbol{B}(\lambda)(\lambda\boldsymbol{E}-\boldsymbol{A})=(\lambda\boldsymbol{E}-\boldsymbol{A})^*(\lambda\boldsymbol{E}-\boldsymbol{A})=|\lambda\boldsymbol{E}-\boldsymbol{A}|\boldsymbol{E}=f(\lambda)\boldsymbol{E},$$

所以

$$\lambda^n\boldsymbol{E}+a_{n-1}\lambda^{n-1}\boldsymbol{E}+\cdots+a_1\lambda\boldsymbol{E}+a_0\boldsymbol{E}=(\lambda^{n-1}\boldsymbol{B}_{n-1}+\lambda^{n-2}\boldsymbol{B}_{n-2}+\cdots+\boldsymbol{B}_0)(\lambda\boldsymbol{E}-\boldsymbol{A}).$$

将上式右端展开,并比较两边 λ^i 前的系数矩阵得

$$\begin{cases} \boldsymbol{B}_{n-1}=\boldsymbol{E}, \\ \boldsymbol{B}_{n-2}-\boldsymbol{B}_{n-1}\boldsymbol{A}=a_{n-1}\boldsymbol{E}, \\ \quad\vdots \\ \boldsymbol{B}_0-\boldsymbol{B}_1\boldsymbol{A}=a_1\boldsymbol{E}, \\ -\boldsymbol{B}_0\boldsymbol{A}=a_0\boldsymbol{E}. \end{cases}$$

将 $\boldsymbol{A}^n,\boldsymbol{A}^{n-1},\cdots,\boldsymbol{A},\boldsymbol{E}$ 依次右乘在上面第一式、第二式、…、第 n 式和第 $n+1$ 式两边，得

$$\begin{cases} \boldsymbol{B}_{n-1}\boldsymbol{A}^n=\boldsymbol{A}^n, \\ \boldsymbol{B}_{n-2}\boldsymbol{A}^{n-1}-\boldsymbol{B}_{n-1}\boldsymbol{A}^n=a_{n-1}\boldsymbol{A}^{n-1}, \\ \quad\vdots \\ \boldsymbol{B}_0\boldsymbol{A}-\boldsymbol{B}_1\boldsymbol{A}^2=a_1\boldsymbol{A}, \\ -\boldsymbol{B}_0\boldsymbol{A}=a_0\boldsymbol{E}. \end{cases}$$

把上面 $n+1$ 个等式相加，左边为零，右边为 $f(\boldsymbol{A})$，因此 $f(\boldsymbol{A})=\boldsymbol{O}$. □

三、特征向量的性质

性质 6.3.6 设 $\boldsymbol{A}\in\mathbf{P}^{n\times n}$，$\lambda_0$ 是 $\boldsymbol{A}$ 的一个特征值.

(1) 若 $\boldsymbol{\alpha}_1,\boldsymbol{\alpha}_2,\cdots,\boldsymbol{\alpha}_m$ 是 $\boldsymbol{A}$ 的属于 λ_0 的特征向量，$\boldsymbol{\beta}$ 为 $\boldsymbol{\alpha}_1,\boldsymbol{\alpha}_2,\cdots,\boldsymbol{\alpha}_m$ 的一个线性组合，则或者 $\boldsymbol{\beta}=\boldsymbol{0}$，或者 $\boldsymbol{\beta}$ 仍是 $\boldsymbol{A}$ 的属于特征值 λ_0 的特征向量；

(2) 记 V_{λ_0} 为由 $\boldsymbol{A}$ 的属于特征值 λ_0 的全部特征向量再添上 n 维零向量后得到的集合，则 V_{λ_0} 为线性空间 $\mathbf{P}^n$ 的子空间，称之为 $\boldsymbol{A}$ 的关于特征值 λ_0 的**特征子空间**.

证 (1) 设 $\boldsymbol{\beta}=\sum\limits_{i=1}^{m}c_i\boldsymbol{\alpha}_i$，有

$$\boldsymbol{A}(\boldsymbol{\beta})=\boldsymbol{A}\Big(\sum_{i=1}^{m}c_i\boldsymbol{\alpha}_i\Big)=\sum_{i=1}^{m}c_i\boldsymbol{A}\boldsymbol{\alpha}_i=\sum_{i=1}^{m}c_i\lambda_0\boldsymbol{\alpha}_i=\lambda_0\sum_{i=1}^{m}c_i\boldsymbol{\alpha}_i=\lambda_0\boldsymbol{\beta},$$

由特征向量的定义得或者 $\boldsymbol{\beta}=\boldsymbol{0}$，或者 $\boldsymbol{\beta}$ 是 $\boldsymbol{A}$ 的属于特征值 λ_0 的特征向量.

(2) 显然 V_{λ_0} 是 $\mathbf{P}^n$ 的非空子集，由(1)知道 V_{λ_0} 关于加法和数乘封闭. 由子空间判别定理得 V_{λ_0} 为 $\mathbf{P}^n$ 的子空间. □

下面用线性变换的语言来改述上面的性质.

性质 6.3.6′ 设 V 是数域 $\mathbf{P}$ 上 n 维线性空间，$\mathscr{A}\in\mathrm{End}(V)$，$\lambda_0$ 为 $\mathscr{A}$ 的一个特征值，令 V_{λ_0} 为由 $\mathscr{A}$ 的属于特征值 λ_0 的全部特征向量再添上零向量后得到的集合，则 V_{λ_0} 为 V 的子空间，称之为 $\mathscr{A}$ 的关于特征值 λ_0 的特征子空间.

上面考察了属于同一个特征值的特征向量的性质，下面将考察属于不同特征值的特征向量的性质，我们将看到，属于不同特征值的特征向量线性无关.

性质 6.3.7 设 $\boldsymbol{A}\in\mathbf{P}^{n\times n}$，$\lambda_1,\lambda_2,\cdots,\lambda_s$ 是 $\boldsymbol{A}$ 的两两不同的特征值.

(1) 设 $\boldsymbol{\xi}_i$ 是 $\boldsymbol{A}$ 的属于特征值 λ_i 的特征向量，$i=1,2,\cdots,s$，则 $\{\boldsymbol{\xi}_1,\boldsymbol{\xi}_2,\cdots,\boldsymbol{\xi}_s\}$ 线性无关.

(2) 设 $\{\boldsymbol{\xi}_{i1},\boldsymbol{\xi}_{i2},\cdots,\boldsymbol{\xi}_{ir_i}\}$ 是 $\boldsymbol{A}$ 的属于特征值 λ_i 的线性无关的特征向量，$i=1,2,\cdots,s$，则

$$\Delta:=\{\boldsymbol{\xi}_{11},\boldsymbol{\xi}_{12},\cdots,\boldsymbol{\xi}_{1r_1};\cdots;\boldsymbol{\xi}_{s1},\boldsymbol{\xi}_{s2},\cdots,\boldsymbol{\xi}_{sr_s}\}$$

仍线性无关.

证 (1) 对 s 作归纳. 当 $s=1$ 时，结论显然成立. 现假设当 $s\leqslant k$ 时结论成立，考察 $s=k+1$ 的情形. 设

$$c_1\boldsymbol{\xi}_1+c_2\boldsymbol{\xi}_2+\cdots+c_{k+1}\boldsymbol{\xi}_{k+1}=\mathbf{0}. \tag{6.3.1}$$

(6.3.1)式两边左乘 $\boldsymbol{A}$ 并注意到 $\boldsymbol{A}\boldsymbol{\xi}_i=\lambda_i\boldsymbol{\xi}_i$，得

$$c_1\lambda_1\boldsymbol{\xi}_1+c_2\lambda_2\boldsymbol{\xi}_2+\cdots+c_{k+1}\lambda_{k+1}\boldsymbol{\xi}_{k+1}=\mathbf{0}, \tag{6.3.2}$$

(6.3.1)式两边乘 λ_{k+1}，得

$$c_1\lambda_{k+1}\boldsymbol{\xi}_1+c_2\lambda_{k+1}\boldsymbol{\xi}_2+\cdots+c_{k+1}\lambda_{k+1}\boldsymbol{\xi}_{k+1}=\mathbf{0}. \tag{6.3.3}$$

由(6.3.2)和(6.3.3)两式，得

$$c_1(\lambda_1-\lambda_{k+1})\boldsymbol{\xi}_1+c_2(\lambda_2-\lambda_{k+1})\boldsymbol{\xi}_2+\cdots+c_k(\lambda_k-\lambda_{k+1})\boldsymbol{\xi}_k=\mathbf{0}.$$

因为由归纳假设 $\{\boldsymbol{\xi}_1,\boldsymbol{\xi}_2,\cdots,\boldsymbol{\xi}_k\}$ 线性无关，所以由上式推出 $c_1(\lambda_1-\lambda_{k+1})=c_2(\lambda_2-\lambda_{k+1})=\cdots=c_k(\lambda_k-\lambda_{k+1})=0$. 注意到 $\lambda_1,\lambda_2,\cdots,\lambda_{k+1}$ 两两不等，得 $c_1=c_2=\cdots=c_k=0$. 代入(6.3.1)式又得 $c_{k+1}=0$，故(6.3.1)式中所有系数全为零，从而 $\{\boldsymbol{\xi}_1,\boldsymbol{\xi}_2,\cdots,\boldsymbol{\xi}_{k+1}\}$ 线性无关. 由归纳原理得结论成立.

(2) 设向量组 Δ 的一个线性组合等于零，即

$$c_{11}\boldsymbol{\xi}_{11}+c_{12}\boldsymbol{\xi}_{12}+\cdots+c_{1r_1}\boldsymbol{\xi}_{1r_1}+\cdots+c_{s1}\boldsymbol{\xi}_{s1}+c_{s2}\boldsymbol{\xi}_{s2}+\cdots+c_{sr_s}\boldsymbol{\xi}_{sr_s}=\mathbf{0}. \tag{6.3.4}$$

下面仅需证明上式中的系数 c_{ij} 全等于零. 令

$$\boldsymbol{\beta}_i=c_{i1}\boldsymbol{\xi}_{i1}+c_{i2}\boldsymbol{\xi}_{i2}+\cdots+c_{ir_i}\boldsymbol{\xi}_{ir_i},\ i=1,2,\cdots,s. \tag{6.3.5}$$

我们断言 $\boldsymbol{\beta}_i$ 全是零向量. 否则，不妨设 $\boldsymbol{\beta}_1,\boldsymbol{\beta}_2,\cdots,\boldsymbol{\beta}_d$ 都不是零向量，但 $\boldsymbol{\beta}_{d+1}=\boldsymbol{\beta}_{d+2}=\cdots=\boldsymbol{\beta}_s=\mathbf{0}$，此时(6.3.4)式化为

$$\boldsymbol{\beta}_1+\boldsymbol{\beta}_2+\cdots+\boldsymbol{\beta}_d=\mathbf{0}. \tag{6.3.6}$$

由性质 6.3.6 知 $\boldsymbol{\beta}_1,\boldsymbol{\beta}_2,\cdots,\boldsymbol{\beta}_d$ 分别为 $\boldsymbol{A}$ 的属于特征值 $\lambda_1,\lambda_2,\cdots,\lambda_d$ 的特征向量，由(1)中结论知道 $\{\boldsymbol{\beta}_1,\boldsymbol{\beta}_2,\cdots,\boldsymbol{\beta}_d\}$ 线性无关，故(6.3.6)式不可能成立，矛盾. 因此 $\boldsymbol{\beta}_i$ 全是零向量，断言成立. 再者，因为 $\{\boldsymbol{\xi}_{i1},\boldsymbol{\xi}_{i2},\cdots,\boldsymbol{\xi}_{ir_i}\}$ 线性无关，所以由(6.3.5)式推出所有 c_{ij} 全等于零. 因此向量组 Δ 线性无关. □

§6.4 对角化

一、定义

定义 6.4.1 设 $\mathbf{A}\in\mathbf{P}^{n\times n}$，若 $\mathbf{A}$ 相似于数域 $\mathbf{P}$ 上的一个对角矩阵，即存在数域 $\mathbf{P}$ 上的可逆矩阵 $\boldsymbol{D}$ 使得

$$\boldsymbol{D}^{-1}\boldsymbol{A}\boldsymbol{D}=\mathrm{diag}(\lambda_1,\lambda_2,\cdots,\lambda_n)(\lambda_1,\lambda_2,\cdots,\lambda_n\in\mathbf{P}),$$

则称矩阵 $\mathbf{A}$ 在 $\mathbf{P}$ 上可对角化.

定义 6.4.2 设 V 是数域 $\mathbf{P}$ 上的线性空间，$\mathscr{A}\in\mathrm{End}(V)$. 若能找到 V 的一组基底使得$\mathscr{A}$在该基底下的矩阵为对角阵，则称$\mathscr{A}$可对角化.

性质 6.4.1 设 V 是数域 $\mathbf{P}$ 上的线性空间，线性变换$\mathscr{A}$在某基底下的矩阵为 $\mathbf{A}$，则线性变换 $\mathscr{A}$ 可对角化当且仅当矩阵 $\mathbf{A}$ 可对角化.

证 应用定理 6.2.1 易证，细节留给读者. □

由上面的性质看到，线性变换的对角化问题可以转化为相应矩阵的对角化问题. 下面仅讨论矩阵的对角化.

若 n 级方阵 $\mathbf{A}$ 可对角化，则 $\mathbf{A}\sim\mathrm{diag}(\lambda_1,\lambda_2,\cdots,\lambda_n)$. 因为对角矩阵的特征值恰是对角线上的数字，且相似矩阵有相同的特征值，所以 $\lambda_1,\lambda_2,\cdots,\lambda_n$ 恰是 $\mathbf{A}$ 在 $\mathbf{P}$ 上的全部 n 个特征值. 因此，$\mathbf{A}$ 在 $\mathbf{P}$ 上可对角化的**必要条件**是 $\mathbf{A}$ 在 $\mathbf{P}$ 上有 n 个特征值(计重数). 那么，是否每个有 n 个特征值的 n 级方阵都可对角化？若否，什么样的方阵可对角化？又若一个方阵 $\mathbf{A}$ 可对角化，如何求可逆矩阵 $\boldsymbol{D}$ 使得$\boldsymbol{D}^{-1}\boldsymbol{A}\boldsymbol{D}$为对角阵？

二、可对角化的判别定理

例 6.4.1 设 $\mathbf{A}\in\mathbf{P}^{n\times n}$，$\boldsymbol{\xi}_1,\boldsymbol{\xi}_2,\cdots,\boldsymbol{\xi}_s$ 分别是 $\mathbf{A}$ 的属于特征值$\lambda_1,\lambda_2,\cdots,\lambda_s$ 的特征向量，若 $\boldsymbol{\xi}_1,\boldsymbol{\xi}_2,\cdots,\boldsymbol{\xi}_s$ 线性无关，则有数域 $\mathbf{P}$ 上的 n 级可逆矩阵 $\boldsymbol{D}$ 使得

$$\boldsymbol{D}^{-1}\boldsymbol{A}\boldsymbol{D}=\begin{pmatrix}\lambda_1 & 0 & \cdots & 0 & * & \cdots & * \\ 0 & \lambda_2 & \cdots & 0 & * & \cdots & * \\ \vdots & \vdots & & \vdots & \vdots & & \vdots \\ 0 & 0 & \cdots & \lambda_s & * & \cdots & * \\ 0 & 0 & \cdots & 0 & * & \cdots & * \\ \vdots & \vdots & & \vdots & \vdots & & \vdots \\ 0 & 0 & \cdots & 0 & * & \cdots & *\end{pmatrix},$$

且 $\boldsymbol{D}$ 的前 s 个列向量恰为 $\boldsymbol{\xi}_1,\boldsymbol{\xi}_2,\cdots,\boldsymbol{\xi}_s$.

证 由基底扩充定理,可将线性无关向量组 $\boldsymbol{\xi}_1,\boldsymbol{\xi}_2,\cdots,\boldsymbol{\xi}_s$ 扩充成 $\mathbf{P}^n$ 的基底 $\Delta=\{\boldsymbol{\xi}_1,\boldsymbol{\xi}_2,\cdots,\boldsymbol{\xi}_s,\boldsymbol{\eta}_1,\boldsymbol{\eta}_2,\cdots,\boldsymbol{\eta}_{n-s}\}$. 令

$$\boldsymbol{D}=(\boldsymbol{\xi}_1,\boldsymbol{\xi}_2,\cdots,\boldsymbol{\xi}_s,\boldsymbol{\eta}_1,\boldsymbol{\eta}_2,\cdots,\boldsymbol{\eta}_{n-s}).$$

易见 $\boldsymbol{D}\in\mathbf{P}^{n\times n}$ 且 $R(\boldsymbol{D})=n$,故 $\boldsymbol{D}$ 可逆. 因为 $\boldsymbol{A}\boldsymbol{\xi}_i,\boldsymbol{A}\boldsymbol{\eta}_j(i=1,2,\cdots,s;j=1,2,\cdots,n-s)$都在 $\mathbf{P}^n$ 中,所以它们都可以由基底 Δ 线性表出. 令 $\boldsymbol{A}\boldsymbol{\xi}_i,\boldsymbol{A}\boldsymbol{\eta}_j$ 在基底 Δ 下的坐标向量分别为 $\boldsymbol{\alpha}_i,\boldsymbol{\beta}_j$,则

$\boldsymbol{A}(\boldsymbol{\xi}_1,\boldsymbol{\xi}_2,\cdots,\boldsymbol{\xi}_s,\boldsymbol{\eta}_1,\boldsymbol{\eta}_2,\cdots,\boldsymbol{\eta}_{n-s})=(\boldsymbol{\xi}_1,\boldsymbol{\xi}_2,\cdots,\boldsymbol{\xi}_s,\boldsymbol{\eta}_1,\boldsymbol{\eta}_2,\cdots,\boldsymbol{\eta}_{n-s})(\boldsymbol{\alpha}_1,\boldsymbol{\alpha}_2,\cdots,\boldsymbol{\alpha}_s,\boldsymbol{\beta}_1,\boldsymbol{\beta}_2,\cdots,\boldsymbol{\beta}_{n-s})$,

即

$$\boldsymbol{AD}=\boldsymbol{D}(\boldsymbol{\alpha}_1,\boldsymbol{\alpha}_2,\cdots,\boldsymbol{\alpha}_s,\boldsymbol{\beta}_1,\boldsymbol{\beta}_2,\cdots,\boldsymbol{\beta}_{n-s}),$$

也即

$$\boldsymbol{D}^{-1}\boldsymbol{AD}=(\boldsymbol{\alpha}_1,\boldsymbol{\alpha}_2,\cdots,\boldsymbol{\alpha}_s,\boldsymbol{\beta}_1,\boldsymbol{\beta}_2,\cdots,\boldsymbol{\beta}_{n-s}).$$

注意到 $\boldsymbol{A}\boldsymbol{\xi}_i=\lambda_i\boldsymbol{\xi}_1$,所以 $\boldsymbol{\alpha}_i$ 恰是第 i 个分量为 λ_i,其他分量都是零的 n 维列向量,故 $\boldsymbol{D}^{-1}\boldsymbol{AD}$ 具有本例中描写的形式. □

上例的结果及证明方法在矩阵的相似理论中有很多应用.

定理 6.4.1 设 $\boldsymbol{A}\in\mathbf{P}^{n\times n}$,则 $\boldsymbol{A}$ 在 $\mathbf{P}$ 上可对角化的充分必要条件是,$\boldsymbol{A}$ 在 $\mathbf{P}^n$ 中有 n 个线性无关的特征向量.

进一步,若 $\boldsymbol{\xi}_1,\boldsymbol{\xi}_2,\cdots,\boldsymbol{\xi}_n$ 为 $\boldsymbol{A}$ 的分别属于特征值 $\lambda_1,\lambda_2,\cdots,\lambda_n$ 的线性无关的特征向量,令 $\boldsymbol{D}=(\boldsymbol{\xi}_1,\boldsymbol{\xi}_2,\cdots,\boldsymbol{\xi}_n)$,则 $\boldsymbol{D}^{-1}\boldsymbol{AD}=\mathrm{diag}(\lambda_1,\lambda_2,\cdots,\lambda_n)$.

证 $(\Leftarrow)$ 设 $\boldsymbol{A}$ 有 n 个线性无关特征向量 $\boldsymbol{\xi}_1,\boldsymbol{\xi}_2,\cdots,\boldsymbol{\xi}_n\in\mathbf{P}^n$,它们对应的特征值分别是 $\lambda_1,\lambda_2,\cdots,\lambda_n$. 令 $\boldsymbol{D}=(\boldsymbol{\xi}_1,\boldsymbol{\xi}_2,\cdots,\boldsymbol{\xi}_n)$. 由例 6.4.1 有

$$\boldsymbol{D}^{-1}\boldsymbol{AD}=\mathrm{diag}(\lambda_1,\lambda_2,\cdots,\lambda_n).$$

$(\Rightarrow)$ 设 $\boldsymbol{A}$ 在 $\mathbf{P}$ 上可对角化,于是有可逆矩阵 $\boldsymbol{D}\in\mathbf{P}^{n\times n}$ 使得 $\boldsymbol{D}^{-1}\boldsymbol{AD}=\mathrm{diag}(\lambda_1,\lambda_2,\cdots,\lambda_n)$,即

$$\boldsymbol{AD}=\boldsymbol{D}\mathrm{diag}(\lambda_1,\lambda_2,\cdots,\lambda_n). \tag{6.4.1}$$

令 $\boldsymbol{D}=(\boldsymbol{\xi}_1,\boldsymbol{\xi}_2,\cdots,\boldsymbol{\xi}_n)$,即 $\boldsymbol{\xi}_1,\boldsymbol{\xi}_2,\cdots,\boldsymbol{\xi}_n$ 是 $\boldsymbol{D}$ 的 n 个列向量,因为 $\boldsymbol{D}$ 可逆,所以 $R\{\boldsymbol{\xi}_1,\boldsymbol{\xi}_2,\cdots,\boldsymbol{\xi}_n\}=n$,即$\{\boldsymbol{\xi}_1,\boldsymbol{\xi}_2,\cdots,\boldsymbol{\xi}_n\}$线性无关. 又(6.4.1)式即为

$$\boldsymbol{A}(\boldsymbol{\xi}_1,\boldsymbol{\xi}_2,\cdots,\boldsymbol{\xi}_n)=(\boldsymbol{\xi}_1,\boldsymbol{\xi}_2,\cdots,\boldsymbol{\xi}_n)\begin{pmatrix}\lambda_1 & 0 & \cdots & 0\\ 0 & \lambda_2 & \cdots & 0\\ \vdots & \vdots & & \vdots\\ 0 & 0 & \cdots & \lambda_n\end{pmatrix},$$

由分块矩阵的乘法得

$$(\mathbf{A}\boldsymbol{\xi}_1,\mathbf{A}\boldsymbol{\xi}_2,\cdots,\mathbf{A}\boldsymbol{\xi}_n)=(\lambda_1\boldsymbol{\xi}_1,\lambda_2\boldsymbol{\xi}_2,\cdots,\lambda_n\boldsymbol{\xi}_n),$$

于是 $\mathbf{A}\boldsymbol{\xi}_i=\lambda_i\boldsymbol{\xi}_i,i=1,2,\cdots,n$. 这说明 $\boldsymbol{\xi}_1,\boldsymbol{\xi}_2,\cdots,\boldsymbol{\xi}_n$ 恰是 $\mathbf{A}$ 的分别属于特征值 $\lambda_1,\lambda_2,\cdots,\lambda_n$ 的线性无关特征向量. □

推论 6.4.1 若数域 $\mathbf{P}$ 上 n 级方阵 $\mathbf{A}$ 在 $\mathbf{P}$ 中有 n 个两两不同的特征值,则 $\mathbf{A}$ 可对角化.

证 由性质 6.3.6 和定理 6.4.1 立得. □

假设 $\lambda_0\in\mathbf{P}$ 是 $\mathbf{A}\in\mathbf{P}^{n\times n}$ 的一个特征值,又设 d 是 $\mathbf{A}$ 的属于特征值 λ_0 的线性无关特征向量的最大个数. 由定义,$\mathbf{A}$ 一定有一个属于特征值 λ_0 的特征向量,因此 $d\geqslant 1$. 下面的性质还给出了这个数目 d 的上界.

性质 6.4.2 设 $\lambda_0\in\mathbf{P}$ 是 $\mathbf{A}\in\mathbf{P}^{n\times n}$ 的一个 k 重特征值,则 $\mathbf{A}$ 的属于特征值 λ_0 的线性无关特征向量的个数不超过 k.

证 我们证明这个性质的等价命题:若 $\mathbf{A}$ 有 s 个属于特征值 λ_0 的线性无关特征向量 $\boldsymbol{\xi}_1,\boldsymbol{\xi}_2,\cdots,\boldsymbol{\xi}_s$,则 λ_0 至少是 $\mathbf{A}$ 的 s 重特征值.

由例 6.4.1 有

$$\mathbf{A}\sim\begin{pmatrix}\lambda_0\boldsymbol{E}_s & \boldsymbol{V}\\ \boldsymbol{O} & \boldsymbol{W}\end{pmatrix},$$

因为相似矩阵有相同的特征多项式,所以 $\mathbf{A}$ 的特征多项式为

$$f(\lambda)=\begin{vmatrix}\lambda\boldsymbol{E}_s-\lambda_0\boldsymbol{E}_s & -\boldsymbol{V}\\ \boldsymbol{O} & \lambda\boldsymbol{E}_{n-s}-\boldsymbol{W}\end{vmatrix}=|\lambda\boldsymbol{E}_s-\lambda_0\boldsymbol{E}_s|\,|\lambda\boldsymbol{E}_{n-s}-\boldsymbol{W}|=(\lambda-\lambda_0)^s g(\lambda),$$

其中 $g(\lambda)=|\lambda\boldsymbol{E}_{n-s}-\boldsymbol{W}|$. 故 λ_0 至少是 $f(\lambda)$ 的 s 重根,也即 λ_0 至少是 $\mathbf{A}$ 的 s 重特征值. □

应用性质 6.4.2,我们可以把矩阵可对角化的判别定理细化. 设 $\mathbf{A}\in\mathbf{P}^{n\times n}$,$\lambda_1,\lambda_2,\cdots,\lambda_s$ 是 $\mathbf{A}$ 的在 $\mathbf{P}$ 中的全部两两不同的特征值,并设其重数分别是 $r_1,r_2,\cdots,r_s$. 显然

$$r_1+r_2+\cdots+r_s\leqslant n.$$

再设 $\mathbf{A}$ 的属于特征值 λ_i 的线性无关特征向量的最大个数为 k_i,则

$$1\leqslant k_i\leqslant r_i.$$

因此 $\mathbf{A}$ 可对角化当且仅当

$$r_1+r_2+\cdots+r_s=n \text{ 且 } k_i=r_i,i=1,2,\cdots,s.$$

三、例子

例 6.4.2 设矩阵 $\mathbf{A}=\begin{pmatrix}0 & 0 & 1\\ 1 & 1 & a\\ 1 & 0 & 0\end{pmatrix}$,问 a 为何值时 $\mathbf{A}$ 可对角化? 并在此时

求可逆矩阵 $\boldsymbol{D}$ 使得 $\boldsymbol{D}^{-1}\boldsymbol{A}\boldsymbol{D}$ 为对角阵.

解 与例 6.3.1 一样，$\boldsymbol{A}$ 的特征多项式为 $|\lambda\boldsymbol{E}-\boldsymbol{A}|=(\lambda-1)^2(\lambda+1)$，$\boldsymbol{A}$ 的特征值为 $\lambda_1=1$(二重)和 $\lambda_2=-1$.

由上面的讨论可知，$\boldsymbol{A}$ 可对角化当且仅当 $\boldsymbol{A}$ 的属于二重特征值 1 的线性无关特征向量恰有两个. 考察线性方程组 $(\lambda_1\boldsymbol{E}-\boldsymbol{A})\boldsymbol{X}=\boldsymbol{0}$，即 $(\boldsymbol{E}-\boldsymbol{A})\boldsymbol{X}=\boldsymbol{0}$，可知 $\boldsymbol{A}$ 可对角化当且仅当该方程组基础解系中含有两个向量，这又等价于 $R(\boldsymbol{E}-\boldsymbol{A})=1$. 注意到

$$\boldsymbol{E}-\boldsymbol{A}=\begin{pmatrix}1&0&-1\\-1&0&-a\\-1&0&1\end{pmatrix}\xrightarrow[r_2+r_1]{r_3+r_1}\begin{pmatrix}1&0&-1\\0&0&-a-1\\0&0&0\end{pmatrix},$$

故 $\boldsymbol{A}$ 可对角化当且仅当 $a=-1$.

当 $a=-1$ 时，由例 6.3.1 得 $\boldsymbol{A}$ 有三个线性无关的特征向量

$$\boldsymbol{\xi}_1=\begin{pmatrix}0\\1\\0\end{pmatrix},\boldsymbol{\xi}_2=\begin{pmatrix}1\\0\\1\end{pmatrix},\boldsymbol{\xi}_3=\begin{pmatrix}-1\\1\\1\end{pmatrix},$$

分别对应特征值 1，1，-1，令 $\boldsymbol{D}=(\boldsymbol{\xi}_1,\boldsymbol{\xi}_2,\boldsymbol{\xi}_3)$，则 $\boldsymbol{D}$ 可逆，且 $\boldsymbol{D}^{-1}\boldsymbol{A}\boldsymbol{D}=\mathrm{diag}(1,1,-1)$. □

在上例中可看到，当 $a\neq-1$ 时，$\boldsymbol{A}$ 就不能对角化，这说明**并不是每个方阵都可对角化**.

例 6.4.3 设矩阵 $\boldsymbol{A}=\begin{pmatrix}0&0&1\\1&1&-1\\1&0&0\end{pmatrix}$，求 $\boldsymbol{A}^{100}$.

解 对于一般的 n 级矩阵，如果利用矩阵方幂的定义计算 $\boldsymbol{A}^{100}$，那么计算量将会非常大. 可利用矩阵的对角化性质来计算本题.

由例 6.4.2 知，存在可逆矩阵 $\boldsymbol{D}$ 使得 $\boldsymbol{D}^{-1}\boldsymbol{A}\boldsymbol{D}=\boldsymbol{B}$，其中

$$\boldsymbol{D}=\begin{pmatrix}0&1&-1\\1&0&1\\0&1&1\end{pmatrix},\boldsymbol{B}=\mathrm{diag}(1,1,-1).$$

于是 $\boldsymbol{A}=\boldsymbol{D}\boldsymbol{B}\boldsymbol{D}^{-1}$，从而 $\boldsymbol{A}^{100}=\boldsymbol{D}\boldsymbol{B}^{100}\boldsymbol{D}^{-1}=\boldsymbol{D}\boldsymbol{E}\boldsymbol{D}^{-1}=\boldsymbol{E}_3$. □

矩阵方幂或矩阵多项式的计算还可以利用哈密顿-凯莱定理计算，读者可以试用此定理来计算上例.

例 6.4.4(简单迁移模型) 地球水资源粗分为海水和淡水，调查后发现如下规律：每年有 2.5%的淡水转化成海水，同时每年有 1%的海水转化成淡水. 假设地球水资源总量不变，现在水资源的 60%是海水，水资源的迁移规律不变，

那么2年后的海水占水资源的比例是多少？最终的比例是多少？

解　设 x_1^0,x_2^0 分别表示现在海水、淡水在整个水资源中所占比例，又设 $x_1^{(n)},x_2^{(n)}$ 分别为 n 年后的对应比例. 令

$$\boldsymbol{x}^{(n)}=\begin{pmatrix}x_1^{(n)}\\x_2^{(n)}\end{pmatrix},\boldsymbol{A}=\begin{pmatrix}0.99&0.025\\0.01&0.975\end{pmatrix}.$$

由假设条件，有

$$\boldsymbol{x}^{(0)}=\begin{pmatrix}0.6\\0.4\end{pmatrix},\begin{cases}x_1^{(n)}=0.99x_1^{(n-1)}+0.025x_2^{(n-1)},\\x_2^{(n)}=0.01x_1^{(n-1)}+0.975x_2^{(n-1)}.\end{cases}$$

于是

$$\boldsymbol{x}^{(n)}=\boldsymbol{A}x^{(n-1)}=\cdots=\boldsymbol{A}^n\boldsymbol{x}^{(0)}.$$

为了计算 $\boldsymbol{x}^{(n)}$，首先需要计算 $\boldsymbol{A}^n$. 容易算出 $\boldsymbol{A}$ 有两个特征值 $\lambda_1=1,\lambda_2=0.965$，对应的特征向量为 $\boldsymbol{\alpha}_1=(5,2)^{\mathrm{T}},\boldsymbol{\alpha}_2=(-1,1)^{\mathrm{T}}$. 因此

$$\boldsymbol{P}^{-1}\boldsymbol{AP}=\begin{pmatrix}1&0\\0&0.965\end{pmatrix},\boldsymbol{A}=\boldsymbol{P}\begin{pmatrix}1&0\\0&0.965\end{pmatrix}\boldsymbol{P}^{-1},\text{其中 }\boldsymbol{P}=\begin{pmatrix}5&-1\\2&1\end{pmatrix},$$

从而

$$\boldsymbol{A}^n=\boldsymbol{P}\begin{pmatrix}1&0\\0&0.965\end{pmatrix}^n\boldsymbol{P}^{-1}=\frac{1}{7}\begin{pmatrix}5+2\times0.965^n&5-5\times0.965^n\\2-2\times0.965^n&2+5\times0.965^n\end{pmatrix}.$$

由此得 $\boldsymbol{x}^{(2)}=\boldsymbol{A}^2\boldsymbol{x}^{(0)}=\frac{1}{7}\begin{pmatrix}5+2\times0.965&5-5\times0.965\\2-2\times0.965&2+5\times0.965\end{pmatrix}\begin{pmatrix}0.6\\0.4\end{pmatrix}$，得 $x_1^{(2)}\approx0.608$，即两年后海水占总水资源比例约为60.8%.

再者

$$\lim_{n\to+\infty}\boldsymbol{x}^{(n)}=(\lim_{n\to+\infty}\boldsymbol{A}^n)\boldsymbol{x}^{(0)}=\frac{1}{7}\begin{pmatrix}5&5\\2&2\end{pmatrix}\begin{pmatrix}0.6\\0.4\end{pmatrix}=\begin{pmatrix}\frac{5}{7}\\\frac{2}{7}\end{pmatrix},$$

即最终水资源的 $\frac{5}{7}$ 是海水. □

§6.5　值域与核

设 f 是从数域 $\mathbf{P}$ 上线性空间 V 到数域 $\mathbf{P}$ 上线性空间 W 的线性映射，§5.5中介绍了 f 的值域 $f(V)$ 以及 f 的核 $f^{-1}(\mathbf{0})$，证明了 $f(V)$ 是 W 的子空间，$f^{-1}(\mathbf{0})$ 是 V 的子空间(性质5.5.2). 特别地，对于 V 上的线性变换 $\mathscr{A}$，也有同样的概念和结论.

性质 6.5.1 设 V 是数域 $\mathbf{P}$ 上的线性空间，$\mathscr{A}\in \mathrm{End}(V)$，则

(1) $\mathscr{A}$ 的值域 $\mathscr{A}(V):=\{\mathscr{A}(\boldsymbol{v})\mid \boldsymbol{v}\in V\}$ 是 V 的子空间；

(2) $\mathscr{A}$ 的核 $\mathscr{A}^{-1}(\mathbf{0}):=\{\boldsymbol{v}\in V\mid \mathscr{A}(\boldsymbol{v})=\mathbf{0}\}$ 是 V 的子空间.

$\mathscr{A}$ 的核也记为 $\ker\mathscr{A}$，它的维数称为线性变换 $\mathscr{A}$ 的**零度**. 我们把 $\dim \mathscr{A}(V)$ 称为线性变换 $\mathscr{A}$ 的**秩**，记为 $R(\mathscr{A})$.

回忆一下，对于给定的一个实函数 $f(x)$，研究它的定义域、值域和零点（也称为根）是基本的问题. 类似地，对于 $\mathscr{A}\in \mathrm{End}(V)$，考虑它的定义域、值域和零点也是当然的问题. 显然，$\mathscr{A}$ 的定义域就是 V（因此无须专门研究）；函数 $f(x)$ 的值域相当于线性变换 $\mathscr{A}$ 的值域 $\mathscr{A}(V)$；函数 $f(x)$ 的零点集合相当于线性变换 $\mathscr{A}$ 的核 $\mathscr{A}^{-1}(\mathbf{0})$.

一、算法

下面介绍线性变换的值域和核的算法.

性质 6.5.2 设 V 是数域 $\mathbf{P}$ 上的 n 维线性空间，$\mathscr{A}\in \mathrm{End}(V)$，设 $\mathscr{A}$ 在 V 的基底 $\boldsymbol{\varepsilon}_1,\boldsymbol{\varepsilon}_2,\cdots,\boldsymbol{\varepsilon}_n$ 下的矩阵为 $\mathbf{A}$，则 $\mathscr{A}(V)=L(\mathscr{A}(\boldsymbol{\varepsilon}_1),\mathscr{A}(\boldsymbol{\varepsilon}_2),\cdots,\mathscr{A}(\boldsymbol{\varepsilon}_n))$，且 $R(\mathscr{A})=R(\mathbf{A})$.

证 一方面，任取 $\mathscr{A}(\boldsymbol{v})\in \mathscr{A}(V)$，其中 $\boldsymbol{v}\in V$，因为 $\boldsymbol{v}$ 可表示为 $\sum\limits_{i=1}^{n} c_i\boldsymbol{\varepsilon}_i$，所以 $\mathscr{A}(\boldsymbol{v})$ 可表示为 $\sum\limits_{i=1}^{n} c_i\mathscr{A}(\boldsymbol{\varepsilon}_i)$，故 $\mathscr{A}(\boldsymbol{v})\in L(\mathscr{A}(\boldsymbol{\varepsilon}_1),\mathscr{A}(\boldsymbol{\varepsilon}_2),\cdots,\mathscr{A}(\boldsymbol{\varepsilon}_n))$. 另一方面，任取 $\boldsymbol{\beta}\in L(\mathscr{A}(\boldsymbol{\varepsilon}_1),\mathscr{A}(\boldsymbol{\varepsilon}_2),\cdots,\mathscr{A}(\boldsymbol{\varepsilon}_n))$，$\boldsymbol{\beta}$ 可表示为 $\boldsymbol{\beta}=\sum\limits_{i=1}^{n} c_i\mathscr{A}(\boldsymbol{\varepsilon}_i)$，所以

$$\boldsymbol{\beta}=\mathscr{A}\Big(\sum_{i=1}^{n} c_i\boldsymbol{\varepsilon}_i\Big)\in \mathscr{A}(V).$$

综上即得 $\mathscr{A}(V)=L(\mathscr{A}(\boldsymbol{\varepsilon}_1),\mathscr{A}(\boldsymbol{\varepsilon}_2),\cdots,\mathscr{A}(\boldsymbol{\varepsilon}_n))$. 由此又有

$$\begin{aligned} R(\mathscr{A}) &\xlongequal{\text{定义}} \dim\mathscr{A}(V) = \dim L(\mathscr{A}(\boldsymbol{\varepsilon}_1),\mathscr{A}(\boldsymbol{\varepsilon}_2),\cdots,\mathscr{A}(\boldsymbol{\varepsilon}_n)) \\ &\xlongequal{\text{性质 5.3.2(2)}} R\{\mathscr{A}(\boldsymbol{\varepsilon}_1),\mathscr{A}(\boldsymbol{\varepsilon}_2),\cdots,\mathscr{A}(\boldsymbol{\varepsilon}_n)\} \xlongequal{\text{性质 5.2.5(5)}} R(\mathbf{A}). \end{aligned}$$

□

例 6.5.1 设 $\mathscr{A}$ 是 $\mathbf{P}^3$ 上的线性变换，使得对任意 $\boldsymbol{\xi}\in\mathbf{P}^3$，都有 $\mathscr{A}\boldsymbol{\xi}=\mathbf{A}\boldsymbol{\xi}$，其中

$$\mathbf{A}=\begin{pmatrix}1 & 0 & -1\\ 0 & 1 & 1\\ 1 & 1 & 0\end{pmatrix},$$

分别求 $\mathscr{A}$ 的核及值域的一组基底和维数.

解 设 e_1,e_2,e_3 为 $\mathbf{P}^3$ 的常用基底,即$(e_1,e_2,e_3)=E_3$. 我们有

$$\mathscr{A}(e_1,e_2,e_3)=(Ae_1,Ae_2,Ae_3)=(e_1,e_2,e_3)A$$

$$=A\xrightarrow{\text{初等行变换}}\begin{pmatrix}1&0&-1\\0&1&1\\0&0&0\end{pmatrix}. \tag{6.5.1}$$

(1) 由(6.5.1)式得 $R(A)=2$,且$\{\mathscr{A}(e_1),\mathscr{A}(e_2)\}$是$\{\mathscr{A}(e_1),\mathscr{A}(e_2),\mathscr{A}(e_3)\}$的一个极大无关组. 因为 $\mathscr{A}(V)=L(\mathscr{A}(e_1),\mathscr{A}(e_2),\mathscr{A}(e_3))$,所以$\dim\mathscr{A}(V)=2$,且

$$\mathscr{A}(e_1)=\begin{pmatrix}1\\0\\1\end{pmatrix},\mathscr{A}(e_2)=\begin{pmatrix}0\\1\\1\end{pmatrix}$$

为值域 $\mathscr{A}(V)$的一组基底.

(2) 设 $\xi\in\mathscr{A}^{-1}(\mathbf{0})$,则 $A\xi=\mathscr{A}(\xi)=\mathbf{0}$,因此 $\mathscr{A}^{-1}(\mathbf{0})$等于线性齐次方程组 $AX=\mathbf{0}$的解空间. 由(6.5.1)式不难推出 $AX=\mathbf{0}$ 有基础解系$(1,-1,1)^{\mathrm{T}}$. 因此 $\dim\mathscr{A}^{-1}(\mathbf{0})=1$,且$(1,-1,1)^{\mathrm{T}}$ 为 $A^{-1}(\mathbf{0})$的一组基底. □

二、线性变换的维数公式

定理 6.5.1 设 $\mathscr{A}$ 是数域 $\mathbf{P}$ 上线性空间 V 上的线性变换,下列结论成立:

(1) 若 $\mathscr{A}(\xi_1),\mathscr{A}(\xi_2),\cdots,\mathscr{A}(\xi_s)$是 $\mathscr{A}(V)$的一组基底,且 $\varepsilon_1,\varepsilon_2,\cdots,\varepsilon_t$ 是 $\mathscr{A}^{-1}(\mathbf{0})$的一组基底,则 $\xi_1,\xi_2,\cdots,\xi_s,\varepsilon_1,\varepsilon_2,\cdots,\varepsilon_t$ 就是 V 的一组基底;

(2) **(维数公式)** $\dim\mathscr{A}(V)+\dim\mathscr{A}^{-1}(\mathbf{0})=\dim V$.

证 (2)是(1)的直接推论,下证(1).

首先,任取 $\alpha\in V$,因为 $\mathscr{A}(\alpha)\in\mathscr{A}(V)$,所以 $\mathscr{A}(\alpha)$可以表示为 $\mathscr{A}(\alpha)=\sum\limits_{i=1}^{s}l_i\mathscr{A}(\xi_i)=\mathscr{A}(\sum\limits_{i=1}^{s}l_i\xi_i)$,故

$$\mathscr{A}\left(\alpha-\sum_{i=1}^{s}l_i\xi_i\right)=\mathbf{0},$$

即 $\alpha-\sum\limits_{i=1}^{s}l_i\xi_i\in\mathscr{A}^{-1}(\mathbf{0})$. 将它写成 $\mathscr{A}^{-1}(\mathbf{0})$中基底的线性组合有

$$\alpha-\sum_{i=1}^{s}l_i\xi_i=\sum_{j=1}^{t}m_j\varepsilon_j,$$

所以 $\alpha=\sum\limits_{i=1}^{s}l_i\xi_i+\sum\limits_{j=1}^{t}m_j\varepsilon_j$,即 α 可以表示为$\{\xi_1,\xi_2,\cdots,\xi_s,\varepsilon_1,\varepsilon_2,\cdots,\varepsilon_t\}$的线性组合.

再者,设有

$$\sum_{i=1}^{s} l_i \boldsymbol{\xi}_i + \sum_{j=1}^{t} m_j \boldsymbol{\varepsilon}_j = \mathbf{0}\ (l_i, m_j \in \mathbf{P}), \tag{6.5.2}$$

则

$$\mathbf{0} = \mathscr{A}(\mathbf{0}) = \mathscr{A}\Big(\sum_{i=1}^{s} l_i \boldsymbol{\xi}_i + \sum_{j=1}^{t} m_j \boldsymbol{\varepsilon}_j\Big) = l_1 \mathscr{A}(\boldsymbol{\xi}_1) + l_2 \mathscr{A}(\boldsymbol{\xi}_2) + \cdots + l_s \mathscr{A}(\boldsymbol{\xi}_s).$$

因为 $\mathscr{A}(\boldsymbol{\xi}_1), \mathscr{A}(\boldsymbol{\xi}_2), \cdots, \mathscr{A}(\boldsymbol{\xi}_s)$ 线性无关,由上式推出 $l_1 = l_2 = \cdots = l_s = 0$,于是(6.5.2)式化为 $\sum_{j=1}^{t} m_j \boldsymbol{\varepsilon}_j = \mathbf{0}$. 再由 $\boldsymbol{\varepsilon}_1, \boldsymbol{\varepsilon}_2, \cdots, \boldsymbol{\varepsilon}_t$ 的线性无关性得所有 m_j 均为 0. 因此(6.5.2)式中的系数全为零,从而 $\{\boldsymbol{\xi}_1, \boldsymbol{\xi}_2, \cdots, \boldsymbol{\xi}_s, \boldsymbol{\varepsilon}_1, \boldsymbol{\varepsilon}_2, \cdots, \boldsymbol{\varepsilon}_t\}$ 线性无关.

综上证得 $\boldsymbol{\xi}_1, \boldsymbol{\xi}_2, \cdots, \boldsymbol{\xi}_s, \boldsymbol{\varepsilon}_1, \boldsymbol{\varepsilon}_2, \cdots, \boldsymbol{\varepsilon}_t$ 为 V 的一组基底. □

对于集合上的一般映射,单映射和满映射是不等价的. 但是,对于线性空间上的线性变换,它是单射等价于它是满射.

推论 6.5.1 设 $\mathscr{A} \in \mathrm{End}(V)$,则以下事实等价:

(1) $\mathscr{A}$ 可逆;

(2) $\mathscr{A}$ 是 V 到 V 的同构映射;

(3) $\mathscr{A}$ 在 V 的某组基底下的矩阵 $\mathbf{A}$ 是可逆矩阵;

(4) 0 不是 $\mathscr{A}$ 的特征值;

(5) $\mathscr{A}$ 是双射;

(6) $\mathscr{A}$ 是单射;

(7) $\mathscr{A}$ 是满射;

(8) $\ker\mathscr{A} = \{\mathbf{0}\}$;

(9) $R(\mathscr{A}) = \dim V$.

证 我们仅证 $\mathscr{A}$ 是单射当且仅当 $\mathscr{A}$ 是满射.

若 $\mathscr{A}$ 是单射,则 $\mathscr{A}^{-1}(\mathbf{0}) = \{\mathbf{0}\}$,即 $\dim \mathscr{A}^{-1}(\mathbf{0}) = 0$. 由线性变换的维数公式得 $\dim \mathscr{A}(V) = \dim V$,因此 $\mathscr{A}(V) = V$(参见习题 5.3.6),即得 $\mathscr{A}$ 为满射.

反之,若 $\mathscr{A}$ 是满射,则 $\mathscr{A}(V) = V$,由线性变换的维数公式得 $\dim \mathscr{A}^{-1}(\mathbf{0}) = 0$. 现假设 $\boldsymbol{v}_1, \boldsymbol{v}_2 \in V$ 满足 $\mathscr{A}(\boldsymbol{v}_1) = \mathscr{A}(\boldsymbol{v}_2)$,则 $\mathscr{A}(\boldsymbol{v}_1 - \boldsymbol{v}_2) = \mathbf{0}$,故

$$\boldsymbol{v}_1 - \boldsymbol{v}_2 \in \mathscr{A}^{-1}(\mathbf{0}) = \{\mathbf{0}\},$$

即得 $\boldsymbol{v}_1 = \boldsymbol{v}_2$,故 $\mathscr{A}$ 是单射. □

例 6.5.2 设 $\mathbf{A} \in \mathbf{P}^{n\times n}$. 若 $\mathbf{A}^2 = \mathbf{A}$,则 $\mathbf{A}$ 相似于对角矩阵 $\mathrm{diag}(1, 1, \cdots, 1, 0, \cdots, 0)$.

证 设 V 为数域 $\mathbf{P}^n$ 上的 n 维线性空间,令 $\mathscr{A} \in \mathrm{End}(V)$ 使得 $\mathscr{A}$ 在 V 的某组基底下的矩阵为 $\mathbf{A}$. 显然,由 $\mathbf{A}^2 = \mathbf{A}$ 能推出 $\mathscr{A}^2 = \mathscr{A}$. 设 $\mathscr{A}(\boldsymbol{\xi}_1), \mathscr{A}(\boldsymbol{\xi}_2), \cdots, \mathscr{A}(\boldsymbol{\xi}_r)$ 是 $\mathscr{A}(V)$ 的一组基底. 因为 $\mathscr{A}^2 = \mathscr{A}$,所以 $\mathscr{A}(\mathscr{A}(\boldsymbol{\xi}_i)) = \mathscr{A}(\boldsymbol{\xi}_i)$. 再设 $\boldsymbol{\eta}_1, \boldsymbol{\eta}_2, \cdots, \boldsymbol{\eta}_t$ 为

$\mathscr{A}^{-1}(\mathbf{0})$的一组基底，由定理6.5.1(1)，得

$$\Delta:=\{\mathscr{A}(\boldsymbol{\xi}_1),\mathscr{A}(\boldsymbol{\xi}_2),\cdots,\mathscr{A}(\boldsymbol{\xi}_r);\boldsymbol{\eta}_1,\boldsymbol{\eta}_2,\cdots,\boldsymbol{\eta}_t\}$$

为V的基底. 容易看到$\mathscr{A}$在上述基底下的矩阵为对角矩阵$\mathrm{diag}(1,1,\cdots,1,0,\cdots,0)$. 应用性质6.4.1推出，$\boldsymbol{A}$相似于对角矩阵$\mathrm{diag}(1,1,\cdots,1,0,\cdots,0)$. □

§6.6 不变子空间

一、定义

设V是数域$\mathbf{P}$上的线性空间，$\mathscr{A}\in\mathrm{End}(V)$，$W$是$V$的子空间，定义$W$到$V$的对应法则使得

$$\boldsymbol{w}\rightarrow\mathscr{A}(\boldsymbol{w})(\boldsymbol{w}\in W).$$

容易验证上述对应法则是从线性空间W到线性空间V的线性映射，称为$\mathscr{A}$在W上的限制，记为$\mathscr{A}|_W$. 显然，若$\boldsymbol{w}\in W$，则

$$\mathscr{A}|_W(\boldsymbol{w})=\mathscr{A}(\boldsymbol{w}).$$

因为$\boldsymbol{w}\in W$在$\mathscr{A}$下的象不一定落在W中，所以$\mathscr{A}|_W$一般不是W上的线性变换.

定义6.6.1 设V是数域$\mathbf{P}$上的线性空间，$\mathscr{A}\in\mathrm{End}(V)$，$W$是$V$的子空间. 若$\mathscr{A}(W)\subseteq W$，即对任意$\boldsymbol{w}\in W$都有$\mathscr{A}(\boldsymbol{w})\in W$，则称$W$为$V$的$\mathscr{A}$-不变子空间，简称为$\mathscr{A}$-子空间.

由定义6.6.1前面的解释，容易看到以下事实：

性质6.6.1 设V是数域$\mathbf{P}$上的线性空间，$\mathscr{A}\in\mathrm{End}(V)$，$W$是$V$的子空间，则$W$是$\mathscr{A}$-子空间当且仅当$\mathscr{A}|_W\in\mathrm{End}(W)$.

对于任意$\mathscr{A}\in\mathrm{End}(V)$，容易看到$V$和$\{\mathbf{0}\}$都是$\mathscr{A}$-子空间，称它们为平凡的$\mathscr{A}$-子空间.

例6.6.1 设V是数域$\mathbf{P}$上的线性空间，$\mathscr{A},\mathscr{B}\in\mathrm{End}(V)$，若$\mathscr{A}\mathscr{B}=\mathscr{B}\mathscr{A}$，则$\mathscr{B}$的值域与核都是$\mathscr{A}$-子空间. 特别地，$\mathscr{A}(V)$和$\mathscr{A}^{-1}(\mathbf{0})$都是$\mathscr{A}$-子空间.

证 (1) 任取$\mathscr{B}(\boldsymbol{v})\in\mathscr{B}(V)$，其中$\boldsymbol{v}\in V$，因为

$$\mathscr{A}(\mathscr{B}(\boldsymbol{v}))=(\mathscr{A}\mathscr{B})(\boldsymbol{v})=(\mathscr{B}\mathscr{A})(\boldsymbol{v})=\mathscr{B}(\mathscr{A}(\boldsymbol{v}))=\mathscr{B}(\boldsymbol{u})(\boldsymbol{u}=\mathscr{A}(\boldsymbol{v})\in V),$$

所以$\mathscr{A}(\mathscr{B}(\boldsymbol{v}))\in\mathscr{B}(V)$，故$\mathscr{B}(V)$是$\mathscr{A}$-子空间.

(2) 任取$\boldsymbol{v}\in\mathscr{B}^{-1}(\mathbf{0})$，有$\mathscr{B}(\boldsymbol{v})=\mathbf{0}$，于是

$$\mathscr{B}(\mathscr{A}(\boldsymbol{v}))=\mathscr{A}(\mathscr{B}(\boldsymbol{v}))=\mathscr{A}(\mathbf{0})=\mathbf{0},$$

故$\mathscr{A}(\boldsymbol{v})\in\mathscr{B}^{-1}(\mathbf{0})$. 因此$\mathscr{B}^{-1}(\mathbf{0})$是$\mathscr{A}$-子空间. □

例6.6.2 设V为数域$\mathbf{P}$上的线性空间，$\mathbf{0}\neq\boldsymbol{\xi}\in V$，$\mathscr{A}\in\mathrm{End}(V)$，则$L(\boldsymbol{\xi})$是

$\mathscr{A}$-子空间当且仅当 $\boldsymbol{\xi}$ 为 $\mathscr{A}$ 的特征向量.

证 假设 $L(\boldsymbol{\xi})$是 $\mathscr{A}$-子空间. 因为 $\boldsymbol{\xi}\in L(\boldsymbol{\xi})$,所以 $\mathscr{A}(\boldsymbol{\xi})\in L(\boldsymbol{\xi})$,故有 $\lambda_0\in\mathbf{P}$ 使得 $\mathscr{A}(\boldsymbol{\xi})=\lambda_0\boldsymbol{\xi}$,即 $\boldsymbol{\xi}$ 为 $\mathscr{A}$ 的特征向量.

假设 $\boldsymbol{\xi}$ 为 $\mathscr{A}$ 的特征向量,并设对应的特征值为 λ_0. 任取 $c\boldsymbol{\xi}\in L(\boldsymbol{\xi})$,其中 $c\in\mathbf{P}$,有 $\mathscr{A}(c\boldsymbol{\xi})=c\lambda_0\boldsymbol{\xi}\in L(\boldsymbol{\xi})$,所以 $L(\boldsymbol{\xi})$为 $\mathscr{A}$-子空间. □

下面将看到,当线性空间 V 能写成两个或更多个 $\mathscr{A}$-子空间的直和时,可以找到 V 的一组基底使得线性变换 $\mathscr{A}$ 在该基底下的矩阵为准对角矩阵. 这也是我们引入 $\mathscr{A}$-子空间概念的主要目的.

例 6.6.3 设 V 为数域 $\mathbf{P}$ 上的线性空间,$\mathscr{A}\in\mathrm{End}(V)$,$\mathscr{A}$ 在基底 $\boldsymbol{\varepsilon}_1,\boldsymbol{\varepsilon}_2,\cdots,\boldsymbol{\varepsilon}_n$ 下的矩阵为 $\mathbf{A}$,则 $\mathbf{A}$ 为对角矩阵当且仅当 $L(\boldsymbol{\varepsilon}_1),L(\boldsymbol{\varepsilon}_2),\cdots,L(\boldsymbol{\varepsilon}_n)$都是 $\mathscr{A}$ 的不变子空间.

证 假设 $\mathbf{A}$ 为对角阵 $\mathrm{diag}(\lambda_1,\lambda_2,\cdots,\lambda_n)$,则 $\mathscr{A}(\boldsymbol{\varepsilon}_i)=\lambda_i\boldsymbol{\varepsilon}_i$,因此 $\boldsymbol{\varepsilon}_i$ 为 $\mathscr{A}$ 的属于特征值 λ_i 的特征向量,由上例知 $L(\boldsymbol{\varepsilon}_i)$都是 $\mathscr{A}$ 的不变子空间.

反之,假设 $L(\boldsymbol{\varepsilon}_i)$都是 $\mathscr{A}$ 的不变子空间,由上例知 $\boldsymbol{\varepsilon}_i$ 为 $\mathscr{A}$ 的属于特征值 λ_i 的特征向量,此时

$$\mathscr{A}(\boldsymbol{\varepsilon}_1,\boldsymbol{\varepsilon}_2,\cdots,\boldsymbol{\varepsilon}_n)=(\boldsymbol{\varepsilon}_1,\boldsymbol{\varepsilon}_2,\cdots,\boldsymbol{\varepsilon}_n)\mathrm{diag}(\lambda_1,\lambda_2,\cdots,\lambda_n),$$

即 $\mathbf{A}$ 为对角阵 $\mathrm{diag}(\lambda_1,\lambda_2,\cdots,\lambda_n)$. □

设 $\mathscr{A}\in\mathrm{End}(V)$,$\boldsymbol{\varepsilon}_1,\boldsymbol{\varepsilon}_2,\cdots,\boldsymbol{\varepsilon}_s$ 为子空间 W 的一组基底,由 $\mathscr{A}$ 的线性性容易看到,W 是 $\mathscr{A}$-子空间当且仅当 $\mathscr{A}(\boldsymbol{\varepsilon}_1),\mathscr{A}(\boldsymbol{\varepsilon}_2),\cdots,\mathscr{A}(\boldsymbol{\varepsilon}_s)$都在 W 中.

性质 6.6.2 设 V 为数域 $\mathbf{P}$ 上的 n 维线性空间,$\mathscr{A}\in\mathrm{End}(V)$,并设 $\mathscr{A}$ 在 V 的基底 $\Delta=\{\boldsymbol{\varepsilon}_1,\boldsymbol{\varepsilon}_2,\cdots,\boldsymbol{\varepsilon}_s,\boldsymbol{\eta}_1,\boldsymbol{\eta}_2,\cdots,\boldsymbol{\eta}_{n-s}\}$下的矩阵为

$$\mathbf{A}=\begin{pmatrix}\boldsymbol{X}_{s\times s} & \boldsymbol{Y}_{s\times(n-s)}\\ \boldsymbol{U}_{(n-s)\times s} & \boldsymbol{Z}_{(n-s)\times(n-s)}\end{pmatrix}.$$

则

(1) $L(\boldsymbol{\varepsilon}_1,\boldsymbol{\varepsilon}_2,\cdots,\boldsymbol{\varepsilon}_s)$为 $\mathscr{A}$-子空间的充分必要条件是 $\boldsymbol{U}=\boldsymbol{O}$.

(2) $L(\boldsymbol{\varepsilon}_1,\boldsymbol{\varepsilon}_2,\cdots,\boldsymbol{\varepsilon}_s)$和 $L(\boldsymbol{\eta}_1,\boldsymbol{\eta}_2,\cdots,\boldsymbol{\eta}_{n-s})$都是 $\mathscr{A}$-子空间的充分必要条件是 $\boldsymbol{Y}$ 和 $\boldsymbol{U}$ 都是零矩阵.

证 仅证(1),(2)可同理证得.

$L(\boldsymbol{\varepsilon}_1,\boldsymbol{\varepsilon}_2,\cdots,\boldsymbol{\varepsilon}_s)$为 $\mathscr{A}$-子空间

$\Leftrightarrow\mathscr{A}(\boldsymbol{\varepsilon}_i)\in L(\boldsymbol{\varepsilon}_1,\boldsymbol{\varepsilon}_2,\cdots,\boldsymbol{\varepsilon}_s),i=1,2,\cdots,s$

$\Leftrightarrow\mathscr{A}(\boldsymbol{\varepsilon}_i)$在基底 Δ 下的坐标向量的后 $n-s$ 个分量全为零,$i=1,2,\cdots,s$

$\Leftrightarrow\mathbf{A}$ 的前 s 列构成形如$\begin{pmatrix}\boldsymbol{X}_{s\times s}\\ \boldsymbol{O}\end{pmatrix}$的矩阵

$\Leftrightarrow \boldsymbol{U}=\boldsymbol{O}$. □

二、不变子空间的直和分解

本段总是在以下假设下讨论.

假设 6.6.1 设 V 是数域 $\mathbf{P}$ 上的有限维线性空间，$\mathscr{A}\in \mathrm{End}(V)$，多项式 $f(x)$ 以 $\mathscr{A}$ 为根，即 $f(\mathscr{A})$ 为 V 上的零变换 0_V.

回忆一下，线性变换的多项式仍是线性变换. 在很多时候，为了避免过多地使用括号，我们可以将 $\mathscr{A}$ 的值域记为 $\mathscr{A}V$，元素 $\boldsymbol{v}$ 在 $\mathscr{A}$ 下的象记为 $\mathscr{A}\boldsymbol{v}$.

引理 6.6.1 在假设 6.6.1 下，若 $f(x)$ 能写成数域 $\mathbf{P}$ 上两个互素的多项式 $g(x)$ 与 $h(x)$ 的乘积，则

(1) $(g(\mathscr{A}))^{-1}(\mathbf{0})=h(\mathscr{A})V$，即线性变换 $g(\mathscr{A})$ 的核等于线性变换 $h(\mathscr{A})$ 的值域；

(2) $(g(\mathscr{A}))^{-1}(\mathbf{0})\cap(h(\mathscr{A}))^{-1}(\mathbf{0})=\{\mathbf{0}\}$，即 $(g(\mathscr{A}))^{-1}(\mathbf{0})+(h(\mathscr{A}))^{-1}(\mathbf{0})$ 是直和.

证 因为 $(g(x),h(x))=1$，所以有多项式 $M(x),N(x)$ 使得 $M(x)g(x)+N(x)h(x)=1$，故 $M(\mathscr{A})g(\mathscr{A})+N(\mathscr{A})h(\mathscr{A})=\mathrm{id}_V$，从而

$$\boldsymbol{\xi}=\mathrm{id}_V(\boldsymbol{\xi})=M(\mathscr{A})g(\mathscr{A})(\boldsymbol{\xi})+N(\mathscr{A})h(\mathscr{A})(\boldsymbol{\xi})(\forall\boldsymbol{\xi}\in V). \quad (6.6.1)$$

(1) 任取 $\boldsymbol{\xi}\in(g(\mathscr{A}))^{-1}(\mathbf{0})$，有 $g(\mathscr{A})\boldsymbol{\xi}=\mathbf{0}$，由(6.6.1)式推出

$$\boldsymbol{\xi}=N(\mathscr{A})h(\mathscr{A})(\boldsymbol{\xi})=h(\mathscr{A})N(\mathscr{A})(\boldsymbol{\xi})\in h(\mathscr{A})V.$$

反之，任取 $\boldsymbol{\xi}\in h(\mathscr{A})V$，则存在 $\boldsymbol{v}\in V$ 使得 $\boldsymbol{\xi}=h(\mathscr{A})\boldsymbol{v}$，于是

$$g(\mathscr{A})(\boldsymbol{\xi})=(g(\mathscr{A})h(\mathscr{A}))(\boldsymbol{v})=f(\mathscr{A})(\boldsymbol{v})=0_V(\boldsymbol{v})=\mathbf{0},$$

故 $\boldsymbol{\xi}\in(g(\mathscr{A}))^{-1}(\mathbf{0})$. 综上得 $(g(\mathscr{A}))^{-1}(\mathbf{0})=h(\mathscr{A})V$.

(2) 取 $\boldsymbol{\xi}\in(g(\mathscr{A}))^{-1}(\mathbf{0})\cap(h(\mathscr{A}))^{-1}(\mathbf{0})$，则 $g(\mathscr{A})\boldsymbol{\xi}=h(\mathscr{A})\boldsymbol{\xi}=\mathbf{0}$，于是由(6.6.1)式推出 $\boldsymbol{\xi}=\mathbf{0}$. 故 $(g(\mathscr{A}))^{-1}(\mathbf{0})\cap(h(\mathscr{A}))^{-1}(\mathbf{0})=\{\mathbf{0}\}$. □

引理 6.6.2 在假设 6.6.1 下，若 $f(x)$ 能写成数域 $\mathbf{P}$ 上两两互素的多项式 $f_i(x),i=1,2,\cdots,t$ 的乘积，则 V 能表示为线性变换 $f_i(\mathscr{A})$ 的核的直和，即

$$V=(f_1(\mathscr{A}))^{-1}(\mathbf{0})\oplus(f_2(\mathscr{A}))^{-1}(\mathbf{0})\oplus\cdots\oplus(f_t(\mathscr{A}))^{-1}(\mathbf{0}),$$

并且 $(f_i(\mathscr{A}))^{-1}(\mathbf{0})$ 都是 $\mathscr{A}$-子空间.

证 由线性变换核的定义知，$(f_i(\mathscr{A}))^{-1}(\mathbf{0})=\{\boldsymbol{\xi}\in V\mid f_i(\mathscr{A})\boldsymbol{\xi}=\mathbf{0}\}$. 注意到 $f_i(\mathscr{A})$ 都与 $\mathscr{A}$ 交换，由例 6.6.1 知这些 $(f_i(\mathscr{A}))^{-1}(\mathbf{0})$ 都是 $\mathscr{A}$-子空间. 令 $g_i(x)=\dfrac{f(x)}{f_i(x)}$，则 $(f_i(x),g_i(x))=1$，由引理 6.6.1 得

$$(f_i(\mathscr{A}))^{-1}(\mathbf{0})=g_i(\mathscr{A})V. \quad (6.6.2)$$

先证明 $V=(f_1(\mathscr{A}))^{-1}(\mathbf{0})+(f_2(\mathscr{A}))^{-1}(\mathbf{0})+\cdots+(f_t(\mathscr{A}))^{-1}(\mathbf{0})$. 注意到

$$(g_1(x),g_2(x),\cdots,g_t(x))=1,$$

所以存在 $m_i(x)\in\mathbf{P}[x]$使得 $\sum_{i=1}^{t} m_i(x)g_i(x)=1$,从而

$$\sum_{i=1}^{t} m_i(\mathscr{A})g_i(\mathscr{A})=\mathrm{id}_V.$$

现在任取 $\boldsymbol{v}\in V$,有 $\boldsymbol{v}=\mathrm{id}_V(\boldsymbol{v})=\sum_{i=1}^{t}(g_i(\mathscr{A})m_i(\mathscr{A}))(\boldsymbol{v})$. 由(6.6.2)式得

$$(g_i(\mathscr{A})m_i(\mathscr{A}))(\boldsymbol{v})\in g_i(\mathscr{A})V=(f_i(\mathscr{A}))^{-1}(\mathbf{0}).$$

因此 $V=(f_1(\mathscr{A}))^{-1}(\mathbf{0})+(f_2(\mathscr{A}))^{-1}(\mathbf{0})+\cdots+(f_t(\mathscr{A}))^{-1}(\mathbf{0})$.

再证明零向量分解唯一. 假设 $\mathbf{0}=\boldsymbol{v}_1+\boldsymbol{v}_2+\cdots+\boldsymbol{v}_t$,其中 $\boldsymbol{v}_i\in(f_i(\mathscr{A}))^{-1}(\mathbf{0})=g_i(\mathscr{A})V$. 任意取定 k,下面证明 $\boldsymbol{v}_k=\mathbf{0}$. 注意到当 $j\neq k$ 时 $f_j(x)\mid g_k(x)$,所以

$$g_k(\mathscr{A})(\boldsymbol{v}_j)=\mathbf{0},\text{若 } j\neq k.$$

从而又有

$$\mathbf{0}=g_k(\mathscr{A})(\mathbf{0})=g_k(\mathscr{A})(\boldsymbol{v}_1+\boldsymbol{v}_2+\cdots+\boldsymbol{v}_t)=g_k(\mathscr{A})(\boldsymbol{v}_k).$$

这说明 $\boldsymbol{v}_k\in(g_k(\mathscr{A}))^{-1}(\mathbf{0})$. 注意到 $\boldsymbol{v}_k$ 也在$(f_k(\mathscr{A}))^{-1}(\mathbf{0})$中,且由引理 6.6.1 有$(f_k(\mathscr{A}))^{-1}(\mathbf{0})\cap(g_k(\mathscr{A}))^{-1}(\mathbf{0})=\{\mathbf{0}\}$,于是 $\boldsymbol{v}_k=\mathbf{0}$. 这样就证得零向量分解唯一.

综上证得 $V=(f_1(\mathscr{A}))^{-1}(\mathbf{0})\oplus(f_2(\mathscr{A}))^{-1}(\mathbf{0})\oplus\cdots\oplus(f_t(\mathscr{A}))^{-1}(\mathbf{0})$. □

推论 6.6.1 设 V 是数域 $\mathbf{P}$ 上的 n 维线性空间,$\mathscr{A}\in\mathrm{End}(V)$,若 $\mathscr{A}$ 的特征多项式 $f(x)$可以写成一次因式方幂的乘积

$$f(x)=(x-a_1)^{r_1}(x-a_2)^{r_2}\cdots(x-a_t)^{r_t},$$

其中 $a_1,a_2,\cdots,a_t\in\mathbf{P}$ 两两不同,$r_1+r_2+\cdots+r_t=n$,则

$$V=V_1\oplus V_2\oplus\cdots\oplus V_t,$$

其中 V_i 是 $\mathscr{A}$-子空间,且 $V_i=\{\boldsymbol{\xi}\in V\mid(\mathscr{A}-a_i\mathrm{id}_V)^{r_i}\boldsymbol{\xi}=\mathbf{0}\}$.

证 由哈密顿-凯莱定理,$\mathscr{A}$的特征多项式以 $\mathscr{A}$ 为根. 令 $f_i(x)=(x-a_i)^{r_i}$,直接应用引理 6.6.2 即得结论. □

若 V 是复数域上的线性空间,$\mathscr{A}\in\mathrm{End}(V)$,则 $\mathscr{A}$ 的特征多项式一定能写成若干两两互素的一次因式方幂的乘积,故 V 总有推论 6.6.1 中的 $\mathscr{A}$-子空间直和分解.

§6.7 若当标准形定理

给定 $\mathbf{A}\in\mathbf{P}^{n\times n}$,$\mathbf{A}$ 一般不能相似于对角阵. 自然地,我们要问 $\mathbf{A}$ 能够与怎样一个比较简单的矩阵相似? 类似地,给定数域 $\mathbf{P}$ 上线性空间 V 的一个线性变换 $\mathscr{A}$,我们能够找到怎样恰当的基底使得 $\mathscr{A}$ 在该基底下的矩阵比较简单?

当 $\mathbf{A}$ 在数域 $\mathbf{P}$ 上有 n 个特征值时,若当标准形定理将给出上述问题的答案.

一、若当形矩阵

定义 6.7.1　形如

$$\begin{pmatrix} \lambda_0 & 0 & 0 & \cdots & 0 & 0 & 0 \\ 1 & \lambda_0 & 0 & \cdots & 0 & 0 & 0 \\ \vdots & \vdots & \vdots & & \vdots & \vdots & \vdots \\ 0 & 0 & 0 & \cdots & 1 & \lambda_0 & 0 \\ 0 & 0 & 0 & \cdots & 0 & 1 & \lambda_0 \end{pmatrix}_{k\times k}$$

的矩阵称为一个 k 级若当块，记为 $\boldsymbol{J}(\lambda_0,k)$. 注意，1 级若当块 $\boldsymbol{J}(\lambda_0,1)=(\lambda_0)$. 由若干个若当块构成的准对角矩阵

$$\mathrm{diag}(\boldsymbol{J}(\lambda_1,k_1),\boldsymbol{J}(\lambda_2,k_2),\cdots,\boldsymbol{J}(\lambda_s,k_s))=\begin{pmatrix} \boldsymbol{J}(\lambda_1,k_1) & & & \\ & \boldsymbol{J}(\lambda_2,k_2) & & \\ & & \ddots & \\ & & & \boldsymbol{J}(\lambda_s,k_s) \end{pmatrix}$$

称为若当形矩阵.

若当块与若当形矩阵的计算比较简单，作如下说明：

(1) 设 $\boldsymbol{J}_i=\boldsymbol{J}(\lambda_i,k_i),i=1,2,\cdots,m,\mathbf{A}=\mathrm{diag}(\boldsymbol{J}_1,\boldsymbol{J}_2,\cdots,\boldsymbol{J}_m)$ 是若当形矩阵，设 $g(x)$ 为多项式. 由习题 2.7.11 有

$$g(\mathbf{A})=\mathrm{diag}(g(\boldsymbol{J}_1),g(\boldsymbol{J}_2),\cdots,g(\boldsymbol{J}_m)). \tag{6.7.1}$$

(2) 设 $\boldsymbol{J}=\boldsymbol{J}(\lambda,k)$ 是对角线上全是 λ 的一个 k 级若当块，我们可以将 $\boldsymbol{J}$ 分解为

$$\boldsymbol{J}=\boldsymbol{J}(0,k)+\lambda\mathbf{E}\text{，其中 }\boldsymbol{J}(0,k)=\begin{pmatrix} 0 & 0 & 0 & \cdots & 0 & 0 & 0 \\ 1 & 0 & 0 & \cdots & 0 & 0 & 0 \\ 0 & 1 & 0 & \cdots & 0 & 0 & 0 \\ \vdots & \vdots & \vdots & & \vdots & \vdots & \vdots \\ 0 & 0 & 0 & \cdots & 1 & 0 & 0 \\ 0 & 0 & 0 & \cdots & 0 & 1 & 0 \end{pmatrix}_{k\times k}.$$

显然

$$R(\boldsymbol{J}(0,k))=k-1. \tag{6.7.2}$$

$\boldsymbol{J}(0,k)^d$ 容易计算. 事实上，

$$\boldsymbol{J}(0,k)^{k-1}=\begin{pmatrix} \mathbf{0} & \boldsymbol{O}_{(k-1)\times(k-1)} \\ 1 & \mathbf{0} \end{pmatrix},\boldsymbol{J}(0,k)^k=\boldsymbol{O}. \tag{6.7.3}$$

二、最小多项式

设 $\mathbf{A}\in\mathbf{P}^{n\times n}$，$f(\lambda)$为$\mathbf{A}$的特征多项式.根据哈密顿-凯莱定理，有$f(\mathbf{A})=\mathbf{O}$，换言之，多项式$f(\lambda)$以$\mathbf{A}$为根.当然以$\mathbf{A}$为根的多项式不可能唯一，我们把以$\mathbf{A}$为根的、次数最小的且首项系数为1的多项式称为$\mathbf{A}$的**最小多项式**.

引理 6.7.1 设$\mathbf{A}\in\mathbf{P}^{n\times n}$，则$\mathbf{A}$的最小多项式$m(x)$唯一存在.进一步，我们有：

(1) $m(x)$是$\mathbf{A}$的特征多项式的因式；

(2) 多项式$g(x)$以$\mathbf{A}$为根当且仅当$m(x)\mid g(x)$.

证 设$f(x)$为$\mathbf{A}$的特征多项式，则$f(x)$以$\mathbf{A}$为根，因此必有以$\mathbf{A}$为根、首项系数为1且次数最小的多项式存在，即$\mathbf{A}$的最小多项式必定存在.假设$\mathbf{A}$有两个最小多项式$m(x)$，$t(x)$.作带余除法有$m(x)=q(x)t(x)+r(x)$，其中$r(x)=0$或$\partial(r(x))<\partial(t(x))$.此时

$$r(\mathbf{A})=f(\mathbf{A})-q(\mathbf{A})g(\mathbf{A})=\mathbf{O},$$

因为$t(x)$是最小多项式，所以$r(x)=0$，即$t(x)\mid m(x)$.同理$m(x)\mid t(x)$，故$m(x)=t(x)$，即$\mathbf{A}$的最小多项式唯一.余下部分的证明留给读者. □

下面的引理给出了若当形矩阵的最小多项式的计算方法.

引理 6.7.2 (1) 若当块$\mathbf{J}(a,k)$的最小多项式为$(x-a)^k$.

(2) 若方阵$\mathbf{A}_i$的最小多项式为$m_i(x)$，$i=1,2,\cdots,t$，则准对角矩阵$\mathbf{A}=\mathrm{diag}(\mathbf{A}_1,\mathbf{A}_2,\cdots,\mathbf{A}_t)$的最小多项式为$[m_1(x),m_2(x),\cdots,m_t(x)]$.

证 (1) $\mathbf{J}(a,k)$的特征多项式为$(x-a)^k$，它以$\mathbf{A}$为根.注意$(x-a)^k$仅有一个首项系数为1的$k-1$次因式，即$(x-a)^{k-1}$.将$\mathbf{A}$代入算得

$$(\mathbf{A}-a\mathbf{E})^{k-1}=\mathbf{J}(0,k)^{k-1}\xlongequal{(6.7.3)\text{式}}\begin{pmatrix}\mathbf{0} & \mathbf{O}_{(k-1)\times(k-1)}\\ 1 & \mathbf{0}\end{pmatrix}\neq\mathbf{O}.$$

因此$\mathbf{J}(a,k)$的最小多项式为$(x-a)^k$.

(2) 设$d(x)=[m_1(x),m_2(x),\cdots,m_t(x)]$，设$\mathbf{A}$的最小多项式为$m(x)$，下证$m(x)=d(x)$.一方面，因为$m_i(x)\mid d(x)$且$m_i(\mathbf{A}_i)=\mathbf{O}$，所以$d(\mathbf{A}_i)=\mathbf{O}$，所以

$$d(\mathbf{A})\xlongequal{(6.7.1)\text{式}}\mathrm{diag}(d(\mathbf{A}_1),d(\mathbf{A}_2),\cdots,d(\mathbf{A}_t))=\mathbf{O}.$$

因此$d(x)$以$\mathbf{A}$为根，故由引理6.7.1得$m(x)\mid d(x)$.另一方面，因为

$$\mathbf{O}=m(\mathbf{A})=\mathrm{diag}(m(\mathbf{A}_1),m(\mathbf{A}_2),\cdots,m(\mathbf{A}_t)),$$

所以$m(\mathbf{A}_i)=\mathbf{O}$.因为$m_i(x)$是$\mathbf{A}_i$的最小多项式，所以$m_i(x)\mid m(x)$.因此$d(x)\mid m(x)$.综上得$m(x)=d(x)$. □

例 6.7.1 相似矩阵具有相同的最小多项式.

证 设有可逆矩阵 $\boldsymbol{X}$ 使得 $\boldsymbol{X}^{-1}\boldsymbol{A}\boldsymbol{X}=\boldsymbol{B}$,又设方阵 $\boldsymbol{A},\boldsymbol{B}$ 的最小多项式分别为 $m_1(x),m_2(x)$. 我们有

$$m_2(\mathbf{A})=m_2(\boldsymbol{X}\boldsymbol{B}\boldsymbol{X}^{-1})=\boldsymbol{X}m_2(\boldsymbol{B})\boldsymbol{X}^{-1}=\boldsymbol{X}\boldsymbol{O}\boldsymbol{X}^{-1}=\boldsymbol{O},$$

因此 $m_1(x)\mid m_2(x)$. 同理 $m_2(x)\mid m_1(x)$,故 $m_1(x)=m_2(x)$. □

设 $\mathscr{A}$ 为线性空间 V 上的线性变换,且 $\mathscr{A}$ 在 V 的某组基底下的矩阵是 $\mathbf{A}$,$\mathbf{A}$ 的最小多项式也称 $\mathscr{A}$ 的最小多项式. 因为线性变换在不同基底下的矩阵是相似的,所以由上例看到这样定义的 $\mathscr{A}$ 的最小多项式是唯一确定的.

设线性变换 $\mathscr{A}$(或矩阵 $\mathbf{A}$)的最小多项式为 $m(x)$,因为 $m(x)$ 是 $\mathscr{A}$(或 $\mathbf{A}$)的特征多项式的因式,所以 $m(x)$ 的根都是 $\mathscr{A}$(或 $\mathbf{A}$)的特征值.

推论 6.7.1 设 V 为数域 $\mathbf{P}$ 上的线性空间,$\mathscr{A}\in\mathrm{End}(V)$ 的最小多项式为 $m(x)$,则 $\mathscr{A}$ 可对角化的充分必要条件是 $m(x)$ 在数域 $\mathbf{P}$ 上可分解为两两互素的一次因式的乘积,即

$$m(x)=(x-\lambda_1)(x-\lambda_2)\cdots(x-\lambda_s),$$

其中 $\lambda_1,\lambda_2,\cdots,\lambda_s\in\mathbf{P}$ 两两不等.

证 ($\Rightarrow$) 若 $\mathscr{A}$ 可对角化,则 $\mathscr{A}$ 在 V 的某组基底下的矩阵 $\mathbf{A}=\mathrm{diag}(\lambda_1,\lambda_2,\cdots,\lambda_n)$. 不妨设 $\lambda_1,\lambda_2,\cdots,\lambda_s$ 为 $\lambda_1,\lambda_2,\cdots,\lambda_n$ 中全部两两不同的数字. 由引理 6.7.2 得 $m(x)=(x-\lambda_1)(x-\lambda_2)\cdots(x-\lambda_s)$.

($\Leftarrow$) 令 $f_i(x)=x-\lambda_i$,显然 $f_1(x),f_2(x),\cdots,f_s(x)$ 两两互素,且 $f_i(\mathscr{A})\in\mathrm{End}(V)$. 由引理 6.6.2 得

$$V=(f_1(\mathscr{A}))^{-1}(\mathbf{0})\oplus(f_2(\mathscr{A}))^{-1}(\mathbf{0})\oplus\cdots\oplus(f_s(\mathscr{A}))^{-1}(\mathbf{0}).$$

取 $\boldsymbol{\varepsilon}_{i1},\boldsymbol{\varepsilon}_{i2},\cdots,\boldsymbol{\varepsilon}_{ir_i}$ 为 $(f_i(\mathscr{A}))^{-1}(\mathbf{0})$ 的一组基底,得到 V 的基底

$$\Delta=\{\boldsymbol{\varepsilon}_{11},\boldsymbol{\varepsilon}_{12},\cdots,\boldsymbol{\varepsilon}_{1r_1};\cdots;\boldsymbol{\varepsilon}_{s1},\boldsymbol{\varepsilon}_{s2}\cdots,\boldsymbol{\varepsilon}_{sr_s}\}.$$

考察 $\mathscr{A}$ 在基底 Δ 下的矩阵,注意到

$$(f_i(\mathscr{A}))^{-1}(\mathbf{0})=\{\boldsymbol{v}\in V\mid f_i(\mathscr{A})(\boldsymbol{v})=\mathbf{0}\}=\{\boldsymbol{v}\in V\mid \mathscr{A}(\boldsymbol{v})=\lambda_i\boldsymbol{v}\},$$

我们有

$$\mathscr{A}(\boldsymbol{\varepsilon}_{ij})=\lambda_i\,\boldsymbol{\varepsilon}_{ij}.$$

现在,容易看到 $\mathscr{A}$ 在 Δ 下的矩阵为对角矩阵 $\mathrm{diag}(\underbrace{\lambda_1,\cdots,\lambda_1}_{r_1\text{个}\lambda_1};\cdots;\underbrace{\lambda_s,\cdots,\lambda_s}_{r_s\text{个}\lambda_s})$. □

推论 6.7.1′ 设 $\mathbf{A}\in\mathbf{P}^{n\times n}$ 的最小多项式为 $m(x)$,则 $\mathbf{A}$ 可对角化的充分必要条件是 $m(x)$ 在数域 $\mathbf{P}$ 上可分解为两两互素的一次因式的乘积.

三、若当标准形定理

定理 6.7.1(方阵的若当标准形定理) 若 $\mathbf{A}\in\mathbf{P}^{n\times n}$ 在数域 $\mathbf{P}$ 上有 n 个特征

值(计算重数),则 $\boldsymbol{A}$ 必与某个若当形矩阵相似,即有 $\mathbf{P}$ 上的一个可逆矩阵 $\boldsymbol{X}$ 使得 $\boldsymbol{X}^{-1}\boldsymbol{A}\boldsymbol{X}$ 为若当形矩阵.而且,该若当形矩阵除了若当块的排列次序外是唯一确定的.

用线性变换的语言再叙述一下,得下面的定理.

定理 6.7.2(线性变换的若当标准形定理) 设 V 是数域 $\mathbf{P}$ 上的 n 维线性空间,若 $\mathscr{A}\in \mathrm{End}(V)$ 在数域 $\mathbf{P}$ 上有 n 个特征值(计算重数),则 $\mathscr{A}$ 在 V 的某组基底下的矩阵为若当形矩阵,而且该若当形矩阵除了若当块的排列次序外是唯一确定的.

我们指出以下几点:

(1) 若 $\boldsymbol{A}$ 相似于某个若当标准形矩阵 $\boldsymbol{J}$,则称 $\boldsymbol{J}$ 为 $\boldsymbol{A}$ 的若当标准形.

(2) 由习题 6.2.11,在若当标准形定理中,若当块的排列次序是可以调换的.

(3) $\boldsymbol{A}_{n\times n}$(或 $\mathscr{A}$)在数域 $\mathbf{P}$ 上有 n 个特征值的充分必要条件是 $\boldsymbol{A}$ 的特征多项式在数域 $\mathbf{P}$ 上可以分解成 n 个一次因式的乘积,这在一般的数域 $\mathbf{P}$ 上是不能保证的.但是,若数域取复数域,则 $\boldsymbol{A}$ 在复数域上必定有 n 个特征值,因此 $\boldsymbol{A}$ 的若当标准形必存在.

四、存在性证明

引理 6.7.3 设 V 是数域 $\mathbf{P}$ 上的一个 n 维线性空间,若 $\sigma\in \mathrm{End}(V)$ 的特征多项式为 x^n,则 σ 在某组基底下的矩阵为若当形矩阵.

证 对 $\dim V$ 作归纳.当 $\dim V=1$ 时,结论显然成立,现假设 $\dim V<n$ 时结论成立.考察 $\dim V=n$ 的情形.当 $\sigma=0_V$ 时,结论显然成立,所以可设 $\sigma\neq 0_V$.显然 σ 的最小多项式为 x^k,其中 $1\leqslant k\leqslant n$.故有向量 $\boldsymbol{\eta}$ 使得 $\sigma^{k-1}(\boldsymbol{\eta})\neq\mathbf{0}$,$\sigma^k(\boldsymbol{\eta})=\mathbf{0}$.由习题 6.2.10,$\{\boldsymbol{\eta},\sigma\boldsymbol{\eta},\cdots,\sigma^{k-1}\boldsymbol{\eta}\}$ 线性无关.令 $U=L(\boldsymbol{\eta},\sigma\boldsymbol{\eta},\cdots,\sigma^{k-1}\boldsymbol{\eta})$.易见 U 是 σ-子空间.

若 $U=V$,则 $\boldsymbol{\eta},\sigma\boldsymbol{\eta},\cdots,\sigma^{k-1}\boldsymbol{\eta}$ 为 V 的一组基底,且 σ 在该基底下的矩阵为一个 n 级若当块 $\boldsymbol{J}(0,n)$,参见习题 6.2.10,结论成立.

下面考察 $U<V$ 的情形,此时有 $k<n$.取 W 为 V 的 σ-子空间使得 $U\cap W=\{\mathbf{0}\}$ 并且使得 $\dim W$ 最大.

断言 $V=U+W$.否则,存在 $\boldsymbol{x}\in V$ 但 $\boldsymbol{x}\notin U+W$.因为 $\sigma^k\boldsymbol{x}=\mathbf{0}\in U\oplus W$,所以存在 $d\in\mathbf{Z}^+$ 使得

$$\sigma^d\boldsymbol{x}\in U\oplus W,\ \boldsymbol{y}:=\sigma^{d-1}\boldsymbol{x}\notin U\oplus W.$$

将 $\sigma\boldsymbol{y}\in U\oplus W$ 表示为

$$\sigma\boldsymbol{y}=\boldsymbol{u}+\boldsymbol{w},\ \boldsymbol{u}\in U,\ \boldsymbol{w}\in W, \tag{6.7.4}$$

其中 $\boldsymbol{u}$ 又可以表示为 $\boldsymbol{u}=c_0\boldsymbol{\eta}+c_1\sigma\boldsymbol{\eta}+\cdots+c_{k-1}\sigma^{k-1}\boldsymbol{\eta}$.注意到

$$\mathbf{0}=\sigma^k\boldsymbol{y}=\sigma^{k-1}\boldsymbol{u}+\sigma^{k-1}\boldsymbol{w},\ \sigma^{k-1}\boldsymbol{u}\in U,\ \sigma^{k-1}\boldsymbol{w}\in W,$$

得

$$\sigma^{k-1}\boldsymbol{u}=-\sigma^{k-1}\boldsymbol{w}\in U\cap W=\{\boldsymbol{0}\},$$

所以

$$\boldsymbol{0}=\sigma^{k-1}\boldsymbol{u}=\sigma^{k-1}(c_0\boldsymbol{\eta}+c_1\sigma\boldsymbol{\eta}+\cdots+c_{k-1}\sigma^{k-1}\boldsymbol{\eta})=c_0\sigma^{k-1}\boldsymbol{\eta},$$

得 $c_0=0$. 令 $\boldsymbol{z}=c_1\boldsymbol{\eta}+c_2\sigma\boldsymbol{\eta}+\cdots+c_{k-1}\sigma^{k-2}\boldsymbol{\eta}$, 则 $\boldsymbol{u}=c_1\sigma\boldsymbol{\eta}+c_2\sigma^2\boldsymbol{\eta}+\cdots+c_{k-1}\sigma^{k-1}\boldsymbol{\eta}=\sigma(\boldsymbol{z})$, 由(6.7.4)式得

$$\boldsymbol{w}=\sigma(\boldsymbol{y}-\boldsymbol{z}).$$

令 $W'=L(\boldsymbol{y}-\boldsymbol{z})+W$, 由上式看到 W' 是 σ-不变的. 再者, 因为 $\boldsymbol{z}\in U$, 而且前面假设 $\boldsymbol{y}=\sigma^{d-1}\boldsymbol{x}\notin U\oplus W$, 所以 $\boldsymbol{y}-\boldsymbol{z}\notin W$, 所以 $\dim W'>\dim W$, 容易推出 $U\cap W'=\{\boldsymbol{0}\}$. 这与 W 的最大性矛盾. 因此 $V=U+W$, 断言成立.

注意到 $U\cap W=\{\boldsymbol{0}\}$, 所以 $V=U\oplus W$. 现在 U,W 是两个非平凡的 σ-子空间. 由归纳假设, $\sigma|_U$ 在 U 的一组基底 $\boldsymbol{u}_1,\boldsymbol{u}_2,\cdots,\boldsymbol{u}_k$ 下的矩阵是若当形矩阵 $\boldsymbol{J}_1$, $\sigma|_W$ 在 W 的一组基底 $\boldsymbol{w}_1,\boldsymbol{w}_2,\cdots,\boldsymbol{w}_{n-k}$ 下的矩阵是若当形矩阵 $\boldsymbol{J}_2$. 于是 σ 在基底 $\boldsymbol{u}_1,\boldsymbol{u}_2,\cdots,\boldsymbol{u}_k,\boldsymbol{w}_1,\boldsymbol{w}_2,\cdots,\boldsymbol{w}_{n-k}$ 下的矩阵是若当形矩阵 $\mathrm{diag}(\boldsymbol{J}_1,\boldsymbol{J}_2)$. 结论成立. □

引理 6.7.4 设 V 是数域 $\mathbf{P}$ 上的一个 n 维线性空间, $\sigma\in\mathrm{End}(V)$ 的特征多项式为 $(x-a)^n$, $a\in\mathbf{P}$, 则 σ 在某组基底下的矩阵为若当形矩阵.

证 令 $\eta=\sigma-a\cdot\mathrm{id}_V$, 则 $\eta\in\mathrm{End}(V)$ 且 η 的特征多项式为 x^n. 由引理 6.7.2, η 在 V 的某组基底下的矩阵是若当形矩阵 $\boldsymbol{J}$, 此时 σ 在同一组基底下的矩阵就是矩阵 $\boldsymbol{J}+a\boldsymbol{E}$, 显然 $\boldsymbol{J}+a\boldsymbol{E}$ 也是若当形矩阵. □

若当标准形的存在性证明. 由条件可设 $\sigma\in\mathrm{End}(V)$ 的特征多项式为

$$f(x)=(x-a_1)^{r_1}(x-a_2)^{r_2}\cdots(x-a_t)^{r_t},\ \sum_{i=1}^{t}r_i=n.$$

其中 $a_1,a_2,\cdots,a_t\in\mathbf{P}$ 两两不同. 由推论 6.6.1, 得

$$V=V_1\oplus V_2\oplus\cdots\oplus V_t, \text{其中 } V_i=\{\boldsymbol{v}\in V\mid(\sigma-a_i\cdot\mathrm{id}_V)^{r_i}\boldsymbol{v}=\boldsymbol{0}\}. \quad (6.7.5)$$

V_i 都是 σ-不变的, 且易见 $\sigma|_{V_i}\in\mathrm{End}(V_i)$ 的特征多项式为 $x-a_i$ 的方幂(从而 $\sigma|_{V_i}\in\mathrm{End}(V_i)$ 的特征多项式为 $(x-a_i)^{r_i}$). 由引理 6.7.3, $\sigma|_{V_i}$ 在 V_i 的某组基底 $\boldsymbol{\varepsilon}_{i1},\boldsymbol{\varepsilon}_{i2},\cdots,\boldsymbol{\varepsilon}_{il_i}$ 下的矩阵为若当形矩阵 $\boldsymbol{J}_i$, 此时 σ 在基底 $\{\boldsymbol{\varepsilon}_{11},\boldsymbol{\varepsilon}_{12},\cdots,\boldsymbol{\varepsilon}_{1l_1};\cdots,\boldsymbol{\varepsilon}_{t1},\boldsymbol{\varepsilon}_{t2},\cdots,\boldsymbol{\varepsilon}_{tl_t}\}$ 下的矩阵就是若当形矩阵 $\mathrm{diag}(\boldsymbol{J}_1,\boldsymbol{J}_2,\cdots,\boldsymbol{J}_t)$. □

(6.7.5)式称为 V 的关于线性变换 σ 的**根子空间分解**, V_i 称为属于特征值 λ_i 的**根子空间**. 由上面的证明可以看到, 特征值 a_i 的重数 = 属于特征值 a_i 的根子空间 V_i 的维数.

五、唯一性的证明

引理 6.7.5 设 V 是数域 $\mathbf{P}$ 上的线性空间, $\mathscr{A}\in\mathrm{End}(V)$ 在基底 $\boldsymbol{\varepsilon}_1,\boldsymbol{\varepsilon}_2,\cdots,\boldsymbol{\varepsilon}_s,\boldsymbol{\eta}_1,\boldsymbol{\eta}_2,\cdots,\boldsymbol{\eta}_t$ 下的矩阵是 $\mathrm{diag}(\boldsymbol{A}_{s\times s},\boldsymbol{B}_{t\times t})$, 设 $\boldsymbol{A},\boldsymbol{B}$ 的最小(或者特征)多项式

分别是 $M(x)$ 和 $N(x)$，且 $M(x)$ 与 $N(x)$ 互素，则

$$L(\boldsymbol{\varepsilon}_1,\boldsymbol{\varepsilon}_2,\cdots,\boldsymbol{\varepsilon}_s)=(M(\mathscr{A}))^{-1}(\mathbf{0}),L(\boldsymbol{\eta}_1,\boldsymbol{\eta}_2,\cdots,\boldsymbol{\eta}_t)=(N(\mathscr{A}))^{-1}(\mathbf{0}).$$

证 令 $W=L(\boldsymbol{\varepsilon}_1,\boldsymbol{\varepsilon}_2,\cdots,\boldsymbol{\varepsilon}_s)$. 由性质 6.6.2，$W$ 是 $\mathscr{A}$-不变的，所以 $\mathscr{A}|_W\in\mathrm{End}(W)$. 因为

$$\mathscr{A}|_W(\boldsymbol{\varepsilon}_1,\boldsymbol{\varepsilon}_2,\cdots,\boldsymbol{\varepsilon}_s)=(\boldsymbol{\varepsilon}_1,\boldsymbol{\varepsilon}_2,\cdots,\boldsymbol{\varepsilon}_s)\boldsymbol{A},$$

所以 $\mathscr{A}|_W$ 的最小多项式为 $M(x)$，因此 $M(\mathscr{A}|_W)=0_W$. 从而 $W\subseteq(M(\mathscr{A}))^{-1}(\mathbf{0})$. 同理有 $L(\boldsymbol{\eta}_1,\boldsymbol{\eta}_2,\cdots,\boldsymbol{\eta}_t)\subseteq(N(\mathscr{A}))^{-1}(\mathbf{0})$.

反之，任取 $\boldsymbol{v}\in(M(\mathscr{A}))^{-1}(\mathbf{0})$，写 $\boldsymbol{v}=\boldsymbol{w}+\boldsymbol{t}$，其中 $\boldsymbol{w}\in W$，$\boldsymbol{t}\in L(\boldsymbol{\eta}_1,\boldsymbol{\eta}_2,\cdots,\boldsymbol{\eta}_t)$，则 $M(\mathscr{A})(\boldsymbol{v})=\mathbf{0}$，因此

$$M(\mathscr{A})(\boldsymbol{t})=\mathbf{0}.$$

注意到 $L(\boldsymbol{\eta}_1,\boldsymbol{\eta}_2,\cdots,\boldsymbol{\eta}_t)\subseteq(N(\mathscr{A}))^{-1}(\mathbf{0})$，有 $N(\mathscr{A})(\boldsymbol{t})=0$，所以 $\boldsymbol{t}\in(M(\mathscr{A}))^{-1}(\mathbf{0})\cap(N(\mathscr{A}))^{-1}(\mathbf{0})$. 由引理 6.6.1 得 $\boldsymbol{t}=\mathbf{0}$，因此 $\boldsymbol{v}\in W$，所以 $(M(\mathscr{A}))^{-1}(\mathbf{0})\subseteq W$. 综上有 $W=(M(\mathscr{A}))^{-1}(\mathbf{0})$，即 $L(\boldsymbol{\varepsilon}_1,\boldsymbol{\varepsilon}_2,\cdots,\boldsymbol{\varepsilon}_s)=(M(\mathscr{A}))^{-1}(\mathbf{0})$.

同理得 $L(\boldsymbol{\eta}_1,\boldsymbol{\eta}_2,\cdots,\boldsymbol{\eta}_t)=(N(\mathscr{A}))^{-1}(\mathbf{0})$. □

引理 6.7.6 设 $\boldsymbol{A},\boldsymbol{B}$ 是两个相似的若当形矩阵，且 $\boldsymbol{A},\boldsymbol{B}$ 对角线上是同一个数字 a，则 $\boldsymbol{A},\boldsymbol{B}$ 最多相差若当块的排列次序.

证 先考察 $a=0$ 的情形. 设 $\boldsymbol{A},\boldsymbol{B}$ 中出现的若当块的级数为 $k_1<k_2<\cdots<k_t$，再假设 $\boldsymbol{A}$ 中出现的 k_i 级若当块的数目为 u_i，$\boldsymbol{B}$ 中出现的 k_i 级若当块的数目为 v_i，其中

$$u_i+v_i\in\mathbf{Z}^+,u_i\in\mathbf{N},v_i\in\mathbf{N},i=1,2,\cdots,t.$$

注意到对任意正整数 d，$\boldsymbol{A}^d$ 与 $\boldsymbol{B}^d$ 也相似，特别地它们有相同的秩. 考察 $\boldsymbol{A},\boldsymbol{B}$ 的 k_t-1 次方，我们有

$$R(\boldsymbol{A}^{k_t-1})=u_t,R(\boldsymbol{B}^{k_t-1})=v_t,$$

因此 $u_t=v_t$. 再考察 $\boldsymbol{A},\boldsymbol{B}$ 的 $k_{t-1}-1$ 次方，可以证明 $u_{t-1}=v_{t-1}$. 这样一直做下去得 u_i 与 v_i 都对应相等，命题成立.

再考察一般情形，易见 $\boldsymbol{A}-a\boldsymbol{E}$ 与 $\boldsymbol{B}-a\boldsymbol{E}$ 也相似，由上段证明知道 $\boldsymbol{A}-a\boldsymbol{E}$ 与 $\boldsymbol{B}-a\boldsymbol{E}$ 最多只能相差若当块的排列顺序，从而 $\boldsymbol{A},\boldsymbol{B}$ 亦然. □

若当标准形唯一性证明. 设 V 是数域 $\mathbf{P}$ 上的 n 维线性空间，$\sigma\in\mathrm{End}(V)$，且 σ 在数域 $\mathbf{P}$ 上有 n 个特征值(计算重数). 设 $a_1,a_2,\cdots,a_t$ 为 σ 的全部 t 个两两不同的特征值，并设其重数分别为 $r_1,r_2,\cdots,r_t$. 则 σ 的特征多项式为

$$f(x)=(x-a_1)^{r_1}(x-a_2)^{r_2}\cdots(x-a_t)^{r_t},$$

且 $r_1+r_2+\cdots+r_t=n$. 设 $\boldsymbol{A},\boldsymbol{B}$ 为 σ 在 V 的不同基底下得到的若当形矩阵，下面证明 $\boldsymbol{A},\boldsymbol{B}$ 除了若当块的排列次序外是一致的.

若 $t=1$，则 $\boldsymbol{A}$ 和 $\boldsymbol{B}$ 的对角线上都是同一个数字 a_1. 由引理 6.7.6 推出 $\boldsymbol{A},\boldsymbol{B}$ 只能相差若当快的排列顺序，结论成立. 以下设 $t\geqslant 2$. 不妨设

$$\boldsymbol{A}=\mathrm{diag}(\boldsymbol{A}_1,\boldsymbol{A}_2),\boldsymbol{B}=\mathrm{diag}(\boldsymbol{B}_1,\boldsymbol{B}_2),$$

其中若当形矩阵 $\boldsymbol{A}_1,\boldsymbol{B}_1$ 对角线上全是 a_1，而若当形矩阵 $\boldsymbol{A}_2,\boldsymbol{B}_2$ 对角线上都不是

a_1. 结合引理 6.7.2 及例 6.7.1，我们看到 $\boldsymbol{A}_1,\boldsymbol{B}_1$ 有相同的最小多项式 $g_1(x)=(x-a_1)^{d_1}$，$\boldsymbol{A}_2,\boldsymbol{B}_2$ 有相同的最小多项式 $g_2(x)$，且 $g_1(x),g_2(x)$ 互素. 令 $W_i=(g_i(\sigma))^{-1}(\mathbf{0})$，$i=1,2$. 由引理 6.7.5 知道，$\boldsymbol{A}_i,\boldsymbol{B}_i$ 是 $\sigma|_{W_i}$ 在 W_i 的两组基底下的若当标准形矩阵. 易见 W_1,W_2 都是 V 的真子空间，由归纳原理推出 $\boldsymbol{A}_i,\boldsymbol{B}_i$ 最多相差一个若当块的排列次序，从而 $\boldsymbol{A},\boldsymbol{B}$ 最多只能相差若当快的排列顺序，唯一性成立. □

§6.8* λ-矩阵与若当标准形定理

本节将介绍 λ-矩阵的基本理论，并由此给出若当标准形定理的新的证明——纯代数的证明.

一、基本概念

设 $\mathbf{P}$ 为数域，λ 是一个文字，$\mathbf{P}[\lambda]$是关于 λ 的多项式环. 一个矩阵，若它的每个位置上的元素都是 $\mathbf{P}[\lambda]$中的元，即关于 λ 的多项式，则称其为 **λ-矩阵**. 我们用 $\boldsymbol{A}(\lambda),\boldsymbol{B}(\lambda),\cdots$ 表示 λ-矩阵. 显然通常的数字矩阵也是 λ-矩阵.

例如，数字矩阵 $\boldsymbol{A}_{n\times n}$ 的特征矩阵 $\lambda\boldsymbol{E}-\boldsymbol{A}$ 为一个 λ-矩阵.

与通常的数字矩阵一样，λ-矩阵也可以作加法、数乘、乘法和转置等，而且有完全平行的性质. 另外，一个 $n\times n$ 的 λ-矩阵 $\boldsymbol{A}(\lambda)$ 也可以定义行列式，它与通常的数字矩阵的行列式有相同的性质. 一个 $n\times n$ 的 λ-矩阵 $\boldsymbol{A}(\lambda)$ 称为**可逆**的，如果存在 λ-矩阵 $\boldsymbol{B}(\lambda)$ 使得

$$\boldsymbol{A}(\lambda)\boldsymbol{B}(\lambda)=\boldsymbol{B}(\lambda)\boldsymbol{A}(\lambda)=\boldsymbol{E}_n.$$

性质 6.8.1 方阵 $\boldsymbol{A}(\lambda)$ 可逆的充分必要条件是 $|\boldsymbol{A}(\lambda)|$ 是一个非零数字.

证 若 $\boldsymbol{A}(\lambda)$ 可逆，则有 $\boldsymbol{B}(\lambda)$ 使得 $\boldsymbol{A}(\lambda)\boldsymbol{B}(\lambda)=\boldsymbol{E}$. 两边计算行列式得 $|\boldsymbol{A}(\lambda)||\boldsymbol{B}(\lambda)|=1$. 注意到 $|\boldsymbol{A}(\lambda)|$ 和 $|\boldsymbol{B}(\lambda)|$ 都是关于 λ 的多项式，因此 $|\boldsymbol{A}(\lambda)|$ 必是非零数字. 反之，若 $|\boldsymbol{A}(\lambda)|$ 是非零数字 a，令 $\boldsymbol{B}(\lambda)$ 为 $\boldsymbol{A}(\lambda)$ 的伴随矩阵，则

$$\boldsymbol{A}(\lambda)\left(\frac{1}{a}\boldsymbol{B}(\lambda)\right)=\left(\frac{1}{a}\boldsymbol{B}(\lambda)\right)\boldsymbol{A}(\lambda)=\boldsymbol{E},$$

故 $\boldsymbol{A}(\lambda)$ 可逆. □

λ-矩阵的一个 k 级子矩阵的行列式称为它的一个 k 级**子式**. 如果 $\boldsymbol{A}(\lambda)$ 中有一个 $r(r\geqslant1)$ 级子式不为零，但它的 $r+1$ 级子式全为零，则称 $\boldsymbol{A}(\lambda)$ 的**秩**为 r. 另外，规定零矩阵的秩为 0.

定义 6.8.1 设 $\boldsymbol{A}(\lambda)$ 的秩为 r，对于正整数 k，$1\leqslant k\leqslant r$，$\boldsymbol{A}(\lambda)$ 必有一个 k 级子式不为零，令 $D_k(\lambda)$ 为 $\boldsymbol{A}(\lambda)$ 的全部 k 级子式的首项系数为 1 的最大公因式，

称 $D_k(\lambda)$ 为 $\boldsymbol{A}(\lambda)$ 的 k 级行列式因子.

λ-矩阵也可以作下面三种**初等变换**:

(1) 矩阵的不同两行(列)对调;

(2) 矩阵的某一行(列)上乘一个非零数字 c(注意不能乘一个非零多项式);

(3) 矩阵的某一行(列)上加上另一行(列)的 $\varphi(\lambda)$ 倍,这里 $\varphi(\lambda)\in\mathbf{P}[\lambda]$.

从单位矩阵出发作一次初等变换后得到的矩阵称为**初等 λ-矩阵**. 与通常的数字矩阵一样,初等 λ-矩阵都是可逆矩阵,且对 λ-矩阵作一次初等行(列)变换相当于在矩阵左边(右边)乘一个相应的初等 λ-矩阵.

若 $\boldsymbol{A}(\lambda)$ 可以经过初等变换化为 $\boldsymbol{B}(\lambda)$,则称 $\boldsymbol{A}(\lambda)$ 和 $\boldsymbol{B}(\lambda)$ 等价. 容易验证 λ-矩阵的等价关系具有自反性、对称性和传递性.

引理 6.8.1 若 $\boldsymbol{A}(\lambda)$ 与 $\boldsymbol{B}(\lambda)$ 等价,则 $\boldsymbol{A}(\lambda)$ 与 $\boldsymbol{B}(\lambda)$ 有相同的秩和相同的各级行列式因子.

证 仅需证明:$\boldsymbol{A}(\lambda)$ 经一次初等行变换(或列变换)化为 $\boldsymbol{B}(\lambda)$ 后,$\boldsymbol{A}(\lambda)$ 与 $\boldsymbol{B}(\lambda)$ 有相同的 k 级行列式因子. 设 $D_k(\boldsymbol{A}(\lambda))$ 和 $D_k(\boldsymbol{B}(\lambda))$ 分别为 $\boldsymbol{A}(\lambda)$ 和 $\boldsymbol{B}(\lambda)$ 的 k 级行列式因子.

仅考察 $\boldsymbol{A}(\lambda)$ 经过 $r_i+\varphi(\lambda)r_j$ 后化为 $\boldsymbol{B}(\lambda)$ 的情形. 这时,$\boldsymbol{B}(\lambda)$ 中那些包含 i 行和 j 行的 k 级子式,以及那些不包含 i 行的 k 级子式都等于 $\boldsymbol{A}(\lambda)$ 中对应的 k 级子式;$\boldsymbol{B}(\lambda)$ 中那些包含 i 行但不包含 j 行的 k 级子式等于 $\boldsymbol{A}(\lambda)$ 中两个 k 级子式的组合. 因此 $\boldsymbol{B}(\lambda)$ 中的 k 级子式都是 $\boldsymbol{A}(\lambda)$ 中 k 级子式的组合,从而

$$D_k(\boldsymbol{A}(\lambda))\mid D_k(\boldsymbol{B}(\lambda)).$$

注意到 $\boldsymbol{B}(\lambda)$ 经过 $r_i-\varphi(\lambda)r_j$ 化回 $\boldsymbol{A}(\lambda)$,故同样有 $D_k(\boldsymbol{B}(\lambda))\mid D_k(\boldsymbol{A}(\lambda))$. 综上得 $D_k(\boldsymbol{A}(\lambda))=D_k(\boldsymbol{B}(\lambda))$. □

二、λ-矩阵的标准形

定义 6.8.2 若 λ-矩阵 $\boldsymbol{A}(\lambda)$ 经过初等变换化为下面形式的矩阵:

$$\begin{pmatrix} d_1(\lambda) & 0 & \cdots & 0 & 0 & \cdots & 0 \\ 0 & d_2(\lambda) & \cdots & 0 & 0 & \cdots & 0 \\ \vdots & \vdots & & \vdots & \vdots & & \vdots \\ 0 & 0 & \cdots & d_r(\lambda) & 0 & \cdots & 0 \\ 0 & 0 & \cdots & 0 & 0 & \cdots & 0 \\ \vdots & \vdots & & \vdots & \vdots & & \vdots \\ 0 & 0 & \cdots & 0 & 0 & \cdots & 0 \end{pmatrix}:=\boldsymbol{J}(\lambda), \qquad (6.8.1)$$

其中 $d_i(\lambda)$ 都是首项系数为 1 的多项式,且

$$d_i(\lambda)\mid d_{i+1}(\lambda)\,(i=1,2,\cdots,r-1),$$

则称 $\boldsymbol{J}(\lambda)$ 为 $\boldsymbol{A}(\lambda)$ 的等价标准形,又称 $d_1(\lambda),d_2(\lambda),\cdots,d_r(\lambda)$ 为 $\boldsymbol{A}(\lambda)$ 的不变

因子.

定理 6.8.1 任意一个非零的 $m\times n$ 的 λ-矩阵 $\boldsymbol{A}(\lambda)$ 的等价标准形存在且唯一.

证 先证明 $\boldsymbol{A}(\lambda)$ 的等价标准形的存在性. 我们仅写出其证明概要,这一概要实际上也给出了等价标准形的具体算法.

第一步,用初等变换将 $\boldsymbol{A}(\lambda)$ 化为 $\boldsymbol{B}(\lambda)$,使得 $b_{11}(\lambda)$ 能整除 $\boldsymbol{B}(\lambda)$ 中的所有 mn 个位置上的元素;

第二步,用初等变换将 $\boldsymbol{B}(\lambda)$ 化为

$$\begin{pmatrix} b_{11}(\lambda) & \boldsymbol{0} \\ \boldsymbol{0} & \boldsymbol{C}(\lambda) \end{pmatrix},$$

其中 $\boldsymbol{C}(\lambda)$ 是 $(m-1)\times(n-1)$ 的 λ-矩阵;

第三步,由归纳假设 $\boldsymbol{C}(\lambda)$ 可以用初等变换化为标准形,从而 $\boldsymbol{A}(\lambda)$ 就化成了标准形.

再证明 $\boldsymbol{A}(\lambda)$ 的标准形的唯一性. 设 $\boldsymbol{A}(\lambda)$ 经过初等变换化为形如(6.8.1)的标准形 $\boldsymbol{J}(\lambda)$. 由引理 6.8.1 有

$$R(\boldsymbol{A}(\lambda))=R(\boldsymbol{J}(\lambda))=r.$$

设 $D_k(\lambda)$ 为 $\boldsymbol{A}(\lambda)$ 的 k 级行列式因子,这里 $k=1,2,\cdots,r$. 显然这些行列式因子被 $\boldsymbol{A}(\lambda)$ 唯一确定. 由引理 6.8.1,$D_k(\lambda)$ 也是 $\boldsymbol{J}(\lambda)$ 的 k 级行列式因子. 再计算 $\boldsymbol{J}(\lambda)$ 的各级行列式因子,得

$$D_k(\lambda)=\prod_{i=1}^{k} d_i(\lambda),k=1,2,\cdots,r. \tag{6.8.2}$$

因此

$$d_1(\lambda)=D_1(\lambda),d_2(\lambda)=\frac{D_2(\lambda)}{D_1(\lambda)},\cdots,d_r(\lambda)=\frac{D_r(\lambda)}{D_{r-1}(\lambda)}. \tag{6.8.3}$$

这说明 $d_1(\lambda),d_2(\lambda),\cdots,d_r(\lambda)$ 唯一确定,因此 $\boldsymbol{A}(\lambda)$ 的标准形唯一. □

在上面的证明过程中,(6.8.2)和(6.8.3)两式给出了不变因子和行列式因子之间的相互导出关系.

引理 6.8.2 $\boldsymbol{A}(\lambda)$ 可逆当且仅当它能表示为一些初等 λ-矩阵的乘积.

证 若 $\boldsymbol{A}(\lambda)=\prod_{j=1}^{k}\boldsymbol{P}_j(\lambda)$,其中 $\boldsymbol{P}_j(\lambda)$ 都是初等 λ-矩阵. 由初等 λ-矩阵的定义易见 $|\boldsymbol{P}_j(\lambda)|$ 都是非零数字,故 $|\boldsymbol{A}(\lambda)|=\prod_{j=1}^{k}|\boldsymbol{P}_j(\lambda)|$ 是非零数字,从而 $\boldsymbol{A}(\lambda)$ 可逆. 反之,若 n 级矩阵 $\boldsymbol{A}(\lambda)$ 可逆,则 $|\boldsymbol{A}(\lambda)|$ 是非零数字,故其 n 级行列式因子等于 1,即 $D_n(\lambda)=1$. 由(6.8.2)式得 $\boldsymbol{A}(\lambda)$ 的不变因子都是 1,即 $\boldsymbol{A}(\lambda)$ 的标准形为

n 级单位矩阵. 应用初等变换和初等 λ-矩阵的对应关系,我们推出 $\boldsymbol{A}(\lambda)$ 为一些初等 λ-矩阵的乘积. □

推论 6.8.1 设 $\boldsymbol{A}(\lambda)$ 和 $\boldsymbol{B}(\lambda)$ 是两个 $m\times n$ 矩阵,则以下命题等价:

(1) $\boldsymbol{A}(\lambda)$ 与 $\boldsymbol{B}(\lambda)$ 等价;

(2) $\boldsymbol{A}(\lambda)$ 与 $\boldsymbol{B}(\lambda)$ 有相同的各级行列式因子;

(3) $\boldsymbol{A}(\lambda)$ 与 $\boldsymbol{B}(\lambda)$ 的不变因子全部对应相同;

(4) 存在 m 级可逆矩阵 $\boldsymbol{P}(\lambda)$ 和 n 级可逆矩阵 $\boldsymbol{Q}(\lambda)$ 使得 $\boldsymbol{P}(\lambda)\boldsymbol{A}(\lambda)\boldsymbol{Q}(\lambda)=\boldsymbol{B}(\lambda)$.

证 由定理 6.8.1,$\boldsymbol{A}(\lambda)$ 与 $\boldsymbol{B}(\lambda)$ 等价当且仅当它们的标准形相同,也即有相同的各级行列式因子,故(1)和(2)等价. 因为不变因子和行列式因子相互唯一确定,所以(2)和(3)等价. 应用引理 6.8.2 即得(1)和(4)的等价性. □

例 6.8.1 设 $\boldsymbol{A}\in\mathbf{P}^{n\times n}$,求 $\boldsymbol{A}$ 的特征矩阵 $\lambda\boldsymbol{E}-\boldsymbol{A}$ 的秩并讨论它的可逆性. 又若

$$\boldsymbol{A}=\begin{pmatrix}-1 & -2 & 6\\ -1 & 0 & 3\\ -1 & -1 & 4\end{pmatrix},$$

求 $\lambda\boldsymbol{E}-\boldsymbol{A}$ 的等价标准形,以及行列式因子和不变因子.

解 (1) 因为 $|\lambda\boldsymbol{E}-\boldsymbol{A}|$ 是关于 λ 的首项系数为 1 的 n 次多项式,所以 $R(\lambda\boldsymbol{E}-\boldsymbol{A})=n$,且 $\lambda\boldsymbol{E}-\boldsymbol{A}$ 不可逆.

(2) 因为

$$\lambda\boldsymbol{E}-\boldsymbol{A}=\begin{pmatrix}\lambda+1 & 2 & -6\\ 1 & \lambda & -3\\ 1 & 1 & \lambda-4\end{pmatrix}\xrightarrow{r_1\leftrightarrow r_3}\begin{pmatrix}1 & 1 & \lambda-4\\ 1 & \lambda & -3\\ \lambda+1 & 2 & -6\end{pmatrix}$$

$$\xrightarrow[r_3-(\lambda+1)r_1]{r_2-r_1}\begin{pmatrix}1 & 1 & \lambda-4\\ 0 & \lambda-1 & -\lambda+1\\ 0 & -\lambda+1 & -\lambda^2+3\lambda-2\end{pmatrix}$$

$$\xrightarrow[c_3-(\lambda-4)c_1]{c_2-c_1}\begin{pmatrix}1 & 0 & 0\\ 0 & \lambda-1 & -\lambda+1\\ 0 & -\lambda+1 & -\lambda^2+3\lambda-2\end{pmatrix}$$

$$\xrightarrow{r_3+r_2}\begin{pmatrix}1 & 0 & 0\\ 0 & \lambda-1 & -\lambda+1\\ 0 & 0 & -\lambda^2+2\lambda-1\end{pmatrix}$$

$$\xrightarrow[-r_3]{c_3+c_2}\begin{pmatrix}1 & 0 & 0\\ 0 & \lambda-1 & 0\\ 0 & 0 & (\lambda-1)^2\end{pmatrix},$$

所以上式最后一个矩阵为$\lambda\boldsymbol{E}-\boldsymbol{A}$的等价标准形,其不变因子为$1,\lambda-1,(\lambda-1)^2$,其行列式因子为$1,\lambda-1,(\lambda-1)^3$. □

三、两个数字方阵相似的条件

本段将证明,两个数字方阵相似当且仅当它们的特征矩阵(是λ-矩阵)等价.

定理 6.8.2 设$\boldsymbol{A},\boldsymbol{B}\in\mathbf{P}^{n\times n}$,则$\boldsymbol{A},\boldsymbol{B}$相似当且仅当$\lambda\boldsymbol{E}-\boldsymbol{A}$和$\lambda\boldsymbol{E}-\boldsymbol{B}$等价.

引理 6.8.3 设$\boldsymbol{A},\boldsymbol{B}\in\mathbf{P}^{n\times n}$,以下命题成立:

(1) 若存在$\boldsymbol{P},\boldsymbol{Q}\in\mathbf{P}^{n\times n}$使得$\lambda\boldsymbol{E}-\boldsymbol{A}=\boldsymbol{P}(\lambda\boldsymbol{E}-\boldsymbol{B})\boldsymbol{Q}$,则$\boldsymbol{A}$和$\boldsymbol{B}$相似;

(2) 任一n级λ-矩阵$\boldsymbol{U}(\lambda)$可表示为$(\lambda\boldsymbol{E}-\boldsymbol{A})\boldsymbol{Q}(\lambda)+\boldsymbol{U}_0$,其中$\boldsymbol{Q}(\lambda)$为$n$级$\lambda$-矩阵,$\boldsymbol{U}_0$为$n$级数字矩阵;

(3) 任一n级λ-矩阵$\boldsymbol{V}(\lambda)$可表示为$\boldsymbol{R}(\lambda)(\lambda\boldsymbol{E}-\boldsymbol{A})+\boldsymbol{V}_0$,其中$\boldsymbol{R}(\lambda)$为$n$级$\lambda$-矩阵,$\boldsymbol{V}_0$为$n$级数字矩阵.

证 (1) 因为$\lambda\boldsymbol{E}-\boldsymbol{A}=\boldsymbol{P}(\lambda\boldsymbol{E}-\boldsymbol{B})\boldsymbol{Q}=\lambda\boldsymbol{P}\boldsymbol{Q}-\boldsymbol{P}\boldsymbol{B}\boldsymbol{Q}$,比较得

$$\boldsymbol{E}=\boldsymbol{P}\boldsymbol{Q},\boldsymbol{A}=\boldsymbol{P}\boldsymbol{B}\boldsymbol{Q},$$

得$\boldsymbol{P}=\boldsymbol{Q}^{-1},\boldsymbol{Q}^{-1}\boldsymbol{B}\boldsymbol{Q}=\boldsymbol{A}$,故$\boldsymbol{A}$和$\boldsymbol{B}$相似.

(2) 若$\boldsymbol{U}(\lambda)$为数字矩阵,令$\boldsymbol{Q}(\lambda)=\boldsymbol{O},\boldsymbol{U}_0=\boldsymbol{U}(\lambda)$,即满足要求.下设$\boldsymbol{U}(\lambda)$不是数字矩阵,并设

$$\boldsymbol{U}(\lambda)=\boldsymbol{D}_m\lambda^m+\boldsymbol{D}_{m-1}\lambda^{m-1}+\cdots+\boldsymbol{D}_1\lambda+\boldsymbol{D}_0,$$

其中$\boldsymbol{D}_m\neq\boldsymbol{O},m\geqslant 1,\boldsymbol{D}_m,\boldsymbol{D}_{m-1},\cdots,\boldsymbol{D}_0$都是$n$级数字方阵.下面来求出满足要求的$\boldsymbol{Q}(\lambda)$.设

$$\boldsymbol{Q}(\lambda)=\boldsymbol{Q}_{m-1}\lambda^{m-1}+\boldsymbol{Q}_{m-2}\lambda^{m-2}+\cdots+\boldsymbol{Q}_1\lambda+\boldsymbol{Q}_0,$$

这里$\boldsymbol{Q}_i$都是待定的n级数字方阵.令$\boldsymbol{U}(\lambda)-(\lambda\boldsymbol{E}-\boldsymbol{A})\boldsymbol{Q}(\lambda)$为数字矩阵,展开即能求出这些数字矩阵$\boldsymbol{Q}_i$,细节略.(2)成立.

(3) 与(2)同样证明. □

定理 6.8.2 的证明 若$\boldsymbol{A},\boldsymbol{B}$相似,则存在可逆的数字矩阵$\boldsymbol{D}$使得$\boldsymbol{D}^{-1}\boldsymbol{A}\boldsymbol{D}=\boldsymbol{B}$,于是$\boldsymbol{D}^{-1}(\lambda\boldsymbol{E}-\boldsymbol{A})\boldsymbol{D}=\lambda\boldsymbol{E}-\boldsymbol{B}$.由推论6.8.1(4)得$\lambda\boldsymbol{E}-\boldsymbol{A}$和$\lambda\boldsymbol{E}-\boldsymbol{B}$等价.

反之,设$\lambda\boldsymbol{E}-\boldsymbol{A}$和$\lambda\boldsymbol{E}-\boldsymbol{B}$等价,由推论6.8.1(4)知存在可逆的$\lambda$-矩阵$\boldsymbol{U}(\lambda)$和$\boldsymbol{V}(\lambda)$使得

$$\lambda\boldsymbol{E}-\boldsymbol{A}=\boldsymbol{U}(\lambda)(\lambda\boldsymbol{E}-\boldsymbol{B})\boldsymbol{V}(\lambda). \tag{6.8.4}$$

由引理6.8.3,$\boldsymbol{U}(\lambda)$和$\boldsymbol{V}(\lambda)$可分别表示为

$$\boldsymbol{U}(\lambda)=(\lambda\boldsymbol{E}-\boldsymbol{A})\boldsymbol{Q}(\lambda)+\boldsymbol{U}_0,\boldsymbol{V}(\lambda)=\boldsymbol{R}(\lambda)(\lambda\boldsymbol{E}-\boldsymbol{A})+\boldsymbol{V}_0, \tag{6.8.5}$$

其中$\boldsymbol{U}_0,\boldsymbol{V}_0$为数字矩阵.由(6.8.4)和(6.8.5)两式得

$$\boldsymbol{U}(\lambda)^{-1}(\lambda\boldsymbol{E}-\boldsymbol{A})=(\lambda\boldsymbol{E}-\boldsymbol{B})\boldsymbol{V}(\lambda)=(\lambda\boldsymbol{E}-\boldsymbol{B})(\boldsymbol{R}(\lambda)(\lambda\boldsymbol{E}-\boldsymbol{A})+\boldsymbol{V}_0),$$

记 $\boldsymbol{T}=\boldsymbol{U}(\lambda)^{-1}-(\lambda\boldsymbol{E}-\boldsymbol{B})\boldsymbol{R}(\lambda)$，上式化为

$$\boldsymbol{T}(\lambda\boldsymbol{E}-\boldsymbol{A})=(\lambda\boldsymbol{E}-\boldsymbol{B})\boldsymbol{V}_0. \tag{6.8.6}$$

比较上式两边关于 λ 的次数，知 $\boldsymbol{T}$ 是数字矩阵. 注意到

$$\begin{aligned}\boldsymbol{E}&=\boldsymbol{U}(\lambda)\boldsymbol{U}(\lambda)^{-1}=\boldsymbol{U}(\lambda)(\boldsymbol{T}+(\lambda\boldsymbol{E}-\boldsymbol{B})\boldsymbol{R}(\lambda))\\&=\boldsymbol{U}(\lambda)\boldsymbol{T}+\boldsymbol{U}(\lambda)(\lambda\boldsymbol{E}-\boldsymbol{B})\boldsymbol{R}(\lambda)\\&=\boldsymbol{U}(\lambda)\boldsymbol{T}+(\lambda\boldsymbol{E}-\boldsymbol{A})\boldsymbol{V}(\lambda)^{-1}\boldsymbol{R}(\lambda)\\&=((\lambda\boldsymbol{E}-\boldsymbol{A})\boldsymbol{Q}(\lambda)+\boldsymbol{U}_0)\boldsymbol{T}+(\lambda\boldsymbol{E}-\boldsymbol{A})\boldsymbol{V}(\lambda)^{-1}\boldsymbol{R}(\lambda)\\&=\boldsymbol{U}_0\boldsymbol{T}+(\lambda\boldsymbol{E}-\boldsymbol{A})(\boldsymbol{Q}(\lambda)\boldsymbol{T}+\boldsymbol{V}(\lambda)^{-1}\boldsymbol{R}(\lambda)).\end{aligned}$$

比较上式两边关于 λ 的次数，上式右端第二项必为零，即 $\boldsymbol{E}=\boldsymbol{U}_0\boldsymbol{T}$，得 $\boldsymbol{T}$ 可逆. 由(6.8.6)式得 $\lambda\boldsymbol{E}-\boldsymbol{A}=\boldsymbol{T}^{-1}(\lambda\boldsymbol{E}-\boldsymbol{B})\boldsymbol{V}_0$，由引理 6.8.3(1)推出 $\boldsymbol{A}$ 和 $\boldsymbol{B}$ 相似. □

特征矩阵 $\lambda\boldsymbol{E}-\boldsymbol{A}$ 的不变因子简称为数字矩阵 $\boldsymbol{A}$ 的不变因子. 由定理 6.8.2 和推论 6.8.1 得**两个数字方阵相似当且仅当它们有相同的不变因子**. 若 $\mathscr{A}$ 是线性变换，它在某组基底下的矩阵为 $\boldsymbol{A}$，则 $\boldsymbol{A}$ 的不变因子也称为 $\mathscr{A}$ 的不变因子，显然 $\mathscr{A}$ 的不变因子与基底的选择无关.

四、初等因子

定义 6.8.3 设 $\boldsymbol{A}\in\mathbf{P}^{n\times n}$(或线性变换 $\mathscr{A}$)在数域 $\mathbf{P}$ 上有 n 个特征值(计重数)，把 $\boldsymbol{A}$(或 $\mathscr{A}$)的每个次数大于或等于 1 的不变因子分解成两两互素的首项为 1 的一次因式方幂的乘积，所有这些一次因式的方幂(计重数)称为 $\boldsymbol{A}$(或 $\mathscr{A}$)的初等因子.

若 $\mathbf{P}$ 为复数域，则 n 级方阵 $\boldsymbol{A}$ 在复数域上总有 n 个特征值.

设 $\boldsymbol{A}$ 为 12 级数字方阵，并设它的 12 个不变因子是

$$\underbrace{1,\cdots,1}_{8个1},\lambda-1,\lambda-1,(\lambda-1)^2(\lambda+1),(\lambda-1)^2(\lambda+1)(\lambda^2-25)^2.$$

注意这 12 个不变因子的乘积一定等于 $|\lambda\boldsymbol{E}-\boldsymbol{A}|$，故其为一个 12 次多项式. 由定义得到 $\boldsymbol{A}$ 的全部初等因子为

$$\lambda-1,\lambda-1,(\lambda-1)^2,(\lambda-1)^2,\lambda+1,\lambda+1,(\lambda-5)^2,(\lambda+5)^2. \tag{6.8.7}$$

反之，假设某方阵 $\boldsymbol{A}$ 有(6.8.7)式中的初等因子，注意这些不变因子的积等于 $|\lambda\boldsymbol{E}-\boldsymbol{A}|$，是一个 12 次多项式，所以 $\boldsymbol{A}$ 是 12 级方阵. 因为 $d_i(\lambda)\mid d_{i+1}(\lambda)$，所以

$$d_{12}(\lambda)=全部初等因子的最小公倍式(\lambda-1)^2(\lambda+1)(\lambda-5)^2(\lambda+5)^2.$$

去掉 $d_{12}(\lambda)$ 中的初等因子，剩下的初等因子为

$$\lambda-1,\lambda-1,(\lambda-1)^2,\lambda+1,$$

上面这些初等因子的最小公倍式为 $d_{11}(\lambda)$，即

$$d_{11}(\lambda)=(\lambda-1)^2(\lambda+1).$$

类似地,得

$$d_{10}(\lambda)=\lambda-1, d_9(\lambda)=\lambda-1, d_8(\lambda)=\cdots=d_1(\lambda)=1.$$

这表明,**方阵的初等因子和不变因子相互唯一确定.**

定理 6.8.3 设 $\boldsymbol{A},\boldsymbol{B}$ 为数域 $\mathbf{P}$ 上的两个 n 级方阵,且它们在 $\mathbf{P}$ 上都有 n 个特征值(计重数),则 $\boldsymbol{A},\boldsymbol{B}$ 相似的充分必要条件是它们有相同的初等因子.

证 这是因为

$\boldsymbol{A},\boldsymbol{B}$ 相似 $\Leftrightarrow \lambda\boldsymbol{E}-\boldsymbol{A}$ 和 $\lambda\boldsymbol{E}-\boldsymbol{B}$ 等价(定理 6.8.2)

$\Leftrightarrow \boldsymbol{A},\boldsymbol{B}$ 有相同的不变因子(推论 6.8.1)

$\Leftrightarrow \boldsymbol{A},\boldsymbol{B}$ 有相同的初等因子. □

不变因子和初等因子都是矩阵的相似不变量. 由下面的性质可以看出,求初等因子比求不变因子容易一些,所以我们经常利用初等因子来判断两个方阵是否相似.

性质 6.8.2 设 $\boldsymbol{A}\in\mathbf{P}^{n\times n}$ 在数域 $\mathbf{P}$ 上有 n 个特征值(计重数),将特征矩阵 $\lambda\boldsymbol{E}-\boldsymbol{A}$ 用初等变换化为对角矩阵,然后将主对角线上的次数大于或等于 1 的多项式表示成两两互素的一次因式方幂的乘积,所有这些一次因式的方幂(计重数)就是 $\boldsymbol{A}$ 的全部初等因子.

证 利用初等因子、不变因子及行列式因子的相互导出关系得到,细节略. □

例 6.8.2 求若当块 $\boldsymbol{J}_0=\boldsymbol{J}(\lambda_0,n)$ 及若当形矩阵 $\boldsymbol{J}=\mathrm{diag}(\boldsymbol{J}_1,\boldsymbol{J}_2,\cdots,\boldsymbol{J}_s)$ 的初等因子,其中 $\boldsymbol{J}_i$ 为若当块 $\boldsymbol{J}(\lambda_i,k_i), i=1,2,\cdots,s$.

解 (1) 因为若当块 $\boldsymbol{J}_0$ 的 n 级行列式因子 $D_n(\lambda)=|\boldsymbol{J}_0|=(\lambda-\lambda_0)^n$. 注意到 $\boldsymbol{J}_0$ 的左下角的 $n-1$ 级子式等于 1,所以 $\boldsymbol{J}_0$ 的 $n-1$ 级行列式因子等于 1. 于是 $\boldsymbol{J}_0$ 的不变因子为

$$d_n(\lambda)=(\lambda-\lambda_0)^n, d_{n-1}(\lambda)=d_{n-2}(\lambda)=\cdots=d_1(\lambda)=1,$$

故 $\boldsymbol{J}_0$ 的初等因子为 $(\lambda-\lambda_0)^n$.

(2) 由(1)及性质 6.8.2 得若当形矩阵 $\boldsymbol{J}=\mathrm{diag}(\boldsymbol{J}_1,\boldsymbol{J}_2,\cdots,\boldsymbol{J}_s)$ 的全部初等因子为 $(\lambda-\lambda_1)^{k_1},(\lambda-\lambda_2)^{k_2},\cdots,(\lambda-\lambda_s)^{k_s}$. □

五、若当标准形定理的证明

定理 6.8.4 设 $\boldsymbol{A}\in\mathbf{P}^{n\times n}$ 在数域 $\mathbf{P}$ 上有 n 个特征值(计重数),则 $\boldsymbol{A}$ 必与一个若当形矩阵相似,且这个若当形矩阵除去若当块的排列次序外是被矩阵 $\boldsymbol{A}$ 唯一确定的.

证 设 $\boldsymbol{A}$ 的初等因子是 $(\lambda-\lambda_1)^{k_1},(\lambda-\lambda_2)^{k_2},\cdots,(\lambda-\lambda_s)^{k_s}$，其中 $\lambda_i\in\mathbf{P}$，$k_1+k_2+\cdots+k_s=n$. 因此 $\boldsymbol{A}$ 与例 6.8.2 中的若当形矩阵 $\boldsymbol{J}$ 有相同的初等因子，由定理 6.8.3 得 $\boldsymbol{A}$ 与 $\boldsymbol{J}$ 相似.

又若 $\boldsymbol{A}$ 还能与另一若当形矩阵 $\boldsymbol{J}'$ 相似，则 $\boldsymbol{J}'$ 和 $\boldsymbol{J}$ 有相同的初等因子，由例 6.8.2 易见，$\boldsymbol{J}'$ 和 $\boldsymbol{J}$ 除了若当块的排列次序以外是相同的，由此即得唯一性. □

例 6.8.3 求例 6.8.1 中 3 级方阵 $\boldsymbol{A}$ 的若当标准形.

解 由例 6.8.1 得 $\boldsymbol{A}$ 的初等因子为 $\lambda-1,(\lambda-1)^2$. 因此 $\boldsymbol{A}$ 的若当标准形为

$$\operatorname{diag}(\boldsymbol{J}(1,1),\boldsymbol{J}(1,2))=\begin{pmatrix}1&0&0\\0&1&0\\0&1&1\end{pmatrix}.$$ □

例 6.8.4 问 $\boldsymbol{A}=\begin{pmatrix}1&0&0\\0&1&0\\0&1&1\end{pmatrix}$ 与 $\boldsymbol{B}=\begin{pmatrix}1&0&0\\1&1&0\\0&1&1\end{pmatrix}$ 是否相似？

解 注意到 $\boldsymbol{A},\boldsymbol{B}$ 都是若当形矩阵，且 $\boldsymbol{A}$ 由两个若当块构成，$\boldsymbol{B}$ 恰是一个 3 级若当块. 若 $\boldsymbol{A},\boldsymbol{B}$ 相似，由若当标准形的唯一性，$\boldsymbol{A}$ 和 $\boldsymbol{B}$ 只能相差一个若当块的排列次序，矛盾. 因此 $\boldsymbol{A}$ 和 $\boldsymbol{B}$ 不相似. □

推论 6.8.2 设 $\boldsymbol{A}$ 为复方阵（$\mathscr{A}$ 为复线性空间上的线性变换），则 $\boldsymbol{A}$ 必与某个若当形矩阵相似（$\mathscr{A}$ 在某组基底下的矩阵为若当形矩阵），且这个若当形矩阵除了若当块的排列次序外是唯一确定的，称为 $\boldsymbol{A}$ 的若当标准形.

习题 6

6.1.1 写出例 6.1.2 的逆否命题.

6.1.2 证明两个线性变换的乘积仍是线性变换.

6.1.3 判定下面定义的变换是否为线性变换：

(1) 在 $\mathbf{P}^{1\times 3}$ 中，$\mathscr{A}(x,y,z)=(x+1,x+y,z)$，$\forall (x,y,z)\in\mathbf{P}^{1\times 3}$；

(2) 在 $\mathbf{P}^n$ 中，$\mathscr{A}(\boldsymbol{x})=\boldsymbol{A}\boldsymbol{x}+\boldsymbol{b}$，$\forall \boldsymbol{x}\in\mathbf{P}^n$，而 $\boldsymbol{A}\in\mathbf{P}^{n\times n}$，$\boldsymbol{b}\in\mathbf{P}^n$ 取定；

(3) 在 $\mathbf{P}^{n\times n}$ 中，$\mathscr{A}(\boldsymbol{X})=\boldsymbol{A}\boldsymbol{X}-\boldsymbol{X}\boldsymbol{B}$，$\forall \boldsymbol{X}\in\mathbf{P}^{n\times n}$，而 $\boldsymbol{A},\boldsymbol{B}\in\mathbf{P}^{n\times n}$ 取定；

(4) 在 $\mathbf{P}[x]$ 中，$\mathscr{A}(f(x))=f(x-1)$，$\forall f(x)\in\mathbf{P}[x]$；

(5) 在 $\mathbf{P}[x]$ 中，$\mathscr{A}(f(x))=f(x_0)$，$\forall f(x)\in\mathbf{P}[x]$.

6.1.4 设线性空间 V 是子空间 $W_1,W_2,\cdots,W_s$ 的直和，对于 $\forall\boldsymbol{\alpha}\in V$，有 $\boldsymbol{\alpha}=\boldsymbol{\alpha}_1+\boldsymbol{\alpha}_2+\cdots+\boldsymbol{\alpha}_s$，其中 $\boldsymbol{\alpha}_i\in W_i$，$i=1,2,\cdots,s$. 定义 V 到 W_i 的投影变换 $\mathscr{A}$ 为 $\mathscr{A}(\boldsymbol{\alpha})=\boldsymbol{\alpha}_i$. 证明 $\mathscr{A}$ 是线性变换，并且 $\mathscr{A}^2=\mathscr{A}$.

6.2.1 设 V 是数域 $\mathbf{P}$ 上的 n 维线性空间,$\boldsymbol{\varepsilon}_1,\boldsymbol{\varepsilon}_2,\cdots,\boldsymbol{\varepsilon}_n$ 是 V 的一组基底,$\mathbf{A}\in\mathbf{P}^{n\times n}$,证明存在 $\mathscr{A}\in\mathrm{End}(V)$使得 $\mathscr{A}$ 在基底 $\boldsymbol{\varepsilon}_1,\boldsymbol{\varepsilon}_2,\cdots,\boldsymbol{\varepsilon}_n$ 下的矩阵为 $\mathbf{A}$.

6.2.2 证明性质 6.2.2.

6.2.3* 设 V 是数域 $\mathbf{P}$ 上的 n 维线性空间,证明线性空间 $\mathrm{End}(V)$与线性空间 $\mathbf{P}^{n\times n}$同构.

6.2.4 在 $\mathbf{P}^{2\times 2}$中,定义

$$\mathscr{A}_1(\boldsymbol{X})=\begin{pmatrix}0&1\\2&3\end{pmatrix}\boldsymbol{X},\mathscr{A}_2(\boldsymbol{X})=\boldsymbol{X}\begin{pmatrix}0&1\\2&3\end{pmatrix},\mathscr{A}_3(\boldsymbol{X})=\begin{pmatrix}0&1\\2&3\end{pmatrix}\boldsymbol{X}\begin{pmatrix}1&1\\1&0\end{pmatrix},$$

验证$\mathscr{A}_1,\mathscr{A}_2,\mathscr{A}_3$ 都是线性变换,并求它们在自然基底 $\boldsymbol{e}_{11},\boldsymbol{e}_{12},\boldsymbol{e}_{21},\boldsymbol{e}_{22}$下的矩阵.

6.2.5 已知线性变换 $\mathscr{A}$ 在基底 $\boldsymbol{e}_1,\boldsymbol{e}_2,\boldsymbol{e}_3$ 下的矩阵为 $\mathbf{A}$,求 $\mathscr{A}$ 在基底 $\boldsymbol{e}_3,\boldsymbol{e}_2,\boldsymbol{e}_1$ 下的矩阵.

6.2.6 已知 $\mathscr{A}$ 为 $\mathbf{P}^3$ 上的线性变换,$\boldsymbol{\xi},\boldsymbol{\eta}_1,\boldsymbol{\eta}_2,\boldsymbol{\eta}_3,\mathscr{A}(\boldsymbol{\eta}_1),\mathscr{A}(\boldsymbol{\eta}_2),\mathscr{A}(\boldsymbol{\eta}_3)$分别如下:

$$\begin{pmatrix}-1\\-2\\2\end{pmatrix},\begin{pmatrix}1\\1\\1\end{pmatrix},\begin{pmatrix}1\\1\\0\end{pmatrix}\begin{pmatrix}1\\0\\0\end{pmatrix},\begin{pmatrix}1\\0\\0\end{pmatrix},\begin{pmatrix}1\\1\\2\end{pmatrix},\begin{pmatrix}1\\1\\1\end{pmatrix}.$$

(1) 求$\mathscr{A}$在基底 $\boldsymbol{\eta}_1,\boldsymbol{\eta}_2,\boldsymbol{\eta}_3$下的矩阵,并问 $\mathscr{A}$是否可逆?

(2) 求$\mathscr{A}(\boldsymbol{\xi})$.

(3) 求$\mathscr{A}$在常用基底 $\boldsymbol{e}_1,\boldsymbol{e}_2,\boldsymbol{e}_3$ 下的矩阵.

6.2.7 证明矩阵相似关系具有自反性、对称性和传递性.

6.2.8 设 $\mathbf{A},\boldsymbol{B}$ 是两个同级方阵,若 $\mathbf{A}\sim\boldsymbol{B}$,则 $R(\mathbf{A})=R(\boldsymbol{B})$,但反之不成立.

6.2.9 已知方阵 $\mathbf{A}_1$ 和 $\boldsymbol{B}_1$ 相似,方阵 $\mathbf{A}_2$ 和 $\boldsymbol{B}_2$ 相似,证明 $\mathrm{diag}(\boldsymbol{A}_1,\boldsymbol{A}_2)$和 $\mathrm{diag}(\boldsymbol{B}_1,\boldsymbol{B}_2)$相似.

6.2.10 设 V 为 n 维线性空间,$\mathscr{A}\in\mathrm{End}(V)$.

(1) 若 $\mathscr{A}^k(\boldsymbol{\xi})=\mathbf{0}$ 但 $\mathscr{A}^{k-1}(\boldsymbol{\xi})\neq\mathbf{0}$,其中 k 为正整数,$\boldsymbol{\xi}\in V$,则 $\boldsymbol{\xi},\mathscr{A}(\boldsymbol{\xi}),\cdots,\mathscr{A}^{k-1}(\boldsymbol{\xi})$线性无关.

(2) 若存在 $\boldsymbol{\xi}\in V$ 使得 $\mathscr{A}^{n-1}(\boldsymbol{\xi})\neq\mathbf{0}$,但 $\mathscr{A}^n(\boldsymbol{\xi})=\mathbf{0}$,写出 $\mathscr{A}$ 在某个基底下的矩阵.

6.2.11 设 $\mathbf{A}_1,\mathbf{A}_2,\cdots,\mathbf{A}_m$ 都是方阵(不一定同级),$r_1,r_2,\cdots,r_m$ 是 $1,2,\cdots,m$ 的一个重排列,证明 $\mathrm{diag}(\mathbf{A}_1,\mathbf{A}_2,\cdots,\mathbf{A}_m)$与 $\mathrm{diag}(\mathbf{A}_{r_1},\mathbf{A}_{r_2},\cdots,\mathbf{A}_{r_m})$相似.

6.3.1 求下列方阵的特征值与特征向量:

(1) $\begin{pmatrix}0&1&-1\\-2&0&2\\-1&1&0\end{pmatrix}$;(2) $\begin{pmatrix}-1&1&0\\-4&3&0\\1&0&2\end{pmatrix}$;(3) $\begin{pmatrix}1&2&3\\2&1&3\\3&3&6\end{pmatrix}$.

6.3.2　设 V 是复数域上的 3 维线性空间，$\boldsymbol{\varepsilon}_1,\boldsymbol{\varepsilon}_2,\boldsymbol{\varepsilon}_3$ 为 V 的一组基底，已知 $\sigma\in\mathrm{End}(V)$ 在该基底下的矩阵为习题 6.3.1 中的第一个矩阵，求 σ 的特征值、特征向量.

6.3.3　设 $\boldsymbol{\xi}_1,\boldsymbol{\xi}_2$ 是矩阵 $\boldsymbol{A}$ 的分别属于特征值 λ_1 和 λ_2 的特征向量，且 $\lambda_1\neq\lambda_2$. 证明 $\boldsymbol{\xi}_1+\boldsymbol{\xi}_2$ 不是 $\boldsymbol{A}$ 的特征向量.

6.3.4　若 λ 为可逆方阵 $\boldsymbol{A}$ 的一个特征值，则 $\frac{1}{\lambda}|\boldsymbol{A}|$ 为 $\boldsymbol{A}^*$ 的一个特征值.

6.3.5　设 $\boldsymbol{A}$ 是 n 级方阵，证明 $\boldsymbol{A}^{\mathrm{T}}$ 与 $\boldsymbol{A}$ 有相同的特征值.

6.3.6　设方阵 $\boldsymbol{A}$ 满足 $\boldsymbol{A}^2-5\boldsymbol{A}+6\boldsymbol{E}=\boldsymbol{O}$，证明 $\boldsymbol{A}$ 的特征值只可能是 2 或 3.

6.3.7　设 3 级方阵 $\boldsymbol{A}$ 有特征值 $-1,1,2$，求 $|2\boldsymbol{A}^2+3\boldsymbol{E}+\boldsymbol{A}^{-1}|$ 及 $|\boldsymbol{A}^*+4\boldsymbol{E}|$.

6.3.8　若 $\lambda\neq0$ 是 $\boldsymbol{A}_{m\times n}\boldsymbol{B}_{n\times m}$ 的特征值，则 λ 也是 $\boldsymbol{BA}$ 的特征值.

6.3.9　证明矩阵相似关系具有自反性、对称性、传递性.

6.3.10　举例说明性质 6.3.5 的逆命题不成立.

6.3.11　设矩阵 $\boldsymbol{A},\boldsymbol{B}$ 相似，证明：

(1) $R(\boldsymbol{A})=R(\boldsymbol{B})$；(2) $|\boldsymbol{A}|=|\boldsymbol{B}|$；(3) $\boldsymbol{A}^{\mathrm{T}}\boldsymbol{B}^{\mathrm{T}}$ 相似.

6.3.12　已知矩阵 $\begin{pmatrix}2&3\\x&y\end{pmatrix}$ 与 $\begin{pmatrix}1&2\\3&4\end{pmatrix}$ 相似，求 x,y 的值.

6.4.1　证明性质 6.4.1.

6.4.2　判断习题 6.3.1 中的矩阵是否可对角化.

6.4.3　求可逆矩阵 $\boldsymbol{D}$ 使得 $\boldsymbol{D}^{-1}\boldsymbol{AD}$ 为对角矩阵，并由此计算 $\boldsymbol{A}^n$，其中 $\boldsymbol{A}$ 分别为

(1) $\begin{pmatrix}0&1&-1\\-2&0&2\\-1&1&0\end{pmatrix}$；　　(2) $\begin{pmatrix}-1&1&0\\0&3&0\\1&0&2\end{pmatrix}$.

6.4.4　设矩阵 $\boldsymbol{A}=\begin{pmatrix}2&0&1\\3&1&a\\4&0&5\end{pmatrix}$，问 a 为何值时 $\boldsymbol{A}$ 可对角化？并在可对角化的情形求可逆阵 $\boldsymbol{P}$ 使得 $\boldsymbol{P}^{-1}\boldsymbol{AP}$ 为对角阵.

6.4.5　设向量 $\boldsymbol{\alpha}=(a_1,a_2,\cdots,a_n)$，$a_1\neq0$，$\boldsymbol{A}=\boldsymbol{\alpha}^{\mathrm{T}}\boldsymbol{\alpha}$.

(1) 证明 $\boldsymbol{A}$ 可对角化；

(2) 证明 $\lambda=0$ 是 $\boldsymbol{A}$ 的 $n-1$ 重特征值；

(3) 求 $\boldsymbol{A}$ 的特征值和 n 个线性无关的特征向量.

6.4.6　设 $\mathscr{D}$ 是 $\mathbf{P}[x]_n$ 上的求导变换，问 $\mathscr{D}$ 能否对角化？

6.5.1　在习题 6.2.6 的条件下，分别求 $\mathscr{A}$ 的值域和核的维数及一组基底.

6.5.2　设 $\mathscr{D}$ 是 $\mathbf{P}[x]_n$ 的求导变换，求 $\mathscr{D}$ 的值域和核.

6.5.3　设 V 为线性空间，$\mathscr{A}\in \mathrm{End}(V)$，举例说明 $\mathscr{A}(V)+\mathscr{A}^{-1}(\mathbf{0})=V$ 不一定成立.

6.5.4*　设 V,W 是数域 $\mathbf{P}$ 上的两个线性空间，f 是 V 到 W 的线性映射，证明：$\dim f^{-1}(\mathbf{0})+\dim f(V)=\dim V$.

6.6.1　线性变换的属于某个特征值的特征子空间是该线性变换的不变子空间.

6.6.2　设 $\mathscr{A}$ 是线性空间 V 上的线性变换，则 $\mathscr{A}$ 可对角化当且仅当 V 能写成若干个 1 维 $\mathscr{A}$-子空间的直和.

6.6.3　在引理 6.6.1 的条件下，证明 $V=(g(\mathscr{A}))^{-1}(\mathbf{0})\oplus(h(\mathscr{A}))^{-1}(\mathbf{0})$.

6.6.4　设 V 为复数域上的 n 维线性空间，$\mathscr{A},\mathscr{B}\in \mathrm{End}(V)$ 且 $\mathscr{A}\mathscr{B}=\mathscr{B}\mathscr{A}$，证明：

(1) 若 λ_0 是 $\mathscr{A}$ 的一个特征值，则特征子空间 V_{λ_0} 是 $\mathscr{B}$ 的不变子空间；

(2) $\mathscr{A},\mathscr{B}$ 必有公共的特征向量.

6.7.1　设 $\mathbf{A}=\begin{pmatrix}\boldsymbol{B}_{s\times s} & * \\ \boldsymbol{O} & \boldsymbol{D}_{t\times t}\end{pmatrix}$，证明 $\boldsymbol{B},\boldsymbol{D}$ 的最小多项式都整除 $\mathbf{A}$ 的最小多项式.

6.7.2　设矩阵 $\mathbf{A}=\begin{pmatrix}0 & 0 & 1\\ 1 & 1 & a\\ 1 & 0 & 0\end{pmatrix}$，求 $\mathbf{A}$ 的最小多项式，并分别求 $a=-1,1$ 时 $\mathbf{A}$ 的若当标准形.

6.7.3　已知 3 级方阵 $\mathbf{A}$ 满足 $\mathbf{A}^3=\boldsymbol{O}$，求 $\mathbf{A}$ 所有可能的若当标准形.

6.7.4　已知 $\mathbf{A}\in\mathbf{P}^{n\times n}$ 满足 $\mathbf{A}^2=\mathbf{A}$，求 $\mathbf{A}$ 的若当标准形，并由此证明 $\mathbf{A}$ 可对角化.

6.7.5　设 V 为复数域上的线性空间，若 $\mathscr{A}\in \mathrm{End}(V)$ 在某组基底下的矩阵是一个若当块，证明 V 的 $\mathscr{A}$-子空间只能是 V 的平凡子空间.

6.8.1*　求下列方阵 $\mathbf{A}$ 的不变因子、初等因子和若当标准形.

(1) $\begin{pmatrix}1 & 0 & 0\\ 1 & 1 & 0\\ 1 & 1 & 1\end{pmatrix}$；　(2) $\begin{pmatrix}1 & 2 & 0\\ 0 & 2 & 0\\ -2 & -2 & -1\end{pmatrix}$.

6.8.2*　设 $\mathbf{A}\in\mathbf{C}^{n\times n}$，证明 $\mathbf{A}$ 和 $\mathbf{A}^{\mathrm{T}}$ 相似.

6.8.3*　复方阵 $\mathbf{A}$ 可对角化的充分必要条件是 $\mathbf{A}$ 的初等因子都是 1 次的.

第7章 欧氏空间

§7.1 欧氏空间的定义

在线性空间中,只有加法和数乘两种运算,无法反映几何空间中诸如向量长度、夹角等度量性质.但是在许多实际问题中,向量的度量性质具有重要作用,因此有必要引入度量的概念.

一、定义

定义 7.1.1 设 V 是实数域上的线性空间,若在 V 上定义了一个二元实函数(—,—),它具有以下性质:

(1) 交换性 $(\boldsymbol{\alpha},\boldsymbol{\beta})=(\boldsymbol{\beta},\boldsymbol{\alpha})$;

(2) 线性性 $(k\boldsymbol{\alpha},\boldsymbol{\beta})=k(\boldsymbol{\alpha},\boldsymbol{\beta})$,$(\boldsymbol{\alpha}+\boldsymbol{\beta},\boldsymbol{\gamma})=(\boldsymbol{\alpha},\boldsymbol{\gamma})+(\boldsymbol{\beta},\boldsymbol{\gamma})$;

(3) 正定性 $(\boldsymbol{\alpha},\boldsymbol{\alpha})\geqslant 0$,且$(\boldsymbol{\alpha},\boldsymbol{\alpha})=0$ 当且仅当 $\boldsymbol{\alpha}=\mathbf{0}$.

其中 $\boldsymbol{\alpha},\boldsymbol{\beta},\boldsymbol{\gamma}$ 为 V 中任意元素,k 为任意实数,则称二元实函数(—,—)为内积,此时称 V 为一个**欧几里得空间**,简称**欧氏空间**.

与一般线性空间相比较,欧氏空间有以下两个特殊之处:第一,它定义在实数域上;第二,它上面定义了一个内积.

在欧氏空间中,由定义中的三条内积性质可以推出,零向量与任何向量作内积等于零,即

$$(\mathbf{0},\boldsymbol{\alpha})=(\boldsymbol{\alpha},\mathbf{0})=0; \tag{7.1.1}$$

由内积的交换性和线性性易得

$$\left(\sum_{i=1}^{m}c_i\boldsymbol{\alpha}_i,\sum_{j=1}^{n}d_j\boldsymbol{\beta}_j\right)=\sum_{i=1}^{m}\sum_{j=1}^{n}c_id_j(\boldsymbol{\alpha}_i,\boldsymbol{\beta}_j)\quad(\boldsymbol{\alpha}_i,\boldsymbol{\beta}_j\in V,c_i,d_j\in\mathbf{R}). \tag{7.1.2}$$

(7.1.2)式经常要用到,我们给出它的矩阵表示形式.注意到

$$(x_1,x_2,\cdots,x_m)\begin{pmatrix} a_{11} & a_{12} & \cdots & a_{1n} \\ a_{21} & a_{22} & \cdots & a_{2n} \\ \vdots & \vdots & & \vdots \\ a_{m1} & a_{m2} & \cdots & a_{mn} \end{pmatrix}\begin{pmatrix} y_1 \\ y_2 \\ \vdots \\ y_n \end{pmatrix}=\sum_{i=1}^{m}\sum_{j=1}^{n}x_iy_ja_{ij}, \quad (7.1.3)$$

所以(7.1.2)式即为

$$\left(\sum_{i=1}^{m}c_i\boldsymbol{\alpha}_i,\sum_{j=1}^{n}d_j\boldsymbol{\beta}_j\right)=(c_1,c_2,\cdots,c_m)\begin{pmatrix} (\boldsymbol{\alpha}_1,\boldsymbol{\beta}_1) & (\boldsymbol{\alpha}_1,\boldsymbol{\beta}_2) & \cdots & (\boldsymbol{\alpha}_1,\boldsymbol{\beta}_n) \\ (\boldsymbol{\alpha}_2,\boldsymbol{\beta}_1) & (\boldsymbol{\alpha}_2,\boldsymbol{\beta}_2) & \cdots & (\boldsymbol{\alpha}_2,\boldsymbol{\beta}_n) \\ \vdots & \vdots & & \vdots \\ (\boldsymbol{\alpha}_m,\boldsymbol{\beta}_1) & (\boldsymbol{\alpha}_m,\boldsymbol{\beta}_2) & \cdots & (\boldsymbol{\alpha}_m,\boldsymbol{\beta}_n) \end{pmatrix}\begin{pmatrix} d_1 \\ d_2 \\ \vdots \\ d_n \end{pmatrix}. \quad (7.1.4)$$

例 7.1.1 容易验证三维几何空间中的点积满足这里的内积性质，因此三维几何空间在点积定义下构成三维欧氏空间.

例 7.1.2 在实数域上 n 维线性空间 $\mathbf{R}^n$ 中，定义二元实函数$(\boldsymbol{\alpha},\boldsymbol{\beta})$如下：

$$(\boldsymbol{\alpha},\boldsymbol{\beta})=x_1y_1+x_2y_2+\cdots+x_ny_n, \quad (7.1.5)$$

即

$$(\boldsymbol{\alpha},\boldsymbol{\beta})=\boldsymbol{\alpha}^{\mathrm{T}}\boldsymbol{\beta}\text{ 或 }(\boldsymbol{\alpha},\boldsymbol{\beta})=\boldsymbol{\beta}^{\mathrm{T}}\boldsymbol{\alpha},$$

其中

$$\boldsymbol{\alpha}=\begin{pmatrix} x_1 \\ x_2 \\ \vdots \\ x_n \end{pmatrix},\ \boldsymbol{\beta}=\begin{pmatrix} y_1 \\ y_2 \\ \vdots \\ y_n \end{pmatrix}.$$

容易验证(—,—)满足内积的三条性质，所以 $\mathbf{R}^n$ 在上述内积定义下构成一个 n 维欧氏空间.

以后凡说到欧氏空间 $\mathbf{R}^n$，其上的内积都按(7.1.5)式定义.

二、向量的长度与夹角

在欧氏空间 V 中，对任意向量 $\boldsymbol{\alpha}\in V$，$(\boldsymbol{\alpha},\boldsymbol{\alpha})$总是一个非负实数，所以 $\sqrt{(\boldsymbol{\alpha},\boldsymbol{\alpha})}$有意义. 我们称非负实数 $\sqrt{(\boldsymbol{\alpha},\boldsymbol{\alpha})}$为**向量 $\boldsymbol{\alpha}$ 的长度**，记为$|\boldsymbol{\alpha}|$. 称长度为 1 的向量为**单位向量**. 关于向量长度，我们有下面的性质：

(1) $|\boldsymbol{\alpha}|=0\Leftrightarrow\boldsymbol{\alpha}=\mathbf{0}$，这里 $\boldsymbol{\alpha}\in V$.

(2) $|k\boldsymbol{\alpha}|=|k||\boldsymbol{\alpha}|$，其中 $\boldsymbol{\alpha}\in V,k\in\mathbf{R}$.

(3) 若 $\mathbf{0}\neq\boldsymbol{\alpha}\in V$，则 $\dfrac{1}{|\boldsymbol{\alpha}|}\boldsymbol{\alpha}$ 是长度为 1 的向量，我们称之为 $\boldsymbol{\alpha}$ 的**单位化**

(向量).

下面来定义两个非零向量 $\boldsymbol{\alpha}$ 和 $\boldsymbol{\beta}$ 的夹角. 在几何空间中,两个非零向量 $\boldsymbol{\alpha},\boldsymbol{\beta}$ 的夹角定义为 $\angle(\boldsymbol{\alpha},\boldsymbol{\beta})=\arccos\dfrac{\boldsymbol{\alpha}\cdot\boldsymbol{\beta}}{|\boldsymbol{\alpha}||\boldsymbol{\beta}|}$(定义 4.2.1). 由例 7.1.1,几何空间中的点积相当于欧氏空间中的内积. 因此,我们有理由在一般的欧氏空间中将两非零向量 $\boldsymbol{\alpha},\boldsymbol{\beta}$ 的夹角定义为 $\arccos\dfrac{(\boldsymbol{\alpha},\boldsymbol{\beta})}{|\boldsymbol{\alpha}||\boldsymbol{\beta}|}$. 为了说明如此定义的合理性,我们先给出下面的柯西-布涅柯夫斯基不等式.

性质 7.1.1(柯西-布涅柯夫斯基不等式) 设 V 为欧氏空间,$\boldsymbol{\alpha},\boldsymbol{\beta}\in V$,则 $|(\boldsymbol{\alpha},\boldsymbol{\beta})|\leqslant|\boldsymbol{\alpha}||\boldsymbol{\beta}|$,并且等号成立当且仅当 $\boldsymbol{\alpha},\boldsymbol{\beta}$ 线性相关.

证 当 $\boldsymbol{\alpha},\boldsymbol{\beta}$ 有一个为零向量时,结论显然成立,下设 $\boldsymbol{\alpha},\boldsymbol{\beta}$ 都不是零向量. 因为对所有的实参数 t,都有

$$(\boldsymbol{\alpha},\boldsymbol{\alpha})+2(\boldsymbol{\alpha},\boldsymbol{\beta})t+(\boldsymbol{\beta},\boldsymbol{\beta})t^2 \xlongequal{(7.1.2)\text{式}} (\boldsymbol{\alpha}+t\boldsymbol{\beta},\boldsymbol{\alpha}+t\boldsymbol{\beta})\geqslant 0,$$

即关于 t 的一元二次多项式 $(\boldsymbol{\alpha},\boldsymbol{\alpha})+2(\boldsymbol{\alpha},\boldsymbol{\beta})t+(\boldsymbol{\beta},\boldsymbol{\beta})t^2$ 恒大于或等于零,所以

$$\Delta=(2(\boldsymbol{\alpha},\boldsymbol{\beta}))^2-4(\boldsymbol{\alpha},\boldsymbol{\alpha})(\boldsymbol{\beta},\boldsymbol{\beta})\leqslant 0,$$

即 $|(\boldsymbol{\alpha},\boldsymbol{\beta})|\leqslant|\boldsymbol{\alpha}||\boldsymbol{\beta}|$.

当 $\boldsymbol{\alpha},\boldsymbol{\beta}$ 线性相关时,显然有等号成立. 反之,若 $|(\boldsymbol{\alpha},\boldsymbol{\beta})|=|\boldsymbol{\alpha}||\boldsymbol{\beta}|$,即 $\Delta=0$,故二次多项式 $(\boldsymbol{\alpha},\boldsymbol{\alpha})+2(\boldsymbol{\alpha},\boldsymbol{\beta})t+(\boldsymbol{\beta},\boldsymbol{\beta})t^2$ 有重根 $t_0=-\dfrac{(\boldsymbol{\alpha},\boldsymbol{\beta})}{(\boldsymbol{\beta},\boldsymbol{\beta})}$,得

$$(\boldsymbol{\alpha}+t_0\boldsymbol{\beta},\boldsymbol{\alpha}+t_0\boldsymbol{\beta})=(\boldsymbol{\alpha},\boldsymbol{\alpha})+2(\boldsymbol{\alpha},\boldsymbol{\beta})t_0+(\boldsymbol{\beta},\boldsymbol{\beta})t_0^2=0.$$

由内积的正定性得 $\boldsymbol{\alpha}+t_0\boldsymbol{\beta}=\boldsymbol{0}$,即 $\boldsymbol{\alpha},\boldsymbol{\beta}$ 线性相关. □

推论 7.1.1(三角不等式) 设 $\boldsymbol{\alpha},\boldsymbol{\beta}\in V$,则 $|\boldsymbol{\alpha}+\boldsymbol{\beta}|\leqslant|\boldsymbol{\alpha}|+|\boldsymbol{\beta}|$.

证 由定义及柯西-布涅柯夫斯基不等式得

$$|\boldsymbol{\alpha}+\boldsymbol{\beta}|^2=(\boldsymbol{\alpha},\boldsymbol{\alpha})+2(\boldsymbol{\alpha},\boldsymbol{\beta})+(\boldsymbol{\beta},\boldsymbol{\beta})\leqslant|\boldsymbol{\alpha}|^2+2|\boldsymbol{\alpha}||\boldsymbol{\beta}|+|\boldsymbol{\beta}|^2=(|\boldsymbol{\alpha}|+|\boldsymbol{\beta}|)^2,$$

所以 $|\boldsymbol{\alpha}+\boldsymbol{\beta}|\leqslant|\boldsymbol{\alpha}|+|\boldsymbol{\beta}|$. □

定义 7.1.2 设 $\boldsymbol{\alpha},\boldsymbol{\beta}$ 是欧氏空间中的两个非零向量,它们的夹角定义为

$$\angle(\boldsymbol{\alpha},\boldsymbol{\beta})=\arccos\frac{(\boldsymbol{\alpha},\boldsymbol{\beta})}{|\boldsymbol{\alpha}||\boldsymbol{\beta}|},0\leqslant\angle(\boldsymbol{\alpha},\boldsymbol{\beta})\leqslant\pi. \tag{7.1.6}$$

若 $(\boldsymbol{\alpha},\boldsymbol{\beta})=0$,则称 $\boldsymbol{\alpha},\boldsymbol{\beta}$ **正交**或**垂直**,记为 $\boldsymbol{\alpha}\perp\boldsymbol{\beta}$. 显然,若 $\boldsymbol{\alpha},\boldsymbol{\beta}$ 中有一个是零向量,则必有 $\boldsymbol{\alpha}\perp\boldsymbol{\beta}$; 若 $\boldsymbol{\alpha},\boldsymbol{\beta}$ 都不是零向量,则 $\boldsymbol{\alpha}\perp\boldsymbol{\beta}\Leftrightarrow\angle(\boldsymbol{\alpha},\boldsymbol{\beta})=\dfrac{\pi}{2}$.

容易验证下面形式的勾股定理:

若 $\boldsymbol{\alpha}_1,\boldsymbol{\alpha}_2,\cdots,\boldsymbol{\alpha}_m$ 两两正交,则

$$|\boldsymbol{\alpha}_1+\boldsymbol{\alpha}_2+\cdots+\boldsymbol{\alpha}_m|^2=|\boldsymbol{\alpha}_1|^2+|\boldsymbol{\alpha}_2|^2+\cdots+|\boldsymbol{\alpha}_m|^2. \tag{7.1.7}$$

三、度量矩阵

设V是一个n维欧氏空间,$\boldsymbol{\varepsilon}_1,\boldsymbol{\varepsilon}_2,\cdots,\boldsymbol{\varepsilon}_n$为$V$的一组基底,我们称下面的矩阵

$$\boldsymbol{D}=\begin{pmatrix}(\boldsymbol{\varepsilon}_1,\boldsymbol{\varepsilon}_1) & (\boldsymbol{\varepsilon}_1,\boldsymbol{\varepsilon}_2) & \cdots & (\boldsymbol{\varepsilon}_1,\boldsymbol{\varepsilon}_n)\\ (\boldsymbol{\varepsilon}_2,\boldsymbol{\varepsilon}_1) & (\boldsymbol{\varepsilon}_2,\boldsymbol{\varepsilon}_2) & \cdots & (\boldsymbol{\varepsilon}_2,\boldsymbol{\varepsilon}_n)\\ \vdots & \vdots & & \vdots\\ (\boldsymbol{\varepsilon}_n,\boldsymbol{\varepsilon}_1) & (\boldsymbol{\varepsilon}_n,\boldsymbol{\varepsilon}_2) & \cdots & (\boldsymbol{\varepsilon}_n,\boldsymbol{\varepsilon}_n)\end{pmatrix}$$

为基底$\boldsymbol{\varepsilon}_1,\boldsymbol{\varepsilon}_2,\cdots,\boldsymbol{\varepsilon}_n$的**度量矩阵**.因为$(\boldsymbol{\varepsilon}_i,\boldsymbol{\varepsilon}_j)=(\boldsymbol{\varepsilon}_j,\boldsymbol{\varepsilon}_i)$,所以上面的度量矩阵是实数域上的$n$级对称矩阵.

下面我们来看V中两个向量的内积形式.

性质7.1.2 设V为n维欧氏空间,基底$\boldsymbol{\varepsilon}_1,\boldsymbol{\varepsilon}_2,\cdots,\boldsymbol{\varepsilon}_n$的度量矩阵为$\boldsymbol{D}$,则

$$\Big(\sum_{i=1}^{n}x_i\boldsymbol{\varepsilon}_i,\sum_{j=1}^{n}y_j\boldsymbol{\varepsilon}_j\Big)=\sum_{i=1}^{n}\sum_{j=1}^{n}x_iy_j(\boldsymbol{\varepsilon}_i,\boldsymbol{\varepsilon}_j)=(x_1,x_2,\cdots,x_n)\boldsymbol{D}\begin{pmatrix}y_1\\ y_2\\ \vdots\\ y_n\end{pmatrix}.\tag{7.1.8}$$

也即,若$\boldsymbol{\alpha},\boldsymbol{\beta}\in V$在基底$\boldsymbol{\varepsilon}_1,\boldsymbol{\varepsilon}_2,\cdots,\boldsymbol{\varepsilon}_n$下的坐标向量分别为$\boldsymbol{X}$和$\boldsymbol{Y}$,则

$$(\boldsymbol{\alpha},\boldsymbol{\beta})=\boldsymbol{X}^{\mathrm{T}}\boldsymbol{D}\boldsymbol{Y}.\tag{7.1.9}$$

证 由(7.1.2)式和(7.1.4)式立得. □

设$\boldsymbol{A}$为实数域上的n级对称矩阵,若对实数域上的任意n维非零列向量$\boldsymbol{\xi}$都有$\boldsymbol{\xi}^{\mathrm{T}}\boldsymbol{A}\boldsymbol{\xi}>0$,则称$\boldsymbol{A}$为$n$级**正定矩阵**.这里仅写出正定矩阵的定义,正定矩阵的详细讨论见下一章.

性质7.1.3 度量矩阵必是正定矩阵.

证 设$\boldsymbol{\varepsilon}_1,\boldsymbol{\varepsilon}_2,\cdots,\boldsymbol{\varepsilon}_n$为欧氏空间$V$的基底,其度量矩阵为$\boldsymbol{D}$.首先,由定义知道$\boldsymbol{D}$是实数域上的$n$级对称矩阵.再者,对任意非零向量$\boldsymbol{\xi}=(x_1,x_2,\cdots,x_n)^{\mathrm{T}}\in\mathbf{R}^n$,令$\boldsymbol{\alpha}=x_1\boldsymbol{\varepsilon}_1+x_2\boldsymbol{\varepsilon}_2+\cdots+x_n\boldsymbol{\varepsilon}_n$.因为$\boldsymbol{\varepsilon}_1,\boldsymbol{\varepsilon}_2,\cdots,\boldsymbol{\varepsilon}_n$线性无关且$\boldsymbol{\xi}\neq\boldsymbol{0}$,所以$\boldsymbol{\alpha}$是$V$中的非零向量,于是$(\boldsymbol{\alpha},\boldsymbol{\alpha})>0$.由(7.1.9)式有$\boldsymbol{\xi}^{\mathrm{T}}\boldsymbol{D}\boldsymbol{\xi}=(\boldsymbol{\alpha},\boldsymbol{\alpha})$,故$\boldsymbol{\xi}^{\mathrm{T}}\boldsymbol{D}\boldsymbol{\xi}>0$.因此$\boldsymbol{D}$正定. □

设V为实数域上的n维线性空间,$\boldsymbol{\varepsilon}_1,\boldsymbol{\varepsilon}_2,\cdots,\boldsymbol{\varepsilon}_n$为$V$的基底,假设在$V$上定义了两种内积$(-,-)_1$和$(-,-)_2$,此时$V$在上述两个内积下都构成欧氏空间.设$\boldsymbol{\varepsilon}_1,\boldsymbol{\varepsilon}_2,\cdots,\boldsymbol{\varepsilon}_n$在这两种内积下得到的度量矩阵分别是$\boldsymbol{D}_1$和$\boldsymbol{D}_2$.容易看到

$$(-,-)_1=(-,-)_2\Leftrightarrow\boldsymbol{D}_1=\boldsymbol{D}_2.$$

因此,欧氏空间中的内积和基底的度量矩阵是相互唯一确定的.

下面考察欧氏空间中不同基底的度量矩阵之间的关系.

性质 7.1.4 设 $\boldsymbol{\varepsilon}_1,\boldsymbol{\varepsilon}_2,\cdots,\boldsymbol{\varepsilon}_n;\boldsymbol{\eta}_1,\boldsymbol{\eta}_2,\cdots,\boldsymbol{\eta}_n$ 为欧氏空间 V 的两组基底,它们的度量矩阵分别是 $\boldsymbol{D}_{\varepsilon}$ 和 $\boldsymbol{D}_{\eta}$,设从基底 $\boldsymbol{\varepsilon}_1,\boldsymbol{\varepsilon}_2,\cdots,\boldsymbol{\varepsilon}_n$ 到基底 $\boldsymbol{\eta}_1,\boldsymbol{\eta}_2,\cdots,\boldsymbol{\eta}_n$ 的过渡矩阵为 $\boldsymbol{A}$,则 $\boldsymbol{D}_{\eta}=\boldsymbol{A}^{\mathrm{T}}\boldsymbol{D}_{\varepsilon}\boldsymbol{A}$.

证 设 $\boldsymbol{A}$ 的第 s 列为 $\boldsymbol{A}_s$, $s=1,2,\cdots,n$. 由条件有 $(\boldsymbol{\eta}_1,\boldsymbol{\eta}_2,\cdots,\boldsymbol{\eta}_n)=(\boldsymbol{\varepsilon}_1,\boldsymbol{\varepsilon}_2,\cdots,\boldsymbol{\varepsilon}_n)\boldsymbol{A}$. 一方面,$\boldsymbol{D}_{\eta}$ 的 (i,j)-元素等于

$$(\boldsymbol{\eta}_i,\boldsymbol{\eta}_j)=((\boldsymbol{\varepsilon}_1,\boldsymbol{\varepsilon}_2,\cdots,\boldsymbol{\varepsilon}_n)\boldsymbol{A}_i,(\boldsymbol{\varepsilon}_1,\boldsymbol{\varepsilon}_2,\cdots,\boldsymbol{\varepsilon}_n)\boldsymbol{A}_j)\xlongequal{(7.1.9)\text{式}}\boldsymbol{A}_i^{\mathrm{T}}\boldsymbol{D}_{\varepsilon}\boldsymbol{A}_j.$$

另一方面,$\boldsymbol{D}_{\varepsilon}\boldsymbol{A}$ 的第 j 列等于 $\boldsymbol{D}_{\varepsilon}\boldsymbol{A}_j$,所以 $\boldsymbol{A}^{\mathrm{T}}\boldsymbol{D}_{\varepsilon}\boldsymbol{A}$ 的 (i,j)-元素等于

$$\boldsymbol{A}^{\mathrm{T}}\text{ 的第 } i \text{ 行}\times\boldsymbol{D}_{\varepsilon}\boldsymbol{A}\text{ 的第 } j \text{ 列}=\boldsymbol{A}_i^{\mathrm{T}}\boldsymbol{D}_{\varepsilon}\boldsymbol{A}_j,$$

因此 $\boldsymbol{D}_{\eta}=\boldsymbol{A}^{\mathrm{T}}\boldsymbol{D}_{\varepsilon}\boldsymbol{A}$. □

§7.2 标准正交基

在三维几何空间中,通常使用标准正交基. 类似地,在欧氏空间中最常用的基底也是标准正交基.

一、标准正交基

定义 7.2.1 设 V 是欧氏空间,若 $\boldsymbol{\alpha}_1,\boldsymbol{\alpha}_2,\cdots,\boldsymbol{\alpha}_m$ 为 V 中两两正交的一组向量,且 $\boldsymbol{\alpha}_i$ 都不是零向量,则称 $\boldsymbol{\alpha}_1,\boldsymbol{\alpha}_2,\cdots,\boldsymbol{\alpha}_m$ 为正交向量组;若 $\boldsymbol{\alpha}_1,\boldsymbol{\alpha}_2,\cdots,\boldsymbol{\alpha}_m$ 既是 V 的基底又是正交向量组,则称之为 V 的一组正交基.

线性无关向量组不一定是正交向量组. 例如,在三维几何空间中,三个不共面的向量必线性无关,但它们不一定两两正交. 下面的性质指出,正交向量组一定是线性无关向量组.

性质 7.2.1 设 $\boldsymbol{\alpha}_1,\boldsymbol{\alpha}_2,\cdots,\boldsymbol{\alpha}_m$ 是正交向量组,则 $\boldsymbol{\alpha}_1,\boldsymbol{\alpha}_2,\cdots,\boldsymbol{\alpha}_m$ 线性无关.

证 设有实数 $c_1,c_2,\cdots,c_m$ 满足 $c_1\boldsymbol{\alpha}_1+c_2\boldsymbol{\alpha}_2+\cdots+c_m\boldsymbol{\alpha}_m=\boldsymbol{0}$. 两边与 $\boldsymbol{\alpha}_i$ 作内积得

$$c_1(\boldsymbol{\alpha}_1,\boldsymbol{\alpha}_i)+c_2(\boldsymbol{\alpha}_2,\boldsymbol{\alpha}_i)+\cdots+c_m(\boldsymbol{\alpha}_m,\boldsymbol{\alpha}_i)=0.$$

由正交性条件,上式化为

$$c_i(\boldsymbol{\alpha}_i,\boldsymbol{\alpha}_i)=0.$$

注意到 $\boldsymbol{\alpha}_i\neq\boldsymbol{0}$,所以 $(\boldsymbol{\alpha}_i,\boldsymbol{\alpha}_i)>0$,从而 $c_i=0$. 由 i 的任意性得 $c_1=c_2=\cdots=c_m=0$,故 $\boldsymbol{\alpha}_1,\boldsymbol{\alpha}_2,\cdots,\boldsymbol{\alpha}_m$ 线性无关.

定义 7.2.2 设 V 是欧氏空间,由两两正交的单位向量构成的向量组称为标准正交向量组,由两两正交的单位向量构成的 V 的基底称为标准正交基.

若V是n维欧氏空间，易见由n个向量构成的标准正交向量组必是V的标准正交基. 在欧氏空间$\mathbf{R}^n$中，令$\boldsymbol{e}_1,\boldsymbol{e}_2,\cdots,\boldsymbol{e}_n$为$\mathbf{R}^n$的一组常用基底，由$\mathbf{R}^n$中的内积计算公式(7.1.5)，易验证$\boldsymbol{e}_1,\boldsymbol{e}_2,\cdots,\boldsymbol{e}_n$为$\mathbf{R}^n$的一组标准正交基.

性质 7.2.2 设V为n维欧氏空间，$\Delta=\{\boldsymbol{\varepsilon}_1,\boldsymbol{\varepsilon}_2,\cdots,\boldsymbol{\varepsilon}_n\}$为$V$中向量组，则$\Delta$是$V$的标准正交基当且仅当$((\boldsymbol{\varepsilon}_i,\boldsymbol{\varepsilon}_j))_{n\times n}$是单位矩阵.

证 显然，$\boldsymbol{\varepsilon}_i$是单位向量当且仅当$(\boldsymbol{\varepsilon}_i,\boldsymbol{\varepsilon}_i)=1$；$\boldsymbol{\varepsilon}_i$与$\boldsymbol{\varepsilon}_j$正交等价于$(\boldsymbol{\varepsilon}_i,\boldsymbol{\varepsilon}_j)=0$. 故

$$\Delta\text{是标准正交基}\Leftrightarrow(\boldsymbol{\varepsilon}_i,\boldsymbol{\varepsilon}_j)=\begin{cases}1, & \text{当 } i=j \text{ 时},\\ 0 & \text{当 } i\neq j \text{ 时}\end{cases}$$

$$\Leftrightarrow((\boldsymbol{\varepsilon}_i,\boldsymbol{\varepsilon}_j))_{n\times n}\text{是单位矩阵}.$$

在标准正交基$\boldsymbol{\varepsilon}_1,\boldsymbol{\varepsilon}_2,\cdots,\boldsymbol{\varepsilon}_n$下，欧氏空间$V$中的向量内积有非常简明的表达形式. 事实上，由(7.1.8)式有

$$\left(\sum_{i=1}^{n}x_i\boldsymbol{\varepsilon}_i,\sum_{j=1}^{n}y_j\boldsymbol{\varepsilon}_j\right)=\sum_{i=1}^{n}x_iy_i, \tag{7.2.1}$$

即若$\boldsymbol{\alpha},\boldsymbol{\beta}$在标准正交基$\boldsymbol{\varepsilon}_1,\boldsymbol{\varepsilon}_2,\cdots,\boldsymbol{\varepsilon}_n$下的坐标向量分别是$\boldsymbol{X}$和$\boldsymbol{Y}$，则

$$(\boldsymbol{\alpha},\boldsymbol{\beta})_V=\boldsymbol{X}^{\mathrm{T}}\boldsymbol{Y}=(\boldsymbol{X},\boldsymbol{Y})_{\mathbf{R}^n}, \tag{7.2.2}$$

即$\boldsymbol{\alpha}$和$\boldsymbol{\beta}$在V中计算内积等于它们对应的坐标向量在$\mathbf{R}^n$中计算内积. □

二、施密特(Schmidt)正交化过程

我们已经知道(标准)正交向量组必是线性无关向量组. 反过来，我们将证明线性无关向量组也能改造成标准正交向量组.

定理 7.2.1 设$\boldsymbol{\alpha}_1,\boldsymbol{\alpha}_2,\cdots,\boldsymbol{\alpha}_m$是欧氏空间$V$中的线性无关向量组，则存在标准正交向量组$\boldsymbol{\gamma}_1,\boldsymbol{\gamma}_2,\cdots,\boldsymbol{\gamma}_m$使得

$$L(\boldsymbol{\gamma}_1,\boldsymbol{\gamma}_2,\cdots,\boldsymbol{\gamma}_k)=L(\boldsymbol{\alpha}_1,\boldsymbol{\alpha}_2,\cdots,\boldsymbol{\alpha}_k),k=1,2,\cdots,m. \tag{7.2.3}$$

证 (1) 先正交化. 令$\boldsymbol{\beta}_1=\boldsymbol{\alpha}_1$，对于$k=2,3,\cdots,m$，令

$$\boldsymbol{\beta}_k=\boldsymbol{\alpha}_k-\frac{(\boldsymbol{\alpha}_k,\boldsymbol{\beta}_1)}{(\boldsymbol{\beta}_1,\boldsymbol{\beta}_1)}\boldsymbol{\beta}_1-\frac{(\boldsymbol{\alpha}_k,\boldsymbol{\beta}_2)}{(\boldsymbol{\beta}_2,\boldsymbol{\beta}_2)}\boldsymbol{\beta}_2-\cdots-\frac{(\boldsymbol{\alpha}_k,\boldsymbol{\beta}_{k-1})}{(\boldsymbol{\beta}_{k-1},\boldsymbol{\beta}_{k-1})}\boldsymbol{\beta}_{k-1}.$$

由数学归纳法容易验证，$\{\boldsymbol{\beta}_1,\boldsymbol{\beta}_2,\cdots,\boldsymbol{\beta}_m\}$是正交向量组，且对所有$k=1,2,\cdots,m$，都有$L(\boldsymbol{\beta}_1,\boldsymbol{\beta}_2,\cdots,\boldsymbol{\beta}_k)=L(\boldsymbol{\alpha}_1,\boldsymbol{\alpha}_2,\cdots,\boldsymbol{\alpha}_k)$.

(2) 再单位化. 令$\boldsymbol{\gamma}_i=\dfrac{\boldsymbol{\beta}_i}{|\boldsymbol{\beta}_i|}$，$i=1,2,\cdots,m$. 此时$\{\boldsymbol{\gamma}_1,\boldsymbol{\gamma}_2,\cdots,\boldsymbol{\gamma}_m\}$为标准正交向量组，且满足(7.2.3)式. □

定理 7.2.1 的证明过程实际上给出了将一个线性无关向量组改造成标准正交向量组的算法，我们称这一算法过程为 **Schmidt 正交化过程**.

例 7.2.1 将线性无关向量组 $\boldsymbol{\alpha}_1=(1,0,-1,1)^{\mathrm{T}}$，$\boldsymbol{\alpha}_2=(1,-1,0,1)^{\mathrm{T}}$，$\boldsymbol{\alpha}_3=(-1,1,1,0)^{\mathrm{T}}$ 改造成标准正交向量组.

解 显然，本题在欧氏空间 $\mathbf{R}^4$ 中计算. 先正交化，令 $\boldsymbol{\beta}_1=\boldsymbol{\alpha}_1$.

$$\boldsymbol{\beta}_2=\boldsymbol{\alpha}_2-\frac{(\boldsymbol{\beta}_1,\boldsymbol{\alpha}_2)}{(\boldsymbol{\beta}_1,\boldsymbol{\beta}_1)}\boldsymbol{\beta}_1=\frac{1}{3}\begin{pmatrix}1\\-3\\2\\1\end{pmatrix},\boldsymbol{\beta}_3=\boldsymbol{\alpha}_3-\frac{(\boldsymbol{\beta}_1,\boldsymbol{\alpha}_3)}{(\boldsymbol{\beta}_1,\boldsymbol{\beta}_1)}\boldsymbol{\beta}_1-\frac{(\boldsymbol{\beta}_2,\boldsymbol{\alpha}_3)}{(\boldsymbol{\beta}_2,\boldsymbol{\beta}_2)}\boldsymbol{\beta}_2=\frac{1}{5}\begin{pmatrix}-1\\3\\3\\4\end{pmatrix}.$$

再单位化，令

$$\boldsymbol{\gamma}_1=\frac{1}{|\boldsymbol{\beta}_1|}\boldsymbol{\beta}_1=\frac{1}{\sqrt{3}}\begin{pmatrix}1\\0\\-1\\1\end{pmatrix},\boldsymbol{\gamma}_2=\frac{1}{|\boldsymbol{\beta}_2|}\boldsymbol{\beta}_2=\frac{1}{\sqrt{15}}\begin{pmatrix}1\\-3\\2\\1\end{pmatrix},\boldsymbol{\gamma}_3=\frac{1}{|\boldsymbol{\beta}_3|}\boldsymbol{\beta}_3=\frac{1}{\sqrt{35}}\begin{pmatrix}-1\\3\\3\\4\end{pmatrix}.$$

$\boldsymbol{\gamma}_1,\boldsymbol{\gamma}_2,\boldsymbol{\gamma}_3$ 即为满足要求的标准正交向量组. □

例 7.2.2 设 $\boldsymbol{\varepsilon}_1,\boldsymbol{\varepsilon}_2,\boldsymbol{\varepsilon}_3,\boldsymbol{\varepsilon}_4$ 为四维欧氏空间 V 的一组标准正交基，试将线性无关向量组 $\boldsymbol{\eta}_1=\boldsymbol{\varepsilon}_1-\boldsymbol{\varepsilon}_3+\boldsymbol{\varepsilon}_4$，$\boldsymbol{\eta}_2=\boldsymbol{\varepsilon}_1-\boldsymbol{\varepsilon}_2+\boldsymbol{\varepsilon}_4$，$\boldsymbol{\eta}_3=-\boldsymbol{\varepsilon}_1+\boldsymbol{\varepsilon}_2+\boldsymbol{\varepsilon}_3$ 改造成标准正交向量组.

解 令 $\boldsymbol{\alpha}_1,\boldsymbol{\alpha}_2,\boldsymbol{\alpha}_3$ 分别为 $\boldsymbol{\eta}_1,\boldsymbol{\eta}_2,\boldsymbol{\eta}_3$ 在标准正交基 $\boldsymbol{\varepsilon}_1,\boldsymbol{\varepsilon}_2,\boldsymbol{\varepsilon}_3,\boldsymbol{\varepsilon}_4$ 下的坐标向量. 由上例的计算，在 $\mathbf{R}^4$ 中，将 $\boldsymbol{\alpha}_1,\boldsymbol{\alpha}_2,\boldsymbol{\alpha}_3$ 化为标准正交向量组

$$\frac{1}{\sqrt{3}}\begin{pmatrix}1\\0\\-1\\1\end{pmatrix},\frac{1}{\sqrt{15}}\begin{pmatrix}1\\-3\\2\\1\end{pmatrix},\frac{1}{\sqrt{35}}\begin{pmatrix}-1\\3\\3\\4\end{pmatrix}.$$

于是在 V 中，将 $\boldsymbol{\eta}_1,\boldsymbol{\eta}_2,\boldsymbol{\eta}_3$ 化为标准正交向量组 $\frac{1}{\sqrt{3}}(\boldsymbol{\varepsilon}_1-\boldsymbol{\varepsilon}_3+\boldsymbol{\varepsilon}_4)$，$\frac{1}{\sqrt{15}}(\boldsymbol{\varepsilon}_1-3\boldsymbol{\varepsilon}_2+2\boldsymbol{\varepsilon}_3+\boldsymbol{\varepsilon}_4)$，$\frac{1}{\sqrt{35}}(-\boldsymbol{\varepsilon}_1+3\boldsymbol{\varepsilon}_2+3\boldsymbol{\varepsilon}_3+4\boldsymbol{\varepsilon}_4)$. □

取 $\boldsymbol{\alpha}_1,\boldsymbol{\alpha}_2,\cdots,\boldsymbol{\alpha}_n$ 为 n 维欧氏空间 V 的一组基底，用 Schmidt 正交化过程可以将它改造成一组标准正交基，这也说明了欧氏空间中标准正交基一定存在.

回忆一下，线性空间中的一个线性无关向量组可以扩充成整个空间的基底. 类似地，我们有下面的性质.

性质 7.2.3 设 V 为 n 维欧氏空间，$\boldsymbol{\alpha}_1,\boldsymbol{\alpha}_2,\cdots,\boldsymbol{\alpha}_m$ 是 V 中的(标准)正交向量组，则一定可以将它们扩充成 V 的一组(标准)正交基.

证 首先，可将 $\boldsymbol{\alpha}_1,\boldsymbol{\alpha}_2,\cdots,\boldsymbol{\alpha}_m$ 扩充成线性空间 V 的基底 $\boldsymbol{\alpha}_1,\boldsymbol{\alpha}_2,\cdots,\boldsymbol{\alpha}_m$，

$\boldsymbol{\alpha}_{m+1},\cdots,\boldsymbol{\alpha}_n$. 然后用 Schmidt 正交化过程，将 $\boldsymbol{\alpha}_1,\boldsymbol{\alpha}_2,\cdots,\boldsymbol{\alpha}_m,\boldsymbol{\alpha}_{m+1},\cdots,\boldsymbol{\alpha}_n$ 改造成 V 的正交基

$$\boldsymbol{\beta}_1,\boldsymbol{\beta}_2,\cdots,\boldsymbol{\beta}_m,\boldsymbol{\beta}_{m+1},\cdots,\boldsymbol{\beta}_n,$$

且满足(7.2.3)式. 由算法过程容易看到 $\boldsymbol{\beta}_1=\boldsymbol{\alpha}_1,\boldsymbol{\beta}_2=\boldsymbol{\alpha}_2,\cdots,\boldsymbol{\beta}_m=\boldsymbol{\alpha}_m$.

命题成立. □

三、正交矩阵

设 $\boldsymbol{A}$ 是实数域上的方阵，若 $\boldsymbol{A}$ 可逆且 $\boldsymbol{A}^{-1}=\boldsymbol{A}^{\mathrm{T}}$，即 $\boldsymbol{A}^{\mathrm{T}}\boldsymbol{A}=\boldsymbol{A}^{\mathrm{T}}\boldsymbol{A}=\boldsymbol{E}$，则称 $\boldsymbol{A}$ 为一个**正交矩阵**.

关于正交矩阵，我们有下面的性质：

性质 7.2.4 (1) 若 $\boldsymbol{A}$ 是正交矩阵，则 $|\boldsymbol{A}|=\pm1$.

(2) 设 $\boldsymbol{A}$ 是实矩阵，则 $\boldsymbol{A}$ 是正交矩阵当且仅当 $\boldsymbol{A}^{\mathrm{T}}=\boldsymbol{A}^{-1}$.

(3) 若 $\boldsymbol{A},\boldsymbol{B}$ 是同级正交矩阵，则 $\boldsymbol{AB}$ 也是正交矩阵.

(4) 若 $\boldsymbol{A}_1,\boldsymbol{A}_2,\cdots,\boldsymbol{A}_m$ 都是正交矩阵，则准对角矩阵 $\mathrm{diag}(\boldsymbol{A}_1,\boldsymbol{A}_2,\cdots,\boldsymbol{A}_m)$ 也是正交矩阵.

(5) 若 $\boldsymbol{A}$ 是正交矩阵，则对任意整数 n，$\boldsymbol{A}^n$ 都是正交矩阵. 特别地，$\boldsymbol{A}^{-1}=\boldsymbol{A}^{\mathrm{T}}$ 也是正交矩阵.

证 仅证(1)和(4).

(1) 对 $\boldsymbol{A}^{\mathrm{T}}\boldsymbol{A}=\boldsymbol{E}$ 两边计算行列式得 $|\boldsymbol{A}|^2=|\boldsymbol{A}^{\mathrm{T}}||\boldsymbol{A}|=|\boldsymbol{E}|=1$，故 $|\boldsymbol{A}|=\pm1$.

(4) 显然 $\mathrm{diag}(\boldsymbol{A}_1,\boldsymbol{A}_2,\cdots,\boldsymbol{A}_m)$ 仍是实方阵. 因为

$$\begin{aligned}&(\mathrm{diag}(\boldsymbol{A}_1,\boldsymbol{A}_2,\cdots,\boldsymbol{A}_m))^{\mathrm{T}}\mathrm{diag}(\boldsymbol{A}_1,\boldsymbol{A}_2,\cdots,\boldsymbol{A}_m)\\ =&\mathrm{diag}(\boldsymbol{A}_1^{\mathrm{T}},\boldsymbol{A}_2^{\mathrm{T}},\cdots,\boldsymbol{A}_m^{\mathrm{T}})\mathrm{diag}(\boldsymbol{A}_1,\boldsymbol{A}_2,\cdots,\boldsymbol{A}_m)\\ =&\mathrm{diag}(\boldsymbol{A}_1^{\mathrm{T}}\boldsymbol{A}_1,\boldsymbol{A}_2^{\mathrm{T}}\boldsymbol{A}_2,\cdots,\boldsymbol{A}_m^{\mathrm{T}}\boldsymbol{A}_m)\\ =&\boldsymbol{E},\end{aligned}$$

所以 $\mathrm{diag}(\boldsymbol{A}_1,\boldsymbol{A}_2,\cdots,\boldsymbol{A}_m)$ 是正交矩阵. □

性质 7.2.5 设 $\boldsymbol{A}\in\mathbf{R}^{n\times n}$，则 $\boldsymbol{A}$ 为正交矩阵当且仅当 $\boldsymbol{A}$ 的 n 个列向量构成 $\mathbf{R}^n$ 的标准正交基.

证 令 $\boldsymbol{A}$ 的列向量为 $\boldsymbol{A}_1,\boldsymbol{A}_2,\cdots,\boldsymbol{A}_n$，有

$$\boldsymbol{A}^{\mathrm{T}}\boldsymbol{A}=\begin{pmatrix}\boldsymbol{A}_1^{\mathrm{T}}\\ \boldsymbol{A}_2^{\mathrm{T}}\\ \vdots\\ \boldsymbol{A}_n^{\mathrm{T}}\end{pmatrix}(\boldsymbol{A}_1,\boldsymbol{A}_2,\cdots,\boldsymbol{A}_n)=\begin{pmatrix}\boldsymbol{A}_1^{\mathrm{T}}\boldsymbol{A}_1 & \boldsymbol{A}_1^{\mathrm{T}}\boldsymbol{A}_2 & \cdots & \boldsymbol{A}_1^{\mathrm{T}}\boldsymbol{A}_n\\ \boldsymbol{A}_2^{\mathrm{T}}\boldsymbol{A}_1 & \boldsymbol{A}_2^{\mathrm{T}}\boldsymbol{A}_2 & \cdots & \boldsymbol{A}_2^{\mathrm{T}}\boldsymbol{A}_n\\ \vdots & \vdots & & \vdots\\ \boldsymbol{A}_n^{\mathrm{T}}\boldsymbol{A}_1 & \boldsymbol{A}_n^{\mathrm{T}}\boldsymbol{A}_2 & \cdots & \boldsymbol{A}_n^{\mathrm{T}}\boldsymbol{A}_n\end{pmatrix}$$

$$=\begin{pmatrix}(\boldsymbol{A}_1,\boldsymbol{A}_1) & (\boldsymbol{A}_1,\boldsymbol{A}_2) & \cdots & (\boldsymbol{A}_1,\boldsymbol{A}_n)\\(\boldsymbol{A}_2,\boldsymbol{A}_1) & (\boldsymbol{A}_2,\boldsymbol{A}_2) & \cdots & (\boldsymbol{A}_2,\boldsymbol{A}_n)\\\vdots & \vdots & & \vdots\\(\boldsymbol{A}_n,\boldsymbol{A}_1) & (\boldsymbol{A}_n,\boldsymbol{A}_2) & \cdots & (\boldsymbol{A}_n,\boldsymbol{A}_n)\end{pmatrix}.$$

注意上式最后一个矩阵是 $\boldsymbol{A}_1,\boldsymbol{A}_2,\cdots,\boldsymbol{A}_n$ 在 $\mathbf{R}^n$ 中的度量矩阵,所以

$\boldsymbol{A}$ 是正交矩阵 $\Leftrightarrow \boldsymbol{A}^{\mathrm{T}}\boldsymbol{A}=\boldsymbol{E}\Leftrightarrow \boldsymbol{A}_1,\boldsymbol{A}_2,\cdots,\boldsymbol{A}_n$ 在 $\mathbf{R}^n$ 中的度量矩阵是单位矩阵,即 $\boldsymbol{A}_1,\boldsymbol{A}_2,\cdots,\boldsymbol{A}_n$ 为 $\mathbf{R}^n$ 的标准正交基. □

例 7.2.3 设 $\boldsymbol{\varepsilon}_1,\boldsymbol{\varepsilon}_2,\cdots,\boldsymbol{\varepsilon}_n$ 为欧氏空间 V 的一组标准正交基,V 中向量 $\boldsymbol{\alpha}_1,\boldsymbol{\alpha}_2,\cdots,\boldsymbol{\alpha}_n$ 满足

$$(\boldsymbol{\alpha}_1,\boldsymbol{\alpha}_2,\cdots,\boldsymbol{\alpha}_n)=(\boldsymbol{\varepsilon}_1,\boldsymbol{\varepsilon}_2,\cdots,\boldsymbol{\varepsilon}_n)\boldsymbol{X},$$

则 $\boldsymbol{\alpha}_1,\boldsymbol{\alpha}_2,\cdots,\boldsymbol{\alpha}_n$ 也是 V 的标准正交基当且仅当 $\boldsymbol{X}$ 为正交矩阵.

证 令 $\boldsymbol{X}$ 的列向量为 $\boldsymbol{\xi}_1,\boldsymbol{\xi}_2,\cdots,\boldsymbol{\xi}_n$,显然它们依次是 $\boldsymbol{\alpha}_1,\boldsymbol{\alpha}_2,\cdots,\boldsymbol{\alpha}_n$ 在标准正交基 $\boldsymbol{\varepsilon}_1,\boldsymbol{\varepsilon}_2,\cdots,\boldsymbol{\varepsilon}_n$ 下的坐标向量. 由(7.2.2)式,$\boldsymbol{\alpha}_i$ 和 $\boldsymbol{\alpha}_j$ 在 V 中的内积等于 $\boldsymbol{\xi}_i$ 和 $\boldsymbol{\xi}_j$ 在 $\mathbf{R}^n$ 中的内积,即

$$(\boldsymbol{\alpha}_i,\boldsymbol{\alpha}_j)=(\boldsymbol{\xi}_i,\boldsymbol{\xi}_j),$$

故

$$\begin{aligned}\boldsymbol{\alpha}_1,\boldsymbol{\alpha}_2,\cdots,\boldsymbol{\alpha}_n \text{ 是 } V \text{ 的标准正交基} &\Leftrightarrow ((\boldsymbol{\alpha}_i,\boldsymbol{\alpha}_j))_{n\times n}=\boldsymbol{E}(\text{性质 } 7.2.2)\\&\Leftrightarrow ((\boldsymbol{\xi}_i,\boldsymbol{\xi}_j))_{n\times n}=\boldsymbol{E}\\&\Leftrightarrow \boldsymbol{X} \text{ 为正交矩阵(性质 } 7.2.5).\end{aligned}$$

□

例 7.2.4 设 $\boldsymbol{A}$ 是正交矩阵,证明 $\boldsymbol{A}$ 的实特征值只能是 ± 1.

证 设 λ 为 $\boldsymbol{A}$ 的实特征值,$\boldsymbol{\xi}$ 为相应的实特征向量. 注意到 $\boldsymbol{A\xi}=\lambda\boldsymbol{\xi}$ 且 $\boldsymbol{A}^{\mathrm{T}}\boldsymbol{A}=\boldsymbol{E}$,有

$$\boldsymbol{\xi}^{\mathrm{T}}\boldsymbol{\xi}=\boldsymbol{\xi}^{\mathrm{T}}(\boldsymbol{A}^{\mathrm{T}}\boldsymbol{A})\boldsymbol{\xi}=(\boldsymbol{A\xi})^{\mathrm{T}}(\boldsymbol{A\xi})=(\lambda\boldsymbol{\xi})^{\mathrm{T}}(\lambda\boldsymbol{\xi})=\lambda^2(\boldsymbol{\xi}^{\mathrm{T}}\boldsymbol{\xi}).$$

因为 $\boldsymbol{\xi}$ 为非零实向量,$\boldsymbol{\xi}^{\mathrm{T}}\boldsymbol{\xi}$ 是大于零的实数,所以由上式推出 $\lambda^2=1$,得 $\lambda=\pm 1$.

□

§7.3 子空间

设 V 为欧氏空间,W 为 V 作为线性空间的子空间,将 V 上定义的内积 $(-,-)$ 限制到 W 上,就定义了 W 上的内积,这样 W 就自然地成为 V 的欧氏子空间,简称子空间.

一、子空间和正交补

回忆一下,在线性空间理论中,我们证明了线性空间的每个子空间都有直

和补.事实上,若 W 为线性空间 V 的子空间,$\boldsymbol{\varepsilon}_1,\boldsymbol{\varepsilon}_2,\cdots,\boldsymbol{\varepsilon}_s$ 为 W 的一组基底,将它扩充成 V 的基底 $\boldsymbol{\varepsilon}_1,\boldsymbol{\varepsilon}_2,\cdots,\boldsymbol{\varepsilon}_s,\boldsymbol{\varepsilon}_{s+1},\boldsymbol{\varepsilon}_{s+2},\cdots,\boldsymbol{\varepsilon}_n$,则 $U=L(\boldsymbol{\varepsilon}_{s+1},\boldsymbol{\varepsilon}_{s+2},\cdots,\boldsymbol{\varepsilon}_n)$ 就是 W 在 V 中的一个直和补,即 $V=W\oplus U$,注意这样的直和补 U 不唯一.

类似地,下面将证明欧氏空间的每个子空间都有正交补,且正交补唯一.

定义 7.3.1 设 V 为欧氏空间,W 为 V 的非空子集.

(1) 若 V 中的一个元素 $\boldsymbol{v}_0$ 与 W 中所有元素都正交,则称 $\boldsymbol{v}_0$ 与 W 正交或垂直,记为 $\boldsymbol{v}_0\perp W$;

(2) 令 $W^{\perp}=\{\boldsymbol{v}\in V\mid \boldsymbol{v}\perp W\}$,称之为 W 的正交补;

(3) 设 U 是 V 的子空间,若 U 中元素与 W 中元素都正交,则称 U 和 W 正交,记为 $U\perp W$.

可以断言,定义 7.3.1 中的正交补 $W^{\perp}$ 必是 V 的子空间.首先,容易看到 $\mathbf{0}\in W^{\perp}$,所以 $W^{\perp}$ 为 V 的非空子集;再者,任取 $\boldsymbol{v}_1,\boldsymbol{v}_2\in W^{\perp}$,任取 $k_1,k_2\in\mathbf{R}$,有

$$(\boldsymbol{w},k_1\boldsymbol{v}_1+k_2\boldsymbol{v}_2)=k_1(\boldsymbol{w},\boldsymbol{v}_1)+k_2(\boldsymbol{w},\boldsymbol{v}_2)=0(\forall\ \boldsymbol{w}\in W).$$

故 $k_1\boldsymbol{v}_1+k_2\boldsymbol{v}_2\in W^{\perp}$,即 $W^{\perp}$ 关于线性运算封闭.综上得 $W^{\perp}$ 为 V 的子空间.

定理 7.3.1 设 W 为 n 维欧氏空间 V 的子空间,则

(1) $V=W\oplus W^{\perp}$,$W\perp W^{\perp}$;

(2) 若 V 的子空间 U 也满足 $V=W\oplus U$ 且 $W\perp U$,则 $U=W^{\perp}$.

证 取 W 的标准正交基 $\boldsymbol{\varepsilon}_1,\boldsymbol{\varepsilon}_2,\cdots,\boldsymbol{\varepsilon}_s$,由基底扩充定理(性质 7.2.3),可以将它扩充成 V 的标准正交基 $\boldsymbol{\varepsilon}_1,\boldsymbol{\varepsilon}_2,\cdots,\boldsymbol{\varepsilon}_s,\boldsymbol{\eta}_1,\boldsymbol{\eta}_2,\cdots,\boldsymbol{\eta}_t$.可以断言 $W^{\perp}=L(\boldsymbol{\eta}_1,\boldsymbol{\eta}_2,\cdots,\boldsymbol{\eta}_t)$.一方面,任取 $\boldsymbol{\alpha}\in W^{\perp}$,将 $\boldsymbol{\alpha}$ 表示为 $\sum_{i=1}^{s}a_i\boldsymbol{\varepsilon}_i+\sum_{j=1}^{t}b_j\boldsymbol{\eta}_j$.因为 $\boldsymbol{\alpha}\perp W$,所以

$$0=(\boldsymbol{\alpha},\boldsymbol{\varepsilon}_i)=\left(\sum_{i=1}^{s}a_i\boldsymbol{\varepsilon}_i+\sum_{j=1}^{t}b_j\boldsymbol{\eta}_j,\boldsymbol{\varepsilon}_i\right)=a_i(i=1,2,\cdots,s),$$

故 $\boldsymbol{\alpha}=\sum_{j=1}^{t}b_j\boldsymbol{\eta}_j\in L(\boldsymbol{\eta}_1,\boldsymbol{\eta}_2,\cdots,\boldsymbol{\eta}_t)$.另一方面,任取 $\boldsymbol{\alpha}=\sum_{j=1}^{t}b_j\boldsymbol{\eta}_j\in L(\boldsymbol{\eta}_1,\boldsymbol{\eta}_2,\cdots,\boldsymbol{\eta}_t)$,任取 $\boldsymbol{w}=\sum_{i=1}^{s}a_i\boldsymbol{\varepsilon}_i\in W$,有 $(\boldsymbol{\alpha},\boldsymbol{w})=\sum_{i=1}^{s}\sum_{j=1}^{t}a_ib_j(\boldsymbol{\varepsilon}_i,\boldsymbol{\eta}_j)=0$,故 $\boldsymbol{\alpha}\perp\boldsymbol{w}$,得 $\boldsymbol{\alpha}\in W^{\perp}$.断言得证.

(1) 显然,$W+W^{\perp}=L(\boldsymbol{\varepsilon}_1,\boldsymbol{\varepsilon}_2,\cdots,\boldsymbol{\varepsilon}_s)+L(\boldsymbol{\eta}_1,\boldsymbol{\eta}_2,\cdots,\boldsymbol{\eta}_t)=L(\boldsymbol{\varepsilon}_1,\boldsymbol{\varepsilon}_2,\cdots,\boldsymbol{\varepsilon}_s,\boldsymbol{\eta}_1,\boldsymbol{\eta}_2,\cdots,\boldsymbol{\eta}_t)=V$,再者,$\dim W+\dim W^{\perp}=\dim V$,故 $W\oplus W^{\perp}=V$.又 $W\perp W^{\perp}$,(1)成立.

(2) 假设 V 的子空间 U 也满足 $V=W\oplus U$ 且 $W\perp U$.因为 $U\perp W$,所以 $U\subseteq W^{\perp}$,即 U 是 $W^{\perp}$ 的子空间.注意到 $\dim U=\dim V-\dim W=\dim W^{\perp}$,由习题

5.3.6得 $U=W^{\perp}$. □

推论 7.3.1 设 W 为欧氏空间 V 的子空间，则 $(W^{\perp})^{\perp}=W$.

例 7.3.1 在 $\mathbf{R}^4$ 中，求 $L(\boldsymbol{\alpha}_1,\boldsymbol{\alpha}_2,\boldsymbol{\alpha}_3)^{\perp}$ 的维数及一组标准正交基，其中

$$\boldsymbol{\alpha}_1=\begin{pmatrix}1\\0\\0\\1\end{pmatrix},\boldsymbol{\alpha}_2=\begin{pmatrix}0\\1\\1\\1\end{pmatrix},\boldsymbol{\alpha}_3=\begin{pmatrix}1\\-1\\-1\\0\end{pmatrix}.$$

解 令 $\mathbf{A}=(\boldsymbol{\alpha}_1,\boldsymbol{\alpha}_2,\boldsymbol{\alpha}_3)$. 对于 $\mathbf{R}^4$ 中向量 $\boldsymbol{\beta}$，容易看到 $\boldsymbol{\beta}\in L(\boldsymbol{\alpha}_1,\boldsymbol{\alpha}_2,\boldsymbol{\alpha}_3)^{\perp}$ 当且仅当 $\boldsymbol{\beta}$ 与 $\boldsymbol{\alpha}_1,\boldsymbol{\alpha}_2,\boldsymbol{\alpha}_2$ 都正交，即

$$(\boldsymbol{\beta},\boldsymbol{\alpha}_1)=(\boldsymbol{\beta},\boldsymbol{\alpha}_2)=(\boldsymbol{\beta},\boldsymbol{\alpha}_3)=0,$$

也即

$$\boldsymbol{\alpha}_1^{\mathrm{T}}\boldsymbol{\beta}=\boldsymbol{\alpha}_2^{\mathrm{T}}\boldsymbol{\beta}=\boldsymbol{\alpha}_3^{\mathrm{T}}\boldsymbol{\beta}=0,$$

上式还可以写为

$$\begin{pmatrix}\boldsymbol{\alpha}_1^{\mathrm{T}}\\\boldsymbol{\alpha}_2^{\mathrm{T}}\\\boldsymbol{\alpha}_3^{\mathrm{T}}\end{pmatrix}\boldsymbol{\beta}=\mathbf{0},$$

即 $\boldsymbol{\beta}$ 恰为方程组

$$\mathbf{A}^{\mathrm{T}}\boldsymbol{X}=\mathbf{0}$$

的解向量. 解方程组得基础解系为

$$\boldsymbol{\gamma}_1=\begin{pmatrix}0\\-1\\1\\0\end{pmatrix},\boldsymbol{\gamma}_2=\begin{pmatrix}-1\\-1\\0\\1\end{pmatrix}.$$

故 $L(\boldsymbol{\alpha}_1,\boldsymbol{\alpha}_2,\boldsymbol{\alpha}_3)^{\perp}=L(\boldsymbol{\gamma}_1,\boldsymbol{\gamma}_2)$. 最后，利用 Schmidt 正交化过程将 $\boldsymbol{\gamma}_1,\boldsymbol{\gamma}_2$ 改造成标准正交向量组

$$\boldsymbol{\xi}_1=\frac{1}{\sqrt{2}}\begin{pmatrix}0\\-1\\1\\0\end{pmatrix},\boldsymbol{\xi}_2=-\frac{1}{\sqrt{10}}\begin{pmatrix}2\\1\\1\\-2\end{pmatrix}.$$

由(7.2.3)式有 $L(\boldsymbol{\gamma}_1,\boldsymbol{\gamma}_2)=L(\boldsymbol{\xi}_1,\boldsymbol{\xi}_2)$，因此 $L(\boldsymbol{\alpha}_1,\boldsymbol{\alpha}_2,\boldsymbol{\alpha}_3)^{\perp}$ 的维数为 2，且它以 $\boldsymbol{\xi}_1,\boldsymbol{\xi}_2$ 为一组标准正交基. □

二、向量到子空间的距离

在几何空间中，两向量 $\boldsymbol{\alpha}(a_1,a_2,a_3)$，$\boldsymbol{\beta}(b_1,b_2,b_3)$之间的距离等于向量$\boldsymbol{\alpha}-\boldsymbol{\beta}$ 的长度，即为

$$|\boldsymbol{\alpha}-\boldsymbol{\beta}|=\sqrt{(b_1-a_1)^2+(b_2-a_2)^2+(b_3-a_3)^2}.$$

在欧氏空间中，两向量$\boldsymbol{\alpha},\boldsymbol{\beta}$之间的距离同样定义为$|\boldsymbol{\alpha}-\boldsymbol{\beta}|$，记为$d(\boldsymbol{\alpha},\boldsymbol{\beta})$.

容易证明以下基本事实.

(1) $d(\boldsymbol{\alpha},\boldsymbol{\beta})=d(\boldsymbol{\beta},\boldsymbol{\alpha})$；

(2) $d(\boldsymbol{\alpha},\boldsymbol{\beta})\geqslant 0$，并且等号成立当且仅当$\boldsymbol{\alpha}=\boldsymbol{\beta}$；

(3) $d(\boldsymbol{\alpha},\boldsymbol{\beta})\leqslant d(\boldsymbol{\alpha},\boldsymbol{\gamma})+d(\boldsymbol{\gamma},\boldsymbol{\beta})$（三角不等式）；

(4) 若$\boldsymbol{\alpha},\boldsymbol{\beta}$在标准正交基下的坐标向量分别为$(a_1,a_2,\cdots,a_n)^{\mathrm{T}}$，$(b_1,b_2,\cdots,b_n)^{\mathrm{T}}$，则

$$d(\boldsymbol{\alpha},\boldsymbol{\beta})=\sqrt{(b_1-a_1)^2+(b_2-a_2)^2+\cdots+(b_n-a_n)^2}.$$

在通常的几何空间中，我们知道点到一个平面的距离以垂线最短. 下面将证明，在欧氏空间中，一个固定向量和一个子空间各向量之间的距离也以垂线最短.

定义 7.3.2 设W为欧氏空间V的子空间，$\boldsymbol{v}$是V中任意取定的向量. 若$\boldsymbol{w}\in W$满足$(\boldsymbol{v}-\boldsymbol{w})\perp W$，即$\boldsymbol{v}-\boldsymbol{w}\in W^{\perp}$，则称$\boldsymbol{w}$为$\boldsymbol{v}$在子空间$W$上的投影或垂足.

下面说明$\boldsymbol{v}$在子空间W上的投影唯一存在. 由定理 7.3.1，$V=W\oplus W^{\perp}$，故$\boldsymbol{v}$能唯一地分解为

$$\boldsymbol{v}=\boldsymbol{w}+\boldsymbol{w}'\ (\boldsymbol{w}\in W,\boldsymbol{w}'\in W^{\perp}). \tag{7.3.1}$$

对于上式中的$\boldsymbol{w}$，因为$\boldsymbol{w}\in W$且$\boldsymbol{v}-\boldsymbol{w}=\boldsymbol{w}'\in W^{\perp}$，所以$\boldsymbol{w}$为$\boldsymbol{v}$在$W$上的投影. 再者，若$\boldsymbol{w}_1$是$\boldsymbol{v}$在$W$上的另一个投影，则

$$\boldsymbol{v}=\boldsymbol{w}_1+(\boldsymbol{v}-\boldsymbol{w}_1)\ (\boldsymbol{w}_1\in W,\boldsymbol{v}-\boldsymbol{w}_1\in W^{\perp}).$$

由$\boldsymbol{v}$的分解唯一性推出$\boldsymbol{w}=\boldsymbol{w}_1$. 综上说明$\boldsymbol{v}$在子空间$W$上的投影唯一存在.

性质 7.3.1 设向量$\boldsymbol{v}$在欧氏子空间W上的投影为$\boldsymbol{w}$，对W中任意向量$\boldsymbol{\xi}$，都有

$$d(\boldsymbol{v},\boldsymbol{w})=|\boldsymbol{v}-\boldsymbol{w}|\leqslant|\boldsymbol{v}-\boldsymbol{\xi}|=d(\boldsymbol{v},\boldsymbol{\xi}).$$

证 显然$\boldsymbol{v}-\boldsymbol{\xi}=(\boldsymbol{v}-\boldsymbol{w})+(\boldsymbol{w}-\boldsymbol{\xi})$. 因为$W$是子空间，所以$\boldsymbol{w}-\boldsymbol{\xi}\in W$. 又因为$\boldsymbol{v}-\boldsymbol{w}\perp W$，所以$(\boldsymbol{v}-\boldsymbol{w})\perp(\boldsymbol{w}-\boldsymbol{\xi})$. 由勾股定理有$|\boldsymbol{v}-\boldsymbol{\xi}|^2=|(\boldsymbol{v}-\boldsymbol{w})+(\boldsymbol{w}-\boldsymbol{\xi})|^2=|\boldsymbol{v}-\boldsymbol{w}|^2+|\boldsymbol{w}-\boldsymbol{\xi}|^2$，故$d(\boldsymbol{v},\boldsymbol{w})\leqslant d(\boldsymbol{v},\boldsymbol{\xi})$. □

三、最小二乘法

在生产实践和统计研究中，经常要求解线性方程组

$$\begin{cases}a_{11}x_1+a_{12}x_2+\cdots+a_{1n}x_n-b_1=0,\\ a_{21}x_1+a_{22}x_2+\cdots+a_{2n}x_n-b_2=0,\\ \qquad\vdots\\ a_{m1}x_1+a_{m2}x_2+\cdots+a_{mn}x_n-b_m=0,\end{cases} \tag{7.3.2}$$

其中a_{ij},b_t是观察得到的已知实数. 由于观察值总有误差，故上述方程组常无解，即对于任何一组实数$x_1,x_2,\cdots,x_n$，

$$\sum_{i=1}^{m}(a_{i1}x_1+a_{i2}x_2+\cdots+a_{in}x_n-b_i)^2 \tag{7.3.3}$$

都不等于零.现在,要找 $x_1^0,x_2^0,\cdots,x_n^0$ 使得(7.3.3)式最小,这样的一组实数值 $x_1^0,x_2^0,\cdots,x_n^0$ 称为方程组(7.3.2)的**最小二乘解**.这类问题称为**最小二乘问题**.

令 $\boldsymbol{A},\boldsymbol{b},\boldsymbol{X}$ 分别为方程组(7.3.2)的系数矩阵、常数列向量和未知数向量.用距离的概念,(7.3.3)式表示的就是向量 $\boldsymbol{b}$ 到向量 $\boldsymbol{AX}$ 的距离之平方

$$|\boldsymbol{AX}-\boldsymbol{b}|^2.$$

最小二乘法就是要找向量 $\boldsymbol{X}_0=(x_1^0,x_2^0,\cdots,x_n^0)^{\mathrm{T}}$ 使得向量 $\boldsymbol{b}$ 到向量 $\boldsymbol{AX}_0$ 的距离最小.令

$$W=\{\boldsymbol{AX}\mid \boldsymbol{X}\in\mathbf{R}^n\},$$

由例 5.3.4 知道

$$W=L(\boldsymbol{A}_1,\boldsymbol{A}_2,\cdots,\boldsymbol{A}_n)$$

为 $\mathbf{R}^m$ 的子空间,其中 $\boldsymbol{A}_1,\boldsymbol{A}_2,\cdots,\boldsymbol{A}_n$ 依次为 $\boldsymbol{A}$ 的 n 个列向量.现在,问题转化为在子空间 W 中找一个向量 $\boldsymbol{AX}_0$ 使得 $\boldsymbol{b}$ 到它的距离比到 W 中的其他向量的距离都短.由性质7.3.1得 $\boldsymbol{AX}_0$ 为向量 $\boldsymbol{b}$ 在子空间 W 上的投影.因此

$$(\boldsymbol{b}-\boldsymbol{AX}_0)\perp W,$$

即

$$(\boldsymbol{b}-\boldsymbol{AX}_0,\boldsymbol{A}_1)=(\boldsymbol{b}-\boldsymbol{AX}_0,\boldsymbol{A}_2)=\cdots=(\boldsymbol{b}-\boldsymbol{AX}_0,\boldsymbol{A}_n)=0,$$

即

$$\boldsymbol{A}_1^{\mathrm{T}}(\boldsymbol{b}-\boldsymbol{AX}_0)=\boldsymbol{A}_2^{\mathrm{T}}(\boldsymbol{b}-\boldsymbol{AX}_0)=\cdots=\boldsymbol{A}_n^{\mathrm{T}}(\boldsymbol{b}-\boldsymbol{AX}_0)=0,$$

也即

$$\boldsymbol{A}^{\mathrm{T}}(\boldsymbol{b}-\boldsymbol{AX}_0)=\boldsymbol{0},$$

或

$$\boldsymbol{A}^{\mathrm{T}}\boldsymbol{AX}_0=\boldsymbol{A}^{\mathrm{T}}\boldsymbol{b},$$

因此,**方程组(7.3.2)的最小二乘解 $\boldsymbol{X}_0$ 恰是方程组 $\boldsymbol{A}^{\mathrm{T}}\boldsymbol{AX}_0=\boldsymbol{A}^{\mathrm{T}}\boldsymbol{b}$ 的解向量.**

例 7.3.2 已知某材料在生产过程中的废品率 y 与某化学成分 x 有关,下表中记载了 y 与 x 的几组对应数值:

$y/\%$	1.00	0.90	0.90	0.81	0.60	0.56	0.35
$x/\%$	3.6	3.7	3.8	3.9	4.0	4.1	4.2

试找出 x 与 y 的一个近似关系.

解 我们把每一组对应数值看作是平面直角坐标系中的一个点.标注这些点后可以发现,这些点都处于一条直线附近,所以可以假设 x 与 y 的关系为 $y=ax+b$.我们希望求出 a,b,使得方程组

$$\begin{cases}3.6a+b-1.00=0,\\3.7a+b-0.90=0,\\3.8a+b-0.90=0,\\3.9a+b-0.81=0,\\4.0a+b-0.60=0,\\4.1a+b-0.56=0,\\4.2a+b-0.35=0\end{cases}$$

中的每一个等式都成立，但在现实中是不可能的.因此，我们根据本例之前的讨论，可以求出上述方程组的最小二乘解.令

$$\mathbf{A}=\begin{pmatrix}3.6 & 1\\3.7 & 1\\3.8 & 1\\3.9 & 1\\4.0 & 1\\4.1 & 1\\4.2 & 1\end{pmatrix},\boldsymbol{\beta}=\begin{pmatrix}1.00\\0.90\\0.90\\0.81\\0.60\\0.56\\0.35\end{pmatrix}.$$

于是，最小二乘解 a,b 满足的方程组即为

$$\mathbf{A}^{\mathrm{T}}\mathbf{A}\begin{pmatrix}a\\b\end{pmatrix}-\mathbf{A}^{\mathrm{T}}\boldsymbol{\beta}=\mathbf{0}.$$

解之得 $a=-1.05,b=4.81$（取三位有效数字）. □

§7.4　同构映射和正交变换

一、同构映射

定义 7.4.1　设 V,W 为两个欧氏空间，若存在 V 到 W 的双射 f 使得

(1) $f(\boldsymbol{v}_1+\boldsymbol{v}_2)=f(\boldsymbol{v}_1)+f(\boldsymbol{v}_2)$，

(2) $f(k\boldsymbol{v})=kf(\boldsymbol{v})$，

(3) $(\boldsymbol{v}_1,\boldsymbol{v}_2)=(f(\boldsymbol{v}_1),f(\boldsymbol{v}_2))$，

其中 $\boldsymbol{v}_1,\boldsymbol{v}_2,\boldsymbol{v}\in V,k\in\mathbf{R}$，则称 f 为欧氏空间 V 到欧氏空间 W 的同构映射.

若存在欧氏空间 V 到欧氏空间 W 的一个同构映射，则称欧氏空间 V 与欧氏空间 W 同构，记为 $V\cong W$.

对上述定义作如下说明：

(1) 定义中的(1)和(2)说的是 f 保持加法和数乘，(1)和(2)等价于

$$f(k_1\boldsymbol{v}_1+k_2\boldsymbol{v}_2)=k_1f(\boldsymbol{v}_1)+k_2f(\boldsymbol{v}_2)(\boldsymbol{v}_1,\boldsymbol{v}_2\in V,k_1,k_2\in\mathbf{R}).$$

(2) 定义中的(3)说的是 f 保持内积.

(3) 由定义易见，f 是欧氏空间 V 到欧氏空间 W 的同构映射等价于说，f 是实线性空间 V 到实线性空间 W 的同构映射，且 f 保持内积.

类似于线性空间之间的同构关系，欧氏空间之间的同构关系也具有自反性、对称性、传递性.进一步，类似于线性空间理论中的性质 5.5.2 和定理 5.5.1，可以证明下面两个命题.

性质 7.4.1　设 $\boldsymbol{\varepsilon}_1,\boldsymbol{\varepsilon}_2,\cdots,\boldsymbol{\varepsilon}_n$ 是 n 维欧氏空间 V 的标准正交基，作 V 到 $\mathbf{R}^n$

的对应法则 f 如下：

$$f(x_1\boldsymbol{\varepsilon}_1+x_2\boldsymbol{\varepsilon}_2+\cdots+x_n\boldsymbol{\varepsilon}_n)=\begin{pmatrix}x_1\\x_2\\\vdots\\x_n\end{pmatrix},$$

即 V 中元素 $\boldsymbol{\alpha}$ 在 f 下的象定义为 $\boldsymbol{\alpha}$ 在标准正交基 $\boldsymbol{\varepsilon}_1,\boldsymbol{\varepsilon}_2,\cdots,\boldsymbol{\varepsilon}_n$ 下的坐标向量，则 f 是欧氏空间 V 到欧氏空间 $\mathbf{R}^n$ 的一个同构映射.

定理 7.4.1 两个有限维欧氏空间同构的充分必要条件是它们有相同的维数.

因此，1 维几何空间(即平行于一条直线的所有自由向量构成的空间)同构于 $\mathbf{R}$；2 维几何空间(即平行于一个平面的所有自由向量构成的空间)同构于 $\mathbf{R}^2$；整个 3 维几何空间同构于 $\mathbf{R}^3$.

二、正交变换

几何中，绕原点的旋转和对经过原点平面的反射，这两种变换都不改变向量的长度，也不改变两个向量的内积，称这两类变换为正交变换. 下面给出一般的正交变换的定义.

定义 7.4.2 设 V 为欧氏空间，$\mathscr{A}\in \mathrm{End}(V)$，若 $\mathscr{A}$ 保持内积，即对任意 $\boldsymbol{\alpha}$，$\boldsymbol{\beta}\in V$ 都有

$$(\mathscr{A}(\boldsymbol{\alpha}),\mathscr{A}(\boldsymbol{\beta}))=(\boldsymbol{\alpha},\boldsymbol{\beta}),$$

则称 $\mathscr{A}$ 为欧氏空间 V 上的正交变换.

比较线性变换和正交变换的定义，我们看到，$\mathscr{A}$ 是欧氏空间 V 上的正交变换当且仅当 $\mathscr{A}$ 是欧氏空间 V 上的保持内积的线性变换.

定理 7.4.2 设 $\mathscr{A}$ 是 n 维欧氏空间 V 上的线性变换，$\mathscr{A}$ 在标准正交基 $\{\boldsymbol{\varepsilon}_1,\boldsymbol{\varepsilon}_2,\cdots,\boldsymbol{\varepsilon}_n\}$ 下的矩阵为 $\mathbf{A}$，则下述命题等价：

(1) $\mathscr{A}$ 是正交变换；

(2) $\mathscr{A}$ 保持长度，即对所有 $\boldsymbol{v}\in V$，都有 $|\mathscr{A}(\boldsymbol{v})|=|\boldsymbol{v}|$；

(3) $\mathscr{A}(\boldsymbol{\varepsilon}_1),\mathscr{A}(\boldsymbol{\varepsilon}_2),\cdots,\mathscr{A}(\boldsymbol{\varepsilon}_n)$ 仍是标准正交基；

(4) $\mathbf{A}$ 是正交矩阵；

(5) $\mathscr{A}$ 是欧氏空间 V 到自身的同构映射.

证 (1)⇒(2) 由 $|\mathscr{A}(\boldsymbol{v})|^2=(\mathscr{A}(\boldsymbol{v}),\mathscr{A}(\boldsymbol{v}))=(\boldsymbol{v},\boldsymbol{v})=|\boldsymbol{v}|^2$，得

$$|\mathscr{A}(\boldsymbol{v})|=|\boldsymbol{v}|.$$

(2)⇒(1) 因为 $\mathscr{A}$ 保持长度，所以 $|\boldsymbol{v}_1|^2+2(\mathscr{A}(\boldsymbol{v}_1),\mathscr{A}(\boldsymbol{v}_2))+|\boldsymbol{v}_2|^2$

$$=|\mathscr{A}(\boldsymbol{v}_1)|^2+2(\mathscr{A}(\boldsymbol{v}_1),\mathscr{A}(\boldsymbol{v}_2))+|\mathscr{A}(\boldsymbol{v}_2)|^2$$
$$=(\mathscr{A}(\boldsymbol{v}_1)+\mathscr{A}(\boldsymbol{v}_2),\mathscr{A}(\boldsymbol{v}_1)+\mathscr{A}(\boldsymbol{v}_2))$$
$$=|\mathscr{A}(\boldsymbol{v}_1+\boldsymbol{v}_2)|^2=|\boldsymbol{v}_1+\boldsymbol{v}_2|^2=|\boldsymbol{v}_1|^2+2(\boldsymbol{v}_1,\boldsymbol{v}_2)+|\boldsymbol{v}_2|^2,$$

得$(\mathscr{A}(\boldsymbol{v}_1),\mathscr{A}(\boldsymbol{v}_2))=(\boldsymbol{v}_1,\boldsymbol{v}_2)$,故 $\mathscr{A}$ 是正交变换.

(1)⇒(3) 因为$(\mathscr{A}(\boldsymbol{\varepsilon}_i),\mathscr{A}(\boldsymbol{\varepsilon}_j))=(\boldsymbol{\varepsilon}_i,\boldsymbol{\varepsilon}_j)$,所以

$$((\mathscr{A}(\boldsymbol{\varepsilon}_i),\mathscr{A}(\boldsymbol{\varepsilon}_j)))_{n\times n}=((\boldsymbol{\varepsilon}_i,\boldsymbol{\varepsilon}_j))_{n\times n}=\boldsymbol{E}.$$

故 $\mathscr{A}(\boldsymbol{\varepsilon}_1),\mathscr{A}(\boldsymbol{\varepsilon}_2),\cdots,\mathscr{A}(\boldsymbol{\varepsilon}_n)$仍是标准正交基.

(3)⇒(1) 设 $\boldsymbol{\alpha}=\sum\limits_{i=1}^{n}x_i\boldsymbol{\varepsilon}_i,\boldsymbol{\beta}=\sum\limits_{j=1}^{n}y_j\boldsymbol{\varepsilon}_j$. 由 $\mathscr{A}$ 的线性性并应用(7.2.1)式得

$$(\mathscr{A}(\boldsymbol{\alpha}),\mathscr{A}(\boldsymbol{\beta}))=\left(\sum_{i=1}^{n}x_i\mathscr{A}(\boldsymbol{\varepsilon}_i),\sum_{j=1}^{n}y_j\mathscr{A}(\boldsymbol{\varepsilon}_j)\right)=\sum_{i=1}^{n}\sum_{j=1}^{n}x_iy_j=(\boldsymbol{\alpha},\boldsymbol{\beta}).$$

故 $\mathscr{A}$ 是 V 上的正交变换.

(3)⇔(4) 由例题 7.2.3 得.

(5)⇒(1) 由定义得.

(1)⇒(5) 因为 $\mathscr{A}$ 是正交变换,所以 $\boldsymbol{A}$ 是正交矩阵,故 $\boldsymbol{A}$ 可逆,从而 $\mathscr{A}$ 是可逆变换,即 $\mathscr{A}$ 是 V 到 V 的双射. 又 $\mathscr{A}$ 是保持内积的线性变换,故 $\mathscr{A}$ 是欧氏空间 V 到自身的同构映射. □

例 7.4.1 在 $\mathbf{R}^3$ 中,令 $\mathscr{A}(\boldsymbol{\alpha})=\boldsymbol{A\alpha}$,其中 $\boldsymbol{A}=\begin{pmatrix}1&0&0\\0&0&1\\0&1&0\end{pmatrix}$,证明 $\mathscr{A}$ 是 $\mathbf{R}^3$ 上的正交变换.

证 首先,任取 $\boldsymbol{\alpha}\in\mathbf{R}^3$,$\mathscr{A}(\boldsymbol{\alpha})=\boldsymbol{A\alpha}$唯一存在,且仍属于 $\mathbf{R}^3$,故 $\mathscr{A}$ 为 $\mathbf{R}^3$ 上的变换. 又

$$\mathscr{A}(k_1\boldsymbol{\alpha}_1+k_2\boldsymbol{\alpha}_2)=\boldsymbol{A}(k_1\boldsymbol{\alpha}_1+k_2\boldsymbol{\alpha}_2)=k_1\mathscr{A}(\boldsymbol{\alpha}_1)+k_2\mathscr{A}(\boldsymbol{\alpha}_2),$$

故 $\mathscr{A}$ 是 $\mathbf{R}^3$ 上的线性变换. 再者,不难看到 $\mathscr{A}$ 在 $\mathbf{R}^3$ 的常用标准正交基 $\boldsymbol{e}_1,\boldsymbol{e}_2,\boldsymbol{e}_3$ 下的矩阵即为 $\boldsymbol{A}$,注意到 $\boldsymbol{A}$ 的 3 个列向量是两两正交的单位向量,所以 $\boldsymbol{A}$ 正交,这样由定理 7.4.2 即知 $\mathscr{A}$ 为正交变换. □

例 7.4.2 设 $\mathscr{A}$ 是欧氏空间 V 上的正交变换,则

(1) $\mathscr{A}$ 可逆,且其逆变换 $\mathscr{A}^{-1}$ 也是正交变换;

(2) 若 $\mathscr{B}$ 也是 V 上的正交变换,则 $\mathscr{A}\mathscr{B}$ 仍是 V 上的正交变换.

证 取 V 的标准正交基 $\Delta=\{\boldsymbol{\varepsilon}_1,\boldsymbol{\varepsilon}_2,\cdots,\boldsymbol{\varepsilon}_n\}$,设 $\mathscr{A},\mathscr{B}$ 在 Δ 下的矩阵分别为 $\boldsymbol{A},\boldsymbol{B}$. 下面的推理将多次用到性质 6.2.2.

(1) 由定理 7.4.2 知 $\boldsymbol{A}$ 正交,故 $\boldsymbol{A}$ 可逆,从而 $\mathscr{A}$ 可逆,且 $\mathscr{A}^{-1}$ 为 V 上的线性变换. 注意到 $\mathscr{A}^{-1}$ 在 Δ 下的矩阵为 $\boldsymbol{A}^{-1}$,而 $\boldsymbol{A}^{-1}$ 又是正交矩阵(性质 7.2.4),故

$\mathscr{A}^{-1}$正交.

(2) $\mathscr{A}\mathscr{B}$ 在 Δ 下的矩阵为 $\boldsymbol{AB}$,且 $\boldsymbol{AB}$ 为正交矩阵(性质 7.2.4),故 $\mathscr{A}\mathscr{B}$ 是正交变换. □

设正交变换 $\mathscr{A}$ 在某标准正交基下的矩阵为 $\mathbf{A}$,则 $\mathbf{A}$ 是正交矩阵,从而其行列式为±1. 因为 $\mathscr{A}$ 在不同基底下的矩阵是相似的,而相似矩阵有相同的行列式,所以正交变换 $\mathscr{A}$ 在任意基底下的矩阵之行列式都等于$|\mathbf{A}|$. 我们把行列式为 1 的正交变换称为**第一类**的,也称为**旋转**;行列式等于-1 的正交变换称为**第二类**的.

§7.5 实对称矩阵的标准形

一、实对称矩阵的特征值与特征向量

为了研究实对称矩阵的标准形,我们先考察它的特征值和特征向量. 比较一般方阵,实对称矩阵的特征值和特征向量有更加特殊的性质. 例如,一般的 n 级方阵在复数域上有 n 个(计重数)特征值,这些特征值一般不全是实数. 但对于实对称矩阵,下面将证明它的所有特征值都是实数.

性质 7.5.1 实对称矩阵的特征值全是实数.

证 设 $\mathbf{A}$ 为实对称矩阵,λ 为 $\mathbf{A}$ 的复特征值,ξ 为相应的复特征向量. 用$\overline{d}$表示复数(或复向量、复矩阵)d 的复共轭. 我们有

$$\lambda(\overline{\boldsymbol{\xi}}^{\mathrm{T}}\boldsymbol{\xi})=\overline{\boldsymbol{\xi}}^{\mathrm{T}}(\lambda\boldsymbol{\xi})=\overline{\boldsymbol{\xi}}^{\mathrm{T}}\mathbf{A}\boldsymbol{\xi}=\overline{\boldsymbol{\xi}}^{\mathrm{T}}(\overline{\mathbf{A}})^{\mathrm{T}}\boldsymbol{\xi}=(\overline{\mathbf{A}\boldsymbol{\xi}})^{\mathrm{T}}\boldsymbol{\xi}=\overline{\lambda}(\overline{\boldsymbol{\xi}}^{\mathrm{T}}\boldsymbol{\xi}).$$

注意到$\overline{\boldsymbol{\xi}}^{\mathrm{T}}\boldsymbol{\xi}$ 为正实数,由上式推出 $\lambda=\overline{\lambda}$,即 $\mathbf{A}$ 的特征值λ 必定是实数. □

再考虑实对称矩阵的特征向量. 对于一般方阵,我们知道属于不同特征值的特征向量线性无关,下面将看到实对称矩阵的属于不同特征值的特征向量必定两两正交. 注意正交向量组必是线性无关向量组,但反之不成立.

回忆一下,在欧氏空间 $\mathbf{R}^n$ 中,两个向量 $\boldsymbol{\alpha},\boldsymbol{\beta}$ 的内积定义为 $(\boldsymbol{\alpha},\boldsymbol{\beta})=\boldsymbol{\alpha}^{\mathrm{T}}\boldsymbol{\beta}$.

性质 7.5.2 设 $\mathbf{A}$ 是实对称矩阵,$\lambda_1,\lambda_2,\cdots,\lambda_m$ 是 $\mathbf{A}$ 的两两不同的特征值,$\boldsymbol{\xi}_1,\boldsymbol{\xi}_2,\cdots,\boldsymbol{\xi}_m$ 是 $\mathbf{A}$ 的分别属于特征值 $\lambda_1,\lambda_2,\cdots,\lambda_m$ 的实特征向量,则 $\boldsymbol{\xi}_1,\boldsymbol{\xi}_2,\cdots,\boldsymbol{\xi}_m$ 是正交向量组.

证 仅需证明 $\boldsymbol{\xi}_1$ 与 $\boldsymbol{\xi}_2$ 正交,即 $\boldsymbol{\xi}_1^{\mathrm{T}}\boldsymbol{\xi}_2=(\boldsymbol{\xi}_1,\boldsymbol{\xi}_2)=0$. 事实上

$$\lambda_1\boldsymbol{\xi}_1^{\mathrm{T}}\boldsymbol{\xi}_2=(\lambda_1\boldsymbol{\xi}_1)^{\mathrm{T}}\boldsymbol{\xi}_2=(\mathbf{A}\boldsymbol{\xi}_1)^{\mathrm{T}}\boldsymbol{\xi}_2=\boldsymbol{\xi}_1^{\mathrm{T}}(\mathbf{A}^{\mathrm{T}}\boldsymbol{\xi}_2)=\boldsymbol{\xi}_1^{\mathrm{T}}(\mathbf{A}\boldsymbol{\xi}_2)=\lambda_2\boldsymbol{\xi}_1^{\mathrm{T}}\boldsymbol{\xi}_2,$$

所以$(\lambda_1-\lambda_2)\boldsymbol{\xi}_1^{\mathrm{T}}\boldsymbol{\xi}_2=0$. 又因为 $\lambda_1\neq\lambda_2$,故有 $\boldsymbol{\xi}_1^{\mathrm{T}}\boldsymbol{\xi}_2=0$,即 $\boldsymbol{\xi}_1$与 $\boldsymbol{\xi}_2$ 正交. □

二、实对称矩阵标准形的算法及定理证明

一般(即使是实数域上的)方阵不一定可对角化,但实对称矩阵一定能对角化.

定理 7.5.1 设 $\boldsymbol{A}$ 是一个 n 级实对称矩阵,则一定存在正交矩阵 $\boldsymbol{P}$ 使得

$$\boldsymbol{P}^{-1}\boldsymbol{AP}=\boldsymbol{P}^{\mathrm{T}}\boldsymbol{AP}=\mathrm{diag}(\lambda_1,\lambda_2,\cdots,\lambda_n), \tag{7.5.1}$$

其中 $\lambda_1,\lambda_2,\cdots,\lambda_n$ 恰是 $\boldsymbol{A}$ 的全部 n 个(计重数)实特征值.

证 假设 $\boldsymbol{A}$ 能相似于对角阵 $\mathrm{diag}(\lambda_1,\lambda_2,\cdots,\lambda_n)$,因为相似矩阵有相同的特征值,所以 $\lambda_1,\lambda_2,\cdots,\lambda_n$ 必是 $\boldsymbol{A}$ 的全部 n 个特征值. 故仅需证明,存在正交矩阵 $\boldsymbol{P}$ 使得 $\boldsymbol{P}^{-1}\boldsymbol{AP}$ 为对角阵. 对 $\boldsymbol{A}$ 的级数 n 作归纳.

当 $n=1$ 时,定理自然成立. 现假设对于级数 $\leqslant n-1$ 的实对称矩阵定理已经成立,考察 n 级实对称矩阵 $\boldsymbol{A}$. 由性质 7.5.1,$\boldsymbol{A}$ 有实特征值 λ_1,令 $\boldsymbol{\beta}_1$ 为 $\boldsymbol{A}$ 的属于 λ_1 的长度为 1 的实特征向量. 由性质 7.2.3,可将 $\boldsymbol{\beta}_1$ 扩充成 $\mathbf{R}^n$ 的一组标准正交基 $\boldsymbol{\beta}_1,\boldsymbol{\beta}_2,\cdots,\boldsymbol{\beta}_n$. 令 $\boldsymbol{P}_1=(\boldsymbol{\beta}_1,\boldsymbol{\beta}_2,\cdots,\boldsymbol{\beta}_n)$. 由性质 7.2.5 得 $\boldsymbol{P}_1$ 正交. 容易看到

$$\boldsymbol{AP}_1=(\boldsymbol{A\beta}_1,\boldsymbol{A\beta}_2,\cdots,\boldsymbol{A\beta}_n)=(\boldsymbol{\beta}_1,\boldsymbol{\beta}_2,\cdots,\boldsymbol{\beta}_n)\boldsymbol{A}_1,\text{其中 }\boldsymbol{A}_1=\begin{pmatrix}\lambda_1 & \boldsymbol{\alpha}\\ \boldsymbol{0} & \boldsymbol{B}_{(n-1)\times(n-1)}\end{pmatrix}.$$

特别地,$\boldsymbol{AP}_1=\boldsymbol{P}_1\boldsymbol{A}_1$,故 $\boldsymbol{P}_1^{\mathrm{T}}\boldsymbol{AP}_1=\boldsymbol{P}_1^{-1}\boldsymbol{AP}_1=\boldsymbol{A}_1$. 因为 $\boldsymbol{A}$ 实对称,所以 $\boldsymbol{P}_1^{\mathrm{T}}\boldsymbol{AP}_1=\boldsymbol{A}_1$ 依然实对称,这就推出 $\boldsymbol{\alpha}=\boldsymbol{0}$ 且 $\boldsymbol{B}$ 实对称. 因此

$$\boldsymbol{P}_1^{-1}\boldsymbol{AP}_1=\boldsymbol{P}_1^{\mathrm{T}}\boldsymbol{AP}_1=\boldsymbol{A}_1=\begin{pmatrix}\lambda_1 & \boldsymbol{0}\\ \boldsymbol{0} & \boldsymbol{B}\end{pmatrix}. \tag{7.5.2}$$

由归纳假设,存在 $n-1$ 级正交矩阵 $\boldsymbol{Q}$ 使得 $\boldsymbol{Q}^{-1}\boldsymbol{BQ}$ 为对角矩阵 $\mathrm{diag}(\lambda_2,\lambda_3,\cdots,\lambda_n)$. 令 $\boldsymbol{P}_2=\mathrm{diag}(1,\boldsymbol{Q})$,则 $\boldsymbol{P}_2$ 为正交矩阵且

$$\boldsymbol{P}_2^{-1}\boldsymbol{A}_1\boldsymbol{P}_2=\boldsymbol{P}_2^{\mathrm{T}}\boldsymbol{A}_1\boldsymbol{P}_2=\begin{pmatrix}1 & \boldsymbol{0}\\ \boldsymbol{0} & \boldsymbol{Q}\end{pmatrix}^{\mathrm{T}}\begin{pmatrix}\lambda_1 & \boldsymbol{0}\\ \boldsymbol{0} & \boldsymbol{B}\end{pmatrix}\begin{pmatrix}1 & \boldsymbol{0}\\ \boldsymbol{0} & \boldsymbol{Q}\end{pmatrix}=\begin{pmatrix}\lambda_1 & \boldsymbol{0}\\ \boldsymbol{0} & \mathrm{diag}(\lambda_2,\lambda_3,\cdots,\lambda_n)\end{pmatrix}. \tag{7.5.3}$$

将(7.5.2)和(7.5.3)两式合起来,并令 $\boldsymbol{P}=\boldsymbol{P}_1\boldsymbol{P}_2$,则 $\boldsymbol{P}$ 是正交矩阵(性质 7.2.4),且有

$$\boldsymbol{P}^{-1}\boldsymbol{AP}=\boldsymbol{P}^{\mathrm{T}}\boldsymbol{AP}=\boldsymbol{P}_2^{\mathrm{T}}\boldsymbol{P}_1^{\mathrm{T}}\boldsymbol{AP}_1\boldsymbol{P}_2=\boldsymbol{P}_2^{\mathrm{T}}\boldsymbol{A}_1\boldsymbol{P}_2=\mathrm{diag}(\lambda_1,\lambda_2,\cdots,\lambda_n)$$

为对角矩阵. 这样由数学归纳法证得定理. □

下面给出实对称矩阵正交对角化的具体算法.

第一步,求出 n 级实对称矩阵 $\boldsymbol{A}$ 的特征多项式,求出 $\boldsymbol{A}$ 的全部两两不同的特征值 $\lambda_1,\lambda_2,\cdots,\lambda_s$,这些特征值全是实数,设它们的重数分别是 $r_1,r_2,\cdots,r_s$,则 $r_1+r_2+\cdots+r_s=n$.

第二步，对每个特征值 λ_i，通过解齐次线性方程组 $(\lambda_i\boldsymbol{E}-\boldsymbol{A})\boldsymbol{X}=\boldsymbol{0}$，求出 $\boldsymbol{A}$ 的属于特征值 λ_i 的全部线性无关特征向量组 Δ_i，因为 $\boldsymbol{A}$ 可对角化，所以每个 Δ_i 恰含有 r_i 个向量.

第三步，对每个线性无关向量组 Δ_i，用 Schmidt 正交化方法将它化成标准正交向量组 Δ_i'，因为 Δ_i' 与 Δ_i 等价(由定理 7.2.1 中的(7.2.3)式推出)，所以 Δ_i' 仍是 $\boldsymbol{A}$ 的属于特征值 λ_i 的线性无关特征向量. 此时 $\Delta_1',\Delta_2',\cdots,\Delta_s'$ 是 $\mathbf{R}^n$ 的标准正交基.

第四步，令 $\boldsymbol{P}$ 是由 $\Delta_1',\Delta_2',\cdots,\Delta_s'$ 中 n 个列向量组成的矩阵，则 $\boldsymbol{P}$ 是正交矩阵，且 $\boldsymbol{P}^{-1}\boldsymbol{A}\boldsymbol{P}=\boldsymbol{P}^{\mathrm{T}}\boldsymbol{A}\boldsymbol{P}=\mathrm{diag}(\boldsymbol{U}_1,\boldsymbol{U}_2,\cdots,\boldsymbol{U}_s)$，其中 $\boldsymbol{U}_i$ 是 r_i 级对角矩阵 $\mathrm{diag}(\lambda_i,\lambda_i,\cdots,\lambda_i)$.

例 7.5.1 设 $\boldsymbol{A}=\begin{pmatrix}1&2&2\\2&1&2\\2&2&1\end{pmatrix}$，求正交矩阵 $\boldsymbol{P}$，使得 $\boldsymbol{P}^{-1}\boldsymbol{A}\boldsymbol{P}$ 为对角矩阵.

解 $\begin{vmatrix}\lambda-1&-2&-2\\-2&\lambda-1&-2\\-2&-2&\lambda-1\end{vmatrix}\xlongequal[\text{第一行提出}(\lambda-5)]{r_1+(r_2+r_3)}(\lambda-5)\begin{vmatrix}1&1&1\\-2&\lambda-1&-2\\-2&-2&\lambda-1\end{vmatrix}=$ $(\lambda-5)(\lambda+1)^2$，所以 $\boldsymbol{A}$ 的特征值为 $\lambda_1=5,\lambda_2=-1$(二重).

对于特征值 $\lambda_1=5$，考察方程组 $(5\boldsymbol{E}-\boldsymbol{A})\boldsymbol{X}=\boldsymbol{0}$，因为

$$5\boldsymbol{E}-\boldsymbol{A}=\begin{pmatrix}4&-2&-2\\-2&4&-2\\-2&-2&4\end{pmatrix}\xrightarrow[r_3-r_2]{r_1+r_2+r_3}\begin{pmatrix}0&0&0\\-2&4&-2\\0&-6&6\end{pmatrix}\to\begin{pmatrix}1&0&-1\\0&1&-1\\0&0&0\end{pmatrix},$$

$\boldsymbol{A}$ 的属于 5 的线性无关特征向量为 $\boldsymbol{\xi}_1=(1,1,1)^{\mathrm{T}}$.

对于特征值 $\lambda_2=-1$，考察方程组 $(-\boldsymbol{E}-\boldsymbol{A})\boldsymbol{X}=\boldsymbol{0}$，因为

$$-\boldsymbol{E}-\boldsymbol{A}=\begin{pmatrix}-2&-2&-2\\-2&-2&-2\\-2&-2&-2\end{pmatrix}\to\begin{pmatrix}1&1&1\\0&0&0\\0&0&0\end{pmatrix},$$

得通解 $\boldsymbol{X}=c_2\boldsymbol{\xi}_2+c_3\boldsymbol{\xi}_3$，其中 $\boldsymbol{\xi}_2=(-1,1,0)^{\mathrm{T}},\boldsymbol{\xi}_3=(-1,0,1)^{\mathrm{T}}$ 为 $\boldsymbol{A}$ 的属于特征值 -1 的两个线性无关特征向量.

将 $\boldsymbol{\xi}_2,\boldsymbol{\xi}_3$ 正交化，得

$$\boldsymbol{\beta}_2=\boldsymbol{\xi}_2=\begin{pmatrix}-1\\1\\0\end{pmatrix},\boldsymbol{\beta}_3=\boldsymbol{\xi}_3-\frac{(\boldsymbol{\xi}_3,\boldsymbol{\xi}_2)}{(\boldsymbol{\xi}_2,\boldsymbol{\xi}_2)}\boldsymbol{\xi}_2=\begin{pmatrix}-1\\0\\1\end{pmatrix}-\frac{1}{2}\begin{pmatrix}-1\\1\\0\end{pmatrix}=\begin{pmatrix}-\frac{1}{2}\\-\frac{1}{2}\\1\end{pmatrix}.$$

再将 $\boldsymbol{\xi}_1,\boldsymbol{\beta}_2,\boldsymbol{\beta}_3$ 单位化,得

$$\boldsymbol{\gamma}_1=\frac{\boldsymbol{\xi}_1}{|\boldsymbol{\xi}_1|}=\frac{1}{\sqrt{3}}\begin{pmatrix}1\\1\\1\end{pmatrix},\boldsymbol{\gamma}_2=\frac{1}{\sqrt{2}}\begin{pmatrix}-1\\1\\0\end{pmatrix},\boldsymbol{\gamma}_3=\frac{1}{\sqrt{6}}\begin{pmatrix}-1\\-1\\2\end{pmatrix}.$$

令

$$\boldsymbol{P}=(\boldsymbol{\gamma}_1,\boldsymbol{\gamma}_2,\boldsymbol{\gamma}_3)=\begin{pmatrix}\frac{1}{\sqrt{3}} & -\frac{1}{\sqrt{2}} & -\frac{1}{\sqrt{6}}\\ \frac{1}{\sqrt{3}} & \frac{1}{\sqrt{2}} & -\frac{1}{\sqrt{6}}\\ \frac{1}{\sqrt{3}} & 0 & \frac{2}{\sqrt{6}}\end{pmatrix},$$

则 $\boldsymbol{P}$ 为正交矩阵,且 $\boldsymbol{P}^{-1}\boldsymbol{A}\boldsymbol{P}=\boldsymbol{P}^{\mathrm{T}}\boldsymbol{A}\boldsymbol{P}=\mathrm{diag}(5,-1,-1)$. □

推论 7.5.1 设 $\boldsymbol{A}$ 是一个 n 级实对称矩阵,则一定存在一个第一类正交矩阵 $\boldsymbol{P}$ 使得 $|\boldsymbol{P}|=1$,

$$\boldsymbol{P}^{-1}\boldsymbol{A}\boldsymbol{P}=\boldsymbol{P}^{\mathrm{T}}\boldsymbol{A}\boldsymbol{P}=\mathrm{diag}(\lambda_1,\lambda_2,\cdots,\lambda_n),$$

其中 $\lambda_1,\lambda_2,\cdots,\lambda_n$ 恰是 $\boldsymbol{A}$ 的全部 n 个实特征值.

证 由定理 7.5.1,存在正交矩阵 $\boldsymbol{Q}$ 使得 $\boldsymbol{Q}^{-1}\boldsymbol{A}\boldsymbol{Q}=\boldsymbol{Q}^{\mathrm{T}}\boldsymbol{A}\boldsymbol{Q}=\mathrm{diag}(\lambda_1,\lambda_2,\cdots,\lambda_n)$. 注意正交矩阵的行列式只能是 ± 1.

若 $|\boldsymbol{Q}|=1$,令 $\boldsymbol{P}=\boldsymbol{Q}$,即满足要求.

若 $|\boldsymbol{Q}|=-1$ 且设 $\boldsymbol{Q}=(\boldsymbol{\xi}_1,\boldsymbol{\xi}_2,\cdots,\boldsymbol{\xi}_n)$,令 $\boldsymbol{P}=(-\boldsymbol{\xi}_1,\boldsymbol{\xi}_2,\cdots,\boldsymbol{\xi}_n)$. 易见 $\boldsymbol{P}$ 是行列式等于 1 的正交矩阵,且 $\boldsymbol{P}^{-1}\boldsymbol{A}\boldsymbol{P}=\boldsymbol{P}^{\mathrm{T}}\boldsymbol{A}\boldsymbol{P}=\mathrm{diag}(\lambda_1,\lambda_2,\cdots,\lambda_n)$. □

三、对称变换

接下来,我们引入欧氏空间中的对称变换,并用几何方法再次证明实对称矩阵的标准形定理.

定义 7.5.1 设 $\mathscr{A}$ 为欧氏空间 V 上的一个线性变换,若对任意 $\boldsymbol{\alpha},\boldsymbol{\beta}\in V$ 都有

$$(\mathscr{A}(\boldsymbol{\alpha}),\boldsymbol{\beta})=(\boldsymbol{\alpha},\mathscr{A}(\boldsymbol{\beta})),$$

则称 $\mathscr{A}$ 为 V 上的一个对称变换.

容易证明,若 $\boldsymbol{\alpha}_1,\boldsymbol{\alpha}_2,\cdots,\boldsymbol{\alpha}_n$ 是欧氏空间 V 的基底,则线性变换 $\mathscr{A}$ 是对称变换的充分必要条件是对一切 i,j,都有 $(\mathscr{A}(\boldsymbol{\alpha}_i),\boldsymbol{\alpha}_j)=(\boldsymbol{\alpha}_i,\mathscr{A}(\boldsymbol{\alpha}_j))$.

性质 7.5.3 设 V 为欧氏空间,$\mathscr{A}\in\mathrm{End}(V)$ 在标准正交基 $\boldsymbol{\varepsilon}_1,\boldsymbol{\varepsilon}_2,\cdots,\boldsymbol{\varepsilon}_n$ 下的矩阵为 $\boldsymbol{A}$,则 $\mathscr{A}$ 是对称变换当且仅当 $\boldsymbol{A}$ 是对称矩阵.

证 设 $\boldsymbol{A}=(a_{ij})_{n\times n}$,则 $\mathscr{A}(\boldsymbol{\varepsilon}_i)=a_{1i}\boldsymbol{\varepsilon}_1+a_{2i}\boldsymbol{\varepsilon}_2+\cdots+a_{ni}\boldsymbol{\varepsilon}_n$,$\mathscr{A}(\boldsymbol{\varepsilon}_j)=a_{1j}\boldsymbol{\varepsilon}_1+$

$a_{2j}\boldsymbol{\varepsilon}_2+\cdots+a_{nj}\boldsymbol{\varepsilon}_n$，所以

$$(\mathscr{A}(\boldsymbol{\varepsilon}_i),\boldsymbol{\varepsilon}_j)=a_{ji},(\boldsymbol{\varepsilon}_i,\mathscr{A}(\boldsymbol{\varepsilon}_j))=a_{ij}.$$

因此 $\mathscr{A}$ 是对称变换当且仅当对一切 i,j 都有 $(\mathscr{A}(\boldsymbol{\varepsilon}_i),\boldsymbol{\varepsilon}_j)=(\boldsymbol{\varepsilon}_i,\mathscr{A}(\boldsymbol{\varepsilon}_j))$，这也等价于对一切 i,j 都有 $a_{ji}=a_{ij}$，即 $\mathbf{A}$ 为对称矩阵. □

例 7.5.2 设 $\mathscr{A}$ 是 n 维欧氏空间 V 上的对称变换.

(1) 证明 $\mathscr{A}$ 的属于不同特征值的特征向量必正交.

(2) 用(1)的结论证明：实对称矩阵的属于不同特征值的特征向量必正交.

证 (1) 设 $\boldsymbol{\eta}_1,\boldsymbol{\eta}_2$ 分别是对称变换 $\mathscr{A}$ 的属于不同特征值 λ_1,λ_2 的特征向量. 我们有

$$\lambda_1(\boldsymbol{\eta}_1,\boldsymbol{\eta}_2)=(\lambda_1\boldsymbol{\eta}_1,\boldsymbol{\eta}_2)=(\mathscr{A}(\boldsymbol{\eta}_1),\boldsymbol{\eta}_2)=(\boldsymbol{\eta}_1,\mathscr{A}(\boldsymbol{\eta}_2))=\lambda_2(\boldsymbol{\eta}_1,\boldsymbol{\eta}_2),$$

得 $(\lambda_1-\lambda_2)(\boldsymbol{\eta}_1,\boldsymbol{\eta}_2)=0$，从而 $(\boldsymbol{\eta}_1,\boldsymbol{\eta}_2)=0$，即 $\boldsymbol{\eta}_1$ 和 $\boldsymbol{\eta}_2$ 正交.

(2) 设 $\mathbf{A}$ 是一个 n 级实对称矩阵，令 $\boldsymbol{\xi}_1,\boldsymbol{\xi}_2$ 分别是 $\mathbf{A}$ 的属于不同特征值 λ_1，λ_2 的实特征向量. 令 V 为一个 n 维欧氏空间，又令 $\mathscr{A}\in\mathrm{End}(V)$ 使得 $\mathscr{A}$ 在 V 的标准正交基 $\boldsymbol{e}_1,\boldsymbol{e}_2,\cdots,\boldsymbol{e}_n$ 下的矩阵为 $\mathbf{A}$. 由性质 7.5.3 知 $\mathscr{A}$ 是 V 上的对称变换. 令

$$\boldsymbol{\eta}_1=(\boldsymbol{e}_1,\boldsymbol{e}_2,\cdots,\boldsymbol{e}_n)\boldsymbol{\xi}_1,\boldsymbol{\eta}_2=(\boldsymbol{e}_1,\boldsymbol{e}_2,\cdots,\boldsymbol{e}_n)\boldsymbol{\xi}_2,$$

则 $\boldsymbol{\eta}_1,\boldsymbol{\eta}_2$ 分别是 $\mathscr{A}$ 的属于不同特征值 λ_1,λ_2 的特征向量(性质 6.3.1). 由(1)中结论得 $(\boldsymbol{\eta}_1,\boldsymbol{\eta}_2)=0$，再应用(7.2.2)式得 $(\boldsymbol{\xi}_1,\boldsymbol{\xi}_2)_{\mathbf{R}^n}=(\boldsymbol{\eta}_1,\boldsymbol{\eta}_2)_V=0$，即 $\boldsymbol{\xi}_1$ 和 $\boldsymbol{\xi}_2$ 正交. □

引理 7.5.1 设 $\mathscr{A}$ 是欧氏空间 V 上的对称变换，W 为 V 的 $\mathscr{A}$-子空间，则 $W^{\perp}$ 也是 $\mathscr{A}$-子空间.

证 任取 $\boldsymbol{\alpha}\in W^{\perp}$，下面证明 $\mathscr{A}(\boldsymbol{\alpha})$ 仍属于 $W^{\perp}$. 事实上，任取 $\boldsymbol{\beta}\in W$，有

$$(\mathscr{A}(\boldsymbol{\alpha}),\boldsymbol{\beta})=(\boldsymbol{\alpha},\mathscr{A}(\boldsymbol{\beta})).$$

因为 W 是 $\mathscr{A}$-不变的，所以 $\mathscr{A}(\boldsymbol{\beta})\in W$，从而 $\boldsymbol{\alpha}$ 与 $\mathscr{A}(\boldsymbol{\beta})$ 正交，即得 $(\mathscr{A}(\boldsymbol{\alpha}),\boldsymbol{\beta})=(\boldsymbol{\alpha},\mathscr{A}(\boldsymbol{\beta}))=0$，这说明 $\mathscr{A}(\boldsymbol{\alpha})$ 与所有 $\boldsymbol{\beta}\in W$ 都正交，故 $\mathscr{A}(\boldsymbol{\alpha})\in W^{\perp}$. 所以 $W^{\perp}$ 也是 $\mathscr{A}$-子空间. □

定理 7.5.2 设 $\mathscr{A}$ 是欧氏空间 V 上的对称变换，则一定存在 V 的一组标准正交基使得 $\mathscr{A}$ 在该基底下的矩阵是对角阵.

证 对 $\dim V$ 作归纳. 当 $\dim V=1$ 时，定理显然成立. 假设当 $\dim V\leqslant n-1$ 时定理已经成立，考察 $\dim V=n$ 的情形.

由性质 7.5.3 和性质 7.5.1，$\mathscr{A}$ 必有实特征值 λ_1，令 $\boldsymbol{\alpha}_1$ 为 $\mathscr{A}$ 的属于特征值 λ_1 的单位化的特征向量. 注意 $L(\boldsymbol{\alpha}_1)$ 是 $\mathscr{A}$-不变子空间. 令 V_1 为 $L(\boldsymbol{\alpha}_1)$ 的正交补，由引理 7.5.1 知 V_1 也是 $\mathscr{A}$-子空间. 因此 $\mathscr{A}|_{V_1}$ 为 $n-1$ 维欧氏空间 V_1 上的对称变换. 据归纳假设，$\mathscr{A}|_{V_1}$ 在 V_1 的某组标准正交基 $\boldsymbol{\alpha}_2,\boldsymbol{\alpha}_3,\cdots,\boldsymbol{\alpha}_n$ 下的矩阵为对角阵 $\mathrm{diag}(\lambda_2,\lambda_3,\cdots,\lambda_n)$. 此时易见 $\boldsymbol{\alpha}_1,\boldsymbol{\alpha}_2,\cdots,\boldsymbol{\alpha}_n$ 为 V 的标准正交基，且 $\mathscr{A}$ 在

该基底下的矩阵为对角阵 $\mathrm{diag}(\lambda_1,\lambda_2,\cdots,\lambda_n)$. 这样由数学归纳法证得定理. □

下面我们利用定理 7.5.2 给出定理 7.5.1 的证明.

定理 7.5.1 的证明　设 $\boldsymbol{A}$ 是一个 n 级实对称矩阵,$\boldsymbol{\varepsilon}_1,\boldsymbol{\varepsilon}_2,\cdots,\boldsymbol{\varepsilon}_n$ 为 n 维欧氏空间 V 的一组标准正交基. 作 $\mathscr{A}\in \mathrm{End}(V)$ 使得 $\mathscr{A}$ 在基底 $\boldsymbol{\varepsilon}_1,\boldsymbol{\varepsilon}_2,\cdots,\boldsymbol{\varepsilon}_n$ 下的矩阵为 $\boldsymbol{A}$. 由性质 7.5.3 得 $\mathscr{A}$ 为对称变换. 由定理 7.5.2,$\mathscr{A}$ 在 V 的某组标准正交基底 $\boldsymbol{\eta}_1,\boldsymbol{\eta}_2,\cdots,\boldsymbol{\eta}_n$ 下的矩阵为 $\mathrm{diag}(\lambda_1,\lambda_2,\cdots,\lambda_n)$. 设

$$(\boldsymbol{\eta}_1,\boldsymbol{\eta}_2,\cdots,\boldsymbol{\eta}_n)=(\boldsymbol{\varepsilon}_1,\boldsymbol{\varepsilon}_2,\cdots,\boldsymbol{\varepsilon}_n)\boldsymbol{D}.$$

由例 7.2.3 得 $\boldsymbol{D}$ 为正交矩阵,且由定理 6.2.1 得 $\boldsymbol{D}^{-1}\boldsymbol{A}\boldsymbol{D}=\mathrm{diag}(\lambda_1,\lambda_2,\cdots,\lambda_n)$,定理成立. □

§7.6* 酉空间

欧氏空间是在实数域上讨论的,它是实数域上的带有度量的线性空间;酉空间在复数域上讨论,它是复数域上的度量空间. 本节我们将看到,酉空间和欧氏空间有完全平行的概念和性质.

定义 7.6.1　设 V 是复数域上的线性空间,在 V 上定义了一个二元复函数,称为内积,记作(—,—),它具有以下性质:

(1) $(\boldsymbol{\alpha},\boldsymbol{\beta})=\overline{(\boldsymbol{\beta},\boldsymbol{\alpha})}$,这里$\overline{(\boldsymbol{\beta},\boldsymbol{\alpha})}$表示复数$(\boldsymbol{\beta},\boldsymbol{\alpha})$的复共轭;

(2) $(k\boldsymbol{\alpha},\boldsymbol{\beta})=k(\boldsymbol{\alpha},\boldsymbol{\beta})$,$(\boldsymbol{\alpha}+\boldsymbol{\beta},\boldsymbol{\gamma})=(\boldsymbol{\alpha},\boldsymbol{\gamma})+(\boldsymbol{\beta},\boldsymbol{\gamma})$;

(3) $(\boldsymbol{\alpha},\boldsymbol{\alpha})$是非负实数,且$(\boldsymbol{\alpha},\boldsymbol{\alpha})=0$ 当且仅当 $\boldsymbol{\alpha}=\mathbf{0}$.

这里 $\boldsymbol{\alpha},\boldsymbol{\beta},\boldsymbol{\gamma}$ 是 V 中任意向量,k 为任意复数. 这样的复线性空间称为**酉空间**.

例如,在 $\mathbf{C}^n$ 中,定义

$$(\boldsymbol{\alpha},\boldsymbol{\beta})=a_1\overline{b_1}+a_2\overline{b_2}+\cdots+a_n\overline{b_n},\ 其中\ \boldsymbol{\alpha}=\begin{pmatrix}a_1\\a_2\\\vdots\\a_n\end{pmatrix},\boldsymbol{\beta}=\begin{pmatrix}b_1\\b_2\\\vdots\\b_n\end{pmatrix}.$$

显然这样定义的(—,—)满足酉空间定义中的条件,故 $\mathbf{C}^n$ 成为一个酉空间.

如同 n 维欧氏空间都同构于 $\mathbf{R}^n$,任意一个 n 维酉空间都与 $\mathbf{C}^n$ 同构,所以 $\mathbf{C}^n$ 是最典型的酉空间.

下面列出酉空间的基本结论,这些结论无论是表达形式还是证明方法都类似于欧氏空间中相应结论.

(1) $(\boldsymbol{\alpha},k\boldsymbol{\beta})=\overline{k}(\boldsymbol{\alpha},\boldsymbol{\beta})$,$(\boldsymbol{\alpha},\boldsymbol{\beta}+\boldsymbol{\gamma})=(\boldsymbol{\alpha},\boldsymbol{\beta})+(\boldsymbol{\alpha},\boldsymbol{\gamma})$. 一般地

$$\Big(\sum_{i=1}^{m}a_i\boldsymbol{\alpha}_i,\sum_{j=1}^{n}b_i\boldsymbol{\beta}_j\Big)=\sum_{i=1}^{m}\sum_{j=1}^{n}a_i\overline{b_j}(\boldsymbol{\alpha}_i,\boldsymbol{\beta}_j).$$

(2) 向量 $\boldsymbol{\alpha}$ 的长度定义为 $\sqrt{(\boldsymbol{\alpha},\boldsymbol{\alpha})}$，并记之为 $|\boldsymbol{\alpha}|$；长度为 1 的向量称为单位向量.

(3) 柯西-布涅柯夫斯基不等式也成立，即 $|(\boldsymbol{\alpha},\boldsymbol{\beta})|\leqslant|\boldsymbol{\alpha}||\boldsymbol{\beta}|$，并且等号成立当且仅当 $\boldsymbol{\alpha},\boldsymbol{\beta}$ 线性相关.

(4) 若 $(\boldsymbol{\alpha},\boldsymbol{\beta})=0$，则称向量 $\boldsymbol{\alpha}$ 和 $\boldsymbol{\beta}$ 正交或垂直.

(5) 在 n 维酉空间中，由两两正交的单位向量构成的基底称为标准正交基. 任意一组线性无关向量都可以用 Schmidt 正交化方法化成标准正交向量组，并可以扩充成整个酉空间的一组标准正交基. $\mathbf{C}^n$ 的最常用的标准正交基为

$$\boldsymbol{e}_1=\begin{pmatrix}1\\0\\\vdots\\0\end{pmatrix},\boldsymbol{e}_2=\begin{pmatrix}0\\1\\\vdots\\0\end{pmatrix},\cdots,\boldsymbol{e}_n=\begin{pmatrix}0\\0\\\vdots\\1\end{pmatrix}.$$

(6) 对于一个复矩阵 $\mathbf{A}$，用 $\overline{\mathbf{A}}$ 表示 $\mathbf{A}$ 的复共轭矩阵，容易验证

$$\overline{\mathbf{A}}^{\mathrm{T}}=\overline{\mathbf{A}^{\mathrm{T}}}.$$

复方阵 $\mathbf{A}$ 称为**酉矩阵**，若

$$\overline{\mathbf{A}^{\mathrm{T}}}\mathbf{A}=\mathbf{A}\,\overline{\mathbf{A}^{\mathrm{T}}}=\boldsymbol{E}.$$

酉矩阵 $\mathbf{A}$ 的行列式是模为 1 的复数. 容易看到，复数域上的酉矩阵对应于实数域上的正交矩阵，正交矩阵必是酉矩阵.

不难证明，酉空间中标准正交基之间的过渡矩阵是酉矩阵.

(7) 酉空间 V 上的线性变换 $\mathscr{A}$，如果满足

$$(\mathscr{A}(\boldsymbol{\alpha}),\mathscr{A}(\boldsymbol{\beta}))=(\boldsymbol{\alpha},\boldsymbol{\beta}),$$

则称 $\mathscr{A}$ 为 V 上的**酉变换**. 线性变换 $\mathscr{A}$ 是酉变换当且仅当它在标准正交基下的矩阵是酉矩阵.

易见，酉空间中的酉变换相当于欧氏空间中的正交变换.

(8) 如果矩阵 $\mathbf{A}$ 满足 $\overline{\mathbf{A}^{\mathrm{T}}}=\mathbf{A}$，那么称 $\mathbf{A}$ 为**埃尔米特(Hermite)矩阵**. 在酉空间 $\mathbf{C}^n$ 中，令

$$\mathscr{A}(\boldsymbol{\alpha})=\mathbf{A}\boldsymbol{\alpha}，这里\ \boldsymbol{\alpha}\in\mathbf{C}^n,$$

则 $\mathscr{A}$ 是线性变换，且

$$(\mathscr{A}(\boldsymbol{\alpha}),\boldsymbol{\beta})=(\boldsymbol{\alpha},\mathscr{A}(\boldsymbol{\beta})),$$

称 $\mathscr{A}$ 是对称变换.

(9) 设 V 是酉空间，W 是 V 的子空间，与 W 中元素都正交的元素构成的集合记为 $W^{\perp}$，则 $W^{\perp}$ 是 V 的子空间，称为 W 在 V 中的正交补. 不难证明 $V=W\oplus W^{\perp}$.

(10) 对称变换(或埃尔米特矩阵)的特征值都是实数,它的属于不同特征值的特征向量必正交. 对称变换的不变子空间的正交补仍是不变子空间.

(11) 类似于实对称矩阵,也有下面的埃尔米特矩阵标准形定理,对于任意一个 n 级埃尔米特矩阵 $\boldsymbol{A}$,一定存在酉矩阵 $\boldsymbol{D}$ 使得

$$\boldsymbol{D}^{-1}\boldsymbol{A}\boldsymbol{D}=\overline{\boldsymbol{D}^{\mathrm{T}}}\boldsymbol{A}\boldsymbol{D}=\mathrm{diag}(\lambda_1,\lambda_2,\cdots,\lambda_n),$$

其中 $\lambda_1,\lambda_2,\cdots,\lambda_n$ 为 $\boldsymbol{A}$ 的 n 个实特征值.

习题 7

7.1.1 在 $\mathbf{R}^3$ 中,求单位向量使得它与 $(1,0,1)^{\mathrm{T}}$ 和 $(1,1,0)^{\mathrm{T}}$ 都正交.

7.1.2 已知 $\boldsymbol{\varepsilon}_1,\boldsymbol{\varepsilon}_2,\cdots,\boldsymbol{\varepsilon}_n$ 为欧氏空间 V 的一组基底,$\boldsymbol{v}_1,\boldsymbol{v}_2\in V$,若对任意 i 都有 $(\boldsymbol{v}_1,\boldsymbol{\varepsilon}_i)=(\boldsymbol{v}_2,\boldsymbol{\varepsilon}_i)$,则 $\boldsymbol{v}_1=\boldsymbol{v}_2$.

7.1.3 设 $\boldsymbol{A}$ 是 n 级正定矩阵,在 $\mathbf{R}^n$ 中定义二元实函数(—,—)使得 $(\boldsymbol{\alpha},\boldsymbol{\beta})=\boldsymbol{\alpha}^{\mathrm{T}}\boldsymbol{A}\boldsymbol{\beta}$.

(1) 证明在这个定义下,$\mathbf{R}^n$ 成为欧氏空间;

(2) 求常用基底 $\boldsymbol{e}_1,\boldsymbol{e}_2,\cdots,\boldsymbol{e}_n$ 的度量矩阵;

(3) 写出这个欧氏空间中的柯西-布涅柯夫斯基不等式.

7.1.4 设 $\boldsymbol{\alpha}_1,\boldsymbol{\alpha}_2,\cdots,\boldsymbol{\alpha}_m$ 为 n 维欧氏空间 V 中的一组向量,$\boldsymbol{A}=((\boldsymbol{\alpha}_i,\boldsymbol{\alpha}_j))_{m\times m}$. 证明 $|\boldsymbol{A}|=0$ 当且仅当 $\boldsymbol{\alpha}_1,\boldsymbol{\alpha}_2,\cdots,\boldsymbol{\alpha}_m$ 线性相关.

7.2.1 设 $\boldsymbol{\varepsilon}_1,\boldsymbol{\varepsilon}_2,\boldsymbol{\varepsilon}_3$ 是3维欧氏空间的一组标准正交基,问 a,b,c 取什么值时,$\boldsymbol{\alpha}_1=\frac{1}{3}(\boldsymbol{\varepsilon}_1+a\boldsymbol{\varepsilon}_2-2\boldsymbol{\varepsilon}_3)$,$\boldsymbol{\alpha}_2=\frac{1}{3}(2\boldsymbol{\varepsilon}_1+b\boldsymbol{\varepsilon}_2+2\boldsymbol{\varepsilon}_3)$,$\boldsymbol{\alpha}_3=\frac{1}{3}(2\boldsymbol{\varepsilon}_1+2\boldsymbol{\varepsilon}_2+c\boldsymbol{\varepsilon}_3)$ 仍是标准正交基?

7.2.2 用 Schmidt 正交化方法将下列向量组标准正交化:

(1) $\begin{pmatrix}1\\2\\1\end{pmatrix},\begin{pmatrix}2\\3\\3\end{pmatrix},\begin{pmatrix}3\\7\\1\end{pmatrix}$;　　(2) $\begin{pmatrix}1\\0\\-1\\-1\end{pmatrix},\begin{pmatrix}1\\-1\\0\\1\end{pmatrix},\begin{pmatrix}-1\\1\\1\\0\end{pmatrix}$.

7.2.3 证明:上三角的正交矩阵必是对角阵,且对角线上元素为 ±1.

7.2.4 设 $\boldsymbol{A}$ 是一个 n 级可逆实矩阵,证明 $\boldsymbol{A}$ 能分解成 $\boldsymbol{A}=\boldsymbol{Q}\boldsymbol{T}$,其中 $\boldsymbol{Q}$ 是正交矩阵,$\boldsymbol{T}$ 是对角线上元素全大于零的 n 级上三角矩阵.

7.2.5 设 $\boldsymbol{A}$ 是 n 级正交矩阵. 证明:

(1) 若 n 为奇数且 $|\boldsymbol{A}|=1$,则1必是 $\boldsymbol{A}$ 的特征值;

(2) 若 $|\boldsymbol{A}|=-1$,则 $|\boldsymbol{E}+\boldsymbol{A}|=0$,即 -1 必是 $\boldsymbol{A}$ 的特征值.

7.2.6 设 $\boldsymbol{A},\boldsymbol{B}$ 都是 n 级正交矩阵，且 $|\boldsymbol{AB}|=-1$，证明 $|\boldsymbol{A}+\boldsymbol{B}|=0$.

7.2.7 设 $\boldsymbol{\alpha}$ 是 $\mathbf{R}^n$ 中的单位列向量，证明 $\boldsymbol{H}=\boldsymbol{E}-2\boldsymbol{\alpha}\boldsymbol{\alpha}^{\mathrm{T}}$ 是正交矩阵.

7.2.8 证明：存在正交矩阵 $\boldsymbol{D}$ 使得 $\boldsymbol{D}^{-1}\operatorname{diag}(\lambda_{i_1},\lambda_{i_2},\cdots,\lambda_{i_n})\boldsymbol{D}=\operatorname{diag}(\lambda_1,\lambda_2,\cdots,\lambda_n)$，其中 $\lambda_j(j=1,2,\cdots,n)$ 都是实数，$i_1,i_2,\cdots,i_n$ 为 $1,2,\cdots,n$ 的一个排列.

7.3.1 设 $\boldsymbol{\varepsilon}_1,\boldsymbol{\varepsilon}_2,\boldsymbol{\varepsilon}_3,\boldsymbol{\varepsilon}_4$ 是 4 维欧氏空间 V 的一组标准正交基，$W=L(\boldsymbol{\alpha}_1,\boldsymbol{\alpha}_2,\boldsymbol{\alpha}_3,\boldsymbol{\alpha}_4)$，其中 $\boldsymbol{\alpha}_1=\boldsymbol{\varepsilon}_1+\boldsymbol{\varepsilon}_4$，$\boldsymbol{\alpha}_2=\boldsymbol{\varepsilon}_1-\boldsymbol{\varepsilon}_2+\boldsymbol{\varepsilon}_3$，$\boldsymbol{\alpha}_3=\boldsymbol{\varepsilon}_3-\boldsymbol{\varepsilon}_4$，$\boldsymbol{\alpha}_4=\boldsymbol{\varepsilon}_2-\boldsymbol{\varepsilon}_3+\boldsymbol{\varepsilon}_4$，分别求 W 及 $W^{\perp}$ 的一组标准正交基.

7.3.2 已知 $\boldsymbol{A}=\begin{pmatrix}1&0&-1\\-1&1&1\\0&1&0\end{pmatrix}$，$\boldsymbol{\beta}=\begin{pmatrix}1\\1\\1\end{pmatrix}$，$\boldsymbol{\alpha}_1,\boldsymbol{\alpha}_2,\boldsymbol{\alpha}_3$ 分别为 $\boldsymbol{A}$ 的 3 个列向量，$W=L(\boldsymbol{\alpha}_1,\boldsymbol{\alpha}_2,\boldsymbol{\alpha}_3)$.

(1) 求 $W^{\perp}$ 的维数和一组标准正交基底；

(2) 将向量 $\boldsymbol{\beta}$ 分解成 W 和 $W^{\perp}$ 中的向量；

(3)* 求向量 $\boldsymbol{\beta}$ 到子空间 W 的距离.

7.3.3 设 $\mathscr{A}$ 为 $\mathbf{R}^3$ 上的线性变换，使得 $\mathscr{A}(\boldsymbol{\alpha})=\boldsymbol{A}\boldsymbol{\alpha}$，其中 $\boldsymbol{A}$ 为习题 7.3.2 中的方阵.

(1) 求 $\mathscr{A}(V)^{\perp}$ 的维数和一组标准正交基.

(2) 求 $(\mathscr{A}^{-1}(\mathbf{0}))^{\perp}$ 的维数和一组标准正交基.

7.3.4 求方程组 $\boldsymbol{AX}=\mathbf{0}$ 的解空间的正交补，其中 $\boldsymbol{A}$ 为习题 7.3.2 中的 3 级方阵.

7.3.5 证明 $d(\boldsymbol{\alpha},\boldsymbol{\gamma})\leqslant d(\boldsymbol{\alpha},\boldsymbol{\beta})+d(\boldsymbol{\beta},\boldsymbol{\gamma})$，其中 $\boldsymbol{\alpha},\boldsymbol{\beta},\boldsymbol{\gamma}$ 为欧氏空间 V 中任意向量.

7.3.6* 设 W 为欧氏空间 V 的子空间，$\boldsymbol{\alpha}\in V$，$\boldsymbol{\beta}\in W$. 证明 $\boldsymbol{\beta}$ 为 $\boldsymbol{\alpha}$ 在 W 上的投影当且仅当对任意 $\boldsymbol{\xi}\in W$ 都有 $|\boldsymbol{\alpha}-\boldsymbol{\beta}|\leqslant|\boldsymbol{\alpha}-\boldsymbol{\xi}|$.

7.3.7* 求方程组 $\boldsymbol{AX}=\boldsymbol{b}$ 的最小二乘解，其中

$$\boldsymbol{A}=\begin{pmatrix}1&0&-1\\-1&1&1\\0&1&0\end{pmatrix},\boldsymbol{b}=\begin{pmatrix}1\\1\\1\end{pmatrix}.$$

7.4.1 设 $\mathscr{A}$ 是欧氏空间 V 上的正交变换，证明 $\mathscr{A}$-子空间的正交补仍是 $\mathscr{A}$-不变的.

7.4.2 设 $\mathscr{A}$ 是 n 维欧氏空间 V 上的正交变换，证明：

(1) 若 n 为奇数且 $\mathscr{A}$ 是旋转，则 1 必是 $\mathscr{A}$ 的特征值；

(2) 若 $\mathscr{A}$ 是第二类的,则 -1 必是 $\mathscr{A}$ 的特征值.

7.4.3　设 $\mathscr{A}$ 是欧氏空间 V 上的变换,若 $\mathscr{A}$ 保持内积,则 $\mathscr{A}$ 必是 V 上的正交变换.

7.4.4　设 $\mathscr{A}$ 是欧氏空间 V 上的正交变换,证明:对任意 $\boldsymbol{\alpha},\boldsymbol{\beta}\in V$,都有 $\mathscr{A}(\boldsymbol{\alpha})$ 与 $\mathscr{A}(\boldsymbol{\beta})$ 的夹角等于 $\boldsymbol{\alpha}$ 与 $\boldsymbol{\beta}$ 的夹角.

7.4.5　在 $\mathbf{R}^3$ 中,分别写出一个第一类正交变换和一个第二类正交变换.

7.4.6　设 $\boldsymbol{\eta}$ 是 n 维欧氏空间 V 中的一个单位向量,定义 V 上的变换 $\mathscr{A}$ 使得 $\mathscr{A}(\boldsymbol{\alpha})=\boldsymbol{\alpha}-2(\boldsymbol{\eta},\boldsymbol{\alpha})\boldsymbol{\eta}$.

(1) 证明 $\mathscr{A}$ 是第二类的正交变换,这样定义的正交变换称为**镜面反射**;

(2) 如果 V 中的正交变换 $\mathscr{B}$ 满足:1 为 $\mathscr{B}$ 的特征值,且属于 1 的特征子空间的维数为 $n-1$,那么 $\mathscr{B}$ 是镜面反射;

(3) 在 3 维几何空间中,具体解释镜面反射是怎样的变换.

7.5.1　求正交矩阵 $\boldsymbol{P}$ 使得 $\boldsymbol{P}^{-1}\boldsymbol{AP}=\boldsymbol{P}^{\mathrm{T}}\boldsymbol{AP}$ 为对角矩阵,其中 $\boldsymbol{A}$ 为:

(1) $\begin{pmatrix}1&1&0\\1&0&1\\0&1&1\end{pmatrix}$;(2) $\begin{pmatrix}2&-2&0\\-2&1&-2\\0&-2&0\end{pmatrix}$;(3) $\begin{pmatrix}1&1&1\\1&1&1\\1&1&1\end{pmatrix}$.

7.5.2　设 $\boldsymbol{A},\boldsymbol{B}$ 是两个同级实对称矩阵,证明 $\boldsymbol{A}$ 与 $\boldsymbol{B}$ 相似当且仅当它们有相同的特征值.

7.5.3　证明实数域上反对称矩阵的特征值只能是零或纯虚数.

7.5.4　设 $\boldsymbol{A}$ 是实方阵,证明存在正交矩阵 $\boldsymbol{D}$ 使得 $\boldsymbol{D}^{-1}\boldsymbol{AD}$ 为上三角阵的充分必要条件是 $\boldsymbol{A}$ 在复数域上的特征值全是实数.

7.5.5　设 $\boldsymbol{A}$ 是 n 级实对称矩阵且 $\boldsymbol{A}^2=\boldsymbol{A}$,证明:存在正交矩阵 $\boldsymbol{T}$ 使得 $\boldsymbol{T}^{-1}\boldsymbol{AT}=\mathrm{diag}(\boldsymbol{E}_r,\boldsymbol{O}_{n-r})$.

7.6.1*　证明:酉矩阵的特征值的模都是 1.

7.6.2*　证明:埃尔米特矩阵的特征值都是实数,且属于不同特征值的特征向量必正交.

第8章 二次型及二次曲面

本章先在一般数域上讨论二次型，然后重点讨论实数域上的二次型，研究平面上二次曲线、空间中二次曲面的标准方程，最后，根据二次曲面的标准方程，研究其应用.

§8.1 二次型

本节在一般数域 **P** 上讨论.

一、二次型定义

数域 **P** 上关于变量或文字 $x_1,x_2,\cdots,x_n$ 的一个二次齐次多项式

$$f(x_1,x_2,\cdots,x_n)=\sum_{i=1}^{n}\sum_{j=1}^{n}b_{ij}x_ix_j(b_{ij}\in\mathbf{P}) \tag{8.1.1}$$

称为关于 $x_1,x_2,\cdots,x_n$ 的一个 n 元**二次型**，这里“二次齐次”的意思是“$f(x_1,x_2,\cdots,x_n)$中每个非零单项式的次数都是 2”. 为了利用对称矩阵的理论来研究二次型，将二次型(8.1.1)作如下处理：

令

$$2a_{ij}=b_{ij}+b_{ji}=2a_{ji}(i,j=1,2,\cdots,n),$$

(8.1.1)化为

$$\begin{aligned}f(x_1,x_2,\cdots,x_n)=&a_{11}x_1^2+a_{12}x_1x_2+a_{13}x_1x_3+\cdots+a_{1n}x_1x_n+\\&a_{21}x_2x_1+a_{22}x_2^2+a_{23}x_2x_3+\cdots+a_{2n}x_2x_n+\cdots+\\&a_{n1}x_nx_1+a_{n2}x_nx_2+a_{n3}x_nx_3+\cdots+a_{nn}x_n^2\\=&\sum_{i=1}^{n}\sum_{j=1}^{n}a_{ij}x_ix_j,\end{aligned} \tag{8.1.2}$$

令

$$X=\begin{pmatrix}x_1\\x_2\\\vdots\\x_n\end{pmatrix},A=\begin{pmatrix}a_{11}&a_{12}&\cdots&a_{1n}\\a_{21}&a_{22}&\cdots&a_{2n}\\\vdots&\vdots&&\vdots\\a_{n1}&a_{n2}&\cdots&a_{nn}\end{pmatrix},$$

由矩阵运算性质 2.2.1,二次型(8.1.2)可以表示为下面的矩阵形式:

$$f(x_1,x_2,\cdots,x_n)=\boldsymbol{X}^{\mathrm{T}}\boldsymbol{A}\boldsymbol{X}. \tag{8.1.3}$$

因为 $a_{ij}=a_{ji}$,所以 $\boldsymbol{A}$ 是对称矩阵,称 $\boldsymbol{A}$ 为**二次型** $f(x_1,x_2,\cdots,x_n)$**的矩阵**,$\boldsymbol{A}$ 的秩也称为**二次型** $f(x_1,x_2,\cdots,x_n)$**的秩**.

在本章下面的行文中,若讨论的是关于 $x_1,x_2,\cdots,x_n$ 或关于 $y_1,y_2,\cdots,y_n$ 的二次型,则 $\boldsymbol{X}$ 总表示列向量 $(x_1,x_2,\cdots,x_n)^{\mathrm{T}}$,$\boldsymbol{Y}$ 总表示列向量 $(y_1,y_2,\cdots,y_n)^{\mathrm{T}}$.

例 8.1.1　分别求二次型 $f(x_1,x_2,x_3)=x_1x_2+2x_2^2$ 和二次型 $g(x_1,x_2,x_3)=\boldsymbol{X}^{\mathrm{T}}\boldsymbol{B}\boldsymbol{X}$ 的矩阵与秩,其中 $\boldsymbol{B}=\begin{pmatrix}1&2&0\\0&1&1\\2&1&0\end{pmatrix}$.

解　(1) 因为 f 是看成关于 x_1,x_2,x_3 的二次型,所以其矩阵是

$$\boldsymbol{A}=\begin{pmatrix}0&\frac{1}{2}&0\\\frac{1}{2}&2&0\\0&0&0\end{pmatrix},$$

$\boldsymbol{A}$ 的秩是 2,故二次型 f 的秩也是 2.

(2) 因为 $\boldsymbol{B}$ 不是对称矩阵,所以 $\boldsymbol{B}$ 不是二次型 g 的矩阵.将 g 看成 1 级方阵有 $g=g^{\mathrm{T}}$,故

$$g=\frac{1}{2}(\boldsymbol{X}^{\mathrm{T}}\boldsymbol{B}\boldsymbol{X}+(\boldsymbol{X}^{\mathrm{T}}\boldsymbol{B}\boldsymbol{X})^{\mathrm{T}})=\frac{1}{2}\boldsymbol{X}^{\mathrm{T}}(\boldsymbol{B}+\boldsymbol{B}^{\mathrm{T}})\boldsymbol{X}=\boldsymbol{X}^{\mathrm{T}}\left(\frac{1}{2}(\boldsymbol{B}+\boldsymbol{B}^{\mathrm{T}})\right)\boldsymbol{X}.$$

显然 $\frac{1}{2}(\boldsymbol{B}+\boldsymbol{B}^{\mathrm{T}})$ 是对称矩阵,因此 g 的矩阵为

$$\frac{1}{2}(\boldsymbol{B}+\boldsymbol{B}^{\mathrm{T}})=\begin{pmatrix}1&1&1\\1&1&1\\1&1&0\end{pmatrix},$$

该矩阵的秩为 2,故 g 的秩也是 2. □

下面说明二次型和该二次型的矩阵是相互唯一确定的.

性质 8.1.1 设 f,g 都是关于 $x_1,x_2,\cdots,x_n$ 的二次型，它们的矩阵分别为 $\boldsymbol{A},\boldsymbol{B}$，则 $f=g$ 当且仅当 $\boldsymbol{A}=\boldsymbol{B}$.

证 若 $\boldsymbol{A}=\boldsymbol{B}$，则显然有 $f=g$. 反之，若 $f=g$，则对任意向量 $\boldsymbol{\xi}\in\mathbf{P}^n$ 都有

$$\boldsymbol{\xi}^{\mathrm{T}}\boldsymbol{A}\boldsymbol{\xi}=\boldsymbol{\xi}^{\mathrm{T}}\boldsymbol{B}\boldsymbol{\xi}.$$

令 $\boldsymbol{e}_k$ 为第 k 个分量为1、其余分量都是0的 n 维列向量，令 $\boldsymbol{A},\boldsymbol{B}$ 的 (i,j)-元素分别为 a_{ij} 和 b_{ij}. 由性质 2.2.1 有

$$\boldsymbol{e}_i^{\mathrm{T}}\boldsymbol{A}\boldsymbol{e}_j=a_{ij},\boldsymbol{e}_i^{\mathrm{T}}\boldsymbol{B}\boldsymbol{e}_j=b_{ij}.$$

现将 $\boldsymbol{\xi}$ 用 $\boldsymbol{e}_i+\boldsymbol{e}_j$ 代入，

$$\begin{aligned}(\boldsymbol{e}_i+\boldsymbol{e}_j)^{\mathrm{T}}\boldsymbol{A}(\boldsymbol{e}_i+\boldsymbol{e}_j)&=\boldsymbol{e}_i^{\mathrm{T}}\boldsymbol{A}\boldsymbol{e}_i+\boldsymbol{e}_i^{\mathrm{T}}\boldsymbol{A}\boldsymbol{e}_j+\boldsymbol{e}_j^{\mathrm{T}}\boldsymbol{A}\boldsymbol{e}_i+\boldsymbol{e}_j^{\mathrm{T}}\boldsymbol{A}\boldsymbol{e}_j\\&=a_{ii}+a_{ij}+a_{ji}+a_{jj}=a_{ii}+2a_{ij}+a_{jj},\\(\boldsymbol{e}_i+\boldsymbol{e}_j)^{\mathrm{T}}\boldsymbol{B}(\boldsymbol{e}_i+\boldsymbol{e}_j)&=b_{ii}+2b_{ij}+b_{jj},\end{aligned}$$

因此

$$a_{ii}+2a_{ij}+a_{jj}=b_{ii}+2b_{ij}+b_{jj}\,(i,j=1,2,\cdots,n).$$

在上式中取 $i=j$ 得 $a_{ii}=b_{ii},a_{jj}=b_{jj}$，回代入上式即得 $a_{ij}=b_{ij}$，故 $\boldsymbol{A}=\boldsymbol{B}$. □

二、可逆线性替换与矩阵合同

定义 8.1.1 设 $x_1,x_2,\cdots,x_n;y_1,y_2,\cdots,y_n$ 是两组文字，

$$\begin{pmatrix}x_1\\x_2\\\vdots\\x_n\end{pmatrix}=\begin{pmatrix}k_{11}&k_{12}&\cdots&k_{1n}\\k_{21}&k_{22}&\cdots&k_{2n}\\\vdots&\vdots&&\vdots\\k_{n1}&k_{n2}&\cdots&k_{nn}\end{pmatrix}\begin{pmatrix}y_1\\y_2\\\vdots\\y_n\end{pmatrix},\tag{8.1.4}$$

即

$$\boldsymbol{X}=\boldsymbol{K}\boldsymbol{Y},\boldsymbol{K}=(k_{ij})_{n\times n}\in\mathbf{P}^{n\times n},\tag{8.1.5}$$

称为从 $x_1,x_2,\cdots,x_n$ 到 $y_1,y_2,\cdots,y_n$ 的一个线性替换，简称线性替换.

我们对线性替换作以下几点说明：

(1) 线性替换(8.1.4)实际上说的是每个 x_i 都能表示成 $y_1,y_2,\cdots,y_n$ 的线性组合.

(2) 若 $\boldsymbol{K}$ 可逆，则称线性替换 $\boldsymbol{X}=\boldsymbol{K}\boldsymbol{Y}$ **可逆或非退化**. 若我们在实数域上讨论且 $\boldsymbol{K}$ 是正交矩阵，则称线性替换 $\boldsymbol{X}=\boldsymbol{K}\boldsymbol{Y}$ 是**正交替换**.

(3) 若 $\boldsymbol{X}=\boldsymbol{K}\boldsymbol{Y}$ 是可逆线性替换，则 $\boldsymbol{Y}=\boldsymbol{K}^{-1}\boldsymbol{X}$ 是从变量 $y_1,y_2,\cdots,y_n$ 到变量 $x_1,x_2,\cdots,x_n$ 的可逆线性替换.

定义 8.1.2 设 $\boldsymbol{A},\boldsymbol{B}$ 是两个同级方阵(不要求对称)，若存在可逆矩阵 $\boldsymbol{D}$ 使得 $\boldsymbol{D}^{\mathrm{T}}\boldsymbol{A}\boldsymbol{D}=\boldsymbol{B}$，则称 $\boldsymbol{A}$ 与 $\boldsymbol{B}$ 合同.

例如，由性质 7.1.4，欧氏空间中不同基底的度量矩阵必合同. 由定义容易验证，矩阵合同关系具有以下性质：

(1) 矩阵合同关系具有自反性、对称性和传递性；

(2) 若 $\boldsymbol{A}$ 与 $\boldsymbol{B}$ 合同，则 $\boldsymbol{A}$ 与 $\boldsymbol{B}$ 等价，从而 $R(\boldsymbol{A})=R(\boldsymbol{B})$；

(3) 若 $\boldsymbol{A}$ 与 $\boldsymbol{B}$ 合同，且 $\boldsymbol{A}$ 对称，则 $\boldsymbol{B}$ 也对称.

下面我们来考察二次型的可逆线性替换与矩阵合同之间的关系.

性质 8.1.2　设 $\boldsymbol{A},\boldsymbol{B}$ 都是 n 级对称矩阵，则二次型 $\boldsymbol{X}^{\mathrm{T}}\boldsymbol{A}\boldsymbol{X}$ 可以经过可逆线性替换化为二次型 $\boldsymbol{Y}^{\mathrm{T}}\boldsymbol{B}\boldsymbol{Y}$ 的充分必要条件是 $\boldsymbol{A}$ 与 $\boldsymbol{B}$ 合同. 更准确地说，二次型 $\boldsymbol{X}^{\mathrm{T}}\boldsymbol{A}\boldsymbol{X}$ 经过可逆线性替换 $\boldsymbol{X}=\boldsymbol{P}\boldsymbol{Y}$ 化成二次型 $\boldsymbol{Y}^{\mathrm{T}}\boldsymbol{B}\boldsymbol{Y}$ 的充分必要条件是 $\boldsymbol{P}^{\mathrm{T}}\boldsymbol{A}\boldsymbol{P}=\boldsymbol{B}$.

证　若二次型 $\boldsymbol{X}^{\mathrm{T}}\boldsymbol{A}\boldsymbol{X}$ 在可逆线性替换 $\boldsymbol{X}=\boldsymbol{P}\boldsymbol{Y}$ 下化为二次型 $\boldsymbol{Y}^{\mathrm{T}}\boldsymbol{B}\boldsymbol{Y}$，则

$$\boldsymbol{X}^{\mathrm{T}}\boldsymbol{A}\boldsymbol{X}\xlongequal{\boldsymbol{X}=\boldsymbol{P}\boldsymbol{Y}}(\boldsymbol{P}\boldsymbol{Y})^{\mathrm{T}}\boldsymbol{A}(\boldsymbol{P}\boldsymbol{Y})=\boldsymbol{Y}^{\mathrm{T}}(\boldsymbol{P}^{\mathrm{T}}\boldsymbol{A}\boldsymbol{P})\boldsymbol{Y},$$

所以

$$\boldsymbol{Y}^{\mathrm{T}}\boldsymbol{B}\boldsymbol{Y}=\boldsymbol{Y}^{\mathrm{T}}(\boldsymbol{P}^{\mathrm{T}}\boldsymbol{A}\boldsymbol{P})\boldsymbol{Y}.$$

注意到二次型的矩阵是唯一确定的（性质 8.1.1），所以有 $\boldsymbol{P}^{\mathrm{T}}\boldsymbol{A}\boldsymbol{P}=\boldsymbol{B}$. 反之，若 $\boldsymbol{P}^{\mathrm{T}}\boldsymbol{A}\boldsymbol{P}=\boldsymbol{B}$，则二次型 $\boldsymbol{X}^{\mathrm{T}}\boldsymbol{A}\boldsymbol{X}$ 经过可逆线性替换 $\boldsymbol{X}=\boldsymbol{P}\boldsymbol{Y}$ 化成二次型 $\boldsymbol{Y}^{\mathrm{T}}\boldsymbol{B}\boldsymbol{Y}$. □

因为合同矩阵有相同的秩，所以有下面的推论.

推论 8.1.1　可逆线性替换不改变二次型的秩.

由性质 8.1.2 看到，很多关于二次型的定理可以转换成关于对称矩阵的定理，反之亦然. 因此，粗略地说，二次型的理论相当于对称矩阵的理论.

§8.2　二次型的标准形

若二次型 $f(x_1,x_2,\cdots,x_n)$ 经过某个非退化线性替换后化成只含有平方项的二次型

$$k_1y_1^2+k_2y_2^2+\cdots+k_ny_n^2,$$

则称 $k_1y_1^2+k_2y_2^2+\cdots+k_ny_n^2$ 为 $f(x_1,x_2,\cdots,x_n)$ 的一个**标准形**.

那么二次型是否一定能经过非退化线性替换化成标准形？如果可以化为标准形，其标准形是否唯一？如果二次型的标准形不唯一，有哪些量是不变的？

一、一般数域上的标准形

定理 8.2.1　数域 **P** 上任意二次型 $f(x_1,x_2,\cdots,x_n)$ 一定可以在某个可逆线性替换下化成标准形 $\lambda_1z_1^2+\lambda_2z_2^2+\cdots+\lambda_nz_n^2$，且 $\lambda_1,\lambda_2,\cdots,\lambda_n$ 中非零数字的数

目恰为该二次型的秩.

证 因为可逆线性替换不改变二次型的秩,所以我们仅需证明定理的前半部分. 下面的证明实际上给出了化二次型为标准形的**配方算法**.

对 n 作归纳. 当 $n=1$ 时定理显然成立. 假设对于 $n-1$ 元二次型定理已经成立,考察 n 元二次型 $f(x_1,x_2,\cdots,x_n)=\sum_{i=1}^{n}\sum_{j=1}^{n}a_{ij}x_ix_j$,其中 $a_{ij}=a_{ji}$. 分两种情形讨论.

(1) 若 a_{ii} 中至少有一个不为零,如 $a_{11}\neq 0$. 这时 f 可以表示为

$$f=a_{11}x_1^2+2\sum_{j=2}^{n}a_{1j}x_1x_j+g_1(x_2,x_3,\cdots,x_n)\overset{\text{配方}}{=\!=\!=}a_{11}\left(x_1+\sum_{j=2}^{n}b_{1j}x_j\right)^2+g(x_2,x_3,\cdots,x_n),$$

其中 g_1,g 都是关于 $x_2,x_3,\cdots,x_n$ 的二次型. 作线性替换

$$\begin{cases}y_1=x_1+\sum\limits_{j=2}^{n}b_{1j}x_j,\\ y_2=x_2,\\ \quad\vdots\\ y_n=x_n,\end{cases}$$

并用矩阵形式 $\boldsymbol{Y}=\boldsymbol{D}_1\boldsymbol{X}$ 表示之. 显然 $|\boldsymbol{D}_1|=1$,$\boldsymbol{D}_1$ 可逆. 注意 $\boldsymbol{Y}=\boldsymbol{D}_1\boldsymbol{X}$ 等价于 $\boldsymbol{X}=\boldsymbol{D}_1^{-1}\boldsymbol{Y}$,故 f 在可逆线性替换

$$\boldsymbol{X}=\boldsymbol{D}_1^{-1}\boldsymbol{Y} \tag{8.2.1}$$

下化为二次型

$$f_1(y_1,y_2,\cdots,y_n)=a_{11}y_1^2+g_2(y_2,y_3,\cdots,y_n).$$

由归纳假设,$g_2(y_2,y_3,\cdots,y_n)$ 可在某个可逆线性替换

$$\begin{pmatrix}y_2\\y_3\\\vdots\\y_n\end{pmatrix}=\boldsymbol{K}\begin{pmatrix}z_2\\z_3\\\vdots\\z_n\end{pmatrix}$$

下化为标准形 $d_2z_2^2+d_3z_3^2+\cdots+d_nz_n^2$,于是 f_1 在可逆线性替换

$$\begin{pmatrix}y_1\\y_2\\\vdots\\y_n\end{pmatrix}=\begin{pmatrix}1&\boldsymbol{0}\\\boldsymbol{0}&\boldsymbol{K}\end{pmatrix}\begin{pmatrix}z_1\\z_2\\\vdots\\z_n\end{pmatrix}$$

下化为标准形 $a_{11}z_1^2+d_2z_2^2+\cdots+d_nz_n^2$,将该可逆线性替换记为

$$\boldsymbol{Y}=\boldsymbol{D}_2\boldsymbol{Z}. \tag{8.2.2}$$

将(8.2.1)式和(8.2.2)式合起来,即得可逆线性替换

$$\boldsymbol{X}=(\boldsymbol{D}_1^{-1}\boldsymbol{D}_2)\boldsymbol{Z},$$

且在该可逆线性替换下原二次型化为标准形 $a_{11}z_1^2+d_2z_2^2+\cdots+d_nz_n^2$.

(2) 若所有 a_{ii} 都等于零.假设所有 a_{ij} 都等于 0,则 $f=0$ 已经是标准形.下设有某个 $a_{ij}\neq 0$,不妨设 $a_{12}\neq 0$.令

$$\begin{cases}x_1=y_1+y_2,\\ x_2=y_1-y_2,\\ x_3=y_3,\\ \vdots\\ x_n=y_n.\end{cases}$$

显然这是一个可逆线性替换,且在此替换下 f 化为

$$g(y_1,y_2,\cdots,y_n)=2a_{12}y_1^2+\cdots.$$

由(1),二次型 g 可以化为标准形,从而 f 可化为标准形,定理成立. □

例 8.2.1 设 $\boldsymbol{A}=\begin{pmatrix}1&2&2\\2&1&2\\2&2&1\end{pmatrix}$,求可逆线性替换 $\boldsymbol{X}=\boldsymbol{DY}$ 将二次型 $\boldsymbol{X}^{\mathrm{T}}\boldsymbol{AX}$ 化成标准形.

解 二次型 $f(x_1,x_2,x_3)=x_1^2+x_2^2+x_3^2+4x_1x_2+4x_1x_3+4x_2x_3$.因 f 中含有某一变量的平方项,如含有 x_1^2,将含 x_1 的所有项合起来,配方得

$$\begin{aligned}f&=(x_1^2+4x_1x_2+4x_1x_3)+x_2^2+4x_2x_3+x_3^2\\&=(x_1+2x_2+2x_3)^2-3x_2^2-4x_2x_3-3x_3^2.\end{aligned}$$

对 $-3x_2^2-4x_2x_3-3x_3^2$ 再配方得

$$f=(x_1+2x_2+2x_3)^2-3\left(x_2+\frac{2}{3}x_3\right)^2-\frac{5}{3}x_3^2.$$

令

$$\begin{cases}y_1=x_1+2x_2+2x_3,\\ y_2=x_2+\dfrac{2}{3}x_3,\\ y_3=x_3,\end{cases}$$

也即

$$\begin{cases}x_1=y_1-2y_2-\dfrac{2}{3}y_3,\\ x_2=y_2-\dfrac{2}{3}y_3,\\ x_3=y_3.\end{cases}$$

在上述可逆线性替换下,原二次型化为标准形 $y_1^2-3y_2^2-\frac{5}{3}y_3^2$. □

由性质 8.1.2,可得到定理 8.2.1 的如下的矩阵语言形式.

定理 8.2.1′ 设 $\boldsymbol{A}$ 为数域 $\mathbf{P}$ 上的一个 n 级对称矩阵,则一定存在可逆矩阵 $\boldsymbol{D}\in\mathbf{P}^{n\times n}$ 使得 $\boldsymbol{D}^{\mathrm{T}}\boldsymbol{A}\boldsymbol{D}$ 为对角矩阵,即对称矩阵必合同于某个对角矩阵.

例 8.2.2 求可逆矩阵 $\boldsymbol{D}$ 使得 $\boldsymbol{D}^{\mathrm{T}}\boldsymbol{A}\boldsymbol{D}$ 为对角矩阵,其中 $\boldsymbol{A}=\begin{pmatrix}0&1&1\\1&0&-3\\1&-3&0\end{pmatrix}$.

解 对称矩阵 $\boldsymbol{A}$ 对应的二次型为 $f(x_1,x_2,x_3)=2x_1x_2+2x_1x_3-6x_2x_3$. 因为该二次型中不含任意变量的平方项,无法直接配方,所以先作一个可逆线性替换使其出现平方项.利用平方差公式,令

$$\begin{cases}x_1=y_1+y_2,\\ x_2=y_1-y_2,\\ x_3=y_3.\end{cases}$$

将之记为矩阵形式

$$\boldsymbol{X}=\boldsymbol{D}_1\boldsymbol{Y},\text{其中 }\boldsymbol{D}_1=\begin{pmatrix}1&1&0\\1&-1&0\\0&0&1\end{pmatrix}.\tag{8.2.3}$$

在上述可逆线性替换下 f 化为

$$f=2(y_1^2-y_2^2)+2(y_1+y_2)y_3-6(y_1-y_2)y_3=2y_1^2-2y_2^2-4y_1y_3+8y_2y_3,$$

再配方得

$$f=2(y_1-y_3)^2-2(y_2-2y_3)^2+6y_3^2.$$

令

$$\begin{cases}z_1=y_1-y_3,\\ z_2=y_2-2y_3,\\ z_3=y_3,\end{cases}$$

即

$$\boldsymbol{Y}=\boldsymbol{D}_2\boldsymbol{Z},\text{其中 }\boldsymbol{D}_2=\begin{pmatrix}1&0&1\\0&1&2\\0&0&1\end{pmatrix}. \tag{8.2.4}$$

在可逆线性替换 $\boldsymbol{Y}=\boldsymbol{D}_2\boldsymbol{Z}$ 下，二次型化为标准形

$$2z_1^2-2z_2^2+6z_3^2. \tag{8.2.5}$$

将两次可逆线性替换 $\boldsymbol{X}=\boldsymbol{D}_1\boldsymbol{Y}$ 和 $\boldsymbol{Y}=\boldsymbol{D}_2\boldsymbol{Z}$ 合并，我们得到可逆线性替换 $\boldsymbol{X}=\boldsymbol{D}\boldsymbol{Z}$，其中

$$\boldsymbol{D}=\boldsymbol{D}_1\boldsymbol{D}_2=\begin{pmatrix}1&1&0\\1&-1&0\\0&0&1\end{pmatrix}\begin{pmatrix}1&0&1\\0&1&2\\0&0&1\end{pmatrix}=\begin{pmatrix}1&1&3\\1&-1&-1\\0&0&1\end{pmatrix},$$

且在上述可逆线性替换下，原二次型化为标准形(8.2.5).

由性质 8.1.2，我们求出了上述可逆矩阵 $\boldsymbol{D}$，使得 $\boldsymbol{D}^{\mathrm{T}}\boldsymbol{A}\boldsymbol{D}=\mathrm{diag}(2,-2,6)$. □

二、复数域上的标准形

由定理 8.2.1，复二次型 $f(x_1,x_2,\cdots,x_n)$ 可经过可逆线性替换化为标准形 $\lambda_1z_1^2+\lambda_2z_2^2+\cdots+\lambda_rz_r^2$，其中 $r=R(f)$，$\lambda_1,\lambda_2,\cdots,\lambda_r$ 为非零复数. 再作非退化线性替换

$$z_i=\begin{cases}\dfrac{1}{\sqrt{\lambda_i}}y_i, & i=1,2,\cdots,r,\\ y_i, & i=r+1,r+2,\cdots,n.\end{cases}$$

原二次型就化为更特殊的标准形 $y_1^2+y_2^2+\cdots+y_r^2$.

定理 8.2.2　复数域上任意二次型 f，一定可以在某个可逆线性替换下化为标准形 $y_1^2+y_2^2+\cdots+y_r^2$，其中 $r=R(f)$.

我们把定理 8.2.2 中的标准形 $y_1^2+y_2^2+\cdots+y_r^2$ 称为二次型在复数域上的**规范形**. 显然，复二次型的规范形唯一. 用矩阵语言，定理 8.2.2 还可叙述为下面的形式.

定理 8.2.2′　复对称矩阵 $\boldsymbol{A}$ 在复数域上一定合同于对角矩阵 $\mathrm{diag}(\boldsymbol{E}_r,\boldsymbol{O})$，其中 $r=R(\boldsymbol{A})$.

三、实数域上的标准形

相比较复二次型，实二次型的理论要丰富得多. 由定理 7.5.1，实对称矩阵有下面的标准形定理.

定理 8.2.3 设 $\boldsymbol{A}$ 是 n 级实对称矩阵，则一定存在正交矩阵 $\boldsymbol{Q}$ 使得

$$\boldsymbol{Q}^{-1}\boldsymbol{A}\boldsymbol{Q}=\boldsymbol{Q}^{\mathrm{T}}\boldsymbol{A}\boldsymbol{Q}=\mathrm{diag}(\lambda_1,\lambda_2,\cdots,\lambda_n),$$

其中 $\lambda_1,\lambda_2,\cdots,\lambda_n$ 恰为 $\boldsymbol{A}$ 的 n 个实特征值.

利用性质 8.1.2，我们可以将定理 8.2.3 写成二次型形式下的定理.

定理 8.2.4 任意实二次型 $\boldsymbol{X}^{\mathrm{T}}\boldsymbol{A}\boldsymbol{X}$，其中 $\boldsymbol{A}$ 是实对称矩阵，一定可以经过某个正交替换化成标准形

$$\lambda_1 y_1^2+\lambda_2 y_2^2+\cdots+\lambda_n y_n^2,$$

其中 $\lambda_1,\lambda_2,\cdots,\lambda_n$ 恰为 $\boldsymbol{A}$ 的 n 个实特征值.

例 8.2.3 用正交替换将例 8.2.1 中的二次型化为标准形.

解 由例 7.5.1，有正交矩阵 $\boldsymbol{P}=\begin{pmatrix}\frac{1}{\sqrt{3}} & -\frac{1}{\sqrt{2}} & -\frac{1}{\sqrt{6}}\\ \frac{1}{\sqrt{3}} & \frac{1}{\sqrt{2}} & -\frac{1}{\sqrt{6}}\\ \frac{1}{\sqrt{3}} & 0 & \frac{2}{\sqrt{6}}\end{pmatrix}$，使得 $\boldsymbol{P}^{\mathrm{T}}\boldsymbol{A}\boldsymbol{P}=\mathrm{diag}(5,-1,-1)$. 因此在正交替换 $\boldsymbol{X}=\boldsymbol{P}\boldsymbol{Y}$ 下，原二次型化成标准形

$$5y_1^2-y_2^2-y_3^2.$$ □

对例 8.2.1 和例 8.2.3 中的两种算法进行比较分析.

(1) 因为例 8.2.3 中要计算特征值、特征向量，还需要将特征向量正交化、单位化，所以计算量比例 8.2.1 中的配方法要大.

(2) 因为例 8.2.3 中用的是正交替换，它比一般的可逆线性替换保持了更多的二次型性质. 例如，例 8.2.3 标准形中的系数恰是原二次型的矩阵的特征值.

(3) 这两个例子也说明，在不同的可逆线性替换下得到的标准形可以不同，因此二次型的标准形不唯一. 尽管如此，还是有一些算术量是不变的，这就是下面的惯性定理.

定理 8.2.5(惯性定理) 设 $\boldsymbol{X}^{\mathrm{T}}\boldsymbol{A}\boldsymbol{X}$ 是一个实二次型，$\boldsymbol{A}$ 是实对称矩阵. 若 $\boldsymbol{X}^{\mathrm{T}}\boldsymbol{A}\boldsymbol{X}$ 在两个可逆线性变换下分别化成标准形

$$k_1 y_1^2+k_2 y_2^2+\cdots+k_n y_n^2,\ d_1 z_1^2+d_2 z_2^2+\cdots+d_n z_n^2,$$

这里 k_i,d_j 可以为零，则在 $k_1,k_2,\cdots,k_n$ 及 $d_1,d_2,\cdots,d_n$ 这两组数字中，出现的正数个数与负数个数对应相等.

证 设 $R(\boldsymbol{A})=r$. 因为可逆线性替换不改变二次型的秩，所以在 $k_1,k_2,\cdots,k_n$ 及 $d_1,d_2,\cdots,d_n$ 这两组数字中，出现的非零数字的个数都等于 r. 不妨设

$$k_1,k_2,\cdots,k_p>0,k_{p+1},k_{p+2},\cdots,k_r<0,k_{r+1}=k_{r+2}=\cdots=k_n=0,$$

$$d_1, d_2, \cdots, d_q > 0, d_{q+1}, d_{q+2}, \cdots, d_r < 0, d_{r+1} = d_{r+2} = \cdots = d_n = 0.$$

设

$$\boldsymbol{X}^{\mathrm{T}}\boldsymbol{A}\boldsymbol{X} \xlongequal[|\boldsymbol{B}|\neq 0]{\boldsymbol{X}=\boldsymbol{B}\boldsymbol{Y}} k_1 y_1^2 + k_2 y_2^2 + \cdots + k_n y_n^2, \boldsymbol{X}^{\mathrm{T}}\boldsymbol{A}\boldsymbol{X} \xlongequal[|\boldsymbol{C}|\neq 0]{\boldsymbol{X}=\boldsymbol{C}\boldsymbol{Z}} d_1 z_1^2 + d_2 z_2^2 + \cdots + d_n z_n^2.$$

于是

$$d_1 z_1^2 + d_2 z_2^2 + \cdots + d_n z_n^2 \xlongequal{\boldsymbol{Z}=\boldsymbol{C}^{-1}\boldsymbol{B}\boldsymbol{Y}} k_1 y_1^2 + k_2 y_2^2 + \cdots + k_n y_n^2. \tag{8.2.6}$$

下面仅需证明 $p=q$. 反设 $p>q$.

设 $\boldsymbol{C}^{-1}\boldsymbol{B}=(g_{ij})_{n\times n}$，则线性替换 $\boldsymbol{Z}=\boldsymbol{C}^{-1}\boldsymbol{B}\boldsymbol{Y}$ 清楚写出来就是

$$z_i = g_{i1}y_1 + g_{i2}y_2 + \cdots + g_{in}y_n, i=1,2,\cdots,n.$$

考察线性方程组

$$\begin{cases} g_{11}y_1 + g_{12}y_2 + \cdots + g_{1n}y_n = 0, \\ g_{21}y_1 + g_{22}y_2 + \cdots + g_{2n}y_n = 0, \\ \vdots \\ g_{q1}y_1 + g_{q2}y_2 + \cdots + g_{qn}y_n = 0, \\ y_{p+1} = 0, \\ y_{p+2} = 0, \\ \vdots \\ y_n = 0. \end{cases}$$

该齐次线性方程组含有 n 个未知数，含有 $q+(n-p)<n$ 个方程，故它必有非零解，设 $y_1=e_1$, $y_2=e_2, \cdots, y_p=e_p, y_{p+1}=0, y_{p+2}=0, \cdots, y_n=0$ 为一组非零解. 将该组非零解代入(8.2.6)式的两边，代入右边得到的值为

$$k_1 e_1^2 + k_2 e_2^2 + \cdots + k_p e_p^2 > 0,$$

代入左边得到的值为(注意此时 $z_1=z_2=\cdots=z_q=0$)

$$d_{q+1}z_{q+1}^2 + d_{q+2}z_{q+2}^2 + \cdots + d_r z_r^2 \leqslant 0.$$

这样推出矛盾，故 $p\leqslant q$.

同理 $q\leqslant p$. 所以 $p=q$，定理成立. □

对于实二次型 $f=\boldsymbol{X}^{\mathrm{T}}\boldsymbol{A}\boldsymbol{X}(\boldsymbol{A}=\boldsymbol{A}^{\mathrm{T}})$，其标准形中系数大于零的项的数目称为实二次型 f 或实对称矩阵 $\boldsymbol{A}$ 的**正惯性指数**. 系数小于零的项的数目称为实二次型 f 或实对称矩阵 $\boldsymbol{A}$ 的**负惯性指数**. 正惯性指数减去负惯性指数得到的差称为该二次型的**符号差**.

结合定理 8.2.3 和定理 8.2.5，我们看到，实对称矩阵的正惯性指数、负惯性指数分别等于它的正的特征值个数和负的特征值个数.

容易看到，实二次型 f 的标准形还可以进一步化为下面的形式：

$$z_1^2 + z_2^2 + \cdots + z_p^2 - z_{p+1}^2 - z_{p+2}^2 - \cdots - z_{p+q}^2, \tag{8.2.7}$$

其中 p 为 f 的正惯性指数，q 为 f 的负惯性指数. 我们称(8.2.7)为**实二次型 f 的规范形**. 显然，实二次型的规范形存在且唯一. 用矩阵语言来叙述，得到下面

的定理.

定理 8.2.6 任意一个实对称矩阵 $\boldsymbol{A}$ 一定合同于唯一一个如下形式的对称矩阵：

$$\mathrm{diag}(\boldsymbol{E}_p, -\boldsymbol{E}_q, \boldsymbol{O}),$$

其中 p,q 分别为 $\boldsymbol{A}$ 的正惯性指数和负惯性指数.

§8.3 实二次型及实对称矩阵的定性

设 $f(x_1,x_2,\cdots,x_n)$ 是以 $\boldsymbol{A}$ 为矩阵的实二次型，自然地，我们可将它看作关于 $x_1,x_2,\cdots,x_n$ 的 n 元二次实函数. 对于 $\boldsymbol{\xi}=(c_1,c_2,\cdots,c_n)^{\mathrm{T}}\in\mathbf{R}^n$，我们记 $f(\boldsymbol{\xi})=f(c_1,c_2,\cdots,c_n)$，称之为 f 在 $\boldsymbol{\xi}$ 上的取值. 显然

$$f(\boldsymbol{\xi})=\boldsymbol{\xi}^{\mathrm{T}}\boldsymbol{A}\boldsymbol{\xi}\in\mathbf{R},$$

且若 $\boldsymbol{\xi}$ 为零向量，则 $f(\boldsymbol{\xi})=0$.

一、定义

定义 8.3.1 设 $f=\boldsymbol{X}^{\mathrm{T}}\boldsymbol{A}\boldsymbol{X}$ 是一个以 $\boldsymbol{A}$ 为矩阵的实二次型.

(1) 若任取 $\boldsymbol{\xi}\neq\boldsymbol{0}$，都有 $f(\boldsymbol{\xi})>0$（或 $\geqslant 0$），则称 f 为正定（或半正定）二次型；

(2) 若任取 $\boldsymbol{\xi}\neq\boldsymbol{0}$，都有 $f(\boldsymbol{\xi})<0$（或 $\leqslant 0$），则称 f 为负定（或半负定）二次型；

(3) 若存在向量 $\boldsymbol{\xi}_1,\boldsymbol{\xi}_2$，使得 $f(\boldsymbol{\xi}_1)>0, f(\boldsymbol{\xi}_2)<0$，则称 f 为不定二次型.

对于实对称矩阵 $\boldsymbol{A}$，若它对应的二次型 $\boldsymbol{X}^{\mathrm{T}}\boldsymbol{A}\boldsymbol{X}$ 是正定的（负定的、半正定的、半负定的、不定的），则称 $\boldsymbol{A}$ 是**正定（负定、半正定、半负定、不定）矩阵**.

若 $\boldsymbol{X}^{\mathrm{T}}\boldsymbol{A}\boldsymbol{X}$ 是以 $\boldsymbol{A}$ 为矩阵的二次型，则 $-\boldsymbol{X}^{\mathrm{T}}\boldsymbol{A}\boldsymbol{X}$ 是以 $-\boldsymbol{A}$ 为矩阵的二次型. 显然，$\boldsymbol{X}^{\mathrm{T}}\boldsymbol{A}\boldsymbol{X}$ 正定（半正定）当且仅当 $-\boldsymbol{X}^{\mathrm{T}}\boldsymbol{A}\boldsymbol{X}$ 负定（半负定）. 因此，我们只需要考察二次型（或实对称矩阵）的正定性、半正定性和不定性.

二、定性判别

一般地，用定义来判别二次型的定性是比较困难的. 但若实二次型 $f(x_1, x_2,\cdots,x_n)=d_1x_1^2+d_2x_2^2+\cdots+d_nx_n^2$，即 f 本身就是标准形，则我们容易判定其定性.

(1) f 正定当且仅当 d_i 全大于零，也即 f 的正惯性指数等于 n.

(2) f 半正定当且仅当 d_i 全大于或等于零，也即 f 的正惯性指数等于 f 的秩.

(3) f 不定当且仅当既存在某个 $d_i>0$ 也存在某个 $d_j<0$，也即 f 的正、负

惯性指数均大于零.

另外,从上一节结论知,任意一个实二次型都可以经过可逆线性替换化成标准形.因此,若可逆线性替换不改变二次型的定性,则可以通过考察其标准形的定性,来得到原二次型的定性.

性质 8.3.1 可逆线性替换不改变二次型的定性.

证 设实二次型 $\boldsymbol{X}^{\mathrm{T}}\boldsymbol{AX}$ 经过可逆线性替换 $\boldsymbol{X}=\boldsymbol{PY}$ 后化为 $\boldsymbol{Y}^{\mathrm{T}}\boldsymbol{BY}$,注意此时有 $\boldsymbol{B}=\boldsymbol{P}^{\mathrm{T}}\boldsymbol{AP}$.我们需要证明二次型 $\boldsymbol{X}^{\mathrm{T}}\boldsymbol{AX}$ 与二次型 $\boldsymbol{Y}^{\mathrm{T}}\boldsymbol{BY}$ 有一样的定性,即要证明 $\boldsymbol{X}^{\mathrm{T}}\boldsymbol{AX}$ 是正定的(半正定的、不定的、负定的、半负定的)当且仅当 $\boldsymbol{Y}^{\mathrm{T}}\boldsymbol{BY}$ 是正定的(半正定的、不定的、负定的、半负定的).下面以正定性为例进行证明.

设 $\boldsymbol{X}^{\mathrm{T}}\boldsymbol{AX}$ 是正定的,考察二次型 $\boldsymbol{Y}^{\mathrm{T}}\boldsymbol{BY}$.任取 $\boldsymbol{0}\neq\boldsymbol{\xi}\in\mathbf{R}^n$,因为 $\boldsymbol{P}$ 可逆,所以 $\boldsymbol{P\xi}$ 也是 $\mathbf{R}^n$ 中的非零向量,从而由 $\boldsymbol{X}^{\mathrm{T}}\boldsymbol{AX}$ 的正定性得

$$(\boldsymbol{P\xi})^{\mathrm{T}}\boldsymbol{A}(\boldsymbol{P\xi})>0,$$

即 $\boldsymbol{\xi}^{\mathrm{T}}\boldsymbol{B\xi}>0$,故 $\boldsymbol{Y}^{\mathrm{T}}\boldsymbol{BY}$ 是正定二次型.反之,设 $\boldsymbol{Y}^{\mathrm{T}}\boldsymbol{BY}$ 是正定二次型.注意到 $\boldsymbol{Y}^{\mathrm{T}}\boldsymbol{BY}$ 经过可逆线性替换 $\boldsymbol{Y}=\boldsymbol{P}^{-1}\boldsymbol{X}$ 后化为 $\boldsymbol{X}^{\mathrm{T}}\boldsymbol{AX}$,故由上段的推理得 $\boldsymbol{X}^{\mathrm{T}}\boldsymbol{AX}$ 也正定. □

推论 8.3.1 设 $\boldsymbol{X}^{\mathrm{T}}\boldsymbol{AX}$ 是以 $\boldsymbol{A}$ 为矩阵的 n 元实二次型,其正、负惯性指数分别为 p 和 q,则

(1) $\boldsymbol{A}$ 或 $\boldsymbol{X}^{\mathrm{T}}\boldsymbol{AX}$ 正定当且仅当 $p=n$,即 $\boldsymbol{A}$ 的特征值全大于零;

(2) $\boldsymbol{A}$ 或 $\boldsymbol{X}^{\mathrm{T}}\boldsymbol{AX}$ 半正定当且仅当 $q=0$,即 $p=R(\boldsymbol{A})$,也即 $\boldsymbol{A}$ 的特征值全大于或等于零;

(3) $\boldsymbol{A}$ 或 $\boldsymbol{X}^{\mathrm{T}}\boldsymbol{AX}$ 不定当且仅当 $p>0$ 且 $q>0$,即 $\boldsymbol{A}$ 既有大于零的特征值,也有小于零的特征值.

例 8.3.1 对参数 a 作讨论,问 a 分别取何值时,实二次型 $f(x_1,x_2,x_3)=2x_1^2+3x_2^2+3x_3^2+6ax_2x_3$ 分别是正定的、半正定的、不定的?

解 **方法1** 用配方法化二次型为标准形.因为

$$f=2x_1^2+3(x_2+ax_3)^2+(3-3a^2)x_3^2,$$

所以 f 的标准形为

$$2y_1^2+3y_2^2+(3-3a^2)y_3^2.$$

于是:

当 $3-3a^2>0$,即 $-1<a<1$ 时,f 正定;

当 $3-3a^2\geqslant 0$,即 $-1\leqslant a\leqslant 1$ 时,f 半正定;

而当 $3-3a^2<0$,即 $a>1$ 或 $a<-1$ 时,f 不定.

方法2 计算二次型 f 的矩阵 $\boldsymbol{A}$ 的特征值.注意到

$$|\lambda \boldsymbol{E}-\boldsymbol{A}|=\begin{vmatrix}\lambda-2 & 0 & 0\\ 0 & \lambda-3 & -3a\\ 0 & -3a & \lambda-3\end{vmatrix}=(\lambda-2)(\lambda-3+3a)(\lambda-3-3a),$$

所以 $\boldsymbol{A}$ 的特征值为 $2,3-3a,3+3a$. 于是:

当 $-1<a<1$,即 $\boldsymbol{A}$ 的特征值全大于零时,f 正定;

当 $-1\leqslant a\leqslant 1$,即 $\boldsymbol{A}$ 的特征值全大于或等于零时,f 半正定;

而当 $a>1$ 或 $a<-1$,即特征值 $3-3a$ 或 $3+3a$ 小于零时,f 不定. □

三、正定矩阵、正定二次型

对前面已有的结论小结一下,可得到正定矩阵的如下等价命题:

定理 8.3.1 设 $\boldsymbol{A}$ 为实对称矩阵,则以下命题等价:

(1) $\boldsymbol{A}$ 正定;

(2) $\boldsymbol{A}$ 的特征值全大于零;

(3) 存在可逆实矩阵 $\boldsymbol{D}$ 使得 $\boldsymbol{A}=\boldsymbol{D}^{\mathrm{T}}\boldsymbol{D}$,即 $\boldsymbol{A}$ 合同于单位矩阵.

证 由推论 8.3.1 得(1)和(2)的等价性.

(1)⇒(3) 设 $\boldsymbol{A}$ 正定,由定理 8.2.6 知 $\boldsymbol{A}$ 与单位矩阵合同.

(3)⇒(1) 设 $\boldsymbol{A}$ 为 n 级方阵,且有 n 级实可逆矩阵 $\boldsymbol{D}$ 使得 $\boldsymbol{A}=\boldsymbol{D}^{\mathrm{T}}\boldsymbol{D}$,考察实二次型 $\boldsymbol{X}^{\mathrm{T}}\boldsymbol{A}\boldsymbol{X}$. 任取 $\boldsymbol{0}\neq\boldsymbol{\xi}\in\mathbf{R}^n$,显然 $\boldsymbol{D}\boldsymbol{\xi}\in\mathbf{R}^n$,又 $\boldsymbol{D}$ 可逆,故 $\boldsymbol{D}\boldsymbol{\xi}\neq\boldsymbol{0}$,此时 $(\boldsymbol{D}\boldsymbol{\xi})^{\mathrm{T}}(\boldsymbol{D}\boldsymbol{\xi})$ 必大于零,即 $\boldsymbol{\xi}^{\mathrm{T}}\boldsymbol{A}\boldsymbol{\xi}>0$. 由定义知 $\boldsymbol{X}^{\mathrm{T}}\boldsymbol{A}\boldsymbol{X}$ 为正定二次型,从而 $\boldsymbol{A}$ 是正定矩阵. □

设 $\boldsymbol{A}$ 为正定矩阵. 因为 $\boldsymbol{A}$ 的特征值全大于零,又 $|\boldsymbol{A}|$ 等于 $\boldsymbol{A}$ 的全部特征值之积,所以**正定矩阵的行列式必大于零**. 特别地,正定矩阵都是可逆矩阵.

下面再介绍一种通过直接考察矩阵来判定一个实对称矩阵是否正定的方法.

性质 8.3.2 设 $\boldsymbol{A}=(a_{ij})_{n\times n}$ 为 n 级实对称矩阵,则 $\boldsymbol{A}$ 或实二次型 $\boldsymbol{X}^{\mathrm{T}}\boldsymbol{A}\boldsymbol{X}$ 正定的充分必要条件是 $\boldsymbol{A}$ 的各级顺序主子式

$$|\boldsymbol{A}_k|=\begin{vmatrix}a_{11} & a_{12} & \cdots & a_{1k}\\ a_{21} & a_{22} & \cdots & a_{2k}\\ \vdots & \vdots & & \vdots\\ a_{k1} & a_{k2} & \cdots & a_{kk}\end{vmatrix},k=1,2,\cdots,n$$

全大于零,这里 $|\boldsymbol{A}_k|$ 称为 $\boldsymbol{A}$ 的 k 级顺序主子式.

证 必要性. 记 $f(x_1,x_2,\cdots,x_n)=\boldsymbol{X}^{\mathrm{T}}\boldsymbol{A}\boldsymbol{X}$. 任取 $1\leqslant k\leqslant n$,记

$$g(x_1,x_2,\cdots,x_k)=f(x_1,x_2,\cdots,x_k,0,\cdots,0)=\sum_{i=1}^{k}\sum_{j=1}^{k}a_{ij}x_ix_j.$$

显然二次型 g 的矩阵就是 $\boldsymbol{A}_k$. 因为 $\boldsymbol{A}$ 正定,所以二次型 f 正定. 任取非零向量 $\boldsymbol{\xi}=(c_1,c_2,\cdots,c_k)^{\mathrm{T}}\in\mathbf{R}^k$,有

$$g(c_1,c_2,\cdots,c_k)=f(c_1,c_2,\cdots,c_k,0,\cdots,0)>0,$$

故 g 是正定二次型. 注意到 g 的矩阵即为 $\boldsymbol{A}_k$,故 $\boldsymbol{A}_k$ 正定,得 $|\boldsymbol{A}_k|>0$.

充分性. 对矩阵 $\boldsymbol{A}$ 的级数 n 作归纳. 当 $n=1$ 时,因为 $|\boldsymbol{A}_1|=a_{11}>0$,所以 $\boldsymbol{A}=(a_{11})$正定. 假设命题对 $n-1$ 级矩阵成立,考察 n 级实对称矩阵 $\boldsymbol{A}$.

因为 $\boldsymbol{A}_{n-1}$的顺序主子式也是 $\boldsymbol{A}$ 的顺序主子式,所以 $\boldsymbol{A}_{n-1}$的顺序主子式全大于零,由归纳假设得 $\boldsymbol{A}_{n-1}$是正定矩阵. 由定理 8.3.1,存在 $n-1$ 级可逆矩阵 $\boldsymbol{P}_1$ 使得 $\boldsymbol{P}_1^{\mathrm{T}}\boldsymbol{A}_{n-1}\boldsymbol{P}_1=\boldsymbol{E}_{n-1}$. 令

$$\boldsymbol{P}=\begin{pmatrix}\boldsymbol{P}_1 & \boldsymbol{0}\\ \boldsymbol{0} & 1\end{pmatrix},\boldsymbol{A}=\begin{pmatrix}\boldsymbol{A}_{n-1} & \boldsymbol{\alpha}\\ \boldsymbol{\alpha}^{\mathrm{T}} & a_{nn}\end{pmatrix},$$

有

$$\boldsymbol{P}^{\mathrm{T}}\boldsymbol{A}\boldsymbol{P}=\begin{pmatrix}\boldsymbol{P}_1^{\mathrm{T}} & \boldsymbol{0}\\ \boldsymbol{0} & 1\end{pmatrix}\begin{pmatrix}\boldsymbol{A}_{n-1} & \boldsymbol{\alpha}\\ \boldsymbol{\alpha}^{\mathrm{T}} & a_{nn}\end{pmatrix}\begin{pmatrix}\boldsymbol{P}_1 & \boldsymbol{0}\\ \boldsymbol{0} & 1\end{pmatrix}=\begin{pmatrix}\boldsymbol{P}_1^{\mathrm{T}}\boldsymbol{A}_{n-1}\boldsymbol{P}_1 & \boldsymbol{P}_1^{\mathrm{T}}\boldsymbol{\alpha}\\ \boldsymbol{\alpha}^{\mathrm{T}}\boldsymbol{P}_1 & a_{nn}\end{pmatrix}=\begin{pmatrix}\boldsymbol{E}_{n-1} & \boldsymbol{P}_1^{\mathrm{T}}\boldsymbol{\alpha}\\ \boldsymbol{\alpha}^{\mathrm{T}}\boldsymbol{P}_1 & a_{nn}\end{pmatrix}.$$

再令

$$\boldsymbol{Q}=\begin{pmatrix}\boldsymbol{E}_{n-1} & -\boldsymbol{P}_1^{\mathrm{T}}\boldsymbol{\alpha}\\ \boldsymbol{0} & 1\end{pmatrix},\boldsymbol{D}=\boldsymbol{P}\boldsymbol{Q},c=a_{nn}-\boldsymbol{\alpha}^{\mathrm{T}}\boldsymbol{P}_1\boldsymbol{P}_1^{\mathrm{T}}\boldsymbol{\alpha},$$

则 $\boldsymbol{Q}$ 可逆,从而 $\boldsymbol{D}$ 可逆,且

$$\boldsymbol{D}^{\mathrm{T}}\boldsymbol{A}\boldsymbol{D}=\begin{pmatrix}\boldsymbol{E}_{n-1} & \boldsymbol{0}\\ -\boldsymbol{\alpha}^{\mathrm{T}}\boldsymbol{P}_1 & 1\end{pmatrix}\begin{pmatrix}\boldsymbol{E}_{n-1} & \boldsymbol{P}_1^{\mathrm{T}}\boldsymbol{\alpha}\\ \boldsymbol{\alpha}^{\mathrm{T}}\boldsymbol{P}_1 & a_{nn}\end{pmatrix}\begin{pmatrix}\boldsymbol{E}_{n-1} & -\boldsymbol{P}_1^{\mathrm{T}}\boldsymbol{\alpha}\\ \boldsymbol{0} & 1\end{pmatrix}=\begin{pmatrix}\boldsymbol{E}_{n-1} & \boldsymbol{0}\\ \boldsymbol{0} & c\end{pmatrix}.$$

计算上式两边行列式得

$$|\boldsymbol{A}||\boldsymbol{D}|^2=c,$$

因此 $c>0$,故对角矩阵 $\mathrm{diag}(\boldsymbol{E}_{n-1},c)$是正定矩阵. 又 $\boldsymbol{A}$ 与之合同,所以由性质 8.3.1 得 $\boldsymbol{A}$ 也正定. □

例如,在例 8.3.1 中,该二次型的矩阵的各级顺序主子式为

$$|\boldsymbol{A}_1|=2,|\boldsymbol{A}_2|=6,|\boldsymbol{A}_3|=2(9-9a^2),$$

因此当且仅当 $-1<a<1$ 时 $\boldsymbol{A}$ 的各级顺序主子式全大于零,故只有当 $-1<a<1$ 时 $\boldsymbol{X}^{\mathrm{T}}\boldsymbol{A}\boldsymbol{X}$ 才是正定二次型.

§8.4 二次曲线

关于 x,y 的二次函数 $F(x,y)$的一般形式为

$$F(x,y)=a_{11}x^2+2a_{12}xy+a_{22}y^2+mx+ny+d, \tag{8.4.1}$$

其中 a_{11},a_{12},a_{22} 不全为零. 在平面上建立直角坐标系后，由二次方程 $F(x,y)=0$ 确定的平面图形 l 叫作**二次曲线**.

在(8.4.1)式中，令 $f(x,y)=a_{11}x^2+2a_{12}xy+a_{22}y^2$，它显然是关于 x,y 的实二次型，且其矩阵为

$$\boldsymbol{A}=\begin{pmatrix}a_{11} & a_{12}\\ a_{12} & a_{22}\end{pmatrix}.$$

现在，二次函数 $F(x,y)$ 可表示为

$$F(x,y)=f(x,y)+mx+ny+d$$

或

$$F(x,y)=(x,y)\boldsymbol{A}\begin{pmatrix}x\\ y\end{pmatrix}+(m,n)\begin{pmatrix}x\\ y\end{pmatrix}+d. \tag{8.4.2}$$

称 $\boldsymbol{A}$ 为**二次曲线 l 的矩阵**. 显然 $R(\boldsymbol{A})=1$ 或 2. $\boldsymbol{A}$ 的秩也称为**二次曲线 l 的秩**，$\boldsymbol{A}$ 的特征值也称为该**二次曲线的特征值**.

本节的目的是通过坐标旋转、坐标平移化简二次曲线方程，从而得到它们的标准方程及其分类. 把坐标旋转、坐标平移写出来，分别就是下面两类坐标变换：

$$\begin{cases}x=\cos\theta\cdot x'+\sin\theta\cdot y',\\ y=-\sin\theta\cdot x'+\cos\theta\cdot y',\end{cases}\begin{cases}x=x'+a,\\ y=y'+b.\end{cases}$$

一、正交变换

设 $\boldsymbol{D}=\begin{pmatrix}d_{11} & d_{12}\\ d_{21} & d_{22}\end{pmatrix}$ 是一个第一类的正交矩阵，即行列式值为 1 的正交矩阵. 我们考察正交变换

$$\begin{pmatrix}x\\ y\end{pmatrix}=\boldsymbol{D}\begin{pmatrix}x'\\ y'\end{pmatrix}. \tag{8.4.3}$$

因为 $\boldsymbol{D}$ 正交，有 $d_{11}^2+d_{12}^2=1$，故可设 $d_{11}=\cos\theta, d_{12}=\sin\theta$. 再因 $\boldsymbol{D}$ 正交且 $|\boldsymbol{D}|=1$，得

$$\boldsymbol{D}=\begin{pmatrix}\cos\theta & \sin\theta\\ -\sin\theta & \cos\theta\end{pmatrix}.$$

因此，此时正交变换(8.4.3)实际上就是下面描写的坐标旋转

$$\begin{cases}x=\cos\theta\cdot x'+\sin\theta\cdot y',\\ y=-\sin\theta\cdot x'+\cos\theta\cdot y'.\end{cases}$$

在实际计算时，有时会得到第二类正交矩阵 $\boldsymbol{D}'$，即行列式值等于 -1 的正

交矩阵，此时只要将 $\boldsymbol{D}'$ 的第一列乘 -1 就得到第一类正交矩阵 $\boldsymbol{D}$，见推论7.5.1.因此，对于二次曲线的矩阵 $\boldsymbol{A}$，一定能找到第一类正交矩阵 $\boldsymbol{D}$ 使得 $\boldsymbol{D}^{-1}\boldsymbol{A}\boldsymbol{D}$ 为对角阵 $\mathrm{diag}(\lambda_1,\lambda_2)$，其中 λ_1,λ_2 恰是 $\boldsymbol{A}$ 的两个实特征值.

显然，在第一类正交变换(8.4.3)，即坐标旋转下，(8.4.2)式中的二次函数 $F(x,y)$ 化为

$$G(x',y')=(x',y')\left(\boldsymbol{D}^{\mathrm{T}}\begin{pmatrix}a_{11} & a_{12}\\ a_{12} & a_{22}\end{pmatrix}\boldsymbol{D}\right)\begin{pmatrix}x'\\ y'\end{pmatrix}+(m,n)\boldsymbol{D}\begin{pmatrix}x'\\ y'\end{pmatrix}+d.$$

二、二次曲线方程的化简

性质8.4.1　平面上二次曲线方程经过坐标旋转和平移总能化成下列三类方程之一：

(1) $ax''^2+by''^2+c=0, ab\neq 0$，该曲线有两个非零特征值 a,b；

(2) $ax''^2+ey''=0, ae\neq 0$，该曲线的两个特征值为 $a,0$；

(3) $ax''^2+e=0, a\neq 0$，该曲线的两个特征值为 $a,0$.

证　设 l 为平面上一条二次曲线，其曲线方程为 $F(x,y)=0$，其中 $F(x,y)$ 同(8.4.2)式.由推论7.5.1，存在第一类正交矩阵 $\boldsymbol{D}$ 使得 $\boldsymbol{D}^{\mathrm{T}}\boldsymbol{A}\boldsymbol{D}$ 为对角阵 $\mathrm{diag}(a,b)$，即实二次型 $f(x,y)$ 在正交变换 $\begin{pmatrix}x\\ y\end{pmatrix}=\boldsymbol{D}\begin{pmatrix}x'\\ y'\end{pmatrix}$ 下化为标准形 $ax'^2+by'^2$，此时曲线方程 $F(x,y)=0$ 化为

$$ax'^2+by'^2+b_3x'+b_4y'+d=0,$$

其中 a,b 为该曲线的两个特征值.显然 a,b 不全为零，不妨设 $a\neq 0$.

情形1.假设 a,b 都不为零.经配方，$ax'^2+by'^2+b_3x'+b_4y'+d$ 可以表示为

$$a(x'-d_1)^2+b(y'-d_2)^2+c,$$

作平移变换

$$\begin{pmatrix}x'\\ y'\end{pmatrix}=\begin{pmatrix}x''\\ y''\end{pmatrix}+\begin{pmatrix}d_1\\ d_2\end{pmatrix},$$

则二次曲线方程化为 $ax''^2+by''^2+c=0, ab\neq 0$.

情形2.假设 $a\neq 0, b=0, b_4\neq 0$，则 l 的曲线方程化为

$$ax'^2+b_3x'+b_4y'+d=0,$$

经配方后可表示为

$$a(x'-u)^2+b_4(y'-v)=0,$$

故再通过平移化为 $ax''^2+ey''=0, ae\neq 0$.

情形 3. 假设 $a\neq 0, b=b_4=0$，则 l 的曲线方程化为

$$ax'^2+b_3x'+d=0,$$

经配方后化为

$$a(x'-u)^2+e=0,$$

进而经平移化为 $ax''^2+e=0, a\neq 0$. □

对性质 8.4.1 中的三类简化曲线方程再细分，容易得到平面二次曲线的九种标准方程.

$ax''^2+by''^2+c=0, ab\neq 0$ 对应的标准方程有：

(1) 椭圆 $\frac{x^2}{a^2}+\frac{y^2}{b^2}=1$.

(2) 虚椭圆 $\frac{x^2}{a^2}+\frac{y^2}{b^2}=-1$.

(3) 双曲线 $\frac{x^2}{a^2}-\frac{y^2}{b^2}=1$.

(4) 点 $\frac{x^2}{a^2}+\frac{y^2}{b^2}=0$.

(5) 两相交直线 $\frac{x^2}{a^2}-\frac{y^2}{b^2}=0$.

$ax''^2+ey''=0, ae\neq 0$ 对应的标准方程有：

(6) 抛物线 $x^2=2py$.

$ax''^2+e=0, a\neq 0$ 对应的标准方程有：

(7) 两平行直线 $x^2=a^2$.

(8) 两平行共轭虚直线 $x^2=-a^2$.

(9) 两重合直线 $x^2=0$.

考察上面的九种标准方程，(2)和(8)没有对应的几何实图，(4)(5)(7)(9)对应的几何图形是点、直线这样的线性图形，称这些二次曲线为退化的.

推论 8.4.1 平面上非退化的二次曲线有且仅有椭圆、双曲线和抛物线三类. 进一步，有两个非零同号特征值的非退化二次曲线是椭圆，有两个非零异号特征值的非退化二次曲线必是双曲线，有一个特征值为零的非退化二次曲线必是抛物线.

例 8.4.1 化简二次曲线方程 $x^2+2xy+y^2+2x+y=0$，并写出所作的坐标变换.

解 二次曲线的矩阵 $\boldsymbol{A}=\begin{pmatrix}1&1\\1&1\end{pmatrix}$，由 $|\lambda\boldsymbol{E}-\boldsymbol{A}|=\begin{vmatrix}\lambda-1&-1\\-1&\lambda-1\end{vmatrix}=\lambda(\lambda-2)$，

得 $\boldsymbol{A}$ 的两个特征值 $\lambda_1=0,\lambda_2=2$. ①

对于特征值 $\lambda_1=0,\lambda_2=2$，分别求解线性方程组 $(0\boldsymbol{E}-\boldsymbol{A})\boldsymbol{X}=\boldsymbol{0}$ 和 $(2\boldsymbol{E}-\boldsymbol{A})\boldsymbol{X}=\boldsymbol{0}$，得 $\boldsymbol{A}$ 的属于 0 和属于 2 的特征向量分别为

$$\boldsymbol{\xi}_1=\begin{pmatrix}1\\-1\end{pmatrix},\boldsymbol{\xi}_2=\begin{pmatrix}1\\1\end{pmatrix}.$$

令

$$\boldsymbol{D}=\left(\frac{\boldsymbol{\xi}_1}{|\boldsymbol{\xi}_1|},\frac{\boldsymbol{\xi}_2}{|\boldsymbol{\xi}_2|}\right)=\begin{pmatrix}\frac{1}{\sqrt{2}} & \frac{1}{\sqrt{2}}\\ -\frac{1}{\sqrt{2}} & \frac{1}{\sqrt{2}}\end{pmatrix},$$

则 $\boldsymbol{D}$ 是第一类正交矩阵，且原二次曲线方程在正交变换（也即坐标旋转）

$$\begin{pmatrix}x\\y\end{pmatrix}=\boldsymbol{D}\begin{pmatrix}x'\\y'\end{pmatrix}$$

下化为

$$2y'^2+\frac{1}{\sqrt{2}}x'+\frac{3}{\sqrt{2}}y'=0,$$

也即

$$\left(y'+\frac{3\sqrt{2}}{8}\right)^2+\frac{\sqrt{2}}{4}\left(x'-\frac{9\sqrt{2}}{16}\right)=0.$$

再作平移

$$\begin{pmatrix}x'\\y'\end{pmatrix}=\begin{pmatrix}x''\\y''\end{pmatrix}+\begin{pmatrix}\frac{9\sqrt{2}}{16}\\-\frac{3\sqrt{2}}{8}\end{pmatrix},$$

于是曲线方程化为标准形

$$y''^2+\frac{\sqrt{2}}{4}x''=0.$$

所作坐标变换为

$$\begin{pmatrix}x\\y\end{pmatrix}=\boldsymbol{D}\left(\begin{pmatrix}x''\\y''\end{pmatrix}+\begin{pmatrix}\frac{9\sqrt{2}}{16}\\-\frac{3\sqrt{2}}{8}\end{pmatrix}\right).$$ □

---

① 此时我们已经知道二次曲线必是抛物线.

§8.5 柱面、锥面、旋转曲面

在第 4 章中，我们介绍了几何空间中的直线和平面，它们是空间中的线性图形. 本节将介绍几何空间中的柱面、锥面和旋转曲面，这些曲面具有较为突出的几何特征，本节将从它们的几何特征出发来讨论这些曲面.

一、柱面

定义 8.5.1 设空间中直线 l 与定曲线 C 相交，直线 l 沿曲线 C 平行移动所成的曲面称为柱面，其中直线 l 称为该柱面的母线，曲线 C 称为该柱面的准线.

柱面的母线和准线都不唯一，如图 8－1. 定义 8.5.1 中与准线 C 相交且平行于直线 l 的任意一条直线都是该柱面的母线，在该柱面上且与任意一条母线相交的曲线都是柱面的准线.

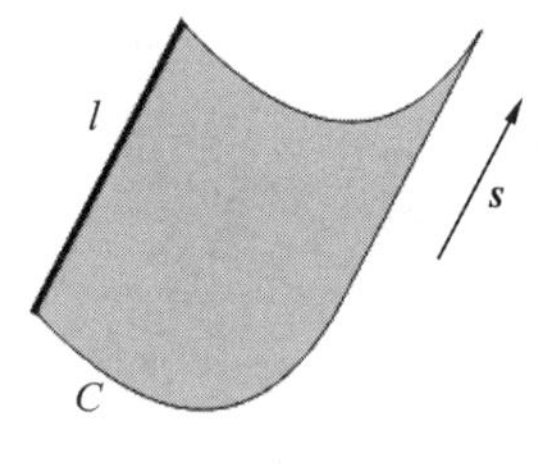

图 8－1

例 8.5.1 在平面 π 中，任取两条相交直线 l_1 和 l_2，让直线 l_1 沿着直线 l_2 平行移动就得到平面 π，所以平面 π 是柱面.

例 8.5.2 在空间直角坐标系中，方程

(1) $\frac{x^2}{a^2}+\frac{y^2}{b^2}=1$；(2) $\frac{x^2}{a^2}-\frac{y^2}{b^2}=1$；(3) $x^2=2py$

分别表示怎样的曲面？

解 (1) 方程 $\frac{x^2}{a^2}+\frac{y^2}{b^2}=1$ 在平面直角坐标系中表示椭圆，但在空间直角坐标系中，该方程表示曲面. 因为方程中不含变量 z，所以只要空间中点 (x,y,z) 的前两个坐标变量 x,y 满足该方程，那么点 (x,y,z) 就在该曲面上. 于是凡是通过坐标面 xOy 内的椭圆 $\frac{x^2}{a^2}+\frac{y^2}{b^2}=1$ 上的点且平行于 z 轴的直线都在该曲面上，故该曲面可看成是以坐标面 xOy 内的椭圆 $\frac{x^2}{a^2}+\frac{y^2}{b^2}=1$ 为准线及以平行于 z 轴的直线为母线的柱面，称为**椭圆柱面**(图 8－2).

(2) 类似分析，方程 $\frac{x^2}{a^2}-\frac{y^2}{b^2}=1$ 表示的曲面可看成是以坐标面 xOy 内的双曲线 $\frac{x^2}{a^2}-\frac{y^2}{b^2}=1$ 为准线及以平行于 z 轴的直线为母线的柱面，称为**双曲柱面**

(图 8-3).

(3) 方程 $x^2=2py$ 表示的曲面可看成是以坐标面 xOy 内的抛物线 $x^2=2py$ 为准线及以平行于 z 轴的直线为母线的柱面,称为**抛物柱面**(图 8-4). □

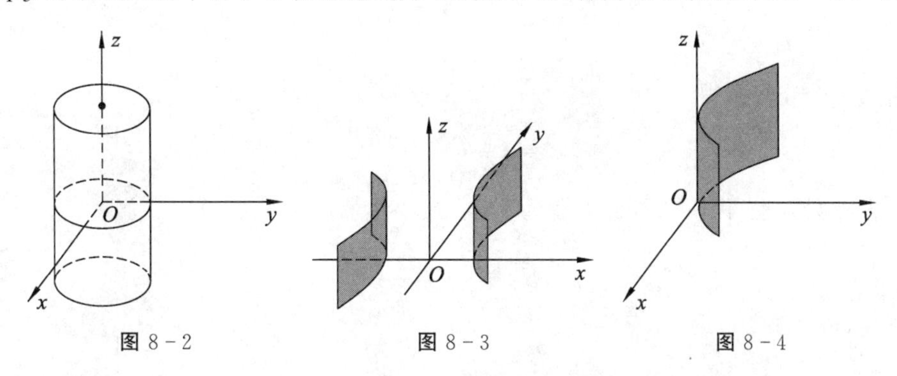

图 8-2　　图 8-3　　图 8-4

一般地,方程 $F(x,y)=0$ 在空间直角坐标系中表示柱面,其母线平行于 z 轴,准线是坐标面 xOy 内的曲线 $F(x,y)=0$.

方程 $G(y,z)=0$ 在空间直角坐标系中表示柱面,其母线平行于 x 轴,准线是坐标面 yOz 内的曲线 $G(y,z)=0$.

方程 $H(x,z)=0$ 在空间直角坐标系中表示柱面,其母线平行于 y 轴,准线是坐标面 xOz 内的曲线 $H(x,z)=0$.

一般情况下,给定柱面的母线方程和准线方程,求柱面方程,其推导过程稍微有些复杂,我们留给读者去思考.

二、锥面

定义 8.5.2 设空间中一定点 P 和定曲线 C. 在曲线 C 上任取一点 T,当点 T 沿着曲线 C 运动时,直线 PT 的轨迹称为以 P 为顶点、直线 PT 为母线、C 为准线的锥面.

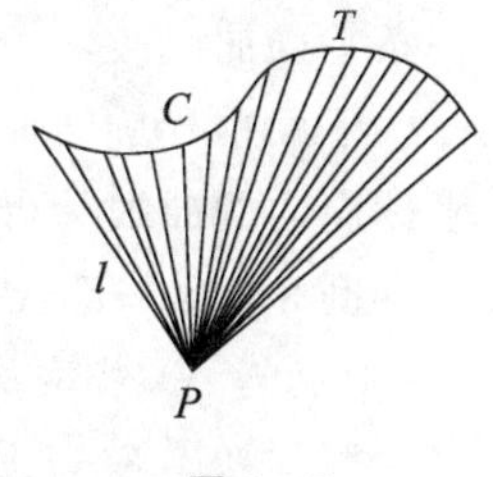

图 8-5

显然,锥面的母线和准线不唯一,如图 8-5 所示.

例 8.5.3 设锥面以原点为顶点,以椭圆 $\begin{cases}\dfrac{x^2}{a^2}+\dfrac{y^2}{b^2}=1,\\ z=c\ (c>0)\end{cases}$ 为准线,求该锥面的方程.

解 设点 $M(x,y,z)$ 是该锥面上任一点,又设母线 OM 与准线的交点是 $M_0(x_0,y_0,z_0)$,则

$$\frac{x}{x_0}=\frac{y}{y_0}=\frac{z}{z_0},$$

且
$$\begin{cases}\dfrac{x_0^2}{a^2}+\dfrac{y_0^2}{b^2}=1,\\ z_0=c.\end{cases}$$

由第一个连等式得

$$x_0=c\,\frac{x}{z},y_0=c\,\frac{y}{z},$$

代入椭圆方程,得所求锥面方程为

$$\frac{c^2x^2}{a^2z^2}+\frac{c^2y^2}{b^2z^2}=1,$$

整理,得

$$\frac{x^2}{a^2}+\frac{y^2}{b^2}-\frac{z^2}{c^2}=0.$$

该锥面称为**二次锥面**,如图 8-6 所示. □

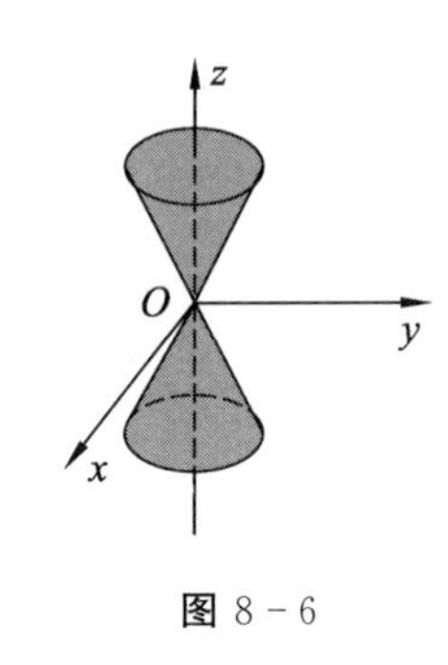

图 8-6

三、旋转曲面

定义 8.5.3 空间中一曲线 C 绕一定直线 l 旋转所成的曲面称为旋转曲面. 曲线 C 称为旋转曲面的母线,直线 l 称为旋转曲面的旋转轴.

设旋转曲面的旋转轴为直线 l,过直线 l 的平面与该旋转曲面的一条交线为曲线 C,则曲线 C 就是旋转曲面的母线. 这说明旋转曲面的母线总可看成是一条平面曲线.

下面推导旋转曲面的方程. 为方便起见,我们仅考虑以坐标轴为旋转轴、以坐标面内的曲线为母线的旋转曲面.

例 8.5.4 设旋转曲面以 z 轴为旋转轴,以坐标面 yOz 内的曲线 $C:f(y,z)=0$ 为母线,求该旋转曲面的方程.

解 如图 8-7 所示,设点 $M(x,y,z)$ 为旋转曲面上任意一点,则点 M 可看成是母线 $f(y,z)=0$ 上一点 $M_0(x_0,y_0,z_0)$绕 z 轴旋转而得. 于是得到

$$x_0=0,z_0=z,f(y_0,z_0)=0$$

及点 M 和点 M_0 到 z 轴的距离相等,即

$$\sqrt{x^2+y^2}=|y_0|.$$

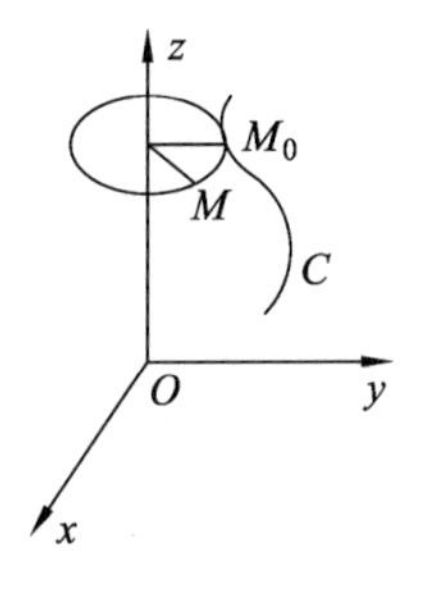

图 8-7

将 $z_0=z,y_0=\pm\sqrt{x^2+y^2}$代入母线方程,得到所求旋转曲面的方程为

$$f(\pm\sqrt{x^2+y^2},z)=0.$$

同理，曲线 C 绕 y 轴旋转所得的旋转曲面方程为 $f(y,\pm\sqrt{x^2+z^2})=0$. □

例 8.5.5　求坐标面 xOz 内的直线 $z=2x$ 绕 z 轴旋转一周所得的旋转曲面(称为圆锥面)的方程.

解　由例 8.5.4 的分析知，直线绕 z 轴旋转，所以将直线方程中的变量 z 不变，剩余的一个变量 x 改为 $\pm\sqrt{x^2+y^2}$，即得圆锥面的方程为 $z=\pm 2\sqrt{x^2+y^2}$，两边平方得圆锥面的标准方程为 $z^2=4(x^2+y^2)$，见图 8-6. □

§8.6　二次曲面

在上一节中，我们介绍了柱面、锥面、旋转曲面这些有明显几何特征的空间曲面. 本节将介绍二次曲面，它们有明显的代数特征，即它们的方程表现出特殊的简单形式：均为关于 x,y,z 的二次方程. 这些二次曲面与上一节介绍的曲面有重叠部分.

一、二次曲面定义

关于变量 x,y,z 的二次函数的一般形式为

$$F(x,y,z)=a_{11}x^2+2a_{12}xy+2a_{13}xz+a_{22}y^2+2a_{23}yz+a_{33}z^2+mx+ny+lz+d, \tag{8.6.1}$$

其中 $a_{11},a_{12},a_{13},a_{22},a_{23},a_{33}$ 不全为零. 在建立空间直角坐标系后，由二次方程(8.6.1)确定的空间图形叫作**二次曲面**. 令

$$f(x,y,z)=a_{11}x^2+2a_{12}xy+2a_{13}xz+a_{22}y^2+2a_{23}yz+a_{33}z^2,$$

则二次函数 $F(x,y,z)$ 可以表示为

$$F(x,y,z)=f(x,y,z)+mx+ny+lz+d$$

或

$$F(x,y,z)=(x,y,z)\boldsymbol{A}\begin{pmatrix}x\\y\\z\end{pmatrix}+(m,n,l)\begin{pmatrix}x\\y\\z\end{pmatrix}+d, \tag{8.6.2}$$

其中

$$\boldsymbol{A}=\begin{pmatrix}a_{11}&a_{12}&a_{13}\\a_{12}&a_{22}&a_{23}\\a_{13}&a_{23}&a_{33}\end{pmatrix}$$

为实二次型 $f(x,y,z)$ 的矩阵，它也称为该**二次曲面的矩阵**，$\boldsymbol{A}$ 的秩和特征值也

分别称为该**二次曲面的秩和特征值**.

本节目的是化简二次曲面方程,从而得到它们的标准方程及其分类.

二、二次曲面的标准方程

设 $\boldsymbol{D}$ 是一个第一类的 3 级正交矩阵,作坐标的正交变换

$$\begin{pmatrix} x \\ y \\ z \end{pmatrix}=\boldsymbol{D}\begin{pmatrix} x' \\ y' \\ z' \end{pmatrix}. \tag{8.6.3}$$

如同上一节一样,可以验证(8.6.3)式正是坐标旋转.显然,在上述正交变换下,二次函数(8.6.2)化为

$$(x',y',z')\boldsymbol{D}^{\mathrm{T}}\boldsymbol{A}\boldsymbol{D}\begin{pmatrix} x' \\ y' \\ z' \end{pmatrix}+(m,n,l)\boldsymbol{D}\begin{pmatrix} x' \\ y' \\ z' \end{pmatrix}+d.$$

除了坐标旋转外,坐标平移也不改变二次曲面的几何性质.如同上一节的证明,可得下面的结论.

定理 8.6.1 经过坐标旋转和平移后,二次曲面方程总可以化为下列五大类、十七种标准方程之一:

(一) $ax^2+by^2+cz^2+d=0$,$abc\neq 0$,二次曲面的秩为 3.

(1) 椭球面 $\dfrac{x^2}{a^2}+\dfrac{y^2}{b^2}+\dfrac{z^2}{c^2}=1$.

(2) 虚椭球面 $\dfrac{x^2}{a^2}+\dfrac{y^2}{b^2}+\dfrac{z^2}{c^2}=-1$.

(3) 点 $\dfrac{x^2}{a^2}+\dfrac{y^2}{b^2}+\dfrac{z^2}{c^2}=0$.

(4) 单叶双曲面 $\dfrac{x^2}{a^2}+\dfrac{y^2}{b^2}-\dfrac{z^2}{c^2}=1$.

(5) 双叶双曲面 $\dfrac{x^2}{a^2}+\dfrac{y^2}{b^2}-\dfrac{z^2}{c^2}=-1$.

(6) 二次锥面 $\dfrac{x^2}{a^2}+\dfrac{y^2}{b^2}-\dfrac{z^2}{c^2}=0$.

(二) $ax^2+by^2+2cz=0$,$abc\neq 0$,二次曲面的秩为 2.

(7) 椭圆抛物面 $\dfrac{x^2}{a^2}+\dfrac{y^2}{b^2}=2z$.

(8) 双曲抛物面 $\dfrac{x^2}{a^2}-\dfrac{y^2}{b^2}=2z$.

(三) $ax^2+by^2+c=0, ab\neq 0$，二次曲面的秩为 2.

(9) 椭圆柱面 $\frac{x^2}{a^2}+\frac{y^2}{b^2}=1$.

(10) 虚椭圆柱面 $\frac{x^2}{a^2}+\frac{y^2}{b^2}=-1$.

(11) 交于一条实直线的一对共轭虚平面 $\frac{x^2}{a^2}+\frac{y^2}{b^2}=0$.

(12) 双曲柱面 $\frac{x^2}{a^2}-\frac{y^2}{b^2}=1$.

(13) 一对相交平面 $\frac{x^2}{a^2}-\frac{y^2}{b^2}=0$.

(四) $ax^2+2by=0, ab\neq 0$，二次曲面的秩为 1.

(14) 抛物柱面 $x^2=2py$.

(五) $ax^2+b\neq 0, a\neq 0$，二次曲面的秩为 1.

(15) 一对平行平面 $x^2=a^2$.

(16) 一对平行的共轭虚平面 $x^2=-a^2$.

(17) 一对重合平面 $x^2=0$.

由上面的定理，可得到非退化的二次曲面(有对应的实图，且不是点、直线、平面这些线性图形)的标准方程.

定理 8.6.2 非退化的二次曲面的标准方程恰有以下九种：

(1) 椭球面 $\frac{x^2}{a^2}+\frac{y^2}{b^2}+\frac{z^2}{c^2}=1$，其秩为 3.

(2) 单叶双曲面 $\frac{x^2}{a^2}+\frac{y^2}{b^2}-\frac{z^2}{c^2}=1$，其秩为 3.

(3) 双叶双曲面 $\frac{x^2}{a^2}+\frac{y^2}{b^2}-\frac{z^2}{c^2}=-1$，其秩为 3.

(4) 二次锥面 $\frac{x^2}{a^2}+\frac{y^2}{b^2}-\frac{z^2}{c^2}=0$，其秩为 3.

(5) 椭圆抛物面 $\frac{x^2}{a^2}+\frac{y^2}{b^2}=2z$，其秩为 2

(6) 双曲抛物面 $\frac{x^2}{a^2}-\frac{y^2}{b^2}=2z$，其秩为 2.

(7) 椭圆柱面 $\frac{x^2}{a^2}+\frac{y^2}{b^2}=1$，其秩为 2.

(8) 双曲柱面 $\frac{x^2}{a^2}-\frac{y^2}{b^2}=1$，其秩为 2.

(9) 抛物柱面 $x^2=2py$，其秩为 1.

例 8.6.1 化简二次曲面方程 $2x^2+2y^2+3z^2+4xy+2xz+2yz-4x+6y-2z+3=0$，并写出所作的坐标变换.

解 该二次曲面的矩阵 $\boldsymbol{A}$ 的特征多项式为

$$|\lambda\boldsymbol{E}-\boldsymbol{A}|=\begin{vmatrix}\lambda-2 & -2 & -1\\ -2 & \lambda-2 & -1\\ -1 & -1 & \lambda-3\end{vmatrix}=(\lambda-5)\begin{vmatrix}1 & 1 & 1\\ -2 & \lambda-2 & -1\\ -1 & -1 & \lambda-3\end{vmatrix}=\lambda(\lambda-2)(\lambda-5).$$

所以 $\boldsymbol{A}$ 的特征值为 0,2,5.

解方程组 $(5\boldsymbol{E}-\boldsymbol{A})\boldsymbol{X}=\boldsymbol{0}$，得到 $\boldsymbol{A}$ 的属于特征值 5 的一个特征向量 $\boldsymbol{\xi}_1=(1,1,1)^{\mathrm{T}}$.

解方程组 $(2\boldsymbol{E}-\boldsymbol{A})\boldsymbol{X}=\boldsymbol{0}$，得到 $\boldsymbol{A}$ 的属于特征值 2 的一个特征向量 $\boldsymbol{\xi}_2=(1,1,-2)^{\mathrm{T}}$.

解方程组 $(0\boldsymbol{E}-\boldsymbol{A})\boldsymbol{X}=\boldsymbol{0}$，得到 $\boldsymbol{A}$ 的属于特征值 0 的一个特征向量 $\boldsymbol{\xi}_3=(1,-1,0)^{\mathrm{T}}$.

注意，一般把非零特征值的特征向量写在前面. 将 $\boldsymbol{\xi}_1,\boldsymbol{\xi}_2,\boldsymbol{\xi}_3$ 单位化，得标准正交向量组

$$\boldsymbol{\gamma}_1=\left(\frac{1}{\sqrt{3}},\frac{1}{\sqrt{3}},\frac{1}{\sqrt{3}}\right)^{\mathrm{T}},\boldsymbol{\gamma}_2=\left(\frac{1}{\sqrt{6}},\frac{1}{\sqrt{6}},-\frac{2}{\sqrt{6}}\right)^{\mathrm{T}},\boldsymbol{\gamma}_3=\left(\frac{1}{\sqrt{2}},-\frac{1}{\sqrt{2}},0\right)^{\mathrm{T}}.$$

令 $\boldsymbol{D}=(\boldsymbol{\gamma}_1,\boldsymbol{\gamma}_2,\boldsymbol{\gamma}_3)$，经检验 $|\boldsymbol{D}|=-1$，所以改记

$$\boldsymbol{K}=(\boldsymbol{\gamma}_2,\boldsymbol{\gamma}_1,\boldsymbol{\gamma}_3)^{①}=\begin{pmatrix}\frac{\sqrt{6}}{6} & \frac{\sqrt{3}}{3} & \frac{\sqrt{2}}{2}\\ \frac{\sqrt{6}}{6} & \frac{\sqrt{3}}{3} & -\frac{\sqrt{2}}{2}\\ -\frac{\sqrt{6}}{3} & \frac{\sqrt{3}}{3} & 0\end{pmatrix},$$

则 $\boldsymbol{K}$ 是行列式为 1 的正交矩阵. 在正交变换(即坐标旋转)

$$\begin{pmatrix}x\\ y\\ z\end{pmatrix}=\boldsymbol{K}\begin{pmatrix}x'\\ y'\\ z'\end{pmatrix}$$

下，二次曲面方程化为

$$(x',y',z')\boldsymbol{K}^{\mathrm{T}}\boldsymbol{A}\boldsymbol{K}\begin{pmatrix}x'\\ y'\\ z'\end{pmatrix}+(-4,6,-2)\boldsymbol{K}\begin{pmatrix}x'\\ y'\\ z'\end{pmatrix}+3=0,$$

---

① 这里也可取 $\boldsymbol{K}=(-\boldsymbol{\gamma}_1,\boldsymbol{\gamma}_2,\boldsymbol{\gamma}_3)$，当然结果在形式上会不一致.

即

$$2x'^2+5y'^2+\sqrt{6}x'-5\sqrt{2}z'+3=0,$$

也即

$$2\left(x'+\frac{\sqrt{6}}{4}\right)^2+5y'^2-5\sqrt{2}\left(z'-\frac{9\sqrt{2}}{40}\right)=0.$$

再作平移

$$\begin{pmatrix}x'\\y'\\z'\end{pmatrix}=\begin{pmatrix}x''\\y''\\z''\end{pmatrix}+\begin{pmatrix}-\frac{\sqrt{6}}{4}\\0\\\frac{9\sqrt{2}}{40}\end{pmatrix},$$

于是曲面方程化为标准方程

$$2x''^2+5y''^2-5\sqrt{2}z''=0,$$

所作的总的坐标变换为

$$\begin{pmatrix}x\\y\\z\end{pmatrix}=\begin{pmatrix}\frac{\sqrt{6}}{6}&\frac{\sqrt{3}}{3}&\frac{\sqrt{2}}{2}\\\frac{\sqrt{6}}{6}&\frac{\sqrt{3}}{3}&-\frac{\sqrt{2}}{2}\\-\frac{\sqrt{6}}{3}&\frac{\sqrt{3}}{3}&0\end{pmatrix}\left(\begin{pmatrix}x''\\y''\\z''\end{pmatrix}+\begin{pmatrix}-\frac{\sqrt{6}}{4}\\0\\\frac{9\sqrt{2}}{40}\end{pmatrix}\right),$$

也即

$$\begin{cases}x=\frac{\sqrt{6}}{6}x''+\frac{\sqrt{3}}{3}y''+\frac{\sqrt{2}}{2}z''-\frac{1}{40},\\y=\frac{\sqrt{6}}{6}x''+\frac{\sqrt{3}}{3}y''+\frac{\sqrt{2}}{2}z''-\frac{19}{40},\\z=-\frac{\sqrt{6}}{3}x''+\frac{\sqrt{3}}{3}y''+\frac{1}{2}.\end{cases}$$

该二次曲面为椭圆抛物面. □

三、二次曲面的几何图形

前面已经知道,二次曲面的方程都可以通过坐标旋转和平移化为标准方程. 因为这两类坐标变换不改变二次曲面的几何性质,所以下面将通过二次曲面的标准方程来研究其图形.

根据定理 8.6.2,非退化的二次曲面共有九种标准方程.

1. 椭球面 $\frac{x^2}{a^2}+\frac{y^2}{b^2}+\frac{z^2}{c^2}=1, a>0, b>0, c>0.$

椭球面的标准方程只含平方项，所以其图形一定关于坐标轴和坐标面对称，且原点是椭球面的中心. 设点(x,y,z)是椭球面上任一点，则一定有

$$|x|\leqslant a, |y|\leqslant b, |z|\leqslant c,$$

即椭球面的图象一定包含在由六个平面 $x=\pm a, y=\pm b, z=\pm c$ 所围成的长方体里面.

为了画出椭球面的图形，我们用平行于坐标面的平面去截其图形，设法画出交线，当这些交线都画出时，曲面的形状也就大致看清楚了. 这样的画法称为**截痕法**.

用三个坐标面 $x=0, y=0, z=0$ 去截椭球面，得到三个椭圆

$$\begin{cases}\frac{y^2}{b^2}+\frac{z^2}{c^2}=1,\\ x=0,\end{cases}\quad \begin{cases}\frac{x^2}{a^2}+\frac{z^2}{c^2}=1,\\ y=0,\end{cases}\quad \begin{cases}\frac{x^2}{a^2}+\frac{y^2}{b^2}=1,\\ z=0.\end{cases}$$

在空间直角坐标系中，分别画出这三个椭圆，就可以较清晰地看出椭球面的形状，如图 8-8.

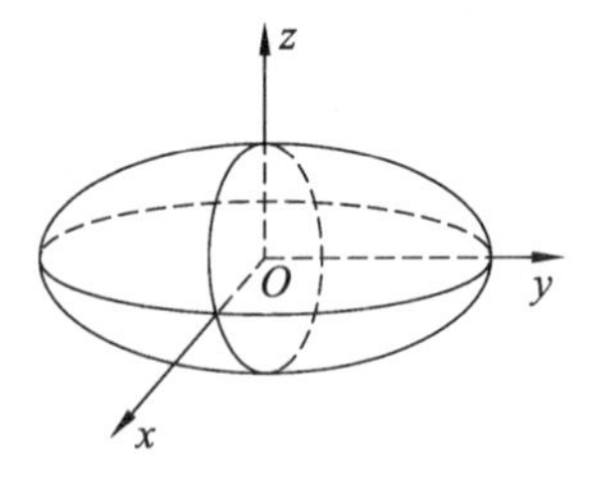

图 8-8

用平行于坐标面的平面去截椭球面，其截痕除了六个顶点外都是椭圆. 例如，用平面 $z=k(0<k<c)$ 去截，得截痕为椭圆

$$\begin{cases}\frac{x^2}{a^2\left(1-\frac{k^2}{c^2}\right)}+\frac{y^2}{b^2\left(1-\frac{k^2}{c^2}\right)}=1,\\ z=k.\end{cases}$$

2. 单叶双曲面 $\frac{x^2}{a^2}+\frac{y^2}{b^2}-\frac{z^2}{c^2}=1, a>0, b>0, c>0.$

单叶双曲面与椭球面一样，其图形关于三个坐标面、坐标轴和坐标原点都对称.

首先，用三个坐标面 $x=0, y=0, z=0$ 去截单叶双曲面，得到截痕分别为

$$\begin{cases}\frac{y^2}{b^2}-\frac{z^2}{c^2}=1,\\ x=0,\end{cases}\quad \begin{cases}\frac{x^2}{a^2}-\frac{z^2}{c^2}=1,\\ y=0,\end{cases}\quad \begin{cases}\frac{x^2}{a^2}+\frac{y^2}{b^2}=1,\\ z=0.\end{cases}$$

它们分别是两个双曲线和一个椭圆，如图 8-9.

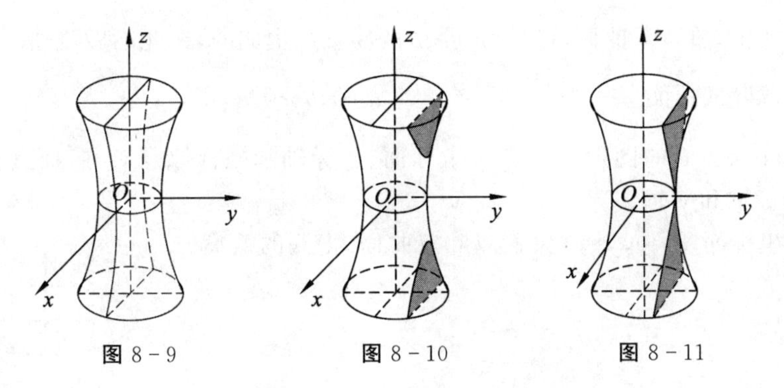

图 8 - 9　　　　图 8 - 10　　　　图 8 - 11

其次，用平面 $z=k(k\neq 0)$ 截单叶双曲面，得到椭圆

$$\begin{cases}\dfrac{x^2}{a^2\left(1+\dfrac{k^2}{c^2}\right)}+\dfrac{y^2}{b^2\left(1+\dfrac{k^2}{c^2}\right)}=1,\\ z=k.\end{cases}$$

该椭圆的长轴和短轴与前面的椭圆长轴和短轴比较已经产生了变化，所以单叶双曲面可看成是椭圆沿 z 轴方向连续变化而产生的.

最后，用一族平面 $y=h$ 截单叶双曲面. 当 $|h|>b$ 时，截痕是双曲线(图 8 - 10)

$$\begin{cases}\dfrac{z^2}{c^2\left(\dfrac{h^2}{b^2}-1\right)}-\dfrac{x^2}{a^2\left(\dfrac{h^2}{b^2}-1\right)}=1,\\ y=h.\end{cases}$$

当 $|h|<b$ 时，截痕是双曲线

$$\begin{cases}\dfrac{x^2}{a^2\left(1-\dfrac{h^2}{b^2}\right)}-\dfrac{z^2}{c^2\left(1-\dfrac{h^2}{b^2}\right)}=1,\\ y=h.\end{cases}$$

该双曲线的实轴、虚轴正好与上面的相反.

当 $|h|=b$ 时，截痕是

$$\begin{cases}\dfrac{x^2}{a^2}-\dfrac{z^2}{c^2}=0,\\ y=h,\end{cases}$$

即两条直线(图 8 - 11)

$$\begin{cases}\dfrac{x}{a}+\dfrac{z}{c}=0,\\ y=h,\end{cases}\quad \begin{cases}\dfrac{x}{a}-\dfrac{z}{c}=0,\\ y=h.\end{cases}$$

事实上,单叶双曲面可以看成是由两族直线生成的,在此不做赘述.

3. 双叶双曲面 $\frac{x^2}{a^2}+\frac{y^2}{b^2}-\frac{z^2}{c^2}=-1, a>0, b>0, c>0.$

双叶双曲面的图形关于三个坐标面、坐标轴和坐标原点对称,而且不经过坐标轴 x 轴和 y 轴.

用坐标面 $x=0, y=0$ 去截双叶双曲面,得到的截痕分别为

$$\begin{cases}\frac{y^2}{b^2}-\frac{z^2}{c^2}=-1,\\ x=0,\end{cases}\quad \begin{cases}\frac{x^2}{a^2}-\frac{z^2}{c^2}=-1,\\ y=0,\end{cases}$$

它们分别是两个双曲线.

用平面 $z=k$ 去截. 若 $|k|<c$,则平面 $z=k$ 与该双叶双曲面不相交,无截痕. 若 $|k|>c$,则截痕为椭圆

$$\begin{cases}\frac{x^2}{a^2}+\frac{y^2}{b^2}=\frac{k^2}{c^2}-1,\\ z=k,\end{cases}$$

所以双叶双曲面是由两个不相交的完全一样的曲面构成的. 如图 8-12.

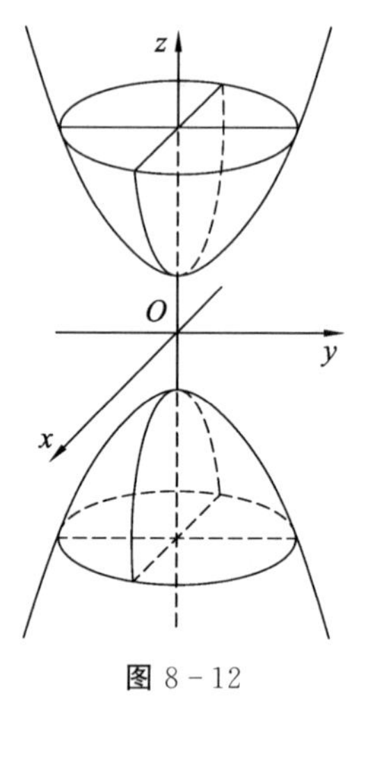

图 8-12

二次锥面的图形参见图 8-6.

4. 椭圆抛物面 $\frac{x^2}{a^2}+\frac{y^2}{b^2}=2z, a>0, b>0.$

椭圆抛物面关于坐标面 xOz, yOz,坐标轴 z 轴对称. 由 $z\geqslant 0$ 知,椭圆抛物面在坐标面 xOy 的上方. 图象过坐标原点,原点称为椭圆抛物面的**顶点**.

用坐标面 $x=0$ 和 $y=0$ 分别截椭圆抛物面,其截痕分别为抛物线

$$\begin{cases}\frac{y^2}{b^2}=2z,\\ x=0,\end{cases}\quad \begin{cases}\frac{x^2}{a^2}=2z,\\ y=0.\end{cases}$$

用平面 $z=k(k>0)$ 去截,截痕为椭圆

$$\begin{cases}\frac{x^2}{2ka^2}+\frac{y^2}{2kb^2}=1,\\ z=k.\end{cases}$$

根据上面三条截痕,我们画出椭圆抛物面的图形,如图 8-13. 在直观图中,椭圆抛物面的图形与双叶双曲面的一支几乎一样.

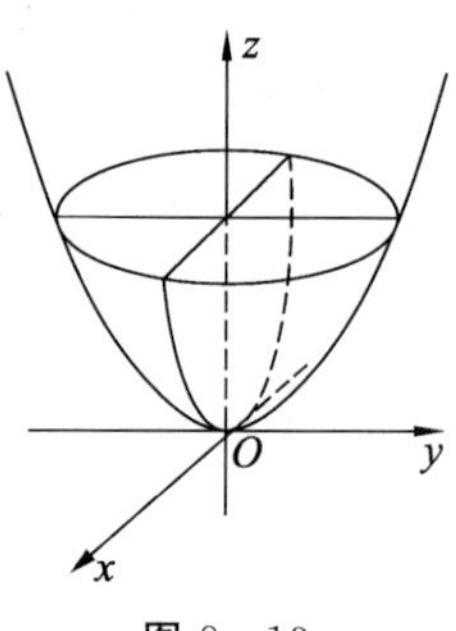

图 8-13

5. 双曲抛物面　$\frac{x^2}{a^2}-\frac{y^2}{b^2}=2z, a>0, b>0.$

双曲抛物面关于坐标面 xOz 和 yOz 及坐标轴 z 轴对称. 显然,椭圆抛物面和双曲抛物面都不中心对称.

用坐标面 $x=0$ 和 $y=0$ 分别截双曲抛物面,得截痕分别为抛物线

$$\begin{cases} y^2=-2b^2 z, \\ x=0 \end{cases} \text{和} \begin{cases} x^2=2a^2 z, \\ y=0. \end{cases}$$

用坐标面 $z=0$ 截该曲面,得截痕为

$$\begin{cases} \frac{x^2}{a^2}-\frac{y^2}{b^2}=0, \\ z=0. \end{cases}$$

这是两条相交于原点的直线

$$\begin{cases} \frac{x}{a}+\frac{y}{b}=0, \\ z=0, \end{cases} \quad \begin{cases} \frac{x}{a}-\frac{y}{b}=0, \\ z=0. \end{cases}$$

双曲抛物面的图形比较复杂,仅用三个坐标面去截看截痕远远不够,我们继续用平面 $z=k$ 去截. 当 $k>0$ 时,得截痕为双曲线

$$\begin{cases} \frac{x^2}{2ka^2}-\frac{y^2}{2kb^2}=1, \\ z=k. \end{cases}$$

当 $k<0$ 时,得截痕为双曲线

$$\begin{cases} \frac{y^2}{2|k|b^2}-\frac{x^2}{2|k|a^2}=1, \\ z=k. \end{cases}$$

这两个双曲线分别位于坐标面 $z=0$ 的上方和下方,并且开口方向也不同.

把上述截痕全部画出,已经可以大致看出双曲抛物面的形状,如图 8-14. 从形状上看,双曲抛物面很像一个马鞍,所以双曲抛物面又称为**马鞍面**.

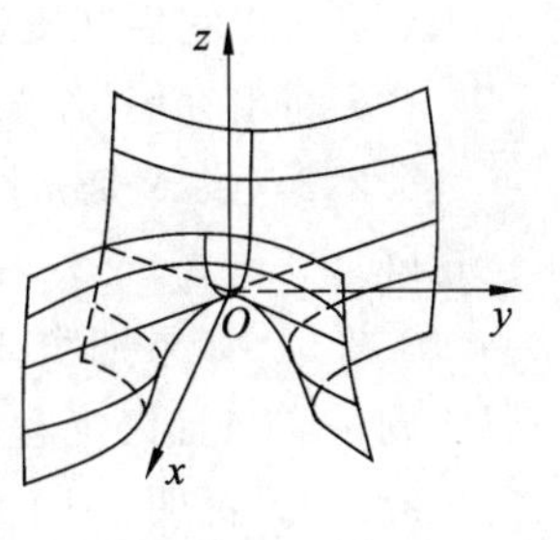

图 8-14

双曲抛物面的图形中还有两个方向的截痕也很重要. 用平面 $y=h$ 去截,截痕为抛物线

$$\begin{cases} x^2=2a^2\left(z+\frac{h^2}{2b^2}\right), \\ y=h. \end{cases}$$

结合前面的几个截痕,我们也能大致画出双曲抛物面的图形,如图 8-15.

类似地,用平面 $x=l$ 去截割,截痕也为抛物线

$$\begin{cases} y^2=-2b^2\left(z-\dfrac{l^2}{2a^2}\right), \\ x=l. \end{cases}$$

二次曲面中,还有三类柱面,分别是椭圆柱面、双曲柱面、抛物柱面. 它们的图形可见上一节的例 8.5.1.

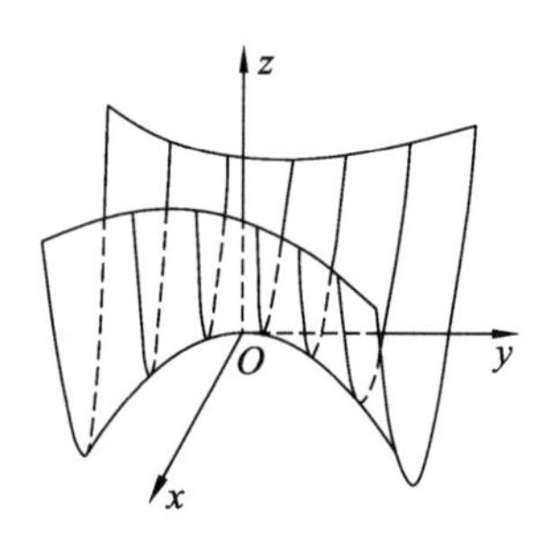

图 8-15

习题 8

8.1.1 写出二次型 $f(x_1,x_2,x_3)=(1-a)x_1^2+(1-a)x_2^2+2x_3^2+2(1+a)x_1x_2$ 的矩阵;若其秩为 2,求参数 a.

8.1.2 设 $\boldsymbol{A}$ 是 n 级方阵,证明:

(1) $\boldsymbol{A}$ 是反对称矩阵当且仅当对任意 n 维向量 $\boldsymbol{X}$,都有 $\boldsymbol{X}^{\mathrm{T}}\boldsymbol{A}\boldsymbol{X}=0$;

(2) 若 $\boldsymbol{A}$ 对称,且对任意 n 维向量 $\boldsymbol{X}$ 都有 $\boldsymbol{X}^{\mathrm{T}}\boldsymbol{A}\boldsymbol{X}=0$,则 $\boldsymbol{A}=\boldsymbol{O}$.

8.2.1 对下面的二次型 $\boldsymbol{X}^{\mathrm{T}}\boldsymbol{A}\boldsymbol{X}$,其中 $\boldsymbol{A}$ 分别如下:

$$\begin{pmatrix} 0 & 3 & 4 \\ 1 & 2 & 1 \\ 2 & 3 & 1 \end{pmatrix},\begin{pmatrix} 1 & 1 & 1 \\ 1 & 3 & 1 \\ 1 & 1 & 1 \end{pmatrix},\begin{pmatrix} 1 & 0 & 1 \\ 0 & 4 & 0 \\ 1 & 0 & 2 \end{pmatrix},\begin{pmatrix} -1 & 0 & 1 \\ 0 & -4 & 0 \\ 1 & 0 & -2 \end{pmatrix}.$$

(1) 用配方法求出它们的标准形;

(2) 用正交变换求出它们的标准形;

(3) 写出它们在复数域及实数域上的规范形;

(4) 写出它们(作为实二次型)的正、负惯性指数.

8.2.2 设 $\boldsymbol{A}$ 是 n 级复对称矩阵,证明 $R(\boldsymbol{A})=n$ 当且仅当 $\boldsymbol{A}$ 合同于 n 级单位矩阵.

8.2.3 如果把实 n 级对称矩阵按照合同来分类,即两个实 n 级对称矩阵属于同一类当且仅当它们合同,问共有几类?

8.2.4 证明:一个实二次型可以分解成两个实系数的一次齐次多项式的乘积的充分必要条件是它的秩等于 2 且符号差为零,或者秩等于 1.

8.3.1 分别求当 t 取何值时,下列 3 元二次型是正定的、半正定的:

(1) $tx_1^2+2tx_2^2+x_3^2+2x_1x_2-4x_2x_3$;

(2) $x_1^2+2x_2^2+tx_3^2+2x_1x_2+4x_1x_3+6x_2x_3$.

8.3.2 对习题8.2.1中的实二次型,判定它们的定性.

8.3.3 已知 $\boldsymbol{A},\boldsymbol{B}$ 为同级正定矩阵,证明 $\boldsymbol{A}+\boldsymbol{B}$ 和 $\boldsymbol{A}^k(k\in\mathbf{Z})$ 都是正定矩阵.

8.3.4 设 $\boldsymbol{A}$ 是 n 级正定矩阵,$\boldsymbol{B}$ 是 n 级实对称矩阵,证明:存在 $t_0\in\mathbf{R}^+$ 使得当 $t>t_0$ 时,$t\boldsymbol{A}+\boldsymbol{B}$ 都是正定矩阵.

8.3.5 设 $\boldsymbol{A}$ 是实方阵,证明:$\boldsymbol{A}$ 是正定矩阵的充分必要条件是存在实可逆对称矩阵 $\boldsymbol{P}$,使得 $\boldsymbol{A}=\boldsymbol{P}^2$.

8.3.6 设 $a,b\in\mathbf{R},n\in\mathbf{Z}^+,a>b>0$,证明:主对角线上全是 a,其他位置上元素全是 b 的 n 级方阵是正定矩阵.

8.3.7 已知 $\boldsymbol{A},\boldsymbol{B}$ 是同级正定矩阵,证明:$\boldsymbol{AB}$ 是正定矩阵的充分必要条件是 $\boldsymbol{A}$ 与 $\boldsymbol{B}$ 可交换,即 $\boldsymbol{AB}=\boldsymbol{BA}$.

8.3.8 设 $\boldsymbol{A}$ 是实对称矩阵,证明:若 $\boldsymbol{A}$ 半正定,则 $\boldsymbol{A}$ 的各级顺序主子式全大于或等于0,但其逆命题不成立.

8.3.9 设 $\boldsymbol{A}$ 是实方阵,证明:$\boldsymbol{A}$ 是半正定的充分必要条件是存在实方阵 $\boldsymbol{P}$ 使得 $\boldsymbol{A}=\boldsymbol{P}^{\mathrm{T}}\boldsymbol{P}$.

8.3.10 设 $\boldsymbol{A}$ 是实方阵,证明:$\boldsymbol{A}$ 是半正定矩阵的充分必要条件是存在实对称矩阵 $\boldsymbol{P}$,使得 $\boldsymbol{A}=\boldsymbol{P}^2$.

8.3.11 设 $\boldsymbol{A}$ 为正定矩阵,证明:存在上三角矩阵 $\boldsymbol{B}$ 使得 $\boldsymbol{A}=\boldsymbol{B}^{\mathrm{T}}\boldsymbol{B}$.

8.4.1 已知平面上非退化二次曲线的两个特征值为1,1,问这是哪一类二次曲线?

8.4.2 求平面上下列二次曲线方程的标准形,并画出简图:

(1) $5x^2+4xy+2y^2-24x-12y+18=0$;

(2) $x^2+2xy+y^2-4x+y-1=0$;

(3) $x^2+2xy+y^2+2x+2y=0$.

8.5.1 在空间直角坐标系中,写出下列曲面的一条准线和一条母线,并指出其为何曲面:

(1) $x^2+y^2=4$;

(2) $x+y+z=0$;

(3) $x^2+y^2-z^2=0$;

(4) $y^2=4x$.

8.5.2 已知圆柱面的旋转轴为直线 $\dfrac{x-2}{1}=\dfrac{y+1}{2}=\dfrac{z-3}{-1}$,点 $M_0(2,1,1)$ 在圆柱面上,求该圆柱面的方程.

8.5.3 说明下列旋转曲面是怎样形成的:

(1) $\frac{x^2}{9}-\frac{y^2}{4}+\frac{z^2}{9}=1$；

(2) $(z+1)^2=4(x^2+y^2)$；

(3) $x^2-y^2-z^2=1$.

8.5.4　求以原点为顶点，以圆$\begin{cases}x^2+y^2+z^2=9,\\2x+y+z=1\end{cases}$为准线的圆锥面方程.

8.6.1　已知非退化二次曲面的特征值为 2，3，0，问这是什么样的二次曲面？

8.6.2　已知二次曲面方程 $2x^2+ay^2+z^2+2bxy+2xz+2yz=4$ 可以经过坐标变换后化成椭圆柱面方程 $2u^2+3v^2=4$，求 a,b.

8.6.3　判别下列二次曲面的类型：

(1) $2x_1^2+3x_2^2+3x_3^2+3x_2x_3=1$；

(2) $2x_1^2+2x_2^2+3x_3^2-6x_1x_2=1$；

(3) $x_1^2+3x_2^2+x_3^2+2x_1x_2+2x_1x_3+2x_2x_3=2$.

8.6.4　求下列二次曲面方程的标准形，写出名称，并画出简图：

(1) $x^2+y^2+5z^2-6xy+2xz-2yz-4x+8y-12z+14=0$；

(2) $x^2+y^2+5z^2-6xy-2xz+2yz-6x+6y-6z+10=0$；

(3) $2x^2+2y^2-4z^2-5xy-2xz-2yz-2x-2y+z=0$.

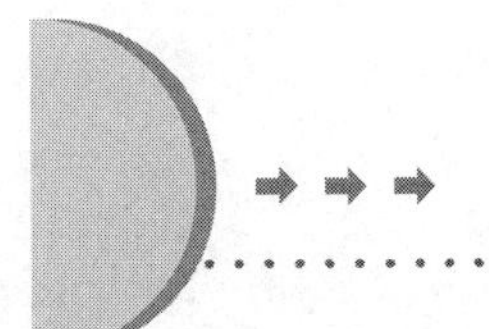

参考文献

[1] 北京大学数学系几何与代数教研室前代数小组.高等代数(第三版)[M].北京:高等教育出版社,2003.

[2] 孟道骥.高等代数与解析几何(上册)(第二版)[M].北京:科学出版社,2007.

[3] 孟道骥.高等代数与解析几何(下册)(第二版)[M].北京:科学出版社,2007.

[4] 吕林根,许子道.解析几何(第四版)[M].北京:高等教育出版社,2006.

[5] 钱国华,唐锋.线性代数[M].北京:高等教育出版社,2012.

[6] 黄廷祝,成孝予.线性代数与空间解析几何(第四版)[M].北京:高等教育出版社,2015.